對本書的讚譽

《敏捷開發的藝術》的第二版無疑是一本傑作。它把現代軟體交付的方法濃縮成一本簡短、易讀、且令人愉悅的書。對於剛接觸迭代式交付的人來說，它為普遍的實務做法提供了一個絕佳的概述。對於那些迷失在過度設計的「規模化敏捷」流程裡的人來說，它提供了逃離那些地獄的好點子。第一版在二十年前對我的職涯產生了巨大影響，而我相信第二版同樣會幫助數以百萬的開發者改善他們交付軟體的方式。

—Gojko Adzic,
著有《*Running Serverless, Impact Mapping, Specification by Example*》

本書涵括了從程式碼到交付產品的所有一切。它讓數十年來，來之不易的知識變得易懂易讀 —— 對於任何與軟體開發團隊合作或從事其中的你來說，這是一本你一定要擁有的書。

—Avi Kessner, Forter 主任工程師

這本書將會一直待在我最容易拿到的書架上。

—Krishna Kumar,
Exathink Research 創辦人暨執行長

本書的第一版讓我深深地著迷於其中的內容，使得我一直將它留在書架上作為參考之用。第二版不僅保留了原來的真知灼見，並且增加了更多過去十年的見解。

—Benjamin Muskalla, Github 資深工程師

這是我曾經讀過關於敏捷軟體開發最全面的一本書籍。無論哪種技術組合、團隊規模、或產業領域，非常務實的內容加上強而有力的範例能讓你輕鬆地應用到任何軟體開發的專案上。肯定是工作場合裡，你應該隨身攜帶的瑰寶。

—Luiza Nunes, Thoughtworks 計畫經理

這是一本我最喜歡且關於敏捷開發的書，而且涵蓋了技術和管理主題。我會在我的課程裡介紹其中的內容，並且總是將它推薦給我的客戶。

—Nicolás Paez,
Universidad de Buenos Aires 教授和軟體工程師

Jim 透過易於閱讀且把概念與實務做法連結起來的章節內容，詳盡地介紹了基於經驗的敏捷軟體開發方法。

—Ken Pugh, 首席顧問,
著有《*Prefactoring: Extreme Abstraction, Extreme Separation, Extreme Readability*》

在數以千計的敏捷書籍裡，哪本才是你應該閱讀的？我建議你考慮本書。James 經歷了早期的敏捷，並且了解自己所面對的事情。本書沒有我們產業裡那些胡謅的內容（那些無所不在又毫無意義的「敏捷」），並且提供了一個透徹且整體的方法。這個方法雖然並不是簡單快速就能奏效，但卻值得採用。我喜歡《敏捷開發的藝術》，它是一本有個性的書！

—Bas Vodde, LeSS 的共同創作者

James Shore 運用新的工具、技術和過去十年的經驗，全面地更新了《敏捷開發的藝術》一書。本書中寶貴的內容將幫助進化你的工作方式，成為一種真正敏捷且有效的方法。

—Bill Wake, XP123, LLC

敏捷開發的藝術 第二版

SECOND EDITION

The Art of Agile Development

James Shore with Diana Larsen,
Gitte Klitgaard, and Shane Warden 著

盧建成 譯

O'REILLY®

獻給我的家人

目錄

第一部分　提升敏捷力

第二部分　專注價值

第三部分　可靠的交付 343

第四部分　優化成果　529

推薦序

當我們編寫敏捷軟體開發宣言時，我們的支持者只是一小部分試圖改變產業現況的人。二十年後的當下，「敏捷」成為了主流。我把「敏捷」特別加上引號是有原因的。很多人說他們在做敏捷軟體開發，我也由衷地相信是如此，但他們的行為與我們二十年前分享的願景幾乎沒有相似之處。

事實上，用敏捷方式來工作，需要一整個橫跨管理和軟體開發作業技術執行的實務做法。許多的實務做法（尤其是技術的實務做法）並沒有被好好地了解或廣泛地被傳授，最終導致太多人對於如何有效地打造軟體產品，抱持著扭曲的看法。

James Shore 是早期在極限程式設計（Extreme Programming）路上的開拓者，而極限程式設計（Extreme Programming）正是敏捷運動的核心支柱。本書的第一版是我的最愛，那是一本可以用來告訴團隊如何正確實踐敏捷的手冊。後來，他繼續與 Diana Larsen 合作，並且創建了敏捷熟練度模型（Agile Fluency Model）。該模型網羅了人們透過不同方式發展他們使用敏捷方法的技能。在這個模型中，一個專案管理技術的簡單應用（經常被稱為是基礎 Scrum 方法）提供了聚焦客戶需求的價值，但缺少了讓許多團隊實現高生產力和可靠性所需的技術能力。

這樣的觀點自然地帶出了本書的結構，它將大部分的重心放在如何關注價值和如何可靠地交付價值上。專注於價值代表著了解有效團隊合作、培養調適性規劃的技能，以及與客戶和使用者緊密合作來產出最終軟體成果的重要性。可靠的交付有賴於基本的技術實務做法，包括測試、重構、設計、和協同開發。它也凸顯了一個與我們直覺相牴觸的觀念，那就是透過建構具有高品質的軟體，反而可以降低成本並且提高程式碼交付的速度。透過與

DevOps 文化和持續交付結合，讓軟體功能可以頻繁且快速地投入正式環境，而這樣的能力將賦能團隊可以觀察軟體實際被使用的狀況，更了解哪些功能是具有價值的。

20 年前，我有幸在 Thoughtworks 找到了家，我們的團隊使用這些技能來幫助我們的客戶打造新的軟體產品並汰除舊系統。像 James 一樣，我們發現極限程式設計為我們的工作提供了堅實的基礎，並且在過去的 20 年裡，我們已經成功地運用了這些技術。因此，我很高興看到 James 運用這十年的教練經驗來編修他的書。這些經驗成為了堅實的基礎，讓我們能夠學習這些對我們幫助極大的技能。就像任何有價值的事情一樣，學習並且運用新的方法需要時間，而且一路上會有挫折，但是這本指南可以幫助你完成這段旅程，將乏味的儀式轉變為充滿活力的習慣，這種活力正如多年前 James 和我第一次使用這些技巧時，所感受到的一樣。

— Martin Fowler，Thoughtworks 首席科學家

序

問：要如何才能登上卡內基音樂廳的表演台？

答：練習、練習、練習！

我想要幫助你掌握敏捷開發的藝術。

敏捷開發就像其他以團隊為基礎的軟體開發模式。它本質上就是一門關於人的藝術 —— 受制於每個人本身的獨特性與彼此之間的互動。你必須學會時時刻刻評估無數的可能性，並且直觀地採取最好的行動方案，才能成功地掌握敏捷開發。

要怎樣才能學會如此困難的藝術？唯一的方式就是「練習」！

首先，本書是一本操作指南，它詳細地描述了一種實踐敏捷開發的方法。它不僅以 Extreme Programming（極限程式設計，XP）為基礎，同時也引入了 Scrum、看板、DevOps、精實軟體開發、精實創業等的想法和實務做法，進而成為一本實用的終極指南。它可以讓你成功地將敏捷開發帶入你的團隊和組織 —— 或者幫助你了解敏捷對你來說並不是一個好選擇。

其次，本書旨在幫助你掌握敏捷開發的藝術。掌握敏捷性代表超越現有的實務做法。由於軟體開發極易受到所處情境的影響，以至於任何一種方法都無法簡單地完美匹配。另外，為了適於每個情境，所需調整的細節差異太多，因而沒有一本書能夠教你如何掌握它。精通來自於內化：來自於經驗和對每次選擇所造成的影響與變化的直觀理解。

我無法也不會嘗試告訴你，做怎樣的選擇對組織會產生怎樣的影響。你必須在每次的選擇裡，理出其中細微的差別並且體會，而這就是掌握藝術的唯一途徑。遵循實務的做法、看看會發生什麼事、思考這些實務做法為什麼有效或者沒有效，並且思索「什麼是相同的？」、「有什麼不同？」、「為什麼？」，然後一次又一次地試驗。

一開始，你或許會苦於了解如何應用每一個實務做法。這些做法讀起來簡單，但實際運用卻是相當困難。請持續練習，直到實際運用它們變得容易。

隨著你更加地熟稔敏捷，你會發現我所提供的一些建議，對你來說並沒有用。一開始，你會無法判斷問題是出在我提供的說明，還是出在你遵循它們的方式中。繼續練習，直到你確定為止。當你確定問題時，打破規則並且修改我所提供的指引，才能更好地適用於你所面對的具體情況。書中提及的每個實務做法都包括一個「替代方案和試驗」的章節，書中提及的每個實務做法都包括一個「替代方案和試驗」的章節，提供了用於探索的想法與點子。

總有一天，書中的規則將不再激起你任何的興趣。畢竟，敏捷並不是遵循某些規則。你會認為「它代表著簡單和回饋、溝通和信任」。「敏捷意味著交付價值 —— 並且有勇氣在正確的時間做正確的事。」你將時時刻刻評估著無數的可能性，並直觀地選擇最佳行動方案。

當你掌握敏捷開發後，就算本書可能已經破舊不堪，也請你把這本書轉送給其他需要的人。這樣一來，他們也能因此掌握敏捷開發的藝術。

給那些講求實用的人

如果你並不想掌握所謂的「藝術」呢？如果你只是想開發出好的軟體？

不必擔心！這本書仍然適合你。我將多年的敏捷開發經驗提煉成一個單一的、明確定義的、全面的方法。

書中使用簡單明瞭的語言來解釋如何運用敏捷，並且包含了很多實用的技巧。同時也坦率地描述了我的方法何時行不通，以及行不通時，應該考慮哪些替代方案。第 2 章將協助你著手進行敏捷開發。

只討論一種方法會產生一個缺點，那就是沒有一種方法可以適合所有的人。我的建議可能不適合你的團隊或組織。請閱讀第 4 章和第 5 章，以便了解成功進行敏捷開發所需的各種條件，並且查看每個實務做法的「前提條件」，以便了解具體適用的情況。

但不要假定某個實務做法對你是沒有用的。本書中的一些做法或許並不直觀，也或許聽起來並不有趣，但大多數這類實務做法卻能與其他實務做法搭配得相當好。如果情況允許，

請按照書中所述的做法，實際採用幾個月，以便獲得一些在你的環境中運用它們的實際經驗，然後基於這些經驗改變它們。

20 多年來，我一直將這些想法付諸實踐。在合適的環境中，它們確實有效。與我嘗試過的任何其他軟體開發方法相比，敏捷開發更有趣，也更成功。快來加入我們的行列吧！

第二版的新增內容

《敏捷開發的藝術》第二版徹底重寫了第一版的內容。它保留了第一版務實的風格和大部分的實務做法，但由於這 14 年來敏捷實務做法的進展 —— 更不用說我這 14 年來的經驗累積，幾乎所有的做法都已經被重新改寫。

我完全重組了本書的內容，讓團隊得以漸進式地採用敏捷，並且更好地反映實際使用敏捷的情況。第一版第三部分中所討論的原則和客製的方法已經被編排到各個實務做法裡，以便讓這些方法更容易讓讀者注意並且查閱。另外，我也為每個實務做法新增了進行試驗的相關建議。

值得注意的新主題有：

- 一個基於我與 Diana Larsen 創建的敏捷熟練度模型（Agile Fluency[1] Model），提供如何導入敏捷、並依據公司需求進行客製的深入指南。
- 我根據自己過去協助的大、小公司的經驗，所撰述的敏捷規模化新章節。
- 一個關於 DevOps 的新章節，包含有關維運和安全的全新內容。此外，本書各章節也受到了 DevOps 的啟發，而有對應的更新。
- 與遠距團隊合作的敏捷指南；許多新的實務做法、故事和想法；以及許多難以逐一詳述的改善與修改。

本書的讀者

本書適用於正在或希望未來能與敏捷團隊一起工作的每個人，包括了程式設計師、經理人、高階管理者、領域專家、測試人員、產品經理、專案經理、架構師、維運人員、資安工程師、設計師和商業分析師。敏捷團隊是由不同職能的人所組成的，而本書也恰恰體現了這個本質。

本書的第二部分到第四部分中的每個實務做法都以能被單獨閱讀的方式來編寫。因此，讀者可以將本書作為參考工具書，也可以從頭到尾逐章詳讀。本書紙本版本頁面空白處的

1　「Agile Fluency」是由 Agile Fluency Project LLC 所註冊的商標。

「關聯（Ally）」框與電子版本中的超連結，則是提供給你作為交叉參考之用。紙本書特別採用了易於挑選與翻閱排版的設計。讀者在翻閱本書的過程中，能於任何吸引你的文字標註處駐足，並且進一步地深入閱讀。

如果你是一名經理人或高階管理者，而正想了解敏捷能帶來哪些好處，或是想知道敏捷是否適合你的公司，請閱讀本書的第一部分。假如你是團隊的管理者，那請額外閱讀第 10 章「管理」一節，更建議你進一步閱讀第 10 章裡的其他實務做法。

如果你是一名團隊成員或經理人，並且有興趣將敏捷引入你的公司，或提升公司當前的敏捷實踐方式，請從頭到尾閱讀整本書。本書的第一部分將幫助你了解如何引入敏捷思想，其餘部分將幫助你了解如何將敏捷付諸實踐。

如果你是敏捷團隊的一員，只是想獲得足夠的知識來完成你的工作，你可以專注於第二部分和第三部分中的實務做法。從第 1 章獲得完整的概念，然後通讀你所處團隊正在使用的實務做法。如果你的團隊使用了目錄中未列出的做法，請查看索引，因為這些做法可能使用不同的名稱。

如果你不是敏捷團隊的一員，但你正在和一個敏捷團隊一起工作，請向他們請教需要閱讀的資訊。產品經理、產品負責人和設計師，請從第 8 章和「目的」這個章節開始閱讀。安全和維運的工程師，請查看「為維運構建軟體」、「盲點探索」和「事故分析」這三個章節。測試人員，請查看第 16 章。

如果你只是對敏捷開發感到好奇，請先閱讀第 1 章，然後再看看第二部分到第四部分的內容。你可以從看起來最有趣的做法開始閱讀，並且按任何順序閱讀它們。

本書的客座作者

我很幸運有幾位著名的合作者參與了第二版的編著。Gitte Klitgaard 在「安全感」這個章節專業地涵蓋了心理安全的話題。Diana Larsen 在「團隊動態」和「消除阻礙」兩個章節，帶來了她在組織和團隊發展方面數十年的經驗。至於第一版的合著者 Shane Warden 雖然無法參與第二版的編著，但他仍然提供了相當有價值的諮詢與回饋，而且我們在第一版上的成果，也構成了這個版本的基礎。

Gitte Klitgaard

Gitte Klitgaard 是一名敏捷教練、培訓師和導師，她專注於幫助組織構築心理安全、責任感和當責力。Gitte 是位貨真價實的專家；她可以準確而有效地幫助大家展現自身的能力與特質，從而取得成功。

她在社群裡的貢獻包括組織教練營和在各種大會上進行演講。在這些演講分享中，強調了心理健康和心理安全等主題，並使它們易於理解。她為工作環境與非工作環境創造安全感和相互尊重的氛圍，並且樂於傾聽更多沉默的聲音和少數群體的意見。

她喜歡在休閒時收集樂高和尤達，並與來自世界各地的朋友保持聯繫，其中一些被她視為是第二個家庭的成員。

Gitte 是 Native Wired 的老闆，並且領導了 LEGO、Spotify 和 Mentimeter 等公司的變革。

Diana Larsen

20多年來，Diana Larsen為敏捷思維的基礎與擴展以及在培養與賦能成熟團隊的實務做法上做出了許多貢獻。她是正在編寫的《*Agile Retrospectives、Liftoff, 2nd ed.*》與《*Five Rules for Accelerated Learning*》兩本新書的共同作者，同時也是已出版電子書《*The Agile Fluency Model：A Brief Guide to Success with Agile*》的共同作者。作為首席教練、顧問、引導者、演講者和導師，她持續地為敏捷作出貢獻，並且不負她在 Agile Fluency Project 的頭銜 —— 首席公關（Chief Connector）。Diana 目前居住在美國西岸北邊的波特蘭。

Shane Warden

Shane Warden 是工程領域的領導者，同時也是一位作家。他更是本書第一版和《*Masterminds of Programming*》的合著者。工作之餘，他喜歡幫助動物們建立美好的家園。

本書編排慣例

本書使用下列的編排方式：

斜體字（**Italic**）

　　表示新名詞、超連結、電子郵件位址、檔名以及副檔名。中文以楷體表示。

定寬字（`Constantwidth`）

　　用於程式原始碼，以及篇幅中參照到的程式元素，如變數、函式名稱、資料庫、資料型態、環境變數、程式碼語句以及關鍵字等。

> **受眾**
>
> 受眾方框是用來指出當前實務做法的目標讀者。

> 標註方框是用來強調重要的概念。

定寬粗體字（**Constantwidthbold**）

　　代表運行程式碼範例中新增的程式碼。

等寬刪除線（~~Constantwidthstrikethrough~~）

　　代表執行程式碼中刪除的程式碼。

<table>
<tr><td>關聯</td></tr>
<tr><td>關聯方框指出與目前內
容有關的實務做法。</td></tr>
</table>

使用範例程式

補充資料可以在 *https://www.jamesshore.com/v2/books/aoad2* 取得並下載。

如果你有任何技術上的問題或者是對於如何運用書中的內容有疑問，請 email 至：

　　bookquestions@oreilly.com

本書旨在協助你完成工作。一般來說，你可以在自己的程式或文件中使用本書的程式碼而不需要聯繫出版社取得許可，除非你更動了程式的重要部分。例如，使用這本書的程式段落來編寫程式不需要取得許可，但是將 O'Reilly 書籍的範例製成光碟來銷售或發布，就必須取得我們的授權。引用本書的內容與範例程式碼來回答問題不需要取得許可，但是在產品的文件中大量使用本書的範例程式，則需要我們的授權。

雖然沒有強制要求，但如果你在引用時能標明出處，我們會非常感謝。出處一般包含書名、作者、出版社和 ISBN。例如：「*The Art of AgileDevelopment* by James Shore (O'Reilly). Copyright 2022 James Shore and BigBlue Marble LLC, 978-1-492-08069-5.」。

若你覺得自己使用範例程式的程度已超出上述允許範圍，歡迎隨時與我們聯繫：

　　permissions@oreilly.com

致謝

我想盡可能地向所有推動這本書完成的人表達謝意，然而對象真的太多了，我肯定會因此忽略了一些人，在此向你們表達歉意，也感謝你們的體諒。我特別想向提出極限編程的 Kent Beck、Ron Jeffries 和 Ward Cunningham 致敬，正是由於這個方法才讓我開始了敏捷之旅。Alistair Cockburn 與他的軟體圓桌會議與 Ward Cunningham 的 C2 Wiki 上的激烈辯論與討論都為這趟旅程的起點，提供了重要的指引。另外，還要感謝 Diana Larsen，我和她共事多年，她在敏捷上的觀點讓我對於敏捷的想法更加地圓融。Martin Fowler 的那些充滿哲思的文章多年來也一直激勵著我。

O'Reilly 為這本書的第二版提供了全方位的協助。我非常感謝開發編輯 Gary O'Brien，他總是持續支持著我並且給予回饋。我也想向 Melissa Duffield 表達謝意，因為她的協助，這本書才能順利付梓。Ryan Shaw 說服了我「是時候發行第二版了」；Deborah Baker 為本書準備了早期發行的版本；Suzanne Huston 讓這本書為人所知曉；Nick Adams 和 O'Reilly Tools 團隊為這本書準備了出版的流水線，並且用心回應了我對內容格式獨特而又吹毛求疵的要求。Christopher Faucher 負責監督與協調本書從手稿到成書的整個製造過程。Tonya Trybula 和 Stephanie English 協助我改善文法上的怪癖；Kate Dullea 將我手繪草圖修飾成易於讀者理解的樣式；Estalita Slivoskey 則確保了讀者可以從索引中找到所有內容。

我要特別感謝我的審稿人，由於審查是公開進行的，許多參與者為本書貢獻了 700 多封的回饋電子郵件。幾乎每個人都為本書提供了有用的洞見，他們讓這本書變得更好，也謝謝那些回應我具體回饋請求的人。以下一併致謝：Adrian Sutton、Anthony Williams、Avi Kessner、Bas Vodde、Benjamin Muskalla、Bill Wake、BradAppleton、C. Keith Ray、C. J. Jameson、Christian Dywan、David Poole、Diana Larsen、Diego Fontdevila、Emily Bache、Erik Peterson, "Evan M," Franz Amador、George Dinwiddie、Gojko Adzic、Jason Yip、Jeff Grigg、Jeff Patton、Jeffrey Palermo、Johan Aludden、Ken Pugh、Krishna Kumar、Liz Keogh、Luiza Nunes、Marcelo Lopez、Markus Gaertner、Martin Fowler、Michal Svoboda、Nicolas Paez、Paul Stephenson、Peter Graves、Reuven Yagel、Ricardo Mayerhofer、Ron Jeffries、Ron Quartel、Sarah Horan Van Treese、Steve Bement、Thomas J. Owens、Todd Little 和 Ward Cunningham。

特別感謝幾乎閱讀本書每一個部分並且給與建議和評論的人：Bas Vodde、Bill Wake、Ken Pugh、Martin Fowler 和 Thomas J. Owens。

第一版也受益於開放的審查過程，審查所產生的貢獻同樣嘉惠了第二版的內容。感謝 Adrian Howard、Adrian Sutton、Ann Barcomb、Andy Lester、Anthony Williams、Bas Vodde、Bill Caputo、Bob Corrick、Brad Appleton、Chris Wheeler、Clarke Ching、Daði Ingólfsson、Diana Larsen、ErikPetersen、George Dinwiddie、Ilja Preuß、Jason Yip、Jeff Olfert、Jeffery Palermo、Jonathan Clarke、Keith Ray、Kevin Rutherford、Kim Gräsman、Lisa Crispin、Mark Waite、Nicholas Evans、Philippe Antras、Randy Coulman、Robert Schmitt、Ron Jeffries、Shane Duan、Tim Haughton。感謝 Tony Byrne 提供了大量的意見與想法，也感謝 Brian Marick、Ken Pugh 和 Mark Streibeck 對完成的草稿所提供的意見與想法。

最後，再次感謝我的妻子 Neeru。在本書付梓過程中，妳知道自己將面對的挑戰，但妳的支持卻從未動搖。沒有妳，我將無法完成本書。

第一部分

提升敏捷力

第 1 章

什麼是敏捷？

敏捷無所不在，但矛盾的是真正的敏捷卻遍尋不著。

敏捷列車駛入軟體開發人員的視線後 20 年裡，自稱擁有「敏捷」的公司數量以驚人的方式增加。然而實際採用敏捷方法工作的團隊究竟有多少？沒那麼多！「敏捷」這個易於琅琅上口的名稱，獲得了極大的成功，但其背後的想法 —— 嗯！絕大多數都被忽略了。

讓我們一起來糾正這個現象。

敏捷的起源

在 1990 年代，軟體開發被認為處在危機之中，稱之為「軟體危機（The Software Crisis）」。根據經常被引用且名稱不太吉利的「混亂報告（CHAOS Report）」，軟體專案的預算超支、延遲、不符合需求，而且其中有三分之一的專案被徹底地終止 [Standish 1994]。

不過，敏捷並不是為了因應這場危機。相反地，兩者之間一點關係也沒有。敏捷是回應了因這場危機所產生的應對方式。

為了掌控軟體的開發，大型組織創建了非常詳細的流程，這些流程準確定義了軟體的創建方式。一切都控制得緊密嚴實，且不能有差錯。（總之，理論上是這樣。）

首先，商業分析師會訪談利害關係者並記錄系統需求。接下來，軟體架構師會閱讀需求文件，並建立詳細的設計文件，明確系統的每個組件以及它們如何相互關聯。最後程式設計師會將設計文件轉換為程式碼。在一些組織中，這被認為是低技能的工作——只是一種機械式的翻譯任務。

測試負責人會同時使用相同的文件來產生測試計畫。當程式碼編寫完成時，測試人員會手動地遵照這些測試計畫進行測試，並且回報不符合測試預期結果的缺陷。每個階段的一切都會被仔細記錄、審查和簽署。

這些階段式方法後來被稱為「瀑布開發」或「階段 – 關卡開發」[1]。如果它們聽起來很荒謬可笑，想想現在的你有多幸運。在 90 年代，雖然並不是每家公司都採用繁瑣的文件和階段式的流程，但它普遍地被認為是一種合乎邏輯且明智的工作方式。無庸置疑地，你需要先定義需求，然後進行設計、實作和測試，並且需要為每個階段進行記錄。這就是紀律，這就是所謂的工程。如果不基於此，怎麼可能獲致成功呢？

從危機中誕生

大型公司詳細地定義了他們的流程。角色、職責、文件範本、塑模語言、變更控制委員會等開發的每個方面都被嚴格定義和控制。當時的情境認為專案若未能成功，那是因為整個流程未能有更多的細節、更多的文件、和更多的簽核。這樣的思維產生了更大量的文件，然而根據「混亂報告（CHAOS Report）」，卻只有不到六分之一的專案能成功地被完成。Martin Fowler 稱之為「The Almighty Thud」。[Fowler1997]

這並不是好的工作型態。相當官僚而且一點也不人性化。工作者的能力與是否合乎流程相比，顯得微不足道，因此程式設計師會認為自己只不過是一顆隨時可被替換的螺絲，並且也會認為自己的工作能力不佳。

因此，有幾個人創建了更簡單、更精簡、規範性更低的軟體開發方法。這與大公司使用的重量級方法相比，它們被稱為「輕量級方法」。這些新方法的名稱包括「適應性軟體開發」、「Crystal」、「功能驅動開發」、「動態系統開發方法」、「Extreme Programming（極限程式設計 ,XP）」和「Scrum」。

1　瀑布經常被誤以為來自 Winston Royce 在 1970 年的一篇論文，但是階段式方法可以追溯到 1950 年代。此外，Royce 的論文一直被忽略。到了 1980 年代後期，論文才被用來描述人們已經正在使用的方法。[Bossavit2013]（第 7 章）。

90 年代後期，這些方法引起了人們的重視。XP 更是廣泛地引起了程式設計師的興趣。2001 年，17 位輕量級方法的支持者在猶他州的一個滑雪勝地會面，希望透過討論，來整合他們各自提出的做法。

敏捷宣言

Alistair Cockburn 在會面後說到：「我個人並沒有預料到我們這群人會為了任何實質性的事情達成共識。」

兩天之後，他們實際上只完成了兩件事：方法的名稱 ——「敏捷」，和四個價值的陳述（見圖 1-1）。在接下來的幾個月裡，他們透過電子郵件的往返，提出了 12 條對應的原則（見圖 1-2）。[Beck 2001]

這就是敏捷宣言。它改變了世界。就如同 Alistair 在會面後所說內容的後半部，他們最終還是在一些實質性的事情上達成了一致[2]。

敏捷軟體開發宣言

藉著親自並協助他人進行軟體開發，我們正致力於發掘更優良的軟體開發方法。透過這樣的努力，我們已建立以下價值觀：

- **個人與互動**重於流程與工具
- **可用的軟體**重於詳盡的文件
- **與客戶合作**重於合約協商
- **回應變化**重於遵循計劃

也就是說，雖然右側項目有其價值，但我們更重視左側項目。

Kent Beck	James Grenning	Robert C. Martin
Mike Beedle	Jim Highsmith	Steve Mellor
Arie van Bennekum	Andrew Hunt	Ken Schwaber
Alistair Cockburn	Ron Jeffries	Jeff Sutherland
Ward Cunningham	Jon Kern	Dave Thomas
Martin Fowler	Brian Marick	

著作權為上述作者所有，2001 年
此宣言可以任何形式自由複製，但須附上連同此聲明在內之完整內容

圖 1-1　敏捷的價值

2　Alistair Cockburn 在會面後所發表的感想，被 Jim Highsmith 在 [*Highsmith2001*] 所引用。完整的引述是「我個人並沒有預料到…這群敏捷的人會就任何實質性的事情達成一致…就我自己而言，我對 [宣言] 最後的措辭感到高興。我很驚訝其他人似乎對最後的措辭同樣感到高興。所以，我們確實就一些實質性的事情達成了一致。」

敏捷並沒有統一的方法。從來就沒有，而且永遠也不會有。敏捷代表著三件事：名稱、價值觀和原則，如此而已。它並不是一些具體能照做的方法，而是一種**理念**和一種思考軟體開發的方式。你無法「使用」敏捷或「做」敏捷…你只能是敏捷，或不是敏捷。如果你的團隊體現了敏捷的理念，那麼他們就是敏捷。如果他們並沒有體現出來，那他們就不是敏捷。

> 如果你的團隊體現了敏捷的理念，那麼他們就是敏捷。如果他們無法體現，那他們就不是敏捷。

敏捷精要

敏捷宣言背後的原則

我們遵守這些原則：

我們最優先的任務，是透過及早並持續地交付有價值的軟體來滿足客戶需求。

竭誠歡迎改變需求，甚至已處開發後期亦然。敏捷流程掌控變更，以維護客戶的競爭優勢。

經常交付可用的軟體，頻率可以從數週到數個月，以較短時間間隔為佳。

業務人員與開發者必須在專案全程中天天一起工作。

以積極的個人來建構專案，給予他們所需的環境與支援，並信任他們可以完成工作。

面對面的溝通是傳遞資訊給開發團隊及團隊成員之間效率最高且效果最佳的方法。

可用的軟體是最主要的進度量測方法。

敏捷程序提倡可持續的開發。贊助者、開發者及使用者應當能不斷地維持穩定的步調。

持續追求優越的技術與優良的設計，以強化敏捷性。

精簡 —— 或最大化未完成工作量之技藝 —— 是不可或缺的。

最佳的架構、需求與設計皆來自於能自我組織的團隊。

團隊定期自省如何更有效率，並據之適當地調整與修正自己的行為。

圖 1-2　敏捷原則

Martin Fowler 擅長且熱衷於將複雜的軟體主題，以深思熟慮且公正的方式提供解釋。他為「敏捷軟體開發的精要」提供了最好的解釋：

> 敏捷開發是調適性而非預測性；以人為導向而非以流程為導向 [3]。

> — Martin Fowler

適應性而非預測性

還記得「混亂報告（CHAOS Report）」提到僅有六分之一的軟體專案能成功地被完成嗎？該報告對於成功提供相當具體的描述：

成功

> 該專案按時和按預算完成，且完成最初所要求的功能目標。

有待商榷

> 該專案已完成且可運行，但超出預算與預估的時程，而且所提供的功能少於原先所要求的功能目標。

欠佳

> 專案在開發過程中被終止。

這些定義完整地解釋了預測思維。它意味著與計畫一致。如果你按照你所說的內容去做，你就會成功。如果沒有，那就沒有成功！就這麼簡單。

這乍看有理，但仔細看，就會發現欠缺了一些考量。Ryan Nelson 在 *CIO* 雜誌 [Nelson2006] 中寫到：

> 滿足時間、預算和規格三種傳統成功要素的專案最終仍可能會失敗。這是因為它們無法吸引使用者，或者是無法創造太多的商業價值。同樣地，由於未能滿足傳統成功要素而被視為失敗的專案，雖然存在著成本、時間或產品規格不合預期的問題，但專案所產出的系統仍可能受到使用者的喜愛，或者提供了意想不到的價值。

敏捷團隊將成功定義為交付價值，而不是遵守計畫。事實上，真正的敏捷團隊會積極尋找透過改變計畫來增加價值的機會。

> 敏捷團隊將成功定義為交付價值，而非合於計畫。

回顧一下宣言（見圖 1-1 和 1-2）。花點時間確實地研究敏捷的價值觀和原則。有多少與交付有價值的軟體和基於回饋進行調整有關？

3　多年來，Fowler 以多種方式表達了這個想法。它源起於 [*Fowler2000a*]。

以人為導向而非以流程為導向

重量級的流程試圖透過仔細定義軟體開發的每個方面來防止錯誤。透過在流程中加入「巧思」，使得個人的技能變得不那麼重要。理論上，你可以讓不同的人一遍又一遍地採用相同的過程，並且獲得相同的結果。（想想看，他們確實做到了。只是不是他們想要的結果。）

> 敏捷認為想要讓軟體開發成功，
> 「人」是最重要的因素。

敏捷認為人是軟體開發成功的最重要因素。不僅僅是因為他們的技能，而是他們在各種方面反映出的人性特質 —— 團隊成員合作的狀況、他們遇到多少的干擾、他們能安心發表意見的程度、以及他們是否能從工作中獲得激勵。

每個敏捷團隊都有各自做事情的流程，即使該流程並沒有被明確且具體地描述出來。流程是為了讓在團隊中工作的每個人能順利地完成他們的任務，而不是為了任何其他目的。此外，敏捷團隊會對自身的流程負責，當他們認為有更好的工作方式時，就會改變它。

再看看宣言（見圖 1-1 和 1-2）。哪些價值觀和原則與以人為優先有關？

敏捷為什麼贏得了一席之地

在宣言發布後的前 10 年裡，敏捷面臨著巨大的批評聲浪，批評者抨擊敏捷是「沒有紀律的」、「它永遠不會奏效」。10 年過去後，批評者沉默了。敏捷無處不在，至少在表面上是這樣。繁重的瀑布開發方法實際上已經死了，一些年輕的程式設計師很難相信有人可以使用這樣的方法來工作。

> 了解變化與響應變化
> 正是敏捷的核心。

這並不是說階段式的方法本質上就有缺陷。它們當然有缺陷，但如果你能讓它們保持簡潔，並且在熟知領域裡運用它們，那麼瀑布式的方法是有效的。問題在於大型公司所採用的重量方法。諷刺的是，這些被設計出來的流程是為了避免問題，然而卻導致了更多組織裡所發現的問題。

在軟體實際可以使用之前，很難想像它是如何運作的，更難的是想出它所有必須達到的要求。對於沒有主動參與軟體開發的人來說，這個問題更是難上加難。因此，盡快地將可運行的軟體呈現在人們面前至關重要。你需要獲得有關遺漏或錯誤的回饋，然後根據你所察覺的發現更改計畫。正如宣言所說「可用的軟體是最主要的進度量測方法」，了解變化與響應變化正是敏捷的核心。

那些繁重的流程非常重視流程控制、文件和簽核，因此導致了大量的延遲和開銷。工程師花了數年時間開發出可運行的軟體，而且直到接近專案的尾聲還是沒有任何具體的東西可

以展示。這些流程不歡迎改變，而且盡力地**防止改變**。實際上，流程裡還有一個專門的單位 —— 變更控制委員會，而它主要目的就是對變更請求說「不」。（或者更準確地說，「可以，但這些變更會讓你所費不貲。」）

這一切所構成的專案代表著除非你花費大量的時間，否則你無法看到任何的產出。當你能檢視產出時，一切的改變都太遲且太過昂貴，最終只能交付無法滿足客戶需求的軟體。

一個典型的重量級失敗

2005 年 2 月 3 日，聯邦調查局局長 Robert S. Mueller III 出現在參議院小組委員會面前，解釋聯邦調查局如何浪費了 1.045 億美元 。

向委員解釋一切肯定不會是太輕鬆的過程。2001 年 6 月，FBI 啟動了 VCF 專案，這個專案的目的是取代該局的案件管理軟體。四年後，專案被終止了。總成本為 1.7 億美元的專案，而其中的 1.045 億美元完全付諸流水。

VCF 的專案過程就如同大家所熟悉的軟體故事。該專案於 2001 年 6 月啟動。經過 17 個月後（即 2002 年 11 月），才明確了「完整且具體的需求」，接著在一年後（即 2003 年 12 月）進行交付，但 FBI「立即發現 VCF 存在著許多缺陷，而這些缺陷讓該系統無法被使用。」只要再額外支付 5,600 萬美元和一年的開發費用，建造 VCF 的承包商便同意解決這些問題。最終，聯邦調查局拒絕解決這些問題，並且終止了該專案。

有很多種敏捷的方法，雖然其中一些方法花費更多心力在選擇一個流行的名字，而不是實際上遵循敏捷的理念，但所有的方法都有一個共同點，那就是專注於可視化進展，並且讓利害關係人依照他們想要的變更進行修改。這看起來是一件小事，但它卻發揮極為強大的效果。這就是為什麼我們不再聽到軟體危機的原因。軟體的交付時程仍然是遲了，而且還超出預算，但是**敏捷團隊透過可用的軟體而不是文件來展示進度。讓軟體開發一開始就是對的，而這就是最重要之處**。

> 敏捷團隊透過可用的軟體來展示進度，而不是文件。

將開發進展可視化只是敏捷的一個特性，但對於開發團隊來說，單單這個特性卻已經帶來足夠的好處。這就是為什麼每個人都想要敏捷。

---

4 來源：穆勒於 2005 年 2 月 3 日向國會作證（*https://oreil.ly/GlQSa*）和監察長 Glenn Fine 於 2005 年 5 月 2 日向國會作證（*https://oig.justice.gov/node/672*）。

敏捷為什麼有效？

敏捷的第一個突破性成功是 XP，該方法以「擁抱變化」作為訴求。XP 將「正確且有效的軟體開發思維」與「對變更的務實需要」進行融合。在 XP 的第一本出版書籍的前言中有以下的描述：

> 簡言之，XP 承諾降低專案風險、提高對商業變化的響應能力、提高整個開發生命週期的生產力，並為團隊開發軟體的過程中增加了樂趣 —— 上述所有的一切都能同時具備。停止那懷疑的訕笑，這一切都是真的！ [Beck2000a]
>
> — *Extreme Programming Explained*, 第一版

有些人的確嘲笑這樣的方法，但有些人則試著使用了它。雖然 XP 的做法與普遍開發軟體的正確做法大相逕庭，但最終他們發現 XP 確實做到了它所承諾的一切。因此，儘管嘲笑依舊，但 XP 仍然蓬勃發展，而且敏捷也跟著蓬勃發展。

XP 是敏捷最初的經典代表，它所產生的概念與術語，直到今天仍然被使用著。敏捷社群的優勢之處在於它就像一個大帳篷，不設限地包容著各式各樣的方法。這個大帳篷仍不斷地擴展著，並且持續地接納新的參與者與想法。精實軟體開發、Scrum、看板、精實創業、DevOps 等方法都一起塑造了今天大家所認為的「敏捷」。

如果把這些方法所提及的概念進行分類，就會出現五個核心概念。

- **以「人」為出發點。**建立合乎人性的流程。將決定權交付給最有資格做出決定的人。以健全和協作的關係為基礎開展工作。
- **交付價值。**尋求回饋、試驗並調整計畫。專注於產生有價值的結果。將部分完成的工作視為成本，而不是收益。頻繁地進行交付。
- **消除浪費。**以小的、可逆的步驟工作。接受失敗的可能性，並設計出能快速篩出失敗的計畫。將無須被完成的工作最大化。追求能完整交付價值的能力，而不是效率。
- **追求技術卓越。**透過技術力實現敏捷性。為已知的東西設計，而不是推測的東西。從簡單開始，僅根據實際的需求增加複雜性。創建易於演進的系統，即便 —— 或尤其是 —— 系統往意料之外的方向發展。
- **改進你的流程。**嘗試新的想法。調適目前有效的做法。永遠不要假設既定的、流行的方式是最適合你的方式。

敏捷宣言定義了敏捷，但宣言只是個起點。敏捷之所以有效，是因為參於其中的人們*使得*它有效。他們採用敏捷的想法，使這些想法適應於自己的情境，並且持續地進行改善。

> 敏捷之所以有效，是因為參與其中的人們*使得*它有效。

敏捷失敗的理由

敏捷始於普羅大眾對於看法的改變。它一開始的成功,最主要的原因是程式設計師期望有更好的產出和生活品質。隨著成功的範圍和規模持續變大,敏捷的驅動力從這些基本的想法轉變為炒作。與其說「讓我們透過調整計畫和以人為優先,來獲得更好的成果」,組織的領導者開始說「每個人都在談論敏捷,我們也要敏捷」。

問題是沒有「敏捷」可以直接取用,能取用的只有一堆想法。的確有一些具體的敏捷方法(例如 XP 和 Scrum)會告訴你如何變得敏捷,但你仍然必須了解它基本的理念。

然而「調整計畫」和「以人為優先」這樣基本的理念,對於許多組織來說的確是非常陌生。

貨物崇拜(Cargo Cult)

讓我們回到 1940 年代,美國軍隊降落在一個偏遠的島嶼上 。島上的居民從未見過現代文明,因此對盟軍所帶來的人員與物資都感到驚訝。他們看著部隊架設跑道和塔樓,戴上耳機,呼叫來自天空且裝滿貴重貨物的巨大金屬鳥。隨著鳥兒的降落,所有的居民都分配到部分的貨物,生活迎來了繁榮和舒適。

有一天,軍隊離開了島嶼,大金屬鳥也不再飛來。由於島民期待著那些貴重的貨物,他們使用竹子編織了屬於它們自己的機場、建造了一個高台、以及讓他們的首領站在高台上,並且戴上雕刻成耳機形狀的椰子。但不管他們怎麼努力,大金屬鳥都沒有再回來。

只看到想法的表象、堅持於一些外在的表徵,而不知道這些想法實際運作的方式,導致了貨物崇拜這個不幸的故事。在故事中島民複製了貨機降落的所有元素 —— 機場、塔樓、耳機 —— 但並不了解讓飛機降落的龐大基礎設施。

同樣不幸的故事也發生在敏捷上。人們想要裝滿敏捷的貨機:更好的成果、更多的可見性、更少的商業錯誤。但他們不了解基本的理念,即使他們了解,通常也不會認同。他們想購買敏捷,但想法卻是無法購買的。

---

5 我第一次看到這個故事是在 Richard Feynman 基於他 1974 年加州理工學院畢業典禮演講的著作中。[Feynman1974] 這個故事源自於二戰後美拉尼西亞的真實儀式。

他們**可以**買到敏捷的表象 —— 站立會議、需求故事、工具、認證、和其他很多標有敏捷的東西，而且有許多人都急著把它賣給你。它通常以標榜「企業級」的形式販售，而代表的意思卻是「別擔心，你不需要改變」。至於「調整規畫」和「以人為中心」等令人不快的想法則被忽略。

而這正是所謂的貨物崇拜。你擁有了所有表象上的活動，但不會得到希冀的成果。因為關於「敏捷」的理念消失了。

「在前公司，他們浪費了大量工時在會議上。」

「[敏捷] 浪費了一個 30 人的團隊一整年的工作時間，因為他們幾乎沒有任何實質的產出。」

「所有 [敏捷] 的意思是 —— 當專案發生變化時，開發人員會因此蒙受災難…而且是在專案交付的前一天。」

—— 網路上關於敏捷的真實評論

敏捷的**名字**無處不在，但敏捷的**想法**卻是遍尋不著。對許多人來說，他們唯一知道的是形式上的敏捷（Cargo Cult Agile），而這樣的現象持續地存在。

 是時候解決這個問題了。在本書的其餘部分，我將向你展示如何將敏捷的想法付諸實踐。請特別留意滲透到本書中的形式敏捷追隨者（Cargo Cult Agilists）（你也可以在索引中找到他們），他們會告訴你什麼不應該做。

準備好了嗎？讓我們開始吧！

第 2 章

如何追求「真」敏捷？

你要如何將各式各樣的敏捷想法落實到實際的敏捷團隊上？

練習！大量的練習！

實踐敏捷

即使沒有正式記錄下來的文件，每個團隊都有自己遵循的工作方式 —— *流程或方法*。該方法反映了軟體開發的基本理念，儘管該理念很少被闡明，而且也不一定是能夠自圓其說。

要追求「真」敏捷，你需要改變你的流程來體現敏捷的理念。相較於聽起來，要實現這句話既容易，卻又困難。容易是因為在大多數情況下，你可以從眾多現成的敏捷方法（例如本書中的方法）開始做

> 要追求「真」敏捷，你需要改變你的流程來體現敏捷的理念。

起；困難是因為你需要改變自己的工作方式，而這代表會改變很多習慣。

敏捷社群將這些習慣稱為**實務做法**。本書的大部分內容都專注於這些做法，比方說規劃會議、自動化建置和向利害關係人展示（stakeholder demos）之類的做法。大多數的做法已經存在了幾十年，只是敏捷方法以獨特的方式將它們結合起來，突出那些支持敏捷哲學的部分，捨棄其餘部分，並同時混合一些新的想法。最終產出的是一個精實的、強大的、能自我強化的成套做法。

敏捷的實務做法常常能夠承擔兩倍和三倍的任務、同時解決多個問題、並以巧妙和令人驚訝的方式相互支持。直到你看到它的實際運行一段時間後，你才會真正理解敏捷方法有效的理由。

因此，儘管「從一開始就將敏捷方法客製成你想要的樣子」的想法相當誘人，但是最好的做法仍然是照著本書告訴你的方式進行。或許你會很想要去除最不熟悉的實務做法，但如果你想要追求「真」敏捷，它們往往是你最需要的做法。

精通敏捷之道

掌握敏捷開發的藝術需要實際的經驗，而這些經驗必須是基於具體的、有明確定義的敏捷方法。從書本上所描述的方法開始，然後將它們全面地付諸實踐，並花費幾個月的時間來完善你的用法，以及理解它為什麼有效。接著才是進行客製。從一個需要改善的地方開始，對實際的狀況進行有根據的假定，然後重複這樣過程，直到完善。

本書就是為了讓你精通敏捷之道而編寫的。這是一套在實務中得到證明且精心策劃的敏捷實務做法。如果想要使用它來掌握敏捷開發的藝術，或者僅僅只是想要使用敏捷的實務做法來取得更大的成功，請遵循以下步驟：

1. 選擇一部分的敏捷想法來掌握。第 3 章將幫助你進行選擇。

2. 根據第一步選定的想法，盡可能地採用對應的實務做法。本書的第二部分到第四部分會介紹這些實務做法。敏捷的實務做法能強化彼此的價值，所以當你一起使用它們的時候，可以得到最好的效果。

3. 嚴格並且一致地運用這些實務做法。如果某一個實務做法沒有產生作用，請試著更仔細地遵循該做法。剛接觸敏捷的團隊往往沒有充分地運用這些實務做法，預計需要兩到三個月的時間才會開始習慣這些做法，並且需要再花費兩到六個月，讓這些做法成為本能。

4. 當你確信你正確地運用了這些實務做法的時候，再花費幾個月的時間，開始嘗試改變這些做法。本書中的每個實務做法都討論了實務做法為何有效以及如何進行客製。每次對做法進行改變時，請觀察發生的情況，然後再進一步改善。

5. 沒有最後一步。敏捷軟體開發是一個不斷學習和改進的過程。永遠不要停止練習、實驗和進化。

圖 2-1 說明了上述的整個過程。先遵守規則；然後打破規則；最後把規則拋在腦後 [1]。

1　這過程的靈感來自於 Alistair Cockburn 對 Shu-Ha-Ri 的討論。

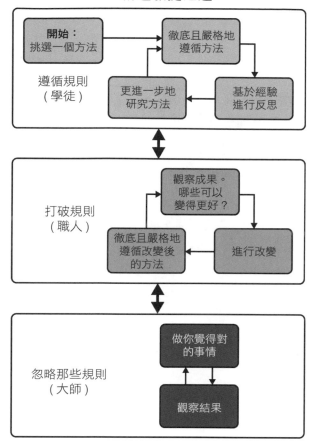

圖 2-1　精通敏捷之道

如何開始

你的第一步取決於你想要完成什麼目標。你是想加入現有的敏捷團隊、想把敏捷導入一個或多個團隊,還是想改進已有的敏捷團隊?

加入敏捷團隊

如果你計畫加入現有的敏捷團隊,或者只是想了解敏捷實務上是如何發生效用的,你可以直接跳到第二部分到第四部分。每個部分都以「生活中的一天」的故事作為開始,描述敏捷的樣貌。每個敏捷團隊都是不同的,因此你加入的團隊也不會完全相同,但這些故事會讓你了解將會發生什麼事情。

讀完故事後，請直接跳到你感興趣的實務做法。每一個做法的設計都以能被單獨採用的方式編寫。如果你的團隊使用的實務做法不在目錄中，請查詢索引，因為它可能使用了不同的名稱。

導入敏捷

如果你正在幫助你的組織創建敏捷團隊，或者你想說服組織採用敏捷，那麼第一部分中的其餘章節將告訴你如何開始。請使用以下清單，來保持一切的過程都井井有條。

首先，確認敏捷是否適合你的公司：

☐ 選擇一個達成敏捷的方式，而且是組織所支持的方式。（請查閱第 3 章）

☐ 為成功地達成敏捷，確定組織需要做些什麼？（請查閱第 4 章）

☐ 為試驗敏捷，尋求支持。（請查閱第 5 章）

☐ 如果你有多個團隊，請決定如何將敏捷規模化。（請查閱第 6 章）

在團隊嘗試敏捷之前的幾週內：

☐ 確定團隊的教練或教練群是誰，並且確定至少一個人擔任團隊的產品經理。（請參閱第 76 頁 ─「完整團隊」）

☐ 讓團隊的產品經理與來自高階管理的團隊支持者和主要的利害關係者會面，以製定目標草案。（請參閱第 116 頁 ─「目的」）

☐ 確保團隊擁有實體或虛擬的團隊空間。（請參閱第 91 頁 ─「團隊空間」）

☐ 安排並主持團隊的章程會議。（請參閱第 122 頁「規劃你的章程會議」）

☐ 要求團隊審視新的實務做法。提供本書副本供成員自學，建議他們在當前工作中嘗試一些實務做法，並思考為看起來具有挑戰性的實務做法提供培訓。（第二部分到第四部分會對這些實務做法進行解釋）

當一個團隊準備好開始時，深呼吸並且：

☐ 讓團隊成員規劃他們開始的第一週。（請參閱第 221 頁「你的第一週」）

改進已有的敏捷團隊

如果你已經擁有敏捷團隊並且希望他們變得更好，那麼所選擇的方法取決於你想要進行什麼樣的改進。

如果你有興趣微調團隊的現有流程，請直接跳到第二部分到第四部分，並且閱讀感興趣的實務做法。如果想做出更大的改進，這個過程與導入敏捷相同，只是你可以專注於想要改變的事情。請使用「導入敏捷」主題中的清單作為指南。

如果敏捷不適用於你的組織，請參閱第 39 頁「問題排除指南」。

採用個別的敏捷實務做法

當你全心投入敏捷的轉變時，能獲得敏捷最大的好處，但如果這樣的要求並不適合你，你可以將一些敏捷實務做法加到你現有的流程中，而以下這些地方是很好的切入點：

- *每日計畫*。如果你經常為工作被中斷所困擾，請嘗試採用為期一天的迭代（請查閱章節一「規劃任務」）。每一天的開始都使用規劃遊戲（請參閱第 187 頁「規劃遊戲」）和團隊所評估的產能（請參閱第 225 頁）「產能」來進行聯合規劃會議，然後把所有會產生工作中斷的事情推遲到第二天的計畫會議裡。務必確保成員對他們的任務進行評估。

- *迭代*。如果你沒有經常苦於被中斷工作，但仍想改進你的規劃能力，請嘗試使用每週迭代（請參閱第 211 頁「規劃任務」）。在這種情況下，每日站立會議（請參閱第 248 頁「站立會議」）和定期向利害關係人展示（請參閱第 279 頁「向利害關係人展示」）仍可能對你是有幫助的。隨著時間的推移，請考慮使用索引卡進行規劃，並使用大圖表來顯示接下來要處理的工作，如第 173 頁「視覺化規劃」中所述。

- *回顧*。經常性的回顧（請參閱第 316 頁「回顧」）是你的團隊調適與改善流程的絕佳方式。第 11 章中的其他實務做法可能也會對你有所幫助。

- *快速回饋*。快速、自動化的建置將對你的生活品質產生重大的影響，並且還能為其他的改善創造機會。更多相關資訊，請參閱第 378 頁「無摩擦」。

- *持續整合*。持續整合（指的是這個實務做法的理念，而不是專注於工具的使用）不僅減少了整合的問題，還推動了建置和測試的改進。詳細的介紹請查閱章節「持續整合」。

- *測試驅動的開發*。儘管測試驅動開發（請查閱章節「測試驅動開發」）不像其他實務做法那樣容易被採用，但它能帶來相當大的好處。測試驅動開發是減少錯誤、提高開發速度、提高重構能力和減少技術債的基礎。掌握它可能需要一些時間，所以要有耐心。

第二部分到第四部分中的其他實務做法也可能是有用的。敏捷實務做法之間相互依賴，所以一定要注意每個實務做法的「關聯」方框和「前提條件」的部分。

如果你在採用個別的實務做法時遇到困難，請不要感到沮喪。選擇一組具有連貫性的實務做法，並且全心投入，反而會更快且更容易。這就是我們接下來的章節想要探討的。

第 3 章

選擇期望的敏捷力

為了敏捷而敏捷是毫無意義的。相反地,你應該問問自己兩個問題:

1. 敏捷會幫助我們變得更成功嗎?

2. 敏捷會帶領我們達成預期的目標嗎?

當你能夠回答上述這兩個問題,你就能知道敏捷是否適合你?

組織重視什麼?

比起營收獲益,成功能帶來更多好處。以下列出部分的好處:

- 改善財務績效:獲利、營收成長、股票價值、成本節約
- 達成組織目的:策略目標、原創研究、慈善事業
- 提升市場地位:品牌覆蓋程度、差異化競爭、客戶忠誠度、吸引新客戶
- 獲得領會:策略資訊、分析、客戶回饋
- 減少風險:安全、法規需求、稽核
- 提升產能:聘僱、保留人才、道德、技能發展、自動化

敏捷熟練度模型

2014 年，我和 Diana Larsen 合作，分析了為什麼公司的不同敏捷團隊會產生如此不同的成果。我們倆從一開始就和敏捷團隊合作。多年來，我們注意到這些團隊傾向於追求截然不同的成果，而這些成果則分屬在不同的「領域」中。我們把這些觀察到的結果彙整到敏捷熟練度模型裡。圖 3-1 為敏捷熟練度模型的簡易圖。[Shore2018b]

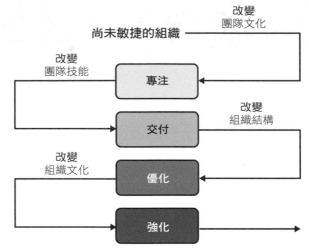

敏捷熟練度是 Agile Fluency Project LLC 的註冊商標。
只要保留此告示，你可以用任何形式複製此圖表

圖 3-1　敏捷熟練度模型簡易圖

每個領域都對應著一組好處。團隊需要熟練該領域才能獲得這些好處。當一個團隊能夠很自然地使用著領域中所需要的技能而沒有勉強之處，該團隊便熟練了該領域。

— NOTE —

雖然該圖顯示了從一個領域到下一個領域的一條直接路徑，但真實的情況卻是更為複雜。雖然圖上順序是典型的進展方式，但團隊可以從任一領域，並且以任一種順序來達到熟練。

達到熟練所需的技能會在本書第二部分到第四部分中進行介紹，但是熟練度並不是團隊可以憑一己之力便能實現的。這還有賴於你的**組織**對團隊的熟練度進行投資。這意味著不只是口頭上對敏捷想法的支持，而是必須做出實際且有意義的改變。這些改變需要花費時間、金錢和政治資本。

你從敏捷團隊獲得的結果取決於你的公司對敏捷理念的認可程度。當一家公司未能從敏捷中獲得他們想要的結果時，通常是因為他們沒有進行必要的投資。他們甚至經常沒有意識到需要投資哪些事情。

明白地做出選擇，來投資敏捷力。仔細地考慮每個領域，以及它們各自的成本和所能獲得的好處。選擇有最佳成本效益權衡和適合自己情況的領域。

> 有意識地做出選擇，
> 來投資敏捷力。

你可能無法說服你的公司對每個領域進行投資。沒關係！與能力成熟度整合模型（CMMI）等成熟度模型相比，熟練度模型並不需要循著基礎技能到高階技能的發展模型，相反地它展現了多種投資 / 效益的選擇。雖然圖示顯示了最常見的進展方式，但每個領域都能獨立地被採用，而且都有各自的價值。

熟練度與成熟度

熟練度是一種新出現的團隊屬性，而非用於個人。熟練度不代表團隊中的每位成員都具備該領域的所有技能，反而是團隊成員能以團隊整體的角度讓合適的人在合適的時間承擔相應的責任。

每個領域都對應數個成熟度級別：

1. 學習（*Learning*）。團隊正在學習領域內的技能。
2. 精通（*Proficient*）。當團隊全神貫注於技能時，能夠展現這些技能。
3. 熟練（*Fluent*）。當團隊內有敏捷教練陪同時，團隊能夠自發地展現領域內的技能。
4. 獨當一面（*Independently Fluent*）。團隊不需要任何敏捷教練或某位熟練成員的陪同下，便能自發地展現領域內的技能。

專注領域

專注領域與敏捷的基本原則有關：專注於商業成果、團隊合作、勇於任事。熟練於此領域的團隊聚焦於團隊的核心目標、先發佈最有價值的功能、並且根據變動的商業需求，來改變方向。他們持續地專注組織最有價值且最優先的目標。

對於大多數團隊和組織而言，這需要改變他們對團隊的看法。尚未敏捷的組織（Pre-Agile organization）習慣預先制定計畫、要求團隊進行評估，並期望獲得基於這些評估的工作進展報告。專注團隊時常（至少每個月）修改他們的計畫，並透過展示他們已完成的工作來展示進度。

尚未敏捷的組織習慣把計畫分解為任務，並把這些任務指派給團隊中的每個人，並根據他們完成任務的程度來判斷個人的績效。**專注**團隊會自己分解任務、自己決定誰來完成每項任務，並期待被當作一個團隊來評判他們創造價值的能力。

要使得團隊達成「專注」，組織需要投入團隊結構、管理和工作環境的改變，來支持技能上的變化（我會在下一章詳細介紹）。這既是好消息也是壞消息！壞消息是這正是見真章的時刻，一些組織並不願意對這樣的改變進行投資。好消息是如果組織拒絕這樣的改變，他們可以早點知道自己的確並不在敏捷哲理的道路上。你正好可以避免自己因追求形式上的敏捷，而身陷經年累月的挫折與心痛。

如果你能夠獲得認可，熟練**專注**會需要每個團隊大約 2-6 個月的全神貫注才能實現。在適當的支持下，他們將在 1-4 個月內超越之前的績效[1]。本書第二部分會描述團隊所需的實務做法。

交付領域

敏捷團隊可能隨時改變他們的計畫。對於大多數團隊來說，這會慢慢降低程式碼的品質。他們會逐漸失去能力做出具有成本效益的改變，最終會說出需要丟棄目前的軟體成果並且重新開發，而這是一個昂貴且浪費的提議。

交付團隊通過卓越的技術來避免這個問題。他們設計出能夠面對頻繁變動的程式碼。並且維持程式碼的高品質，所以他們不會浪費時間來尋找錯誤。他們改進了軟體生產的生命週期，所以能夠毫無痛苦地發佈成果，並且能有效管理維運。他們有能力在產品最具有商業價值時，交付可靠且低缺陷的軟體。

實現這些結果需要大量投資團隊成員的開發技能，並且進行團隊結構的改變，好讓具有測試與維運能力的人員能整合到每個團隊中。

如果你的公司進行這些投資，交付熟練度會需要每個團隊花費 3-24 個月的時間來發展，而你會在 2-6 個月內看到改善的成果。每個團隊需要的確切時間，取決於現有程式碼的品質和團隊獲得訓練與指導的程度。本書第三部分有相關的實務做法。

優化領域

大多數公司都會因為熟練**專注**和**交付**而感到滿意，但敏捷期望的是更多好處。在它所達成的輝煌成就中，敏捷代表著一個世界，身處於其中的團隊能夠應對不斷變化的市場條件，輕盈地旋轉漫舞。他們試驗和學習、開發新市場、並且智取競爭對手。

1　本章中的所需時間都是根據我的經驗得出的大致數字，而可能與你的經歷有所不同。

優化團隊可以讓敏捷力達到這種水平。他們了解市場需要什麼、商務上需要什麼，以及如何在兩者之間架起橋樑。或者就像在創業環境中一樣，他們知道需要學習什麼，以及如何去學習它。他們持續地優化產品計畫，來實現最大的價值。

這需要組織結構的轉變。制定最佳計畫需要具有深厚商業和產品專業知識的人員全心地投入，這意味著讓產品和市場專家全職地加入開發團隊，而同時也代表著讓這些團隊對他們的產品預算和計畫負全部責任。

這種結構變化需要高階管理層的許可，而它可能不容易獲得。團隊通常需要花費至少一年的時間，透過交付熟練度來建立信任，然後才能獲得這些投資的許可。一旦取得許可，「優化」熟練度需要額外 3-9 個月的時間進行發展，儘管你會在 1-3 個月內看到改進，但即便如此，優化也是一個永無止境的試驗、學習和發現的過程。本書第四部分會描述如何開始熟練「優化」。

強化領域

敏捷熟練度模型有一個最後的領域，它主要是基於推測而來：敏捷可能的未來。它也只適用於處在管理理論和實務做法前沿的組織。這超出了本書的範圍。簡而言之強化領域涉及提煉團隊的共同見解並將其引導到組織改善當中。如果想了解更多資訊，請參閱第 19 章。

敏捷熟練度領域摘要

專注：

- 主要好處：專注優先的商業目標、團隊工作進展的可視度、改變方向的能力
- 投資：團隊結構、管理、工作環境
- 大致的時間節奏：1-4 個月的績效下降；2-6 個月達到熟練

交付：

- 主要好處：低瑕疵與高產出、產品的技術壽命
- 投資：開發技能、整合測試與維運
- 大約的時間節奏：2-6 個月的績效下降；3-24 個月達到熟練

優化：

- 主要好處：更有價值的發佈與更好的產品決策
- 投資：產品管理的授權、預算與計畫的團隊主導權
- 大約的時間節奏：1-3 個月的績效下降；3-9 個月達到熟練

選擇目標領域

你的團隊應該追求哪些熟練度領域？這取決於組織可以支持哪些領域。在不考慮任何因素情況下，**專注、交付和優化**全都是你最佳的選擇。這三個領域的結合能夠帶來敏捷最好的成果與最貼近的實現方法。

但同時選擇三個領域也代表需要最多的投資。如果無法向利害關係人證明這些投資的合理性，你可能很難取得需要的支持。在沒有足夠的投資情況下，你的團隊將難以達到熟練，而你會白白承擔學習成本而一無所得，甚至會看到比目前工作方式*更糟糕*的結果。

換句話說，只選擇公司*既需要又願意投資*的領域。

所以，你應該選擇哪個領域？

- 每個敏捷團隊都需要**專注**熟練度，因為這是一切的基礎。如果你的公司對於**專注**熟練度都無法給予投資，那麼對於你的公司來說，即便你可以透過**交付**熟練度來逐步實現敏捷，它可能都不是一個好選擇。

- **交付**熟練度可以降低成本並提高開發速度。沒有它，你的程式碼最終只會被技術債壓垮。這樣的現實使得**交付**熟練度對於大多數的團隊來說是一件輕而易舉能被接受的事情。也就是說，即便一些組織還沒有準備好為**交付**熟練度領域所需的學習和程式碼品質，進行大量投資。他們也可以先從**專注**熟練度開始，接著展示成功，然後用**交付**熟練度來證明進一步投資的理由。

- **優化**熟練度是敏捷最閃耀的地方，同時也是最多人詢問之處。對於大多數組織來說，最好先透過展現**專注**和**交付**的熟練度來建立信任感，然後逐步地承擔更多的責任，再來思考這個領域。不過，如果你的組織已經具備授權決策給跨職能團隊（就像在新創公司中經常看到的那樣）的文化時，**優化**熟練度將會帶給你最好的成果。

每個領域的詳細資訊及其好處，請參見本書的第二部分、第三部分和第四部分的介紹。有關所需投資的詳細摘要，請參閱第 26 頁的「投資項目彙總」。如果你不確定要選擇哪些領域，請從**專注**和**交付**開始。

無論你選擇哪個領域，都要同時投資學習它們的所有實務做法。後面領域的實務做法能夠讓前面領域的實務做法運作地更好，因此你最好一起採用它們，而不是一次採用一個。不過如果你不能在想要的每個領域進行投資，那也沒關係！雖然需要花更長的時間，但隨著時間的推移，你將能夠進展到其他領域。

一旦你知道想要哪些領域，就該更詳細地考慮組織的投資了。我們將在下一章中研究它們。

第 4 章

投資敏捷力

如前章所了解，組織必須認可敏捷哲理所述的原則和實務做法，才能讓你的團隊從敏捷中得到好處。這代表的不只是金錢的投資（這相對是簡單的），還代表了實現敏捷的決心，包括了對組織結構、系統和行為進行有意義的改變。

如果這些需要投資的項目聽起來相當多，那是因為實現敏捷的確需要這麼多的投資。然而，這些投資真的如此重要嗎？

沒錯！它們就是這樣重要。

投資敏捷很重要，那是因為你正在投資的是*改變自身的限制*。大多數讓團隊停止不前的因素並不是他們所使用的流程，而是它們所處環境的限制。進行投資並且忽略實務做法，你的團隊仍有可能變得更好，但若只是執行實務做法卻忽略投資？你的團隊將會陷入泥濘之中。

> 大多數讓團隊停止不前的因素
> 並不是他們所使用的流程，
> 而是它們所處環境的限制。

正如 Martin Fowler 所言[1]：

> 我看見了 DHH [David Heinemeier Hansson，Ruby on Rails 的創建者] 和 Kent Beck [極限程式設計的創建者] 之間驚人的相似之處。如果你向他們任何一位展現一個充滿限制的世界，他們會檢視那些我們所接受的限制，認為它們並不必要，

---

1 摘自 Fowler 的 "Enterprise Rails" 文章（*http://martinfowler.com/bliki/EnterpriseRails.html*）。

然後建立出一個沒有這些限制的世界⋯他們只不過是在這些限制下面設置好智慧的炸彈，然後繼續往前。這就是為什麼他們可以創造出如極限程式設計和 Rails 之類的東西，而這些創造的確為我們的產業帶來了震撼。

— Martin Fowler

進行投資！它們就是敏捷成功的秘密。

以下章節描述了你的團隊需要從組織獲得的投資。你或許無法全部得到，因此我提供了一些替代方案。不過這些替代方案是以降低效率作為代價，因此請盡可能地獲得所需的投資。此外，我所提供的替代方案僅涵蓋了那些較為重要的部分。

投資項目彙總

針對所有想實踐敏捷的團隊：

☐ 如**第 5 章**所述，獲得管理者、團隊、和利害關係人的認可。

☐ 建立能長久運行且跨職能的團隊，並且為這些團隊配置專責的人員（請參閱**第 30 頁「「挑選」或「新建」敏捷團隊」**）。

☐ 確保每個團隊都有一位教練能夠協助成員構成一個有效率且團結的團隊（請參閱**第 32 頁「選擇敏捷教練」**）。

☐ 將工作指派給「團隊」，而非「個人」。期望團隊能夠採用自己的方式來進行每日的規劃以及任務的分配（請參閱**第 32 頁「向團隊下放權力與責任」**）。

☐ 讓團隊管理者專注於他們的工作系統，而不是個人和任務（請參閱**第 34 頁「改變團隊管理風格」**）。

☐ 為每個團隊建立一個實體或虛擬的團隊空間（請參閱**第 35 頁「建立團隊空間」**）。

☐ 為每個團隊的第一次嘗試，選擇一個有價值但不緊急的目標，這將有益於學習敏捷（請參閱**第 36 頁「為每個團隊設立友善學習的目標」**）。

☐ 用敏捷治理政策取代瀑布式的治理政策（請參閱**第 36 頁「替換瀑布治理模式的前提」**）。

☐ 對有效團隊合作造成阻礙的人資政策進行移除、修改、或提供解決方案（請參閱**第 37 頁「改變有害的人力資源政策」**）。

專注團隊：

☐ 考量每個團隊將會經歷 1-4 個月的績效下降（請參閱**第 28 頁「騰出時間學習」**）。

□ 讓每個團隊擁有具有使用者與客戶相關技能的人員（請參閱**第 30 頁「「挑選」或「新建」敏捷團隊」**）。

□ 確保每個團隊擁有所需的專責人員，或者是專責人員能專注投入團隊的固定時間（請參閱**第 30 頁「「挑選」或「新建」敏捷團隊」**）。

□ 確保每個團隊擁有一位能夠指導專注領域實務做法的教練（請參閱**第 32 頁「選擇敏捷教練」**）。

□ 確保每個團隊能夠與利害關係人或者他們的代表聯繫（請參閱**第 32 頁「向團隊下放權力與責任」**）。

交付團隊：

□ 考量每個團隊將經歷 2-6 個月的績效下降（請參閱**第 28 頁「騰出時間學習」**）。

□ 整合所有需要的開發技能（例如測試與維運）到每個團隊（請參閱**第 30 頁「「挑選」或「新建」敏捷團隊」**）。

□ 確保每個團隊擁有一位能夠指導交付領域實務做法的教練（請參閱**第 32 頁「選擇敏捷教練」**）。

□ 確保每個團隊能夠控制與管理開發、建置、測試、和發佈流程（請參閱**第 32 頁「向團隊下放權力與責任」**）。

□ 為每個團隊的第一次嘗試，選擇一個與綠地（green-field）程式碼庫有關的目標，除非團隊教練認為無須此舉（請參閱**第 36 頁「為每個團隊設立友善學習的目標」**）。

□ 為造成團隊協作阻礙的安全考量找尋解決方案（請參閱**第 38 頁「解決安全顧慮」**）。

優化團隊：

□ 考量每個團隊將經歷 1-3 個月的績效下降（請參閱**第 28 頁「騰出時間學習」**）。

□ 確保每個團隊擁有商業、市場、和產品專家（請參閱**第 30 頁「「挑選」或「新建」敏捷團隊」**）。

□ 確保每個團隊擁有一位能夠指導優化領域實務做法的教練（請參閱**第 32 頁「選擇敏捷教練」**）。

□ 賦予每個團隊管理預算、計畫、和成果的責任（請參閱**第 32 頁「向團隊下放權力與責任」**）。

騰出時間學習

改變是具有破壞性的，而新想法也需要時間來學習。學習敏捷一開始會讓你的團隊慢下來。

團隊的生產力會放慢多少呢？軟體生產力並沒有客觀的衡量標準 [Fowler2003]，但是根據經驗，我估計一開始績效會下降 10%-20%。隨著他們對敏捷技能越來越精通，他們的績效會提升。直到他們臻至熟練，績效會持續提升。隨後水準的提升會逐漸趨於平穩，如圖 4-1 所示。這被稱為 *J* 曲線，這樣的曲線變化對於所有重大改變來說都很常見。我們會在第 5 章裡仔細探討這個變化。

所投資的時間通常會在第一年就能回收。如上一章所述，初始下降的長度取決於每個團隊所追求的熟練度領域。回顧一下：

- 專注：1-4 個月
- 交付：2-6 個月
- 優化：1-3 個月

因為這些震盪的期間可以重疊，所以同時學習專注和交付技能的團隊將有持續約 2-6 個月的績效下降。相比之下，若團隊先學習專注技能，再學習交付技能，則會歷經兩次的績效下降：在學習專注技能時下降 1-4 個月，而在學習交付技能時下降 2-6 個月。

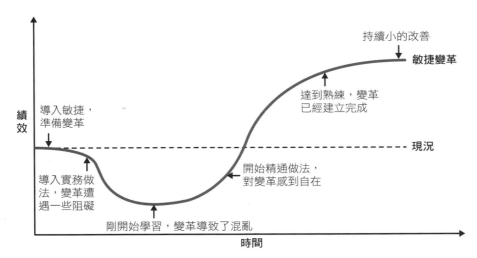

圖 4-1　採用敏捷隨時間的績效變化

敏捷團隊的績效也會以其他方式發生變化。敏捷團隊在進行下一個功能之前，會專注於完整地完成目前的功能。這對於交付團隊來說尤其如此。他們從一開始就內建品質於產品中，而不是在最後才來修復臭蟲。這提高了交付的吞吐量與效能，但諷刺的是對於習慣於同時關注多個功能進展的人來說，這感覺就像是放慢了速度。

當利害關係人同時得面對三個打擊：學習進度的實際延遲、專注於完成目前工作所帶來的感受上延遲、以及完成那些在未採取敏捷時已經宣稱「完成」而實際上並未完成的工作所帶來的成本。最終的結果是利害關係人可能對敏捷開發的速度感到沮喪，尤其是第一年。

這種挫敗感可能會導致團隊在完成學習之前就不再學習敏捷，而只專注於交付軟體。這對每個人都會產生不良的後果：團隊會感到被掣肘和沮喪，而組織會浪費他們迄今為止所做的投資。在團隊開始敏捷之旅之前，請確保管理者和利害關係人做好第一年績效下滑的心理準備。

你的組織可以通過雇用人員來幫助團隊換取時間。雖然這不會免除績效的下降，但會讓下降的持續時間和幅度變得更短更淺。對於這段時間，可以進行各式各樣的協助，包括偶爾的指導、培訓、給予流程設計和實作上的幫助，以及提供完整的輔導。你可以獲得的最有效幫助是聘請經驗豐富的專家來全職輔導每個團隊。

當你考慮雇用誰時，請忽略那些五花八門的敏捷認證，因為有太多認證只是為了營利。大多數的認證只不過是展現了花費多少時間坐在那兒學習而已。雖然有些認證會提供一些相當好的訓練課程，但那多半是因為培訓者願意提供，而非認證本身的要求。因此，請對受吹捧的認證所提供的訓練課程進行獨立的評估，同樣地聘請顧問和教練時也是如此。請向你的人脈尋求建議、對於可取得的公開資料進行抽樣評估、並且檢查參考資訊。

當你使用本書的實務做法時，可能會遇到只發生在你所處環境才會有的問題和挑戰。請確保你有一位可以聯繫且能諮詢的導師。擁有這樣的資源並不必然需要花錢，因為公司裡有相關經驗且受人尊敬的同事、當地的社群、或線上論壇都是不錯的選擇。

如果沒有時間用來學習…

透過從專注領域開始著手，然後慢慢地轉向敏捷所關注的「讓工作完整地完成」，你可以讓績效下降得不那麼明顯，但其代價是更多的整體費用支出。如果你的組織根本不接受任何績效的下滑，那麼代表當下並不是投資改變的好時機。如果似乎從來都沒有一個好時機，這代表一個很大的危險信號。在繼續著手導入敏捷之前，你需要說服管理層騰出時間來進行改變。

如果沒有預算能夠尋求協助⋯

有了本書、許多線上可取得的免費資源、和全神貫注地學習，你的團隊可以透過自學獲得所有需要知道的一切知識。雖然取得外部協助是有幫助的，但這並不是必需的。

「挑選」或「新建」敏捷團隊

團隊在敏捷組織中的重要性是毋庸置疑的。大多數組織認為人是生產工作的基礎「資源」。在敏捷中，團隊即是資源。

組織需要為團隊進行以下投資：

- **跨職能**。團隊成員整體來說具備實現目標所需的所有專業知識。
- **全心全意**。專家可以不定時地提供幫助，但核心團隊成員需要完全投入團隊之中。
- **協作**。團隊成員之間的合作關係友好，並且密切合作。
- **長久運作**。團隊成員可能需要幾個月的時間才能弄清楚如何最有效地一起工作，所以請盡可能保持團隊能夠長久地運作下去。

每個團隊的規模和組成取決於你追求的熟練度領域。第 76 頁上有「完整團隊」詳細但簡短的資訊：

- **專注團隊**專注於實現商業成果。他們需要能夠設身處地為使用者和客戶著想的人來確定軟體的確切用途。如果團隊的目的是以使用者為中心，那就需要包括具有 UI/UX 技能的人員。團隊還需要一種方法來確定下一步要做什麼。雖然團隊擁有具備相關技能與授權的人來自行進行規劃是最好的選擇，但團隊成員仍可以透過與團隊外部人員來合作完成規劃。
- **交付團隊**負責軟體端到端的交付。他們需要建置和部署產品所需的所有技能，因此以前交給其他團隊的相關職責需要一併納入團隊內，包括了建置管理、資料架構和管理、測試和維運。
- **優化團隊**向產品所有相關的商業成功負責。他們還負責與利害關係人協調，並確定產品優先級。他們需要具備商業、市場和產品專業知識的團隊成員。

你可能已經擁有符合要求的團隊。如果你正在建立新的敏捷團隊，請使用以下步驟。無論採取哪種方式，請記住要獲得團隊的認可，就如第 53 頁「獲得團隊的認可」所述。

1. 確定每個團隊的目的。（請參閱第 116 頁「目的」）
2. 根據第 76 頁「完整團隊」中描述的規模限制和團隊目標的價值來確定每個團隊的人數。

3. 決定每個團隊需要的技能

4. 選擇具備每個團隊所需技能、樂於合作並願意嘗試敏捷的人。

如果你要建立或重組很多團隊，請考慮使用團隊「自選擇（self-selection）」。它對於建立高效且樂於一同工作的團隊相當有效。《*Creating Great Teams: How Self-Selection Lets People Excel*》[Mamoli2015] 一書介紹了這個方法。

如果你無法讓人員全心投入團隊裡…

敏捷依賴於密切地協作，所以如果成員無法專心投入其中，那麼它就會失效。偶有的外部職責是沒問題的，但如果無法讓你的成員全心投入團隊，敏捷可能就行不通了。

如果團隊成員處不來…

當新團隊在弄清楚如何一同工作時，團隊會經歷一段艱困顛簸的時期是很正常的，所以不要擔心團隊一開始會遇到困難。團隊的教練和管理者可以幫忙調解衝突。更多相關資訊，請參閱第 323 頁「團隊動態」。

如果你無法建立一個長久運作的團隊…

雖然拆分高效的團隊是一種浪費，但這並不會阻止你的團隊變得敏捷。

如果你無法讓所需的商業、客戶或使用者的相關專家加入團隊…

優化團隊至少需要一名具有產品管理技能的團隊成員，但不一定需要傳統的產品經理。有時公司裡年資長的開發人員比其他任何人都更了解他們的產品和市場，所以如果能加入的成員恰好如此，這也不失一個好選擇。

如果你的團隊不追求優化熟練度，那麼你並不需要團隊裡就包含產品經理。不過你仍需要一位擁有這些技能的人員與團隊密切地合作，而且你也需要有團隊成員能夠代表客戶和使用者的觀點。

商業人員的參與對團隊成功有很大的影響。這是敏捷能夠與之前做法有所區別的原因之一。請多付出些心力讓團隊擁有商業、客戶、與使用者的觀點。如果你不這樣做，團隊所交付的軟體將可能是令人失望的產品。

如果你無法得到所有需要的開發者技能…

你可能無法達成交付熟練度，但交付領域的相關實踐仍然值得學習和使用。

選擇敏捷教練

每個團隊都需要一名教練來幫助成員學習如何成就一個有效的敏捷團隊。第 81 頁有「教練技能」詳細但簡短的資訊：

- 每個團隊需要一位專家來協助成員學習如何打造一個有效且團結的團隊。
- 專注團隊需要一位專家來指導成員本書第二部分所述關於計畫的實務做法。
- 交付團隊需要一位專家來指導成員本書第三部分所述關於技術的實務做法。
- 優化團隊需要一位專家來指導成員第四部分所述關於商業發展的實務做法。

有一些教練能通曉多個領域的知識。每一個教練能夠同時負責一個或兩個團隊。

如果你無法聘請所需要的教練…

你可以培養自己的敏捷教練。選擇團隊成員尊重且信任的資深實踐者（如果這些人選並不清楚明確，請向你的團隊尋求建議），並要求他們接受此任務的挑戰。這本書包含了他們入門所需的一切知識。記住，能夠全心全意為單一團隊效力的敏捷教練才是你最佳的選擇。

向團隊下放權力與責任

> 尊重人的能力是
> 敏捷哲學的核心。

尊重人的能力是敏捷哲學的核心，這在敏捷對於權力與責任的安排方式中顯露無遺。

> 一流的執行力在於把細節做對，而且沒有人比實際做事的人更了解細節 …… 當他們具備必要的專業知識並在領導者的指導下，他們會比任何能替他們做出技術決策和流程決策的人，做出更好的決策。[Poppendieck2003]
>
> — Mary 與 Tom Poppendieck

從組織所應提供的支持角度來看，這代表的意思是：

- 工作是指派給團隊，而不是個人。團隊自行決定如何分解工作成為任務，並且由團隊成員來執行這些任務。為了能夠適於這樣的作業方式，你可能會需要改變工單系統（ticket system）和工作流程。這樣的做法隱含著第 37 頁「改變有害的人力資源政策」關於績效評估的改變。

- 團隊決定自己的流程。團隊尤其需要能夠自由地使用輕量且無須工具介入的方式來進行規劃，而不是只能使用組織所提供的工具。管理者可以施加這些限制到團隊身上，但是他們必須確保每個限制都有一個清楚的理由。

- 專注團隊和利害關係人一起合作來了解商業的需求和優先級。組織需要保證團隊可以容易地聯繫利害關係人或者是他們的代表窗口。

- 交付團隊掌控著自己的開發、建置、測試、和發佈流程。一樣地，管理者可以施加限制到這些流程上（比方說強迫使用企業的發佈流水線），但務必確保團隊有能力自行開發與發佈，而不用等待其他團隊的協助。

- 優化團隊控制自己的預算和產品計畫。管理者定義每個團隊的目的、決定整體的策略、並且設定團隊的預算規模，也會透過檢視商業指標來進行監督。在這樣的框架裡，組織需要允許每個團隊去決定自己要如何達成這些目的和使用自己的預算。

如果工作一定得指派到個人…

如果你的組織無法容受團隊自行決定任務的安排，那麼你的組織對於敏捷是缺乏信心的。雖然你或許能透過試驗性的敏捷團隊來嘗試以團隊為基礎的工作，以便說服他人改變思維，但是整個過程卻都需要小心翼翼的。一般來說，指揮與管制的管理風格並不相容於敏捷。

如果這並不是一個普遍的問題，只是少數個別的管理者難以放手改變，請參閱第 34 頁「改變團隊管理風格」。

如果工具無法支持以團隊為基礎的工作…

如果難以調整與變動公司既有的工作派發系統的話，一個短期的解決方案是為每個團隊設立一位「影」人員作為代表來接收團隊的所有工作指派，然後團隊可以將此指派給「個人」的工作當作指派給「團隊」的工作。

以長遠的角度來看，解決這樣的工具問題是更好的選擇。

如果團隊必須使用企業的追蹤工具…

敏捷團隊發揮威力的來源之一是改善和簡化流程的能力，企業的追蹤工具（包含那些所謂的敏捷生命週期管理工具）會限制敏捷團隊所能帶來的優勢。就像許多在敏捷潮流中爭奪市場空間的產品，這些工具往往會嚴重地錯過敏捷的要點，而實際上使得團隊的敏捷力降低。

強迫敏捷團隊在日常工作中使用企業的追蹤工具會折損他們的表現。如果你在這件事上別無選擇，一個常見的解決方式是同時使用兩套追蹤系統：一個是輕量的敏捷方法，而另一個則是企業的追蹤工具。請參閱第 300 頁「企業追蹤工具」來了解更多細節。

強迫敏捷團隊在日常工作中
使用企業的追蹤工具
會折損他們的表現。

如果團隊無法聯繫利害關係人⋯

與採用預先進行需求和商業分析階段的瀑布式流程不同，敏捷團隊在整個開發過程中與利害關係人合作來改善計畫並獲得回饋。如果沒有辦法聯繫利害關係人，團隊便無法打造正確的產品。

如果團隊無法和一個或多個利害關係人團體一同工作，務必確保團隊能夠聯繫到能夠代表這些團體的窗口。請小心遴選這個窗口的人選：產品的品質將取決於這個人是否易於聯繫或者是否有能力精準的描繪利害關係人的需求。

如果交付團隊無法掌控自己的發佈流程⋯

直到你的團隊能夠掌控自己的發佈流程之前，你都無法看到交付熟練度所帶來的完整好處。也就是說，即便無法獲得完整的好處，交付領域的實務做法仍有充足的價值，值得你去追求。隨著時間的推移，你將能解決這個問題。

如果優化團隊無法控制自己的產品計畫和花費⋯

優化團隊需要有能力去進行試驗並且調整計畫，而這樣的能力有賴於團隊可以控制自己的計畫和花費。沒了這樣的能力，團隊將無法達到優化熟練度。

改變團隊管理風格

隨著團隊能夠決定流程、指派任務、以及和利害關係人進行協調，團隊階層的管理者可能會認為在敏捷的世界裡，他們將失去舞台，但這樣的想法卻不是正確的。雖然敏捷團隊管理者的工作改變了，但不代表他們的重要性不如團隊在未採用敏捷之前的情況。請參閱第 304 頁「管理」來了解更多細節。

請與管理者討論他們新的角色，並且提供需要的培訓，來確保他們對於管理者角色的期待合於敏捷裡的改變。

如果管理者難以放手⋯

雖然微管理相當惱人，但從短期上來看，它並不會讓敏捷就此失敗。不過，從團隊手中拿走決策權的確會妨礙團隊學習。微管理會增加達到熟練所需的時間和成本[2]。

當管理者不知道自己能做什麼，或者害怕在敏捷的世界裡不再重要，他們經常會進行微管理，透過向管理者展示他們應有的模樣來讓自己確信仍有一席之地。培訓或者是一位好的敏捷教練能夠協助改善這個問題。

建立團隊空間

敏捷團隊是高度協作並且持續溝通的。為了能夠有效溝通，所以會需要一個為他們的需求所設計的團隊空間。這個空間可以是實體或者是虛擬的。本書第 91 頁「團隊空間」有更多相關的細節。

對於面對面的團隊而言，打造一個實體的團隊空間可能是你將進行的最昂貴投資，然而它也是最有價值的投資。你可以閱讀第 91 頁「團隊空間」的內容，便會了解實體團隊空間將會是績效倍增的利器。

或許敏捷團隊才剛建立，也或許即使敏捷是個長期的好選擇，你可能還是不知道團隊需要哪一種空間，而且你的團隊可能也不知道。剛接觸敏捷的團隊通常低估了協作帶來的樂趣，而高估了對於隱私的渴求。

> 剛接觸敏捷的團隊
> 通常低估了協作帶來的樂趣。

所以你可以先暫緩實體工作空間的投資，但為此保留預算，因為如果仍採用敏捷，你會最終會需要一個好的團隊空間。短期來說，你可以為每個團隊徵用大型會議空間或者是開放式辦公室的部分區域。

無論你的決定是什麼，請儘早開始著手安排，因為實體團隊空間會耗費相當長的時間來準備。

如果是遠距團隊⋯

你可以建立一個虛擬的團隊空間。本書第 102 頁「虛擬團隊空間」會告訴你如何進行。

如果你無法為面對面的團隊建立一個實體團隊空間⋯

面對面的團隊也可以使用虛擬團隊空間，但我強烈建議不要這樣做，因為他們會同時承受兩種工作方式的最糟情況：面對面工作的不靈活與往返，以及遠距工作的溝通挑戰。

2　感謝 George Dinwiddie 所提供的觀點。

為每個團隊設定友善學習的目標

每個團隊都有目的——在組織整體策略上的位置（請參閱第 116 頁「目的」）。當一個團隊初次學習敏捷，選擇一個能夠幫助團隊成員學習的目的是相當重要的。實際來說，這代表了三件事：

- 有價值的目的，但不緊急。如果團隊承受極大的時間壓力，他們將難以進行學習。他們會本能地使用過去的方法，而不是花時間去學習新的概念。
- 一個獨立的目的。團隊越相依於其他團隊，就可能有越多合作協調的挑戰需要面對。些許的合作挑戰是好的，但過多的挑戰會干擾學習。
- 一個綠地（全新的）程式碼庫。正在學習交付實務做法的團隊有許多技能需要學習，因此使用綠地程式碼會使得學習更容易。如果團隊有一位具有實戰經驗的交付教練，而且也獲得教練的允許，可以忽略這個做法。此外，這對於完全沒有學過交付實務做法的團隊來說，也同樣如此。

如果有一個重要的截止期限…

每個團隊都需要許多的時間來學習。如果距離截止期限仍相當久，這沒有什麼問題。如果不是如此，最好的選擇是推遲試驗敏捷，直到截止期限之後或者是挑選其他的團隊來進行。

如果沒有具有價值的綠地專案可以進行…

讓團隊做有價值的事比擁有一個綠地程式碼庫來得重要。在沒有擁有豐富經驗的教練情況下，初次學習交付實務做法的團隊在面對既有的程式碼的時候，可能會遭遇困難。預料會有更長時間的績效下降，需要更多的時間臻至熟練，以及團隊開發人員會面對更多挫折。

替換瀑布治理模式的前提

治理是在高層級批准、追蹤、和管理工作的方式。大多數組織的治理政策都是以瀑布式開發方法為前提。這種模式有時候需要預先準備的文件或是階段門檻。它常常需要透過預測的方式來進行計畫。

> 為了讓敏捷能夠順利施行，
> 瀑布式治理政策必須被改變。

為了獲得更好的成果，需要改變治理政策來合於敏捷方法。這意味著去除階段門檻，並且使用可調整的方式進行計畫。請參閱第 297 頁「敏捷治理」來了解更多細節。

如果瀑布式治理是必須的…

雖然這是充滿浪費且會妨礙團隊的敏捷力，但如果需要，你還是可以遵循瀑布式治理。這對於一開始的少數試驗團隊來說是沒有問題的，但請在進一步推展敏捷之前，轉換到敏捷治理。

大多數常見的治理需求是事先產出一個固定的計畫和預算。滿足這個需求的最簡單方式是使用你目前正在使用的方法，然後在專案批准後，才開始流程中敏捷的部分。另一種方式是如果團隊已經熟練「專注」和「交付」領域，你可以分配 4-8 週來進行「計畫」、開始往常的做法、並且產出高品質的路徑圖（請參閱第 297 頁「路徑圖」）。

使用瀑布方法獲得成功

對於每個公司來說，敏捷不盡然都是正確的選擇。這樣的情況是很正常的！使用瀑布方法還是可能獲得成功的。如果你所在的公司需要預測性的計畫，或者擁抱指揮與管制的文化，那麼瀑布方法可能最好的選擇。

採用瀑布方法最妥善的方式是迭代式瀑布方法。與其承擔一個極具風險的大型瀑布專案，還不如承擔一系列小型的瀑布專案。每個專案的持續時間都不該超過 3-6 個月，並且最終產出你實際會推向市場的可運行軟體。每個專案都包含標準瀑布方法的所有階段：需求分析、架構與設計、實作、測試，抑或是組織對各階段偏好的客制做法。

瀑布方法在已經被徹底了解且沒有太多不確定性的領域運作得最好，所以請確保所雇用的人員具備豐富經驗，來建構你想要產出的軟體。

在開始工作中敏捷的部分之前，其他預先準備的文件（例如需求分析文件或設計文件）也可以採用目前既有的方式來完成。其他的合規工作通常可以用敏捷的方式，就像其他請求一樣透過故事（請參閱第 146 頁「故事」），進行安排。

瀑布式治理並不相容於優化熟練度，因為它是基於可調整計畫。如果你必須遵循瀑布式治理政策，那麼請將期待限制在專注和交付兩個領域就好。

改變有害的人力資源政策

敏捷是一項團隊運動，儘管口頭上支持團隊合作，但許多公司的政策卻無意中阻礙了它。任何讓人們相互競爭的政策都會讓敏捷變得更加困難。一個特別具有破壞性的例子是分級評等（stack ranking），這個方法會基於團隊成員的相對表現進行評估。無論團隊成員的實際表現如何，獲得分級中最高評比者獲得晉升，而最低者就會被解雇。

與此方法有關的一個問題是管理者只看重有形的產出。在敏捷團隊中，有很多方法可以為成功做出貢獻，例如不編寫大量程式碼但花費大量時間重現錯誤的人，或者在幕後努力改善溝通的人。

組織還會發展出咎責文化，也就是透過懲罰罪魁禍首來處理犯錯。相比之下，敏捷思維將錯誤視為學習機會。例如，一個非敏捷組織可能會由於程式設計師不小心刪除了一個正式運行的重要資料庫而解雇他。相反地，敏捷組織會問：「我們可以採取哪些制衡措施，來防止意外刪除資料庫，以及我們如何才能更容易地從這些錯誤中恢復？」。

這類文化問題通常反映在有關晉升和獎勵的人力資源政策裡。如果人們的職涯是依賴於讓自己「看起來」表現佳，而不顧他們對團隊績效的實際影響，那麼你的團隊很可能會因為敏捷強調協同合作而遭遇困難。

你無法在一夜之間改變組織的文化，但你可以努力改變人資政策，而管理者們可以改變他們對待團隊的方式。這些努力需要時間，所以請儘早開始著手改變。另外，你可能還需要高階管理層的支持。

尋找創意的方式應用到現有的政策上，而不是全盤否認目前的政策（這可能是更加困難的做法）將會是有幫助的。還要記住管理者通常對於如何施行政策有自由裁量空間，因此當你到某件事「無法辦到」時，你需要說服的可能是管理者，而非人資。

如果人資政策一成不變⋯

如果你不能改變糟糕的人資政策，管理者們將必須保護他們的團隊免受這些政策的影響。請確保管理者們支持敏捷，並且精於企業的官僚做法。

如果你有許多團隊，請僅讓有「精明」管理者的團隊參與敏捷的試驗。善用他們的經驗成為改變所需政策的契機。

解決安全顧慮

投資於這個主題通常不是問題，但如果它成為問題時，會讓你動彈不得。因此，請審視這個主題，尤其當你處在對安全需求高度敏感的產業時。

問題在於採用如第 356 頁「結對程式設計」和第 366 頁「群體程式設計」之類的實務做法的面對面團隊，他們是在同一台電腦上一起工作。從安全的角度來看，因為登入電腦的人不總是為使用鍵盤的人，所以這可能是令人擔憂的。事實上，登入的人甚至可能會走開一會兒去洗手間或閒聊。因為經常會切換打字的人（每隔幾分鐘就一次），所以每次有新的人使用鍵盤時，便會登出然後重新登入，而這樣的做法是不可行的。

如果你的團隊會採用這些實務做法，請和公司的安全團隊一同進行並一起解決他們的顧慮。你通常可以找到一種創新的方式來支持敏捷的做法，同時又保持安全。一種常見的方法是建立一個固定且共享的開發帳號。一些公司將這種做法和專用的開發工作站或共享的伺服器式虛擬主機結合。電子郵件或其他個人的工作則在各自的筆記型電腦上進行。

另一個相關的問題是可追溯性。一些公司要求提交的每個程式碼都必須能夠追溯到原始作者。你可以透過在提交訊息中加入作者姓名的簡簽（initials）或電子郵件地址來滿足此需求。另外，Git 的習慣做法是在提交訊息後面加上一行共同著作（Co-authored-by）的資訊 [3]。

一些公司要求在發佈之前審查所有程式碼。雖然結對和群體程式設計滿足此要求，但你可能需要修改工具，以便在沒有獨立審查階段的情況下，允許發佈程式碼。如果無法選擇免除這個需求，你或許可以修改工具來略過具有合著者的提交。

如果安全需求沒有任何彈性空間…

你可以要求登入電腦的人待在他們的電腦前。如果他們需要離開片刻，他們要不是切換登入帳號，就是暫停工作直到他們回來。這種做法會帶來比你預期更多的摩擦，因此較建議的解決方案是讓工作能夠繼續。

團隊還可以使用專為遠距協作而設計的工具，而不是在同一台電腦前工作。即使團隊成員坐在一起，這種做法也會帶來比其他選項更多的摩擦，所以我不推薦它，除非你的團隊本來就是遠距團隊。

如果你不能免除獨立程式碼審查的步驟…

由一對或一群人編寫的程式碼早已被同儕審查過，因此團隊可以採用橡皮圖章式的審查。不過，這會增加摩擦，因此最好在進一步推展敏捷之前，去除這個需求。

問題排除指南

如果你的團隊無法好好地發展敏捷實務做法，尤其是你在多個團隊中看到相同問題的時候，這很可能是因為缺少了投資。你的團隊通常能夠告訴你遭遇了什麼阻礙，但如果他們不確定問題時，請查看以下常見的問題列表：

3　感謝 Jay Bazuzi 提醒我關於提交訊息的慣例（*https://oreil.ly/7vSmz*）。

團隊成員無法嘗試新的做法

    團隊不認同嘗試敏捷（請參閱**第 53 頁「獲得團隊的認可」**）：或

    團隊沒有一位能夠指導團隊成員相關做法的教練（請參閱**第 32 頁「選擇敏捷教練」**）：或

    團隊感受到極大的交付壓力（請參閱**第 36 頁「為團隊設定友善學習的目的」**）

團隊成員遭遇許多人與人之間的衝突

    團隊太常被解散（請參閱**第 30 頁「「挑選」或「新建」敏捷團隊」**）：或

    團隊承受過多壓力（請參閱**第 36 頁「為團隊設定友善學習的目的」**）；或

    團隊管理者需要幫忙調解衝突（請參閱**第 34 頁「改變團隊管理風格」**）；或

    人資政策鼓勵競爭（請參閱**第 37 頁「改變有害的人力資源政策」**）。

團隊成員無法協同合作

    團隊不認同嘗試敏捷（請參閱**第 53 頁「獲得團隊的認可」**）；或

    團隊成員無法全心投入或者無法相處（請參閱**第 30 頁「「挑選」或「新建」敏捷團隊」**）；或

    團隊沒有一位能夠指導成員如何協作的教練（請參閱**第 32 頁「選擇敏捷教練」**）；或

    以個人為前提的工作指派和追蹤的方式（請參閱**第 32 頁「向團隊下放權力和責任」**）；或

    團隊工作環境不合適（請參閱**第 35 頁「建立團隊空間」**）；或

    團隊承受過多壓力（請參閱**第 36 頁「為團隊設定友善學習的目的」**）；或

    團隊管理者個別指派工作（請參閱**第 34 頁「改變團隊管理風格」**）；或

    人資政策鼓勵競爭（請參閱**第 37 頁「改變有害的人力資源政策」**）。

團隊花費太多時間在評估、計畫和追蹤工作

    團隊必須使用企業的追蹤工具（請參閱**第 32 頁「向團隊下放權力和責任」**）；或

    團隊必須建立預測性的計劃或詳盡的預測（請參閱**第 36 頁「替換瀑布治理模式的前提」**）；或

    團隊需要發展專注熟練度（請參閱本書**第二部分**）。

團隊產出的軟體不是利害關係人所需要的

    團隊裡沒有對的商業代表或者需要客戶或使用者領域的專家（請參閱**第 30 頁「「挑選」或「新建」敏捷團隊」**）；或

團隊沒有一位能夠指導成員如何與利害關係人合作的教練（請參閱**第 32 頁「選擇敏捷教練」**）；或

團隊無法聯繫利害關係人（請參閱**第 32 頁「向團隊下放權力和責任」**）。

團隊難以獲得利害關係人的關注

利害關係人不認同嘗試敏捷（請參閱**第 55 頁「獲得利害關係人的認可」**）；或

團隊不具備所需的客戶技能（請參閱**第 30 頁「「挑選」或「新建」敏捷團隊」**）；或

利害關係人不瞭解團隊合作的重要性與價值（請參閱**第 36 頁「為團隊設定友善學習的目的」**）。

團隊產出的軟體滿足客戶與使用者的期待，卻無法獲得商業成功

團隊沒有對的商業代表或專家（請參閱**第 30 頁「「挑選」或「新建」敏捷團隊」**）；或

團隊需要一個更好的目的（請參閱**第 36 頁「為團隊設定友善學習的目的」**）；或

團隊需要發展優化熟練度（請參閱本書**第四部分**）；或

團隊已經具備優化熟練度，但無法掌控產品計畫和花費（請參閱**第 32 頁「向團隊下放權力和責任」**）。

團隊產出的軟體發佈週期長，且充滿臭蟲和維運問題

團隊成員不具備所需的全部交付領域技能（請參閱**第 30 頁「「挑選」或「新建」敏捷團隊」**）；或

團隊沒有一位能夠指導成員交付領域實務做法的教練（請參閱**第 32 頁「選擇敏捷教練」**）；或

團隊需要發展交付熟練度（請參閱本書**第三部分**）；或

團隊已經具備交付熟練度，但無法掌控完整的開發、發佈、和維運流程（請參閱**第 32 頁「向團隊下放權力和責任」**）；或

團隊正在學習如何處理既有程式碼（請參閱**第 36 頁「為團隊設定友善學習的目的」**）。

發展敏捷的進展不如預期

團隊正在完成未採用敏捷前的工作或者仍在學習（請參閱**第 28 頁「騰出時間學習」**）；或

團隊需要更多的指導（請參閱**第 32 頁「選擇敏捷教練」**）；或

團隊的工作環境不適合（請參閱**第 35 頁「建立團隊空間」**）；或

團隊需要發展交付熟練度（請參閱本書**第三部分**）；或

團隊無法掌控開發流程（請參閱**第 32 頁「向團隊下放權力和責任」**）；或

團隊正在處理既有的程式碼（請參閱**第 36 頁「為團隊設定友善學習的目的」**）；或

團隊受限於治理需求（請參閱**第 36 頁「替換瀑布治理模式的前提」**）；或

團隊受限於安全需求（請參閱**第 38 頁「解決安全顧慮」**）。

第 5 章

投資變革

你已經決定透過敏捷來讓你的團隊獲得更多的成功，知道哪個領域有最好的成本 / 效益權衡，你也已經知道組織應該投入多少資源。現在，你要如何讓這個決定成真？

了解變革

變革是具有破壞性的，而導入敏捷也不例外。具體會帶來多大的破壞性取決於有多少團隊受到影響，以及你有多善於管理變革。如果你有一個團隊渴望嘗試敏捷，而且也獲得了組織全力的支持，那麼這

> 變革是具有破壞性的，
> 而導入敏捷也不例外。

樣的變革可能是容易的。如果你試著改變組織中 50 個團隊，而這些團隊都不熟悉敏捷概念，那麼這將相當棘手。

Virginia Satir 的變革模型（圖 5-1）[1] 是了解人們如何回應變革的方式。如圖所示，變革會有五個階段。以下是把這五個階段帶入敏捷變革的情境：

1. **過去的現狀**：這是尚未導入敏捷時的工作模式，一切都是熟悉且安適的。雖然有些人不是相當愉悅，但每個人都知道各自在團隊裡位置，也知道如何進行他們的工作。這些感到不愉悅的人認為敏捷將有助於改善現狀，並且開始推動改變。

---

1 Steven Smith 有一篇關於 Satir Change Model 的文章（*https://oreil.ly/1KQ38*），該文章包括了如何幫助團隊渡過每個階段的技巧。

2. **抗拒**。想要改變的人開始獲得關注，而某些關於敏捷的改變也開始變得可行。這些讓敏捷變得可能的因素稱為**外來因素**（*foreign element*）。人們開始為這些可能的改變採取行動，但是有許多人對此感到反抗。他們會說「敏捷是不必要的」、「敏捷是不會成功的」、「這只是浪費時間」。一些人甚至會感到憤怒。越多人牽涉其中，就會發現有越多抗拒。

3. **混亂**。敏捷變革被准許，而團隊也開始使用敏捷實務做法。原來的工作方式與熟悉的預期成果變得不再有效。人們感到迷失與困惑，而且情緒起伏變得明顯。某些時候覺得愉悅，而有些時候則感到糟透了。人們偶爾會展現幼稚的行為，績效和士氣也與之下降。

4. **整合**。隨著不斷地實踐，人們開始對於新的工作方式感到熟悉。他們發現敏捷的某種想法（稱為**轉變的念頭**（*transforming idea*）），而這個概念對他們來說，充滿吸引力（對於每個人來說，這些概念會各有不同）。他們擁抱敏捷所帶來的可能性並且開始認真投入，來讓敏捷成真。混亂的感覺逐漸消逝、士氣回升、而且績效也開始上升。

5. **嶄新的現狀**。人們已經渡過變革，來到成功的彼岸。他們對新的敏捷工作方式感到熟悉和舒適，而且更有信心持續地做出小的改變。績效穩定地高於變革之前，而且隨著人們進一步嘗試小的改變，緩步上升！

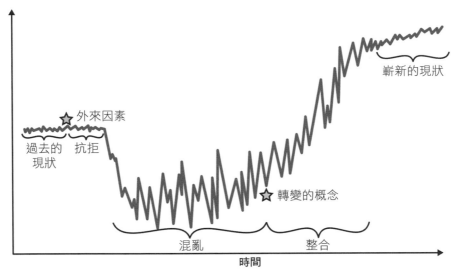

圖 5-1　Satir 變革模型

這種對於變革的反應是無可避免的。嘗試加速只會讓事情變得更糟。這正是為什麼組織保留時間讓人們學習敏捷（請參閱第 28 頁「騰出時間學習」）。請注意圖 5-1 的 Satir 變革模型與圖 4-1 J 曲線之間的相似性。

每個人都按照各自的步調經歷這些階段。改變的時間長度與混亂的程度取決於他們日常工作受到影響的程度。僅受到敏捷團隊些許影響的外部人員會比新加入團隊的人員反應來得輕微。每個人的個性同樣也會對變革的過程帶來影響。某些人熱愛新事物，而有些人則渴求穩定和事情是可預期的。

你可以採用我從 Diana Larsen 所學到的技巧：「提供支持（Support）、資訊透明（Information）、明確而有系統的（Structure）」（SIS）[2]，來減輕混亂（並非免除）的程度。

- 提供支持。協助人們了解如何在受到改變的環境中繼續他們的工作。提供訓練、指導，和任何一種能讓人得到幫助，卻不會感到受質疑的做法。請進行如第 4 章所說的投資。當成員感到不知所措時，確保他們不管在工作或生活等方面，都有傾訴的對象。

- 資訊透明。請保持正在發生、應該知悉的、與尚未決定的資訊透明，來解決人們對於職涯上的顧慮。如果你能如實地做到上述的事情，也請明確地承諾不會有人因為變革的成果而遭解雇。請付出十二分的努力，持續地溝通[3]。

- 明確而有系統的。人們需要明確的立足之處，所以請為變革提供路徑圖。如果你使用本書作為變革的基礎，那麼請提供需要部份的副本，並且告訴人們你正在採用哪一部分的實務做法。當事情變得不確定，請向大家詳述你需要哪些資訊、成果、或資源來讓事情變得明確，以及你預期什麼時候事情會變得明朗。如果有一個暫時的步驟（如暫時的團隊），請清楚表達它是暫時性的，而且告訴大家接下來會發生什麼事。

大規模的變革

影響很多人的變革比只影響少數團隊的變革更具破壞性，而且破壞性是成倍增加的。謠言四起，人們開始擔心自己的工作，而且即將發生的改變會成為日常談話的內容。

2　感謝 Diana Larsen 協助此列表的完成。

3　Diana 表示：「持續溝通到你受不了為止，然後繼續溝通。」

直接影響超過 30-70 人的重大改變需要專業的變更管理。根據組織的規模，人資部門或許有可以提供幫助的變革管理人員。如果你聘請敏捷顧問來幫助進行變革，請詢問他們的變革管理經驗和方法。

組織領導者經常低估變革管理的重要性。這是一個嚴重的錯誤！用 Satir 模型來說，當組織的其他成員知道這場變革時，組織領導者已經體驗並且得到能解決

> 不要低估變革管理的重要性。

他們抗拒和混亂感的「轉變的念頭」，所以對領導者來說，現在的改變似乎是顯而易見且必要的！為什麼會有人不同意？

接著他們便引入變革，然後遭遇大家經歷自己的抗拒與混亂階段時所產生的巨大阻力與破壞性，而這些阻力與破壞性足以扼殺整個變革。

適當的變革管理不能避免破壞性的產生，但可以減輕它。不要吝於進行變革管理。如果你不打算取得專家的幫助，請將你的敏捷變革一次只限制在幾個團隊中。

創造改變

kaizen（與「I win」同韻）是敏捷社群中的常用的術語。這是一個日語單字，其意思是「改善」。在敏捷社群中，它具體地意味著持續且漸進的改善[4]。

持續改善是敏捷的一部分，所以你不應該先*改善*邁向敏捷的方式嗎？雖然違反直覺…但可能不是。*kaizen* 旨在改善你既有的工作方式。如果你有文件導向的文化，*kaizen* 會幫助你簡化文件。如果你處在咎責文化，它會幫助你找到更需要咎責之處。不過，它不會幫助你從任何一種文化中，一步飛躍到敏捷文化裡。

要從一種工作方式轉變到另一種工作方式，你需要一個不同的日語單字：*kaikaku*（與「I rock you」同韻）。*kaikaku* 的意思是「變革性的改變」。*kaikaku* 不會像 *kaizen* 那樣逐步地改善你既有的工作方式，而是從根本上改變你的基本方法。

我所認識的偉大的敏捷團隊都是從 *kaikaku* 開始的。他們弄清楚想要從敏捷中得到什麼，以及如何進行投資來獲得這些成果，然後全力以赴。

我看到平庸的敏捷團隊比優秀的敏捷團隊多得多。平庸團隊有一個共同點，那就是他們的公司並沒有全力以赴，而只是試圖 *kaizen* 他們邁向敏捷的方式。起初它似乎有效，但總是停滯不前。人們對敏捷理念和公司價值觀之間的不相稱感到厭煩，並且厭倦了吸收新想

---

4 *Kaizen* 是從精實製造引入敏捷裡。精實製造本身是基於革命性的豐田生產系統，因此是日本的術語。

法。經過幾年的努力後，出現變革疲勞，然後進步便停滯不前。讓人感到諷刺的是這種邁向敏捷的方式帶來的破壞比 kaikaku 帶來的破壞，持續的時間要長得許多。

如果你的公司剛接觸敏捷概念（不管是否已經使用了這個名稱），請使用 kaikaku。選擇適合你的領域，進行投資，並讓每個團隊立即開始使用所有相關的實務做法。這可能看起來很可怕，但它實際上比逐步採用這些實務做法更快且更安全。

如果你有很多團隊，逐步進行可能是最安全的，但即便如此，kaikaku 仍是你最好的選擇。與其使用 kaizen 逐步將敏捷介紹給許多團隊，不如使用 kaikaku 將敏捷全面地導入到一部分團隊裡。對於採用漸增且更小單位的改變來說，或許一次只從一個團隊開始，而且只專注領域，然後再增加交付領域，接著再增加一個或許同時採用專注和交付領域的團隊。隨著經驗的累積，你可以增加每次改變的幅度。

已經導入敏捷的團隊可以透過 kaizen 目前熟練度領域所採用的做法，來獲得更好的成果。請參閱第 11 章來了解更多資訊。如果團隊已經熟練專注領域，並且希望增加對交付和優化領域的熟練度，而想要引入一個新的熟練度領域，那麼 kaikaku 仍是最好的方法。新領域需要新的投資和重大的變革，而這最好一次就完成。

成功的 kaikaku 需要紀律和關懷。它始於…。

獲得管理團隊的認可

敏捷需要管理層的支持。沒有了這些支持，團隊的敏捷實務做法和組織的非敏捷文化之間的不相稱狀況，會持續地導致摩擦。如果你自己就是管理者，你仍然需要讓你所屬的管理者加入，並且最好也獲得同儕的支持。

1. 始於對話

改變是從一場對話開始。通常最簡單的方法是一對一的對話，而且如果對談是面對面，或至少是透過視訊進行，你將能獲得最大成功。從信任且有影響力的管理者開始，並讓他們加入成為盟友。他們會協助你知道還需要和誰交談，以及如何更好地獲得他們的認可。

從第一位管理者開始，在談話中討論組織在軟體開發方面所面臨的挑戰。根據第二部分到第四部分的介紹裡所描述的好處，談談你認為軟體開發如何在公司中做得更好。不要獨佔談話的過程，並且促使與談者加入討論。簡要地分享每個領域的好處，並詢問他們認為哪些領域很重要，也請詢問他們這些看法背後的成因。花更多的時間聆聽而不是說！

最重要的是聚焦在他們可以獲得什麼，以及不作為會導致他們失去什麼，而不是為了敏捷而推動敏捷。事實上，考慮到「敏捷是什麼」的誤解程度，你最好不要提及「敏捷」這個詞。

2. 獲得經濟買家（Economic Buyer）的准許

你的最終目標是與有權進行團隊所需投資的人交談。在銷售領域中，這個人被稱為「經濟買家（economic buyer）」。

經濟買家經常會圍繞著看門者（gatekeeper），而且他們認為他們的工作就是保護經濟買家的時間不被浪費。他們會要求你跟他們進行提案簡報，以便他們可以轉達提案給買家。他們並不是想要竊取你的想法，而是想要試著節省買家的時間。有時候，即便他們並未真的獲得所需的授權，他們還是會向你保證他們就是買家。

不要被耍得團團轉！雖然讓看門者支持你是很有幫助的，而且這通常也是必要的，但這對於你來說是不夠的。看門者無法允諾你所需要的投資。你需要的是和真正的經濟買家談談。

在與經濟買家交談之前，請將你的談話重點放在敏捷的好處上：什麼是利害攸關的。因為與你交談的人無權進行你需要的投資，所以討論需要的投資可能會讓人分心，甚至令人擔憂，

當你最終與經濟買家交談時，你的目標是讓他們原則上同意投資敏捷。你可能不會有很多時間，所以要專注於大局。雖然通常最好的方式是透過對話而不是投影片簡報來進行會議，但是你的盟友會知道根據你的狀況，什麼是最好的進行方式。

在與經濟買家的對話中，討論他們希望從組織中得到什麼以及敏捷會如何提供幫助。如果他們所信任的管理者能代表你以非正式的方式發聲，效果會更好。

一旦買家接受了敏捷的好處，就可以談談要進行怎樣的投資。不要過於細節，因為這會壓倒他們。只需總結每個領域所需要的一些關鍵投資（第 26 頁的「投資項目彙總」可以協助你做好準備），以及這些領域如何兌現出他們想要的東西，並詢問他們哪種投資收益權衡看起來最合適。提供數個選項，而不是要求他們做出「要」或「不要」的決定，這樣可以減少他們直接拒絕你的機會。

> 提供數個選項可以減少你被直接拒絕的機會。

假設經濟買家原則上同意投資敏捷，或者至少值得進一步考慮，請要求准許建立一個具體的提案。通常的做法是詢問提案中需要看到什麼才能批准，並且要求他們推薦一位與你一起合作的贊助者和一個能讓你向他們提出提案的日期（因為最好是在一兩天內完成，所以最好能夠先完成一個粗略的草稿），接著詢問你什麼時候能夠獲得回應。

最後，請要求能夠向他們持續跟進此事。因為當他們認可此事時，有可能不會回覆你，所以向他們表達「我會按照你的要求持續跟進」是個好的做法。

3. 制定一個正式的提案

如果你走到這一步，恭喜！你已經通過了最重要的障礙。現在你需要完成一個提案。

你的提案的形式將取決於你的組織。你的贊助者和其他盟友會幫助你了解提案的格式、幫助你完善它、並將它推廣給經濟買家。請展現迅速、禮貌和堅持不懈的態度。

在你的提案中，描述你的組織可以期望看到的好處，以及需要進行的投資。請具體一些。第 3 章概括地描述了敏捷的好處，第二部分到第四部分將會有更詳細的介紹。把這些好處轉化為你的實際情況、經濟買家願意進行的投資以及對組織的實際意義。

對於你提案的投資部分，請閱讀第 4 章，並把每個步驟轉化為具體要求。你可能不得不在一些投資上妥協。該章解釋了如何進行妥協，但避免妥協太多。這些投資最終會讓敏捷的好處成為可能。

接觸經濟買家

下述是在我的顧問經驗中，關於在複雜情境下，獲得管理者認同是如何產生助益的例子。雖然這並不是敏捷變革的普遍做法，所以你的經歷會與此有所不同，但是與你在組織裡開展對談的過程可能會是相似的。

最初是一位工程經理與我聯繫。他任職於一家擁有數百名工程師和大約 45 個軟體團隊的公司，而且正在尋找一位領導一個小團隊的人。在交談過程中，我得知他們的團隊之間遇到瓶頸，因此我轉而建議讓我來幫忙解決這個問題。

工程經理發現我對規模化的想法很有見地，所以他把我介紹給他的工程副總經理。兩週後，我們進行了交談，而副總經理喜歡我所說的內容，接著在一個半星期後，我們一同和他的老闆（首席產品長（CPO））共進午餐，而他正是經濟買家。

在那次午餐中，我聽取了 CPO 對其組織的擔憂，並且討論了一些我可以提供幫助的方法，接著便安排了我和他們的產品管理總監之間的後續會議，而這位總監也有參加當天的午餐。

接下來的一週，我和總監見面。由於他不是買家，所以我的目標並不是說服他，而是想要更加地了解這家公司。此外，因為我們會緊密地合作，所以我也想確保他和我的想法一致。幸運的是我們想法不僅一致，而且他還安排了 CPO 和我們之間的另一次會議。

那次會議是在下一週召開的。雖然共進午餐只是一個讓我們了解彼此的機會，但此次的會議卻是讓我獲得 CPO 認可的機會。

我沒有採用銷售簡報的方式，因為我從來都不覺得告訴人們他們應該想要什麼是有用的。相反地，我問了些問題！我的目標是出自真心的：我想了解 CPO 的需求，而且也想讓他知道有哪些具有挑戰性或會遭遇問題的事情。我問他「以他的角度來看，成功是什麼樣子的」、「要如何知道它已經實現」、以及「對商業帶來影響的預期底線是什麼」。

在一個小時的會議結束後，我知道已經足以向他分享大致的方法以及可能的花費。我問到所提的方法和價格是否可以被接受，而他接受了！我們都對此結果感到震驚，並且允諾在下一個工作日結束前，給他詳細的提案。他們花了一週審視我的提案（那位總監會隨時告訴我狀況）。在進行一些調整後的一週，提案獲得了批准。

最後的批准需要一些時間才能通過公司的正式流程。不過在此刻，它實質上已經是被確認通過了。從最初的會議到初步獲得批准進行了五次的會議，並且花費了七個星期。對於這種規模的組織來說，這速度不僅是相當快的，而且他們也相當的積極。他們相信我能幫助他們解決那個阻止他們進步的嚴重問題。

一個具有動機的問題，並且相信你有能力解決它 —— 這些都會是你所需的要素。

如果這個準備工作聽起來太多了…

這個謹慎取得認可的流程是為了支持還不明朗的情況：比方說正與多個團隊合作、正在要求一筆巨大的投資、或是所處組織的官僚習氣重到不適合敏捷概念（即便有許多人打著敏捷的名號）。

但有些時候，狀況並不是如假設一般，因為你可能只需要協助一個小團隊變得敏捷。如果你和你的管理者已經有足夠的權力進行所需的投資，那麼立即放手去做即可。

如果管理層認為早已敏捷了…

有些組織（最近應該是有很多組織）認為他們早已敏捷。有公司跟我說「我們已經在後敏捷（post-Agile）時期了」、或者你能會聽到「我們已經具備敏捷力（little-a agile），而不只是用著敏捷最佳實務做法與框架（big-A Agile）」。不過當你使用第一章所述的哲理與這些組織的作為進行比較，就會發現兩者一點也不像。

爭論這些名詞是毫無所獲的！如果這些組織想要去說他們是敏捷的、或後敏捷的、或超級無敵敏捷的，就讓它們去說吧！取而代之的是去聚焦手邊的問題：團隊正在面對的挑戰、組織能獲得的好處、以及為了獲得好處所需要的投資。

> 聚焦手邊的問題：
> 挑戰、好處、和投資。

如果管理層不支持⋯

如果你一開始無法獲得管理者的支持，請不要放棄。請設身處地為他們著想。敏捷要如何幫助他們得到他們想要的？如果答案是「不能」，那麼敏捷可能並不適合於你的組織。選擇另一種更適合組織文化的軟體開發方法。請參閱第 37 頁「使用瀑布方法獲得成功」，或許是另一種可能的選擇。

如果你可以求助一位值得信賴的管理者，請尋求他的幫助和建議。如果沒有，請試著與之前經歷過敏捷變革的公司管理者進行一場資訊訪談（informational interview）。（他們或許會雇用你。雙贏！）你可以看看第 51 頁「改變你的組織」，裡面有更多相關的點子。

在敏捷發展的初期，當它還是一個草根運動時，許多團隊在幾乎沒有許可和支持的情況下，自行採用著極限程式設計。你可以試試這種做法，但我並不推薦它。從過往嘗試過這種做法的團隊所記述的經歷裡，可以知道最後某人（通常是專案經理）總是必須去彌合公司文化和敏捷哲理之間的鴻溝。這是一份吃力不討好的工作，只會把他們的熱情焚燒殆盡。

有些人使用看板方法來促使組織發生改變[5]。看板方法圍繞著現有的工作方式來點出在製品（work-in-progress）的瓶頸和延遲成本。它很容易實施，並且可以激發更敏捷的工作方式。

因為看板是一種 *kaizen* 的變革方法，所以它的改變很慢，而且也只能達到一部分變革的目的。不過它的確非常有效，而且可以用來獲得展開 *kaikaku* 的許可。請參閱 [Anderson2010] 來了解更多關於它的知識。

如果你所做的一切都沒帶來改變，請仔細想想你要的是什麼。假設現狀是不會改變的，而且也沒有改變的可能。或許這樣的狀況對你來說也是不錯（而且通常是如此），也或許是時候應該轉換到另一家更適合你的公司了。

改變你的組織

你可以改變你的組織，或是換一個組織。

—Martin Fowler

從內部改變組織並不容易，但它是可以達成的。它需要花費大量的時間和精力，而代價並不總是值得的，因此以簡單的方式改變組織（通過換工作）可能是更明智的選擇。但是，如果你想嘗試一下推動改變，下述有 13 個技巧可以參考。這些技巧是基於我自己從內部改變組織的經驗中累積得出的：

5　請注意，看板方法不只是一些團隊用於計畫的看板。

1. 質疑你的動機。敏捷真的符合所處組織的最大利益,而不只是由於你個人的原因想要嗎?你有時間、精力和熱情來宣傳這種變化嗎?如果你的努力讓你陷入困境,你有退出策略嗎?如果這些問題的答案都是「否」,那麼換工作可能是更好的選擇。

2. 有堅實的人脈支持。自下而上的改變是令人沮喪和吃力不討好的。請依賴朋友和家人,並且準時回家。不要在工作之餘糾結於工作問題。

3. 尋找小樂趣。如果沒有自上而下的支持,組織變革在很大程度上,超出了你的控制範圍。請在工作中找到你每天可以做的小事,讓自己得到滿足感。

4. 不要放棄。持續累積小改變!一開始你不會看到你努力的效果,但它們會慢慢改變人們思考問題的方式。它最後會越過某個門檻,然後事情似乎會突然發生變化。

5. 尊重是你的籌碼。人們越尊重你,你就越值得信賴。通過你的行為贏得尊重,並尊重他人(即使是在心中深處的想法)。

6. 待在你能影響的範圍內。基層變革需要持續不斷地重複,因此只試著改變你在組織中經常接觸的部分。

7. 耕耘高位者的支持。找到至少一位尊重你與你的想法,並且影響範圍比你還大的人,然後爭取他們的支持來宣傳你的想法。

8. 找出落差。人們必須想要追求變革,而只有當現狀讓他們所追求的事情不可得、或是改變能幫助他們避免失去所珍視之物時,他們才會想要改變。聚焦在那些好處!

9. 了解原因。事情之所以依照現有的方式進行是有原因的,因此如果你了解這些原因,你就能讓做法變得更有效。

10. 重複著自己的堅持。以不同的方式與不同的人一次又一次地推廣你的變革想法。盡量不要為重複這些事情而感到惱怒。

11. 不要批評一切。做些具體的事情!挑每件事的毛病,並不會讓人們聆聽你的想法。

12. 不要搶功勞。如果你成功了,人們就會開始重複你的想法,就好像這是他們自己的想法一樣。這並不是抄襲!即便接受你的想法的人不了解的想法,但你努力的成果卻可以真正地改變他們的思維。讓他們覺得這些改變就是他們的想法,因為他們會為自己擁有的想法而更加努力。

13. 小心你想要的。如果你想要的變革通過了,你準備好為接下來發生的事情負責嗎?

如果你想要閱讀這些致力於變革的故事，可以透過 [Shore2006] 從線上取得。有關內部改變組織的詳盡指南，你可以參閱《*More Fearless Change: Strategies for Making Your Ideas Happen*》[Manns2015]。

獲得團隊的認可

敏捷以人為優先，所以應該不會驚訝需要獲得預期加入敏捷團隊的成員的認可，來嘗試敏捷。雖然可能可以強迫成員咬牙點頭同意，但這條變革之路將會讓許多員工離職（而且這是基於過去來之不易的經驗才說出的一句話）。

當我被要求幫助團隊變得敏捷時，我總是在沒有管理者在場的情況下，獨自與每個團隊交談。你會希望團隊成員能夠自在地表達自己，而不必擔心受到報復。邀請你的團隊教練加入獲得團隊認可的會議，而且如果你自己就是管理者，請在會議開始時表達你對團隊決定的支持（不管結果是什麼），然後讓團隊成員在沒有你的情況下，與教練交談。

當你或教練和每個團隊交談時，請向團隊解釋他們已經被選為嘗試敏捷的候選團隊。我的做法是會向團隊解釋為什麼管理者對敏捷感到興趣、它會為組織帶來怎樣的好處、和它會如何影響團隊裡的每個人，也會解釋改變工作習慣所帶來的壓力，以及它會帶來一段混亂的時期（通常需要三個月），而這是因為每個人都正在弄清楚如何用敏捷的方式來工作。我經常會畫出 Satir 變革模型來進行解釋（請參閱圖 5-1）。

我會告訴他們「如果你們同意，我會要求你們在三個月內按照書本上的方法來進行敏捷。在那之後我們會評估哪些做法有效，哪些做法無效，並且進行改善[6]。六個月後，你們會有最後的決定權，來決定是否繼續使用敏捷方法，還是回到過去的做法。」

接著，我會請大家提出問題。團隊通常對於過程會有很多問題，但總是有一個問題是「如果我們說不，會如何？」我的回答總是「這件事就不會進行」。這句話相當重要，因為否決權必須是「真的」。如果你不能給人們說「不」的權力，那麼說「是」就一點意義也沒有。透過給人們現在拒絕和後來改變想法的機會，可以讓人們放心嘗試新的事物。

確保你有足夠的時間來回答每個人的問題。這場會議通常需要一個小時左右，但有時會更長。在每個人的問題都得到解決後，真誠地告訴大家投票反對敏捷是不會對他們產生不好後果的，接著請團隊進行投票。

6　這是一個善意的謊言。敏捷涉及持續改善，因此我們會在幾週內評估哪些做法有效，而哪些做法無效。不過，我們確實會在三個月後停下來，進行更大的評估。

如果團隊抱持懷疑…

懷疑是正常的，你也應該預期它會發生。請坦誠相待你的團隊，讓他們了解變革是具有破壞性的，但結果卻是有益的。請弄清楚哪些實務做法你認為或許會讓團隊感到沮喪或不習慣，比方說結對程式設計。這能幫助你解決大家的懷疑，也會讓未來更容易導入這些做法。

強調這一場試驗以及團隊對於是否繼續敏捷有最後的決定權將有助於消除疑慮。

如果有少數成員拒絕…

如果有幾個人不同意，請他們解釋原因，看看他們的反對意見能否得到解決。如果無法解決，詢問他們是否願意保留這個判斷，並且與團隊的其他人一起工作六個月。

如果他們仍然不同意，請考慮詢問他們是否可以轉到另一個團隊，但這必須通過管理層的批准。如果無法這樣做，或者如果你不知道誰不同意（在匿名投票的情況下），那麼這個團隊不會是一個好的候選團隊。

如果大多數成員都拒絕…

如果團隊不同意，那麼你將不得不選擇另一個團隊。我很少發生這種情況，但它確實會發生。有一次的經驗是因為團隊成員不相信組織會給他們學習所需的時間。而在事後看來，他們是對的！我們沒有經歷這場變革是一件好事。

如果成員假意接受…

有時，人們會在暗中反對改變，且又同時投票支持敏捷。除了確保人們不會感到被脅迫之外，你對此無能為力。事後猜測人們的選票是沒有什麼意義的。

即使沒有人撒謊，變革的本質是每個人都會偶爾重新考慮一下。當這些反對意見出現時，你要做的是去解決它們。當團隊真的提出反對意見時，你可以提醒他們雖然已經同意堅持試驗六個月，但是這個改變有一

> 變革的本質是
> 每個人都會偶爾重新考慮一下。

個明確的結束日期，而且即便這個改變是沒有用的，屆時他們也能改變決定。請富有同理心並給予尊重！改變習慣需要時間，而且人們會覺得他們所倚賴的常規已經被拋棄了。

根據我的經驗，當六個月的日期到來時，變革的混亂將會過去，而人們會對他們的敏捷方法感到滿意。對於我合作過的每個團隊來說，每次都是如此。

獲得利害關係人的認可

團隊的利害關係人是所有會受到團隊影響、或能夠影響團隊的每個人。對於敏捷改善的努力成果來說，你的利害關係人還包括了任何會對你所進行的改變產生影響的人。

我們已經探討過團隊成員和管理者的認可。雖然你並不需要獲得所有其他利害關係人認可你的敏捷意願，但你的確需要一些具有龐大政治影響力的人物來支持你。如果他們不認可你的意願，他們就可能會悄悄地破壞你的努力成果，然後在六個月到一年的時間裡扯你的後腿，即使（尤其是）敏捷正在取得成功[7]。

最有可能抵制的利害關係人是團隊的商業合作夥伴，比方說產品管理、行銷和銷售。敏捷代表了團隊與這些群體互動方式的重大轉變。他們習慣於預測的做法，並且專注於承諾和截止日期。他們和開發團隊的互動通常聚焦在文件、進度報告和簽核上。

敏捷團隊則是專注於回饋、頻繁交付價值和調整計畫。他們不斷地向利害關係人徵求回饋意見，然後根據他們得知的狀況來改變計畫。因為計畫總是在發生變化，所以他們沒有做出詳盡的發佈承諾。有些團隊的確會提供版本發佈的預估，但即便如此，這些預估也不是承諾，而且它們經常會有變化。

一些利害相關人喜歡它。最後，他們會知道真正發生了什麼，並且有能力影響結果。其他人，尤其是那些過去因未能守住承諾而焦頭爛額的人，會把敏捷視為一種政治策略：團隊避免做出承諾的一種複雜方式。因此，他們會竭盡全力地對抗敏捷。

請與團隊的主要利害關係人討論敏捷。通常最好的方式是一對一地來完成討論。主題可能充滿政治味，所以請務必和你的管理層盟友一同制定策略。另外，你或許不是進行對話的最佳人選。管理者或利害關係人所信任的人可能是更好的選擇。

每一次的對談中，請將你的利害關係人當作值得信賴的夥伴，並且渴望他們也獲得成功。你必須平衡多種利益，而且雖然你提供可見性與控制力，而不是可預測性，但你可以提供需要的幫助。你會盡一切可能讓他們的工作更輕鬆和更成功。

> 請將你的利害關係人
> 當作值得信賴的夥伴，
> 並且渴望他們也獲得成功。

如果具體承諾是必須的⋯

敏捷採用調適性規劃的方法，這代表它為了獲得更好的成果，而有可能必須臨時更改計畫。如第 289 頁「預定義的發佈日期」所述，你可以承諾一個具體的日期，並且據此制定計畫，但你無法準確地預測哪些功能會在那天完成。

---

[7] Alistair Cockburn 稱其為「組織抗體（organizational antibodies）」。變革計畫越成功，人們就越擔心它會影響他們，他們也就越反對它。

如果這樣的做法仍無法滿足期待，你可以採用第 37 頁「如果瀑布式治理是必須的⋯」中所述的方式來訂定固定日期與固定範圍的計畫。雖然它們不能保證成果是正確的，但至少會和你目前所提供的一樣好。如果這樣仍然不可以，那麼敏捷並不適合你。

如果利害關係人不認可⋯

有些軟體團隊與他們的利害關係人之間充滿爭吵，尤其是與那些在產品管理和銷售方面的利害關係人，而且爭吵能變得十分激烈。在某些情況下，惡意與缺乏信任可能會使得利害關係人完全拒絕支持整個敏捷的方法。它們或許也會反對由於學習敏捷所導致的初期績效下降（請參閱第 28 頁「騰出時間學習」）。

如果只有少數利害關係人反對，你可以選擇與他們不相關的團隊。如果很多利害關係人反對，或是他們的高階領導者反對，你或許可以說服他們嘗試單一團隊的試驗。在這種情況下，選擇一個利害關係人既具有影響力又渴望嘗試新想法的團隊。雖然這可能需要一段時間（甚至是一兩年），但他們會喜歡敏捷帶給他們的可見性和控制力，並且說服他們的同事給敏捷一個機會。

軟體組織有時會試圖將敏捷強加於他們的利害關係人。如果他們有足夠的政治權力，他們甚至可以獲得成功，但這會導致長期的反彈。如果你面對的是廣泛且積極的反對，以至於即使是試驗團隊也無法被接受，那麼敏捷就不適合你的組織。

延伸閱讀

對於任何一個領導組織進行變革的人來說，《7 Rules for Positive, Productive Change》[Derby2019] 是一本必讀的書籍。

如果你想弄清楚如何在組織中發揮影響並且促成變革，《More Fearless Change: Strategies for Making Your Ideas Happen》[Manns2015] 這本書會是一個很好的起點。

第 6 章

擴展敏捷力

在一個理想的世界裡，敏捷團隊都是完全地各自獨立，並且完整地擁有自己的產品或產品組合。跨團隊協調是延遲和錯誤的常見來源。如果每個團隊都能各自獨立，那麼這就不會是個問題。

這樣的想法一點也不現實。一個典型的敏捷團隊有 4-10 個人，而這樣的人力安排往往是不足的。那麼要如何擴增呢？儘管本書聚焦於個別的敏捷團隊，但是這個問題相當的重要，因此值得用完整的一章來討論。

擴展熟練度

很多時候，組織試圖在沒有真正具備敏捷能力的情況下擴展敏捷。他們在當前的大規模敏捷框架上投入了大量時間和金錢，卻沒有投資於團隊的熟練度或組織能力。因此，這些付出永遠不會產生成效。

> 組織太常在沒有對團隊的熟練度或組織能力進行投資的情況下，卻投資於敏捷規模化。

為了擴展敏捷，你需要擴展組織的敏捷能力。這包括三個部分：組織能力、教練能力和團隊能力。

組織能力

組織在嘗試引入敏捷時所犯的一個最大錯誤是未能進行第 4 章所述的投資。不過即使你的組織認真對待這些投資，也可能存在一些隱藏的問題點。

在你花很多錢擴展敏捷之前，請先解決組織能力的問題！如果你與專家顧問合作，他們會提出具體的建議。如果是靠自己，先從一個試驗團隊或一小組團隊（不超過五個）開始。

隨著你的試驗團隊發展熟練度，他們會識別出妨礙他們達到熟練的組織障礙和問題。記下這些問題，因為它們很可能會再次出現。你並不需要在整個組織中解決這些問題，但你需要為每個你期望變得敏捷的團隊，解決這些問題。

一旦你讓組織有能力去支持具有熟練度的團隊時，**接著**你就可以進一步擴展敏捷。在此之前，儘管積極推動敏捷可能很誘人，但除了你的試驗團隊之外，請堅持每個人都採用現有的方法。

教練能力

你會需要一位或多位教練來幫助你了解擴展敏捷的全局，包括了跨團隊協調、組織能力、產品／組合管理和變革管理。儘管你可以在內部使用書籍和培訓來培養這些教練，但最好聘請有經驗的人。

你還需要熟練的團隊級教練，而這可能是你的擴展能力上主要的限制。團隊級教練是幫助每個團隊變得熟練的人，而且他們相當的重要。正如我在第 81 頁「教練技能」所探討的，每個團隊都至少需要一位教練。

你可以聘請經驗豐富的團隊級教練，也可以在內部培養自己的教練。如果你採用自己培養的方式，那麼每位教練都需要資源（例如本書）來幫助他們學習。

你可以透過鼓勵經驗豐富的團隊級教練在目前的團隊達到熟練度時，便轉移到另一個團隊來更快地擴展敏捷（本書第二部分到第四部分開頭的清單能幫助你衡量熟練的程度）。屆時，一些團隊成員可能有能力來擔任團隊級教練，並且可以開始在一些更有經驗的敏捷團隊裡來發展他們的教練技能。請確保這種團隊中的橫向移動是強化而不是傷害這些教練的職涯，否則你的教練資源將會枯竭[1]。

教練技能不同於開發技能。即使是最優秀的團隊成員也可能難以學習如何成為一名優秀的教練。透過雇用人員來指導這些教練，你或許可以更快地擴展團隊級教練的能力。

經驗豐富的團隊級教練或許可以同時與兩個團隊合作，但對於追求熟練度的團隊來說，這並不總是一個好主意。至於經驗不足的教練則應該聚焦於單一團隊。

1　感謝 Andrew Stellman 在 Twitter（*https://oreil.ly/E0EaB*）上指出橫向移動的危險。

團隊能力

你的教練會幫助團隊獲得熟練度。雖然教練越有經驗，這個過程就會越快，但仍然需要時間。第 28 頁「騰出時間學習」提供了大致需要的時間。

你可以透過以團隊成員數量 50% 或更多比例，來聘請大型顧問公司裡經驗豐富的敏捷開發人員加入團隊來解決問題。有了合適的人員和足夠高的成員佔比，而且如果你已經努力建立出組織能力，這樣可以立即帶來熟練度。

小心這種方法！雖然這個策略合理，但執行往往是猶豫不決的（如果真需要花費高昂成本）。這群擴大團隊的工程師左右著這個方法是否能成功，而且也有很高風險聘請錯誤的公司。雖然每個人都說他們的工程師具備敏捷技能，但即便是大型公司，也有很多只是追求潮流，而非具有實際能力。除了一些值得注意的例外，當增加的成員具備任何敏捷技能時，他們的能力通常只限於專注領域。

擴充人員方式的另一個風險之處是教練技能。即使擴充的人員擁有所需的技能來立即創造出熟練度（這往往要好一段時間才能知道），他們也不可能有能力作為教練來指導他人，所以當顧問公司離開時，之前所展現的敏捷改變可能無法持續下去。

如果你能聘請正確的公司來協助導入敏捷，擴充人員方式可能是有效的。另外，如果你採取這個做法，請在過程中也關注自己的教練培育。別預期顧問公司能為你達到這個目標，因為教練的培育需要截然不同的技能。請另外找尋其他能為敏捷變革和教練培育精心設計培訓課程的顧問公司，你所雇用的員工比廠商要來得重要，尤其是這些專業的技能，而小型的顧問公司更能認可這些觀點並且提供更好的服務。

擴大採用綜合症

在採用敏捷的公司身上，我注意到一個令人驚訝的趨勢。雖然試驗團隊經常是相當成功，並且進一步鼓舞它們的組織擴展敏捷，但是這第二波採用敏捷的團隊卻經常遭遇麻煩。

我稱這樣的現象為「擴大採用綜合症」。我對這個症狀的判斷是試驗團隊獲得了所有他們所需的支持，包括渴求改變的成員、組織的耐心、外部協助、和選擇了適於學習的目標。

在試驗團隊成功後，組織便認為他們的員工目前已經「全」都了解敏捷。對於後續擴大採用便沒有提供足夠的支持。管理者強加敏捷在那些不想要它的人員身上、未提供任何外部的協助、而且他們還要面對更為嚴苛的時間壓力。

> 為了避免擴大採用綜合症，請記住一個團隊的成功不能自動保證其他團隊也能獲得相同的成功。當第一次嘗試敏捷的時候，每個團隊都需要先對敏捷認同，也需要獲得支持。

擴增產品和產品組合

熟練度是成功擴展敏捷的基礎，但僅靠它是不夠的。除非每個團隊都完全獨立工作，否則你還需要一種協調團隊工作的方式，而這個進行起來比聽起來更難。因為團隊之間相互依賴，這往往會導致瓶頸、延遲和溝通錯誤。成功地擴展敏捷是弄清楚如何管理這些依賴關係。

> 成功地擴展敏捷是
> 弄清楚如何管理依賴關係。

擴展敏捷有兩種基本策略：**垂直擴展**（它試圖增加可以在沒有瓶頸情況下一起工作的團隊數量）和**水平擴展**（它試圖通過隔離團隊的職責來消除瓶頸）。這兩種策略可以一起使用。

垂直擴展

垂直擴展的作法是增加可以共享產品或產品組合主導權的團隊數量。關於「共享主導權」的意思是團隊對於共享範圍內的目標沒有明確負責的部分，換言之，每個團隊都可以處理關於產品的每個部分，也可以接觸到所有的程式碼。

我會討論兩種達成這樣目標的方法，分別是 LeSS 和 FAST。為了清楚起見，我會使用本書採用的術語，而不是兩種方法各自使用的術語，不過它們所採用術語會放在括號中。

LeSS

LeSS 代表大規模 Scrum（Large-Scale Scrum），它是由 Craig Larman 和 Bas Vodde 在 2005[2] 年所創造，也是最初大規模敏捷的一種方法。

基本的 LeSS 做法適用於 2-8 個團隊，且每個團隊最多 8 人。所有團隊都使用相同視覺化計畫（LeSS 稱此計畫為「產品待辦清單（product backlog）」），並且共享所有程式碼的主導權。另外還有 LeSS Huge，它是用於面對更多的團隊。我會在稍後討論到。

2　十分感謝 Bas Vodde 對本書 LeSS 的內容提供了回饋。

一組 LeSS 團隊由負責決定產品方向的產品經理（LeSS 稱他們為「產品負責人」）指導。團隊以固定時間長度（通常為兩週）的迭代來進行工作。在每次迭代開始時，團隊聚在一起檢視視覺化計畫，並決定每個團隊會處理哪些以客戶為中心的故事（「待辦事項」或「功能」），而且只有最高優先級的故事會被處理。

每隔一段時間，團隊就會聚在一起進行規劃遊戲（「優化待辦事項」），而這通常發生在每次迭代的中間。團隊可以在視覺化計畫中加入故事，並且向產品經理建議優先級。

每個 LeSS 團隊都是一個功能團隊，這意味著無論涉及那些程式碼，團隊都要從頭到尾地處理整個故事。當一個團隊對一個故事負責，就代表他們就擁有它。團隊應該與客戶和其他利害關係人合作來澄清細節，並且為了完成每個故事需要修改和改善程式碼庫中所有與之相關的程式碼。在 LeSS 中，沒有團隊層級的程式碼主導權概念。

因為多個 LeSS 團隊最終可能會接觸相同的程式碼，所以它們需要互相協調來避免產生問題。協調經常是臨時且對等的。因為故事是由團隊成員一起合作進行選擇的（其中的討論也會考慮到如何以及何時要進行協調），所以他們知道什麼時候需要協調。

透過使用持續整合，讓共有程式碼主導權得以實現。這種做法會讓每個程式設計師至少在每隔幾個小時就將他們的最新程式碼合併到一個共享的分支上。LeSS 還包括各種其他用於協調、指導和學習的做法。

採用 LeSS

除了大多數與團隊主導權相關的東西都是由 LeSS 團隊共同擁有，而不是由特定團隊擁有之外，本書的內容與 LeSS 完全相容（產品管理和程式碼主導權尤其如此）。此外，LeSS 的一些術語與本書不同，不過你可以在索引中找到它們。

持續整合對於 LeSS 來說特別重要，而且需要快速地建置提交內容。你或許需要比本書所建議的更積極地使用多階段建置（請參閱第 394 頁「多階段整合的建置」）。具體來說，雖然可能會導致建置損壞的風險增加，但你可能需要把部分或全部測試移到輔助建置（secondary build）上。

如果你正在尋找一種成熟的、經過充分測試的方法來擴展敏捷，那麼請先從 LeSS 開始。你會需要發展專注和交付領域的熟練度。專注領域是基礎，而交付領域則是團隊共有程式碼主導權所必需的。最小程度上，你會需要共有程式碼主導權、測試驅動開發和持續整合。

關聯
共有程式碼主導權 (p.350)
測試驅動開發 (p.398)
持續整合 (p.388)

有關 LeSS 的更多資訊，請參閱 LeSS 網站 less.works，或 LeSS 書籍《*Large-Scale Scrum: More with LeSS*》[Larman2015]。

FAST

FAST 代表流式擴展技術（Fluid Scaling Technology）。這是 Ron Quartel 的創意，也是我見過的擴展方法中最有前途的一種方法。不幸的是在撰寫本文時，它也是最少被實證過的方法，但是我認為它值得你的關注，所以我將它納入本書中 [3]。

FAST 是我見過的擴展方法中最有前途的一種方法。

Ron Quartel 在華盛頓的一家健康保險提供商創造了 FAST。在巔峰時期，他單一團隊就有 65 人同時一起工作。他以極限程式設計作為基礎開始，然後透過開放空間技術（Open Space Technology）進行分層。開放空間技術是用來幫助大型團隊圍繞主題進行自組織（self-organize）的技術。

與 LeSS 相比，FAST 更加具有團隊上的動態能力。LeSS 採用迭代和擁有特定故事（功能）的長期運作團隊，而 FAST 則使用持續工作流，並且每隔幾天就組建新團隊。 FAST 中沒有團隊層級的主導權。

一個 FAST 群組被稱為「部落」。每個部落都由開發人員和一名或多名負責制定方向的產品經理（FAST 稱之為「產品總監」）組成。理論上整個部落最多可以包含 150 人，儘管在撰寫本文時尚未對此進行測試。

每兩天（雖然這是有彈性的），部落便會聚集在一起進行一次「FAST 會議」。會議中，他們會決定要做哪些事情，而且整個過程相當地簡短且快速。產品經理解釋他們的優先事項，然後由群組中的自願者領導團隊來完成某些事情。這些領導者稱為「團隊組織者（team stewards）」。任何人都能自願成為組織者，而且它是一個僅到下次 FAST 會議前有效的暫時性角色。

產品經理的優先事項是指導，而不是命令。雖然團隊組織者應該真誠地為工作項目而努力，不過他們可以選擇做任何他們喜歡的事情。這些事情有時是產品經理沒有明確要求的事情，比方說清理粗糙的程式碼或是減少團隊開發摩擦。

一但組織者舉手自願並且解釋了他的團隊將做哪些事情後，部落成員就會根據他們想和誰一起工作，以及他們想做些什麼來自行選擇團隊。

FAST 團隊不是建立詳盡的故事細目，而是為每個有價值的增量（increment）建立一個「探索樹（discovery tree）」（團隊可以自行發佈有價值的增量，請參閱第 156 頁「有價值增量」）。探索樹是為了發佈增量，針對所需工作進行即時細分的有階層列表。它會用便利貼展示在牆上或者是透過虛擬便利貼呈現於虛擬白板上。

---

3 十分感謝 Ron Quartel 對本書 FAST 的內容提供了回饋。

每個團隊持續運作兩天，或者採用任何部落所選擇的節奏（其他天數）。在此段時間內，團隊不會被預期具體完成哪些事情，取而代之的是他們會盡可能地創造最多的進度。探索樹則被用來為餘下的任務提供接續下去的方法，並且讓人們看見進度。如果需要接續探索樹上的額外進展，某人也或許會自願成為某個特定探索樹的「功能組織者（feature steward）」。如同 LeSS，跨團隊協調的發生是基於臨時且對等的基礎上進行的。

兩天過去後，部落會召開另一次 FAST 會議。團隊簡要地回顧他們的進度，並且再次重複整個循環。這是一種快速的、具備動態調整性的、並且低儀式化的方法。

採用 FAST

FAST 與本書的相容性不如 LeSS。專注領域的許多實務做法不會完全地適用。

具體來說是：

- 本書中提及「團隊」的所有內容都適用於整個 FAST 部落。
- 雖然目前既有的指南仍是重要的，你會有額外的團隊空間需求，尤其是對於遠距團隊來說。
- 一致性的章程制定與回顧必須有所調整，以便可以適用於更大型的人員群組，而且團隊可能需要有更具經驗的人來協助促使整個過程運行，尤其是對於遠距團隊來說。
- 視覺化規劃則按原來方式進行即可，但不再包括任何小於有價值增量的項目。
- 不再需要規劃遊戲、任務規劃和產能。
- 需要以另一種方式引入時差。
- 站立會議由 FAST 會議取代。
- 預測方法將完全不同（而且更簡單，儘管其準確性尚未被評估）。
- 團隊動態因缺乏穩定的團隊而變得複雜。

關聯
團隊空間 (p.91)
一致性 (p.132)
回顧 (p.316)
視覺化規劃 (p.173)
規劃遊戲 (p.187)
任務規劃 (p.211)
產能 (p.225)
時差 (p.242)
站立會議 (p.248)
預測 (p.287)
團隊動態 (p.323)

另一方面，交付和優化領域的實務做法同樣適用。與 LeSS 一樣，你可能需要更加積極地提高持續整合的速度。

儘管 FAST 還沒有被證明達到 LeSS 的程度，但我認為它非常有前途。如果你有敏捷經驗並且願意在 10-30 人的試驗團隊中進行嘗試，那我建議你可以試一試。

要嘗試 FAST，你需要經驗豐富的教練。從理論上來說，FAST 只需要專注熟練度，但 Ron Quartel 在他的 FAST 試驗團隊中包含了經驗豐富的 XP 教練，所以我猜想他們除了

達到**專注**熟練度外，也達到了**交付**熟練度，而這則是讓 FAST 發揮作用的方法。如果你想要進行嘗試，我建議你也採取與他們一樣的做法。

你可以在 *fastagile.io* 上找到有關 FAST 的更多資訊。請查閱「FAST 指南」，這是一個快速且容易閱讀的指南。我也接受了 Ron Quartel 關於 FAST 的採訪 [Shore2021]。

垂直擴展的好處與挑戰

垂直擴展的致命弱點也是它的好處：共享主導權。一組垂直擴展的團隊共同負責整個程式碼庫，而這需要人員熟悉各式各樣的程式碼。實務上來說（至少對於 LeSS 和 FAST 來說），人們確實不僅會傾向於專業化，並且選擇從事熟悉的事情，而且還有很多東西需要學習。

關聯
共有程式碼主導權
(p.350)

不過，這還不是最大的問題！真正的問題是共有程式碼主導權很容易變成沒有程式碼主導權。可以試著想想，共有程式碼主導權不僅給予修改程式碼的**能力**，當你發現改善機會時，也賦予改善程式碼的**義務**。對於大型團隊來說，很容易假設群組的其他人也會發現，並且進行改善。這在小型團隊中也可能是個問題，但它在大型團隊中會被放大。團隊會需要額外的指導來履行他們的義務。

另一方面，垂直擴展解決了擴展敏捷時的一個主要問題：創建跨職能團隊。敏捷團隊需要具有專業技能的人員，例如 UX 設計、維運和安全。如果你的每個團隊都只有六七人，那麼要每個團隊都有這些技能的人是很難的，但接著你就得面對分配問題。你要如何確保每個團隊在需要時擁有所需的每個人？

這對於垂直擴展的群組來說不會構成問題。如果你有 30 個人，而 UX 的工作量只需兩人負責即可，那也沒問題！你的團隊可以只有兩位 UX 人員。在 FAST 中，工作會分配給需要他們技能的團隊。在 LeSS 中，他們將加入一兩個特定的團隊，這些團隊會自願地從事與 UX 相關的工作。

水平擴展

儘管垂直擴展是我首選的大規模敏捷方法，但許多組織選擇的卻是水平擴展。在水平擴展中，重點是允許團隊獨立工作。水平擴展不像垂直擴展那樣共享產品或產品組合的主導權，而是把產品或產品組合分成由特定團隊擁有的個別職責。

水平擴展面臨的挑戰是採用一種盡可能讓團隊各自孤立的方式來定義團隊的職責。這種方式很難做得正確，而且在調整產品優先級時也會遭遇困難。

理論上，每個團隊都應該擁有以客戶為中心，且交付端到端價值的一部分產品。在實務上，水平擴展的團隊非常小，以至於他們很難完全負責一部分的產品，因而導致最終會有

兩個團隊需要存取相同的程式碼。不過在水平擴展模型中，團隊不應該與其他團隊共享程式碼。

因此，儘管理想的情況是每個團隊都擁有產品的一部分，但幾乎總是必須引入其他不太理想的團隊類型。《Team Topologies》[Skelton2019] 一書將它們分為四類：

- 價值流一致團隊（stream-aligned teams）。理想的類型。專注於特定產品、面向客戶的一部分產品、或客戶群。

- 複雜的子系統團隊。專注於構建需要特別專業知識的一部分系統，例如更大的雲端產品中機器學習元件。這些類型的團隊應該謹慎地建立，並且只有在所需的知識是真正專業化的情況下才建立。

- 致能團隊。專注於為其他團隊提供專業知識，例如 UX、維運或安全。他們不會直接負責某個團隊裡的工作，因為這會使得他們自己成為瓶頸，所以他們會聚焦在幫助團隊學習如何自己完成工作。有時這會需要提供用於簡化複雜問題的資源，比方說安全檢查表或 UX 設計指南。

- 平台團隊。類似與致能團隊，不過他們是提供工具而不是直接的幫助，而且就像致能團隊一樣，他們不會為其他團隊解決問題。相反地，他們的工具能讓團隊解決他們自己的問題。比方說，平台團隊可能會提供用於部署軟體的工具。

成功水平擴展的秘訣在於如何把職責分配給團隊，而且跨團隊依賴越少越好。這基本上是一個架構問題，因為你的團隊職責會需要模仿你想要的系統架構。（這也稱為逆康威策略。）

當你只有少數團隊時，水平擴展效果最好。當團隊數量較少時，很容易理解每個人如何組合在一起，並協調他們的工作。如果有問題，每個團隊的代表可以聚在一起解決問題。

在 5-10 個團隊時，臨時的協調方式開始在某些地方出現問題。瓶頸開始形成，一些團隊停滯不前，而另一些團隊則工作量過大。你必須特別注意團隊設計，以保持團隊盡可能獨立並盡量減少跨團隊依賴。每個團隊（尤其是非價值流一致的團隊）都必須把依賴的自主權作為第一優先，而且產品經理必須仔細協調，來確保每個人的工作與目標一致。

當你擁有多達 30-100 個團隊時，即使是這種方法也開始失效。變化更加頻繁，而且團隊職責必須調整來跟上商業優先級的變化。你需要多層協調和管理。對於人來說，理解整個系統變得不可能。

在實務上，雖然水平擴展可以無限制地擴展敏捷幅蓋的範圍，但隨著團隊數量的增長，它會變得越來越難以管理。垂直擴展則更加具有彈性，但擴展的程度卻有限。幸運的是，你可以結合使用這兩種方法來獲得兩者各自的好處。

垂直與水平擴展

我曾和一家擁有 300 名團隊成員且正停滯不前的新創公司合作（整個組織有 1,000 多人，但大約有 300 人在產品開發團隊中）。他們的團隊都致力於同一產品的不同方面，而他們的跨團隊依賴關係正在扼殺他們。

我從水平擴展的角度來處理這個問題。我協助他們重構了團隊的職責，來最小化依賴關係並且最大化團隊的獨立性。最後他們組建了大約 40 個團隊（與以前大致相同），但現在的團隊更加地獨立。這個做法掃除了開發工作上的障礙，並且恢復了他們的成長。在遇到新的障礙之前，他們組建了多達 80 個團隊。

每個人都對結果非常滿意。不過，如果我可以再處理一次這個問題，我也會引入垂直擴展的做法。他們可以組成 6 個 50 人的小組，而不是 40 個小組。協調 6 個垂直擴展的團隊比 40 個小團隊要容易得多，而且他們進一步擴展也不會有任何的問題。即使他們開始遇到協調上的挑戰，水平擴展技術也能讓他們的團隊規模成長一個數量級。

更好的是，垂直擴展的群組規模相當的大，而且他們在價值流上是一致的。我們所創造的那種有一群致能團隊和平台團隊的設計往往會讓團隊中的成員難以理解他們的角色。價值流一致團隊則是直接簡單得多了。對於垂直擴展的群組來說，除了維運平台之外，他們就擁有著所需的一切。

當他們達到 80 個團隊時，事情出現問題的部分原因是他們沒有及時更新團隊職責。我們設計了一種用於審查和更新團隊職責的機制（這是架構團隊的工作），但是正如經常所發生的狀況，這些任務在匆忙履行其他職責時被遺忘了。垂直擴展的群組不需要同樣頻次的維護。他們有能力更輕鬆地適應不斷變化的商業條件。

換句話說，你可以透過從水平擴展的觀點把垂直擴展的群組視為單個「團隊」來把水平擴展與垂直擴展兩種方法結合起來。如果你這樣進行的話，幾乎每個人都能對齊在相同的價值流上，唯一的可能例外就是你的維運平台群組。

我的建議

基本的問題：你應該如何擴展敏捷組織？

先強調團隊的熟練度。組織最常犯的錯誤是在沒有建立基本能力的情況下廣泛地傳播敏捷。在大多數情況下，為了順利地擴展敏捷，你會需要團隊同時培養專注和交付的熟練度。

> 先強調團隊的熟練度。

在進行水平擴展之前先進行垂直擴展。在大多數情況下，LeSS 是你的最佳選擇。如果你有經驗且願意嘗試的話，請試試 FAST。

如果你達到了垂直擴展的極限（可能大約 60-70 人，儘管 FAST 或許能夠進一步擴展），請分成多個垂直擴展的群組。每個群組應該都是與各自的價值流對齊的。因為你的群組的規模夠大且足以包含所有需要的專業知識，所以你不需要複雜的子系統群組或致能群組。在某些情況下，你可能會想要抽出一個平台群組來專注於共用的基礎設施（通常是一個維運和部署平台）。

如果你使用的是 LeSS，LeSS Huge 描述了這種水平擴展的拆分方式，儘管風格會略有不同。它保留了 LeSS 對共有程式碼主導權的強調，甚至跨越了兩個群組（LeSS 稱之為「區域（area）」）。然而在實務上，這些群組會傾向於專業化。但請記住：成功的擴展取決於具有熟練度的團隊。這就是本書其餘部分的內容。我們將從**專注熟練度**開始討論。

那 SAFe 呢？

SAFe（Scaled Agile Framework）是一種受到歡迎的擴展敏捷方法。不幸的是，我尚未看到它展現好的成效。公司往往會大張旗鼓地採用它，接著只會在幾年後默默地放棄它。

我不確定其中的原因。SAFe 的批評者聲稱它並不是真正的敏捷，而且它確實有某種「流程重於人」和「預測重於調適」的味道。

不過，我懷疑 SAFe 失敗的真正原因有兩個：首先，SAFe 強調「對企業友好」，而這樣的概念在我所見過的組織中，會導致組織對敏捷概念的投資不足。組織往往會堅持既有的自上而下、命令和控制、預測的**心態**。

其次，SAFe 對團隊如何協調幾乎沒有什麼著墨，然而這卻是擴展敏捷中最困難且最關鍵的問題。在 SAFe 5 之前，它建議了功能團隊（與 LeSS 相同），但卻非常草率且沒有包含相關細節，如 LeSS 為了讓這個概念有效所提供的內容[4]。SAFe 5 在 2021 年 2 月問世，它轉而討論團隊拓撲（這至少提供了更多細節）而不再提功能團隊。這是一種水平擴展的方法，而這樣的轉向也是一種方法上的退步，這種做法需要非常仔細地注意團隊職責的設計，而 SAFe 又再一次沒有提及相關的內容，更不用說是提供幫助了。

4　請參閱 *https://www.scaledagileframework.com/features-and-components*，於 2021 年 6 月 30 日閱覽過。

SAFe 對團隊協調的標準做法是每隔幾個月舉行一次「項目增量（Program Increment, PI）規劃」會議，也稱為「big room planning」。它是預測性的，而不是可調整性的；極度勞力密集和消耗；而且它不適用於遠距團隊。雖然有些人的確讚賞它讓團隊達成共識的能力，但我的經驗是這正是公司首先該放棄的東西。不幸的是，SAFe 沒有什麼其他的內容了，所以一旦 PI 規劃消失，你就剩下一堆協調能力有限的團隊。

總而言之，SAFe 只是口頭上承認了一個敏捷概念的大雜燴，但似乎並沒有真正理解它們。因此，我不推薦它。

專注價值

你在十月的一個清爽的早晨獲得了一份新工作。你的前一個團隊是遠距團隊,目前的團隊則更加偏好面對面的工作方式。雖然團隊內的溝通風格與之前截然不同,但你沉思後認為敏捷總是相同。

團隊已經熟練**專注**領域,而且很擅長了解客戶的需求、構思新想法、和專注於力所能及且最具有價值的事情。雖然還有可改善之處,尤其是產品瑕疵和發佈方面,而且成員早已開始談論投資**交付**領域來解決這些問題,但是管理層對於團隊的工作狀況與成果感到非常滿意。

團隊的一些人主張應該如**優化**團隊一樣,擁有完整的產品主導權,但目前則是由行銷部門的產品經理 Hanna 來決定團隊的優先事項。她十分地忙碌,而且她的主管也不願讓她全職地加入團隊。

提到產品方向,今天是展示日。團隊每週都會發佈新的軟體版本,然後才制定下週的開發計畫。每月都會齊聚一次主要利害關係人,然後向他們展示目前的成果來獲得他們的回饋。過去團隊會更頻繁地向利害關係人展示成果,但利害關係人無法如此頻繁地出席這些展示會。因此,現在以較不頻繁且較粗略的方式來進行展示,而且人們也對於目前的最新狀況感到興奮。當需要更快的回饋時,你們會向感興趣的人進行私下的展示。

Hanna 像往常一樣主持整個展示。她最初希望由團隊成員來進行展示，但你發現讓 Hanna 負責展示會讓她更關注正在構建的內容，而這樣帶來了更好的回饋和更好的結果。此外，她更擅長以利害相關人了解的方式來表達。

利害相關人似乎對團隊本月的進展感到滿意，而正在開發的 whitelabel 功能獲得了很多人的興趣，以及少許的建議。Hanna 把這些過程記錄了下來。

在展示之後，便是每週團隊回顧會議的時候了。這讓團隊有機會檢視自身的實務做法、團隊互動情況和組織內的阻礙，以便試驗可能的改善。每月定期地進行成果展示便是其中一項試驗的結果。

團隊每週會輪換協助整個回顧會議的人員，而本週輪到 Shayna 了。團隊都很期待這次的回顧會議，因為 Shayna 總是能想出一些創意的活動來讓回顧會議變得活潑有趣。她很擅長確保團隊透過試驗來進行嘗試。

在回顧會議之後，團隊便稍事休息，接著 Hanna 便拉來視覺化規劃板進行每週計畫會議。這是一塊大白板，上面有一堆用磁鐵粘在上面的索引卡。這些卡片形成集群，每個集群都有一個名稱，比方說「經銷商」、「精算師」，或「會計」。他們代表著你們的客戶群組。另外還有一個由卡片所組成的龐大群組被標示成「whitelabel」。

Hanna 說「我們在展示中提出了一些好的想法，但我想要繼續聚焦於提供給經銷商的 whitelabel 功能」。大家點頭表示同意。團隊為此工作了幾個星期，所以這樣的結果並不令人驚訝。Hanna 接著說「我們即將完成 whitelabel，所以接下來便是管理員的視覺界面。在此之前，我想要與一家主要的經銷商進行試運行。我會寄一封電子郵件來說明試運行的細節。」

Hanna 向團隊的 UX 設計師 Colton 點點頭示意，接著 Colton 便大聲地說道：「Hanna 和我將在今天稍晚進行試運行和 whitelabel 管理功能的討論，歡迎大家的加入。在討論之後，我想製作一個故事地圖（story map）並進行一個規劃遊戲來充實故事，整個過程應該不會太複雜。當我準備好要來安排時間時，會讓大家知道相關安排。」

Hanna 從發佈板（release board）上，拿了幾張關於「whitelabel」的藍色故事卡。「我們仍有足夠的故事可以在本週進行開發，而且目前產能（capacity）還有 12 點，對吧？」每個人都點點頭表示認同。「很好。這些故事卡點數的加總是 3⋯6⋯8、11、12。這些故事卡應該能讓我們相當接近達到可以向實際客戶進行試運行的程度」。她舉起第一張卡片，上面寫道「whitelabel 的色彩配置（color scheme）」。「好！這張卡片是指我們需要能夠更動網站的色彩配置來搭配每個經銷商的代表色彩。」她簡短地解釋剩餘的卡片。雖然有一些需要澄清的問題，但大家以前都看過這些需求，所以應該可以很快地解決這些問題。

「好，這就是計畫！」Hanna 總結，「Colton 應該能夠回答有關細節的任何問題。我有些電子郵件要處理，不過直到你們完成規劃之前，我就在這兒（她指著一個角落）。如果有任何需要我澄清之處，讓我知道。」

Hanna 坐下，並且換 Shayna 接著帶領大家進行會議。這是團隊不久前所做的決定（這是另一個回顧會議所決定的試驗），也就是領導回顧會議的人也會主持本週的所有的團隊會議。團隊還沒有聽說過其他團隊以這種方式來工作，但對於團隊來說，有一個預先安排好的引導者能幫助你們保持在對的方向上，尤其是現在團隊的教練已經轉移到不同的團隊。

Shayna 翻轉規劃板。規劃板背面是團隊的每週計畫。她說道：「好吧，你們了解這些操作的」。她指著 Hanna 選擇的五張故事牌，然後接著說：「去把這些卡片分散開來，然後開始在黃色卡片上進行腦力激盪。我會準備好規劃板。」

團隊成員圍坐在桌子旁，開始在黃色索引卡上寫下任務。進行的過程中，他們會提出他們的想法，這反過來又會激發更多的想法。「更新資料庫架構來包含色彩配置。」、「分解出 CSS 的相關變數。」、「提供經銷商特定的 CSS 檔案。」、「將經銷商 CSS 檔案新增到頂層樣板。」不久之後，會產生出一個排列整齊的卡片網格，這些卡片便是團隊本週需要做的事情。你有聽到其他團隊採用其他的方式來視覺化他們的計畫，但你的團隊喜歡目前這種方式。

Shayna 說：「我們來開始站立會議吧！」團隊圍繞著白板並且針對首先需要處理的工作進行簡短的討論，接著每個人從白板上拿走一張任務卡。每個任務只需要幾個小時，所以當每個任務完成後，團隊便會將它標示成完成，然後從白板上拿走一張新的卡片。團隊每天都會圍繞在白板旁進行一次的站立會議，來審視團隊的進度並且確保本週的工作按計畫進行。

Shayna 說：「我想會議差不多了。」站立會議只花了幾分鐘，而且整個規劃會議也用不到一個小時。加上回顧會議和演示會，時間已經接近中午。「誰要來吃午餐？」

歡迎來到專注領域

專注領域的熟練度適用於團隊想要聚焦在公司最重視的主題上。他們和商業夥伴緊密合作來了解優先事項、提供可視度、並且根據回饋採取行動。具體來說，熟練專注領域的團隊[1]：

> 專注領域的熟練度適用於團隊想要聚焦在公司最重視的主題上。

- □ 按照商業價值來規劃工作,而不是按照技術任務,並且讓他們的工作與公司的商業優先事項保持一致。
- □ 至少一個月展示進度一次,而且是以商業價值的角度來展示進度,而非以技術任務的角度。
- □ 修改方向來匹配商業優先事項的改變。
- □ 為團隊進度提供可視度,因此管理層能夠在團隊正在構建錯誤的事物或者停滯不前時,提供幫助。
- □ 經常地改善工作的習慣、減少成本、並且提升效能。
- □ 團隊內能夠妥善協作、減少誤會、並且降低任務傳遞時的延遲。

為了達成這些好處,團隊需要發展下述的能力。為了發展這些能力則需要如第 4 章所述的投資。

團隊回應商業需求:

- □ 團隊與能夠提供組織觀點和期待的商業代表進行合作。
- □ 商業利害關係人可以倚賴團隊來處理團隊商業代表所說的最有價值優先事項。
- □ 團隊規劃工作並且把商業代表所了解和重視部分的進度顯示出來。
- □ 團隊的商業代表至少一個月會查看並且修改團隊的方向。
- □ 管理層讓團隊可以持續地保有回應商業需求的工作速度。

團隊以一個團隊的方式有效地工作:

- □ 團隊基於商業代表的優先事項,產生每日的任務與計畫。
- □ 團隊成員認為他們的計畫內容是關於整個團隊的工作,而非個人的工作。
- □ 團隊成員為了完成計畫共同承擔責任。
- □ 管理層認為計畫的內容是屬於團隊的工作,而不會把責任指派給個人。

團隊追求自身的卓越:

- □ 團隊接受並且持續改善協同工作的方式來完成工作。
- □ 團隊知道團隊內部的關係會如何影響團隊獲致成功的能力,並且主動嘗試改善它們。
- □ 團隊知道工作環境會如何影響進行工作的能力,並且主動嘗試改善它。

達到專注熟練度

第二部分的章節會幫助團隊熟練專注領域的技能。內容包含了幫助你們以一個團隊的方式工作、規劃有價值的發佈、擁有並且承擔工作責任、以及穩步改善的實務做法。

- 第 7 章描述了如何以一個團隊的方式有效地工作。

- 第 8 章描述了如何根據商業價值來規劃工作並確定工作的優先順序。

- 第 9 章介紹了如何掌握團隊日常流程和計畫的主導權。

- 第 10 章描述了如何提供工作的可視度,並獲得利害關係人的信任。

- 第 11 章描述了如何改善團隊的工作習慣、人際關係和環境。

團隊合作

最佳的架構、需求與設計
皆來自於能自我組織的團隊。

商業人員與開發者必須
在專案全程中天天一起工作。
— 敏捷軟體開發宣言

跨職能、自組織的團隊是任何敏捷組織的基礎「資源」。但是誰應該成為敏捷團隊的一員？他們怎麼知道該做什麼？是什麼讓他們能夠合作無間？

本章包含建立優秀敏捷團隊所需的實務做法。

完整團隊

受眾
教練

我們具備所需的技能來交付最佳的成果。

現代軟體開發需要很多技能。不只要程式設計的技能，還需要人際交往的技能、藝術技能、技術技能。當團隊缺乏某部分技能時，表現便會大受影響。團隊成員並非專注於一個功能並且完成它，而是在發送電子郵件、等待回復、和處理誤解時，同時處理多項任務。

---

1 III 是他的全名。發音與「Three」相同。

為了避免這些延遲和錯誤，敏捷團隊是跨職能的**完整團隊**。他們由具有不同技能和經驗的人組成，他們共同擁有團隊實現其目標所需的所有技能。從廣義上來說，這些技能可以分為客戶技能、開發技能和教練技能。

關聯

目的 (p. 116)

請注意，敏捷團隊需要**技能**，而不是角色。有時，知曉公司許多歷史的資深程式設計師會成為最好的產品經理。有時專案經理有出色的測試技能。不僅如此，敏捷團隊隨著時間的推移，學習並且成長。每個人都努力於拓展自己的技能，尤其是客戶相關的技能。

> 敏捷團隊需要的是**技能**，
> 而不是**角色**。

在整本書中，當我提到「產品經理」、「開發人員」或其他頭銜時，我指的是團隊中具有這些技能的人，而不是團隊中具有字面頭銜或角色的人。當人們基於他們的技能和經驗而不是他們在組織結構圖中的位置做出貢獻時，敏捷團隊的工作效果最好。

貨物崇拜

漏洞百出的團隊

你的經理說道：「好吧，你們現在敏捷了」，然後便事不關己地消失在大家的眼前。

你們四個人緊張地看著彼此。你們是一個前端程式設計的團隊，而且不太確定應該做些什麼。你聽說了一項新提案的傳聞，而你的團隊將參與其中，卻不知何故？

第二天，Claudine 突然出現。她說道：「嗨，我是你們的 Scrum Master。對不起！我昨天沒來。我還有其他四個團隊，而且也是剛剛才知道會和你們一起工作。Ramonita 將成為你們的產品負責人，但她今天無法前來。我已經安排了下週的會議。」

Claudine 快速地讓你們了解即將要開發的產品。你們的團隊會負責開發 UI，而其他團隊則負責後端的微服務。測試會如往常一樣由 QA 部門來完成。此外，當你們已經準備好要部署時，你們會需要提交工單給負責監控和運行的維運團隊。Claudine 說道：「這是由設計部門提供的 UI 模型，而 Ramonita 會把滿足所有需求的故事放入議題追蹤系統裡。我會在我們的站立會議中，每天和大家一起確認工作狀況。請你們告訴我做完了哪些事情，我會把這些狀態更新到議題追蹤系統中。」

Claudine 突然衝了出去，然後說：「如果你們需要幫助，請告訴我！」接著聲音便消失在大廳裡。你們互相看了看，聳了聳肩，然後打開議題追蹤系統。這些需求故事並不完全清楚，因此你們發送了幾封電子郵件，而且也同時開始進行開發。

幾個月過去了，整個狀況不是很好。你們每隔一週與 Ramonita 會面一次，最後不得不因為她的要求，而需要修改原來的實作。在議題追蹤系統中的需求總是不清楚，所以你們必須發送電子郵件來詢問，並且同時做出最佳的猜測。

即使你們認為某件事已經完成，QA 仍持續地從你們確信做對了的事情中找到問題，然而這些需求故事卻還有待解釋。你要求 Ramonita 提供更詳細的資訊，但資訊永遠都不充足。後端系統也永遠不會如你們想像的那樣運作，而且維運團隊需要很長時間才能用新版本更新開發環境。

不過，最後你們還是交付了成果。雖然你們不知道交付的成效如何，但這個問題一點也不重要。你們只是準備繼續做別的事情，至少現在問題落到了維運團隊身上了。

客戶技能

能夠代表客戶、使用者和商業利益的人被稱為團隊的駐點（on-site）客戶，或簡稱為「客戶」。他們負責弄清楚要構建哪些東西。隨著創建的軟體類型不同，你的駐點客戶可能是你的實際客戶，也可能是代表實際客戶的人。

關聯
實際客戶的參與
(p.196)

找到擁有客戶技能的人員加入團隊是建立敏捷團隊最困難的一個地方。不要忽視這些技能。它們對於提升交付產品的價值至關重要。優秀的團隊可以在沒有駐點客戶的情況下，開發出技術上卓越的軟體，但要獲得真正的成功，軟體還必須為真正的客戶、使用者和你的組織帶來價值。這需要客戶技能。它們分為幾類：

> 要獲得真正的成功，
> 軟體還必須為真正的客戶、
> 使用者和你的組織帶來價值

產品管理（又稱產品主導權）

敏捷團隊專注於價值，但他們如何知道什麼是有價值的？這就是產品管理的用武之處。具有產品管理技能的團隊成員與利害關係人合作來發現團隊應該做哪些事、為什麼這些事情重要，以及團隊需要滿足誰。他們召開展示會來尋求回饋，並在組織中推廣他們的成果。對於大多數團隊來說，這是一份需要全心投入的工作。

關聯
目的 (p.116)
情境 (p.126)
調適性規劃 (p.156)
視覺化規劃 (p.173)
向利害關係人展示
(p.279)
利害關係人的信任
(p.272)

產品經理還必須擁有組織的授權來為功能是否加入產品之中，做出艱難的權衡決策。他們需要政治手腕來協調不同利害關係人的利益、把這些考量整合到團隊的目的裡、並對無法滿足的期待，明確有效地說「不」。

具備這些技能和影響力的人們總是分身乏術，所以你可能很難引起他們的注意。請堅持！產品管理是團隊中最重要的一種技能。如果要開發的軟體不夠具有價值，來確保這些具有產品管理技能的人（一個能決定產品成敗的人）的時間，或許它一開始就不值得被開發出來。

許多公司讓產品經理同時負擔太多的產品。這樣的方式對於行動緩慢且工作皆是可預測的團隊來說是可行的，但它通常會導致團隊浪費時間在建構錯誤的東西。[Rooney2006] 經歷過這樣的問題，而結果則是令人遺憾的：

> 我們不確定優先事項是什麼。我們不確定接下來要做什麼。我們從整個列表中拿了幾個故事，但以我們應該做哪些事來說，我們幾乎沒有從客戶 [產品經理] 獲得寶貴的資訊。這樣的情況持續了幾個月。

> 然後，我們發現最重要的產品擁有者（Gold Owner）[高階贊助者] 相當地生氣（真的非常生氣）。雖然我們應該持續地考量這個人的意見並且採取行動，但我們卻沒有這樣做。

不要犯吝於產品管理的錯誤！但是請記住：團隊需要具有產品管理技能的人，而不是具有產品管理職稱的人。資深開發人員可以透過培訓成為優秀的產品經

> 不要犯吝於產品管理的錯誤。

理，特別是如果他們在產品和公司方面有著豐富的資歷。例如，在豐田，汽車的總工程師對從概念到產生經濟成果的所有事情負有全部責任。

領域專家（又稱主題專家）

大多數軟體都在特定產業中運行，例如金融產業，該產業有它們專屬的規則來提供業務。為了在該產業取得成功，團隊的軟體必須準確地實作這些規則。這些規則稱為領域規則，而這些規則的知識就是領域知識。

團隊需要具有領域專業知識的人，他們負責找出這些細節、解決矛盾並讓團隊很容易取得這些答案。這些專家都是經驗豐富的人。我曾經合作過的一個敏捷團隊，他們負責打造用於化學分析的軟體，而團隊中就有一位擁有碩士學位的分析化學家。另一個合作過的團隊是負責建構銀行間抵押品管理軟體，所以他們的團隊有兩位金融專家。第三個合作過的團隊則是負責開發人壽保險軟體，他們的領域專家便是一位精算師。

即使你的軟體沒有複雜的領域規則，你還是需要有人可以弄清楚軟體該做些什麼的相關細節。在某些團隊中，這個人可能是產品經理、使用者體驗設計師，或商業分析師。

相較於需要花費大量時間與利害關係人相處的產品管理，領域專家需要花時間與團隊相處，而大部分的時間都會花費在弄清楚即將展開的工作細節、建立複雜規則的範例、和回答領域相關的問題。

關聯
增量式需求 (p.201)
客戶操作範例 (p.259)
通用語言 (p.371)

使用者體驗設計（又稱互動設計）

軟體的使用者界面是產品的臉。對於許多使用者來說，UI 就是產品，而他們也僅根據對 UI 的感受來判斷產品。

具有 UX 技能的人定義了 UI。這些技能側重於了解使用者、他們的需求以及他們如何與產品互動。任務包括採訪使用者、建立使用者人物誌（persona）、與使用者一起審視雛型（prototype）、觀察實際軟體的使用情況，並且將這些資訊整合到具體的佈局（layout）和圖像中。

敏捷開發的快速、迭代、以回饋為導向的特性，創造了不同於 UX 設計師可能習慣的環境。使用者體驗設計不是透過預先的使用者研究階段，而是迭代進行，同時也對軟體本身進行迭代改進。敏捷團隊每一或兩週便發佈一次軟體，而這讓設計師有機會將真正的軟體帶給使用者，觀察他們的使用模式，並使用這些回饋來作為團隊計畫的指引。

開發技能

偉大的目標需要紮實的執行。如果客戶技能是關於弄清楚該做什麼，那麼開發技能就是關於弄清楚如何做。具有開發技能的人有責任找到最有效的方式來交付團隊所開發的軟體。

> **── NOTE ──**
>
> 有些人將開發技能稱為「技術技能」，但這個名詞似乎一點也引不起我的認同。畢竟分析化學家和精算師並不是技術人員。因此，由於沒有更好的術語，我採用「開發技能」來描述這些協助建構、測試，和發佈軟體的人員所具有的能力。

程式開發、設計、和架構

當然，任何開發軟體的團隊都需要程式開發的技能。但是，在交付團隊中，每個編寫程式的人員也都是設計人員和架構師，反之亦然。該團隊使用測試驅動開發，來把架構、設計、測試和程式編寫組合成一個持續性的活動。

仍然需要具有設計和架構專業知識的人。他們負責領導團隊的設計和架構工作，以及幫助團隊成員了解簡化複雜設計的方法。他們作為受人尊敬的同伴提供指導，而不是發號施令。

關聯
測試驅動開發 (p.398)
精簡的設計 (p.452)
增量式設計 (p.442)
反思式設計 (p.460)
演進式系統架構 (p.492)
規劃遊戲 (p.187)
零臭蟲 (p.502)
為維運構建軟體 (p.472)

規劃、預防缺陷以及確保軟體在正式環境裡於部署和管理也需要程式開發的技能。

測試

在交付團隊中，具有測試技能的人員幫助團隊從一開始就產生高品質的成果。他們運用批判性思考的技能幫助客戶在設想產品時，考慮所有的可能性。他們還扮演團隊的技術調查員，來幫助團隊識別盲點並提供有關非功能性特徵的資訊，例如效能和安全性。

> **關聯**
> 增量式需求 (p.201)
> 客戶操作範例 (p.259)
> 盲點探索 (p.510)
> 零臭蟲 (p.502)

與大多數團隊不同，交付團隊的測試並不進行詳盡測試來找出錯誤。取而代之的是，團隊的其他成員被期待編寫出近乎沒有錯誤的程式碼。當真的產生臭蟲時，團隊會改變習慣來防止未來產生此類的臭蟲。

維運

交付團隊需要具有維運技能的團隊成員。他們幫助團隊在正式環境中部署、監控、管理和保護軟體的安全。在較小的組織中，他們可能負責配置和管理硬體。在較大的組織中，他們會和中央維運小組進行協調。

> **關聯**
> 持續部署 (p.487)
> 為維運構建軟體 (p.472)
> 事故分析 (p.515)

維運技能還包括幫助團隊掌握正式運行的現實要素：規劃正式運行的需求（例如安全性、效能、可擴展性、監控和管理）、建立公平的輪班（在需要時），並幫助分析和預防正式環境裡的事故。

教練技能

剛接觸敏捷的團隊需要學習很多東西：他們需要學習如何運用敏捷實務做法，還需要學習如何以有效的自組織團隊方式來一起工作。

他們的組織在如何支持團隊的方面也有很多需要學習的地方。大多數的支持都會以第 4 章所描述的投資形式來提供，但額外的更改總是需要的。雖然組織最好預先針對團隊的需求進行投資，但團隊通常必須在工作開始後，提出所需投資的訴求。

具有教練技能的人可以幫助團隊學習如何成為有效的敏捷團隊。他們教授實務做法、促進討論、指導自組織和團隊發展，並向團隊展示如何與管理者和其他商業利害關係人合作，來獲得所需的投資。

剛接觸敏捷的團隊通常會有一個人（有時是兩個人），他們會被明確地指派為團隊教練。這些教練的工作是幫助團隊可以獨立且熟練地運用敏捷，使得團

> 教練的工作是幫助團隊
> 可以獨立且熟練地運用敏捷。

隊成員能夠在沒有教練參與的情況下，展現所需的技能。不過，這並不代表教練會就此離開團隊，而是代表團隊能夠獨立自主，而且如果他們能夠堅持下去，成員就會逐漸轉變為敏捷團隊內正式的戰力。

> **— NOTE —**
>
> 即使在團隊可以獨立且熟練地運用敏捷之後，一位經驗豐富的教練偶爾（比如大約每年）加入團隊也是有助益的。他可以幫助團隊嘗試新事物，並想起被遺忘的實務做法。

團隊需要最多四種類別的指導，具體取決於他們追求熟練的領域。這可能需要不止一名教練。

- 團隊發展、自組織、和促進（所有團隊都需要）
- 專注領域的規劃與團隊合作實務做法
- 交付領域的開發實務做法
- 優化領域的商業發展實務做法

教練的部分工作是教導團隊自立。團隊成員需要能夠促進團隊內的討論、改善團隊的互動和實務做法、找出哪些投資會使他們更加有效能，並與利害關係人合作來獲得這些投資。就和所有的團隊技能一樣，你並不需要團隊內的每個人都會這些技能，但越多團隊成員會這些技能，團隊就越有韌性。

關聯

回顧 (p.316)
團隊動態 (p.323)
消除阻礙 (p.337)

一些教練陷入了代替團隊執行這些事情的陷阱，而不是教團隊成員如何自己完成這些事。請確保你的團隊沒有這樣的情況。

實戰型教練

我首選的敏捷教練類型是**實戰型教練**：在運用敏捷實務做法方面具有真正專業知識的人，而且能以身作則。他們的重點仍然是幫助團隊和組織學習而不是交付，但他們擁有技能和背景知識來展示這些做法而不只是靠講述（這通常涉及幫助團隊成員完成工作）。經驗豐富的實戰型教練可以同時和 1-2 團隊一起工作，或者指導多個團隊裡的動手型教練。

動手型教練

實戰型教練的另一種型態是**動手型教練**。他有敏捷實務做法的經驗和一些教練技能，但他們更加聚焦於交付而不是協助團隊學習。正如大多數有經驗的敏捷開發者，自行培養的

教練通常就屬於這種類型（他們的職稱可能是「技術主管（technical lead）」或「資深工程師」）。

動手型教練可以非常有效地幫助團隊運用敏捷實務做法，甚至達到熟練的程度，但他們往往無法幫助團隊能夠**獨立**且熟練地運用敏捷。他們也難以了解如何以及何時去影響組織的改變。他們應該專注於一個團隊。

促進型教練

最常見的教練類型之一是**促進型教練**，通常被稱為 Scrum Master[2]。他透過促進對話和解決組織阻礙來從旁領導團隊。他們通常教授**專注**領域的實務做法，並且幫助團隊變得自立。他們對於有許多阻礙的團隊來說也相當有用，因為他們可以倡導解決這些阻礙的投資。一位動手型教練和促進型教練可以成為一個很好的組合，因為他們能互補彼此的優勢與劣勢。

經驗豐富的促進型教練可以同時與 1-2 個團隊合作。促進型教練的一個缺點是對日常開發的貢獻不大，而這可能導致組織認為他們並未被充分地「運用」，因而指派他們負責太多團隊。但隨之的結果便是他們無法即時地發現和回應團隊所面臨的挑戰。處於這種狀況的教練最終會成為「美化」會議的組織者，而這會無法充分地發揮他們的才能。

跨域專家

當敏捷團隊由**跨域專家**（也稱為「T 型人」）組成時，他們的工作效果最好。跨域專家在數個領域擁有深厚的專業知識（這是 T 的豎劃），但也有能力為團隊需要的其他技能做出廣泛的貢獻（即 T 的橫劃）。（有些人使用「M 型人」一詞來強調跨域專家可以發展多個專業領域。）

敏捷團隊需要跨域專家來防止瓶頸。非敏捷組織進行複雜的「資源塑型」訓練，來確保每個團隊在正確的時間具備正確的專家。這些訓練是永遠不會奏效的，因為軟體開發工作的需求無法如資源塑型一般預先做好安排。因此團隊最終得等待遲來的人，或者急於為那些在團隊準備好之前便備妥的人找尋工作。當管理者爭先恐後地把所有事情安排好時，你往往會看到很多零碎的任務，而這導致了很多的浪費。

因為在敏捷組織中，資源是團隊而非個人，所以資源塑型要簡單得多。團隊要不是具備能力，要不就是不具備能力。團隊要不是正在開發一項功能，要不就是沒有。一個人要不是專屬於一個團隊，要不就是沒有。

2　「Scrum Master」這個名稱起源於流行的 Scrum 方法，然而該名稱具有誤導性。它應該指的是對 Scrum 的理解有充分掌握的人，而不是對團隊有權威或控制權的人。

不過，你仍可能在團隊內部遇到瓶頸！想像一組有兩位前端開發人員和兩位後端開發人員的團隊。前端的工作有時候比較多，而後端的開發者便會無事可做（或者他們會提前做些事，但這最終會導致浪費性的重工，就像我將在第 160 頁的「最小化在製品數量」中所討論的內容）。有些時候，情況又會顛倒。

擁有跨域專家的團隊避免了這些瓶頸。前端工作量大的時候，前端專家主導，後端專家幫忙。當後端工作量很大時，則由後端專家主導。這不只適用於程式開發。無論團隊可能面臨什麼瓶頸，團隊成員都應該願意，而且能夠跳進去幫忙。

當剛開始組建團隊時，你不需要團隊成員成為跨域專家。與其說是能力，不如說是態度問題。任何專家都能選擇學習為相似的專業領域做出貢獻。在選擇團隊成員時，請確保他們願意幫助完成他們專業之外的任務。

配置團隊成員

團隊中的確切角色和職稱並不重要，只要團隊具備需要的所有技能即可。團隊中的職稱和組織傳統的做法會比較有關係。

> ── **NOTE** ──────────────
>
> 對於新的敏捷團隊來說，明確地設置產品經理和教練是有幫助的。雖然對於具有經驗的敏捷團隊來說，分配的角色可能會妨礙他們，但是剛接觸敏捷的人會很高興知道在遇到問題時可以向誰求助。

你可能無法讓具有產品管理技能或領域專業知識的人加入團隊。在許多公司中，具有這些技能的人會被指派兼職擔任團隊的「產品負責人（product owner）」，來與團隊合作。請將此視為團隊成員需

> 兼職的產品負責人將無法長期地陪伴團隊，並且提供協助。

要發展自己的產品管理和領域專業知識的訊號。雖然外部產品負責人可以幫助團隊開始工作，但他們無法長期地陪伴團隊，並且提供協助。Bas Vodde 說得好：最好的敏捷團隊能自己具備深厚的客戶技能[3]。

我認為和我一起工作的大多數團隊都在經歷從「程式設計師」到「產品開發者」的轉變。這意味著團隊（整個團隊！）深入了解客戶和客戶領域，而不是依靠某人為他們釐清需求，然後他們再交回對應的結果。是的！我喜歡團隊中有深入了解客戶的人，但主要是為了幫助整個團隊改進。

3　透過個人溝通。

即使擁有一支技術精湛的團隊，一些決定也會由團隊之外的人做出。例如，如果你的團隊正在為更大的產品做出貢獻，那麼有關系統架構的決策可能不在你的掌控之中。如果這些決定只是背景資訊的一部分，那沒什麼問題。不過，如果你一直在等待團隊之外的人為你做決定或做某事，那麼你就沒有一個完整團隊。這些技能和責任應該移到團隊中，或者該產品相關的成員應該移出團隊。有關跨團隊協調的更多討論，請參閱第 6 章。

完整投入的團隊成員

每個固定的團隊成員都應該完全致力於團隊。部分指派（同時把人員指派到多個團隊）會產生可怕的結果。受到部分指派的工作者不會和他們的團隊建立聯繫、經常不出席聆聽對話與回答問題、而且他們必須切換任務（這會招致重大的隱性代價）。「最小的代價是15%…受到部分指派的知識工作者或許看起來忙碌，但他們大多數的忙碌都只是在掙扎。」[DeMarco2002]（第 3 章）。

如果你的團隊可能只是偶爾需要一些技能，那麼可以要求具有這些技能的人暫時加入團隊。例如，如果團隊正在建構複雜的伺服器端產品，而它需要非常小規模的用戶界面，你或許可以要求使用者體驗設計師只在實際處理 UI 的這幾週內加入團隊。

即使某人只是暫時加入團隊，也要確保他們處在團隊內時是完全投入到團隊。讓一個人全心全意地投入團隊一週，接著再轉換到另一個團隊一週，這樣會比讓同一個人同時指派到兩個團隊兩週來得好。

穩定的團隊

團隊可能需要數個月的時間來學習如何有效地合作。雖然保持團隊成員固定能減少浪費，但在某些組織中，每個新項目都會建立和解散團隊。即使團隊的目的或產品已經消失，也不要解散團隊。相反地，請給他們一個新的目的或產品。

> 關聯
> ―――――――
> 團隊動態 (p.323)

這也適用於改變團隊組成。如果你把一個人加到現有團隊中，他會融入現有的團隊文化和規範裡，但是如果一次加入很多人，團隊實際上就會像從頭開始組建一樣。我的經驗法則是每月只加入或移出一個人。

團隊大小

本書中的指南適用於 3-20 人的團隊。對於新團隊來說，4-8 人是一個很好的起點。一旦超過 12 人，你就會開始發現溝通不順暢，因此在建立大型團隊時要謹慎。相反地，如果團隊非常小，請考慮把它們合併起來。你會因此減少開銷，且更不容易受到人員流動的影響。

對於大多數團隊來說，「一開始」程式開發會是瓶頸，所以考慮團隊規模時，首先要考慮花在程式開發上的時間。為方便起見，我稱呼一個完全投入於程式開發的人為「一個程式設計師」，但這並不意味著團隊必須有嚴格定義的角色。

關聯
結對程式設計 (p.356)
群體程式設計 (p.366)

- 不使用結對開發或群體開發的團隊應該要有 3-5 名程式設計師。隨著人數變多，他們將開始難以協調。

- 結對程式設計的團隊應該要有 4-10 名程式設計師。六人是最剛好的大小。不熟悉交付實務做法的團隊直到有更多經驗之前，應該避免超過 6-7 名程式設計師。

- 群體程式設計的團隊應該要有 3-5 名程式設計師。你可以和更大的群組一起進行群體程式設計（這是一種很棒的教導技巧），但人數到達某個程度時，效果會開始遞減。

你通常會根據程式開發工作量，來按比例來配置其他團隊人員。你想要這個比例與要完成的工作量大置相當，如此一來就不會產生瓶頸。跨域專家能為團隊提供一些時差（slack），來處理工作量的變化。一般來說，需要規劃以下技能的人員：

- **客戶技能**：每三個程式設計師就搭配 1-2 個駐點客戶。他們會花費四分之一到一半的時間在產品管理，而其餘時間則花在領域專業知識、UX 設計、和 UI 設計三種工作裡。這取決於目前軟體產品的性質。

- **測試技能**：如果團隊不具有交付熟練度，那麼每 2-4 名程式設計師搭配一位測試人員即可。如果有，則每 4-8 名程式設計師則須搭配一位測試人員。

- **維運技能**：0-2 個維運人員，視正式環境的性質而定。

- **教練技能**：需要 1-2 位教練，而且他們可能會分配一部分時間給另一個團隊。

同樣地，上述分配並不代表嚴格的角色定義。比方說，你可以擁有一個由六位程式設計師組成的團隊，其中包括一名動手型教練，而他們會花大約一半的時間在程式開發、六分之一的時間在客戶技能、六分之一的時間在測試，六分之一的時間在維運。

為什麼要有如此多的客戶？

每三個程式設計師搭配兩位客戶似乎很多，不是嗎？最初，我是從一個更小的比例開始嘗試，但我經常發現客戶需要努力跟上程式設計師的步伐。在幾個成功的團隊裡，嘗試幾個不同比例後，我最終得出了 2 比 3 的比例。

這些團隊都具有交付熟練度，且團隊都包含產品管理的職責。此外，大多數的團隊都涉及複雜的問題領域。如果軟體不複雜、不追求交付熟練度、或團隊內沒有產品管理的職責，你或許可以有較少的客戶。

> 但請記住，客戶有很多事情要做。他們需要找出最有價值的東西、為工作配置適當的優先級、確定開發人員會詢問的所有細節，並找出時間處理客戶評論和樣本。他們需要在做這一切的同時，保持領先程式設計師一步。尤其在交付團隊，程式設計師的進展就緊追在他們的後面。他們就像貨運火車一樣忙於工作。這是一項艱鉅的工作，請不要低估它。

同儕構成的團隊

團隊中沒有人是受到其他人所掌管的，但這並不代表每個決定都需要討論。每個人都對自己的專業領域有最終決定權。舉例來說，程式設計師不能推翻客戶對產品優先級的看法，而客戶也不能無視程式設計師對技術必要性的看法。同樣地，你仍有一些資深的團隊成員會主導重要的決定，但團隊內並沒有誰向誰報告的結構。即使是像「產品經理」這樣有花俏職稱的人也不會管理團隊。

這樣的互動是成為自組織團隊的重要組成部分。一個自組織的團隊由自己決定誰來主導任何給定的任務，而這樣的決定並不困難。對於非常了解彼此的團隊來說，決定誰來主導通常是自動產生的。這位主導的人會是最了解這項任務的人、最有興趣學習更多知識的人、下一個輪到的人，或者是基於其他任何事情，真的！

關於高效能敏捷團隊，很難傳達的一點是他們享受著多少的樂趣。敏捷宣言的作者（Brian Marick）曾經說過，「快樂」是敏捷的另一種價值[4]。他是對的！優秀的敏捷團隊能感覺到自身是樂觀的、熱情的、且真的喜歡一起工作的。有一種精益求精的精神，但並不會因此顯得過度嚴肅。比方說，當沒人想做某個任務時，關於誰來做的對話會是相當有趣且明快的。有效率的敏捷團隊可以輕鬆做出決定。

變得如此有效能需要時間和工作。「團隊動態」實務做法會說明如何達到。

關聯
團隊動態 (p.323)

4　Marick 在他初期的敏捷團隊裡，識別出四個價值觀：技能、[自律] 紀律、輕鬆、和快樂。[Marick2007a]

自組織的團隊

敏捷團隊自己決定要做什麼，誰來做，以及如何完成工作。這是敏捷的核心理念：做某件工作的人是最有資格決定該如何做的人。這就是為什麼本書有這麼多關於規劃、協作和與利害關係人合作的實務做法。團隊掌管這些事情，而不是管理者。他們被期望共同承擔責任並共同努力實現他們的目標。

這並不代表團隊的管理者無事可做。事實上，透過把細節委派給他們的團隊，管理者們可以騰出時間專注於會產生更大影響的活動。他們的工作是透過管理團隊所屬的更大系統，來幫助團隊取得成功。有關詳細資訊，請參閱第 304 頁「管理」。

回顧漏洞百出的團隊

再看一下第 77 頁「漏洞百出的團隊」，究竟是出了什麼問題？

- 團隊管理者感到驚訝並且放棄了團隊，而不是幫助他們獲得成功。
- Claudine 教練沒有幫助團隊。
- Ramonita 產品經理沒有為團隊騰出時間。
- 團隊沒有任何人具備客戶技能。
- 團隊沒有能力自己發佈產品。他們需要和外部的 QA、維運、和後端團隊協調才能完成此事。

故事應該是要這樣的：

團隊的經理說：「好的！今天是敏捷日。」因為幾週前團隊同意了嘗試敏捷，所以沒有人感到驚訝。 經理接著說：「正如我們所討論的，我們正在組建一個新團隊來開發這個產品。你們何不重新自我介紹一下？」

介紹一輪後，成員總共有 3 名前端程式設計師（一名具有全端的經驗）、1 名後端程式設計師、1 名測試人員和 1 名 UX 設計師。團隊已經見過 Claudine 教練了。她介紹了產品經理 Ramonita。

Claudine 前進一步，然後說道：「我知道你們全都渴望了解敏捷是如何運作的，所以我會直接說明一切。我們將從一個稱為「制定章程」的活動開始。Ramonita 一直在與我們的主要利害關係人合作，來了解我們要構建什麼、為什麼要構建，和它會影響誰。我們會在幾分鐘後與他們見面。我們也會花些時間來弄清楚如何合作無間。」

在接下來的幾天裡，團隊要搞清楚如何處理這項工作，然後開始串接起團隊的核心技術。Ramonita 並不是團隊的一員，但團隊的 UX 設計師 Mickey 與她密切合作，來充實整個計畫。

幾週過去了！Ramonita 經常到訪，而 Mickey 學會了在她不在的時候，暫代她的功能。團隊同時有前端、後端、測試、和維運能力，因此進展得相當快速。一個月後，你們第一次向利害關係人展示，而且回應令人振奮。這是一個很好的團隊。團隊正在期待接下來會發生什麼事。

問題

如果每個團隊都沒有足夠的人員來補足所需的技能，或者團隊不總是需要某種技能，那該怎麼辦？

請先確認公司是否過度雇用程式設計師，而沒有補足軟體團隊所需的其他技能人才。這是一個常見的錯誤，如果是如此，請看看是否能改變招聘的優先順序。

如果你有多個團隊在開發同一產品，請考慮使用垂直擴展來集中精力，如第 60 頁「垂直擴展」中所述。

如果這些選項都沒有用，那麼你的公司可以建立一個「致能團隊」，由他們來負責為其他團隊提供指導、標準做法和培訓，就像第 64 頁的「水平擴展」中所述。例如，一個中央使用者體驗團隊可以建立風格指南，並培訓人們如何將其用於團隊的軟體上。這使得團隊能夠解決自己的問題，而無需成熟的專業知識。

當需要更多專業知識時，你可以要求把具有這些技能的人臨時分配給你的團隊。他們可以同時交叉培訓團隊成員。直到獲得具備這些技能的人之前，推遲任何需要這些技能的工作。這樣一來，就不會完成一半的工作，而導致浪費。這部分就像我將在第 160 頁「最小化在製品數量」中討論的內容。

團隊中的經驗較淺的成員是否與其他人平等？

團隊成員不一定是平等的（每個人都有不同的技能和經驗），但他們彼此是同儕。經驗較淺的團隊成員尋求更有經驗的團隊成員的建議和指導是明智的；具有經驗的團隊成員尊重每個人、建立同事關係，並且退一步來幫助經驗較淺的成員獲得成長，來讓自己取得領導的位置，這也是明智之舉。

團隊成員如何在團隊沒有某種技能的情況下，發展專業技能？

許多敏捷組織圍繞著專業職能來組成「實務做法社群」，這些社群可能由經理、集中的支援團隊、或感興趣的志願者所帶領。他們通常會舉辦各種活動來提供培訓、社交、和其他發展這些技能的機會。

先決條件

建立一個完整團隊需要管理層的認可和支持，以及團隊成員對於作為敏捷團隊一同工作的認可。有關獲得認可的更多資訊，請參閱第 5 章。

指標

當你擁有完整團隊：

- ☐ 你的團隊能夠在不需要等待外部團隊的情況下，解決問題並且達成目的。
- ☐ 團隊的人員做著他們專業之外的工作，來防止瓶頸拖慢團隊的速度。
- ☐ 你的團隊能夠順利且有效地做出決定。
- ☐ 團隊中的人員無縫地在任務之間轉換領導的角色。

替代方案和試驗

這種做法背後的理論非常簡單。為避免延誤和溝通問題：

1. 找到實現目標所需的每個人。
2. 將他們放在同一個團隊中。
3. 讓他們朝著這些目標齊心協力。

這是核心的敏捷理念，而且實際上沒有任何替代方案可以忠於敏捷理念。不過，倒是有很多地方可以來進行細節的客製。當你已經有運用書上的實務做法幾個月的經驗，請嘗試一些試驗。

例如，你的團隊如何嘗試改變決策的制定方式？有人明確地促進討論會更好嗎？還是讓討論自然發生？是否應該把某些決定指派給特定的人？或者領導責任應該更加靈活？

這些問題沒有簡單的答案。猜猜看！嘗試一下，接著看看它是不是比較好，然後做出不同的猜測。也試試這個猜測！永遠不要停止嘗試，這就是你精通藝術的方式。

延伸閱讀

《*The Wisdom of Teams: Creating the High Performance Organization*》[Katzenback2015] 是關於高效團隊的經典之作。

《*Agile Conversations*》[Squirrel2020] 是給幫助團隊和組織發展敏捷文化的教練的一本絕佳資源。

團隊空間

我們快速且有效地協同合作。

貨物崇拜

其餘的故事

 你是一名正在處理團隊某個故事的程式設計師,且目前需要澄清其中一個需求。你寄了一封電子郵件給領域專家 Lynn,然後休息一下來舒展筋骨喝點咖啡。

當你回來時,Lynn 仍然沒有回覆,所以你查看了一些一直想要閱讀的開發者部落格文章。半小時後,收件箱響起,收到了 Lynn 的回應。

糟糕! Lynn 似乎誤解了你的訊息且回答了錯誤的問題。雖然你寄出了另一封詢問郵件,但你真的沒有時間餘裕可以等待了。你對答案作出了最好的猜測,然後重新開始工作。

一天後,又往來了幾封電子郵件後,你總算從 Lynn 那兒得到了正確答案。雖然這個答案和你所預想的不完全相同,但已經很接近了,所以你回去修改了程式碼。當你正要完成時,你了解到還有一個沒有人處理過的極端情況。

你可以為了這個答案繼續打擾 Lynn,但這是一個非常鮮見的情況,而且可能在目前的領域內永遠不會發生。此外,Lynn 十分忙碌,而且你已經答應她昨天會把這個使用者故事完成(事實上,你昨天就完成了,除了這些吹毛求疵的所有小細節)。你提交了這個最有可能的解決方案,然後繼續其他的工作,也從未意識到你的猜測是錯誤的。

當人們不能直接溝通時,他們的溝通效果就會減少,就如同第 92 頁「面對面交談」所討論的內容。誤解開始發生,延誤則逐漸浮現。人們開始猜測來避免等待答案的麻煩。錯誤就此出現!「我們」與「他們」的心態開始形成。

為了解決這個問題,許多團隊試圖減少對直接溝通的需求,而這是一個明智的反應。如果問題導致延遲和錯誤,請減少提問的需要!他們在前期花費更多時間來確定需求並記錄每一個需求。在此之後,程式設計師理論上來說,不再需要和專家交談。他們可以在文件中找到所有答案。

雖然這個想法聽起來很合理，但在實際應用上效果不佳。提前預測每一個問題太難了，而且文字描述太容易被誤解。不僅如此，它還延長了開發過程：在工作開始之前，人們需要花時間撰寫、提交和閱讀文件。

文字描述太容易被誤解。

因此，敏捷團隊使用團隊空間直接溝通。這個空間或許是實體的也或許是虛擬的，團隊會在此一起工作和協作。敏捷團隊會包含領域專家和其他駐點客戶，而不是讓某個人和領域專家交談，然後寫出文件供程式設計師稍後閱讀。當程式設計師需要了解做什麼時，他們會直接和領域專家溝通。

關聯
完整團隊 (p.76)

在團隊空間一起工作能帶來龐大的好處。在對六個位於同一地點的團隊進行實地研究中，發現坐在一起可以將生產力提高一倍，並且能縮短公司把產品推出到市場的基準時程將近三分之一 [Teasley2002]。

關聯
增量式需求 (p.201)

這些結果值得重複：團隊交付軟體的時間是正常時間的三分之一。在經過先導研究後，又有 11 個團隊取得了相同的結果。

關鍵概念

面對面交談

面對面的溝通是傳遞資訊給開發團隊及團隊成員之間效率最高且效果最佳的方法。

— 敏捷軟體開發宣言

儘管技術取得了進步，但面對面的協作對話仍然是最有效的交流方式。套用 [Cockburn2006]（第 3 章）的說法，達到溝通有效性有數個面向。去除每一個面向都會降低溝通的效能。

- 協作勝於對話。我所說的「協作」是指在共享的可視化資訊或其他產出成果上一起工作。它讓想法變得真實，並且消除了單靠文字表達意思時所產生的假設和理解差異。

- 面對面比虛擬好。在面對面的對話中，參與者會看到細微的線索，例如眼部肌肉的微小運動和肢體語言的細微運動。團隊成員四處走動，並且透過停留、觸摸（例如手放在肩膀）、和無意識地同步資訊。在他們甚至沒有意識到的情況下，這些線索幫助參與者更好地了解彼此。

- 視訊比音訊更好，而音訊只比文字好。通過聲音，參與者使用語調和停頓來交流幽默、擔憂和重點。通過視訊，參與者還可以透過面部表情和手勢來進行交流。

- 即時比非同步好。在即時對話中，參與者可以打斷、澄清和引導對話方向。

- 互動溝通比單向溝通好。在互動式對話中，參與者提出問題來澄清混淆點。

把這些溝通方式全部去除，最終你會得到書面文件。沒有細微差別，沒有互動性，以及最大的誤解機會。

協作的秘訣

為了充分利用團隊空間，請確保你擁有一個完整團隊。如果你需要與之交談的人不屬於你的團隊，那麼你將無法得到跨職能協作的好處。對於那些工作需要經常把團隊成員帶出團隊空間的人（產品經理往往屬於這一類），請確保團隊中的其他人可以支援這些成員的工作。

關聯

完整團隊 (p.76)

即便你沒有完整的團隊，一起在團隊空間裡工作也會帶來增進團隊協作的機會。以下是我最喜歡的一些技巧：

善於詢問，勇於求助

如果你陷在一個問題中，然而團隊中有人知曉答案，請向他請求協助！想破頭是沒有任何意義的。為了能夠解決這樣的情境，許多團隊會制定一份工作協議：「當團隊成員提出要求時，我們總是會提供幫助。」

聽到這個規則的一些人會擔心影響到團隊的生產力。在某種程度上，他們的擔憂是對的。如果你得花很多時間回答問題，那麼對於個人來說，你的生產力或許就不夠高。不過，敏捷是關乎團隊！即使你所耗費的時間多於節省下來的時間，但整個團隊的生產力卻會變得更高。

敏捷聚焦於團隊績效，而非個人績效

那麼如果是程式開發和其他需要高度專注的工作呢？根據 [DeMarco2013]，程式設計師需要 15 分鐘或者更多的時間才能從工作被打斷的狀態恢復。尋求幫助的文化難道不會影響整個程式開發的生產力嗎？

它的確會影響，但同時它透過尋求協助來解決程式開發的問題也是提高團隊績效的一個機會。因此，與其避免干擾，不如想辦法防止干擾導致的注意力分散。

避免尋求協助解決問題造成破壞的最好方式就是採用結對程式設計或群體程式設計。透過結對程式設計，一個回答問題，而另一個人繼續思考手邊的問題。當干擾結束時，透過一個簡單的問題「我們現在進行到哪了？」來讓工作再次往前。透過群體程式設

關聯
─────────────
結對程式設計 (p.356)
群體程式設計 (p.366)

計，干擾就更不是一個問題了！因為每個人都在一起工作，所以尋求幫助所造成的干擾往往在一開始就不容易發生。採用這種方式的情況下，受到干擾的人便會先放下手邊工作，而其餘的成員則繼續眼前的工作。

如果無法採用結對程式設計或群體程式設計，團隊會需要建立一個工作協議來解決需要高度專注的工作受到干擾的狀況。一種方式是設定某種指標（比方說戴上耳機、或者是當遠距工作時設定

關聯
─────────────
一致性 (p.132)

狀態），而這個指標代表的意思是「請盡量避免干擾！」但要記得的是，敏捷的目標是最大化團隊的績效，而非個人的績效。

加入和離開討論

團隊空間可以以讓你花更少的時間在開會上。當你需要和團隊中的其他人討論問題時，並不需要安排一場會議。你只需要在團隊空間裡，提出你想要討論的事情。或許是直接站起來說些什麼（如果處於同一個實體空間），或者在群組聊天室中發出一個訊息（如果是遠距），然後就開始彼此的討論。每次的對話都需要包含受到影響的人，而且應該在問題解決後就立即結束。如果發現還需要團隊其他成員加入，那就要求他們加入討論。

當有人開始對話時，你不需要加入對談，而是去聆聽討論的主題並且決定是否需要你的意見。同樣地，若發現該主題與你無關時，你也不需要留下來聆聽或討論。你可以直接回去繼續手邊的工作。這就是機動性法則（Law of Mobility）：「任何時候，如果沒有可學之處或可貢獻之處，那就回到自己原來的位置。」[5] 反之亦然。如果對談的內容與你有關，那就加入討論！

在實體的團隊空間中，遠離那些需要專心的成員是件美德。大多數的團隊空間都有分離的交談空間來滿足這樣的目的。和其他未參與討論的成員靠得夠近，以便讓他們能夠聽得到內容，並且在想要加入時加入，但也需要保持足夠的距離讓這些討論不會造成分心。

5　機動性法則來自 Harrison Owen 的開放空間技術（Open Space Technology），這是一種讓大型團體產生高效討論的極佳方式。

遠距團隊則有相反的問題：無意中聽到別人的對談實在太難了。當對話開始時，通常最有效能的做法是從群組聊天室離開，然後進入視訊會議，但這樣的做法便使得其他人無法無意中聽到討論的內容。因此，請考慮在群組聊天室中不定期地更新相關討論資訊，讓人們決定是否加入討論。

建立可視化

當人們開始交談時，每個人的腦海中都有自己的模型影像。但是當彼此的心智模型差異太大時，誤會便會產生。

為了防止誤會，請把這些內心裡的模型變成外部可視的模型。創造可視化的資訊讓所有人都可以看得見、與各自腦海裡的心智模型相對比、然後修改這些可視化的資訊。雖然畫白板是有用的，但能夠鼓勵協作的方式則更好。索引卡和便利貼、或與這些工具相似的虛擬工具都相當的有用。把你的想法寫在卡片上，然後移動它們來可視化它們彼此的關係。

你會在本書中看到這些可視化的例子，比方說視覺化規劃和任務規劃的實務做法。不要局限自己只使用本書所介紹的可視化方式。無論何時你在進行討論時，尤其是大家無法了解彼此的想法或達成共識時，請創造一個可以讓參與者加入操作的方式來促進討論。

> 關聯
> 視覺化規劃 (p.173)
> 任務規劃 (p.211)

同時工作

一起工作時，不要阻礙一個人能做出的貢獻。請確保每個人都能同時地做出貢獻。舉例來說，規劃時，不要讓一個人坐在電腦前，然後把所有的內容輸入電子

> 不要阻礙一個人能做出的貢獻。

規劃工具裡。取而代之的是使用索引卡或與之相同的虛擬工具來可視化計畫。透過這種方式可以讓多人同時撰寫新的卡片，而且透過移動卡片和指出某個卡片可以讓多人同時修改計畫，以及討論這些變動。

這種同時進行的協作是相當有效的。它需要的通常是鍵盤前的人鬆開控制，而且當他們鬆開控制，討論就會變得快速許多。對於同地辦公的團隊，人們自然會分成小組去討論感興趣的主題。你會因此獲得 2-3 倍的工作效率。因為遠距團隊較難形成小組討論，所以無法獲得一樣的提升。不過，這些做法仍然是有效的。

我最喜歡的一種同時工作方式是**同時腦力激盪**。在同時腦力激盪中，某個人要求小組針對某個主題提出想法，就像平常的腦力激盪方式一樣。當有人想到一個想法時，他們會大聲說出來、寫在索引卡上、然後把卡片放在大家都看得到的地方（一個想法對應一張卡片，以便之後的分類）。大聲說出想法能夠激發其他人產生新的想法，而自行寫下自己的想法可以避免會議記錄者忙不過來。

請記住不要在腦力激盪時批評想法！透過兩個步驟能讓腦力激盪最有效：一、不設限且不設形式地產生想法；二、提煉並且篩選想法。

有時候，我會同時進行腦力激盪和*親和對照*（*affinity mapping*）。為了產生親和地圖（*affinity map*），請把小組透過腦力激盪產生的所有卡片隨意地散佈在桌子或虛擬白板上，然後移動卡片讓想法最相似的卡片靠得最近，而最不相似的想法則離得最遠。每個人都一起操作，來移動他們認為合適的卡片。卡片最後應該可以形成能讓你進行命名的集群。

親和對照的另一種變形是*靜默對照*（*mute mapping*），它和親和對照的方式相同，不同之處在於它不允許任何人在移動卡片時說話。這會有助於防止關於卡片該移去哪裡的爭論，也會產生一些有趣的模仿互動。

另一種在腦力激盪後篩選想法的方式是透過*點數投票*（*dot voting*）。在點數投票中，每個人都會有一定數量的點數選票（我會設定為選項的數量乘以三，然後除以人數）。每個人同時在自己喜歡的選項上畫上一個點，來進行投票，把所有點數投給一個選項也是可以的。舉例來說，你有四張選票，你可以在四個不同選項上各畫上一個點、在同一個選項上畫上四個點，或在票數限制下，給任一選項任意的票數。最終，票高的選項勝出。

尋求同意

如果人們不贊同時，你該如何？單方面的決策會把人們距之門外。多數決則導致失望的少數。共識決則耗時太長，且會陷入僵局。

取而代之的是使用*同意投票*。在同意投票中，某個人提出建議，然後每個人都進行投票。有三種票分別是「我同意」（面對面時，大拇指往上豎起；群組聊天室時，「+1」）、「我會接受團隊的決定」（大拇指往側邊豎起，或「+0」）、「我不同意而且想解釋原因（大拇指往下豎起，或「-1」）。為了避免不小心向人們施壓，你可以選擇讓每個人在數到三時再出示他們的投票。

如果沒有人投出「我同意」，則該提案會因為缺乏獲得興趣而失敗，否則如果沒人不同意，那麼它就會通過。如果有人不同意，他們會解釋反對的意見，且小組會調整提案來解決這個問題。在解決所有反對意見之前，該提案不會獲得通過。

有兩個原因讓同意投票有效。首先，它為人們保留支持而不阻止提案前進的空間。其次是如果某人強烈反對某項提案時，他們必須解釋原因，而這讓小組有機會解決他們的擔憂。

贊同試驗

有些決定沒有明顯的答案，或者會有多個同樣有效的選擇。關於這類決定的討論很容易演變成無止境猜測可能出現的問題。

當你注意到討論變成了猜測時，提出一個具體的試驗。例如，極限程式設計包含了「十分鐘法則」：當結對的兩人對設計方向爭吵不休超過十分鐘時，他們便基於各自的設計概念分開實作暫時的程式碼，然後再比較兩者的結果。

> 當你注意到討論變成了猜測時，
> 提出一個具體的試驗。

實體團隊空間

團隊空間可以是實體或虛擬。當團隊成員可以同地辦公時，建立一個實體團隊空間。它比虛擬團隊空間更昂貴，但儘管技術進步，面對面交流仍然是團隊協作的最有效方式。

Bjorn Freeman-Benson 是一位擁有多年領導遠距團隊經驗的技術領導者，他說道：「[遠距團隊] 的創造力要少得多，所以我們必須加入更多人手才能獲得相同數量的創造力⋯在我參與的任何一種商務中，產出創意往往是關鍵的。[在一個遠距團隊中，] 由於摩擦，你可以得到的創意更少。你甚至可能要增加更多的工作人員，但 Jira 的工單並不能拿來支付帳單。」[Shore2019]

雞尾酒會效應（cocktail party effect）

實體團隊空間更有效的部分原因是雞尾酒會效應，[Cockburn2006] 稱之為滲透式溝通。你是否曾經在擁擠的房間裡與某人交談，然後突然聽到你的名字？即使你專注於你的談話，你的大腦也在關注房間裡的所有其他談話。當大腦聽到你的名字時，它會把這些聲音重播到你的意識中。你不僅會聽到你的名字，還會聽到一些圍繞著它的對話。

想像一個坐在一起的交付團隊。團隊成員結對工作並保持安靜地對話，然後有人提到了一些關於管理資料庫連線的事情，接著另一個程式設計師突然活躍起來說道：「哦！Kaley 和我上週重構了資料庫的連線池（connection pool）。你不再需要手動管理連線了！」當團隊成員能如此輕鬆地交談時，它會經常地發生（至少每天一次），並且每一次都會因此節省時間和金錢。

設計你的團隊空間

設計你的工作空間來鼓勵協作。提供直方形的辦公桌讓兩個人可以併排坐下協作，而不是使用「L」型辦公桌並在角落放置螢幕。提供大量的白板和牆壁空間來用於草擬想法和黏貼圖表。確保溝通空間有一張大型的桌子，可以讓團隊展開索引卡和進行可視化的操作，而且如果可能的話，包含一部投影機和大型電視，方便進行需要電腦的小組討論。

根據人們需要無意聽到的對談來進行分組。開發人員（程式設計師、測試人員、維運人員等）通常應該靠近坐。駐點客戶則不需要如此靠近，但他們仍需要坐得夠近，以便在需要時，回答問題。

同樣地，請讓工作空間的設計能夠盡量減少會分散注意力的噪音，團隊的交談區域應該遠離人們的辦公桌。為了接聽電話和私人交談，請考慮提供一個有門的封閉空間，尤其是當團隊有人需要長時間在電話或視訊會議上的時候。

最後，關注人性的一面。當他們的工作空間包括自然光、植物和顏色時，人們會感到更加舒適。也請保留一些個人的空間！如果人們沒有固定的辦公桌（就像

> 關注人性的一面。

進行結對程式設計或群體程式設計時經常發生的情況），請確保他們有放置個人物品的地方，包括書本（如本書！讓他們能夠翻閱或參考）。

如果可能，請確保所有的家具都是可以移動的，而不是用螺栓固定住的，以便團隊成員可以調整他們的工作空間來更好地滿足各自的需求。

多團隊

敏捷團隊在他們的團隊空間中產生了熱烈的討論，偶爾會有熱烈的慶祝活動。這些活動不太會打擾團隊裡的成員，但可能會打擾你的鄰居。請確保你的團隊與組織的其他成員之間有良好的隔音。

也就是說，如果團隊需要經常協作，請讓他們聚在一起並確保他們可以聽到對方的聲音。對於不需要協作的團隊，可以透過距離、牆壁或隔音屏障將他們分開。

現場設備與用品

在你的實體團隊空間裡存放以下的設備和用品。雖然其中一些可以用電子工具代替，但請投資實體的設備，它不貴，而且可以讓你的團隊發揮面對面協作的優勢。

- ☐ 兩塊用於規劃的磁性大白板。我喜歡使用一塊六呎寬且有輪子的雙面磁性大白板。它讓團隊可以輕鬆地把他們的計畫拉到會議室，而且它需要有磁性，以便可以輕鬆地將卡片黏貼在上面。
- ☐ 很多的額外白板空間（最好是具有磁性的），可以用於討論和圖表。
- ☐ 用於標示重要日期的塑膠製且可重複使用的大型日曆（可以呈現三個月或更多時間）。
- ☐ 用來隔出團隊空間或避免噪音的隔音板，或者是一個封閉的團隊空間。
- ☐ 凳子或其他可以讓人暫時輕易坐下的方式。

- [ ] 用來坐下草擬想法時的記事本或手持白板。
- [ ] 可以激發討論和增加團隊成員互動的各式各樣玩具與對話片段。
- [ ] 掛圖紙、一個或兩個掛圖架、和把掛圖頁貼在牆上的方法（例如藍色膠帶、海報大頭釘、或 T 形針）。
- [ ] 各種顏色的索引卡（每個顏色至少 2,000 張）。請確保團隊成員能分辨每種顏色[6]。
- [ ] 各種顏色、大小、和形狀的便利貼。
- [ ] 用來書寫卡片與便利貼的鉛筆、鋼筆和水性簽字筆。避免使用永久性的馬克筆（例如 Sharpies，它們有強烈的氣味且常用在白板上[7]）。
- [ ] 用於暫時記事在白板與可重複使用日曆上的乾擦馬克筆、水性掛圖紙用馬克筆、和濕擦馬克筆。避免使用有香味的馬克筆。
- [ ] 用於黏貼索引卡和文件到白板上的磁性圖釘。
- [ ] 本書的複本和任何其他有用的參考資料。

採用結對程式設計的面對面團隊也需要用於結對程式設計的工作站（請查閱第 356 頁的「結對程式設計」來獲得更多細節）：

- [ ] 適合併排工作的寬大辦公桌。一些團隊更喜歡混合使用站式和坐式辦公桌，或是可調節高度的辦公桌。
- [ ] 每個用於結對程式設計的工作站都要配備一台開發等級的電腦。
- [ ] 每個工作站有兩個鍵盤和滑鼠。有些人喜歡使用自己的鍵盤和滑鼠。在這種情況下，請確保每台電腦的 USB 接口都能輕易使用，因為團隊成員每天都會多次移動於工作站之間。
- [ ] 每個工作站至少兩台螢幕。

採用群體程式設計的面對面團隊需要一個進行群體程式設計的工作站（請查閱第 366 頁「群體程式設計」來獲得更多細節）：

- [ ] 為團隊的每個成員和一些訪客提供具備足夠坐位的辦公桌，並為人們提供空間來輕鬆地變換座位。
- [ ] 一個易於使用並且配有滑鼠、鍵盤和開發等級電腦的「駕駛座」。
- [ ] 與駕駛員座位在同一張桌子的「導航員座」，或者讓駕駛員與導航員之間足夠接近，以便輕鬆互相交談。

---

6 八分之一的人有某種程度上的色盲。

7 專業小訣竅：你可以用白板筆在白板上書寫然後立即擦除，來去除永久性馬克筆繪製在白板上的痕跡。

☐　至少一台螢幕（通常是 60 吋或更大）。螢幕要足夠大到每個座位上的人都能清楚看到。4K 電視通常能滿足這個需求。請確保滿足每個人視力上的需求。

除非團隊明確要求，否則 不 要購買敏捷生命週期管理軟體或其他追蹤用軟體。即便要購入，也要等到團隊成員體驗本書規劃實務做法數月之後。請參閱第 300 頁「企業追蹤工具」來獲得更多細節。

> 不要購買敏捷生命週期管理軟體。

團隊空間的例子

圖 7-1 所示的工作空間是基於我 2015 年在 Spotify 總部看到的團隊空間。每個空間都有一個帶很多白板的工作區、一個對話區和一個可容納三到五個人的私人對話室。房間外面，有一條寬闊的走廊和舒適的沙發與椅子，還有一個衣帽架。

據我交談過的人說，Spotify 的團隊空間是我見過最好的團隊空間之一，但它們還是有一些缺點。團隊空間和走廊之間的隔板原本是玻璃的，但實際上是一種網格（可能是由於防火規範），這使得走廊裡嘈雜的談話會打擾團隊。此外，空間也不夠靈活：儘管 Spotify 為不同規模的團隊提供不同大小的空間，但團隊不喜歡隨著團隊規模擴大或縮小，而必須更換空間。

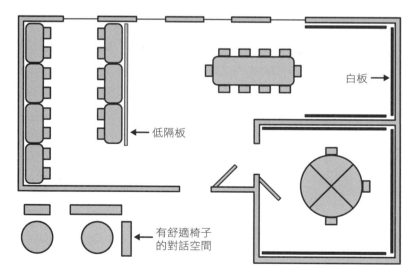

圖 7-1　受 Spotify 啟發的團隊空間

圖 7-2 中顯示的工作空間是來自一個嶄露頭角的新創公司在搬入新辦公室時建立的空間。他們沒有預算來打造花俏的工作空間，所以只好湊合現有的資源。他們沿著帶有外窗的長

牆放置了五個進行結對程式設計的工作站，其中兩張桌子是站立式辦公桌，另外三張是重新利用圓形會議桌的分割空間。第二個圓型會議桌則是用於小組交談。空間是由具有白板功能的隔間板劃分出來的。團隊成員在空間的側邊有一個小隔間，附近還有會議空間可以用來進行私人對話。

這是一個很棒的工作空間，但有一個嚴重的問題：程式設計師和產品經理之間存在隔板（我已把它從圖中刪除）。結果是產品經理坐在團隊空間外圍（只是勉強！），而這卻足以讓他無法不經意地聽到或參與團隊的討論。團隊成員無法為他們的問題備妥答案，而且經常在需求方面遇到困難。

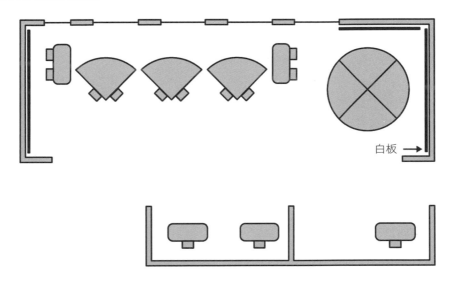

圖 7-2　低廉的團隊空間

採用實體團隊空間

有些人可能會拒絕搬到實體團隊空間。常見的擔憂包括失去個體性（individuality）和隱私、失去個人辦公室會導致地位下降、以及無法凸顯個人貢獻。

根據我的經驗，大多數人終會嚐到坐在一起的好處，但這可能需要幾個月的時間。我曾合作過的團隊在他們的團隊空間裡都保留了許多個人空間，但最終的結果是沒有人去使用它。Teasley 的案例研究發現了類似的結果：團隊成員最初喜歡隔間而不是開放式工作空間，但研究結束時，他們更喜歡開放式空間。

然而，強迫人們坐在一起，然後希望他們會喜歡是不好的想法。反之，應該要與團隊討論他們的擔憂以及搬到團隊空間的取捨，討論如何在敏捷環境中評估團隊成員（它應該像第213 頁「共有主導權」所討論的內容，強調團隊貢獻），以及你可以為隱私提供哪些保護。

我和一位經理聊過關於他們配有結對程式設計工作站的團隊空間，他表示並未因此要求團隊成員使用。不過，團隊中有幾個人想嘗試結對程式設計，所以他們便搬到團隊空間裡。隨著時間過去，有越來越多的成員也搬了進去，最終在沒有任何強迫的情況下，整個團隊都採用了結對程式設計，並且搬進了共享的團隊空間裡。

虛擬團隊空間

如果你有一個遠距團隊，你可以使用線上工具建立一個虛擬團隊空間。這種做法也適用於混合團隊和部分成員遠距團隊[8]，但要小心的是面對面的交談方式會把遠距的團隊成員排除在外。

如果有些人採用遠距，沒有採用遠距的成員也需要全採用虛擬團隊空間來進行協作。決定採用虛擬團隊空間的決定等同決定團隊所有成員都是採遠距的方式來工作。

遠距工作的配備和工具

遠距團隊需要一個電子版本的團隊工作空間：

- ☐ 用於即時溝通的視訊會議軟體，比方說 Zoom。
- ☐ 用於非同步交談的聊天軟體，比方說 Slack。
- ☐ 用來以自由方式進行同時協作的虛擬白板軟體，比方說 Miro、Mural。
- ☐ 任務協作工具。比方說為 UX 和 UI 設計提供如 Figma 的工具。
- ☐ 文件存放空間，如 DropBox、Google Drive、或像 wiki 工具。
- ☐ 用於白板草繪協作的平價平板。
- ☐ 額外用於視訊會議的螢幕或平板，以便可以同時看到一同工作的其他人。
- ☐ 對於交付團隊來說，還要協同程式開發的工具，比如 Tuple 或 Visual Studio Live Share。這類型的工具能支持結對程式設計或群體程式設計（請參閱第 356 頁「結對程式設計」和第 366 頁「群體程式設計」來獲得更多資訊）。

就和面對面的工作空間一樣，請**不要**購買敏捷生命週期管理軟體或其他追蹤軟體。

8　混合遠距團隊有時會到辦公空間，有時則採用遠距。部分遠距的團隊則是有些人來辦公空間工作，而有些人則採用遠距。

設計遠距協作

當大家同地辦公時，協作是容易的。遠距環境要達到同樣的協作程度則需要細心的設計。當你的團隊在共同制定章程時建立了工作協定，請著重關於如何協作的討論。請記住目標是為了能最大化團隊的績效，而非個人。隨著工作的進展，請務必時常評估和改善團隊的溝通技巧。

關聯
————
一致性 (p.132)

我詢問了在面對面與遠距協作上有優異經驗的人關於遠距協作技巧[9]，有幾個相當好的建議：

- 騰出時間來建立人與人之間的聯繫。面對面團隊能建立起彼此的友誼與相互的尊重，這讓他們能夠快速且有效地做出決定。在遠距團隊中，請務必保留時間讓團隊成員能夠交流並且了解彼此的生活。做法包括了幫助緩解緊張情緒的虛擬休憩時間、在團隊成員到達和離開辦公室時用於問候和更新個人狀況的專用聊天頻道、以及每天 30 分鐘用來聊天或遊戲的通話。比方說，團隊養成習慣在每個會議前 5-10 分鐘用來彼此交流。參與者可以早點出現聊天，也可以按自己的心情來參與聊天。團隊也能為慶功會另外安排專門的時間。

- 確保安全感。在面對面團隊裡，人們可以開著玩笑並且做自己，而不必擔心這些對話哪天會再造成自己的麻煩。不過在虛擬環境中，所有東西都會被記錄下來！建立清晰的準則來規範哪些時候是可以被記錄的，或者對話是可以分享的。另一種建立安全感的方法是在群組聊天室裡，建立只有團隊成員能夠加入的私人頻道。

- 凸顯潛藏資訊。在面對面的交談中，可以從面部表情和肢體語言的細微變化得知許多互動上的資訊，但在遠距交談中，這些資訊是無法得知的。因此，請將它們凸顯出來。比方說，在視訊會議中建立一張索引卡時便把他舉起來，並且在上面標示如「+1」、「關注」、「+1,000,000」和「就是它，動手吧！」等短語。（有趣的詞彙就好！）同樣地，明確地顯示你的動態。在群組聊天室裡留下訊息，讓別人知道你在哪、你正在做什麼、以及是否現在有空可以打擾。

- 升級溝通的媒介。對於簡短資訊來說，如文字聊天之類的低頻寬溝通是好的選擇，但當討論大量的問題時，這種方式往往會導致冗長且緩慢的訊息往返。當你發現到此種情況時，請切換到具有更大頻寬的溝通媒介上。舉個例子來說，有個團隊建立了一項規則，那就是當有兩個人以上在聊天室內討論相同主題時，便切換到視訊會議上。

9　感謝 Dave Pool、Gabriel Haukness、Alexander Bird、Chris Fenton、Brian Shef 和 Dave Rooney 在 Twitter（*https://oreil.ly/vwWli*）上分享他們的技術。還要感謝 Brent Miller、Dennis McMillan、Seth McCarthy、Jeff Olfert 和 Matt Plavcan 的建議。

- 可以同時展開多組對談。當有一群人同時圍繞在可視化的主題上討論時，常常會分成 2-3 人一組的討論群。請利用工具創造能獲得相同好處的討論方式。視訊會議工具有分組討論室，群組聊天應用程式能支持建立個別的頻道和討論串。
- 建立一面「牆」。在面對面團隊的空間裡，每個人需要知道和記得的資訊會貼在牆壁上。對於遠距團隊來說，請考慮建立少量的共享文件來儲存這類資訊。
- 配備平板電腦。比起透過滑鼠和軌跡板來繪製圖表，使用平板電腦要方便得多了，而且平板的價格也不是非常昂貴。為每個團隊成員準備一個平板，並且保持他們登入團隊的虛擬白板。當你需要為討論繪製一些圖時，隨時就能透過平板達成。
- 尊重資訊存取能力的差異。每個人的網路狀況千差萬別。僅僅 10 英里便可以代表具有高速的城市頻寬和斷續的農村頻寬的差異，更不用說國家之間的差異了。討論人們的需求並且選擇適合所有人的溝通策略。

資淺團隊成員

Bjorn Freeman-Benson 形容「資淺人員問題」是分散式團隊的三種挑戰裡的其中一種：

> 新進的開發人員在初期有很多問題。他們不知道要如何進行工作，但與此同時他們卻又處於團隊的底部。他們不願輕易去打擾他人，也不想被當作負擔。
>
> …在 InVision 的完全遠距團隊（Bjorn 擔任 CTO），資淺的開發人員無法看到其他開發人員在做什麼，而且害怕打擾到他人。Bjorn 提到「直到他們被詢問正在做些什麼許久之後，他們才回神過來。」[Shore2019]

— Bjorn Freeman-Benson: Three Challenges of Distributed Teams

一定要為資淺團隊成員提供方法，讓他們在不感到迷失或妨礙的情況下跟上速度。結對程式設計和群體程式設計都是很好的方式。如果這些方法並不適合你的團隊，請考慮每日簽到、一對一指導或其他確保資淺成員不會脫隊的方式。

關聯
———
結對程式設計 (p.356)
群體程式設計 (p.366)

問題

對我來說，實體團隊空間太吵了，導致我無法專心。我該怎麼辦？

團隊有時會有些嘈雜，不過要求安靜些是沒問題的。當你在關於一致性的初期溝通過程中，討論工作協定時，請討論如何確保每個人的需求都得到滿足。如果這些需求仍無法被妥善解決，也請在團隊回顧會議時帶出這些議題。

關聯
———
一致性 (p.132)
回顧 (p.316)

請記住，結對程式設計是讓你的注意力不受噪音干擾的絕佳方式。試想如果你正在和搭檔交談，你便不會過度注意到噪音。同樣地，群體程式設計也可以透過聚焦所有人的注意力在同一件事情上，從而避免干擾的問題。

每當對話開始，整個團隊都會停下手邊的事情來傾聽。我們可以做哪些事來避免人們輕易地分心？

尤其是在對話一開始，整個團隊真的可能很需要仔細聆聽內容，因為它能夠幫助每個人了解事情的情境，並且保持資訊的一致。隨著時間經過，團隊成員會發現可以輕鬆忽略哪些對談。

如果這個問題持續存在，尤其是在實體團隊空間，請試著在對談開始的時候，走遠些與團隊其他成員保持距離。感興趣的成員會加入對談，而其餘成員則繼續他們手上的工作。

先決條件

即使是遠距團隊，團隊成員也需要一個共同的核心工作時間才能有效地協作。如果團隊成員十分地分散，而無法安排共同時間的話，那麼你實際上所面對的團隊是多團隊的形式，而你應該據此設計團隊的工作模式。（有關擴展到多個敏捷團隊的更多資訊，請參閱第 6 章。）

對於實體團隊空間來說，最難之處在於創造空間。你通常需要獲得來自管理層支持與行政設施團隊的允許。這個過程可能需要花費數週，甚至是數個月才能完成，所以請儘早開始安排你的共享工作空間。

除了獲得管理層和行政設施團隊的認可外，請確保團隊成員也同意採用共享實體團隊空間。改變工作空間隊於許多人來說是相當難受的。如果他們是被迫違背自身意願接受新的空間配置，他們很可能會找些方法來離開團隊，甚至是離開公司。關於獲得認可的相關資訊，請參閱第 5 章。

如果你的團隊沒有使用結對程式設計或群體程式設計，請小心設計你的工作空間與工作協定，來最小化噪音與分心的問題。

關聯
結對程式設計 (p.356)
群體程式設計 (p.366)
一致性 (p.132)

指標

當你擁有一間妥善配置的團隊空間：

- ☐ 團隊成員之間的溝通是迅速且有效能的。
- ☐ 你能夠察覺人們正著手於你可以做出貢獻的問題上，而且他們也很開心你能夠加入討論。

- ☐ 你不需要猜測答案。如果有任何一位團隊成員知道答案，你可以詢問並且快速地獲得回應。
- ☐ 團隊成員自發地組成跨職能小組來解決問題。
- ☐ 團隊裡能夠感受到彼此的情誼與尊重。

替代方案與試驗

這個實務做法重點在於「無摩擦」的溝通，而不是你是否有一個真正的團隊空間。不過，如果你還沒有體驗過團隊空間（尤其是實體團隊空間）的輕鬆協作，請先嘗試幾個月，然後再嘗試其他方法。在你親眼目睹之前，很難理解它的有效性。

透過讓團隊中的每個人在一台電腦上一起工作，群體程式設計進一步提高了協作的好處。這聽起來可能很荒謬，不過在某種程度上，它卻是協作的「簡單形式」。對於遠程團隊來說，這種做法特別有效，否則他們需要付出相當多的額外努力才能重現實體團隊空間的效能。

> 關聯
> _____
> 群體程式設計 (p.366)

除了群體程式設計外，共享工作空間的核心理念很難被動搖。你最好的試驗之處將會在團隊空間的細節安排裡。你如何改善溝通？你能把定期安排的會議轉換成持續或臨時的協作嗎？不管是實體或虛擬的，你要如何改變你的工具來開展新的協作方式？你的工作空間呢？有沒有辦法重新佈置家具，或者改變你的工作協定，來讓溝通更有效？當你工作時，注意哪些地方造成溝通上的摩擦，並且嘗試可以解決它的試驗。

延伸閱讀

《*Agile Software Development*》[Cockburn2006] 有一個關於溝通的極佳章節。第 3 章「溝通、合作的團隊」討論了資訊輻射器（information radiators）、溝通品質以及與共享團隊房間相關的許多其他概念

《*The Remote Facilitator's Pocket Guide*》[Clacey2020] 是關於促進（facilitation）的一本快速且有用的書籍。它特別適用於遠距會議，但書中的建議對於面對面工作的人來說也相當有價值。

安全感

與 Gitte Klitgaard 一同編著

我們毫無畏懼地分享彼此衝突的觀點。

2012 年，Google 啟動了亞里斯多德專案（project Aristotle）。這項內部的研究想要找出為什麼有些團隊表現卓越，而有些卻不能的原因。Google 檢視了許多因素：團隊組成、工作之外的交流互動、教育背景、外向與內向、同地辦公與遠距合作、資歷、團隊大小、個人績效等。然而這些因素都不是造成差異的要素，甚至連資歷與個人績效都不是。

那麼要素到底是什麼？心理安全感。

> 研究人員找出有效能團隊的五個關鍵影響要素中，心理安全是最重要的。Google 研究人員發現，在心理安全感較高的團隊中，成員離開 Google 的可能性較小，也更有可能善用隊友的不同想法提高更多營收，而且他們的效能通常是 Google 高階管理層所設定的兩倍。[Google2021]
>
> — 了解團隊成效

儘管谷歌的研究結果讓心理安全成為眾人矚目的焦點，但這並不是一個新想法。它最初是由 Edgar Schein 和 Warren Bennis 於 1965 年在進行個人和組織變革的背景下引入的。「為了讓 [不適] 引發學習慾望的增加而不是焦慮的加劇……必須創造一個具有最大心理安全感的環境。」[Schein1965]（第 44 頁）

了解心理安全感

心理安全感（因為現代辦公室已經涵蓋了人身安全，所以通常縮寫為「安全感」）是做你自己而不用擔心無論是對你的職業、地位還是自我形象產生負面後果的能力。這是提出想法、提出問題、提出疑慮，甚至犯錯誤而不會受到懲罰或羞辱的能力 [10]。

安全感不代表你的團隊不會發生衝突，而且恰巧相反。因為團隊的每個人都能表達各自的意見，而不用擔心受到懲罰或輕視，所以他們可以**安全地不同意**彼此的意見。當不同意發生時，他們或許感到不舒服，但他們仍是感到安全的。

> 安全感代表團隊成員能安全地表達不同意。

---

10 關於心理安全定義的前半部分（「**做你自己的能力**」）是基於 [*Kahn1990*]，而後半部分（「**提出想法的能力**」）是基於 [*Edmonson2014*]。

透過這種具有創造性的緊繃對立後，他們會思索或許早已忘記的想法，並且考慮了可能被掩蓋的反對意見。最後，每個人的聲音都被聽到，從而產生更好的成果。

如何創造安全感

安全感是非常個人的，而且是基於情境也無從具體地觸及。相同的交流方式，有些人能感到讓人感到安全，但有些人則無法。比方說，你或許透過一些閒聊來開啟對話：「這週末你都做了什麼呀？」某個人很自信地說道：「我和妻子去了山上。」另一個人卻不願多說，因為他和男朋友共渡了週末，而他擔心提及這件事會引發讓他感到不舒服的對話（關於他的性取向）。

過去的經歷也是一個因素。我（Gitte）和一位 60 歲的老人一起工作，而他總是避免提及他丈夫的性別。他會用「伴侶」而不是「丈夫」來指稱他的另一半，而且從不使用代名詞。理智上來說，他知道我可以接受他的關係，而且永遠也不會因此對他不好，但由於他的成長過程，同性戀總是備受譴責，所以總是出自本能地保護自己。

人們的個性、團隊中的神經多樣性（neurodiversity）和人們思考方式的差異也會影響安全感。這是否意味著安全感是不可能創造出來的？一點也不！不過這確實沒有魔術一般神奇的答案。你可以把所有事情都做對，但人們仍然會感到不安全。你無法把安全感強加給任何人，但你能創造一個充滿安全感的環境，並且透過討論來弄清楚對於你的團隊來說，安全感代表什麼意思？

下面的技巧能幫助你創造安全感。

暢所欲言

安全感所帶來的一個好處是它創造了一個讓大家發表想法的空間。因為感到安全，團隊成員暢所欲言、提出不同的意見、提出新想法、提出問題，並且通常會帶來更多的選擇。這不是意味著所有想法都會被實現，而是團隊成員能在下決策前考慮更多的選擇，否則在相反的環境裡，或許你連一個選擇都看不到。

即使人們能充分感到安全進而暢所欲言，但有些人天生害羞，有社交焦慮，或者只是在團體環境中說話覺得不舒服。你可以考慮到這些差異來讓他們更容易參與討論。

一種方法是在每次會議開始時進行簡短的報到儀式。它可以很小，例如「說說你今天的心情」或「告訴我們你窗外的天氣現在是什麼樣子」。當一個人在會議中發言過一次時，他們會對稍後再發言，感到更加有安全感。請務必提供不發表意見的選擇，這會讓人感受到不說話也是安全的。

另一種方法是將大型討論分成小組。每組 2-4 人，然後由每個小組的其中一人與其他人分享小組的結論。這使得在大型環境中發言會感到不舒服的人也可以發表意見，而不會讓他們非要在更大的群組裡說話。

對於錯誤保持開放心態

當我們犯錯時，會很容易想要為自己辯護，尤其是在社交場合表現失態的時候。不要忽視或者掩蓋你的錯誤，相反地去承認這些錯誤！這也會讓其他人覺得承認錯誤是安全的。

Matt Smith 有一種稱為「失敗鞠躬（The failure bow）」的技術。[Smith2012] 如果它是團隊裡的共同規範時，能發揮最大的效益。當你犯錯時，站起來並且把雙手高高地舉在空中，然後帶著燦爛的笑容說道：「我失敗了」。其他人可能也會跟著微笑，甚至可能會鼓掌。讓失敗變得有趣，會消除它所帶來的刺痛感。

有些人很難承認錯誤。一個人可能會因為錯誤而責備自己，然後假設團隊會因此而討厭他們，並且他們也會因此被解雇。作為一個正在擺脫完美主義者的我，也曾經有相同的想法。

換句話說，儘管你可以創造一個完全安全的環境讓人們說出錯誤，但有些人可能還是會因為犯錯而感到不安全。允許人們用最適合的方式來分享或不分享他們的錯誤。

保持好奇心

對他人的意見展現直率的興趣。如果有人保持安靜或不願說話，請詢問他們的想法。這會讓他們知道他們的想法是有價值的。但請記住，在團體環境中被呼喚名字，可能會讓他們覺得不安全。如果你有這類的疑問，請將討論轉移到更小的環境中（或許只有你們兩個人）。

傾聽是為了理解，而不是回應。我們很容易把注意力集中在接下來要說什麼，而不是聽別人在說什麼。如果你已經準備好下一個問題或陳述，那麼你就只是為了回應而傾聽。相反地，請專注在他們正在說什麼和試圖傳達什麼。

> 傾聽是為了理解，而不是回應。

學會如何給予和接納回饋

在一個有效能的團隊中，分歧和衝突的意見不僅是正常的，而且是意料之中的。這些分歧和衝突正是最好點子的出現方式。透過聚焦在事情和想法而不是提出它們的人，可以讓人們對表達不同意感到安全。採用一個古老的即興小技巧「是的，並且…」來建立彼此的想法。

例如，如果有人提議修改程式碼，但沒有考慮錯誤處理，請不要說「你忘記包含錯誤處理了」。這會把重點放在他們身上，以及他們忘記做的事情。相反地，專注於這個想法並以此為基礎！「我們應該把錯誤處理放在哪裡呢？」或者「讓我們在這裡加入錯誤處理吧！」

有些分歧是關於個人的。比方說，有人可能會開一個不當（insensitive）的笑話。Diana Larsen 為提出人際回饋，提供了以下處理方式：

1. **開啟對話**。要求提供回饋的允許，不要出其不意地提出想法。「Georgetta，我可以對你今天在站立會議上所說的話，提供一些回饋嗎？」

2. **描述行為**。具體說明發生了什麼。「今天在站立會議上，你開玩笑地說矮個子沒有可能約會。這是你本週第三個關於矮個子的笑話。」

3. **說明影響**。描述它是如何影響你的。「我對自己的身高很敏感。雖然我一笑置之，但整個早上我都感到沮喪。」

4. **提出請求**。說明你想改變、鼓勵或阻止什麼。「我希望你不要再開這種玩笑了。」

5. **聆聽回應**。另一個人會回應。透過聆聽來理解，並且讓他們完整地陳述自己的想法。

6. **協商後續步驟**。專注於你們雙方都可以做的事情，著眼於建立關係。「我喜歡你的幽默感，也希望你能繼續拿其他事情開玩笑。我正在努力降低敏感度，但這並不容易。我很感激你同意為我做出這個改變。」

請務必提供回饋，來鼓勵希望看到的行為和糾正想要改變的行為。

人們可能需要幾天的時間來消化回饋，尤其是當情況嚴重的時候，不要期望他們會立即做出回應。很多人也發現很難收到正面回饋。在我能夠大方地接受正面回饋之前，我花了幾年的時間有意識地訓練自己，但即便如此，在糟糕的日子裡，我還是難以妥善面對。

如果你做了一些傷害別人感受的事情，接受人際回饋可能會特別感到不舒服。發生這種情況時，請避免展現防禦或盡量減少他人的顧慮。不要做出不像道歉的道歉！比方說「如果你感到被冒犯了，我很抱歉」。相反地，承認你的錯誤並做出修正。「我不是故意想用笑話來惹你生氣，但結果還是造成你的不開心。我為此感到抱歉，而且以後也會避免這種笑話。如果我又疏忽了，請提醒我。」

請在制定工作協定時，把「給予和接受人際回饋」納入考量。第 331 頁「大小適合的衝突與回饋」有相關的建議。

富有同理心

人們容易產生**基本歸因謬誤**（*Fundamental Attribution Error*）：我們傾向於假設人們做事是因為他們潛在的個性，而不是他們所處的環境。例如，如果我們在高速公路上擋住某

人，那是因為我們幾乎錯過了出口，但如果其他人擋住了我們，則是因為他們是一個不尊重他人的糟糕司機。

當你不認同某人時，請設身處地為他們著想。與其假設惡意或無能，不如假設積極的意圖：對方和你一樣聰明和善意，但得出了不同的結論。嘗試了解他們的立場以及為什麼他們的結論與你的不同。

> 當你不認同某人時，請假設對方也是抱持著積極的意圖。

你可以透過在事後扮演不認同的角色來培養你的同理心。請別人來聽聽你如何解釋意見分歧。從你的角度解釋它，然後再從另一個人的角度來解釋它。站在他們的立場，做出最好且最適合的論據。

《*Agile Conversations*》[Squirrel2020] 是了解對話帶來什麼影響，以及如何提高對話效果的絕佳資源。

讓別人看見自己的弱點

分享個人的小資訊，讓人們看到你的弱點。這可以從小處著手：愛好、小時候最喜歡的玩具或寵物。這會建立關係和信任。隨著時間過去，以及隨著你逐漸信任你的隊友，你可以進一步敞開心扉。

所有的人都得工作。換言之，家裡發生的事情也會影響我們的工作，就像所有其他使我們成為我們自己的事情一樣。分享美好的一天或糟糕的一天可以幫助人們了解你的心情，從而創造安全感。比方說，如果你睡眠不足，可能會因此脾氣暴躁，分享這些資訊可以幫助他人了解你並不是對他們感到生氣…你只是因為脾氣暴躁。

2007 年，我正在接受子宮癌檢查。我驚慌失措地哭著告訴我的團隊這件事。透露這個訊息讓我覺得很彆扭，但它卻是安全的。到了去看醫生進行檢查的時候，團隊裡有三個人打電話給我，確保有人帶我去那裡，因為他們知道我一個人住。他們支持著我，而這是一種美妙的感覺（最終，診斷結果出來了 —— 沒有癌症）。

組織的安全感

我協助公司在整個組織裡建立安全的經驗告訴我，除非從一開始安全感就存在，否則安全是從小事開始做起。安全感是來自於內在的，而且可能是某個人只對於一個或兩個人有這種感覺。人們只在團隊內感到安全也是正常的。如果組織聚焦於安全感，它可以從這些地方將安全感蔓延開來。因此，人們會開始在他們的部門乃至整個公司都感到安全。

領導者的角色

擁有權力的人對於安全感有巨大的影響。這包括傳統的權力來源，例如團隊領導者或管理者，但也包括非正式的權力，例如資深開發人員與資淺開發人員交談時。

如果你是有權力的人，你的言行就會更有分量。請認真對待這件事。這意味著你不能隨隨便便地說話，至少在一開始的時候不可以。學會閱讀氛圍：注意你的言行是如何影響他人。

以下技巧會幫助你在團隊中創造安全。

以自己為榜樣展現想要的行為

展現你希望從團隊其他成員那裡看到的所有行為。讓大家暢所欲言、對自己的錯誤保持開放態度、保持好奇心、給予回饋、表現同理心、讓別人看見自己的弱點。用說的或是用假設的安全是不夠的，請用行動展現它。

討論錯誤時，請注意不要歸咎或責備。不要說「喔！我錯了，我太笨了。」之類的話。這會傳達「犯錯就是愚蠢」的訊息。取而代之的是把錯誤作為學習的養料。錯誤是可以預測的，而學習是結果的一部分。「我犯了一個錯誤，而這就是我所學到的。」

明確的期望

敏捷團隊是自組織並且主導自己的工作，但這並不代表他們不受到期望或沒有方向。請清楚地表達你對團隊成員的期望，以及你能提供哪些幫助。在進行會議與活動時（例如回顧會議），請一開始便表明你對此次會議的期待。

不要迴避衝突

安全感並不是每個人總能得到他所想要的，而是每個人的意見都能被納入考慮。

> 安全感並不是每個人
> 總能得到他所想要的。

為了營造安全感，有些團隊會出現虛假的和諧。他們會避免衝突，而且壓制不同的意見。這種做法或許會感到安全，但是衝突並不會因此而遠離。它就只是像一個泡泡仍在水面下不停地變大。

有些領導者在強調團隊的積極性上犯了錯誤。他們說著像「不要如此負面！」或「成為一個善用合作的團隊成員！」類似的話，而這些話所代表的意思是「請附和團隊上的其他人」。這正是在宣告人們表達不同意是不安全的。

相反地，如果你注意到有人正隱忍著他的意見，你應該要求他們分享出來；如果有人沉溺於虛假的和諧感裡，請向他們詢問關於某個想法的缺點。如果你發現一個問題卻沒有任何人提出來，請以善意的方式將它提出來。

同時也請做好犯錯的準備。不要只想求對，而是專注在每個意見能被傳遞出來，並且我們能夠對它們進行討論、辯論、和改善。虛假的和諧和團體迷思（groupthinking）對於正處團隊發展「規

關聯
團隊動態 (p.323)

範（norming）」期的團隊來說是常見的挑戰。請查閱第 327 頁「規範：我們是第一名的團隊」來了解更多詳細資訊。

建立人際聯繫的練習

你可以透過一個有趣的練習來培養團隊的融洽。它可以單獨進行也能在一致性章程制定會議時進行（請參閱第 132 頁）。

這個練習的目標是讓團隊知道彼此的共通點超乎他們自己的認為。如果你的團隊是同地辦公，請找一個可以容納大家隨意移動的大型開放空間。如果是遠距團隊，請要求每個人上傳一張大頭照到虛擬白板上（有趣最重要！）接著，當你們準備好時，請重複下列的步驟：

1. 某人講出一個關於自己的喜好，比如「我喜歡狗」。

2. 有相同喜好或認同這個喜好的所有人都排到那個人的身後。遠距團隊則是移動頭像到那個人的頭像之下。

3. 透過另一個人表達他的喜好（比方說，喜歡的程式語言是 Perl 等），然後重複上述步驟。

直到計時結束，才停下來。此時，人們已經或多或少分享了自己的喜好。

問題

不管我做什麼，團隊總有某個成員不願發表想法。我該如何幫助他？

在所有的團隊問題中，最好的第一步是傾聽。與他們談論為什麼不願意發表想法的原因。請務必強調這並非是一個他們非得解決的問題，但是對團隊來說卻是一個難題，而你想要讓大家能夠更加地輕鬆貢獻各自的想法。

當你們在討論做法時，請記得一點，雖然你期望確保大家的聲音都被聽到，但這不必然非要他們如字面上的意思發出聲音。對於一些人來說，比起在熱烈討論的場合裡分享看法，小心翼翼地透過書寫來組織想法更能讓他們覺得自在。

另一種選擇是他們透過與團隊夥伴一起來發表想法。這種做法可以作為他們說出想法的事先練習，或者是要求他們的夥伴來代為傳達。

雖然我發覺某件事正影響著某人，但我擔憂他們會因為覺得不安全而不願說出來。我應該怎麼辦？

這取決於情況的嚴重性，以及你自己是否覺得安全來採取行動。

在大多數的情況下，先和受到影響的人進行交談。詢問他們狀況是否還能接受，以及是否願意談論它。如果你覺得挺身而出，來替他們提出問題是安全的，你可以這樣來處理。即使你不覺得安全而無法代為提出，詢問對方的情況也能讓對方意識到自身所面臨的問題，以及讓他們知道有人關心他們。

如果我覺得某件事越過了線，我會當場說出來。舉例來說，Von 在會議中提出某件事，但被大家忽略了。一般來說，我會在事後與 Von 討論。不過，如果在稍後會議中，Max 重提了 Von 所說的事情，而這次大家都聽見了。在這個時候，我會站出來，然後用一個標準的說詞，說道：「Max！我真喜歡你對 Von 稍早所提內容的重新表達方式。」

我們的時間應該用來完成工作，而非討論我們的感受，不是嗎？

簡單且重複性高的工作或許不需要安全感，但軟體開發需要創造、學習、和思考。你的團隊需要絞盡腦汁並且說出看法，才能創造最好的可能結果。沒有了安全感，你可能會錯過一些想法、人們可能會不願意指出錯誤、而且機會可能會因為感到危險而被錯過。

請記住亞里斯多德專案的發現。安全感是 Google 團隊績效的第一預測指標。即使這個發現不是真的，但是工作是你生活中重要的一部分。難道你不希望你和你的隊友能夠在不受怕的環境中表達自己嗎？

先決條件

絕大多數的團隊都能建立起安全感。雖然有一些組織的文化會壓抑分歧或咎責，而這些文化都會讓安全感難以被建立，但是你仍然可以在團隊內建立些許的安全感。

如果你的團隊是遠距團隊，請小心「錄製交談」這件事。如果團隊有安全感，並且每個人都可以自在地表達自己，那麼你不會希望未來這些對話被更大的組織層級拿來為難團隊成員。如果可以，請將聊天室設定成會刪除舊對話，而且預設不會錄製視訊通話，除非有特殊需求才進行錄製。

指標

當團隊擁有心理安全感時：

- ☐ 團隊成員會說出自己犯的錯誤，以及他們學到了什麼。
- ☐ 團隊成員能夠有建設性地表達不同意。
- ☐ 團隊成員會提出想法與點出問題。
- ☐ 團隊能夠結合更多點子，創造出更好的產品。
- ☐ 更容易地雇用和留住多元的人才。

替代方案與試驗

心理安全感讓人們得以學習、分享所知、表達歧見、和暢所欲言。本節所提供的實務做法是聚焦在如何改變你的環境，來讓人們易於展現這些行為。

另一種替代的做法則是試著改變人，而不是環境。理論上來說，你可以努力培養他們的勇氣，使得他們可以自在地發表自己的想法，即便他們感覺不安全。不過，我並不建議這種做法。能改變自己的只有他們自身，而你無法施加這些改變在他們身上。即便你能有勇氣在覺得不安全的時候依舊暢所欲言，但你的創造力也會因為恐懼而有所折損。

另一方面，試驗則是一個增進安全感的好方法。請務必把你想嘗試的試驗內容具體化：甚至是把試驗限制在某件事上，並且定一個實行的日期。這樣的做法能夠創造更多的安全感，因為人們會知道改變在沒有效果時，它是可以恢復的。在安全感面向與和團隊事務上，創造一個樂於嘗試新想法的文化。

可以從召開以「安全感」為主題的回顧會議開始，來討論你在這個團隊與其他人身上注意到有關安全感的問題，並且選擇一些試驗來嘗試。

關聯
———
回顧 (p.316)

延伸閱讀

《*The Fearless Organization: Creating Psychological Safety in the Workplace for Learning, Innovation, and Growth*》[Edmonson2018] 是 Amy Edmonson 最新出版的一本書籍。她是哈佛商學院的教授。本書的內容是關於她從許多方面研究心理安全感的發現。

〈Building a Psychologically Safe Workplace〉[Edmonson2014] 是 Amy Edmonson 在 TEDx 的演講，它對心理安全感提供了一個好又簡短的介紹。

《*Time to Think: Listening to Ignite the Human Mind*》[Kline2015] 是一本關於在工作中創造空間與時間來思考的書籍。本書包含了我個人在大多數會議中都會提及的務實建議。

目的

我們了解所從事工作的原因。

受眾

產品經理、教練

每個團隊都有一個目的：團隊存在的原因與期望的產出。不過常常都沒有和團隊溝通過這個目的。相反地，團隊成員被告知許多該怎麼做的細節，但不是他們為什麼要這樣做的理由，或者是這些事情會如何幫助公司達成目標。

「目的」這個實務做法是用來確保每個人了解大方向，而不只是細節。

從願景開始

在一個產品還沒有專屬的團隊之前，公司有某個人想到一個點子。假設這個人任職於 Wizzle-Frobitz（不是一個真實的公司）。他們驚呼道「嘿！」並且打翻桌上的咖啡，說道：「如果我們的軟體可以先對 wizzles 進行排序，我們可以更好地 frobitz the wizzles」。

通常故事沒有像前文那樣戲劇化。不過這邊的重點是 —— 團隊的目的是從一個聚焦於某個成果的想法開始。透過結合更好的軟體來銷售更多的硬體、透過更有效地擴展來吸引更大型的客戶、透過提供機器學習技術來銷售更多雲端服務。這些全是真實的目的範例，它們來自於我以前合作過的團隊。

從想法過渡到團隊過程中，最吸引人之處（更美好未來的願景）常常會丟失，因為滿佈的細節取代了它。你必須組建一個團隊，它需要有程式設計師、領域專家、和 UX 設計師。你必須訂定功能、發佈計畫，並且回報進度。衝啊！團隊！衝啊！

這說來慚愧，因為沒有什麼比傳遞願景要來得重要了。如果目標是透過機器學習銷售更多雲端服務，那麼除非機器學習產品是雲端平台的一部分，不然它再讓人驚艷也不好。如果擴展能讓你吸引到更大型的客

> 沒有什麼比傳遞願景
> 更重要的事情了。

戶，那麼你需要確保你擴展的方式剛好適合那些新客戶的需求。相反地，如果你想出一個方法來吸引那些幾乎和擴展無關的客戶，那麼你是如何擴展的，真的重要嗎？

識別目的

團隊的資金來自於某個人的預算。這些人通常稱為團隊的高階贊助者（*executive sponsor*）。雖說贊助者在管理上對於團隊的目的有最終決定權，但事情不總是如此簡單明瞭。他們會受到各式各樣的人的影響，這些人稱為關鍵利害關係人（*key stakeholder*），而得到這些人的支持對於團隊獲得成功也是必要的。

某個人必須找到貫通所有想法的一個目的。他們需要確保高階贊助者喜愛這個目的、團隊了解這個目的、關鍵利害關係人認同這個目的、以及其他的利害關係人接受這個目的。如「完整團隊」實務做法所討論的，這些技能稱為「產品管理」，而且團隊裡至少要有一個人擁有這些技能。

關聯

完整團隊 (p.76)

如果明確地有一位擘劃願景的人，最好的做法就是直接請他擔任產品經理。只要願景是有價值且可以達成的，那麼能擘劃願景的產品經理的日常參與，將會大大提高團隊交付令人印象深刻的產品的機會。

如果擘劃願景的人無法完全地投入到團隊中（這是經常發生的情況），而必須由其他人來擔任產品經理。盡量試著去找和關鍵利害關係人有密切關係來擔任這個角色。就像小孩的傳話遊戲（telephone game），產品經理和關鍵利害關係人之間的每一次訊息傳遞都會降低他們維持和促進團隊目的的能力。

關聯

實際客戶的參與
(p.196)

在某些情況下，團隊實際上會有多個目的。如果關鍵利害關係人們的願景明顯不同，而這些願景又必須全被達成，你可以為每一個願景都找尋一位產品經理。請一次專注在一個目的上，並且週期性地切換這些目的。

多團隊開發

如果你的團隊與其他團隊組成一個水平擴展的團隊群組（請參閱第 6 章），團隊目的會與整個產品或產品組合的目的不同。雖然團隊目的會與為整體目的的緊密整合，但它會聚焦於團隊具體扮演的角色。

舉例來說，你的公司所生產的產品是用來分析飛機的飛行資訊。你的團隊負責擷取來自飛機的資料。另一個團隊負責機場的地圖與指引。第三個團隊負責抵達與駛離的通知。

在這個例子裡，整個產品的願景或許是「我們為世界各地的飛機提供可靠、精準至分鐘級的統計資料和資訊」。不過，對於資料擷取團隊來說，具體的願景則是「我們確保公司裡其他的團隊能擁有需要的資料，以便即時且精準地服務他們的客戶。」

這種目的差異對於垂直擴展團隊來說並不是必要的，因為他們致力於共同的目標。

將目的文件化

當你與贊助者和關鍵利害關係人進行討論時，產品經理會精煉他們的想法，並且撰寫成一份目的草稿文件。對話的目標就是讓團隊應該做什麼、為什麼要這樣做以及成功的樣子達成一致。「目的」文件是一份

> 對話的目標是
> 讓團隊的工作達成一致。

高品質的文件，而且反映了共同的理解。你會定期地修改它。

目的草稿文件是基於對話內容初次撰寫的文件。它用來幫助推展對話。文件的格式取決於各公司的標準。有些公司喜歡使用關鍵績效指標（Key Performance Indicators，KPIs）或目標與關鍵成果（Objectives and Key Results，OKRs）。無論格式是什麼，它都需要回答三個問題：

1. **願景**。為什麼團隊的工作是有價值的？描述因為團隊的成功，世界將變得有何不同（至少是關於你的一小部分）。釐清為什麼這個願景對於公司和它的客戶們來說重要。著眼於長遠目標，專注於價值。

2. **使命**。在接下來的 3-6 個月裡，團隊要如何幫助達成願景？概略地描述團隊有哪些預期的產出，以及哪些超出了團隊的範圍。為團隊保留充足的空間來解決細節問題。在交付之前，專注於成果和價值。雖然優先思考具體的交付成果是有幫忙的，但是請關注交付成果背後的原因，從為什麼要交付這些成果開始，而不是從要交付哪些成果開始。

3. **指標**。團隊成員要如何知道他們的努力在對的方向上？描述五個高層次的成功指標，並且確保它們是具體且不模糊的。避免討論具體的功能（比方說「在 Y 日期，交付功能 X」）。取而代之的是討論利害關係人期望的**商業成果**。解釋指標是如何展現使命價值被達成。如果難以找到這些指標，那可能代表著使命並非聚焦於價值。

目的文件提供了**指引**，而不是一組生硬且立即可用的規則。它的用途是幫助人們了解團隊所試圖達成的目的。因此，它代表著人們**對於現狀**的最佳理解。如果指標未能被達成，並不是意味著團隊需要受到懲罰。如果達成了，也不是代表團隊便可以不用再工作。

請記住敏捷宣言：「與客戶合作勝過合約協商」。目的文件是協作的工具，而不是合約。隨著工作的進展，每個人對市場都有了新的認識，團隊的目標也會改變。

> 目的文件是用來幫助協作
> 的工具，而不是合約。

目的範例

願景：Sasquatch 團隊幫助團隊進行遠距協作。我們的客戶在交流體驗上，就像在面對面共享工作空間一樣好。使用一般的螢幕共享工具，某一成員會變成所有討論的瓶頸點，然而透過我們的工具，每個人都可以參與。它讓遠距協作變得有效且愉快，也能讓我們從忠誠客戶的訂閱費用，來賺取收入。

（請注意，願景側重於長期價值。）

使命：我們的首要使命是帶動討論，創造熱潮。目前我們的目標並不是產生實質的收益，而是證明想法的可行性，並且為我們在遠距協作的獨特觀點，創造令人興奮的共鳴。

我們將透過創建一個同時協作工具來實現想法，該工具重現了在桌上操作索引卡的體驗。它不是產品管理工具、追蹤工具、或回顧工具。相反地，它提供了一個可以採用任何形式來實現上述這些工具目的的沙盒。它的重點在於協作與簡單性，並且在各方面都顯露著它的高品質。它並不提供聊天或是視訊會議的功能，而是專注於沙盒的核心功能，來達成同時協作。

（請注意，在詳細構思可交付成果之前，使命從價值出發。）

指標：

1. 我們將與至少 20 位潛在客戶分享我們最初的模型和計畫。如果至少 70% 的人說它解決了所遭遇的協作問題，那就代表達成了這個指標，而這也會表明我們的方法是否可行。

2. 我們會在產業活動中的展位，來演示我們的早期成果。如果至少有 100 位在我們的展位停下腳步並且表達興趣，而且至少 50 位註冊了試驗版本，那就代表達成了這個指標，而這也會指出人們是否對這個產品感到興奮。

3. 當我們推出公測版本時，如果第一個月至少有 500 個團隊註冊，那就代表我們達成這個指標，而這將表明人們對產品感到興奮。

4. 公測發佈兩個月後，如果至少有 100 個團隊定期支付和使用產品（意即至少每兩週登入一次，並進行一次更改），那就代表我們達成了這個指標。這將代表產品在真實世界中是有用的。

（請注意，每個指標都描述了它與價值之間的關係。它各別代表不同的階段，而這使得團隊可以及早評估進度。）

將目的編入章程

在你為目的草擬了一份文件並且和關鍵利害關係人確認完畢之後，你就可以開始和團隊的其他成員進行討論了。討論通常會發生在章程會議。這個會議在《*liftoff*》[Larsen2016] 出版後也被稱為起飛時刻（liftoff）。更多有關如何規劃章程會議，可以參閱 122 頁「規劃你的章程會議」。

章程會議通常代表開始投入新的任務。即便團隊已經工作於這類任務多年，但對於任何想要更好地了解全局的團隊也是很有價值的。章程會議也可以在團隊實際開始投入之前的幾週召開。

回顧草擬的目的

章程會議會從討論團隊的目的開始[11]。首先介紹草擬的願景。最好是由起草的人來進行說明，而這通常是團隊的產品經理。

當你陳述目的時，不要只是按字說明，而是去解釋它背後的想法。目的產生過程所發生的對話、所做的權衡、和需要的妥協。這樣的背景描述會幫助每個人更好地理解「為什麼」會產生這個目的。

對願景表達同意

重新審視目的後，請對願景進行同意投票（請參閱第 96 頁「尋求同意」）。因為願景的擁有者是贊助者，所以不太可能進行修改，但進行同意投票會把任何重大反對意見顯露出來。如果需要更改，則必須獲得贊助者的允許。如果無法聯繫贊助者，則主導目的的草案的人員可以先當作他們的代理人。

改進使命

雖然願景是屬於贊助者，但使命則是由團隊所擁有。因為團隊負責實現使命，所以由團隊全權負責。

> 雖然願景屬於贊助者，
> 但使命則是由團隊所擁有。

為了協助建立主導權，請向團隊成員徵求關於使命的回饋（還不是指標，只是使命）。尋求回應與評論，然後分成小組。每個小組都是由團隊成員和利害關係人組成，且會對使命進行改善，改善的範圍小至措辭的修改，大到明顯的內容修改。

11　此處提出的議程是基於 [Larsen2016]（第 5 章），並且進行了一些小改動。

當小組討論結束，每個小組報告他們的更動與理由，然後其他小組則提供回饋。引導者在稍後會協助每個人把他們的想法統合成單一的使命。這或許需要另一回合的小組討論時間。小組混和討論有些時候也能對討論提供助益。

一旦團隊完成了使命的修訂，就需要再進行另一輪的同意投票。修訂後的使命是否仍然滿足願景呢？利害關係人對於滿足他們需求的使命是否感到滿意？團隊是否準備好對達成使命承擔全權的責任呢？當你進行投票的時候，請強調使命並不需要盡善盡美。它會隨著時間而改變，因此它只要對於目前來說，夠好就可以了。

修改指標

最後一個步驟便是修改指標。因為指標是最為具體的，所以這個部分也是最容易產生爭議的。好的指標是毫不含糊的，而且可能有點讓人畏懼。請提醒每個人指標並非合約，它們只是一種指引。一種用來判斷

> 指標並非合約，
> 它們只是一種指引。

團隊是否正走在正確的路上。如果團隊並不在達成指標的路上，它意味著團隊需要更多的幫忙或者是降低原來的期望。如果團隊超過設定的指標，則意味著你們已經準備好設定更高的期望，並且產出更好的成果。就像所有做事的方法一樣，指標也會需要迭代地進行修改，而且它們也不是唯一值得關注的商業指標。

請再次分成跨職能的小組來修改指標。為每個小組分配需要討論的指標。對於每個指標，請確保它能夠顯示出使命達成的進度，也就是說它能夠清楚地指出使命「是」「否」達成，以及團隊是否能夠達成。在更大的群組裡審視指標的修改、確認指標是否獲得大家的同意、並且持續地修動，直到所有反對意見都得到解決。

隨著每個討論，你或許會發現新的問題，而這些問題會使得你需要回頭修改之前討論過的部分目的。這樣的狀況是正常的，也是可以被預期的，因為整個過程就是一個迭代的過程。

為目的做出承諾

當你完成所有的討論，進行最終的同意投票。每個人是否認同目的是清楚的、有價值的、而且可以達成的？如果是，是時候做出承諾了！要求每個人表達自己的想法，來記錄他們承諾，表達的方式可能是實際進行簽署（如果是面對面的話），或者是採用電子的方式（如果是遠距的話）。

簽署完成後，如果贊助者不在現場，請要求他們回到會議中、審視相關的修改、要求他們承諾提供支持、並且獲得他們的簽署。

規劃你的章程會議

章程會議是從討論目的開始，但通常也會包括情境和一致性的討論（請參閱**第 126 頁「情境」和第 132 頁「一致性」**）。假如你要包含這三個主題，請為章程會議預留兩個全天。匆匆忙忙地進行會議不會是你所想要的，而且提早完成也不會因此受到抱怨。反之，如果會議被延長，就不是這樣的情況了。

遠距團隊與面對面團隊需要花費同樣的時間，大約是 15 個小時或者更多。不過，章程會議需要被分成數個更小的組塊（chunk）來進行，通常一天不要花超過四個小時。透過遠距來進行大型的協作會議往往是耗體力的，所以請將它拆解來進行。請確保每個人能夠全心投入討論，並且盡可能地透過視訊來召開會議（請參閱**第 92 頁「面對面交談」**）。

另外，對於新的團隊來說，章程會議是一個好的機會使用差旅費來建立團隊關係。在公司外面的一個好場地召開會議並且多保留一天來進行有趣的活動（來增加彼此的認識），或甚至是舉辦團體觀光。

章程會議應該要包含你的高階贊助者、關鍵利害關係人、團隊成員、和產品經理（如果他們並不屬於團隊成員）。贊助者透過歡迎與感謝參與者、描述團隊的工作所帶來的整體商業利益、以及表達他們的支持，來為會議進行開場。除非贊助者想要參與接下來的討論，否則他們可以先行離開。

最好是由善於引導會議進行的人來主導章程會議，特別是討論陷入爭議時。這個人可能是團隊裡的教練，但通常最好的人選是由立場中立的第三方來擔任。你可以請求其他團隊的教練來幫忙、或者是聘請外部的引導者。在大型的組織裡，你或許可以從人資部門找到專業的引導者。

當目的與情境的討論結束後，高階贊助者返回會議來為他們的支持提供承諾。此時，章程中需要利害關係人的部分已經完成。團隊成員向利害關係人表達感謝參與，然後開始關於一致性的討論（與團隊緊密合作的人，比方說產品經理，或許也會參加）。

用慶祝來為章程會議畫下句點，尤其當會議連續召開多天，至少要感謝彼此的辛勤。如果可以的話，一起去做些有趣的事情。記得先給點時間讓團隊中內向的人休息充電。

之後，把下述的成果張貼在團隊空間內顯眼的地方。為了清楚起見，你或許需要重新抄錄它們。

- 願景、使命、和指標（來自「目的」）
- 情境圖表（來自「情境」）
- 工作協定與標準（來自「一致性」）

其餘章程會議的產出並不需要被張貼出來，但你需要保留一份技能清單和允諾的資源（來自「情境」），以供將來參考。其他的產出同樣在未來也會派得上用場。

推廣目的

一旦目的被大家認同了，就讓它成為一個不受動搖的標準。用它來向利害關係人宣傳團隊的工作。當在解釋計劃和優先事項時提及它、在團隊空間的顯眼處張貼一份副本，並在規劃會議中再次談論它。

關聯
富有資訊的工作空間 (p. 253)
視覺化規劃 (p.173)
向利害關係人展示 (p.279)

隨著工作的進展，請務必繼續與你的贊助者和其他重要利害相關人保持緊密關係。邀請他們參加視覺化規劃會議。即使需要私下地展示進度，也要確保他們看見展示。徵求他們對進展的回饋，並請求他們幫助改進你的計畫。

雖然讓你的關鍵利害關係人參與過程或許很困難，但請努力做到。利害關係人的熱情和興奮比任何文件都更能傳達是否達成目的。如果團隊成員經常和關鍵利害關係人互動，他們就會更加地理解目的，而且能想出更多增加價值和降低成本的想法。

如果要爬的山不能自己來到團隊面前，那麼團隊就要自己走到山的面前。換言之，如果利害關係人不想參加團隊的規劃會議，團隊的產品經理就要主動地去消

> 請努力讓關鍵利害關係人參與。

除落差。分享計畫、獲得回饋並且進行展示。相較於利害關係人參與規劃，這樣的做法較不有效，而且你需要確保產品經理能夠有效地將利害關係人的觀點帶回團隊。如果你沒有任何人可以做到這件事，請和你的高階贊助者討論可能打造出錯誤產品的風險。直到利害關係人可以參與進來之前，你的團隊或許最好先去做其他事情。

迭代目的

團隊的目的會隨著時間而改變。指標會過期失效，而且團隊會學到關於其利害關係人、客戶和市場的新知識。因此，你最終會需要更新目的。這是一份「活」文件。

請設定具體的時間來重新檢閱和修改目的。每 3-6 個月是個適合的週期。當你進行更新時，請建立新的草案，並且召開另一場章程會議。它所需要的時間有可能比第一次要來得短。一般來說，願景不會有太大變化，使命則需要一些修改，而指標則較需要更新或替換。

問題

整個團隊可以參與目的草案的討論嗎？

當然可以！對於團隊成員來說，這是絕佳的方法來獲得關於他們利害關係人的洞見。一般來說，團隊中的一些成員會比其他成員對此感興趣。請討論團隊內如何為此進行分工，並且將工作交給具有更多利害關係人經驗的成員。

討論目的的時候，引發了具有爭議的爭論，而且看不到有任何一致的意見。我們應該繼續討論嗎？

雖然你不需要每個利害關係人都同意你的團隊目的，但你的確需要關鍵利害關係人的同意。即使討論團隊目的時產生了許多爭論，你仍然應該尋求一個統合的願景與目的。否則，發佈的軟體還是會零零碎碎且無法令人感到滿意。

或許可以把目的拆分成團隊能接續實現的多個小目標。如果這個方法沒用，請考慮聘請專業的引導者來和幫忙調解討論。

我們的贊助者不斷地改變主意。我們要如何才能讓他們選擇一個方向並堅持下去？

快速變化的目標往往常見於創業型贊助者。這不是因為缺乏遠見或一致性。相反地，他們看到了各式各樣的機會，並且改變了適合這些機會的方向。如果目的不斷地變化，這可能表示你所認為的團隊目的實際上是一個更大的總體目標裡的臨時策略。把你的擔憂傳達給贊助者和利害關係人，並且試著識別出更大的目的。

如果你成功地發現了更大的目的，調適性規劃可以幫助你跟上贊助者的腳步。優化熟練度可能也是一個不錯的選擇。它強調學習和善用機會，而這些機會將能幫助你完美地契合贊助者的創業家精神。

關聯
調適性規劃 (p.156)

你的贊助者可能會比你實現他們的想法更快地繼續改變方向。在這種情況下，產品經理應當作為緩衝來保護團隊免受快速變化的影響，並且向贊助者解釋團隊可以合理完成的工作。

先決條件

每個團隊都需要一個目的。它不必非要採用此處描述的格式，但每個團隊都需要知道它預期的內容和原因。「正確地」識別目的可能是很難以應付的一件事，因為它需要利害關係人的支持和具有強大產品管理技能的人員。

如果你沒有具備所需技能的人，那麼你的公司就有可能在錯誤的結果上浪費大量資金。在繼續之前，請尋求高階贊助者的幫助來解決這個風險。

指標

當你的團隊擁有一個明確且令人信服的目的，而這個目的是由團隊和利害關係人共同擁有時：

- ☐ 可以輕易地排出功能的優先順序。
- ☐ 產品經理可以毫不費力地向利害關係人證明優先序決策的合理性。
- ☐ 開發者透過建議在降低成本的同時，增加價值的方法來為規劃討論做出貢獻。
- ☐ 關鍵利害關係人相信團隊正在打造他們所想要的產品。
- ☐ 組織支持團隊的努力。

替代方案與試驗

這個實務做法終究是為了確保每個人對於團隊工作的內容和原因有一致的了解。達成該協議的確切做法並不重要。你可以採用我在本節所描述的章程會議和目的文件的做法，也可以試試其他做法。

我合作過的一家新創公司剛開始採用的是一份普通的目的文件，但他們發現他們的業務變化的太快，以至於該文件發揮不了作用。取而代之的是他們保留了一面貼滿便利貼的牆壁，然後分成幾個類別（「BizDev」、「成本控制」、「產能（Capacity）」、「風險降低」），並讓每個團隊負責一個到兩個的優先項目。董事會則是創辦人每週策略審查的核心部分。

一些公司規模小且組織緊密，使得團隊的目的對所有相關人員來說似乎都是顯而易見的。即便是這些團隊也可以透過以某種形式討論他們的目的來獲得好處。把團隊的目的具體化有助於釐清人們的想法，並為新想法提供討論的空間。

延伸閱讀

《*Liftoff, Second Edition: Start and Sustain Successful Agile Teams*》[Larsen2016] 是敏捷章程會議的綜合指南。它是本書關於目的、情境、和一致性實務做法的基礎。它對於準備和引導章程會議的指南尤其有用。

《*Impact Mapping*》[A dzic2012] 在「建立影響地圖（impact map）」一章，對於如何找尋目標和建立好的指標（作者稱它們為「衡量」）進行了完善的討論。

情境

我們知道必須在怎樣的狀況下和誰一起合作。

你的團隊具備那些技能？你有什麼資源？誰是你的利害關係人？

這些全部構成了團隊的情境：他們所處的更大系統。為了降低風險，了解情境是重要的。如果你不了解情境，那麼你就容易被人或未能意識到的期待偷襲。

> 如果你不了解情境，那麼你就容易被人或未能意識到的期望偷襲。

將情境編入章程

團隊的章程會議（第 122 頁「規劃你的章程會議」有相關討論）是討論團隊所處情境的好時機。如果在另一個會議裡討論情境是較方便的，你也可以這樣安排。不過，最好還是先充實鞏固好團隊目的。這樣才能幫助團隊每個人了解團隊打算做些什麼事。

關聯
目的 (p.116)

在情境討論過程中，你會和關鍵利害關係人一同討論團隊情境的三個方面：團隊具備的技能、團隊的限制與互動方式、和承諾給予團隊的資源。在這之後，你會和你的高階贊助者審視成果，並且獲得他們對不足之處提供支持的承諾[12]。

具備的技能

從審視團隊所具備的技能開始。要求每個團隊成員自我介紹和描述自己的技能和經驗。他們也能描述重要的人際關聯或擁有的權限。在每個人發言時，引導者應將他們的答案寫在掛圖紙上。對於遠距團隊，請在虛擬白板上畫出一個區域來充當虛擬掛圖紙，並且將標記為「技能清單」。

12　這個議程安排是根據 [*Larsen2016*]（第 7 章），並且稍加修改。我加入了技能盤點（這個想法是受到書中核心團隊活動的啟發），並且去除了前瞻性分析（Prospective Analysis）活動，因為我把這個活動移到了第 173 頁「視覺化規劃」的內容裡。

例如，有維運背景的人可能會說：「我是 Ha Lam。我從事維運已經五年，在公司服務兩年了。我的專長是基礎設施即程式碼，而且我有很多關於 Kubernetes 方面的經驗。我和我們的平台團隊有著良好的關係，也有進行正式環境部署的權限。」

在所有團隊成員發言後，單獨列出為團隊做出貢獻但非全職投入的團隊人員，這可能包括產品經理和教練。如果他們在場，他們可以自我介紹。否則就由最了解他們的人來描述他們的技能。除了列出他們的技能和經驗等，還要包括他們什麼時候有空，以及與他們溝通的最佳方式。

當記錄完成員的技能後，就把每個人的注意力移到團隊目的上（你可以把它放在掛圖紙或共享文件上，或者你可以分發副本）。帶大家閱讀一些要點，就讓參與者花點時間重新審視一下技能清

關聯
目的 (p.116)

單。是否缺少團隊需要的任何技能或權限？要求參與者使用同時腦力激盪（請參閱第 95 頁「同時工作」），並為每個發現建立一張便利貼或有相同功用的虛擬卡片。

與此同時，再準備兩張掛圖紙。一張標記上「需要的技能」，另一張則標記上「需要的權限」。接著，要求大家把便利貼放到對應的圖紙上，並且將重複的內容進行合併或者移除。當完成後，花點時間審視結果，然後把圖紙暫時放到一邊。

團隊的限制和互動方式

在接下來的活動中，你會建立一張情境圖。這張圖會確定團隊需要一起工作的其他所有不同群體。請先為圖表準備一個很大的張貼空間（最好事先做好準備），好讓你可以把數張掛圖紙黏貼在一起，這個空間可以是牆壁、桌子或一個很大的白板。遠距團隊一般來說會使用虛擬白板。請在圖表正中間畫上一個圓圈來代表你的團隊。

準備好後，請參與者進行腦力激盪來想出團隊需要互動的每個利害關係人群體，並且同時為每個群體建立一張便利貼。請廣泛地思考這些對象：不管是正面或負面的影響，每個會**影響團隊**或**被團隊影響**的人，包括了擁有會與團隊產出軟體整合的系統的團隊、公司內的其他部門（比方說行銷、銷售、和維運）、公司外的群體（比方說你的客戶、競爭對手、和供應商），甚至是關係更遠的組織（比方說政府監管機關）。

當大家思考完畢後，讓大家把便利貼圍繞著圖中代表團隊的中心，貼成一個大圓圈。可以把相似的便利貼合併起來。舉例來說，你可以把大部分的軟體廠商合併成一個「軟體廠商」，但獨立保留雲端基礎設施廠商在另一張便利貼上。同樣地，可以去除一些對團隊影響最小的群體（受團隊影響最小的也可以去除）。

貼好便利貼後，請參與者思考他們為每個利害關係人群體**提供**了什麼，以及他們從每個群體中**得到**了什麼。讓他們為每個互動畫上一個箭頭，並用簡短的描述進行標記。如果你的圖表是在紙上，為了之後能夠輕鬆地修改，請使用如鉛筆或其他便利貼的工具。

當參與者正專注在情境圖時，請再準備一些掛圖紙，並且把它們標記為「需要的資源」和「需要提供的溝通方式」，然後把它們放在「需要的技能」和「需要的權限」掛圖紙旁邊。

— NOTE ————————————————————————

敏捷團隊避免稱人為「資源」，因為這是不人道的。我所說的資源指的是時間、金錢、商品和服務。

完成情境圖後，你們就可以對這些新的主題進行分析了。把團隊分成小的跨職能小組，並將情境圖上的利害關係人群體進行劃分。針對每個利害關係人群體，討論團隊要如何與他們互動，並且腦力激盪出需要的技能、權限、和資源。同樣地，思考他們需要團隊提供怎樣的溝通方式。把每個想法寫在便利貼上，然後貼在對應的掛圖紙上（「需要的技能」、「需要的權限」、「需要的資源」、「需要提供的溝通方式」）。

最後，讓整個團隊審視「需要提供的溝通方式」圖表並決定如何合併和簡化溝通的方式。一些溝通方式可以滿足多個群體。例如，你可以使用郵件列表來通知人們有關進度和路線圖的信息。現在先制定一個概略的計畫，並且讓團隊在接下來的幾週裡改善它。

對於每種類型的溝通方式，請選擇負責該種溝通方式的人員，並且選擇一個人來進行檢查和協助大家記住採用的溝通方式。一旦團隊建立了節奏，這些職責分配就可以更加地靈活。但在一開始的時候，達成的共識很容易被忘記，因此最好明確地定義職責。

— NOTE ————————————————————————

如果決定如何遵循溝通方式需要超過幾分鐘的時間，請先將其擱置到會議結束後。（只是不要忘記！）你不會想浪費其他參與者的時間。

允諾的資源

在前兩個練習之後，你現在應該有三個圖表來描述團隊需要什麼：「需要的技能」、「需要的權限」和「需要的資源」。讓參與者同時地把每個圖表上的便利貼分為四類：必須要有（must have）、應該要有（should have）、可能要有（could have）和不需要（don't need）[13]。此外，如果在工作時又想到新的項目，也可以再把它加上去。

花點時間與在場的每個人一起重新審視結果，並確保團隊和利害關係人就所需項目及其分類方式達成廣泛的共識。在細節上有些細微的分歧是沒有關係的，所以不要追求完美。完成後，你可以把「不需要」的便利貼移除。為留下的便利貼進行一些說明：

1. 每個項目是由誰提供的

2. 提供這些項目的承諾強度

3. 如何取得（如果方法不明顯的話）

團隊可以同時一起更新多個便利貼。

最後請大家退後一步並且重新審視一下所有的需求。是否有哪些需求是重要的，但團隊卻無法輕易得到的？如果有，請重點標示出這些需求，因為你會需要請求贊助者來協助滿足這些需求。請為你贊助者提供幾個可能的做法。舉例來說，如果你需要資料庫的調校技能，你可以要求與顧問公司合作、獲得培訓機會、或雇用某人。

贊助者的承諾

如果你的贊助者不在會議裡，請邀請他們回到會議來總結關於情境的討論。如果你還完成了關於目的的章程討論，現在正是時候讓贊助者批准這些修改的機會。接著，再把他們的注意力轉移到團隊的需求上。

關聯

目的 (p.116)

審視團隊自己無法獲得的技能、權限和資源，並要求贊助者承諾提供它們。如果他們做出了承諾，你便完成了整個討論。就像前面的過程一樣，請決定團隊中誰將負責跟進這些承諾，還有誰來協助贊助者記得適時地提供資源。

如果你的贊助者無法提供你需要的一切，請仔細檢視相關的權衡取捨。缺乏的每項資源、技能或權限會如何影響團隊實現目的的能力？請和贊助者坦率地討論他們所面對的風險和需要團隊提供的產出。

> 如果贊助者無法提供團隊所需的一切，請和贊助者坦率地討論權衡得失。

13　這種排序優先級別的做法稱為 MoSCoW。最後一類通常是「不會有（won't have）」，但我此處改稱為「不需要（don't need）」，來有別於原來類別的定義「想要但不會有」。

當進行討論時，請記住贊助者必須做出艱困的權衡抉擇。他們經常會陷入兩難。贊助者擁有團隊的預算，但他們的資源也不是無限的。因此，在滿足團隊所需的一切和打賭團隊在沒有某種支持時也能聰明解決的兩種選項中，贊助者必須做出艱困的選擇。

雖然某些需要的資源是必不可少的，而且團隊如果沒有它們就無法達成目的，但是即便如此你仍無法獲得這些資源的話，請會需要和贊助者一起合作討論來修改、取消、或推遲團隊的目的。

迭代情境

章程會議結束後，留一份技能清單、情境圖、和允諾的資源的副本在某個團隊能夠看見的地方。因為當需要的時候，你會需要重新檢視它們並且進行更新。請在團隊空間的顯眼位置，張貼情境圖。

關聯

團隊空間 (p.91)

請記得花些時間來遵行「團隊的限制與互動方式」活動中所建立溝通計畫，也請務必和贊助者一起跟進所允諾的資源。

在與利害關係人進行最初幾次溝通後，請花些時間評估和改進溝通計畫。隨著時間的推移，溝通會更加順暢。

不停地重新檢視團隊所處的情境是個好主意（每六個月左右），這樣可以讓大家記得計畫內容、更新資訊、和進行計畫的修改。你不一定需要和利害關係人召開完整的會議，而是可以在團隊空間裡與成員快速地進行重新檢視。不過，如果利害關係人並不是團隊的一員，請務必讓產品經理一同加入討論。

問題

如果我們沒有所需的資源，而且贊助商也不願正視這個問題，怎麼辦？

這種情況相當地棘手。如果你認識任何有政治手腕的人（比方說產品經理、專案經理或教練），請尋求他們的協助來傳達這些訊息。同時著手能做的事情，並且持續提醒贊助者和商務利害關係人「團隊想要處理 X、Y、和 Z 的需求，但目前只能夠處理 X 和 Z，而這是因為有些資源不到位。」

先決條件

收集此處所提的情境資訊有賴於熟知公司運作的人員加入，請務必讓具備所需面向資訊的人員參加。

指標

當團隊了解所處的情境，並且擁有適當的允諾資源：

☐ 你的團隊可以取得實現目的所需的一切。

☐ 你的團隊不會遭遇無預期的利害關係人群體或期望的干擾而措手不及。

☐ 與利害關係人之間的溝通平穩順暢。

替代方案和試驗

將情境編入章程能夠提供關於團隊情況的大量資訊，但以這三個結果尤其重要：

1. 知道誰是利害關係人群體以及需要他們怎樣的支持。

2. 決定如何與利害關係人溝通。

3. 調整目的與利害關係人的期望，來與技能、權限、和團隊可以取得的資源相匹配。

本節提供的章程會議安排只是獲得這些結果的一種方式。你可以使用任何方式來獲得相同的結果。有些組織並沒有召開章程會議，而是透過專案經理或商業分析師訪問利害關係人來建立一系列的文件。這種做法也是有效的，但是讓團隊與利害關係人直接互動並且了解彼此觀點所帶來的價值，卻會因此打了折扣。透過章程會議與關鍵利害關係人合作是創造彼此之間的人際聯繫和同理心的一種好方式。對於有些人永遠都不會花時間去閱讀的那些文件來說，這種做法更能讓人發自內心理解和令人難忘。

即使完全採用了章程會議的基礎構想，你還是有很多地方可以進行試驗。先從書中所述的實務做法開始（最好獲得熟練引導員的幫助），只是為了知道這種會議是如何進行的。接著，你便可以開始進行試驗。

比方說，一個為期兩天的大型會議可能會讓人筋疲力盡。如果把它分散到幾個較小的會議上，會發生什麼事呢？有哪些具體的活動呢？你能想出改進或取代它們的方法嗎？如果你提前做更多的準備工作或包含不同的人，會如何？

如果你在大型組織中，請嘗試自願為其他團隊進行章程會議。不只對敏捷團隊或軟體團隊來說，它們對任何團隊都很有價值。它們不一定只在剛組建的團隊時召開。如果團隊之前並未進行過章程會議，無論團隊已經一起工作多久，他們都可能從中受益。你有很多機會可以進行試驗，而且也有很多事情可以嘗試。請想看看你能從中學習到哪些事。

一致性

我們認同一起工作的方式。

受眾

教練、完整團隊

什麼是「團隊」？它不只是一群人坐在同一個房間裡，甚至也不只是一個被分配從事相同任務的小組。

團隊是一群相互倚靠來實現共同目標的人，而相互倚靠的關係就是團隊的標誌。這正是讓團隊如此成功的原因…也是組建團隊如此困難的原因。

相互倚靠是團隊的標誌

你可能還記得在學校做小組作業的情景。那樣的小組只能極為勉強地被當作一個團隊。我們都曾聽過令人恐懼的故事，而故事內容則是作業最終由某個人獨立完成，而其他人則是在旁混水摸魚。

不過，我們也聽說過令人驚嘆的團隊的故事。或許你也有過這樣的經歷：成為一個偉大的運動團隊、樂隊或志願者團體的一員。當團隊工作時，他們充滿活力。

壞團隊和好團隊有什麼區別？**一致性**（*Alignment*）。在具有一致性的團隊裡，團隊成員不僅相互倚靠來實現共同的目標，而且他們也對如何一起工作有一致的認同。

將一致性編入章程

在章程會議裡討論「一致性」是個好時機。（請參閱第 122 頁「規劃你的章程會議」）不像章程會議裡的其他部分（目的和情境），利害關係人不會參加一致性的討論。它只專屬於團隊成員和其他會與團隊緊密合作的人，比方說產品經理。

關聯

目的 (p.116)
情境 (p.126)

與其他章程討論一樣，一致性的討論也可能會引發一些敏感話題。如果能有一個中立的引導者是最好的。一個好的引導者會幫助調解衝突並且確保每個人的意見都被聽到。

在討論一致性的過程中，你們會了解團隊中的成員、建立工作協定來作為大家行為的準則，並且建立標準 [14]。

開始了解彼此

透過更加地了解彼此是展開一致性討論的最好方式。第 113 頁「建立人際聯繫的練習」是幫助團隊破冰的好方法，接著召開一個群組討論，來討論以下的問題：

---

[14] 此處的議程安排是根據 [*Larsen2016*]，並且做了些許修改。

1. 我是誰？簡單介紹一下自己的背景，然後分享一些積極的個人素質，例如「注重細節」、「耐心」或「友善」。

2. 當別人認識自己後，對自己有什麼了解呢？可能包括了嗜好、喜歡的渡假勝地、或喜愛的寵物。

3. 為什麼自己認為這個團隊非常適合實現團隊的目的？

4. 想和我有效地合作，其他人需要知道的最重要事情是什麼？

5. 對於自己有什麼好處？成為團隊的一員並且達成目的，我想要獲得什麼？

順著空間繞一圈，每個人一次回答一個問題。如果他們還需要時間思考，可以跳過那一回合，但要繼續下個問題之前，他們需要完成回答。

進行這種討論會有助於團隊成員開始完整地認識彼此，而不只是名字、面貌和頭銜而已。如果你有一個遠距團隊，請加倍努力透過視訊來進行這個討論。

建立工作協定

工作協定透過描述對彼此的期待來指引團隊的行為。隨著時間的推移，協定會發生變化，而隨著團隊的成熟，一些工作協定將成為大家的第二種天性，然後便可以從列表中刪除。如果有其他的做法也可以加入協定中，以便善用新的想法。

為了建立團隊的工作協定，分享自己和其他團隊合作過的故事。不論合作過程好或者壞，請描述他們是如何一起工作。根據誰想接棒分享，你可以採用輪流或隨機的方式來進行。

1. 回想一下作為團隊成員的經歷（任何類型的團隊，包括運動團隊、教會團體、樂隊或合唱團），什麼時候你在團隊中發揮最大的效能？告訴大家當時的故事。哪些工作環境的條件促進了團隊合作？

2. 反思在你生命中，團隊合作的時光與情況。你在自己身上（或貢獻）發現了什麼是你最看重的？你最看重那些團隊的什麼？

3. 你認為在組織裡組建、培育、和維持有效能團隊的核心因素是什麼？什麼是組建、培育、和維持有效團隊合作的核心因素？它們有任何區別嗎？

4. 你會許哪三個願望來讓你在這個團隊的經歷變得最有價值？

當人們分享他們的經驗時，停下來為潛在的工作協定留下註記。它們可以是行為標準（例如「我們不會打斷別人的說話」、具體的實務做法（例如「我們使用結對程式設計來編寫運行於正式環境的程式碼」）、工作習慣（例如「當我們更換任務時，會在群組聊天室裡留下說明」，和更多其他的做法。請包括任何可以幫助團隊合作更順利的做法。不要批評這些建議，只是單純地將它們收集起來。

當大家分享完故事後，請確認是否包括以下類別。如果還沒有，也為這些類別提供一些工作協定的建議。沒有必要非得選擇這些建議，但要確保它們都已經被考慮過了。

- 團隊會使用到的實務做法。我建議從選定領域的每個實務做法開始著手。
- 對於遠距團隊來說，你們要如何進行溝通（請參閱第 103 頁「設計遠距協作」）。
- 你們如何進行決策。
- 對於面對面的團隊，如何處理讓人分心的環境噪音。
- 對於沒有採用結對程式設計或群體程式設計的團隊來說，要如何在不干擾他人的情況下尋求幫助。
- 預期一同工作的核心工作時間。

想出點子後，透過點數投票來減少列表的選項，以便選出前五名的想法。多幾個或少幾個都沒關係。告訴成員投給他們認為團隊需要特別關注的選項，而不是那些他們本來就習慣會做的事。

> 選出需要關注的工作協定，而不是那些團隊本就習慣會做的事情。

透過同意投票來確保每個人接受最終的選項列表（請參閱第 96 頁「尋求同意」）。如果無法取得對某個工作協定的一致同意，那麼就立即從列表中將它去除。你還是能在之後回顧這個工作協定。

透過更清楚地重新描述工作協定並且把它們轉成一個簡潔的列表來結束討論。每個工作協定都應該基於「我們在…的時候做得最好」請描述該做什麼，而不是**不該做什麼**。換言之，我們會說「我們會先讓對方想清楚後，才提出自己的想法」，而不是說「我不會互相打擾」。

請把最終協定內容張貼在團隊空間明顯的地方，便可以立即開始落實這些協定。

> **關聯**
> 團隊空間 (p.91)

定義標準

標準是用於特定任務的特殊工作協定。比方說，程式編寫標準、UI 設計準則、和維運標準。

如果標準沒有被明確地討論並且制定，它往往會變成之後發生衝突的理由，所以定義它們是一個好的做法。標準的實際內容並沒有如此地不可動搖，因為隨著時間的推移，你會修改和改善它。請記住！在敏捷中很少有決定是不可改變的。Ward Cunningham（*https://oreil.ly/IcikH*）說得好：

當我意識到我不必贏得所有爭論時，這是我程式設計生涯的一個轉折點。我會和某人談論程式碼，我會說：「我認為最好的方法是 A。」他們會說：「我認為最好的方法是 B。」我會說：「不，A 才是真正的解答。」他們會說：「好吧，但我們想採用 B。」我可以說：「好吧！那就採用 B。如果我想法是錯的，它不會對我們造成太大傷害，但如果我是對的，而你們選擇 B，這也不會對我們造成太大傷害。因為我們可以修正這些錯誤，所以 [讓我們] 看看這是否是一個錯誤。」

為了達到這樣的互動方式，請使用以下兩個準則來定義團隊的標準：

1. 建立團隊最少可接受的標準。

2. 注重一致性和共識而不是完美。

你需要決定的第一個標準是定義工作「完成」的意思。透過詢問參與者有關可以作為基礎的產業標準來展開討論。（對於「完成」的定義，你可以參閱本書提供的「完成且達標」檢查表）。如果公司已經為此定義了標準，那麼請從該標準開始著手。

關聯

「完成且達標」（Done Done）　(p.265)

如果對於基礎標準有多種提案，請花些時間來進行討論並且透過同意來選擇一種做法。請限制討論時間在 5 分鐘內。如果在時限內無法達成共識，請直接在沒有基礎標準的情況下，開始接下來的討論。

接著，請採用同時腦力激盪來思索額外地標準或修改。透過親和對照來將想法進行分組（請參閱第 95 頁「同時工作」），然後使用點數投票來選出最重要的類別。

從最高票的類別開始討論，要求某個人提出具體的標準、進行同意投票、協調反對意見、然後開始討論下一個提案。

限制每個同意的討論在五分鐘內。如果在時間內無法達成一致，那就先略過該提案。同樣地，你仍有機會之後再來修改標準。請限制整個討論不要超過 45 分鐘。

在建立了「完成」的定義後，使用相同的流程來討論其他需要的標準，比方說程式編寫標準。你可以

總結：

1. 請從確定基礎的標準開始（限制在五分鐘內）。

2. 腦力激盪出額外需要遵守的標準內容或者修改。請依它們的類別分組，並且進行點數投票。

3. 對於每個類別，請確定是否同意成為一個具體的標準（限制在五分鐘內）。

4. 限制整個討論在 45 分鐘內。

無論你的團隊選擇哪些標準，有些標準一開始可能會讓人感到不愉快。不過隨著時間經過，團隊會慢慢習慣這些標準，而不再感到不舒服。從許多種面向來看，標準是一種審美觀上的選擇。專業人士的特質是願意為了團隊在審美上的選擇，而先將自己的審美觀擱置一旁。

編寫風格之外

我曾經領導由四位程式設計師所組成的團隊。他們各有各的程式編寫風格。當我們討論程式編寫標準時，我對大括號和 Tab 的三種不同方法進行了分類。每種方法都有各自忠實的捍衛者。我並不希望團隊為此陷入爭論，所以我決定讓大家可以使用各自偏好的括號風格。

可以預見的結果是我們有三種不同的程式編寫風格。我甚至在單一的簡短方法裡發現了兩種不同的縮排方式。

不過，你知道讓我感到驚訝的是什麼嗎？當然，程式整體看起來的樣子很醜，而且我偏好具有一致性的風格的程式碼，然而程式碼仍然是保有可讀性的。最後，我們發現了程式編寫標準裡除了風格之外，其餘對於程式編寫更加重要的地方。

我們認同有明確命名的變數和簡潔的方法是重要的。我們也認同使用斷言（assertion）來讓程式碼出現問題時可以快速地反映錯誤、不要在沒有任何量測的情況下就進行最佳化、而且永遠不要在物件之間傳遞空的（null）參考。我們對於例外狀況的處理方式、程式碼除錯方式、以及在什麼時候與什麼地方紀錄事件的看法也達成了一致。這些標準對團隊的幫助遠遠超過了具有一致性的編寫風格，而且每個都帶來具體的好處。我想這正是雖然我們對於編寫風格無法達成一致的共識，卻能在這些標準上達成一致的原因。

不要誤會我的意思：有一致性的編寫風格是更好的！但把它放到程式編寫標準裡面一起討論時，不要陷入爭論風格的陷阱。

迭代一致性

工作協定列表（不包括標準）是用來讓團隊積極地建立習慣，所以最好把這張列表的長度限制在大約五個協定。當協定變成習慣後，便可以從列表中移除，用於其他新協定。

標準往往需要一些時間才能得出結論。在團隊開始一起工作幾天後，安排一場會議來討論標準，並且在此次會議後的幾週再舉行一場會議來討論。會議時間設為一小時左右便足夠。這樣的安排能夠讓團隊把標準付諸實踐。如果在那之後，某個標準的認同上仍存在分歧，請同意為每個分歧進行嘗試，然後再重新審視這個問題。

你可以隨時更改工作協定與標準。只不過需要告知團隊理由與變動之處，並且獲得同意。接著就可以修改掛圖紙上的內容或是刊載在虛擬工具上的內容。回顧會議是另一個討論工作協定變更的好時機。

關聯
────────────
回顧 (p.316)

遵守協定

人總會犯錯，請假設你的同事是專業的且是出於善意的。如果有人不遵守協定，即便有證據顯示是毫無理由的，也請你先假設是因為有某個充分的理由。面對這種情況的挑戰是去找出它的原因並且解決它，這方式並須展現對於他人的尊重，而這樣的做法也同樣地會提升他人對你的尊重。

結對程式設計、群體程式設計、和共有程式碼主導權都能幫助團隊成員找出錯誤並且維持自律，而且能對協定沒有解決的問題提供討論的方式，更是一個絕佳的方式來改善團隊的標準。先與某人針對想法進行討論，再提出建議，往往是更容易取得共識的方法。

關聯
────────────
結對程式設計 (p.356)
群體程式設計 (p.366)
共有程式碼主導權
(p.350)

透過自動化來強制落實標準往往成效不彰。有些人使用自動化工具檢查程式碼，以便符合程式編寫標準，或是在程式碼簽入時自動地修改程式碼風格。雖然這種做法對於團隊已經達成一致性時是有效的，但是團隊常常會陷入過度強制落實的陷阱。

更糟糕的是人們經常拿工具作為要脅來強迫採用他們的意見。儘管找出解決人際問題的技術解決方案很吸引人，但它並不會有效。你必須先解決人際問題，因為工具對此並不會產生顯著不同的影響，充其量只是遮掩了團隊的不一致，卻無法解決問題。工具會把問題推到看不見的地方，然後讓問題持續擴大且變得嚴重。

相反地，以善意為前提出發。或許對方誤解了協定、或者覺得它不再適用、或者他們生活中的某些事情讓他們難以遵守。

以善意為前提出發。

如果有人一直違反團隊的協定，請單獨與他們交談，看看是否存在分歧。採取一起解決問題的態度，而不是說，「你為什麼不按照我們所同意的方式處理空值？」我們應該要問的是「你如何看待我們商定的空值處理標準？我們應該改變它嗎？」充分考慮反對意見，並且讓團隊其他成員也知道這些反對的看法，然後考慮更改協定。

如果有人同意該協定，但仍未遵守該協定，則該協定可能不適用於所有情況。問清楚你所發現的具體案例。同樣地，尋求合作，而不是對抗。可以這樣說：「關於我們應該如何處理空值的方式，我和你的看法是一致的。不過此次的情況，你能夠解釋一下這個函式發生了什麼事嗎？因為我不了解為什麼這行程式碼並未檢查空值。」

在討論過程中，你或許會察覺他們並不了解協定。此時對你來說，正是個好機會和他討論協定，以及它所代表的意義。如果他們是團隊中資歷較淺的成員，請與團隊中的其他成員協調，來確保這些成員能夠從較有經驗的成員身上獲得大量的指導。

對於剛接觸敏捷的團隊來說，還有另一種可能的情況。改變工作習慣是具有破壞性的，會讓人覺得失去了對事情的掌控力。他們有時候的反應是選擇拒絕改變的小事情。無論團隊其他成員的意願如何，他們會有一種頑固的念頭來堅持特定的標準或溝通方式，而這樣的表現可能是因為他們感到失去掌控力所產生的反應。

在這種情況下，最好的解決方案是讓違規行為持續幾個月。隨著時間的過去，團隊成員會漸漸地適應環境變化而放鬆下來，並且更願意妥協。

工作協定與指導

工作協定也能成為指導時有用的工具。有些實務做法可能會讓初次採用的人感到不舒服。當我從事教練工作的時候，我發現與人討論他們同意做哪些事會比要求他們做那些我期望他們做的事要來得有幫助。

舉例來說，如果我正在指導一個同意嘗試結對程式設計的團隊，但他們並未使用結對開發的做法時，我不會說「你們需要進行結對程式設計」。相反地，我會說「我注意到有人並未遵守結對程式設計的工作協定。你們認為原因是什麼呢？」我會接著詢問協定是否仍然恰當，而且是否應該來改變它。

問題

如果我們不能對標準或其他工作協定無法達成一致，怎麼辦？

迫使人們接受他們不同意的協定是做得到的，但這不是一個好主意。彼此的歧見只會在其他對話中，不斷地出現。

相反地，試著放手。工作協定真的那麼重要嗎？請專注於同意的事情。隨著工作的進展，彼此的分歧將會獲得解決。

如果不是可以放心忽略的分歧，那麼你的團隊就需要專業調解人員的協助。請和你的教練或管理者討論找尋能夠幫忙的人。人資部門或許會有你需要的專業人員。最糟糕的狀況下，你的團隊可能不適合組成一個團隊，而你最好與其他人合作。

之前完成的工作並不符合我們的標準，我們需要去修復它嗎？

花大量時間修復沒有損壞的東西既昂貴又冒險，所以如果是以前完成的工作好而它又運行正常，那就先擱著吧！別管它。當你需要改變它時，再讓每個部分都達到標準。

一些標準（例如程式碼編寫風格）可以自動化。請不要在這件事上花太多時間，但如果你能輕鬆做到自動化，那就使用自動化來完成。請確保與其他團隊成員協調自動產生的修改，以免他們的工作受到干擾，並將自動修改與正常修改區別開來，來讓你的版本控制歷史記錄易於閱讀。

先決條件

團隊成員必須願意以團隊的形式來工作，才能建立有效的工作協定。有關團隊認同的更多資訊，請參閱第 5 章。

指標

當團隊落實工作協定時：

- ☐ 團隊使用協定來預防和解決衝突。
- ☐ 標準增進了程式碼和其他產出的可讀性和可維護性。
- ☐ 標準讓團隊成員能夠更簡單地了解系統裡不熟悉的部分。

替代方案和試驗

有些團隊善於合作使得他們不需要顯性的協定，這是因為他們的協定是隱性的。

對於新的團隊和甚至是大多數組成已久的團隊來說，花點時間明確地討論協定會有助於避免未來發生具有破壞性的爭論。關於協定討論的確切方式並不重要。本書所提的方式只是因為它相對有效率且不會造成衝突對抗，但你還是能夠採取其他的方式進行。

直到你成功地進行幾次一致性討論之前，請先堅持採用本書所提供的方式。取得一致性是容易引起爭論的，特別是當團隊討論到具體的協定（比方說標準），而這也是本書為什麼強調擱置歧見的原因。

一旦你獲得相關的討論經驗後，請嘗試做些變化。小組討論或者是面談會有幫助嗎？人們可以預先做哪些準備呢？有其他更快更有效的方式嗎？你可嘗試任何想法！

充滿活力地工作

我們以能讓自己持續地盡最大能力
且有最好工作效率的方式工作。

我熱愛我的工作。我享受著解決問題、寫出高品質的程式碼、看著測試通過,我尤其喜愛在重構的時候去除那些不需要的程式碼。

但是如果我在一個沒有明確目標、群體責任感低落、而且常起內鬨的團隊裡,我會害怕醒來去工作。我會在辦公室裡工作,但我會很想在早上的時候閱讀電子郵件,而下午的時候邊寫著程式碼邊看著無關緊要的網站。

我們都遇過這樣的狀況。因為我們是專業人士,所以我們會努力做出高品質的產出,即使我們感到士氣低落。不過,請想想職涯中生產力最高的時候。當你醒過來並且想要立即開始工作的時候,你有發現一個極大不同之處嗎?在一天結束且停止手邊工作的時候,知道自己完成了一些扎實有用的事情,難道不是更令人滿意嗎?

充滿活力地工作是關乎理解到一個道理。那就是儘管專業人士能夠在艱困的環境中做好工作,但當他們充滿活力與動力時,他們可以盡自己最大能力且有最好的工作效率。

> 當專業人士充滿活力與動力時,
> 他們可以盡自己最大能力
> 且有最好的工作效率。

如何充滿活力

最簡單的充滿活力方式是照顧好自己。每天準時回家。放下工作與家人和朋友共度時光。有健康的飲食、運動,和充足的睡眠。當你忙於這些事時,你的大腦會翻閱一整天發生的事件。你經常會在早晨發現新的洞察。

如果高品質的休息是能充滿活力地工作的「陰」,那麼專注於工作便是它的「陽」。讓你在工作的時候能全神貫注。關掉干擾(比方說電子郵件和即時通訊),除非那是你的虛擬團隊空間。把手機靜音。要求你的管理者確保你能免於不必要的會議和組織政治。

當陰陽完美平衡,你會在充足休息後的早晨醒來,並且渴望開始新的一天。在一天結束後,你會覺得疲勞(但不是覺得耗盡體力),而且滿足於今天所達成的事情。

這並不容易。要能充滿活力地工作需要工作環境和家庭生活的支持。這也是個人的選擇。沒有任何方式可以強迫人們保持充滿活力。不過,你可以移除那些具有負面影響的障礙。

支持充滿活力地工作

身為一位教練，我最喜歡的技巧是提醒大家準時回家。疲勞的人會犯錯且會投機取巧。由此產生的錯誤最終花費的成本會超越工作的價值。當有人抱病上班時，更是如此。不僅無法做好工作，他們還會影響其他人。

結對程式設計是一種用來鼓勵充滿活力地工作的方式。就我所知的實務做法裡，沒有其他做法像它一樣地鼓勵專注。在結對工作一天後，你會感到疲勞而且滿足。當你並未處在最佳狀態時，它特別有用，因為機警的拍檔會幫助你保持專注。群體程式設計並不容易確保專注（反而容易造成分心），但它能夠在你感到疲倦時，有效地避免錯誤的發生。

關聯

結對程式設計 (p.356)
群體程式設計 (p.366)
一致性 (p.132)

敏捷團隊能夠高度合作且持續溝通，這或許聽起來像極了內向者的惡夢，但以內向的我來說，它並不像它聽起來的這麼糟糕。合作針對的是想法和結果，而不是閒聊。即便是閒聊，它也能尊重內向者需要充電放鬆的需求，並且考慮建立工作協定來支持彼此能夠保持充滿活力。

在工作場所提供健康食物是另一種方式來支持充滿活力地工作。水果和蔬菜是個好的選擇。雖然甜甜圈和其他垃圾食物受到大家的歡迎，但它們會導致午後體力低下。

工作的本質也會造成不同。雖然並不是每個團隊都能讓窮人免於飢餓或解決 NP-Complete 問題，但一個明確且讓人信服的目的能提供很大的幫助。建立並且持續溝通團隊的目的是擁有產品管理技能的團隊成員所該肩負的責任。

關聯

目的 (p.116)

為了令人信服，團隊目的還要是可以達成的。沒有什麼比對無法實現的目標負責任，能更快地摧毀士氣了。如果團隊需要負責在特定日期內，達成某個目標範圍的話，請確保目標是務實的而且是基於團隊的預測。

關聯

預測 (p.287)

提到目標，每個組織都有些政治。政治有些時候能產生健康的磋商與妥協，不過有些時候卻會帶來不合理的需求和責備。熟稔於政治的團隊成員應該處理組織的政治，讓其他團隊成員知道哪些才是重要的，而且保護他們免於受到不重要的事情影響。

熟稔於政治的團隊成員也可以透過推遲不必要的會議和電話會議來幫助團隊；另外，提供富有資訊的工作空間和適當的路徑圖也可以消除召開進度會議的需要。在一個有許多外部干擾的環境中，請考慮每天保留一些核心時間（或許先從 1-2 小時開始）。在這段時間內，組織內的所有人都同意不會去打擾團隊。

關聯

富有資訊的工作空間
(p.253)
路徑圖 (p.297)

每個組織都有需要團隊使用的標準流程和技術。不過當這些標準妨礙團隊的工作時，可能會讓團隊成員感到沮喪和士氣低落。因此，務必傳達這些標準背後的「原因」以及「內容」，並為團隊提供討論例外情況的做法。團隊管理者可以倡導這些變化，並且幫助大家在官僚體系裡順利運作。

最後，正在「規範期（norming）」（請參閱第 327 頁「規範：我們是第一名的團隊」）的團隊洋溢著活力，同時也充滿著樂趣。你可以透過團隊成員有多享受一起工作的時光來找出這樣的團隊。他們一起吃飯、分享笑話、而且可能甚至工作之餘也會有交流。你可以透過關注團隊動態來培養一個「規範期」的團隊。

> **關聯**
> 團隊動態 (p.323)

停下來休息

當你犯的錯誤超過取得的進展時，那正是需要停下腳步休息的時候。如果你和我的個性一樣的話，那時卻是最難停下來的時刻。我會覺得答案呼之欲出（即便它已經停在呼之欲出階段，已有 45 分鐘之久了），而且不想停下來，直到找到答案。因此，這也為什麼需要其他人幫忙，來提醒我停下腳步休息。在稍事休息或一夜好眠後，我通常會發現自己的錯誤。

有些時候，只是品嚐些點心或者在公司一隅走動一下便足夠。對於程式設計師來說，切換結對開發的搭檔可能會有幫助，不過如果已經是該下班的時候，那麼先回家是個好的選擇。

> **關聯**
> 結對程式設計 (p.356)
> 團隊空間 (p.91)

在實體團隊空間中，你通常可以判斷出某人需要何時需要休息。以憤怒驅動的專注力、對著電腦咒罵和突發的行為都是需要休息的訊號，一言不發地走到角落也可能是需要休息的跡象。當我注意到一對或程式設計師們彼此竊竊私語時，我會詢問他們上次進行測試已經隔了多久。我常常會得到一個害羞的回應，而那正是我提醒他們該去休息的時候。

建議稍事休息需要以讓人可以接受的方式進行。如果你是團隊裡受到尊重的前輩，那麼或許你可以直接告訴他們放下手邊的工作。否則，請想想如何讓他們遠離問題一分鐘，使得他們可以清醒一下頭腦。比方說，試著要求他們協助你片刻，或者和你散步一會兒，來討論你們正在面臨的問題。

問題

我在一家新創公司工作，正常的一週工作時間對我來說是不夠的，我能工作更長的時間嗎？

創業環境通常充滿興奮感與夥伴情誼。這會讓你擁有更多的能量,而可以工作更長的時間還依舊保持著專注力;另一方面,新創公司有時會把長時間工作與對事業的奉獻混為一談。請務必小心不要讓奉獻讓你因為過於疲勞,而無法做出好的決斷,因而折損了你能做出的貢獻。

我們有一個重要的截止日期,如果不埋頭苦幹的話,就無法完成工作。我們現在可以先把充滿活力地工作拋到腦後嗎?

當團隊備好了披薩,沒有什麼能夠比得上深夜的程式碼節慶。每個人都在奮力地工作且火力全開。所有的工作都在最後一刻匯聚在了一起。終點衝刺可以幫助團隊凝聚在一起,讓他們在逆境中獲得成就感。然而⋯

邁向終點線衝刺是一回事,而衝刺數英里是另一回事。超時加班不會解決時程安排的問題。事實上,它有著嚴重的後果。Tom DeMarco 稱超時加班為「一種降低生產力的重要技術」,這會導致品質下降、人

> 超時加班不會解決時程安排的問題。

員倦怠、員工流動率增加、以及徒然地浪費正常工作時間 [DeMarco2002](第 9 章)。

如果你已經加班一個禮拜,下個禮拜就別再加班。如果我發現團隊每個季度都以這種方式衝刺,我會尋找更深層次的問題。

關聯
結對程式設計 (p.356)
群體程式設計 (p.366)

先決條件

雖然這會造成反效果,但一些組織是根據員工加班程度來評判員工。在這種環境下,犧牲充滿活力地工作並且長時間的工作對你來說或許更好,這是個人的選擇,而這個選擇只有你和你的家人才能決定。

相反地,充滿活力地工作並不是偷懶的藉口。平日努力地工作才能建立信任。

指標

當你的團隊充滿活力時:

- ☐ 團隊充滿興奮感與夥伴情誼。
- ☐ 團隊致力於工作並渴望讓它變得更好。
- ☐ 團隊每週都能有持續的進展,而且你覺得能夠一直維持這樣的進展。
- ☐ 你重視健康而不是短期進展,並且感到具有生產力和成功。

替代方案和試驗

雖然這種做法也稱為「可持續的步伐（sustainable pace）」，而另一種做法就是無法持續的。不過，一些組織仍是難以讓充滿活力地工作發生。如果你的組織存在這種情況，結對程式設計或群體程式設計可以協助團隊成員保持專注並且找到彼此的錯誤。諷刺的是你的軟體或許會需要更多的時間來開發（找到並且修復團隊成員所造成的錯誤），所以請按情況調整你的計畫。

一些組織要求員工一週又一週地大量加班。可悲的是，這些**死亡行軍**（也稱為**趕死線模式（crunch mode）**）並沒帶來任何好處。因為要獲得巨大的價值，做法恰好相反。Tom DeMarco 和 Timothy Lister 解釋說到：

> 死亡行軍的一個共同特點是低價值產出。

> 「根據我們的經驗，死亡行軍專案的一個共同特點是低產值。這類專案只是用來推出極其微不足道的產品。死亡行軍的唯一真正理由是價值如此微不足道。若以正常成本執行專案顯然會導致成本大於收益…如果專案如此重要，為什麼公司不能花費時間和金錢來正確地做到這一點？」[DeMarco2003]（第 21 章）

面對這種組織時，你最好的試驗就是試著投出自己的履歷。

延伸閱讀

《*Peopleware: Productive Projects and Teams*》[DeMarco2013] 是一本關於程式設計師的動機與生產力的經典著作。它應該是所有軟體開發經理的閱讀清單中首要的讀物。

《*Slack: Getting Past Burnout, Busywork, and the Myth of Total Efficiency*》[DeMarco2002] 著眼於超時加班和安排過多任務的影響。

《*Joy, Inc.*》[Sheridan2013] 描述了 Menlo Innovations 如何運用他們客製後的極限程式設計來創建一個充滿活力的工作場所。從 CEO 的角度來看，這是一本令人愉快的讀物。

第 8 章

規劃

敏捷是可調適的，而非可預測的。這是讓敏捷與眾不同的原因之一（它的名字的來源！），而對於剛接觸敏捷的組織來說，這也是最大的一種文化上的衝擊。最為明顯的衝擊就是敏捷團隊規劃工作的方式。

本章包含有效制定和調整計畫所需的實踐。因為調適性規劃可能需要一段時間才能讓組織接受，所以內容還討論了如何與敏捷團隊一起制定可預測的計畫。

故事

受眾
完整團隊

我們以客戶為中心，
把工作規劃成許多小型的任務。

故事或許是所有敏捷中最容易被誤解的想法。他們既不是需求，也不是使用者案例。它們甚至不是某件事情的敘述。它們要比這些東西簡單的多了。

故事是為了規劃，也是規劃遊戲裡的遊戲零件，如此而已！Alistair Cockburn 稱呼它們為「在未來溝通時的約定備忘。」每一個故事都是個提醒，讓團隊能夠討論他們需要做些什麼。這些故事被寫在索引卡

> 每個故事都是用來
> 提醒人們進行對話。

上、或者是虛擬工具上，所以你可以挑選、移動、並且討論它們如何安排在你的計畫裡。

因為故事只是提醒人們進行對話，所以它們並不需要詳細的內容。事實上，詳細的故事代表著人們並沒有抓到重點。你應該要定期地讓整個團隊在團隊空間裡一起討論它們。故事只是一個提醒，只是一種用來引發關於細節討論的方式而已。

關聯
完整團隊 (p.76)
團隊空間 (p.91)

雖然故事應該要簡潔，但如果加上一些額外的註解是有幫助的，那也是沒有問題的。如果你想記住重要的事情、或者需要追蹤某個技術細節，請把它們記下來。只是不要覺得非要寫下許多的細節。這個卡片並不是用來成為需求文件。它只是個提醒而已。

如何建立故事

除了日常工作以外，所有團隊需要做的事情都應該有個對應的故事。這就是工作最先該被考慮的事情。無論你在團隊中是怎樣的角色，當你得知團隊需要做什麼事情的時候，把這件事寫在卡片上，並且列到下次規劃遊戲中需要討論的事項裡。你只要寫下足夠的細節，以便未來能夠開啟對話並且喚醒團隊成員的記憶。

關聯
規劃遊戲 (p.187)

例如：

- 「倉儲盤點報告」
- 「就業博覽會的全螢幕演示選項」
- 「登錄頁面上可客製化的商標」

有些人喜歡使用 Connextra 樣板來撰寫故事，比方說「身為（角色），我想要（什麼），來得到（結果）。」如果你想使用樣板，這當然沒有問題，但它並不是必

> 使用故事樣板並不是必要的。

要的。Connextra 當初建立樣板是用來試驗「對提醒他們如何服務使用者的方式」是否有幫助。你可以自由地透過它來進行試驗，也可以只是記下一些字就好。

雖然故事很簡短，但它們仍然有兩個重要的特徵：

1. 故事代表**客戶價值**，並以客戶的術語進行描述。它們描述了客戶認可和重視的工作，而不是實作細節。這讓駐點客戶可以在了解的情況下決定緩急輕重。

2. 故事有明確的**完成標準**。不一定要寫在卡片上，但駐點客戶需要了解故事「完成」代表什麼意思，且能在被詢問時回答得出來。

以下範例**不是**好的故事：

- 「自動化整合建置」並不代表客戶價值。
- 「部署到防火牆外的預備（staging）伺服器」描述的是實作細節而不是最終結果、沒有使用客戶的術語、而且駐點客戶可能難以確定優先序。「向客戶提供演示」會是更好的描述。

客戶價值

故事需要**以客戶為中心**。從客戶的角度撰寫它們，並確保它們提供的東西有利於客戶、使用者或利害關係人。因為駐點客戶負責確定優先序，所以如果他們認為故事沒有價值，便不會將其納入計畫。

以客戶為中心的故事不一定對終端使用者有價值，但從駐點客戶的角度來看，它們應該始終都有價值。例如，製作貿易展覽的演示故事對終端使用者沒有幫助，但它可以幫助企業銷售產品。

同樣地，有些故事太過微不足道難以獲得客戶的關注。例如，如果你正在建立信用卡付費系統，有個故事或許是「針對商家的拒絕代碼 54 的特殊處理」，這個故事可能就過於枝微末節。不過，駐點客戶應該知道每個故事在整個系統的價值，並能夠權衡每個故事的優先序。（我們現在可以延後實作代碼 54 的處理，但因為它意味著詐欺警報，所以我們絕對需要處理它。）

— NOTE —

確保你的故事是以客戶為中心的一個好方法是讓駐點客戶自己撰寫故事。

以客戶為中心建立故事會使得不再有關於技術議題的故事。舉例來說，不會有「設計領域層」這類的故事，因為客戶不會知道要如何安排它的優先序。雖然開發人員可以告訴客戶如何安排這些技術故事的優先序，但這不僅會干擾團隊專注於價值，也會讓駐點客戶感到權力被剝奪。

相反地，將技術考慮分散到所有的故事裡。漸進地修改每個故事關於領域層的設計，而不是一個像「設計領域層」的故事來負責這個議題。如果你使用了演進式設計，這會讓上述地議題變得更容易被處理。我會在第 14 章討論演進式設計。

關聯
增量式設計 (p. 442)

開發人員常苦於建立以客戶為中心的故事，請保持練習！若故事無法以客戶為中心，這會使得駐點客戶難以好好地做出優先序的決定，而精準的優先序正是更快發佈功能的秘訣。

為了能夠建立以客戶為中心的故事，開發人員需要和駐點客戶進行討論。請解釋你嘗試創造出來的成果，並且要求客戶使用他們習慣的用詞來撰寫故事。如果需要，你可以在故事上面添加註解，來提醒自己故事所涉及的技術。

精準的優先序
正是更快發佈功能的秘訣。

例如，如果你認為團隊需要切換到另一種資料庫技術，你可以採用這種方式來解釋：「我們需要把我們的文章移動到可以更好處理全文字搜尋的資料庫。搜尋已經需要花費一秒半的時間，而且它的效能表現會隨著文章漸增，而變得更糟」。客戶可能的故事寫法會是「別讓文章搜尋效能變得更糟」，而你可以為這個故事加上註解「（全文搜尋資料庫）」。

拆解與合併故事

故事可能有各種大小。一開始想到點子所對應的故事可能相當地大且模糊：例如，關於線上商店的可能故事「結帳頁面」。

但是為了提供可視性與控制，團隊每週都需要完成數個故事。在規劃遊戲時，你們會需要把大的故事拆解成小的故事，而把小的故事合併成一個大的故事。

關聯
規劃遊戲 (p. 187)

輕易地就能把故事合併起來，只要把數個相關的故事放在一起，然後如果你正在評估工時，那就在上面寫上新的工時預估即可。在虛擬的團隊空間裡，把故事剪下，然後貼到一個虛擬的卡片上就能完成合併。

拆解故事則困難得多，因為這些故事仍然需要保持以客戶為中心。訣竅是找到這些故事本質上的目標，而不是著眼於每個相關的步驟。故事內容所提供的基本價值是什麼？建立在這些基本價值之上，有哪些能夠發揮這些價值的功能？把原先故事本質上的目標寫成一個故事，並且把每個能夠展現出基本價值的功能寫成額外的故事。

如果很難想像上述解釋，Mike Cohn 在他的著作《*Agile Estimating and Planning*》[Cohn2005] 中有關於如何拆解故事的絕佳章節。他提供了以下的可能做法（以下範例是我曾經的經驗）。

- 根據優先序進行拆解。例如,「結帳頁面」故事可以被拆解為「結帳」(高優先序)、「優惠券」(中高優先序)、「禮物收據」(中低優先序)、「禮物包裝」(低優先序)。
- 根據故事所需的資料類型進行拆解。例如,一個收集帳單資訊的故事可以拆解為「收集信用卡資訊」和「收集 PayPal 資訊」。
- 根據故事裡的操作行為進行拆解。例如,關於處理信用卡支付的故事可以拆解為「收集信用卡資訊」、「驗證信用卡資訊」、和「刷卡收費」。
- 按照 *CRUD*(創建(Create)、取讀(Read)、更新(Update)、刪除(Delete))四種操作進行拆解。例如管理客戶資料的故事可以拆解為「新增客戶」、「查看客戶資訊」、「編輯客戶資訊」、「刪除客戶」,以及「列出客戶」與「排序客戶」。
- 透過建立不同版本的故事來拆解出*橫切*(cross-cutting)的關注點(例如,安全、紀錄、和錯誤處理)。舉例來說,刷卡收費的故事可以拆解成「刷卡收費」、「紀錄刷卡消費」,和「處理拒絕信用卡交易」。
- 根據*非功能性*考量(如,效能、穩定性、擴展等)來拆解。例如,刷卡收費的故事可以拆解為「刷卡收費」和「支援每分鐘 100-200 筆信用卡交易」。

最好的拆解方式是能夠任意地安排每個故事的順序。拆解故事需要練習也不總是可以達成,所以如果遭遇難以拆解的故事,請不用感到煩惱。

小故事

隨著故事越是被拆解,故事就越難以客戶為中心。請別放棄以客戶為中心的堅持!如果你無計可施,至少以商業語言來描述技術任務。這能夠讓你的駐點客戶了解故事,並且繼續保持對優先序安排的掌握能力。這也能夠幫助你更輕鬆地向其他人解釋你的計畫與進展。

舉例來說,如果你有個故事「當傳輸完畢時,寄送電子郵件」,程式設計師或許會描述它涉及了以下任務:

1. 向銀行服務註冊回呼函式
2. 記錄 webhook 的呼叫
3. 確保 webhook 的安全
4. 解析 webhook 的交易資料(transaction data)並且查詢資料庫
5. 發送 POST 請求到外部郵件寄送服務(transactional email service)

以商業語言重新描述這些任務,來轉換成對應的故事:

1. 當線上轉帳完成時,讓銀行通知我們

2. 紀錄線上轉帳通知

3. 避免偽造的線上轉帳通知

4. 查詢關於此筆線上轉帳的對應客戶

5. 當收到線上轉帳通知時，寄送電子郵件給客戶

再強調一次，雖然讓故事互相獨立是最好的做法，但是若是你想不到方式達成，上述做法仍是不失為一個好選擇。

特殊故事

絕大多數的故事會為軟體添加新功能，但任何非日常工作且需要花費團隊時間的事情都需要有對應的故事。

文件故事

由於增量式需求和演進式設計，敏捷團隊只需要極少的文件來完成他們的工作，但是你可能會為了其他的理由需要團隊來產生文件。一般來說，雖然建立文件會是大型故事的一部分工作，但你也可以建立專屬於文件建立的故事。

<table>
<tr><td>關聯</td></tr>
<tr><td>增量式需求 (p.201)</td></tr>
<tr><td>增量式設計 (p.442)</td></tr>
</table>

建立文件的故事就像如其他故事一般，請確保它是以客戶為中心，且能夠找出具體的完成條件，例如「支付設定的輔助說明」。請參閱第 204 頁「文件化」來了解更多資訊。

臭蟲故事

理想上來說，團隊一發現臭蟲變會立即修復它們，而這些事情都應該發生在把故事標註為「已完成」之前。不過沒有人是完美的，總會未注意到一些臭蟲。使用故事來追蹤這些臭蟲，比如「修復多人編輯的臭蟲」。盡快地安排這些故事，來讓程式碼保持乾淨並且降低團隊對於臭蟲追蹤軟體的需要。

<table>
<tr><td>關聯</td></tr>
<tr><td>零臭蟲 (p.502)</td></tr>
<tr><td>「完成且達標」（Done Done）(p.265)</td></tr>
</table>

可能很難評估臭蟲故事的大小。找到問題出在哪裡往往是最大的時間黑洞（timesink），而且你通常得找到問題後，才知道花了多久時間才能找到問題。一個替代做法是為這個故事設定時間箱（timebox）：「我們預計會為這個臭蟲投入一天的時間。如果屆時無法修復它，我們會進行團隊討論並且為它安排另一個故事」。在故事的卡片寫上「限時一天」。

「非功能性」故事

效能、擴展、和穩定性（非功能性需求）也應該以故事的方式進行安排。就像所有故事，它們需要一個具體且以客戶為中心的目標。不過與其他故事不同的是這類故事會需要開發者的協助來定義目標。「軟體需要穩定」或「軟體速度要快」這樣的描述是不夠充分的。你需要能夠明確地描述穩定與快速所代表的意思。

當建立非功能性故事時，請思考可接受的效能（令人滿意的最低要求）和最佳可能效能（超越此效能的最佳化只能創造極低的價值）。你不必把這些數字寫在卡片上，或在當下就決定好它們，但若能提供這些資訊，它們常常是相當有用的。

為什麼要提供這兩個數字呢？因為非功能性需求（尤其是效能最佳化）會花費極多的時間。有些時候你很快便達到「最好」的目標，這些數字能告訴你該停止進行最佳化了。有些時候你甚至很難達到「可接受」的目標，這些數字則是告訴你應該繼續努力。比方說，網頁效能的標準或許是「支持每分鐘 500-1,000 的請求，每個請求的延遲應該介於 50-200 毫秒」。

如同臭蟲故事，非功能性故事也很難評估其大小。你可以為它們設定時間箱。

維運與安全故事

只是為使用者打造軟體是不夠的。如果它是線上服務，你必須讓軟體服務受到妥善地監控、管理、和安全保護。舉例來說，當效能降低時，你會需要能夠收到告警訊息，而且你也需要方法來進行安全稽核與洩漏事故的應對。

<table>
<tr><td>關聯</td></tr>
<tr><td>為維運構建軟體 (p.472)</td></tr>
<tr><td>完整團隊 (p.76)</td></tr>
</table>

駐點客戶常常很難想得到這些故事，而這正是為什麼擁有維運和安全技能的人員加入規劃流程是重要的理由。為了讓駐點客戶了解這些故事的優先序，請從這些故事所能提供的價值，而不是從這些故事需要完成的技術工作，來進行討論。

這些故事的價值往往來自於所降低的風險。舉例來說，一個用來添加分散式追蹤（distributed tracing）的故事可以如此描述「當效能告急時能夠更輕鬆地找到效能問題的根源（分散式追蹤）」

探究（Spike）故事

有些時候，開發者因為不夠了解實作故事所需的技術，而難以評估故事的大小。當這種情況發生時，建立一個探究故事來研究該技術。探究故事的用途是評估其他故事的大小，而不是設計解決方案或者是

> 探究故事的用途
> 是評估其他故事的大小。

鉅細靡遺地進行研究。比方說，「弄清楚『寄送 HTML 電子郵件』故事是否需要拆解」，或者更精確地說「探究『寄送 HTML 電子郵件』」。

這些故事被稱為探究故事，是因為你經常會使用探索的方式來進行研究。不過，你不必非要採取這種做法。

關聯
<hr>
探究解決方案 (p.433)

清理（Clean-up）故事

敏捷團隊應該以一種可以持續運作的方式來進行工作，而這個方式包括了有足夠的時間讓團隊能夠持續地改善它們的程式碼庫。如果能正確地善用時差，你不應該為清理工作安排具體的時間，

關聯
<hr>
時差 (p.242)

而且團隊最常關注與修改的程式碼會隨著時間自動地變得更加地無暇。更具體地來說，當開發者繼承到糟糕的程式實作時，值得花費額外的時間來改善程式碼。

如同其他類型的故事，清理故事也需要**以客戶為中心**。它們必須是可選擇的。你不應該需要清理故事才能保持程式碼的無暇。你既不會想要開發者必須要求客戶允許讓他們做本該做的事情，也不會想要客戶必須要求開發者允許忽略故事。

> 你不應該靠清理故事
> 來保持程式碼的無暇。

如果你的確需要一個清理故事，請以它所提供的商業利益為角度來進行說明。它的好處往往是減少開發時間。糟糕的程式碼很容易產生錯誤，也會需要花費許多時間才能夠妥善地完成修改。因此，打個比方來說，故事應該是「減少更改認證服務的時間」或「減少認證服務產生臭蟲的可能性」，而不是「重構認證服務」。

你或許無法量化所產生的改善，但可以準備一些例子來說明它所帶來的好處。比如：「知道每當我們更改登入相關功能時，我們是如何不斷遭遇問題與延遲的嗎？這個故事將能解決這個狀況。」

對於沒有明確停止條件的清理故事，請使用時間箱來做為停止條件。請避免重新編寫程式碼，來確保你能夠在時間截止前停止處理這個故事。取而代之的是增量地進行重構，並且隨時保持程式碼處在可運行的狀態。

關聯
<hr>
反思式設計 (p.460)
重構 (p.421)

會議與日常工作

不要為規劃遊戲、全員大會、和其他組織裡的經常性事務的這類活動建立故事。如果成員有偶發的時間安排（例如培訓或外出辦公），只要該週安排較少的故事即可。

架構、設計、技術基礎設施

不要為技術細節建立故事。故事實作已經包含了開發任務相關的成本。採用演進式設計與架構來把大型的技術前提拆解成可以採用增量方式實作的大小。

關聯

增量式設計 (p.442)
演進式系統架構
(p.492)

問題

我們的客戶了解開發的相關知識。我們仍然要以客戶為中心來撰寫故事嗎？

因為以客戶為中心來建立故事要比以開發者為中心來建立故事難得多，所以人們都會傾向找藉口來規避這個原則。「我們的客戶不在意我們的故事是以開發者為中心」便是其中一種藉口。

即便客戶能夠了解以開發者為中心的故事，以客戶為中心的故事還是能帶來更好的計畫內容。計畫是關乎價值，因此故事也是關乎價值。

> 計畫是關乎價值，
> 因此故事也是關乎價值。

如果你的客戶是開發者（如果你正在為開發者開發軟體，比如函式庫或框架），那麼採用以開發者為中心的語言來撰寫故事是沒有問題的。不過即便如此，故事也應該反映客戶的觀點。根據客戶的需求建立故事，而不是實作細節。

開發者所開發的軟體不是本就該高效嗎？為什麼我們還需要效能故事？

在軟體開發裡，沒有白吃的午餐。雖然你不需要建立效能故事，但你需要知道在你的情境下，「高效」所代表的意思，而開發者會需要花費時間來達到這個目標。拆解非功能性需求成為個別的故事並不會改變整體需要的時間，它只不過是讓你能夠對於需求有更深的了解與對所需花費的時間有更好的掌控力。

我們要如何為技術基礎設施和大規模的重構（比如，更換一個測試框架）騰出時間？

透過演進式設計和團隊時程上的時差，以增量的方式來進行這類工作。對於大規模的重構，你也可以使用清理故事，不過增量式重構通常是更好的選擇。

關聯

增量式設計 (p.442)
反思式設計 (p.460)
時差 (p.242)

先決條件

故事不能替代需求。無論是透過駐點客戶和增量式需求（敏捷的方式）或需求文件（傳統方式），你都需要有另一種方式來獲得需求細節。

關聯

增量式需求 (p.201)

指標

當團隊善於使用故事：

- ☐ 駐點客戶對自己所准許和排程的所有工作內容有充分的了解。
- ☐ 能夠輕易地向利害關係人解釋團隊正在做的事情，以及事情為什麼重要的理由。
- ☐ 團隊專注處理小型且可管理的任務，而且每週多次取得客戶所重視的進展。
- ☐ 故事建立成本低廉，且易於拋棄。

替代方案與試驗

故事和大部分計畫裡逐行條列的項目之間最主要的差異在於故事是以客戶為中心的。如果由於某種理由，你無法使用以客戶為中心的故事，那麼客戶便不能有效地參與規劃的過程。這樣的情況會消除敏捷所帶來的重要好處：透過融合客戶與開發者之間的洞察來做出更好計畫的能力。你也會難以向利害關係人解釋進度。不幸的是這個做法沒人任何其他可以替代的解決方案。

雖然故事是個簡單的想法，但他們與長久以來軟體開發的問題有關：決定建構出什麼東西。簡單的想法加上重要的問題意味著**每個人**都能對故事有自己的想法。你可以在網路上找到許多故事的樣板和撰寫的建議，而所有一切做法和建議都會宣稱要解決這個問題，或者讓團隊能夠打造出更好的軟體。

基於這些資訊所做的試驗很容易使得我們誤判重點。故事的重點在於**對話**，而不是那張卡片。任何重撰寫而輕對話的改變（樣板、更多細節、故事的分類）都是錯誤的嘗試方向。

同樣地，故事並**不是**你用來決定要得到哪些產出的方式。它們只是一種提醒。有許多很好的方式可以用來了解客戶與商業需求，並且將這些理解轉化為行動。（我在第 173 頁「視覺化規劃」有提到一部分這類的方式）。

先了解商業目標與情境，接著做出決策，然後使用故事來提醒自己針對這些理解所進行的對話與做出的決定。

Jeff Patton 稱這些故事為假期照片：它們提醒你發生了哪些事情。因為故事只是一種提醒，所以它們不需要過於複雜。當你試著進行一些關於故事的試驗時，請想想重對話而輕故事的點子，而且同時還可以提醒人們討論過的內容與作過的決定。讓假期變得更美妙，而不是讓照片拍得更漂亮。

最後，一個常見改變是透過試算表或議題追蹤工具來追蹤故事，而不是在透過索引卡。這樣的改變能夠讓故事列表更容易被閱讀，但它也讓視覺化與協作變得更加困難。這是一個對於沒有經驗的人來說很難理解的淨損失。在你嘗試其他替代方案之前，請先試試索引卡

至少三個月。即使是遠距團隊，也請在虛擬白板上使用虛擬索引卡，而不是透過試算表或者是議題追蹤工具。

調適性規劃

受眾
───────────────
產品經理、客戶

我們為了成功而規劃。

想像你已經擺脫了預定計畫的束縛。你的老闆說道：「最大化我們的投資報酬率。我們已經討論過團隊的目的。我指望你能確定出細節、建立計畫、並且訂出發佈的日期。重點是確保我們能夠得到最好的價值。」

現在該怎麼辦？

有價值增量（Valuable Increments）

基於有價值增量來建立你的計畫[1]。有價值增量有三個特徵：

> 基於有價值增量來建立你的計畫。

1. **可發佈。** 當完成每次的增量，你可以發佈它，而且即便不再專注於它，也能獲得好處。

2. **有價值。** 增量會以某種方式為組織帶來好處（請參閱第 19 頁 「組織注重什麼？」）

3. **增量式的。** 它不是做完所有的事情，而是在對的方向上，邁出其中一步而已。

不要搞混「有價值增量」與「潛在可交付的增量（potentially shippable increments）」，這是敏捷社群裡另一個常見的術語。潛在可交付增量是指團隊發佈變更的技術能力。有價值增量指的是能為商務帶來顯著影響的變化。

同樣地，一個有價值增量只有當你能實現它所具有的價值時，才會「發佈」。採用持續交付的團隊每天會多次交付他們的軟體，但只有直到組態切換過去，軟體才真正地被發佈，而這個增量才能被預期的受眾所使用。

關聯
───────────────
持續部署 (p.487)

有價值增量一般來說可以分成這些類別：

---

[1] 本書第一版，我採用了 [Denne2004] 的「最小可銷售功能（Minimum Marketable Feature，MMF）」。雖然有價值增量是相同的概念，但我改採用這個名詞，原因是並非所有具有價值的產出都可以銷售或是一種功能。

- **直接價值**。建置、更改、或修復某個具有價值的東西。當組織能夠從中獲得利益時，它才「被發佈」。例如，如果你們認為新增一個新報表可以提升客戶的留存率，只有當實際使用者能夠使用它的時候，你才會發佈這個報表功能。

- **學習價值**。進行試驗來獲得如何增進價值的洞見。當試驗準備好（包含知道如何解釋試驗結果來產生決策）可以運行時，增量才會「發佈」。舉例來說，你認為可以透過改變註冊流程來增加客戶的註冊數，但不確定哪種流程是最好的選擇時，你或許可以進行 A/B 測試[2]。當 A/B 測試正式運行，試驗便已發佈，而且此時評估的資料點和用以評斷新流程採用或者放棄的條件也已經決定出來。

- **選項價值**。建立可以推遲或改變決定的能力，使得未來你能利用寶貴的機會。當你能夠安全地推遲或改變決定時，就代表「發佈」了實現的增量。例如，你認為某個廠商正試圖創造鎖定（lock-in）的優勢來拉抬價格，你或許會修改自己的軟體產品，讓它能支持第二家廠商的產品。當你能夠在這兩家廠商之間隨意切換時，便代表你發佈了這個選項。

學習與選項增量需要人們能夠對於不確定性與模糊性感到自在，所以往往是優化團隊會採用的方法。不過，任何的團隊都能使用它們。

你會在可視的計畫中使用故事來追蹤增量的相關工作。例如，前面的例子或許可以寫成「TPS 報表」、「註冊流程的 A/B 測試」、以及「不相依於廠商的認證服務」。如果你想要留下更詳細的註解，這當然沒有問題，但對於大多數我所遇見的產品經理來說，一個簡短的句子便足以作為提醒之用了。不過關於增量，你需要能夠清楚地表達三件事情：

關聯
故事 (p.146)
視覺化規劃 (p.173)
目的 (p.116)
增量式需求 (p.201)

1. 為什麼這個增量是有價值的？

2. 價值與團隊目的之間的關係是什麼？

3. 以整體角度來看，「發佈」指的是什麼？

相關細節會在稍後才確認。我會在第 165 頁「如何建立你的計畫」中討論這個議題。

一次專注一個增量

利害關係人喜歡團隊同時實現多個想法。這會感覺起來有很多事情需要完成，而且每件事情都是最高優先。就是這樣簡單！就是這樣如此地浪費資源！一次專注於一個增量會提升交付的速度，並且提高價值。

> 一次專注於一個增量會提升交付的速度，並且提高價值。

2　A/B 測試就是向不同的群組展示不同的東西，並且評估哪一個獲得最好的結果。

試著想想一個擁有三個有價值增量的團隊（如圖 8-1）。在這個簡化的範例中，每個增量都有相同的價值：每一個被完成時都會帶來每個月 4 美元的價值。每個增量都需要花費兩個月的時間來完成。

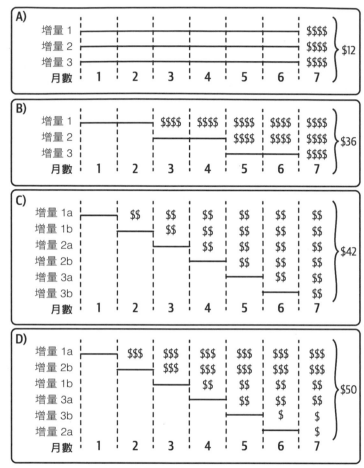

A) 平行地處理增量
B) 一次專注於一個增量
C) 把增量拆解成更小的發佈
D) 先發佈最高價值的增量

圖 8-1　專注於價值的效果

在情境 A 裡，團隊同時實現三個增量，因此花費了團隊六個月的時間來完成所有的工作。當增量被完成時，它們開始每個月貢獻 12 美元的價值。

在情境 B 裡，團隊一次專注於一個增量。團隊在兩個月後發佈地一個增量（情境 A 的 *1/3* 時間）。當團隊致力於下一個增量時，這個完成的增量便開始創造價值。第七個月結束的時，所有的增量為團隊帶來了 36 美元的價值，而情境 A 才賺取 12 美元。此外，這樣還不考慮任務轉換時的成本以及更快速進入市場所帶來的好處，而這些都是在沒有額外成本下，所獲得的價值。

越頻繁地發佈，獲得就越多，就如同情境 C 所展示的結果。它和情境 B 相同，只不過團隊知道如何把每個增量的工作與價值分成兩半。他們不是花兩個月才發佈 4 美元的增量，而是每個月發佈價值 2 美元的增量。在第七個月後，他們已經獲得 42 美元。

> 越頻繁地發佈，
> 獲得的價值就越多。

當然，某些想法要比其他想法更具有價值。情境 D 展示了當你把最有價值的部分拆解出來並且先專注於實現它，會帶來什麼結果。雖然與情境 C 相同，但增量擁有不同的價值。重新排序增量實現的順序，優先發佈最有價值增量為情境 D 帶來了 50 美元的收益。相對於情境 A，再不增加成本的情況下，獲得了三個月額外的收益。

這就是**專注熟練度**的精隨。**專注於小的有價值增量**。**專注於一次發佈一個增量**。**先專注於最有價值的想法**。在每一次發佈後，利用獲得的新資訊、調整計畫、並且專注於計畫中具有最高價值的部分。

圖 8-1 是簡化後的情境。《*Software By Numbers*》[Denne2004]（第 2 章）提供了一個根據實際產品且更為複雜的例子，如表格 8-1 所示。在他們的例子中，作者把具有兩次發佈版本（情境 A）的為期五年專案，轉換成按照價值排序，在五年裡逐年發佈的做法（情境 B）。團隊的生產力在兩個情境中皆相同。

表格 8-1　專注價值的實際範例

	情境 A	情境 B
總成本	$4.312 百萬	$4.712 百萬
營收	$5.600 百萬	$7.800 百萬
投資	$2.760 百萬	$1.640 百萬
收益	$1.288 百萬	$3.088 百萬
淨現值 @10%	$0.194 百萬	$1.594 百萬
內部報酬率	12.8%	36.3%

情境 A 是有 12.8% 回報率的邊際投資。它需要 280 萬美元的投資，並且產生 130 萬美元的收益。考慮軟體開發的風險，投資者可能會把錢運用到其他更具價值的事情上。

情境 B（相同產品，更頻繁地發佈）是一個有 36.3% 回報率的絕佳投資。雖然因為需要多次發佈使得情境 B 的成本較高，但是這些發佈讓產品得以倚賴自身的價值獲得資金。因此，它只需要更少的投資（160 萬美元），而且產生 310 萬美元的收益。因此，這個情境是非常值得投資的。

再回頭看看這些範例。每個例子都展示了令人印象深刻地價值增長。然而，除了團隊發佈的方式有所不同之外，其餘並沒有任何的改變。

切分你的增量

如範例所示，你越能細分你的增量，你就越能從團隊的付出中獲得更多的價值。除此之外，每一個增量都代表著一個機會，讓你在不造成浪費的情況下改變方向。如果在實現增量的半途中改變方向，將留下必須擱置或者丟棄的半成品。當增量被完成的時候，你可以在不浪費任何既有的努力下，改變方向。

越小的增量，你就能越頻繁地調整計畫，而且也將更敏捷。在完美的情況下，增量可以被細分成最小且仍具有發佈價值的基礎組成。

> 增量越小，越敏捷。

實際情況下，很難把你的增量變得那麼小，尤其是一開始的時候。隨著時間過去，你就可能找到進一步拆分增量的方式。可以從你最佳的假設出發，之後再進一步拆分。敏捷意味著迭代。你會有許多機會來改善你的增量。

關鍵概念

最小化在製品數量

在製品（*Work in progress, WIP*）指的是已經開始進行，但尚未發佈的工作。敏捷團隊會試著最小化在製品數量，有幾個原因。首先，它代表著正在等待回報的投資。如**圖 8-1** 所示，越頻繁地發佈（擁有越少的在製品），投入的付出就能獲得更好的回報。

其次，在製品讓更改變得昂貴。當你更改你的計畫，任何尚未完成的工作都會被擱置。隨著時間過去，關於這些工作的相關決定會變得過時，而且必須重做。不完整增量的程式碼所耗費的成本尤其高昂：它要不是增加維護正式程式碼庫的大小與成本，就是儲存在單獨的分支中，而變得越來越難以合併到正式主幹上。

打個比方來說，那就是 WIP 生鏽了！或許必須進行維護、或許需要重做、或許就是捨棄，而不管如何那都代表著浪費。請盡可能最小化在製品數量。

即早發佈，經常發佈

你可在具有價值增量完成後，立即發佈，也可以等待多個增量完成後再一次發佈。雖然立即發佈能帶來最高的價值，但有時同時推銷多個增量要比逐個推銷更具成效。同樣地，如果有 UI 的變動或其他發佈相關的成本，一次吸收這些成本會比持續地進行小型變更要來得容易。

關聯

持續部署 (p.487)

> **NOTE**
>
> 有些團隊使用持續部署，以便每天多次部署他們的程式碼，但部署程式碼與發佈一個增量的意思不同。只有當增量能夠被使用的時候，增量才算被「發佈」。對於使用持續部署的團隊而言，「發佈」通常涉及改變組態設定。

團隊有時候會因為技術上的限制使得頻繁發佈成本過高，而需要把多個增量綑綁在一起發佈。如果你必須如此進行發佈，這也是可以接受的，只不過請老實地面對不願頻繁發佈的理由。除了昂貴的發佈成本之外，你也會需要面對增加的在製品所帶來的成本。透過投資交付熟練度，你可以同時去除這兩種成本。

有一些團隊採用「發佈列車（*release train*）」的方式來安排每次的發佈。發佈列車代表著一系列安排好的發佈時程，比方說每個月的第一個星期一。完成的

發佈列車總是準時發車。

增量若「搭上列車」，便會被納入該次的發佈規劃中，至於未能趕上車的增量就要等待下一班列車。不論這些增量在發車前有多接近完成，列車都會準時發車。

> **NOTE**
>
> Scaled Agile Framework（SAFe）建立了一個術語「敏捷發佈列車（Agile Release Train）」來代表敏捷團隊，然而這卻是一個不能真實反映該詞原意的定義[3]。我會採用該詞原來的意思，也就是它只不過是代表預先排定好的發佈時程。請不用過度解讀它。

發佈列車的做法有許多好處。它可以讓行銷人員能夠為此安排相關的促銷活動、讓使用者知道何時可以獲得新的功能、讓利害關係人明確地掌握產出進度、並且也能卸下團隊的壓

---

[3] 「發佈列車」最早可以追溯到 SAFe 之前。我所知道的最早出處是來自於 1993 年的昇陽（Sun）軟體開發框架，它使用與本書所採用的定義相同。雖然該文件並未公開，但 [Rothman1998] 提到了這個術語，並且使用了相似的定義。非常感謝 Howard Fear 和 Dave Hounslow 挖掘出這些參考資料。

力，只要團隊發佈增量的時間短於發佈週期，他們可以承諾一個發佈的日期，而不用為每次實際的增量發佈備感壓力。

但從另一方面來說，不管是一次性的發佈多個增量、或者是採用發佈列車的方式，延遲增量發佈的決定都會延遲價值的產生。組織也往往會使用發佈列車來掩飾技術上或組織上的缺點，而這些缺點正是造成無法頻繁發佈的原因。當你在思考發佈策略時，請權衡「綑綁多個增量於單次發佈」所帶的好處和對應的「價值延遲」。

貨物崇拜

運畜拖車

 Ezekiel 召集了所有產品負責人來開會，說道：「下一班發佈列車會在三個月後駛離！你們預計提交並發佈哪些功能呢？」

你和另一為產品負責人 Lavona 互換了眼色，她模仿了下馬威的樣子。你忍住了笑容，然後當 Ezekiel 把注意力轉到你身上時，換上了最佳「合群隊友」的表情。

雖然你讓團隊在上週評估並且承諾預計交付的功能，但團隊每個季度卻越來越顯鬱悶。團隊裡最好的開發人員 Rose 在傳提醒給你之前，說道：「不需要評估！」雖然你和 Ezekiel 分享了團隊所規畫的交付，但你為接下來三個月會變得如何感到害怕。

當你拖著疲憊的步伐離開會議時，Lavona 跟上你的步伐，然後輕聲地發出了「哞」的叫聲，然後說道：「你知道火車上的牛將要送進屠宰場，對吧？」你搖了搖頭然後嘆了口氣。「如果我們未能交付，我知道誰將為此承擔罪責。」

Lavona 停下了腳步並且注視著你，說道：「我為敏捷做了些研究，它不應該是如此的。我們不應該威迫團隊，並且在事情出錯時找誰承擔罪責。」

你說：「當然！ Rose 說我們所採用的方式只不過是迭代式的瀑布方法，而不是敏捷。不過，我們能怎麼辦呢？」

Lavona 笑了笑，表示：「在這裡嗎？算了吧！不過，我已經被另一家公司錄用了，而它們想要我引薦另一位好的產品經理，你有興趣嗎？」

她分享了細節，而你的心情也隨之變好。是時候下車了。

第一個交付的增量

第一個要交付的增量可能會相當的棘手。雖然它需要有足夠令人提起興趣的內容，但又不能因此而耽誤交付的時程。

最小可行性產品（*Minimum Viable Product, MVP*）是一種用來思考如何安排第一次增量所需要的內容。與該術語的一般認知相反的是 MVP 不是你可以成功發佈的最小產品。取而代之的是一種用來驗證產品概念的方式。Eric Ries 在具有影響力的著作《*The Lean Startup*》中定義了這個名詞：

> 最小可行性產品可以幫助創業家盡快地啟動學習歷程。不過，它不必是可以想像得到的最小產品。它只是一種簡單又最快的方式，讓你在花費最少的努力下，構建（Build）– 衡量（Measure）– 學習（Learn）的回饋循環。
>
> 傳統的產品開發方式通常需要長與深思熟慮的孵化期並且力求產品的完美。MVP 的目標恰恰與此相反，它的目標是啟動學習歷程，而非完成整件事。與原型或概念測試不同，MVP 不只是設計來回應產品設計或技術上的問題。它的目標是檢驗基本的商業假設。[Ries2011]（第 6 章）
>
> — Eric Ries

MVP 不一定是傳統意義上的發佈或甚至是一個產品。它是一個試驗，而且你可以一次擁有多個。因此，優化團隊最常運用「真正的」MVP。

無論你的第一個增量發佈是如同 Eric Ries 所言的 MVP，或只是買單的人和使用者會喜歡的最小增量，這個選擇取決於你。

增量範例

在 2005 年，一個小團隊推出了一個線上的文書處理應用程式「Writely」。當時和現在的文書處理市場一樣的成熟，所以建立第一個小增量似乎就像不可能的任務。為了能夠跟上競爭對手，有太多的工作需要進行，更不用說要提供新的且吸引人的功能。你需要基本的格式設定、拼音檢查、文法檢查、表格、圖片、列印…這些功能永遠都需要。

Writely 並沒有選擇跟上競爭對手，它反而專注於讓它與眾不同的功能：協作、遠端文件編輯、安全的線上儲存空間、和易於使用。他們只打造了用來證明想法的最少必要功能。根據風險投資家 Peter Rip 的說法，開發人員在他們決定創造 Writely 的兩週後，便發佈了第一個 Alpha 版本[4]。

4　來源：Writely 網站與 Peter Rip 的部落格。這些網頁資訊已經無法於網路取得，但是它們仍可以從網路的頁庫存檔中找到：Writely 首頁（*https://oreil.ly/NWG6C*）、「Writely is the seed of a Big Idea」（*https://oreil.ly/L2qmo*）、「Writely—The Back Story」（*https://oreil.ly/DRv5X*）。

當然，或許你從未聽過 Writely。增量方式失敗了嗎？絕對不是！就在 Writely 推出後八個月，這間公司就被併購了。它就是為人所知的 Google Docs。

調整你的計畫

在編寫第一行程式碼之前，你會先想出第一個增量要完成的目標。這個時候你對於是什麼讓軟體變得有價值，知之甚少。雖然或許你很了解如何讓軟體變得有價值，但你總是會在與利害關係人討論過後更了解如何成就價值。向他展示目前的成果，並且進行實際的發佈。隨著時間，你會發現一些早期關於價值的想法是不正確的。如果你修改計畫來反應所學到的經驗（如果調整了計畫），你會創造出更有價值的成果。

為了增加你的軟體價值，請創造學習的機會。把你的計畫看成一個學習的計畫和構建的計畫。專注於你所不知道的事情。你有哪些事情是不確定的嗎？什麼想法或許是一個好點子？哪些好點子可以實際進行驗

> 把你的計畫看成一個學習的計畫和建置的計畫。

證？不要只是懷疑，創造可供學習的增量！檢驗每一個不確定性，然後調整你的計畫。

舉個例子來說，如果你正在創造一個線上文書處理器，你可能不確定需要多大程度地支援匯入 Microsoft 文件。提供某種程度的支持是必要的，但問題是多大程度？全面地支援 Word 文件會需要花費相當長的時間，而且會剝奪增加其他可能更具價值功能的時間。提供的支援太少又會損害你的產品信用，並且流失客戶。

為了測試這個不確定性，你可以在軟體裡加入初級的匯入功能（清楚地標記功能為「實驗性」）、進行發佈、並且獲得實際使用者嘗試匯入的文件類型報告。你所收集的資訊會幫助你調整計畫，並且增加團隊的價值。

— NOTE —

因為網頁軟體的使用者習慣使用「測試版」的網頁應用程式，所以在這樣的情境下，發佈一個試驗性質且不完整功能是可以被接受的。如果產品的使用者屬於較不能忍受測試品質的功能，你或許可以運用先行版（pre-release）計畫、焦點團體、或其他獲得使用者回饋的方法。

最後負責時刻（The Last Responsible Moment）

敏捷團隊會推遲決策，直到**最後負責時刻**[5]。在最後負責時刻進行決策能夠降低成本，並且提高敏捷力。

想像一下，你是一位時程緊湊的邪惡獨裁者。你承諾皇帝會準時地交付用來炸毀行星的新玩具。現在，你卻困住了！你沒有預期到一些複雜的情況。為了面子，你告訴皇帝，儘管戰鬥太空站還沒相當地完成，但已經全副武裝而且可以投入使用了。你知道接下來會發生的事情，那就是一群勇敢且上鏡的年輕人正再次摧毀你的死星（Death Star）。

你越早決定，你越可能錯過重要的事情。如果你的確即早作了決定，你要不是必須重做，那就是要忍受錯誤的決定。這是相當浪費的。透過等待到最後負責時刻，你可以獲得最多的資訊，而這些資訊可以產生更好的決定與更少的浪費。改變也將更為容易，因為要重做的事情比較少。

請注意！最後負責時刻並不是*可能*的最後一刻。如 [Poppendieck2003] 所述「錯過做決定的時刻等於錯過重要的替代方案。如果承諾晚於最後負責時刻，決定就會如一開始所預設的，而這一般來說不會是好的決策方法。」

如何建立你的計畫

雖然有價值增量就是計畫的基石，但它們往往沒有任何的細節資訊。我們會需要花費許多時間與努力。更糟的是當你調整計畫的時候，有些努力還會因此付諸流水。

為了減少浪費並且使得制定計畫輕鬆一些，在最後負責時刻使用**滾浪式規劃**。在滾浪式規劃的方法裡，細節是逐步明確的，而且只在需要的時候才被加入。

每個細節層次能夠預見的未來長度稱為**規劃週期**。一個敏捷計畫會有多個不同的規劃週期，如圖 8-2 所示：

1. 從團隊的**目的**開始，而且會包含團隊的使命。

2. 使用**視覺化規劃**建立潛在有價值增量地圖，來達成使命。

關聯

目的 (p.116)
視覺化規劃 (p.173)
規劃遊戲 (p.187)
任務規劃 (p.211)
增量式需求 (p.201)

5　Lean Construction Institute 創造了「最後負責時刻」這個名詞。[*Poppendieck2003*] 將它推廣到軟體開發領域中。

3. 繼續使用視覺化規劃來把前幾個增量拆解成最小且有價值增量。

4. 使用規劃遊戲來進一步拆解前幾個最小增量成為大小「恰到好處」的故事。

5. 使用任務規劃來分解前幾個故事成為開發任務。

6. 當要開發某個故事之前,使用增量式需求來決定需求的細節。

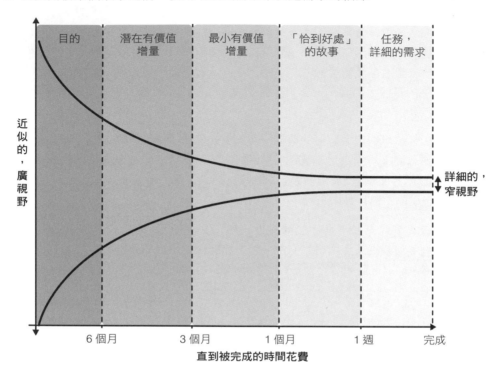

圖 8-2　規劃週期

第 221 頁「你的第一週」描述了你要如何開始的方式。當計畫完成,你會使用拉動系統
(*pull system*)來維護計畫。在拉動系統裡,你會為了響應需求而工作,而不是在預定的
間隔時間內工作。在這種情況下,「拉動」受到任務完成的驅動。

1. 當團隊完成任務,你們會需要更多的任務。透過使用任務規劃,你們會把可視計畫裡
   的故事拉出來,並且拆解它們成為任務後,放到任務板(task board)上。

2. 這個拉動又會造成團隊需要更多的故事。你會安排規劃遊戲會議,並且從下一個小且
   有價值增量裡把故事拉出來。

3. 當團隊完成一個增量,你們會使用視覺化規劃,來把另一個新且小的增量從團隊負責
   的增量中拉出來。

4. 當團隊為了找尋可能的增量，而需要更多點子時，你們會從目的與使命裡拉出這些增量。

5. 最後團隊近乎完成使命時，你會回頭找團隊的贊助者，並且從團隊的願景和目的裡拉出新的使命。

不同層次的細節會需要不同的技能，如圖 8-3 所示。

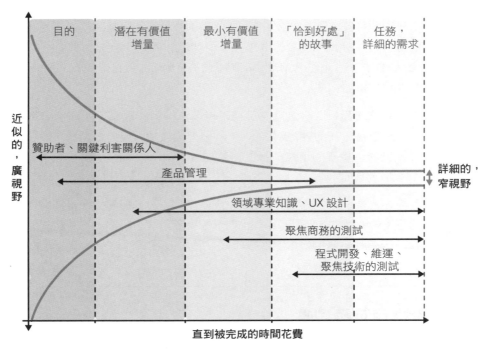

圖 8-3　規劃技能

計畫範例

想像一下，你的團隊負責一個線上購物網站。滾浪式規劃要如何幫助你呢？這個簡化的例子說明了不同層次的需求是如何搭配在一起的。

1. **目的**。團隊整體的願景是成為利基市場裡的領導銷售者。具體的使命是提升轉換率：讓更多拜訪網站的人們實際地購買商品。

2. **潛在有價值增量**。為了完成這個使命，你們想出數個潛在有價值增量。一個想法是讓網站能夠在行動裝置上運行得更順暢。另一個想法是改善結帳頁面。第三個想法是改善搜尋功能。第四個想法是提供獨家商品的評論。

3. 最小有價值增量。與許多利害關係人討論過這些想法後，你們認為強化結帳頁面可以帶來最大的好處。許多客戶都在到達結帳頁面後，便離開了網站。團隊提出了想到的最小有價值增量：支持禮品卡、記住客戶的信用卡、增加優惠卷的支持、增加 PayPal 的支持等。

4. 「恰到好處」的故事。根據市調，歐洲客戶不太願意在網路上使用信用卡，而且當你查看統計資料時，發現歐洲人的禮品卡廢棄率最高。你決定提供支持 PayPal 來作為下一次的目標增量。你召集整個團隊一同拆解增量，並且提出了更詳細的故事，包括「把 PayPal 嵌到結帳頁面」、「可以使用 PayPal 支付訂閱商品」、「處理 Paypal 的錯誤」、「處理 PayPal 服務中斷」、「PayPal 支付退款」、「PayPal 支付的客戶服務介面」。

5. 任務。在任務規劃期間，你為團隊選擇了幾個先進行的故事，而開發人員把這些故事拆解成任務。「PayPal 支付的客戶服務介面」拆解出的任務有「遷移客服使用者介面到目前版本的前端框架上」、「增加 PayPal 到客服前端上」、「增加 PayPal 到客服後端上」。

6. 細節。在開發人員正著手於準備工作時，團隊的 UX 設計師建立了模型來展示客服介面的可能修改版本，並且和客服部門一同審查了模型。當一切就緒，開發人員基於模型來進行實際的修改，然後和駐點客戶與客服部門一起審查了最終產出。

平衡可調適性與可預測性

計畫裡每個層次的細節都有一個對應的規劃週期。例如，圖 8-2 展示了任務用於規劃接下來的一週；故事用於規劃接下來的一個月；小型增量用於規劃接下來的三個月；而潛在的增量則是用於規劃接下來的六個月。

這些週期只是一種例子。你應該基於想要如何平衡可調適性與可預測性來選擇自己的規劃週期。舉例來說，如果計畫經常發生變化，或許只先為兩週建立「恰到好處」的故事，以及先為一個月建立小增量。

> 基於想要如何平衡可調適性與可預測性來選擇自己的規劃週期。

另一方面，如果你的利害關係人需要更具確定性的計畫，那麼你可能只先為接下來的三個月建立「恰到好處」的故事，以及先為接下來的六個月建立小增量。

規劃週期越長，當計畫發生改變時，需要捨棄的成果就越多，且越多人抗拒改變。另一方面，好的路徑通常需要更長的規劃週期，而故事規劃週期則決定了預測的發佈能對應到多遠的未來。

關聯
路徑圖 (p.297)
預測 (p.287)

規劃週期的選擇終究是較少的浪費和較好的敏捷力（較短的規劃週期）與更多的確定性和可預測性（較長的規劃週期）之間的權衡。這個選擇沒有錯誤的答案，它只是取捨之間的一種選擇而已。如果你不確定要選擇那種方式，請從圖 8-2 所示的週期開始嘗試。

調適性規劃實戰

在結婚幾年後，我和妻子在歐洲度假了兩個月，這無疑是我們經歷過最複雜的一趟旅行。因為我們知道自己無法事先做任何的計畫，因此採用了一種調適性的方法。

從旅行的願景開始：我們的共識是參觀許多不同的城市，而不是待在一處。我們雖然討論了想去的國家，但最終並沒有做出任何的決定來限定自己只能拜訪一些特定的國家。

找出旅程中各種決定的最後負責時刻。隨著時間的推移，飛機票通常會變得更貴，所以我們提前幾個月訂好了進出倫敦的機票，並且計畫旅行的開始和結束時都和親戚住在一起。不過，旅館只需要提前幾天告知即可。

此外還採取了一些措施來讓自己擁有更多的選擇。我們發現了一本囊括了全歐洲的很棒的旅遊指南，並且購買了 EuroRail 火車通行證。這張通行證讓我們能夠透過歐洲最好的鐵路來暢遊整個大陸。另外也支付了額外的費用來讓自己可以參觀更多的國家。

做完這些大致的決定後，我們把細節留到了最後負責時刻。在旅程中，當要前往下個目的地的前幾天，我們會決定下個參觀的國家和城市，然後會到火車站查看時刻表，並且在需要的時候先訂好位子。我們會查閱指南裡的旅館，並且寄電子郵件給最好的三間旅館，接著便回頭繼續享受這個城市。

隔天，我們確定了其中一間旅館的訂房。到了最後一天，便懶洋洋地從選出的火車發車時間列表中挑了一個時間。在四到五個小時後到達一個新的城市，前往旅館放好行李後，我們便開始四處探索。

這個方式不但具有彈性，而且相當地輕鬆愜意。因為旅館是在入住前一兩天才訂好，所以沒有旅館會忘了或搞混我們的訂房。如果我們覺得自己特別享受某個城市，就待久一點；如果不喜歡，那就早點離開。在蜜月旅行的時候，我們成了預先計畫旅程的奴隸，苦惱於整個旅程的細節。在這次更長且更複雜的旅行中，我們只需要思考接下來幾天的旅程細節就好。

這樣的彈性也讓我們體驗到了其他情況下永遠不會體驗到的事情。在義大利的時候，我們發現前往土耳其的計畫會花掉大量的旅行時間，我們善用了歐洲火車通行證選擇去了北歐，結果在這個我們不曾想過前往的城市裡，獲得了最難以忘懷的經驗。

> 透過事先大致上的規劃、保持選項的靈活性，並且在最後負責時刻做出仔細的決定，我們度過了一個比採用其他方式更好的假期。同樣地，當你在採用調適性規劃來進行軟體開發時，不可預測的機會能讓你增加軟體的價值。

調適性規劃與組織文化

在沒有任何詳細的計畫下，花兩個月在外國旅遊是不是聽起來很可怕？實際上，它是輕鬆愜意的，但當我講述我們的調適性歐洲旅行計畫的時候（請參閱第 169 頁「調適性規劃實戰」），人們會感到緊張。

組織通常對於調適性規劃也會有類似的反應。調適性的計畫旨在達成團隊目的。不過，就像在不預先選擇特定的城市的情況下，我們夫婦的旅程實現了它的目的（快樂地參觀許多歐洲的城市）一樣，一個具有調適性的團隊也會達成他們的目的，即使無法確切地說出預期要交付哪些東西。

敏捷的任何其他方面都不如調適性規劃為組織所帶來的挑戰。它不僅會改變開發團隊，還會改變報告、評估、和治理方式。調適性規劃的選擇所牽涉到的利害關係人範圍之廣是令人驚訝的，而且人們通常會對這個想法感到震驚或出現情緒上的反應。

> 敏捷的任何其他方面都不如
> 調適性規劃為組織所帶來的挑戰。

因此，你或許無法促使採用調適性規劃的改變。除非你獲得高階領導人的支持，否則任何的改變或許都會是緩慢且漸進的。即便獲得領導人的支持，改變仍需要時間。

請順著組織文化進行工作，以便逐步地導入調適性規劃。雖然採用滾浪式規劃，但請讓規劃週期符合組織的期待。你或許也會需要進行預測，而那通常需要交付熟練度。當你的利害關係人更加信任你的交付能力時，縮短規劃週期並且往調適性規劃的方式移動。

關聯

預測 (p.287)

問題

我們需要承諾具體的發佈日期。我們該怎麼做？

請參閱第 287 頁「預測」。如果你使用日期和範圍來預測，你可能需要拉長規劃週期，並且通常會需要交付熟練度，這將會對你的預測有所幫助。

如果我們沒有對發佈進行詳細的規劃，應該要如何告訴利害關係人我們的計畫？

雖然你可能沒有事先規劃出發佈的所有細節，但仍然可以與利害關係人分享路徑圖。如果他們需要更多的細節，你或許需要拉長你的規劃週期。請參閱第 297 頁「路徑圖」。

如果你使用短規劃週期，我們要如何確保自己會達成團隊的目的？

如果你不確定你是否可以達成目的，請把計畫重點放在發現自己是否可以實現目的上。你可能需要建立學習用的增量、拉長規劃週期、或建立小型且限制存取對象的發佈來檢驗重要的概念。詳細的做法取決於你的情況，所以如果你不確定要怎麼做，請向具備豐富經驗的人尋求指導。

先決條件

調適性規劃需要管理者和利害關係人的認同（請參閱第 5 章）。任何團隊都能根據有價值增量來進行規劃。不過在這之前，它取決於你獲得了多少的認同。

一次處理一個增量是聰明且簡單的方式，來增加團隊的價值。儘管這個做法是有用的，一次做一件事卻會讓一些利害關係人感到厭惡。請謹慎進行！

頻繁地發佈需要客戶與使用者能夠接受頻繁的更版。這對於網路軟體來說是相當簡單容易的，因為使用者並不需要為更新做任何的事情。其他類型的軟體可能需要進行令人痛苦的軟體更新，而且有些甚至需要進行昂貴的驗證測試。這會使得頻繁發佈難以進行。

建立試驗、選項、以及 MVPs 需要組織接受不確定性並且信任團隊有足夠的行銷專業能力來做出好的決定。這通常會需要團隊具備優化熟練度。

滾浪式規劃需要清楚的目的，並且經常性地更新計畫。當你能夠確信每週至少一次回顧計畫時，再使用這種做法。請確保你的團隊擁有更新與修改計畫能力的人員。

調整計畫需要組織從價值的角度來思考成功，而不是從「準時、合於預算、且按照計畫」的角度來看待成功。這樣的概念對於一些組織來說是相當難以下嚥的。你或許可以透過承諾一些具體的發佈日期但不明確發佈的細節來減輕對於調適性計畫的擔憂。

最後，請對於未來三個月沒有任何發佈的計畫保持警覺。雖然那些發佈目標不應該被當作承諾，但沒有檢核點和短期目標的緊迫性情況下，很容易便會偏離正軌。

指標

當你建立、維護、並且傳達一個好的計畫時：

- ☐ 計畫說明了團隊如何實現目的、或是如何學會如何達成目的。
- ☐ 團隊成員有信心履行計畫。
- ☐ 你穩定且持續地創造價值。

當你善於調整計畫時：

☐ 你一直尋找機會來學習關於計畫、產品、和利害關係人的新事物。

☐ 隨著學習的過程，你修改了計畫來善用新的洞見。

替代方案與試驗

調適性規劃透過靈活規劃與發佈策略來提升價值。尋找機會來減少在放棄的計畫上所花費的時間、加快回饋循環、更頻繁地改善計畫，並且縮短實現價值的時間。

如果你沒有熟練交付的團隊，你可能會遇到關於如何規劃技術基礎設施的問題。[Denne2004] 提供了一個複雜增量式資助方法（Incremental Funding Methodology）來解決這個問題。擁有「交

> 關聯
> ___
> 增量式設計 (p. 442)

付」熟練度的團隊避開了這個問題，這是因為他們採用演進式設計來漸進地構建它們的技術基礎設施。

擁有成熟產品的團隊不總是需要複雜的計畫。這些團隊是從處理一小部分的故事開始著手並持續地發佈小的變更，而不是從增量或發佈的角度來思考。你可以把這種做法想成是規劃週期非常短的調適性計畫。

最後，調適性規劃常常被看成預測性規劃的替代做法，但是如同第 168 頁「平衡可調適性與可預測性」所說明的內容，它更像是一系列不同的規劃週期。如果你所處的環境需要預測性規劃，請想看看你可以使用多少調適性的概念以及更長的規劃週期。

延伸閱讀

《*Software By Numbers*》[Denne2004] 為頻繁發佈提供了令人信服且詳盡的案例。

《*Lean Software Development*》[Poppendieck2003] 在第 3 章中討論了推遲決定來保持選擇的靈活性。

《*The Principles of Product Development Flow*》[Reinertson2009] 深入研究適應性規劃背後的原則。雖然它是面向實體產品而不是軟體，但它仍然值得一讀。

視覺化規劃

我們有一張地圖，可以實現我們的目的。

受眾
────────────
產品經理、客戶

你的計畫就是實現團隊目的的那把鑰匙。建立一個計畫讓你能夠把選擇可視化並且隨著計畫的推展進行調整，而不是只寫著「做這個，接著做這個，然後是那個」。視覺化規劃就是達成這個目標的做法。

視覺化規劃有無窮的可能。在本節，我只會討論四個技巧。你可以遵循其中一個技巧、在這幾個技巧之間進行混合與搭配、或者創造一個只屬於你的全新視覺化方法。一個好的視覺化方法是可以有效地同時適用於團隊和利害關係人。

> 一個好的視覺化方法是可以有效地同時適用於團隊和利害關係人。

誰來規劃？

視覺化規劃是由團隊裡擁有產品管理技能的成員所主導，並且獲得團隊裡駐點客戶的協助。盡可能地讓利害關係人也加入（至少是整體規劃的時候），並且尋求讓實際客戶加入的機會。他們的觀點將能夠提升計畫的品質。

關聯
────────────
完整團隊 (p.76)

開發人員可以按照團隊認為是否適合，來選擇積極地參加、或者不參加。有些開發人員往往不願再參加另一個會議，而事實上，他們的時間或許該用在更適合的地方。不過從另一方面來說，開發人員充分了解計畫，對於他們的工作是有好處的。此外，他們的觀點也能讓計畫變得更好。我傾向讓每個開發人員自由決定是否參加會議。

即使開發人員不參加討論，它們還是要了解計畫並且提供進行回饋。請務必保留時間來和開發人員討論計畫。規劃遊戲或許就是討論計畫的一個好時機。

關聯
────────────
規劃遊戲 (p.187)

集群對照（Cluster Mapping）

集群對照（請參閱圖 8-4）是一種最簡單且最靈活的方式來把計畫視覺化，並且也是最有效的一種方式。它是我首選的技巧。

1. 透過腦力激盪，找出故事

為了建立群集對照，我們會透過回顧團隊的目的，然後使用同時腦力激盪（請參閱第 95 頁「同時工作」）來產生實現目的的故事。雖然你們可以創建任何想要的故事，但請保持這些故事的高抽象度，並且避免涉及太多細節。你們會從整體方向和長期的觀點出發。

關聯
目的 (p.116)
故事 (p.146)
調適性規劃 (p.156)

舉例來說，如果你的目的是改善線上購物網站的轉換率，你可能會建立的故事會是「更好地支持行動裝置」、「獨家產品的評論」、「更好的結帳頁面」等。

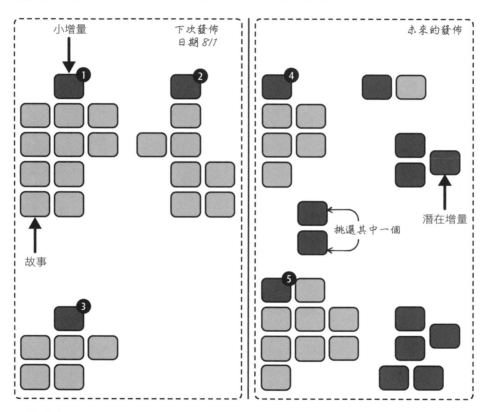

圖 8-4　集群地圖

2. 把故事分群，形成增量

當你們完成腦力激盪，運用親合對照把故事分群（請參閱第 95 頁「同時工作」），然後分割這些集群成為有價值增量（請參閱第 156 頁「有價值增量」）。有些故事可以自成有價

值增量，而有些故事則需要一同完成後，才能形成有價值增量。請針對後者建立一個故事來代表整個有價值增量。

把每個可以成為有價值增量的故事進行標示。對於實體卡片來說，我喜歡使用有趣的貼紙，比方說星星或笑臉。至於虛擬卡片，我會改變卡片的顏色。其餘的故事則按照你們認為是否有用來選擇保留或捨棄。

3. 對增量進行編排整理

退後一步並且根據團隊目的來思考這些增量，然後重新安排它們，以便更恰當地反映你認為能達成目的的最好方式。如果增量顯得無關緊要或很遠的未來才會需要，它們可以被捨棄或者擱置一旁。

有些增量代表著以不同的方式達成相同的結果。如果你不確定哪個選擇比較好，請將它們都保留下來。計畫就是一張地圖，而地圖可以展示出多條不同到達目的地的路徑。你可能甚至會想要增加一些學習用的增量來幫助你從中進行選擇。

有些增量或許與團隊目的沒有直接的相關，但無論如何卻都需要完成。請把它們也放到白板上。

4. 回顧與精煉

當完成上述的步驟，請再次往後退一步並且回顧這張地圖，然後稍稍調整這些集群並且加上註解，以便更容易地解釋地圖。你們期望能夠把這張地圖當作視覺化工具來說明團隊是如何達成目的。

現在有了一張整體計畫，並且展示了團隊可以進行的潛在增量。是時候休息一下，並且取得團隊成員、實際客戶、和其他沒有參加討論的利害關係人的回饋。下一步，你們將規劃出更多的細節。

關聯
實際客戶的參與
(p. 196)

拆解增量

如第 165 頁「如何建立你的計畫」所述，完整的計畫會包含多種層次的細節。可視計畫也會包含這些層次：

關聯
調適性規劃 (p. 156)

1. 目的
2. 潛在有價值增量
3. 最小有價值增量

4.「恰到好處」的故事

已經從團隊目的出發並且建立了潛在增量。現在,要進一步地拆解這些增量。

1. 腦力激盪出故事,並且把故事分群,形成小增量

建立最小有價值增量和建立潛在增量是同樣的方法,不過它更加地聚焦。先從最有價值增量開始,腦力激盪出完成這個增量需要的故事,接著把這些故事進行分群,以便找出不但具有價值,且可以獨立發佈的更小增量。根據需要,為那些小增量建立故事卡,並且把能夠代表有價值增量的故事卡進行標示。至於是否保留或捨棄原先的較大增量,取決於你們認為它所指出的情境對於目前的規劃是否有用。

舉例來說,如果產品是線上商店且有個增量是「強化後的結帳頁面」,可能會把這個增量拆解為「記住禮品卡」、「採用 PayPal 進行結帳」、「包裝禮物」、「優惠券」等。

2. 篩選並且反覆拆解

接下來,對新的增量進行篩選,並且捨棄(或擱置)任何不相關或太過緩不濟急的增量。把留下來的增量切分為「最高優先級」和「非最高優先級」。

反覆進行步驟 1 與 2 直到找出足夠的最優先小增量,來填滿「最小有價值增量」的規劃週期。例如,如果採用如圖 8-2 的規劃週期,那麼當大概擁有需要三個月工時的小增量時,便會停止拆解。

> — **NOTE** ————————————————————
>
> 只要憑直覺評估大小即可。你們不是正在進行實際的評估,只是決定哪時要停下規劃而已,所以太快停止拆解是錯誤的。最重要的一件事是找出團隊需要先進行處理的小增量。之後總是可以再拆解出更多的增量。

最後,查看那些還沒拆解的增量。它們是否存在比現在所擁有的小增量還有更高優先級的小增量?如果是這種情況,也請把它們拆解出來。

3. 安排優先序

當完成前兩步,退後一步想想是否有任何新的點子浮現,然後決定要如何為這些高優先級的小增量安排優先序。最少得找出第一個需要發佈的增量,以及下一個想要發佈的增量。可以排出剩下增量的優先序,也可以不用。這取決於路徑圖和預測的需求。

關聯
————————
路徑圖 (p.297)
預測 (p. 287)

如果採用的是實體索引卡，把優先序編號寫在便利貼上，然後貼到卡片上。這種做法可以讓你在優先序發生改變時，只要更動便利貼，而不是重寫卡片。

至此完成了「小增量」的細節規劃。這是另一個好時機，休息一下並且獲得回饋。

4. 進行規劃遊戲

可視計畫的最後一個細節層次是把小增量拆解成為「恰到好處」的故事。請使用規劃遊戲來完成這個工作。當完成這個步驟後，每個最高優先級的增量都會有一組對應的故事。把每組故事加到對應增量的板子上。

> 關聯
>
> 規劃遊戲 (p.187)

如果你們正在預測發佈的安排，可以把預測日期也一併貼到板子上。最終的成果會如圖 8-4。

影響對照（Impact Mapping）

有些時候會想要比集群對照更具有結構的計畫。影響地圖（impact map）（如圖 8-5）會是探索選項的絕佳工具[6]。

　　永遠都不要企圖繪出整張地圖。取而代之的是從地圖上找出到達目標的最短路徑。

— Gojko Adzic

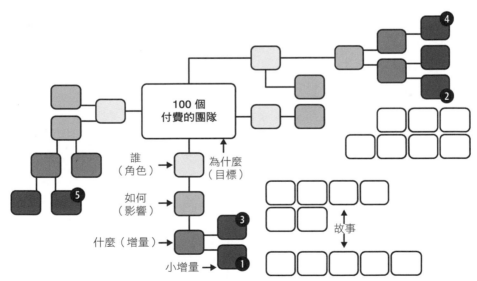

圖 8-5　影響地圖

6　多謝 Gojko Adzic 對於本節的建議。

影響地圖是心智圖的一種類型。為了避免讀者不熟悉心智圖，以下是簡短的說明。心智圖是由想法構成的階層樹狀圖。你會從地圖中央的核心想法開始，然後把與之相關的想法從圖中央分支出各自的節點。每一個想法都會有各自延伸的想法分支，直到長出所有的分支。

從影響地圖的角度來說，「為什麼（目標）」居於中央，然後長出「誰（角色）」、「如何（影響）」、和「什麼（增量）」各分支。

使用視覺化規劃板來建立影響地圖。如果你採用虛擬板，它或許已經有內建心智圖功能。如果你採用的是實體板，使用不同顏色的索引卡來代表不同的節點，這樣會讓你更輕易地根據需要移動它們。同樣地，請同時工作而不是單靠某人的貢獻，使得他成為瓶頸點。

1. 從目標開始

從你的目標開始，而它正是位於影響地圖中央的「為什麼」。目標應該和團隊目的有某種關聯。它可能是濃縮版本的團隊使命、檢驗下一個相關使命、或同時兩者都是。在影響地圖裡，某一件事都是源於目標。它就是終點，而地圖會告訴你如何達到終點。以 Sasquatch 團隊範例（請參閱第 119 頁「目的範例」）來說，目標或許是「100 個付費的團隊」。

關聯
目的 (p.116)

2. 透過腦力激盪，想出影響方式

雖然影響地圖的下一個階層是「角色」，但通常下一步最好是先腦力激盪出影響的方式。它就是影響地圖裡的「如何」。團隊外的人員是如何協助團隊達到目標？他們如何阻礙你達到目的？你們想要如何改變他們的行為？如果你建立了一張情境圖（請參閱第 127 頁「團隊的限制和互動方式」），這些列於圖上的利害關係人群組或許能幫助你想出一些點子。

關聯
情境 (p.126)

例如，目前的客戶會「在社交媒體上推薦我們」或產業期刊可能「刊登正面的評論」。請務必包含負面的影響，比如「增加稽核需求」的監理人員或「更改定價模式」的競爭者。討論這些產生影響的行為與目前的行為有何不同：如果監理人員早需要進行稽核，那麼他所帶來的影響就不是「需要稽核」，而是「增加稽核需求」。

3. 加上角色

你最終可能會產生出許多等待選擇的潛在影響方式。請捨棄那些不值得理會或緩不濟急的影響。為剩下的影響，找出會產生這些影響的角色（團隊外部的群組，包含公司內的其他群組）。把這些角色放在地圖上介於目標與影響之間的「誰」階層。

退後一步並且檢視整個板子。是否有任何重要的角色遺漏了？想出他們造成的影響並且把這些資訊放到板子上。接著，再回顧一次！找出遺漏的影響並且去掉那些不相關的影響。

4. 安排影響的優先序

你目前已經進行了廣泛的思考並且產生出了選項。現在，正是時候聚焦你們的思考。對於目標達成來說，哪些影響是重要的？哪些是最容易處理的影響？哪些假設是需要進行測試的？選出具有最高優先級的影響。如果是一群人進行討論，點數投票可以幫助你們做出選擇（請參閱第 95 頁「同時工作」）。

安排好優先序後，為那些最重要的影響，想出更具體的目標並且貼到它們上面。例如，以「在社交媒體上推薦我們」這個影響來說，可以設定具體的目標為「每週 100 則社交媒體推薦」。這樣的做法可以讓你更了解進展。透過具體的目標，會知道有些時候已經提早達成目標並且進行優先序的改變，而有些時候會知道自己的努力並沒有產生效果，而需要進行更多的嘗試來測試你們的假設。

5. 腦力激盪出增量

你們已經準備好開始著手影響地圖上的「什麼」，而它們就是潛在增量。雖然很容易會認為增量就是地圖中最重要的部分，但他們並非最重要的部分！影響對照旨在幫助你們聚焦於**目標**和想達成（或減輕）

> 影響對照旨在幫助你們
> 聚焦於目標和影響上。

的影響上。雖然增量是實現這些想法的方法，但這就像是說「車子是道路圖上最重要的部分。它才是旅程上不可或缺的，而地圖不是。」

針對每個影響，想出團隊可以**支持**的方式（正面的影響）、**減輕**的方式（負面的影響）、或從中**了解更多的方式**（需要測試的假設）。請保持想法的高抽象度。比方說，為了支持客戶在社交媒體上推薦你們，你們可以加上「自動張貼螢幕截圖訊息」和「張貼慶祝訊息」。

想出增量的一種方式是思考你們如何解決人們操作流程中的阻礙或創造人們行為的改變。「自動張貼螢幕截圖訊息」便包含了這兩種概念：它透過解決操作上的阻礙（張貼一個訊息需要做許多的事情，包括截圖、修圖、打開社交媒體應用程式、並且張貼訊息）來創造了行為上的改變（更多的社交媒體分享）。

現在你已經完成了高層次的計畫。是個好時機，休息一下並且獲得回饋。接下來，你們將要拆解潛在增量成為最小有價值增量。

6. 拆解增量

為了進一步拆解增量，要從找尋是否能夠拆解角色和影響開始著手，而不是從增量開始。比方說，「在社交媒體上推薦我們」可以拆解成「在 Twitter 上推薦我們」和「在 Facebook 上推薦我們」。角色可以拆解成「新客戶」與「現有客戶」。

按照第 175 頁「拆解增量」的方式完成拆解。最後成果會看起來像圖 8-5。

期望分析

如圖 8-6 所示，期望分析透過想像未來的成果來幫助你產生點子。它尤其適合拿來當作風險管理的工具。你可以單獨使用期望分析來作為規劃的工具，或是把它當作另一種規劃方法的導引工具。

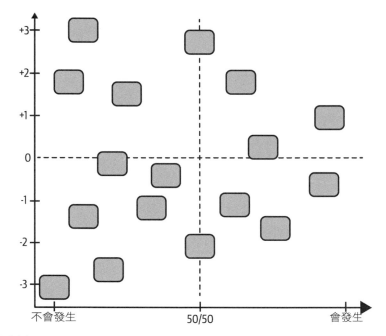

圖 8-6　期望分析

Diana Larsen 和 Ainsley Nie 著作《*Liftoff: Start and Sustain Successful Teams*》[Larsen2016] 裡，說明了使用影響與機率圖來作為進行期望分析的一種方式。這種方式既簡單又有效。

1. 建立圖表

在你的視覺化規劃板或虛擬工具上繪製一張大圖來建立圖表。在縱軸上,標示出 -3 到 +3 的間隔,分別代表成果是「非常糟」到「非常好」,並且在標示為「0」處,畫上水平虛線。在橫軸上,依序標示上「不會發生」、「50/50」、「會發生」,並且在標示為「50/50」處,畫上垂直虛線。

2. 腦力激盪出潛在成果

使用同時腦力激盪來想出團隊在未來可能會發生什麼事情(對團隊、利害關係人、和軟體來說)。每一件事都寫在一張索引卡上。請務必同時思考正面與負面的結果。

參與者可以馬上把卡片加到圖表、或者等到腦力激盪結束再加到圖表。當把卡片加到圖表上時,參加者應該根據卡片發生的可能性(橫軸)和帶來的影響(縱軸),將卡片擺到正確的位置上。

3. 回顧與精煉

當卡片都放到圖表上後,花點時間進行回顧並且調整它們的位置。回顧和調整可以同時進行。產生的結果會看起來如圖 8-6。

4. 安排成果的優先序並且建立計畫

接著,使用點數投票來選出對團隊最重要且需要處理的成果。你可拿這些高優先級的事項作為其他視覺化規劃工具的輸入。如果你單獨使用期望分析,那麼請進行腦力激盪找出潛在增量,這些增量可以用來促使產生正面的成果以及減緩負面的結果。把這些增量放在圖表旁邊,然後用箭頭指向圖表內對應的卡片上。

最後按照第 175 頁「拆解增量」所述,把這些潛在增量進一步拆解。

故事對照(Story Mapping)

如圖 8-7 所示,故事地圖(story map)對於聚焦於軟體使用的方式特別有用[7]。你可以單獨使用它們,或用它們來充實透過其他方式建立出來的增量。

因為故事地圖描述了使用者實際行為,所以有一個相當重要的關鍵,那就是在計畫裡包含實際客戶與使用者或至少是十分了解這些角色的人。如果你無法做到這件事,那就要透過訪問和觀察人

關聯
實際客戶的參與
(p.196)

---

7 非常感謝 Jeff Patton 對於本節的建議。

們的行為來提高對這些人的了解。如果你不這麼做的話，你很可能就會錯過一些重要的事情。

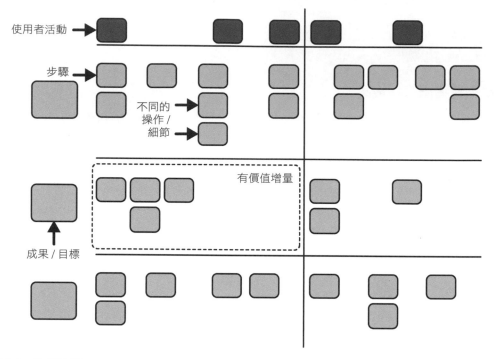

圖 8-7　故事地圖

1. 決定範圍

為了建立故事地圖，首先是回顧你的目的與情境。軟體的使用者是誰？誰會買單你的軟體？與你的軟體互動的其他軟體系統有哪些？上述問題裡的互動對象各自獲得什麼好處？你的軟體與團隊目的和組織期望的價值有什麼關係？

> 關聯
> ─────────
> 目的 (p.116)
> 情境 (p.126)

根據背景狀況，決定哪一個主題或哪些主題是你的故事地圖需要涵蓋的。你不需要對照出所有的事情。就如 Jeff Patton 所言：「建立地圖就是在說一個故事。」[8] 選擇故事的開頭與結尾。在線上商店網站的例子裡，你可能選擇講述某個人購買一件物品會發生哪些事情的故事。

> 建立地圖就是在說一個故事。

───────────

8　透過個人交流。

接著，決定你要建立一張現況地圖（*now map*）或期望地圖（*later map*）。「現況」地圖說明目前使用者的操作行為。它幫助你設身處地為使用者著想。除非你已經很了解你的軟體是如何被使用的，否者你通常應該從「現況」地圖開始。

「期望」地圖說明人們在取得新軟體後的操作行為。通常會透過想像軟體會如何改善事情來把「現況」地圖轉變成「期望」地圖。不過你也可以直接建立「期望」地圖。

2. 定義步驟

透過正確地講述故事來說明發生了哪些事情：首先發生了這件事，接著是這件事，然後是那件事。它可以橫跨了許多使用者和系統：「我做了這件事，然後 Tatyana 做了那件事，接著後端系統做了其他事。」

把每一個步驟（也稱做使用者任務（user task[9]））寫到索引卡、便利貼、或虛擬工具上。以線上購物網站為例，你可能建立的步驟有「搜尋商品」、「閱讀評論」、「加入購物車」、「點擊『結帳』」等。把這些步驟按照順序從第一步到最後一步排列好。

如果你正在建立「現況」地圖，善用這個機會為實際如何運作加上註解。為粗略的地方和妥善運作的地方加上註解。你也可以紀錄步驟所花費的時間或它們發生的頻率（任何你認為對之後想要進行改善時有幫助的事情）。

— NOTE —

故事地圖會佔掉大量的空間。如果你有實體團隊空間，你可能會想要使用一面大牆和便利貼，而不是用白板和索引卡。「超級黏」便利貼是持久使用的最佳選擇！（你不會想在連假結束後走進團隊空間時，在地板上找到你的地圖。）

在建立好步驟後，從頭至尾地回顧整個地圖並且把所有缺空填上，然後開始擴展它。其他的人是如何用不同的方式做事？當事情發生錯誤時，會發生什麼事？當所有事情都正確進行時，會發生什麼事？為這些不同的情況建立新的便利貼，並且垂直地把它們加到對應步驟的下方。最後，查看原來的步驟，並且把任何看起像是額外細節的部分也移動到對應步驟的下方。

當工作時，會想到一些新的點子並且需要重新安排地圖。這是很正常的情況。當完成故事地圖時，會有一條水平排列的步驟。這些步驟說明了使用者所做的事情，而不同的操作、

9　Jeff Patton 使用「使用者任務」來作為術語 [*Patton2014*]，但後來他改用「步驟」。新的術語避免了與開發任務之間的混淆。

替代方案與細節則會掛在水平排列的步驟下方。你應該能夠從頭到尾地「走在地圖上」，而且能從每一欄中挑選不同的步驟來講述不同版本的相同故事。

在一些情況裡，不同的人會對步驟的安排順序有不同的看法。只要選擇一種常見的步驟順序即可。只要說出的故事是有道理的，步驟的確切順序並不重要。

3. 提煉使用者活動

現在開始提煉地圖的每個故事，找出使用者活動。使用者活動是一系列執行的步驟。舉例來說，你可能會把「輸入帳單地址」、「輸入運送地址」和「輸入信用卡資訊」組合成一個叫作「結帳」的使用者活動。為每一個活動的第一個步驟貼上不同顏色的便利貼。有些活動能只有一個步驟。

4. 找出成果與目標

最後，想出使用者可能會想要的成果與目標，並且用額外的便利貼把它們貼在地圖的左側。這代表你可以透過地圖講出不同的故事。比方說，你可能會有「快速購買特定商品」、「瀏覽商品」和「選購相似商品」。

把成果按照優先級從高到低進行排序，然後移動步驟（包含不同版本的做法與細節），讓它們與對應的成果對齊。加入額外且需要的步驟，來說明每個成果的故事。如果某個步驟對應到多個成果，請把該步驟放在具有最高優先級的成果上。接著劃出水平線來分隔出每個成果（如果你們是將便利貼黏在牆上，使用藍色膠帶會是好的做法）。

5. 建立「期望」地圖

如果你已經完成「現況」地圖，現在可以開始著手把它轉成「期望」地圖了！檢視目前軟體所提供的活動和成果，並且思考如何讓它變得更好。添加其他顏色的新便利貼，並且把需要新增、修改、和移除的內容寫在上面。

請試著運用「好－更好－最好」遊戲來思考每個修改。針對每個修改去思考「哪些做法已經足夠讓使用者來完成操作？」、「有沒有更好的做法？」、「有沒有最好的做法？」每個想法都用一張便利貼紀錄下來。在決定增量和調整計畫時，你可以透過選擇不同的做法來進行權衡。

完成這個步驟後，休息一下，並且聽聽成員們、使用者，和其他未參加討論的利害關係人的回饋。

6. 拆解成為增量

現在故事地圖已經完成了，是時候來思考把地圖拆解成有價值增量。先從使用者活動開始（最上方的橫列）。你們能夠把這些活動拆解並且組成數個有價值增量嗎？如果可以進行拆解（有些時候是無法拆解的），請在各組有價值增量之間畫上垂直線。請確保每個增量都是有價值且可以各自釋出的！

舉例來說，如果線上商店地圖上的「尋找商品」、「結帳」和「追蹤運送」活動，你可以將它們拆解成「尋找商品＋結帳」和「追蹤運送」兩個增量。

接著，查看成果（在水平泳道（lane）上）。哪些成果可以個別釋出？有些時候，每個成果各自代表一個有價值增量。你甚至還可能把同一個成果內的步驟拆解成多個增量。不過有些時候，或許會需要把多個成果匯集成一個增量。請在每個增量上畫出方框。畫完後，結果會看起來像圖 8-7。此時，是另一個好機會喘口氣並且獲得回饋。

7. 進行規劃遊戲

地圖上的方框就是最小有價值交付。下一步是透過規劃遊戲進一步精煉它們。每個方框內「期望」的步驟、細節、和不同版本的行為操作就是規劃遊戲裡要精煉的故事。當完成遊戲後，再把這些故事放回原來的故事地圖上。

> 關聯
> ───────
> 規劃遊戲 (p. 187)

迭代可視計畫

無論你採用那種視覺化的方式來產生計畫，請經常地更新與改善它。我所認識的產品經理通常會持續地查看並且調整他們的計畫。其中有位產品經理甚至把集

> 請經常地更新與改善計畫。

群地圖放到鞋盒裡隨身攜帶（他用活頁夾來維持卡片的集群）。他不斷地在會議上展開地圖，並且在上面進行些微的變動。

至少，每週檢查一次計畫。當團隊完成故事與增量時，檢視一下規劃週期並且抽出更多的細節。第 165 頁「如何建立你的計畫」有相關的說明。

問題

如果我們必須使用企業所提供的工具，而無法打造屬於自己的可視計畫？

別讓工具阻礙你創造和客製可視計畫。如果你必須使受限的工具，請把它當作實際計畫的另一種檢視角度。第 300 頁「企業追蹤工具」有提供相關的做法與說明。同時建立與維護兩份相同的計畫，無庸置疑是浪費的行為，但是好的可視計畫所帶來的助益，值得你這麼做。

我們要如何將可視計畫轉換成組織與利害關係人想看的風格呢？

取決於組織想看到的細節程度，有許多不同的做法。請參閱第 297 頁「路徑圖」來獲得更多的資訊。

先決條件

視覺化規劃需要專為協作所打造的團隊空間。對於虛擬團隊空間來說，需要有一個虛擬白板工具，而對於實體團隊空間來說，則需要一個大的桌子、具有磁性的白板、和索引卡或便利貼。

關聯
團隊空間 (p.91)

不要透過敏捷生命週期管理工具或是議題追蹤工具來建立你的計畫。它們能帶來許多便利，但不會帶來敏捷。這些工具不過是追崇貨物崇拜式敏捷的大型公司一時興起所打造出來的，它們只會傷害你想追求的敏捷性。你需要的是在沒有工具限制下，創造和客製沒有固定風格的視覺化工具的能力。使用一個實體或虛擬的白板就是最好的方式。

對於面對面的團隊來說 實體的地圖要比虛擬的地圖來得有用。具體可觸與大且完整的本質非常適合大腦的思考方式，而這些好處都不是電腦螢幕所能提供的體驗。除非親身體驗它，否則實在很難體會這些好處。請付出額外的心力，去使用實體的白板和索引卡。

視覺化規劃還需要具有產品管理和客戶技能的專家來帶領。如果沒有他們的加入，你仍然可以建立可視計畫，但它可能不是一個切中要點的計畫；此外，清楚的目的也是視覺化規劃的必要基礎。

關聯
完整團隊 (p.76)
目的 (p.116)

為了獲得最好的成果，讓關鍵利害關係人與實際客戶加入規劃會議，或者至少讓他們為計畫的草案貢獻回饋。因為沒有這些回饋，你將面臨以管窺天的風險。你可能會打造出對你來說似乎是正確的產品，但實際上卻無法滿足人們的需求。

關聯
實際客戶的參與 (p.196)

指標

當你順利地建立並且交流可視計畫：

- ☐ 利害關係人和團隊成員不僅可以了解會產出什麼，也能了解為什麼產出這些成果。
- ☐ 可以輕易地知道計畫裡每個部份之間的關係
- ☐ 利害關係人和團隊成員能夠基於自身對於事情的深刻理解來貢獻想法。

替代方案和試驗

你可以立即開始嘗試這個實務做法。以混合或者是搭配的方式來試試看本節所述的地圖，並且加入你自己的想法。因為做法沒有正確的答案，所以盡可能地試驗你所發現和想到的點子，而且也不要害怕改變做法。我每個幾個月就會修改視覺化工具的做法，而且這些新的更動總是能帶給我新的洞見和新鮮有趣的可能性。

視覺化計畫有許多種方式。我曾經合作過的一家新創公司就為商業優先序建立一張有四種分類的圖表（「商業發展」、「成本控制」、「減輕風險」和「改善能力」）。每個想法都記錄在便利貼上，並且按照優先序排列。雖然有數以百計的點子，但僅僅只有少許的點子被標示為最高優先級。剩下的想法則會隨著創辦人們的新點子和對舊點子的重新思索，不停地移動與安排。

另一個合作過的團隊則是擁有許多以日期為基礎的小承諾。團隊會建立一個承諾日曆，日曆上的每週都會搭配一個欄位。團隊每一週都重新審視接下來的承諾，並且把他們納入當週的任務規劃裡。

有太多太多的做法了！請敞開心胸，盡情試驗！

延伸閱讀

《*Impact Mapping*》[Adzic2012] 是影響地圖的最佳指南。它是一本簡短、易於閱讀、且充滿有用建議的一本書。如果你正在使用影響地圖，它絕對值得一讀。

《*User Story Mapping*》[Patton2014] 是故事對照最佳的參考。它是一本引人入勝的讀物，並且有很多關於故事和整體規劃的內容。

《*Innovation Games*》[Hohmann2006] 有大量的練習來幫助你視覺化並且建立計畫。當你準備好要為書中的視覺化方法進行客製時，請查閱它！

規劃遊戲

受眾
完整團隊

我們的計畫充分利用了商業與開發的專業知識。

你可能知道要發佈哪些產品或功能，但要如何一步一步地建立實際的計畫？這正是**規劃遊戲**發揮作用之處。

儘管它的名稱叫作規劃遊戲，但它絕對不是茶餘飯後的休閒活動。在經濟學領域，「遊戲」代表的是一種情況，在這個情況下「參與者各自選擇所採取的行動，而所獲得的成果則取

決於所有參與者的行動」[10]。這正是規劃遊戲的本質。它是專為打造最好潛在成果所設計的合作遊戲。

規劃遊戲以最大化規劃所能獲得的資訊量著稱，而且非常的有效。雖然如果你實際使用規劃遊戲就會發現它的侷限性，但就我所知沒有更好的方法來產生你的計畫細節。

規劃遊戲只是整體規劃過程的一部分。透過這個方法，你可以把有價值且可發佈的增量分解為更小的故事。在規劃遊戲結束時，你將獲得一組「恰到好處」的故事。回顧一下：

> 關聯
> ─────
> 故事 (p.146)
> 目的 (p.116)
> 視覺化規劃 (p.173)

1. 目的提供了整體目標與當前的方向。

2. 視覺化規劃找出可供選擇的有價值增量。

3. 規劃遊戲提供了開發每個增量過程中需要的逐步計畫。

貨物崇拜

規劃日

又是規劃日！你為此感到害怕，因為你清楚地知道會發生什麼事情。首先，Zachariah 和 Missy 會遲到五分鐘。接著，Ladonna 開始把你的議題追蹤工具投影在牆上，並且朗讀其中一個故事，內容包括了需求細節、完成的條件和所有一切的資訊。每個人都會開始討論眼前的故事，然後會有一個規劃撲克過程來進行時程的預估。Jone 會抱怨預估的時間太長。Cleo 會說故事需要做的事情太多。Cornell 會叮嚀大家繼續進行討論。在經過十分鐘痛苦的爭論後，你們最終會得到一個預估。Ladonna 會把它輸入到追蹤工具裡，然後接著討論下一個故事。

不停地持續這個過程。它不僅令人厭煩，而且耗時。肯定有其他更好的做法！

如何進行

規劃遊戲的目標是聚焦團隊在如何創造最佳投資報酬率的工作上。畢竟，每個決定都代表進行某一件事，也同時代表決定**不**做其他的事。

> 每個決定都代表進行某件事，
> 也同時代表決定**不**做其他的事。

因為開發者知道最多關於成本的資訊（他們最有能力判斷實作故事要進行多少的工作），所以由他們來決定故事的**大小**。

10　「遊戲」的定義摘自《*Deardoff's Glossary of International Economics*》（*https://oreil.ly/IsTY2*）。

因為駐點客戶知道最多關於價值的資訊（它們最有能力判斷事情的重要性），所以由他們來安排故事的優先序。

雖然具有開發與客戶專業知識的團隊成員能同時進行規劃遊戲的兩種面向，但最好的做法是他們只扮演其中一種角色。規劃遊戲的好處來自於解決價值與成本之間本質上的緊張關係。當同時扮演兩種角色時，會很容易自欺欺人地忽略這些緊張關係。

1. 客戶決定計畫的範圍

產品經理透過從可視計畫裡選出具有最高優先級的增量來準備規劃遊戲。請選出恰好適合於故事規劃週期的增量（請參閱第 165 頁「如何建立你的計畫」）。舉例來說，如果你採用如圖 8-2 的規劃週期，你會選出大約需要一個月左右時間的增量。

> **關聯**
> 視覺化規劃 (p.173)

審視團隊的目的來開始你的規劃遊戲，然後說明你所挑選出的增量與整體計畫之間的契合程度，以及為什麼這些增量是目前最重要的目標。請解釋哪些事情讓增量具有價值，以及哪些事情需要在這些增量發佈前備妥，並且回答團隊的提問。

2. 整個團隊一同腦力激盪出故事

使用同時腦力激盪（請參閱第 95 頁「同時工作」）來產生發佈每個增量需要的故事。把每個想法寫到索引卡或者虛擬工具上。你可能有一些即將需要兌現的承諾、請求或活動。雖然這些事情與

> **關聯**
> 故事 (p.146)

最高優先的增量無關，但是無論如何都需要完成。請也為這些事情撰寫故事。任何需要團隊採取行動卻不是公司日常工作的事情，都需要一個對應的故事。

3. 開發者評估故事的大小

開發者審視這些故事卡，並且將它們依下述分類進行分組：

- 恰到好處的故事
- 過大的故事
- 過小的故事
- 由於不夠了解而無法評估的故事
- 由於技術疑問而無法評估的故事。

「恰到好處」的故事代表整個團隊每週能夠完成 4-10 個此類的故事，平均來說是 6 個。隨著時間，團隊會對「恰到好處」的故事產生一種直覺的判斷力。為了開始評估與培養這種能力，你或許會想要使用第 229 頁「估算故事」所介紹的評估技巧。

為什麼是每週 4-10 個故事呢？你可以採用任何大小作為「恰到好處」的大小，但 4-10 個故事是個好的起點。多於這個數量，你最終會花費太多時間在建立、安排、和追蹤故事。少於這個數量，你會難以創造穩定的進展。

請和你的客戶一起把過大的故事拆解成較小的故事。第 149 頁「拆解與合併故事」有相關做法的說明。至於過小的故事，則須要把它們進行合併。如果正在使用實體的索引卡，可以把它們釘在一起。

如果不了解故事，請詢問駐點客戶來弄清楚故事的內容。這些故事有些時候需要花點時間弄明白。請在澄清它們的同時，繼續處理其他的故事。

對於涉及技術疑問的故事，建立一個探究故事（請參閱第 152 頁「探究（Spike）故事」）。需要注意的是原先的故事大小是未知的，因此我通常會在它的角落寫上「探究」。

4. 客戶安排故事的優先序

一旦開發者確認了故事都是「恰到好處」的大小時，客戶再把這些故事按照粗略的優先序添加到可視計畫中。

關聯
視覺化規劃 (p.173)

對於和增量無關的故事，請把它們加在對於團隊最有意義的位置。把它們按照優先序加到其他的故事之中，可以確保它們不會被遺忘。

有些故事並不值得被加入優先序中。它們可能是不重要或者是緩不濟急，請放心捨棄它們（當你有空處理它們的時候，它們都早已過期。如果無法忍受丟棄故事，可以把它們存放在看不見的地方）。

客戶需要確保了解每個新增的故事，而且需要為每個發佈做出哪些故事該「納入」或「排除」的良好抉擇，以及要以哪種順序實現故事。這代表故事必須合於客戶的觀點。別讓開發者欺凌客戶，而加入客戶不了解的故事。

開發者有最終權力決定故事是否「恰到好處」，以及是否已經妥善安排優先序。別讓客戶欺凌開發者接受需要拆解或者需要進一步探究的故事。

5. 重複上述步驟直到計畫完整

請根據需要帶入額外的增量，持續地建立、評估、和安排故事直到你填滿故事規劃週期。舉例來說，如果目標每週完成六個故事，而故事規劃週期為四週，請持續這些步驟直到你至少有 24 個故事。接著，退後一步並且再次確認計畫：

□ 基於團隊成員的開發技能，每個故事的大小是否「恰到好處」？

□ 是否每個無法確認大小的故事都有一個探究故事安排在它之前？

□ 故事是否根據具有客戶技能的團隊成員正確地排好優先序？

□ 整體來說，計畫是否合理且能帶領團隊完成目的？

尋求團隊成員對於計畫的同意（請參閱第 96 頁「尋求同意」）。當他們全都同意時，計畫就完成了。

保持選項的靈活

試著建立一個隨時能夠進行發佈的計畫。雖然不必實際上隨時都需要進行發佈，但期待上想要能夠隨時都能發佈，甚至是處於實現某個增量的半途上。

為什麼要如此呢？因為這樣可以讓你的選擇保有靈活度。一般來說，如果出現一個令人振奮的機會，而你正埋首於某個增量時，你必須等到該增量完成、放棄手邊的半成品、或者把機會擱在一旁等著生鏽（請參閱第 160 頁「最小化在製品數量」）。不過，如果所規劃的工作能讓你隨時進行發佈，你就可以決定處於半成品的增量是否具有價值，然後發佈目前完成的部分並且立即開始著手新的機會。

為了保持選項的靈活，建立一個能讓你在每個故事完成後都能發佈的計畫。雖然故事能基於前個故事來實現，但不應該依賴於安排在後面的故事。

舉例來說，假設你正在建立一個結帳頁面，以便讓使用者可以透過信用卡支付。你可能會在一開始為每層的架構建立故事：「取得支付資訊」、「儲存支付資訊」、和「寄送支付資訊給支付處理者」。這種模式有時稱為*橫向功能分割*（*horizontal stripes*）。雖然這種方式很輕鬆就能建立故事，但它卻讓你只能在完成三個故事後，才能發佈軟體。它們形成了全有全無的故事堆。

一個比較好的做法是所建立的故事同時包含了三個水平層，但是提供更為窄域且獨立的功能。舉例來說，你或許可以建立如「處理支付」、「記住單張信用卡」、和「記住並且管理多張卡片」的故事。這些故事是屬於*縱向功能分割*（*vertical stripes*）（請見圖 8-8）。每個故事都是基於前個故事來實現，但你卻能在每個故事完成後進行發佈。

如果你難以使用這種方式來讓故事總是基於前個故事，那也不用急於一時！因為它需要練習。能夠在完成每個故事後就進行發佈能讓你獲得更多的靈活性，但計畫中仍有一些故事堆也不會因此帶來太多壞處。隨著經驗的累積，你會學會如何讓計畫內容較不易成堆地捆綁在一起。

	處理支付	記住單張 信用卡	記住並且 管理多張卡片
前端			
後端			
服務整合			

圖 8-8　橫向與縱向功能分割

如何從規劃遊戲獲得好成果

當開發人員和駐點客戶聚在一起進行規劃遊戲時，令人驚訝的事情便會發生！我稱它為協作的奇蹟。它之所以稱為奇蹟，那是因為絕對不會在其他地方看見它的發生。

如你所想像的一樣，奇蹟並不容易達成。當開發人員提及一個故事需要進行拆解時，客戶經常會提出一個讓開發人員「咬牙切齒」的問題：「為什麼這個故事大到要耗費這麼多工時？」

面對這樣的問題，通常很直覺地便會採取防禦性的回應：「故事如此困難，那是因為軟體開發本就是困難的！為什麼你會提出這樣問題來質疑我！？」

此時，開發人員有更好的反應方式，那就是把問題在腦海中重組：「請幫忙我，讓我了解有哪些可以選擇的方式」。請透過討論關於哪些事情是簡單的，以及哪些事情困難，來回答客戶的問題。

比方說，如果你正在開發一個烤麵包機，而且產品經理有一個故事是讓麵包在烤完後，自動跳起來。開發人員認為這個故事需要拆解，並且當產品經理詢問理由時，開發人員冷靜地回答：「讓麵包跳起來的確簡單，只要關掉電磁鐵的電源就可以；不過，偵測麵包什麼時候烤好，卻是一個完全新的功能。我們會需要一個影像感知器和機器學習，以便能夠精準地偵測各種麵包烤出褐色時的變化。大理石黑麥麵包將會相當地棘手，更不用提吐司餅乾了！」

這樣的說法讓產品經理有機會進一步詢問：「那其他的烤麵包機呢？它們是如何知道吐司已經烤完了？」

開發人員做了個鬼臉，表示道：「喔！不過是個湊出來的解決方案。它們並不偵測吐司是否烤好，而只是單純用了計時器。」

現在產品經理可以回應道：「這樣的方案就可以了！我們的客戶並沒有期待一台超級烤麵包機，他們只是想要一台普通烤麵包機。因此，和大家一樣使用計時器就可以了。」

「喔！原來如此。那麼這個故事一點也不困難，也不用再進一步進行拆解。」

一般來說，客戶往往不清楚什麼是容易的，而最終會創建出難以實行的故事。同樣地，開發者也往往不清楚客戶認為重要的事情是什麼，而最後會創建出不具有價值的故事。

透過開放與真誠的溝通，便能調和這些造成衝突的不同傾向。當客戶要求不重要但難以實行的事情時，開發者指出所需的資源耗費，並且提供簡單的替代方案。客戶會因此修正自己的方向，奇蹟的一刻便會自然地發生，這就是協作的奇蹟。

安排開發決策的優先序

駐點客戶希望發佈可靠且可用的產品。他們必須在這個期待與對節省成本和趕上市場需求的期待之間找出平衡點。因此，他們有時候會要求開發人員略過重要的技術實作，這是因為他們無法和開發人員一樣意識到開發權衡所帶來的細微差異。

開發人員是最有能力為開發議題做出決定的人，就像客戶是最有能力為商業議題做出決定的人一樣。如果開發決策不是可選項，那麼它就不該是個故事。請直接實行開發決策，你可以完全不提及該工作（因為這是細節），或者是把它當作商業成本的一部份提出：

> 如果開發決策不是可選項，
> 那麼它就不該是個故事。

> 我們需要在實作第一個故事時，建立自動建置的機制。因此，我們想要第一個故事是很小的，比方說，只顯示網頁標題。

當需要作出商業抉擇時，不要要求客戶從技術選項中進行選擇。取而代之的是以選項所帶來的商業影響來重新解釋技術選項。

我們不用下述的方式描述光學傳感器與計時器的選擇，來重新回顧烤麵包機的範例：

> 我們正考慮使用 Mark 4 Wizzle-Frobitz 光學傳感器，來提供最佳的麵包烘烤完成偵測，而另一種做法則是採用型號 555 的 IC 晶片。光學傳感器是較好的選擇，但我們必須訓練一個專屬的機器學習模型。哪種方式你覺得比較好呢？

改用下述來表達：

> 我們有兩種方式來判斷烤麵包是否完成。採用相機偵測可以讓使用者烤出如預期
> 的麵包，但需要多個故事才能完成。採用計時器就不需要這些額外的故事，但使
> 用者非常可能沒烤熟麵包或者把麵包烤焦。哪種方式你覺得比較好？

面對現實

幾乎可以肯定的是客戶會在規劃遊戲裡帶來讓你不悅的資訊。不過即便團隊沒有為所需的
工作做出任何預測，規劃遊戲也能概略讓你知道還有多少工作需要進行，而且總是能帶來
超乎期待的好處。

你可能會想要責備訊息傳達者並且想要停止規劃遊
戲，也可能想要強迫使用者不要再拆解故事。不過，
這種做法是錯誤的。忽略不悅的現實並不能讓工作快
點完成。這只是代表你會因為延誤而措手不及。用比

> 忽略不悅的現實
> 並不能讓工作快點完成。

較輕鬆的方式套用 David Schmaltz 的話說：每次的發佈都會含有一定程度的失望。你能
使用規劃遊戲，在可預期的程度下分攤這些失望，也能保留到最後，一次承擔。

雖然計畫可能大過你的期待，但如果開發人員要求你拆解故事時，最有可能的原因是開發
人員希望能夠設定更為實際的期望。以實務情況來說，我發現開發人員反而沒有在一開始
時便**充分地**拆解故事。不過，如果他們把故事拆得很小，那只不過代表他們會完成更多的
故事而已，而且你可以在下次的規劃遊戲中進行調整。

迭代規劃遊戲

隨著團隊完成故事，把這些故事從計畫中移除。當計畫的大小低
於規劃週期時（比如，少於 24 個故事），便是再次進行規劃遊戲
的時候。完成規劃遊戲後，請再次確認是否需要拉出更多的增量
到可視計畫裡。

關聯
視覺化規劃 (p.173)

利害關係人也會建議新的想法與功能。有些建議並不值得採納且需要被捨棄（用禮貌的方
式！），而有些則是該被納入未來增量的好點子，且可以加到可視計畫中較不具有細節的
部份。那些想要立即進行，但卻還沒有故事的想法，請將它們帶回到團隊內進行大小的評
估與優先序的安排。

實務上來說，討論、估算大小、並且確認一個故事的優先序只需要花費幾分鐘的時間。因
此，有些團隊會在新故事發生的當天進行討論，而有些團隊則是每週或每兩週便會進行較
大的規劃遊戲會議。相對於較大型且較不頻繁的會議，我發覺小型且頻繁的討論會議較不
會讓人感到疲倦。不過，兩種方式都是可行的方式。

利害關係人有時候會嘗試直接與程式設計師討論來略過優先序安排的過程。此時，正確的做法是聆聽並且寫下他們的請求（我隨身帶著索引卡就是為了這種情況），然後告訴他們下次團隊計畫時，會優先考慮這個請求。接著，你可以把索引卡交給駐點客戶來繼續追蹤進度。

問題

要如何鼓勵客戶使用故事來請求變更？

並不需要這樣做！反而應該由具備客戶技能的成員為團隊把利害關係人的想法轉換成故事。

我們要如何處理技術基礎設施？

把工作拆解成小且以客戶為中心的故事，並且還能隨需建置技術基礎設施。這正是敏捷規劃最一開始的假設。演進式設計會說明如何實現這個假設。

關聯
增量式設計 (p.442)

先決條件

規劃遊戲是基於幾個簡化的假設：

關聯
完整團隊 (p.76)

- 具有客戶技能的團隊成員能夠為優先序做出明智的決策。
- 具有開發技能的團隊成員能夠可靠地評估故事的大小。
- 故事不僅以客戶為中心，彼此之間的相依性也是最小。

最後一個假設需要能夠逐步地建立技術基礎設施。如果你難以達成這個假設，交付熟練度或演進式設計將會是你需要的能力。

另外，你需要維持故事的形式，以便讓團隊能夠同時進行工作。這通常代表的是在索引卡或虛擬工具上寫下故事，而不是指使用追蹤工具。

指標

當規劃遊戲能妥善地進行：

- ☐ 客戶與開發者全都感到自己為計畫做出貢獻。
- ☐ 緊迫性與緊張感會聚焦於計畫的瓶頸和可能的選項，而不是某些人或團體。
- ☐ 開發人員會因為想要達成團隊目的，而提出縮減工作內容的建議。
- ☐ 客戶能夠相當客觀地優先考慮最適合團隊目的的故事。

替代方案與實驗

規劃遊戲的關鍵概念在於客戶與開發人員能夠齊心協力制訂計畫，且這個計畫能夠優於他們各自獨立制訂出的計畫。這是以團隊為出發點的計畫制定方法，而不是以個人為出發點。它聚焦於結果，而不是任務。

雖然我還沒有發現有任何方式能夠超越這個核心概念，但是它仍然有試驗的空間。比方說，有些團隊喜歡建立非常小的故事，以便他們能夠在 1-2 小時內完成（請確保這些故事是以客戶為中心，否則它們不過只是任務而已）。你還可以嘗試規劃遊戲議程。比方說，你可以嘗試以非同步的方式來建立與評估故事的大小，以及調整參加的人數或規劃的頻次。

實際客戶的參與

受眾
客戶

我們了解客戶與使用者的目標和感到沮喪之處。

我曾經與一個正在建構分析質譜儀資料軟體的團隊合作。該團隊的領域專家是一位化學家，而且前份工作用過公司的舊軟體。她對於團隊來說是極為寶貴的人才，因為她對於舊產品有哪些優點與缺點瞭若指掌。我們相當幸運能夠她加入團隊。幸虧有她，我們創造出更具有價值的產品。

在敏捷團隊裡，駐點客戶（擁有足以描繪客戶、使用者、和商業利益技能的團隊成員）的責任是選擇並且安排故事的優先序。團隊的工作產出價值正掌握在他們的手裡。這是相當大的責任！作為一名駐點客戶，你要如何知道選擇什麼呢？

關聯
完整團隊 (p.76)

部分的知識來自於你的經歷和專業能力，但你無法考慮到所有的事情。你可能會沉迷於日常的細節，而讓你忘記了實際客戶所感興趣的需求。

為了擴展思考的面向，你需要讓真實的客戶和使用者加入。達到這個目標的最好方法取決於你正在為誰創造軟體。

關鍵想法

回饋與迭代

強調回饋是敏捷獲得成功的重要理由。

預想軟體是如何被得知是相當困難的，而想像它實際上是如何被使用則更加地困難。因此，團隊常常會發現首次發佈的軟體存在非預期的缺陷。準確來說，並沒有臭蟲，而是對於軟體的功能有所誤解。

在還沒有敏捷之前，團隊能夠花費數年的時間來打造它們首次發佈的軟體。當發現不可避免的缺陷時，進行變更往往已經太遲或者太貴。敏捷的革命性概念便是能夠在首月就進行發佈，並且在此之後也能頻繁的發佈，以便讓錯誤能夠盡早被發現與修正。

透過盡可能且盡早地尋求回饋來避免錯誤。讓客戶、使用者、和商業利害關係人加入規劃流程、向他們展現模型、要求他們為正在進行的工作提供意見、以增量的方式發佈可運行的軟體，並且觀察人們的實際使用方式。

然後基於回饋採取行動、更動計畫、創造改善，並且迭代地進行這些過程。

內部需求開發

此處提及這個主題主要是為了讓整個討論更加完整。以內部需求開發來說，開發團隊本身便是自己的客戶，而所開發出來的軟體也是供自己使用。因此，並不需要其他人的加入。團隊本身就是實際客戶。

平台開發

在水平擴展的團隊裡（請參閱第 64 頁「水平擴展」），有些團隊可能會開發軟體讓其他團隊來使用。這類平台開發的實際客戶便是那些使用平台的客戶團隊。

平台開發人員經常都會陷入一種想要讓工具和函式庫「易於使用」的陷阱裡，但這卻不是客戶團隊所需要的。他們需要的是靈活性、自主性、和主導權，而不是魔法。他們想要在不依賴平台團隊的變更下，便能

> 客戶開發團隊需要的是靈活性、自主性和主導權，而不是魔法。

進行工作。一般來說，這代表你應該優先考慮簡潔的程式編寫介面，而且此介面具有明確職責、最小副作用和讓團隊在需要掌控更多細節時的「逃生出口」。

— NOTE —————————

有些組織會讓團隊內資深開發人員負責建造平台，而資淺開發人員則負責客製平台，以便讓使用者構建產品。請不要使用這種方法！因為這種方法往往會創造出「象牙塔」式的平台。這種平台會試著讓客製變得「容易」，而實際上卻是讓沒有經驗的開發人員不停地在解決平台與實際使用情境之間的落差。最終只是得到了一個難以維護的糟糕平台。

當設計 AP 和決定功能時，請確保與所服務的團隊代表緊密合作。專注在讓客戶能夠解決自身的問題，這樣你就不會成為他們工作的瓶頸。提高對於客戶團隊理解程度的方法的一種方式是進行「交換計畫」。透過這個計畫，團隊中的某位開發人員會與客戶團隊中的開發人員互換彼此的工作數週。

如果你的團隊所打造的軟體是用來幫助所有的開發人員，而不是支援特定的團隊，請參閱第 199 頁「垂直市場軟體（Veritcal-Market Software）」。

內部客製化開發

當你的團隊正在打造供組織自行使用的軟體時，便是所謂的**內部客製化開發**。這是典型的 IT 開發任務。軟體的用途可能是用來簡化營運流程、公司所屬工廠的自動化、或產生會計報告。

在這種情境裡，團隊需要服務多個客戶：買單軟體的高階贊助者和軟體的終端使用者。他們的目標或許並不一致。最糟的情況是你可能需要同時滿足一個贊助者委員會和多個使用者群組。

> 讓你的實際客戶成為駐點客戶。

儘管有這些挑戰，但由於客戶是容易接觸到的，所以內部客製化軟體開發能輕易地讓客戶參與進來。最好的方式就是把客戶帶到團隊內，讓它成為團隊的**駐點客戶**。

> —— **NOTE** ——
>
> 不是要求客戶加入你的團隊，而是讓你的團隊移動到靠近客戶的地方，或許會是比較容易的做法。

為了達成這個目標，請讓你的高階贊助者或他們信任的副手成為團隊的產品經理。產品經理會決定優先序，並且反應高階贊助者對於打造軟體來為組織提供價值的期待。

同時也讓軟體的終端使用者來當領域專家。就像介紹內容中所提的化學家一樣，他們會為實際如何使用軟體提供有價值的資訊。他們會反應終端使用者想透過軟體來讓生活變得更好的期待。

為了避免產生狹隘的理解，產品經理和駐點客戶應該藉由向利害關係人展示以及分享路徑圖，來尋求同事們的回饋。

關聯
向利害關係人展示
(p.279)
路徑圖 (p.297)

如果難以讓贊助者或使用者加入團隊，請參閱下一節關於外包軟體開發的討論內容。如果有多個贊助者或使用者群組，請參閱第 199 頁「垂直市場軟體」。

外包客製化開發

外包客製化開發與內部開發相當類似，但你或許不用擁有如內部開發所需的關係網絡。因此，你可能不用讓實際客戶成為團隊的駐點客戶。

不過，你仍然應該試試看同樣的概念。讓實際客戶參與的一種方式是讓你的團隊移動到客戶的辦公室，而不是要求他們來到團隊空間並且加入團隊。

如果你無法讓實際客戶參與團隊的開發，請付出額外的努力以其他的方式讓他們參與進來。在專案開始的第一週或第二週與你的實際客戶見面，來和他們討論團隊的目的和情境、可視計畫、並且認識彼此。

如果和客戶之間的距離很遠，而無法時常拜訪，請使用視訊會議或電話會議保持聯繫；如果你們是遠距團隊，請考慮讓他們能夠進入虛擬的團隊空間。即使是面對面的團隊，也應該考慮為可視計畫使用虛擬白板，以便更容易分享和討論計畫。

關聯

目的 (p.116)
情境 (p.126)
視覺化規劃 (p.173)
向利害關係人展示 (p.279)
規劃遊戲 (p.187)
回顧 (p.316)

垂直市場軟體

垂直市場軟體與客製化開發不相同之處在於它是為許多組織所開發的軟體，而相同之處在於它是為某個特定產業打造的，並且經常為每個買家提供客製化服務。大多數的軟體即服務（Software as a Service，SaaS）產品都屬於這個類型。

因為垂直市場軟體有許多客戶，且每個客戶都有各自的需求，你必須注意別讓客戶過度地掌控產品的方向。你最終會打造出完美滿足駐點客戶需求的產品，但請疏離其他的客戶。

相反地，你的團隊應該包含一位充分了解實際客戶需求的產品經理。他們的任務（而且是最艱困的任務）是考量所有實際客戶的需求，並且將這些需求合併成為一個令人信服的目的。這也包括

關聯

目的 (p.116)

了平衡**購買**產品者的期待和實際使用產品者的需求。對於垂直市場軟體來說，他們的目的常常是不同的，而且甚至可能是有衝突的。

創造尋求回饋的機會，而不是讓實際客戶成為團隊的成員。有些公司會建立一個填滿最重要客戶資訊的客戶評論板（customer review board），還會把發佈計畫與這些客戶分享，並且提供新功能展示讓客戶能先行體驗。

> 創造向實際客戶尋求回饋的機會。

取決於你和客戶之間的關係，你或許能夠要求客戶提供實際使用者加入團隊成為領域專家。另一種替代方案是如開頭介紹的化學家一樣，你可能會希望招募有其他類似系統使用經驗的使用者成為領域專家。你也可以透過商業展覽和其他傳統的管道尋求回饋。

水平市場軟體

水平市場軟體是軟體開發冰山中可以看見的一角：旨在用於廣泛產業的軟體。消費者網站就屬於這類型的軟體，例如遊戲、眾多行動應用程式、辦公室軟體等。

以垂直市場軟體而言，最好別讓實際客戶過度掌控產品的方向。水平市場軟體需要吸引廣泛的受眾，然而實際客戶不可能有這樣的觀點。基於所有使用者的需求，建立令人信服的目的與上市策略的產品經理對於水平市場軟體而言，尤為重要。

處於水平市場的組織或許沒有像垂直市場裡的公司與實際客戶保持緊密的關係，所以客戶評論板可能不是一個好點子。請找尋其他方式來讓客戶參與：焦點團體、使用者體驗測試、提供社群預覽版本、早期公開、發佈測試版本等。

問題

我們為行銷部門建立網站，這屬於哪一類型的開發呢？

雖然此類開發乍看就像客製化開發，但因為網站的實際受眾是外部的使用者，所以取決於所處的產業，它與垂直市場或水平市場開發較為相似。如果可以的話，產品經理應該來自於行銷部門，不過你仍應該尋求網站使用者的回饋。

先決條件

讓實際客戶參與的風險是它們不一定反映所有客戶的需求。請小心他們並沒有引導你創造出只對他們有用的軟體。把團隊的目的作為你們的北極星。雖然客戶的期望影響了目的，而且甚至會改

關聯
目的 (p.116)

變目的，但是團隊中具有產品管理技能的成員對於團隊的方向負有最終的責任。

同樣地，使用者常常會考慮改善他們現有的工作方式，而不是找尋全新的工作方式。這正是為什麼終端使用者應該**參與**，但不會受**控制**的另一個原因。如果創新對你的團隊很重要，請讓創新思想家（比如具有遠見的產品經理或 UX 設計師）擔任團隊裡重要的角色。

> 終端使用者應該參與
> 但不會受到控制。

結果

當你讓實際客戶與使用者參與其中：

- ☐ 你提升了對於客戶如何實際使用軟體的了解。
- ☐ 你對於客戶的目標與受挫之處有更佳的了解。
- ☐ 你使用客戶回饋來修改計畫和軟體。
- ☐ 你提高了機會來發佈真正有用且成功的產品。

試驗與替代方案

回饋是必不可少的，然而實際客戶的直接參與卻不是如此。最好的軟體有時來自於具有遠見且能積極追求的人，而因此產生的軟體往往要不是全新從未見過的產品，就是對既有產品深度反思後的成果。

儘管如此，來自實際客戶的回饋總是充滿有用的資訊，即使你選擇忽略這些資訊，仍無法改變這個事實。本節所述的實務做法是關於取得真實世界的回饋，而目標是創造真正滿足客戶與使用者需求的軟體，而不只是用它來滿足團隊或組織想像中的需求。

當你考慮嘗試本節所介紹的實務做法時，請專注於溝通和回饋。你要如何才能更了解軟體實際上是如何被得知的？你能夠縮短想出新點子到獲得回饋之間的時間嗎？你能夠基於回饋做出更好的決定嗎？你擁有越多的資訊，你的團隊就能做出更好的選擇。

增量式需求

我們只在需求浮現之時，才決定它的細節。

受眾
客戶

傳統的流程建立需求文件，而這個文件理論上會準確地描述軟體應該如何運作。商業分析師透過事先的需求蒐集階段，來建立文件。

不過敏捷團隊並沒有這些階段，而且故事卡也不是縮小版的需求文件。這些團隊要如何知道要開發哪些東西呢？

「活」的需求文件

就像第 92 頁「面對面交談」所述，敏捷團隊更喜歡面對面的溝通。駐點客戶（團隊成員中具有代表購買者、使用者、和商業利害關係人能力的人）負責回答關於需求的問題。他們就是團隊中

關聯
完整團隊 (p.76)
團隊空間 (p.91)
實際客戶的參與 (p.196)

的**活文件**。他們與團隊中的其他人透過交談、範例、與白板上的草圖來進行溝通。這種做法比傳遞文件（尤其是針對複雜的主題）要更快且更不容易出錯。

駐點客戶應該在被詢問需求之前，弄清楚需求。成功達成這種期待的關鍵是**專業知識**。根據軟體的需求，團隊應該包含具有產品管理技能（能夠弄清楚應該開發哪些功能與產品和其背後理由）的成員、具有領域專業知識（了解軟體支持的專業領域裡的重要細節與本質）的成員、具有 UX 設計技能（研究使用者，以便了解他們的工作並且創造具有生產力的使用者介面）的成員、和或甚至是實際客戶（提供會使用軟體來進行實際工作的可能情境）。

以我曾經參與的精算產品為例，我們的產品經理就是精算師，而且贊助者也是公司裡資深的精算師。以化學分析產品為例，團隊裡的產品經理有化學博士學位，也有專屬的使用者經驗設計師，而且領域專家就是分析化學家。

即使是專家也需要在做出決定之前，考慮各種選擇並進行研究。客戶們可以而且應該與購買者、使用者和其他利害關係人交談。（請參閱第 196 頁的「回饋與迭代」）不要只是想像你的軟體可能會如何被接受：去找出答案。提出問題、進行試驗、並展示可運行的軟體。

> 不要只是想像你的軟體可能會
> 如何被接受：去找出答案。

你也可以自由地讓其他團隊成員參與進來。例如，如果你是一名 UX 設計師，正在考慮使用者界面的可能做法，那麼和團隊的程式設計師進行討論，可以幫助你在令人印象深刻的 UI 和低實作成本之間取得平衡。

客戶自己決定要如何記住他們所學和決定的內容。無論使用什麼方式記住，都該把它們當作臨時筆記，而最重要的是駐點客戶可以彼此協作。如果最後需要永久筆記或正式文件，它們可以稍後再產生出來，如第 204 頁的「文件化」中所述。

當專家並不是團隊的成員

雖然敏捷團隊應該是跨職能的團隊，而且擁有真正具有客戶技能的成員，但是許多組織卻難以按照這樣的需要安排各團隊的成員。相反地，他們選擇挑選些人來擔任開發人員與具有專業知識人員之間的中間訊息傳遞者。例如，選擇商業分析師來代替領域專家，和選擇沒有決定權的人來代替產品經理。

在這種情況下，作為替代者的人很容易變成看門人，並且充當中間人解釋領域專家的說法。不要犯這種錯誤！如果團隊裡的駐點客戶不是專家，那麼他們就需要暢通團隊與專家之間的交流，以便讓團隊裡的每個人都能直接向專家或資訊來源者請益。接著，團隊會一起合作逐步地充實需求，我會進一步描述這個過程。

團隊有時會全部由開發人員組成。不過這種的情況也是差不多的：某些成員負責促進與專家之間的交流，而整個團隊一起合作充實需求。

以增量的方式工作

需求並不是在事先需求收集階段被完成，而是客戶**逐步**充實需求時，團隊內的其他工作也同時在進行。這樣的做法能讓工作輕鬆一些，也能確保團隊內的其他成員不用等到需求分析完成，才能開始工作。

隨著調適性計畫的規劃週期，你會先從大方向開始著手，而不是埋首於細節，而且會在需要時，才釐清細節的內容。駐點客戶們會合作完成整個規劃，而且通常會由專注於大方向的產品經理與其他專注於細節的駐點客戶一起完成，如圖 8-3 所示。

> 關聯
> 調適性規劃 (p.156)

目的與可視計畫

從一開始就確定團隊目的和可視計畫。

> 關聯
> 目的 (p.116)
> 視覺化規劃 (p.173)
> 規劃遊戲 (p.187)

規劃遊戲

在每個規劃遊戲會議開始之前，先檢視可視計畫並且決定選定哪個增量作為下次規劃遊戲的主題。每個擁有客戶技能的成員應該對於增量為什麼有價值和增量被完成的標準，有一致的看法。為了節省開發人員的時間，可以在規劃遊戲之前把增量拆解成較小的故事。雖然你得做好準備在規劃遊戲時修改這些事先的拆解，不過你還是能選擇這麼做。

在規劃遊戲時，開發人員會詢問你對於增量和故事的期待。請試著預測這些問題，並且準備好答案（隨著時間，你會知道開發人員會詢問哪些問題）。把故事可以視覺化的部分繪成粗略的草圖會有助於溝通。你或許會希望與一些開發人員合作，以便事先進行準備。

模型、客戶操作範例、和完成標準

在開發人員開始處理故事之前，釐清每個故事的細節。你應該可透過檢視可視計畫來判斷何時該釐清妥當。UX 設計師應當建立模型，來呈現故事完成時你所期待結果，而領域專家應該確保準備好範例，來說明棘手的領域概念。接著，一起定義每個故事「完成」時的標準。

> 關聯
> 客戶操作範例 (p.259)
> 「完成且達標」（Done Done）(p.265)

客戶審查

正在開發故事的時候，請在故事被完成之前進行檢查，來確保故事以預期的方式被實現。你不需要詳盡地測試整個程式（你應該能夠依賴開發人員測試自己的產出），但需要和開發人員一起檢查那些可能與你想法有所出入的地方。這些地方包括了術語、畫面佈局、以及和畫面元件之間的互動方式。

在應用程式能夠實際運作前，每次的交談都是理論性的。雖然你能和開發人員討論各種方案和成本，不過只有當軟體實際運行時，每個人才能知道各種方案所帶來的實際感受。

> 只有運作中的軟體
> 能夠展示實際會獲得的結果。

開發人員有時會做出如預期的成果，但實務上，事情並不總是如你所願。有時會發生溝通不順暢或誤解。對於這種兩種情況，解決方法都是相同的，那就是和開發人員討論進行修改。你甚至能一同和開發人員進行修改。

許多變動都是輕微的，而開發人員通常能運用團隊所安排的時差修復它們。不過如果是重大的變動，它們可能會因為所需時間過

關聯

時差 (p.242)

多，而無法當作目前故事的一部份工作來完成。即使從你作為客戶的角度來看，變動的幅度很小，但這種情況仍然會發生。請和開發人員針對這些變動一起建立新的故事。在安排這些故事到可視計畫之前，請考量變更的價值是否大於所帶來的成本。

隨著持續地和開發人員合作，他們會了解你對於軟體的期待。因此，隨著時間，發生變動的數量會減少。

文件化

雖然敏捷團隊以面對面溝通代替文件化，但有些文件仍然具有價值。它們會以故事的方式進行安排，就像其他的工作一樣。在一些情況下，雖然更新文件就像大型故事的一部份工作，但你還是需要為此安排專屬的故事，如第 151 頁「文件故事」所討論的一般。

請注意不要只是為了文件化而建立文件。正如團隊所做的一切事情，請確保你清楚文件會為誰帶來好處，以及為什麼文件有價值。

產品文件

產品文件會提供給客戶。例如，使用者手冊、幫助說明、和 API 參考文件。我曾經合作過的團隊把它們的測試結果打包成一份正式文件，來協助顧客通過監管機關的許可。

如果你的軟體沒有任何產品文件，你或許還是會想要記錄軟體的功能，來當作團隊未來的參考。最好的做法是讓它成為每個故事所需工作的一部份，並且把它納入團隊「完成」的定義裡。這麼做的原因是大家對於剛完成的事情，都還記憶猶新。

關聯

「完成且達標」（Done Done）(p.265)

維運文件

維運文件也稱為運行手冊，它記載著各種情況下的標準做法和程序，比如，部署軟體、回應告警與事故、提供額外資源等。

關聯

為維運構建軟體 (p.472)

治理文件

組織可能會為了治理或稽核的目，需要你建立某些文件。請嘗試把此類文件保持在最低限度，或透過創意的方式找到其他更具價值的事情來滿足這些需求。比如，某個團隊使用自動化的驗收測試、程式碼覆蓋率報告、和版本控制紀錄，來滿足追溯性需求。

不要預設稽核就非得採用某種特定流程。它們往往只是需要你制定一個適合自己的流程，並且能夠展現確實遵照所制定的流程。這樣的想法能讓你擁有更多超乎所認為的方式來減輕治理文件。比如，團隊使用結對程式設計，並且以能夠滿足「同儕審查（peer review）」稽核需求的方式來撰寫提交訊息，而不是實際進行正式的程式碼審查。請儘早與稽核團隊進行討論，來展現善意並且創造使用創意解決方案的機會。

完工文件（As-built documentation）

敏捷團隊對於工作的來龍去脈瞭若指掌。但由於他們彼此之間的溝通並沒有使用文件，這也使得當團隊解散時，相關的了解與知識也就隨著消失。

當團隊即將解散，或改變原來目的時，請花些時間文件化所完成的工作，這是軟體最後的增量。它就像是把衣服封存起來一樣：它不會為你帶來即時的好處，

完工文件是軟體最後的增量。

但能讓日後接手工作的人感謝你所作的努力。你的目標是提供概述，以便讓他們能夠繼續運行與維護程式碼。

完工文件可以採用書面文件的方法，也可以採用影片演練的方式。它通常提供重要想法的概述，比如架構、設計、和主要功能。程式碼和對應的測試則紀錄了相關的細節。Alistair Cockburn 建議錄製由善於言辭的成員透過白板對話向不熟悉系統的程式設計師說明系統的影片。為該影片附上一份目錄，並且為對話的每個部分提供時間戳記。

問題

減少文件的數量不是有風險嗎？

或許是有風險。為了減少文件，你必須使用其他溝通方式來取代。這就是敏捷團隊擁有駐點客戶的原因—為了取代文件。但你或許仍然需要把團隊的產出文件化。如果你認為產出文件是有價值的，請為它建立一個故事並安排好優先序，或把它納入「完成」的定義裡。

我們的客戶不知道團隊構建了什麼？我們應該怎麼做？

請以清楚且令人信服的目的作為起點。如果你的駐點客戶不知道如何實現這個目的，這代表團隊缺少了重要的客戶技能。在這種情況下，你可以使用傳統的需求蒐集技巧，比如 [Wiegers1999]，不過擁有一位具有所需技能的成員是更好的選擇。如果你還沒有達到這個目標，請試著將團隊的情境編入章程，並且運用它來讓所需的技能獲得更好的理解與提倡。

> **關聯**
> ___
> 目的 (p.116)
> 完整團隊 (p.76)
> 情境 (p.126)

如果客戶審查找出太多的問題而難以處理，要怎麼辦？

在團隊開發人員與客戶學會如何合作之前，這種情況很容易發生在新的團隊身上。短期來說，你只需要把這些變動寫成新的故事。

長期來說，客戶每天會花更多的時間與開發者討論他們的期待，並且審視還在開發中的產出。群體程式設計就是這種想法的終極展現。另一種做法是客戶與開發者進行結對。透過這種做法，團隊會學會預測彼此的需求。

> **關聯**
> ___
> 群體程式設計 (p.366)
> 結對程式設計 (p.356)

身為一個程式設計師，我對於客戶在審查中所發現的事情，感到被冒犯。他們實在太過挑剔了。

能讓程式設計師感到挑剔的事情有畫面的背景顏色或在 UI 裡以些許像素進行對齊，而這些事情對於客戶來說，代表著精美與專業。不過，這種情況是雙向的：有些程式設計師認為重要的事情（比如有品質的程式碼和重構）對於客戶來說似乎就像是不必要的完美主義而已。

不需要對這些觀點的差異感到生氣，試著去了解客戶所關心的事情和背後的理由。如果你能夠知道這些事情，就更能預料客戶的需求，進而減少需要進行的變更。

先決條件

這個實務做法要求團隊包含擁有時間和技能來制定需求細節的人。沒有這些成員的團隊會苦於不充足與不清楚的需求困擾之中。

不要把客戶審查會議當作獵捕臭蟲的會議。開發人員應該要產生近乎沒有臭蟲的程式碼。相反地，會議的目的在讓客戶的期望與開發者的產出達成一致。

有些組織高度重視書面文件，使得你無法免除需求文件。請與管理層討論這些文件重要的理由，以及是否能夠透過直接溝通來取代它們。完工文件或許是個可以接受的妥協做法。如果這個做法也行不通的話，請在你的可視計畫裡包含必要文件的故事。

關聯

完整團隊 (p.76)
零臭蟲 (p.502)
視覺化規劃 (p.173)

指標

當客戶以增量的方式產生需求的時候：

- ☐ 當開發者處理已建立的故事時，而客戶則在釐清未來的故事細節。
- ☐ 客戶已經準備好需求問題的答案，使得規劃和開發能夠快速且順暢的進行。
- ☐ 當故事完成的時候，它也實現了顧客的期望。

替代方案與試驗

增量式需求本質上是把傳統的事先需求蒐集階段，分散到整個軟體開發過程中。客戶會按需要即時且直接地與開發人員討論，而不是客戶撰寫文件，接著把文件傳遞給開發人員，最後開發人員再閱讀內容。

人們通常會淡化這個實務做法的潛在想法來進行試驗。大多數的情況下，他們的團隊都沒有包含具有客戶技能的人，因此他們需要退回階段式做法和文件傳遞。這會降低敏捷力。如果你正在找

關聯

群體程式設計 (p.366)

尋其他試驗的機會，請朝另一種方向來進行：增加溝通、增加專業知識、並且減少文件傳遞。群體程式設計就是這種試驗的成果。

延伸閱讀

Kathy Sierra 所著的《*Badass: Making Users Awesome*》[Sierra2015] 透過優越的內容介紹了如何打造受人喜愛的產品。

第 9 章

主導權

一流的執行力在於把細節做對，而且沒有人比實際執行工作的人更了解細節。
[Poppendiech2003]

— 《*Lean Software Development: An Agile Toolkit*》

敏捷團隊主導著他們自己工作。他們自己決定該做什麼、如何拆解任務、以及團隊裡的哪個人來執行。這是由於敏捷的基礎原則：實際工作的人是最了解什麼該被完成的人。他們就是最適合決定細節的人。

主導權不僅代表控制，也代表責任。當團隊全權掌握自己的工作時，也代表有完成它的責任。

本章介紹了主導工作和成功完成工作所需的實務做法：

- 第 211 頁「任務規劃」協助團隊拆解故事成為任務，並且決定如何完成它們。
- 第 225 頁「產能」確保團隊只答應能完成的事情。
- 第 242 頁「時差」改善產能，並且讓團隊能夠做出可靠的短期承諾。
- 第 248 頁「站立會議」協助團隊成員協調他們的工作。
- 第 253 頁「富有資訊的工作空間」讓團隊被有用的資訊所環繞。
- 第 259 頁「客戶操作範例」幫助團隊與專家協作。
- 「完成且達標」讓團隊專注於創造隨時能夠發佈的軟體。

本章的啟發來源

自組織和共有主導權永遠是敏捷的核心。

團隊規劃任務的方式各有不同。極限程式設計和 Scrum 都使用短週期，稱為「迭代（iterations）」或「衝刺（sprints）」。其他的方法（比如 Ward Cunningham 的 EPISODES 樣式語言）使用了持續的工作流程。[Cunningham1995] XP 和 Scrum 成為主流，而持續流則從常見的敏捷實務做法中消失，一直到了 2005 年 David Anderson 的「看板（Kanban）」方法才又再次引入。

任務規劃包含了迭代和持續流。它的迭代方式是基於 XP，而持續流則基於 Arlo Belshee 的「裸規劃（Naked Planning）」，它是一種看板方法的變體。

產能源自於 XP，最初是關於「負載因子（load factor）」的計算。Martin Fowler 和 Kent Beck 在他們的《*Planning Extreme Programming*》[Beck2000b] 一書中，將這個概念提煉成一個較為簡單的概念—「速度（velocity）」。我重新將它命名為「產能」，來避免一些常見的誤解。

時差是在 XP 第二版中被引入 [Beck2004]。我懷疑它是受到 [DeMarco2002] 的影響。雖然我提出的概念是相當獨特的，但我是受到這兩者個影響，以及 [Goldratt1992] 的影響。

我所提出的**站立會議**方法則是通過許多不同來源的篩選形成。Scrum 的「每日會議（Daily Scrum）」構成了方法的基礎。XP 則加入了站立的概念，成為了「每日站立會議（Daily Stand-Up）」，而這是我第一次學會如何使用這種方式開會。此外，較新穎的「順過任務（walk the board）」方法則是源於 2007 年，Brian Marick 會議上的演講 [Marick2007b]。

富有資訊的工作空間是結合了 XP 第一版「大型可視圖表（Big Visible Charts）」、XP 第二版「富有資訊的工作空間」、和 Alistair Cockburn 的「對流資訊流（Convection Currents of Information）」[Cockburn2006]。

客戶操作範例（Customer Examples）主要是受到與 Ward Cunninghan 合作開發整合測試框架（Framework for integrated Test（Fit））時的啟發。這是一個讓客戶透過測試進行溝通的工具。在本書的第一版時，這個方法稱為「客戶測試（Customer Tests）」。由於使用和教授 Fit 的經驗，讓它演變成為「客戶操作範例」。

「完成且達標」是一個沒有特別來源的常見概念。相關的術語「完成的定義（Definition of Done）」普遍認為來自 Bill Wake，不過他個人則表示這個概念並非源自於他[1]。它已經成為 Scrum 的核心組成。

任務規劃

受眾

完整團隊

我們有本週工作的計畫。

如果你採用第八章的實務做法，你最終會有一份可視計畫，而且這份計畫有著多層級的細節：可能在長期內被完成的有價值增量、可能在中期內被完成的小型有價值增量、和近期會被完成的具體故事。

透過任務規劃把計畫轉變成為行動：拆解故事成為任務，並且追蹤團隊的進度。因為敏捷團隊是自組織團隊（請參閱第 88 頁「自組織的團隊」），所以任務建立、指派、和追蹤完全都是由團隊自行完成，而不是由管理者所完成。

任務規劃有三個組成：節奏（cadence）、建立任務、和視覺化追蹤。

節奏

節奏是進行任務規劃的頻次。在敏捷社群裡有兩種常見的做法：迭代（也稱為 *Sprints*[2]）和持續流（也稱為*看板*）。

迭代是一個固定長度為一週或兩週的時間箱。在每個迭代的開始，團隊挑選一組要完成的故事，而且期望迭代結束時，挑選的故事也全數被完成。相比之下，持續流是無止盡的故事流。當任何時候一個故事被完成時，便會挑出另一個新故事來進行。

剛接觸敏捷的團隊應該使用迭代。並不是因為這種做法比較簡單（實際上更難），而是因為嚴格的迭代節奏能夠為團隊需要如何改善帶來重要的回饋。更重要的是，當運用得宜，迭代的產能能給予團隊時差去進行改善。

關聯

產能 (p. 225)
時差 (p. 242)

持續流沒有迭代所擁有的內建改善機會。不僅難以注意到團隊偏離軌道，而且更難證明花費時間改善是合理的。也就是說，持續流的壓力較小，而且許多團隊偏好使用它。

1　透過面對面溝通。

2　「衝刺」是一個誤導性的名稱。軟體開發更像是一場馬拉松，而不是一系列的衝刺。你需要維持以不停歇的步伐來工作。

迭代

軟體開發是隨著時間緩慢地消亡。最初所有事情都是美好的:「一旦我完成這個測試,我就會完成這個任務」接著你就會開始一跛一拐:「只要我修復了這個臭蟲,我就完成了。」然後喘得上氣不接下氣:「只要我研究完這個 API 的缺陷…,我就完成了。噢不…真的!」在不知不覺之中,你花了兩天的時間才完成原先預期兩個小時就要完成的任務。

隨著時間消亡的現象會悄無聲息地接近,然後突然展現它的嚴重性。因為每個問題只花數個小時或一天,所以不容易感覺到是個問題,但它們在一個有數以百計任務的版本裡成倍地增加。累積效應將突如其來地向團隊和他們的利害關係人襲來。

迭代能讓你早期發現問題。它有著嚴格的時間限制:當時間到了,迭代就結束了。在迭代的一開始(每個迭代通常的長度是一週或兩週),你會預估產能並且挑選故事,來配合產能。在迭代結束時,所有的故事都必須是「完成且達標」。如果有故事不是

<table>
<tr><td>關聯</td></tr>
<tr><td>「完成且達標」(Done Done)(p.265)</td></tr>
</table>

處於這樣的狀態,你就會知道發生了問題。雖然這種做法並不能避免問題,但它卻能揭露問題,而這能讓你有機會修正潛在問題。

迭代循著一致的時程:

<table>
<tr><td>關聯</td></tr>
<tr><td>向利害關係人展示 (p.279)
回顧 (p.316)
持續部署 (p.487)</td></tr>
</table>

1. 向利害關係人展示前次迭代的成果(半小時)

2. 為前次迭代進行回顧(一小時)

3. 規劃迭代任務(半小時)

4. 發展故事(迭代剩餘的所有時間)

5. 部署,如果沒有使用持續部署(自動化地)

許多團隊以週一早晨為迭代的起點,不過我更喜歡在週三或週四的早晨開始新的迭代。這讓團隊成員能夠度過一個漫長的週末,而不會錯過任何重要的事件。它也減少了在週末工作的慾望。

雖然迭代可以採用任何的時間長度,但大多數團隊採用的時間長度是一週或兩週。對於剛接觸敏捷的團隊來說,為期一週的迭代是最好的選擇。這是因為團隊可以基於經歷了多少個迭代來了解敏捷,而不是基於經歷了多少週。更短的迭代會帶來更快速的改善[3]。

---

[3]　我曾經教授過的課程是讓學生以長度 90 分鐘的迭代開發真正的軟體。他們經歷了我從為期一週迭代的團隊所見到的相同改進。

另一方面，為期一週的迭代會為團隊帶來更大的壓力。這會使得充滿活力地工作變得更加困難，而且會阻止人們進行重構。在一週的迭代中，因為按比例來說，干擾和假期都是明顯的中斷，所以產能也會更難預估。因此，一旦你的團隊能夠在每次迭代裡確實地完成故事，就請繼續嘗試為期兩週的迭代。

關聯

充滿活力地工作
(p.140)

重構 (p.421)

產能 (p.225)

超過兩週的迭代通常是一個錯誤。當團隊覺得需要更多時間來完成工作時，他們會使用更長的迭代，但那不過只是在掩蓋問題。更長的迭代並不會改變你擁有的時間，而只是改變檢視進度的頻率。

如果在迭代結束時不能完成所有的事情，那並不是因為你需要更多的時間，而是因為你需要多加練習以增量的方式工作。縮減迭代的時間，讓你的故事變得更小，而且專注於解決那些讓你無法完成故事的問題。

如果你無法完成所有的故事，使用更短的迭代並且讓故事變得更小。

持續流

持續流就像它聽起來一樣：一個沒有特定起點或終點的持續故事流。與其預估團隊每週能做些什麼，不如為團隊一次可以處理多少的故事，建立一個「在製品數量限制」。最佳的限制為 1-3 個，越少越好（請參閱第 160 頁「最小化在製品數量」）。一旦觸及限制，就不會處理新的故事。當一個故事「完成且達標」時，它就會被刪除，為新故事騰出空間。

理論上，持續流會比迭代有更少的浪費，因為你不需要預估產能或讓故事合於迭代的時間限制。不過實務上，我從未看過這句話被實現。一個嚴謹的迭代時間箱能讓團隊專注於完成故事。使用持續流的團隊則沒有同樣的緊迫性去修復問題並且縮小範圍。我建議剛接觸敏捷的團隊在嘗試持續流之前，先精通迭代的做法。

也就是說，持續流很適合有許多小且無法預測故事的團隊，例如進行大量維護和錯誤修復工作的團隊。如果你的計畫時常改變，使得為期一週的迭代都太長，那麼持續流會是一個好的選擇。

關鍵概念

共有主導權

敏捷團隊分擔結果所帶來的責任。在每個團隊成員流暢地承擔自己所熟知的工作、協助需要幫忙的人、和學習如何為陌生的工作做出貢獻的情況下，整個團隊齊心合力把故事完成。如果發生問題，團隊合作解決問題。如果事情順利完成，整個團隊都會獲得榮譽。

雖然有些團隊指派故事給個別的團隊成員，讓他們獨自完成工作，但最好的敏捷團隊會向著他們的故事「蜂擁而上」。他們一次處理一個故事，或盡可能地以能管理、協調和合作使得事情能匯聚在一起的方式處理一個故事。透過這種做法，它們避免了讓一個人在團隊其他成員不知情的情況下，陷入困境並且破壞進度的風險。

在交付團隊中，這種共有主導權也延伸到了程式碼。第 350 頁「**共有程式碼主導權**」說明了它如何產生作用的。

建立任務

關聯

產能 (p.225)
視覺化規劃 (p.173)
規劃遊戲 (p.187)

透過選擇故事來開始任務規劃。如果你採用迭代的方式，請基於團隊在迭代內的產能來選擇故事：舉例來說，6 個故事，或 12 點。如果你使用持續流，根據所設定的在製品數量限制來選擇故事，然後無論什麼時候一個故事完成時，便規劃另一個新故事。不管使用哪個方法，只選擇那些準備好被完成的故事：對於第三方的依賴要不是已經解決，就是第三方已經準備好加入。

駐點客戶透過從可視計畫中挑出高優先序的故事，來選擇故事。他們把這些故事在桌上或是虛擬白板上展開，並且向團隊其他人進行說明。這應該只需要一點時間：團隊已經在規劃遊戲時，看過這些故事了。

接著，使用同時腦力激盪（請參閱第 95 頁「同時工作」）來想出完成每個故事所需的任務。請讓任務規模是小的：每個任務大概花費數小時。把每個任務撰寫在卡片或虛擬工具上，並且把它擺在相關的故事旁邊。

任務可以是任何你喜歡的，而完成故事所需的所有事情都應該被包含其中。舉例來說包含了「更新建置腳本」、「新增客戶類別」、和「建立表單模型」。雖然大多數的任務是由開發人員所建立，但任何人都能參與建立。

任務規劃是設計活動。它是讓整個團隊保持一致的方法。如果每個人對於如何開發軟體都有相同的想法，那麼它的進展就會很快。如果發生歧見，這正是一個絕佳的機會在開發之前進行討論。

> 任務規劃是一種設計活動。

你不需要詳盡地描述每一個任務。任務規劃的重點是讓大家保持一致，而不是鉅細靡遺決定每個要做的事情。保留空間讓實際執行任務的人制定細節。例如，如果有個任務是「新增客戶類別」，只要所有程式設計師都知道客戶類別與計畫之間的關係，你並不需要指出應該包含哪些方法。

當工作進行時，開發人員或許會對每個故事的細節產生疑問。請確保團隊中有客戶技能的成員能夠及時在場來回答這些問題。

建立任務計畫應該會在 10-30 分鐘內完成。如果花了太長的時間，那代表你們可能探討了太多的細節。如果在過程中，團隊困在某個問題裡，請不要在會議中解決它。取而代之地，以設計任務的形式將它加入。舉例來說，如果人們試著決定要用哪個認證函式庫，請加入一個任務「選擇認證函式庫」。

請記得團隊應該共同擁有團隊的工作。如果你建立設計任務，請確保所有相關的成員都能為決定發表意見。團隊成員或許一同處理任務，但也有另一種情況是團隊委派一部份的成員負責為任務找出可能的選項，然後再將結果回報給較大的群組。不管採用哪種方式，那都是在最初的任務規劃會議之後才進行的。

任務規劃的成果就是*初始*任務集合。隨著工作進展，你可能會發現新的任務。這種情況在處理設計任務時，特別容易發生。舉例來說，「選擇認證函式庫」任務可能會引發新任務「建立認證回呼端點」、「撰寫密碼重置郵件副本」、和「新增重置郵件來部署腳本」。

當安排好所有的任務，請仔細確認該計畫是否包含團隊完成所需故事所有的一切。詢問團隊是否能達成計畫。通常可以，如果不行，移除或替換一些故事，直到計畫是可以被完成的。

最後，進行同意投票（請參閱第 96 頁「尋求同意」）。當團隊同意這個計畫時，團隊便準備就緒。設置團隊的任務追蹤板，召開簡單的站立會議來決定哪個任務先進行，然後開始工作。

關聯
站立會議 (p.248)

視覺化追蹤

如第 213 頁「共有主導權」所介紹，敏捷團隊共享工作的主導權。任務並不是指派給特定的人員。相反地，當有人準備好開始執行任務時，他們會查看可以處裡的任務，並且選擇下一個他們可以做出貢獻或從中學習的任務。追蹤進度並且在團隊有需要的時候提供協助是整個團隊的責任。

人們很容易著迷於自己的任務，而犧牲了團隊整體的進展。請記住要關注大局，並且將團隊的成功置於完成個人任務之上。雖然站立會議會幫助團隊向後一步照看全局，但一個更為重要的工具是任務追蹤板。它是富有資訊的工作空間中核心的部分。

關聯
富有資訊的工作空間
(p.253)

我最喜歡使用磁性白板來當作任務追蹤的工具。我喜歡六英尺高且帶有輪子的白板。我把可視計畫放在白板的一面，而任務計畫則放在另一面。如果是遠距團隊，你會需要虛擬白板。通常最方便的做法是把任務計畫和可視計畫放在相同的虛擬白板。

無論是實體或虛擬，任務板是團隊空間的神經中樞。它讓進度總是可以看得見的。請確保它總是最即時的。當你開始執行一項任務，在板上標示你的名字或名字的首字母。為此，面對面團隊經常會建立帶有趣味照片的客製磁鐵。遠距團隊可以上傳客製圖片。

在實體團隊空間裡，把任務卡帶回自己的桌上。移動到白板和拿走卡片的具體行為能幫助其他成員能持續意識到整體的情況。對於了解團隊狀態來說，僅僅只是看到人們四處走動就是最強而有力的工具。

在遠距團隊裡，你可以透過為團隊成員提供平板來使用虛擬白板，以便對意識整體情況產生相同的影響（無論如何，這是一個很好的想法。平板並不昂貴，而且可以讓在白板上繪製草圖變得更簡單）。讓平板保持開機狀態並且登入任務白板，就可以讓你透過眼角餘光察覺變化。如果發現注意力被分散，你總是能將它關閉。

對團隊最有效的方法就是視覺化任務計畫的最好方法。這裡我只是提供了兩種選項。請隨意嘗試其他的做法。不過請透過白板或虛擬工具，來保持任務規劃方法的可視和輕量。

保持任務規劃方法的可視和輕量。

NOTE

所謂敏捷規劃工具（比如 Jira），會憑添太多的使用上的摩擦。敏捷團隊不斷地嘗試改善與新的工作方法。規劃工具只會造成你的阻礙。

任務網格

當我介紹任務網格給每個團隊時，它總是受到歡迎。它相當的簡潔與緊湊。為了建立一張網格，請縱向排列故事，並且將優先級高的故事擺在最上面。在每個故事的右方，橫向地擺上與其相關的任務。將任務按照最自然的方式進行排序，不過不按照順序安排它們也是沒問題的。

當有人準備好處理某項任務時，他們會從左上角開始拿他們準備處理的任何一張卡片。完成每項任務後，以某種方式標記卡片：用綠色馬克筆圈起來、用綠色磁鐵標記、或更改虛擬卡片的顏色（避免在卡片上寫字。有時需要重新查看任務）。當一個故事的

關聯
「完成且達標」（Done Done）(p.265)

所有任務都完成後，最後的任務是基於團隊的完成定義進行審查和做出任何需要的最後修改，並且也把故事卡標記為綠色。

任務網格對於採用迭代的團隊來說，尤其適用。圖 9-1 展示了一個範例。

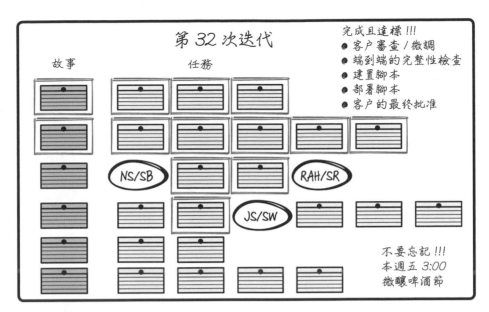

圖 9-1　任務網格

偵探白板（Detectives' whiteboard）

你知道犯罪劇裡，有一個包含所有犯罪訊息的白板嗎？嫌疑犯的照片、證據、從一處指向另一處的箭頭？這就是偵探白板，而且那正是視覺化如何產生作用的方式[4]。圖 9-2 展示了一個範例。

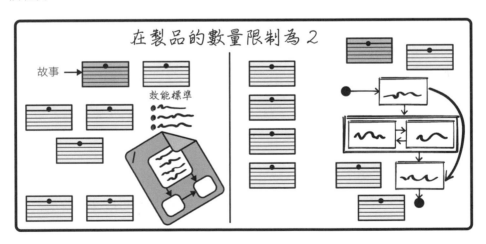

圖 9-2　偵探白板

4　Arlo Belshee 向我介紹偵探白板，這種做法他的裸規劃流程的一部份。

每個故事都有自己專屬的白板或一部分的白板空間，並且所有關於故事的事情（任務、模型、文件…所有的東西）都會放在這個白板上，並且以對團隊有意義的方式進行分組。

當一項任務或某部分資訊已經完成或不再相關時，團隊就會從板上把它移除。當團隊意識到其他東西是有幫助的時候，就會把它加進白板。故事完成時，白板便會清空。在團隊採用持續流的時候，偵探白板尤其有用。

跨團隊依賴

有些故事可能依賴團隊外部人員的產出。因為故事很小（如果是整個團隊一同處理，通常只要一天左右就能完成），所以最好的處理方法是等到第三方依賴已經得到解決再進行。同樣地，如果某個故事需要某人暫時加入團隊，那麼就等到那個人有空加入時再展開。否者，你最後只能完成部分的工作（請參閱第 160 頁「最小化在製品數量」）。

具體來說：為任務規劃挑選故事時，不要選擇依賴關係尚未被解決的故事。如果你正在使用迭代，這些故事需要留到下一個迭代。如果你正在使用持續流，它們必須等到可以排入下一個故事時才考慮。

> 不要選擇依賴關係
> 尚未被解決的故事。

如果開始處理某個故事，並且發現它有一個依賴關係。把它繼續擱在計畫上是沒關係的。不過，請為它設置一個短時間箱，比如一天或兩天。如果到那時候，依賴還不能被解決，請將它從計畫裡移出並且換一個。我會把這種有時效日期的任務標上紅色。

有些故事或許需要先由你的團隊進行處理，接著才由其他團隊處理，最後又會回到團隊來處理。請把這些故事一分為二：第一個故事用來為其他團隊進行準備，而第二個故事則是等待其他團隊完成處理後才進行的工作。如第 148 頁「客戶價值」所述，請記得要保持這些故事以客戶為中心。

一般來說，敏捷團隊應該能夠為每個開發的故事負完全的責任。如果你的團隊面臨許多跨團隊依賴所造成的延遲，那肯定是有不對勁的事情發生了。你可能沒有一個完整的團隊，或者是組織選擇了錯誤的方式進行團隊的擴展（請參閱第 6 章）。請尋求指導者的幫助。

> 關聯
> ___
> 完整團隊 (p.76)

制訂與履行迭代的承諾

對於提升團隊的能力來可靠地交付軟體而言，迭代是強而有力的工具。為了能夠百分百地運用它，請將迭代計畫視為一種承諾：你會盡最大努力達成的目標。

> 關聯
> ___
> 利害關係人的信任
> (p.272)

一開始你會難以達成迭代計畫，所以私下與你的團隊做出承諾。承諾自己，而不是利害關係人。不過隨著練習，你將更能守住承諾，也能夠向利害關係人做出承諾。這個不可思議的方式，正是建立信任感的方法。

無論如何，承諾是團隊為自己做出的選擇。敏捷團隊擁有自己的工作。管理者從不強加承諾於團隊身上。因為這種做法不會帶來好的結果。

> 承諾是團隊為自己做出的選擇。

當然，擁有承諾不代表你總是能夠完成整個計畫，事情總可能出錯。是的！雖然承諾代表在合理的情況下做必要的事情，以便能夠準時完成迭代的故事，但它也代表處理問題，以及當問題無法處理時，保持清晰與誠實的溝通。

為了守住承諾，你必須在為時已晚之前察覺問題。在每日站立會議的時候，檢視團隊的進度。是否有任務從上次站立會議便一直處在處理狀態？它可能就是一個問題。如果迭代已經過了一半，任務卡片是否大概有一半被標示成綠色了？如果沒有，你可能無法準時地完成所有的事情。是否有半數的故事被標示成綠色了？如果任務都已經被完成，但故事卻沒有完成，你可能會因為故事

關聯

站立會議 (p.248)

「完成且達標」（Done Done）(p.265)

時差 (p.242)

為了達到「完成且達標」的額外工作，而在迭代的最後一天遭到故事出其不意地突襲。

當你發現有問題威脅著迭代的承諾，請看看是否有其他的方式改變你的計畫來守住承諾。運用部分的時差有用的嗎？是否有任務可以簡化或推遲呢？請在團隊裡討論你的選項，並且修改計畫。

問題有時會大到難以處理。在這種情況下，你通常會需要縮減迭代的範圍。通常這代表會拆解故事並且推遲部分的工作，或移除整個故事。

即便你必須移除故事，也要永遠保持對迭代的掌控力。任何能夠交付目前計畫裡所有故事的迭代都是成功的迭代，即便這個計畫的範圍小於一開始制定的計畫。不過，在任何情況下，你都不應該修改迭代的截止日期。永遠準時地結束迭代！它能讓你不要自欺欺人。

未完成的故事

迭代結束時，所有的故事都應該是「完成且達標」。部分完成的故事應該近乎不存在。也就是說，它會偶爾發生，尤其當你仍在學習的時候。

關聯

「完成且達標」（Done Done）(p.265)

產能 (p.225 頁)

未完成的程式碼是有害的。如果你沒有計畫把未完成的故事在下個迭代裡馬上完成，請把該故事相關的程式碼從程式碼庫中拆出來，並且把故事放回可視計畫裡。如果你的確計畫完成這些未完成的工作，請建立新的故

事，而故事的內容就是剩下要完成工作。如果你有對工作大小進行估算，也為這個新的故事進行估算。你不會想要把部分完成的工作算到產能裡，因為那最後又會讓你再次規劃了太多的工作。

儘管盡了最大的努力，有些時候你最終仍是一無所成。有些團隊會因此宣布迭代失敗、回滾他們的程式碼、並且以彷彿從未進行過該迭代的方式重新開始。雖然這聽起來很殘酷，但這是一個好的做法。因為迭代相當的短，所以你不會因此丟棄太多的程式碼，而且你會保有第一次實作它們時所有學到的經驗。第二次的嘗試將會產生更好的程式碼。

熟練的團隊很少會發生未完成的故事。如果你無法完成故事，請改變你的方法。縮減你規劃的產能，把故事拆解得更小、並且在移往下個故事之前，以團隊的方式協調合作完成每個故事。如果這些做法還是沒有幫助，一定是有什麼事情出錯了！請尋求指導者的建議。

> 如果你無法完成故事，
> 請改變你的方法。

緊急請求

這是不可避免的：你正完成一半的故事，所有事情看起來順利地進行著，而接著利害關係人說道：「我們真的需要把這個故事加進來」你該怎麼辦？

首先，在團隊裡討論該故事是否真的急迫。下次的任務規劃會議通常距離不了幾天。與其給團隊的工作添亂，新的故事或許可以等到下次任務規劃。團隊中最具有商業專業知識和熟於政治的人應該領導這個決定的進行。

如果團隊確實把緊急故事列為最高優先，處理的方法會因使用迭代或持續流而有所不同。

對於迭代來說，你可以移除任何尚未開始且與緊急故事大小相同的故事（被移除的故事會放回可視計畫裡）。如果所有的故事都已經開始處理，雖然你仍可以移除故事，但你會需要猜測移掉多少，並且把程式碼也一併移出。這樣你就不會因為不完整的程式碼搞砸產出的成果。

使用持續流的團隊常常會為緊急情況設定額外的在製品數量限制。請保持限制非常的小──常見的最好限制是一個緊急空檔（slot）。如果出現第二個緊急請求而且必須立即處理的話，可以移除正在進行的故事，但必須連同它的程式碼也一併移除。

如果你有一個經常性的小型緊急情況，你可以把它們當作日常工作，而不是故事。把它們放到任務板上，而不要將它們採計到產能內。可以調整產能來讓團隊有足夠的時間處理緊急情況，不過能花費在故事上的時間則會因此變少。

如果你有很多緊急的請求或其他持續的支援需求，你可以保留一位開發人員（或數位）來專責這些請求。在請求之間，他們可以處理一些被打斷也不會造成影響的事情，通常不會是與故事有關的事情。每天或每週輪替新的人員來避免產生倦怠。

你的第一週

當你的團隊第一次嘗試敏捷的時候，請預期第一個或第二個月是相當混亂的。在第一個月的時候，駐點客戶會釐清可視計畫、開發人員會建立技術基礎設施、而所有人會學習如何透過敏捷一同工作。

有些人認為最好克服初期混亂的方式是花一週或兩週，來事先進行規劃與建置技術基礎設施。（這種做法經常稱為「初始衝刺（Sprint Zero）」）。儘管這種想法有一些優點，但敏捷團隊在團隊的整個生命週期裡都持續且迭代地進行規劃和建置技術基礎設施。因此，在第一天就以實際工作方式出發有助於建立好的習慣，並且有助於保持工作聚焦於實際需要的事情上。

以一週迭代作為開始，並且透過規劃團隊的第一個迭代開始團隊的第一天。雖然正常的做法是從可視計畫裡選出要進行的故事，但此時你還沒有計畫。相反地，想出一個肯定會是第一個發佈裡需要的有價值增量，並且為該增量進行一個微型的規劃遊戲會議。想出 10-20 個「恰到好處」且每個人都了解的故事。

關聯

調整性規劃 (p.156)

視覺化規劃 (p.173)

規劃遊戲 (p.187)

這些一開始的故事應該勾勒出軟體的「縱向功能分割」，也就是所謂的「功能骨架（walking skeleton）」。它們應該構建第一個增量所需的每種技術的一小部分，這樣你就可以實際看到軟體運行的樣子。如果增量包含了使用者互動，請建立一個故事來展示早期的畫面或網頁頁面。如果它包含一個資料庫，請建立一個故事來查詢少量的資料。如果它包含報告，請為基礎報告建立一個故事。

不要對最初的故事抱有太多的期待。開發人員會需要建立技術基礎設施。因此，故事應該非常的小。最初的畫面或許只有商標在上面。資料庫查詢或許有寫死的參數。報告或許只有顯示頁首與頁尾，而沒有逐列的資料。

一旦你有了最初的故事，你就可以開始進行任務規劃。因為你不會知道團隊的產能，所以先只從一個或兩個故事開始建立任務。團隊首次任務會是設置技術基礎設施：版本控制、自動化建置等。按第 384 頁「增量式地進行自動化」所介紹的內容，現在只做最低限度該進行的任務即可。

關聯

產能 (p.225)

零摩擦 (p.366)

「完成且達標」（Done Done）(p.265)

在迭代期間，每次只專注於一個或兩個故事，並且確保每個故事都被完整地達成，才進行下個另一個故事。如第 235 頁「你的最初產能」所述，完成的故事會成為下次迭代產能的基礎。無法回滾的故事或轉成新故事的故事就依照第 219 頁「未完成的故事」處理。

即便你並沒有計畫長期使用群體程式設計，把程式設計師和維運人員組成團隊一同處理最初的少許故事都是個很好的想法。設置一台投影機或共享螢幕，以便當某個人輪到鍵盤的操作權時，所有的人還是可以參與工作的進行。

關聯
群體程式設計 (p.366)

以團隊的形式來處理團隊首次的故事能幫助減少人們開始一起工作時所產生的混亂。它會幫助你們一同建立最初的慣例，比如資料夾結構、檔案名稱與命名空間、基本的設計選項，以及基礎設施的決定。單獨或結對的開發人員可以分別去處理一些必要的問題，例如設定版本控制或程式開發工作站，但大多數的工作都應該以團隊的形式來處理。

當程式設計師和維運工程一起工作的同時，駐點客戶與測試人員應該一起制定可視計畫。如果你還沒有目的草稿，請從它開始著手。其他團隊成員則讓他們自行決定適合的時機，與客戶或開發人員一起工作。

關聯
調整性規劃 (p.156)
視覺化規劃 (p.173)
目的 (p.116)

每週都會變得更加順暢。開發人員學會拆解故事，而客戶學會備好可視計畫，以供拉出要實現的需求。團隊的產能會穩定下來。混亂的感覺會消退，且團隊會開始以穩定且可預測的節奏來工作。

問題

任務規劃要如何在 10-30 分鐘內完成？我們總是花了較長的時間。

有效任務規劃的訣竅是只將它運用於任務規劃。許多團隊運用任務規劃會議來評估與拆解故事，不過最好還是在單獨的規劃遊戲會議中進行。任務規劃應該聚焦於任務。故事應該在任務規劃開始前準備好。

關聯
規劃遊戲 (p.187)

另一個訣竅是使用一種自由形式的方法同時工作，而不是使用議題追蹤工具（請參閱第 95 頁「同時工作」）。使用議題追蹤工具的團隊往往會因某個控制工具的人而發生瓶頸，並且拖慢所有的事情。

運用這兩個訣竅和一些實務做法，你的團隊應該能夠輕易地在 10-30 分鐘內完成任務規劃。如果仍然很慢，可能是因為參與的人無法對該做什麼達成一致。記得替未解決的問題建立任務，而不是嘗試在任務規劃會議裡解決它們。如果還是無效，請尋求指導者的協助。

應該如何安排修正臭蟲的時間？

每次你發現臭蟲，即使它與計畫中的故事無關，駐點客戶都應該決定這個臭蟲該「修正」還是「不修正」。如果臭蟲需要被修正，不管該臭蟲是否與目前聚焦的故事是否有關，請新增修正臭蟲任務到計畫裡。這些修正臭蟲任務應該是日常工作的一部分，而不該被算到產能內。

關聯
―――――
零臭蟲 (p.502)

有些臭蟲過大而無法在當次迭代中修復。請為它們建立故事卡，並且把它們安排到下次迭代裡。立即修正臭蟲會幫助你減少面臨到的臭蟲數量。

如果你的舊程式碼庫有很多臭蟲，請打開你的臭蟲資料庫，並且為下次的發佈，決定是否要「修正」或「不修正」。

我們計畫裡的所有任務都倚賴其他人仍在處理的程式碼。我們該怎麼辦？

你可以依賴於尚未完成的程式碼來編寫程式碼。與有其他任務的人討論，並且就模組、類別、和方法名稱達成共識，然後使用樁（stub）來代替它們正在處理的部分。第 350 頁「共有程式碼主導權」提供了更多相關的細節。

先決條件

迭代和持續流兩者都是基於小的故事（如果整個團隊一起處理，每一個大約花費一天）。越大的故事越容易無法注意到事情出了問題。

團隊完成每一個故事都應該可以讓進展被駐點客戶明確地知道―如果不是在正式環境裡，那至少在預備環境中。這有賴於故事以客戶為中心，而且技術基礎設施可以採增量的方式進行建置。

關聯
―――――
故事 (p.146)
增量式設計 (p.442)
產能 (p.225)
時差 (p.242)

不斷地達成迭代承諾需要讓產能奠基於對現實的衡量。永遠不要誇大團隊的產能。即使如此，事情仍可能會出錯，所以迭代務必包含時差來處理這些問題。

永遠不要像俱樂部一樣規範承諾。不要強迫團隊成員對他們不認同的計畫做出承諾。直到你有滿足承諾的紀錄之前，不要在團隊以外揭露迭代的承諾。

指標

當你妥善規劃任務的時候：

- ☐ 整個團隊都了解為了完成故事需要做哪些事情。
- ☐ 團隊一同完成計畫。
- ☐ 團隊能意識到事情是否順遂，並且能採取行動修正問題。

當你運用迭代得宜：

☐ 團隊能保持一致且產能是可預測的。

☐ 利害關係人知道對團隊該抱持怎樣的期待，並且相信團隊能交付迭代承諾。

☐ 團隊快速地發現錯誤，並且通常可以在尚未對迭代承諾造成影響的情況下，解決這些錯誤。

替代方案和試驗

敏捷和非敏捷任務規劃之間的顯著差異是共有主導權。敏捷團隊不只對他們負責完成規劃，也一同完成計畫。在非敏捷的團隊裡，任務通常是由管理者所指派，而人們只專注於各自的任務。

另一個差異是敏捷的迭代和增量本質。小故事會帶來穩定與漸進的進展。團隊每週或每兩週使用可運行的軟體來展示進度。他們運用軟體來獲得回饋，而這些回饋又反過來促使他們對計畫進行迭代。

當你正在思考用哪些方式來嘗試任務規劃時，請確保把這些核心的差異謹記在心。不過，不要太急於嘗試：任務規劃有許多微妙之處，尤其是迭代，所以當你嘗試其他的替代方案之前，請先專注於學好制定與滿足一週迭代的承諾。至少給這個做法幾個月的時間。

當你準備好嘗試，一個容易想到的嘗試是去試試看持續流而不是迭代。你也可以嘗試迭代長度與故事大小。一些團隊比較喜歡使用非常小的故事，這些故事可以在數小時內完成。對於這些團隊來說，任務並不是必要的，因為故事小到可以當作任務。

另一個你可以立即開始嘗試的事情是視覺化任務板。一個能夠視覺化團隊進度的表達方式不僅能夠且應該在你有改善流程的想法時，便進行改變。

常見的任務視覺化的方式是建立縱向的「泳道」，它可以用來展現不同開發階段的故事進展。我傾向不使用這個方式，因為當你同時處理所有「階段」的時候，敏捷的效果最好，但不可否認地，這有賴於交付的實務做法。對於沒有追求交付熟練度的團隊來說，泳道圖可能會有所幫助。

延伸閱讀

《*Agile Estimating and Planning*》[Cohn2005] 與《*Planning Extreme Programming*》[Beck2000b] 都提供了進行迭代規劃的替代方式。

持續流經常被稱為「看板」。然而，看板不只是持續流。《*Kanban*》[Anderson2010] 是學習看板的好方法。

產能（Capacity）

我們知道可以認領多少的工作。

使用迭代的團隊應該在每一個迭代完成所有的故事。不過，他們怎麼知道可以認領多少的故事？這便是產能的用武之處。產能是一種預測值，用來表示團隊在一個迭代可以確實完成多少的工作。

產能只用於預測你下次迭代可以納入多少的工作。如果你需要預測一組具體的故事何時會被發佈，請參閱第 287 頁「預測」。

如果你正在使用持續流而不是迭代，你並不需要擔憂產能。你只有在前一個故事完成時，開始一個新的故事即可。

> — **NOTE** —————————————————————
>
> 產能一開始稱為速度（velocity）。因為「速度」暗指某種不存在的控制程度，所以我不在使用該術語。想想看一台車：只要踩下油門，便可以輕鬆的提升速度。不過如果你想要增加車子的容量，你需要做出更大的改變。團隊產能也是如此。它並不是如此輕易可以被改變的事物。

Yesterday's Weather

產能可以是一個極具爭議的主題。客戶想要團隊每週交付更多的東西。開發人員不想要被催促或壓迫。因為客戶經常能讓團隊贊助者支持他們的想法，所以他們往往在短期內會贏得話語權。不過以長期來說，當

> 當團隊被強迫承諾超過他們能夠交付的範圍時，每個人都是輸家。

團隊被強迫承諾超過他們能夠交付的範圍時，每個人都是輸家。現實會戰勝一切，而且開發最終會需要花費比預期更長的時間。

為避免這些問題，請衡量團隊的產能。不要猜測，也不要盼望，衡量就對了！方法相當容易：或許這週會完成和上週相同數量的工作。這也稱為 Yesterday's Weather，因為你可以說今天的天氣與昨天相同，來進行預測。

更具體來說，產能是故事的數量，而這個數量便是你上個迭代開始並且完成的故事數量。部分完成的故事不會被計入。舉例來說，如果你上個迭代開始了 7 個故事，並且完成了 6 個故事，那麼你的產能便是 6。你可以在下個迭代時選擇 6 個故事。

不要採用多次迭代的平均值，只基於上個迭代的結果。第 227 頁「穩定產能」提供了方法，以便在不使用平均值的情況下，建立穩定的產能。

只有當故事的大小相同時，故事的數量才會有用。你可以拆解並且合併故事，來使得故事大小「恰到好處」，就如同第 149 頁「拆解與合併故事」所述。

你的故事或許一開始不會全部都是同樣大小。在那樣的情況下，你可以使用第 229 頁「估算故事」的方法先對故事進行估算。如果採用估算值來衡量產能，請考慮上個迭代裡開始進行且妥善被完成的故事，並且把它們各自的估算值加總起來。那就是你的產能。

舉例來說，團隊在上次迭代中完成 6 個故事，而它們分別的估算值是「1、3、2、2、1、3」，那麼產能就是 1 ＋ 3 ＋ 2 ＋ 2 ＋ 1 ＋ 3 ＝ 12。因此在下次迭代時，可以挑入任何的想要的故事，只要它們的估算值總和是 12。

Yesterday's Weather 是個相當簡單，卻出奇複雜的工具。它是一種回饋循環，而且帶來一種奇特的效果：如果團隊低估了工作的載量，而不能在迭代結束前完成所有的故事，產能便會減少。你也會因此在下次迭代裡挑入較少的工作。如果你高估了工作的載量而提前完成全部的故事，團隊則會拉入更多的故事來處理。產能會因此而變多，而你將能在下次迭代挑入更多的故事。

這是平衡團隊工作載量的極有效方法。結合時差與產能可以讓團隊更可靠地預測出每次迭代能夠完成的工作量。

關聯
時差 (p.242)

產能與迭代時間箱

Yesterday's Weather 有賴於嚴謹的迭代時間箱。為了能夠讓產能奏效，絕對不要採計那些迭代結束前未能「完成且達標」的故事。也**絕對**不要移動迭代的截止時間，哪怕只是寬限幾個小時。

你可能會想要偷機取巧並且延遲迭代的截止時間，或採計幾近完成的故事。千萬不要這樣做！你會規劃超過團隊實際能完成的工作量、擴大下次迭代所要面對的問題、並且使得團隊更難信守迭代的承諾。

> 假裝能夠增加產能
> 只會使得團隊難以信守承諾。

有一位曾經共事過的專案經理想要在最初迭代開始前加上幾個工作天，好讓團隊能夠「劍及履及」地立刻展開工作，而且他也能夠獲得更多的產能，以便向他的主管展現團隊的能力。這種做法只是讓他的團隊掉入失敗的陷阱裡：團隊無法在接下來的迭代中保持步調。請記住產能是用來預估一個迭代內能完成多少的事情，而並不是代表生產力。

當團隊剛組成並且剛開始學習敏捷時，產能往往是不穩定的。請給它三到四次的迭代時間，來讓它變得穩定。當穩定之後，你應該每次迭代都會有一樣的產能，除非遇到了假期。請使用時差來確保你可以持續地完成每個故事。如果每個季度團隊的產能改變超過一次或兩次，請找找是否有更深層的問題，並且尋求指導者的協助。

穩定產能

無論什麼時候，團隊無法完成所有規劃的工作時，就應該減少產能。這會讓你在下次迭代時，有更多時間來完成工作，而使得產能穩定在一個新且較低的水平上。

關聯
「完成且達標」（Done Done）(p.265)

不過，產能要如何回升呢？與直覺相反地，你應該迅速地減少產能，然後緩慢地增加它。只有當你完成所有規劃的故事，而且還能在需要的時候，有時間進行清理：針對接觸到的程式碼，粗糙的部分進行清理、改善自動化和基礎設施、以及花心思在與被處理故事相關的其他重要且不緊急的任務上，才能增加產能。

如果你能有足夠的時間按需來進行清理，你便可以著手額外的故事。如果你能在迭代結束前完成這個故事，產能將會因此增加。

只有當你有足夠的時間按需來進行清理，才能增加產能。

我共事過許多團隊，而我發現一個常見的問題，那就是時程壓力過大。時程壓力過大普遍會降低團隊的績效。這種做法會讓團隊迫於求成、尋求捷徑、並且犯錯。捷徑與錯誤會傷害內部品質（程式碼、自動化、和基礎設施的品質），而差勁的品質會使得所有事情都需要花費更多時間。諷刺的是團隊會更沒時間進行工作。這是一個惡性循環，而這個循環會增加時程壓力並且降低績效。

在這種情況下，改善團隊績效最有效的方式是降低時程壓力。如果你能遵循產能的方法，它會自動地讓你達到這個目標。圖 9-3 說明了如何進行。

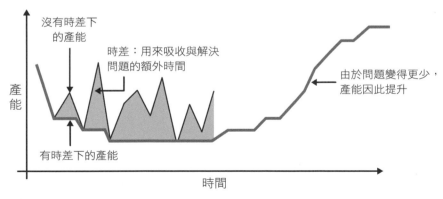

圖 9-3　穩定產能

細鋸齒線展示了團隊「高壓」下的產能，也就是團隊成員盡可能衝刺所能達成的產能。你可以發現它的變動相當劇烈。在有些週裡，所有事情都順利進行，而在其他週裡，團隊則遭遇臭蟲與內部品質問題。

粗平滑線展示了團隊在「低壓」下的產能，也就是按照「迅速減少且緩慢增加」原則來管理產能。你可以發現當團隊無法交付所有規劃的東西時，團隊成員會減少產能，而且在一段時間內不會再次增加產能的值。

灰色高峰處代表團隊的時差：「低壓」下的產能與團隊完成故事所需時間之間的差值。在某些週裡，團隊有許多時差，而其他週裡則相當少。當團隊有許多時差時，團隊成員可以運用它來改善內部品質並且解決拖慢團隊速度的問題。

關聯

時差 (p.242)

隨著時間，這些額外的工作會越來越多。因為團隊成員不再急於求成，所以他們逐漸改善內部品質和修正問題。最終，團隊成員會感到放鬆、受控、並且擁有比清理額外事物所需時間還多的時間。這時正是增加產能的時機。與團隊急於求成相比，其結果是更多的產能與更愉快的工作。

這個圖表說明了我實際的經驗，而不是某種抽象的理論。我已經一次又一次地目睹實際團隊歷經相同形式的變化。當團隊承受許多壓力的時候，要穩定產能是相當困難的，但卻值得為此而努力，而時差則是實際提高團隊工作量的最好選擇。

> 時差是提高團隊工作量的最好選擇。

為什麼估算準確性並不重要

產能會根據不準確的估算值，自動地發生調整。它產生效果的方式是：

假設團隊每個迭代有 30 個人天。為了簡化這個範例，假設團隊的每個故事大小都估算為 3 天。如果估算值相當準確，團隊應該能夠在每次迭代裡，完成 10 個故事（每個迭代 30 人天 ÷ 每個故事估計 3 天）。

但事實證明，團隊的估算值不是相當準確！實際上，這些估算值甚至不接近實際狀況，因為團隊需要花 6 個人天才能完成每一個故事，而不是 3 個人天。迭代結束時，只完成了 5 個故事（每個迭代 30 人天 ÷ 每個故事 6 天）。

基於團隊成果衡量出的產能是 15：團隊成員完成了五個故事，而且每個故事的估算值都是 3 天。因此，在下次迭代裡，團隊只會挑入 5 個故事（產能 15 ÷ 每個故事的估算值都是 3 天）。即使故事的估算值完全都是錯誤的，不過團隊仍然可以完成每一個迭代（30 個人天 ÷ 6 天＝5 個故事）。

> 這些計算過程只是為了讓你能夠了解回饋循環，因此你無須實際地進行任何運算。同時運用產能和時差是相當簡單且具有韌性。只要如我所述一樣地穩定產能，一切便會自然發生。

估算故事

雖然 Yesterday's weather 有賴於一致性，但團隊可能難以建立大小一致的故事。沒關係！你可以改使用估算值。

如補充內容所討論的，你的估算值有多準確是不重要的，只要它們保持一致即可。這是一件好事，因為程式設計師往往不擅長估算。我曾經共事過的某個團隊對故事實際花費的時間進行衡量，並且進行了 18 個月。估算值從未準確過：團隊的估算值平均為實際花費時間的 60 %。

但你知道嗎？這並沒有關係，因為團隊的估算是一致的，至少在總體上是一致的。該團隊擁有穩定的產能，且在這段期間的每個月都能持續地完成每個故事。

所以，放手去估算你的故事，而不要擔憂準確性。只要專注一致性即可。以下是進行的方式：

- **僅估算瓶頸。**一種會成為團隊瓶頸的工作類型（通常是程式開發）。僅根據該類型工作來估算所有故事，因為瓶頸決定了日程的安排。偶爾會有例外，但它們會被迭代裡的時差所吸收。

- **讓專家進行估算。**最有資格完成這項工作的團隊成員認為這個故事需要多長時間？

- **以「理想」的時數或天數進行估算。**如果由團隊中最具資格的成員來負責，而且他們沒有受到任何干擾、可以詢問團隊其他成員、不需要等待團隊外部的人、以及一切進展順暢的情況下，故事會花費多久的時間。

- **考量任務。**如果你無法估算，那麼請在心裡拆解出該故事相關的任務，然後將每個任務所需時間加總起來。

- **分到三種「桶子」裡。**故事過大需要拆解；故事過小需要合併。為了決定桶子的大小，把產能除以 12，然後分別乘上 2 與 3，並且根據需要進行調整。例如，如果產能介於 9 到 14 之間，桶子的大小應該分別為 1、2、和 3。如果介於 3 到 8 之間，桶子大小則為 1/2、1 和 11/2。目標是每個迭代至少有四個故事，平均有六個故事。

這個做法能給你一個以理想的小時或天數所得出的估算值。實際的工作會花費更長的時間，但這並不要緊，因為你追求的是一致性，而非準確性。為了避免有人把你的估算不小心解讀為承諾，請稱這些數字為「點數」，而不是「時數」或「天數」。

當你有了一些經驗後，這些技巧更能發揮作用：

- **找出其他相似的故事**。你對於像這個故事的其他故事有怎樣的看法？請使用相同的估算值。

- **與其他故事進行比較**。對比另一個故事，這個故事大約需要兩倍的工作量、或一半的工作量？請使用兩倍或一半的估算值。

- **按直覺來決定**。使用任何覺得合適的數字。

我有兩種估算會議方式可以供你使用：對話式估算和親和力估算。兩種方法都需要合適的人來進行（「估算者」）和至少一位駐點客戶。當然也歡迎其他成員的參與（討論會富有資訊），不過他們的參與並不是必要的。

對話式估算範例

團隊聚在一起估算故事。Elissa（駐點客戶）開啟這個討論。Kenna、Igna、和 Austin 全都是程式設計師。

Elissa：這是團隊的下一個故事。[她大聲的唸出該故事，並且將它放到桌子上。]「倉庫零件庫存報告。」

Kenna：這是庫存差異工作的一部分，是吧？ [*Elissa* 點點頭。] 我們已經完成許多這類的報告，所以這份新的報告應該不會有太多問題之處。這種類型的每一個工作通常估算為 1 點。因為我們已經追蹤了零件庫存，所以對我們來說沒有新的資料需要管理。關於這個報告，有任何不尋常之處嗎？

Elissa：我不這樣認為。我們製作了一個模型。[她拿出一份列印出來的資料，並且交給 *Kenna*。]

Kenna：這看起來相當簡單。[她把資料放到桌上。其他程式設計師也拿來看了一下。]

Igna：Elissa，資料上的「age」欄位是代表什麼？我不認為 age 與庫存差異有關。

Elissa：準確來說，它並不相關。它代表零件進入倉庫後經過多少營業日。我們認為它在未來將會有用。

Igna：你需要的是營業日，而不是日曆天？

Elissa：是的！

Igna：那假日呢？

Elissa：我們只想要採計實際營運的天數。不包含週末、假期、或預定的休息日。

Austin：Igna，我明白你正在説什麼。Elissa，我們有零件進入倉庫的日期，但我們並沒有追蹤預定的休息日。因此，我們需要新的 UI 或資料填入的地方來知道這個資訊。它會增加管理頁面的複雜度，而且你和 Bradford 説過易於管理對你們來説相當重要。我們能夠在報告上改採用日曆天嗎？

Elissa：嗯。雖然確切的數字並不重要，但人們的思考方式是以營業日為根據，而且如果我們會提供一條相關的資訊，我期望它是準確的。那假日呢？你們能處理嗎？

Igna：我們可以假設每一年的假日都是相同的嗎？

Elissa：不一定，但它們不會經常改變。

Igna：好！那我們目前可以把它們放到組態檔案內，而不是為它們建立專屬的 UI。這能讓工作所需資源少些。

Elissa：你知道的，我會把這個工作保留到之後。這個欄位不是我們的重點，而且我不認為它值得花費額外的成本。讓我們暫時擱置它。我會為它建立單獨的故事。[她拿了一張卡片，並且寫下「新增『age』欄位到零件庫存報告。」]

Austin：聽起來不錯！這份報告應該會相當簡單。它需要 UI 嗎？

Elissa：我們需要做的就是把它加到目前報告畫面上的報告列表中。

Inga：我認為我準好進行估算了。[看向其他的程式設計師。] 對我來説，這個故事看起來很像一份標準的報告。它是系統報告層裡進行一些細微邏輯修改的另一種具體實作。我同意 Kenna 的想法。它的估算值為 1 點。

[*Austin* 點點頭。]

Kenna：1 點。[她在故事卡上寫了「1」。] Elissa，我認為直到你知道要為 「age」建立哪種 UI，我們再來對該故事進行估算。

Elissa：合理！[加上「營業日？ UI ？」的便利貼到 age 卡上，並且將它擱置一旁。] 下一個故事是…

對話式估算

在對話式估算過程中，團隊一次估算一個故事。雖然有點瑣碎，但這卻是一個好方法讓每個人對於需要做哪些事情有一致的想法。

駐點客戶藉由挑選故事來開始每一次的估算，並且提供簡單的説明。估算者可以提出問題，但他們應該只對於會影響估算的答案進行提問。一旦估算者覺得有足夠的資訊，他們就會提出估算值。讓它自然地發生就好（對討論主題感到最為舒服的人應該先提出看法，因為他通常是最有資格做出估算的人）。

如果提出的估算值聽起來不對勁，或如果你不清楚它是如何得出的，請詢問更多的細節。或者如果你是估算者，請提供估算值並且說明它的原因。隨後的討論會釐清這個估算值。當估算者們的想法達成一致時，在故事卡上寫下估算值。

剛開始時，不同的團隊成員對於某件事情需要花費多少時間會有不同的看法。這會使得估算值無法一致。進行透徹的討論，而如果你們仍無法達成一致，請採用最低的估算值（記住只需要一致性，而非準確性）。當團隊持續一起進行估算，通常在三次或四次迭代內，估算值會開始趨於一致。

如果參與者了解故事和潛在的技術，它們應該能夠在一分鐘之內估算每一個故事。如果你需要討論故事或詢問客戶問題，可能會花費較長的時間進行估算。如果估算時間超過了五分鐘，我會想辦法結束討論。如果每個故事都需要詳盡的討論，那就可能有問題了。請參閱第 233 頁「當估算是困難的」。

— NOTE —

有些人喜歡用規劃撲克牌[5]來進行估算。在規劃撲克牌裡，參與者秘密地選擇一張卡片來代表他們的估算值，並且同時顯示他們的估算值，接著進行討論。它聽起來很有趣，不過它卻容易導致很多不必要的討論。當有人難以發表想法時，它是有用的，否則直接讓覺得最舒服的人先發表看法通常是更快的做法。

親和力估算

親和力估算是用來快速估算許多故事的絕佳技巧[6]。當你面對長規劃週期時，它尤為有用。

親和力估算是靜默對照的一種變形應用（請參閱第 95 頁「同時工作」）。一位駐點客戶將一疊需要估算的故事置於桌上或虛擬白板，而其中一端標示為「最小」，另一端則標示為「最大」。然後估算者按大小順序把故事排列好，並且將相似大小的故事聚集成組。需要客戶額外說明的卡片則置於一旁獨立的集群內，就像那些需要額外探究故事的卡片一樣（請參閱第 152 頁「探究（Spike）故事」）。

這些操作全都在保持靜默下完成。如果估算者不同意卡片所擺放的位置，他們可以移動卡片而不能進行討論。安靜地進行這些事情可以避免估算討論偏離軌道。因此，很快就能完成估算對照。某個人告訴過我，他們的團隊在第一次嘗試這個方法時，在 45 分鐘內估算了 60 個故事。

5　規劃撲克牌是由 James Grenning 在 2002 年所發明 [*Grenning2002*]，後來由 Mike Cohn 在 [*Cohn2005*] 中推廣。Cohn 的公司 Mountain Goat Software, LLC 已將該術語註冊為商標。

6　親和力估算是 Lowell Lindstrom 在極限程式設計早期所發明。

在故事分好組後，團隊為每一個集群標示一個估算值。實際的數字並不重要，只要相對的大小關係是正確的即可。換言之，集群標示為「2」的故事需要花費的時間大約是集群標示為「1」的故事的兩倍。不過為了與對話式估算保持一致，以理想時數或天數進行估算是有用的做法。估算集群應該只會花一分鐘或兩分鐘。

最後，挑選三個與你的估算「桶」（前面已經說明過）匹配的三個集群。例如，如果你的產能是 15，你會選擇估算為 1、2、和 3 的集群。較大集群內故事會需要拆解，而較小集群內的故事則需要合併。

最後在三個桶子裡的卡片估算就算完成。為每張卡片寫下估算值。其餘的卡片則取決於它屬於哪個集群，來進行拆解、合併、討論、或探究。這可以同時完成、在另一場估算對照會議裡完成、或是藉由對話式估算一次一個來完成。

當估算是困難的

當團隊剛成立時，估算或許會有些緩慢且痛苦。隨著練習，它會變好。

估算緩慢的一個常見原因是駐點客戶未能準備妥當。一開始的時候，估算者可能會提出客戶不曾思考過的問題。在某些情況下，客戶們無法達成一致的答案而需要解決。

解決這個問題的一種方法是 *客戶聚商*（客戶們簡潔地討論問題、得出決定，然後返回估算）。當客戶聚在一起討論的時候，估算者持續對已經了解的故事進行估算。

另一種做法是把問題寫在便利貼並且貼於卡片上。客戶帶走卡片並按照自己的步調確認細節後，再將卡片帶回到之後的估算會議裡進行估算。

沒有經驗的開發人員也會導致估算緩慢。如果估算者不夠瞭解故事，他們會在進行估算前詢問許多問題。不過如果他們不了解 *技術*，那就建立一個探究故事（請參閱第 152 頁「探究（Spike）故事」），然後繼續其他的討論。

有些估算者會在進行估算前，弄清楚故事所有的細節。請記住在估算過程中，唯一重要的細節是會導致故事放在不同桶子裡的細節。專注於這些會改變估算的細節，然後為後續的故事省下時間。

當估算者不願意做出估算時，這種過度專注細節的狀況有時也會發生。這種狀況常見於過去所提出的估算值被採用的程式設計師身上。他們會嘗試讓估算完全地準確，而不是追求「夠好」的一致性。

估算者不願做出估算可能是一種訊號，指出他正面臨著組織上的難處或過大的時程壓力，抑或是源於過去的經驗，而無關於目前的團隊。在後者的情況下，估算者通常會隨著時間信任團隊。

為了協助解決估算過程的這些問題，你可以詢問引導性的問題。例如：

- 客戶遇到困難：針對這個問題，我們需要進行客戶聚商嗎？我們應該把問題留在故事上，之後再來討論嗎？
- 估算者不了解技術：我們應該為此建立一個探究故事嗎？
- 估算者詢問許多問題：我們有足夠的資訊來估算這個故事嗎？這個問題的答案會改變估算值嗎？
- 單一故事討論超過五分鐘：我們應該之後再回頭討論這個故事嗎？

捍衛估算值

這幾乎是一種自然的情況：駐點客戶和利害關係人總是對團隊的產能感到失望。他們有時候會以不尊重的方式表達失望。團隊中善於社交技能的成員可以協助平息這種情況。最好的方案通常是忽略對方的語氣，並將他的評論當作對資訊直截了當的請求。

實際上，一定程度的往返討論是健康的。如第 192 頁「如何從規劃遊戲獲得好成果」討論的內容，關於估算的問題能帶來更好的故事，而這樣的故事會專注於客戶想法裡高價值且低成本的一面。

不過，請注意：問題可能導致估算者對他們的估算產生懷疑。開發人員！你所得出的估算值可能是正確的或至少是一致的，而這才是真正重要之處。只有當你真的知道新的資訊時，才去改變你的估算值。不要只是因為感到壓力就改變它。你們就是實作這些故事的人，而且你們才是最有資格做出估算的人。請維持禮貌，但同時保持堅定：

> 當感到壓力時，請禮貌且堅定地拒絕改變你的估算。

> 我很抱歉你不喜歡這些估算。雖然我相信它們都是正確的，但如果它過於悲觀，我們的產能也會隨著自動增加，來彌補這樣的情況。我們對你與組織負有專業義務，即使這些估算讓你感到失望，也是我們就所知道的一切為你做出的最好估算，而這正是我們持續堅持的做法。

如果利害關係人的反應是不相信或威脅你，他們或許沒有意識到自己是多麼地不尊重人。有時讓他們意識到自己的行為是有幫助的：

> 我感到你對於我們的專業不尊重或不信任。這是你的本意嗎？

利害關係人或許仍對於採用點數進行估算的想法感到困惑。我往往不會因為這種原因，而與團隊外部人員分享產能和估算內容。我會改以目前正在進行的故事和增量來報告。不過，如果需要說明，我會以一個簡單的說明開頭：

> 關聯
> 路徑圖 (p.297)

點數是一種估算技巧，這種技巧的重點是一致性。它讓我們基於對結果的衡量來做出短期的預測。團隊衡量出的產能為 12 點，而這代表我們上週完成了 12 點的工作。因此，我們預測本週也能完成 12 點的工作。

人們有時會對衡量產能發生爭論。「如果你的團隊有六位程式設計師，而一個迭代裡有五天。你們的產能不是應該為 30 點嗎？」雖然你可以試著說明理想時間估算是如何發揮作用的，但這種做法對我來說從未奏效過。目前我只會透過提供詳盡的資訊：

產能是基於衡量且預期上會比人天還少。如果你想要知道更多資訊的話，我可以在下週對我們的工作進行詳盡地稽核，並且告訴你確切的時間分配。這樣的做法是否對你有幫助？

通常與你對話的人會因此退縮，不過如果他們回應了「是」，請詳盡地追蹤每個人的時間分配一週。它是很惱人的，但是應該會消除這些擔憂，而且你可以在下次有人詢問時，再次使用同一份報告。

隨著利害關係人對團隊交付能力的信任，這種問題往往會逐漸消失。如果沒有消失，或者缺乏信任的狀況相當嚴重，請尋求管理者或指導者的協助。

<aside>
關聯
利害關係人的信任
(p. 272)
</aside>

你的最初產能

當你規劃第一個迭代時，你不會有任何的歷史紀錄，因此你不會有產能或估算桶。

透過使用一週迭代與 1/2 天、1 天、和 11/2 天的估算桶，開始進行。如第 221 頁「你的第一週」討論的內容，一次處理一到兩個故事。第一次迭代結束

部分完成的工作永遠不會被採計。

後，你會有下次迭代可以採用的產能。請記住不要採計那些未完成的故事。捨棄它們並且建立新的故事，並且為這些新的故事剩餘的工作提供新的估算值（沒錯，這代表你不會採計部分完成的工作，因為部分完成的工作永遠不會被採計）。

如果完成的故事少於四個，則把估算桶縮減為一半（使用 2 個小時、4 個小時、和 6 個小時的桶子）來展開下次的迭代。如果完成超過 12 個故事，則將估算桶加倍（1、2、和 3 天）。以這種方式繼續進行，直到產能穩定為止。

你的產能應該大約會在四次迭代後穩定下來。隨著經驗的累積，你最後將能夠調整故事的大小，來使得每次迭代都完成相同數量的故事。當這一切變成了習慣，你可以完全地停止估算，而只計算故事的數量。不過，你仍然需要與客戶討論故事，以便確保故事有合適的大小。

如何提升產能

利害關係人總是想要更多的產能。這是有可能達成的…但卻不是免費的。你有多種選項：

提升內部品質

我所遇到的最常見產能問題是差勁的內部品質：粗糙的程式碼、緩慢且不可靠的測試、糟糕的自動化、和不穩定的基礎設施。這種問題也稱為技術債。

相較於其他因素，內部品質對於團隊的產能影響最大。把它列為首要優先，將能明顯地提升產能。然而，它不是一個快速的解決方案。有內部品質問題的團隊常常需要花費數月，或甚至數年進行清理。

如第 227 頁「穩定產能」所述，運用時差逐漸地提升品質，而不是停止修復問題。養成對接觸的所有事物持續進行改善的習慣。保持耐性：雖然你會幾近立刻地看到士氣提升，但你可能數個月都不會看到產能的提升。

> 關聯
> _____
> 時差 (p.242)

提升客戶技能

如果團隊沒有駐點客戶，或當開發人員需要駐點客戶的時候，無法找到他們回覆問題，開發人員因而需要等待或猜測答案。這兩種情況都會減少產能。提升開發人員的客戶技能可以減少他們對於駐點客戶的依賴。

> 關聯
> _____
> 完整團隊 (p.76)

支持充滿活力地工作

疲憊且透支的開發人員會犯下代價高昂的錯誤，而且不會全力以赴。如果你的組織對團隊施加許多壓力，或如果開發人員已經超時工作許久，請保護他們免於組織的壓力，並且考慮指定不加班政策。

> 關聯
> _____
> 充滿活力地工作
> (p.140)

減少職務

能處理瓶頸的團隊成員（經常是程式設計師）應該交出其他人可以處理的工作。想辦法讓他們免於不必要的會議，保護他們不受干擾，並讓其他人處理組織官僚系統的工作，如工時表和費用報告。你甚至可以為團隊分配一名助理。

為瓶頸提供支援

無法為瓶頸相關任務做出貢獻的人會有些零散的時間。儘管他們應該確保處理瓶頸的人永遠不會需要等待他們，但是他們也**不應該**過早提前進行相關工作。那只會創造額外的在製品庫存（請參閱第 160 頁「最小化在製品數量」）。

取而代之的是去運用額外的時間減輕瓶頸處上的負擔。典型的例子就是測試。有些團隊需要大量的手動測試，使得每個迭代的最後幾天都花費在測試軟體。程式設計師可以使用這些額外的時間來撰寫自動化測試並且減輕測試的負擔，而不是開始處理下一組新功能。

> 使用你的額外時間
> 來減輕瓶頸處上的負擔。

提供需要的支援

大多數的團隊都擁有所有需要的資源（記住「資源」指的是設備和服務，而不是人）。然而，如果團隊成員抱怨電腦太慢、記憶體不夠、或工具不適合，請為他們備妥資源。當公司對於軟體團隊錙銖必較時，這總是令人感到驚訝。如果由於資源的缺乏使得每個人每天需要花費半小時，那麼節省 5,000 美元的設備成本，是否有意義？一個由六人組成的團隊會在一個月內回收這筆費用，而更加緩慢的發佈所造成的機會成本又該如何呢？

增加人員（請小心）

產能與能夠處理團隊瓶頸的人員數量有關，不過除非團隊人員嚴重不足，而且有經驗的人員隨時可以加入，否則增加人員並不會產生立即的差異。如 [Brooks1995] 的名言「為延遲的專案增加人手只會讓它更延遲。」新的團隊成員預期需要一個或兩個月的時間才會有生產力。緊密地團隊協作能幫助縮短時間。

> **關聯**
> 結對程式設計 (p.356)
> 群體程式設計 (p.366)
> 共有程式碼主導權
> (p.350)
> 團隊空間 (p.91)

為大型團隊增加人手同樣會造成溝通上的挑戰，而使得生產力降低。對於採用結對程式設計的團隊，我偏好的團隊人數是 6 人，而且我輕而易舉就能找到 6 名優秀的程式設計師來達到這個人數。如果超過 6 個人，我會謹慎地增加程式設計師，而只在極少數的情況下會超過 8 個人。如第 76 頁「完整團隊」所述，其他技能的需求則是依比例的。

產能不代表生產力

我發現組織最常犯的一種錯誤就是把產能和生產力混為一談。讓我明確地釐清它：產能不是生產力的衡量

> 產能是一種預估工具，
> 而不是生產力的衡量指標。

指標。它的確受到生產力變化的**影響**，但是它並不是用來衡量生產力。它們之間的關聯甚至是相當薄弱的。特別是無法跨團隊來比較產能。

產能的值綜合了許多因素：**處理瓶頸的人數、團隊工作的時數、估算值與實際時間的比例、團隊的軟體內部品質、團隊等待他人的總時間、團隊處理組織日常工作的總時間、團隊走捷徑的次數、團隊擁有的時差**。

對於每個團隊來說，這些因素的狀況都不相同，所以你不能使用產能來比較兩個團隊。如果某個團隊的產能是另一個團隊的兩倍，那可能代表某個團隊的日常工作較少…不過最有可能的原因是兩隊採用了不同方式進行估算。

團隊也無法掌控大多數會影響產能的因素。在短期內，團隊只能控制工作的時數和走捷徑的次數。因此，一個以產能來作為評判的團隊只能透過加班、馬虎行事、或減少時差來應對這種壓力。這或許會使產能得到短期的提升，但卻會降低團隊實際交付的能力。

不要在團隊之外分享產能。如果你是一個管理者，除了鼓勵追求穩定的產能之外，不要追蹤、獎勵、或甚至討論產能。此外，永遠都不要稱它為生產力。

要了解該怎麼做，請參閱第 304 頁「管理」。

貨物崇拜

需要快一點

Beckie 是你所屬主管的經理。她大聲叫道「你要快一點！Silva 團隊的產能是你們的兩倍。你們的生產力只是他們的一半是不行的！」

你克制著衝動，以避免做出不利於工作飯碗的行為，並且說道：「是這樣的…首先，Silva 團隊從事的工作與我們不同，所以產能是無法相互比較的。」你努力的擠出笑容，繼續說道：「其次，我想要提升產能。最大的阻礙是無法聯繫 Christiane。雖然她不想要我們自己與利害關係人進行討論，但她卻無法參與我們的規劃會議。我們一直不得不重新進行我們的工作。」

「噢，不！你沒有盡力」Beckie 並沒有聽懂你的意思，並且說道：「她相當地忙碌，而你們是敏捷的。這代表你們有主導權，是吧？你們該找出方法解決。」

做出不利於工作飯碗的行為實際上不是那麼糟，對吧？幸運的是你的經理 Darryl 從附近回來了。

「Beckie！真開心見到你。我無意中聽到你說著 Christiane 的事情，而我有個好主意。你對於主導權的想法是對的。我們何不分擔一些 Christiane 的工作？我們會負責和我們的利害關係人討論，而她將會有時間專注於…」Darryl 帶著 Beckie 和他一起離開，而你則是鬆了一口氣。你很開心你有 Darryl 來管理 Beckie 的需求。

或者你可以只是假裝有更多的產能。把所有的估算值都乘以三倍應該可以解決問題。

問題

我應該如何計算部分完成的故事？

部分完成的工作不會被採計。在迭代結束時，如果你有任何部分完成的故事，請替剩下的工作建立新的故事。如果你們有使用估算的做法，請為它做出新的估算。（請參閱第 219 頁「未完成的故事」來了解更多細節）此次迭代中完成的部分不會被算到產能裡，而這代表產能會減少。

這或許聽起來很糟糕，但如果你正確地採用迭代、產能、和時差的話，部分完成的故事應該會相當的罕見。如果你有部分完成的故事，應該是有什麼事情出了問題。減少產能會讓你的團隊有所需的時差來解決問題。

如果有人加入或離開團隊，我們應該如何改變產能呢？

如果只有一個人加入或離開，請試著維持同樣的產能，然後視情況的發展。另一種做法是按比例調整產能。不管哪一種做法，產能都會在另一個迭代後，調整成正確的數值。

人員會請假、生病等。我們要如何才能有穩定的產能？

迭代的時差應該能夠應付人員出勤的輕微變化。如果是團隊中有很大一部分的人不在（例如，在假期期間），產能或許會因為該次迭代而下降。這是正常的狀況。下次迭代時，你就能重新恢復它。

如果你是小團隊，可能會發現即便缺席一天都足以造成產能的不穩定。在這種情況下，你可能會希望使用為期兩週的迭代。請參閱第 212 頁「迭代」關於權衡的討論。

每個人一起估算故事不會浪費時間嗎？

一起進行估算的確會花費許多時間，但絕非浪費時間。估算會議不只是為了估算，它也是溝通與釐清需要做哪些事情的關鍵第一步。開發人員詢問問題並且澄清細節，而這些問題常常會引發駐點客戶想到從未思考過的想法。如第 192 頁「如何從規劃遊戲獲得好成果」裡所說明的內容，這樣的團隊協作有時會減少整體的成本。

所有的開發人員都需要在場，以便確保他們了解正在構建的內容。讓它們一起進行估算也會提升一致性。

倚賴最有資格的團隊成員進行估算，是不是很冒險？為了額外的安全性，我們是不是該讓一般團隊成員或最不具資格的團隊成員來進行估算？

如第 228 頁「為什麼估算準確性並不重要」內容所述，「Yesterday's Weather」回饋循環會消除對於估算準確性的需要，因此，讓這些團隊成員來進行評估都是安全的。重點在於一致性，而考慮理想時間和最有資格的團隊成員只是最容易維持一致性的方法。

什麼時候我們應該重新估算故事？

因為故事的估算值需要維持彼此的一致性，所以除非故事範圍發生改變，否則你不應該重新估算故事。即使是發生改變也不要在開始處理故事之後，對故事重新估算，因為你會知道太多實作細節，而無法做出具一致性的估算。

另一方面，如果你的瓶頸發生改變而且有不同的人開始進行估算，那麼就必須從頭進行估算與設定產能。

為了進行估算，我們對技術設計做了一些假設。如果這些設計發生了改變，那該怎麼辦？

敏捷假設你是以增量的方式構建設計，並且隨著時間改善整體的設計。因此，你的估算值之間通常會維持著一致性。

我們要如何處理故事之間的技術依賴？

使用適宜的增量式設計，雖然技術依賴可能發生，但應該相當地少。我通常會在估算時，同時留下備註：「6（4，如果故事 Foo 先完成）。」

如果你發現自己留下的備註太多，那麼你的增量式設計方法就有些問題了。演進式設計可以有所幫助，而且請考慮尋求指導者的幫助。

關聯
增量式設計 (p.442)

先決條件

產能假設了使用迭代，並且需要時差來緩衝小問題與不一致性。

進行估算需要信任：開發人員需要相信他們能夠在不遭受攻擊的情況下給出準確的估算，而客戶和利害關係人需要相信開發人員會持續地做出最公正的估算。這樣的信任往往不是一開始就存在，而且如果它不存在的話，你會需要努力地發展信任關係。

關聯
任務規劃 (p.211)
時差 (p.242)
利害關係人的信任 (p.272)

不管你採用何種方式進行估算和發展產能，永遠都不要使用產能的值或不正確的估算來攻擊開發人員。這是最快且最簡單破壞信任的方法。

指標

當你妥善使用產能：

☐　每次迭代的產能具有一致性，而且是可以預估的。

☐　你能做出迭代承諾並且能可靠地履行它。

☐　估算過程是快速且簡單的，或者不再需要進行估算。

☐　你能夠在一分鐘或兩分鐘內，估計出絕大多數故事的大小。

替代方案和試驗

產能的核心概念是 Yesterday's Weather：專注於一致性，而不是準確性、基於過去的衡量來進行預估、並且使用它來建立回饋循環，以便讓它自動修正數值。

有數不盡的方式來進行估算與預估。Yesterday's Weather 的優勢在於簡單且可靠。雖然它並不是完美的做法，但可以藉由時差來補足它的不完美。其他的做法增加了複雜性來獲得更高的精準

<table>
<tr><td>關聯</td></tr>
<tr><td>時差 (p.242)</td></tr>
</table>

度。儘管複雜度增加，我卻還沒見過有任何做法能夠與 Yesterday's Weather ＋時差的回饋循環相比。

歡迎你嘗試更好的方法來決定產能，但是不要馬上去嘗試。先學會書中的方式來可靠地結束迭代，並堅持幾個月。改變產能規劃的連鎖反應是深遠的，而在沒有經驗的情況下，很難發現這些變化。

我所知的最受歡迎替代方案是根據過去迭代的平均值來設定產能，而不只是根據前一個迭代。另一種做法是計算在一個迭代中開始且在另一個迭代中結束的故事。我認為兩種方式都會造成誤導：他們都是為了想要增加產能。時間是增加了，卻沒有增加團隊交付的能力。這樣的做法只會讓團隊更可能無法守住迭代的承諾。最好的做法是咬緊牙關、規劃一個較低的產能、並且使用因此產生的時差，來提升團隊實際且真實的交付能力。

另一種受歡迎的替代方案是 #NoEstimates 行動，而它的概念便是完全規避了估算的行為。有兩種方式來進行 #NoEstimates，而我已經在本書含括了這兩種方式。第一種是計算故事的數量，而不是對它們進行估算（如本實務做法所述）。某些團隊會使用非常小的故事（每次迭代都超過十幾個故事）來讓這種做法發揮效果。第二種方式是不要使用迭代，而改採用持續流（如第 211 頁「任務規劃」所述）。在你精通基礎的做法後，這兩種方法都很值得一試。

時差（Slack）

我們會兌現迭代的承諾。

想像一下工作站的電源線差一些就能插到牆上的插座。你可以拉長它來插到電源，但是最輕微的震動都會讓它從插頭上脫落，且電源供應也會因此中斷。你會因此丟失所有正在進行的工作。

我無法承受電腦在最輕微的挑動下便會失去電源，因為我的工作內容太重要了。在這種情況下，我會把電腦移近插座，使得它能承受些微的拉扯。（爾後，我就會用膠帶把電線黏在地板上，來避免人們絆倒、安裝不斷電系統、並且投資一套持續備份的解決方案。）

你的迭代計畫也相當重要，以至於不能被最輕微的干擾而遭受中斷。就像電源線一樣，計畫需要彈性的空間。

時差應該要多長？

你所需要的時差總量並不是取決於所面對的問題，而是取決於問題的隨機性。如果每次迭代你總是會遇到正好 20 個小時的問題，產能會自動地調整來彌補這個狀況。如果你會遇到 20 到 30 個小時的問題，產能則會上下跳動。因此，你需要 10 個小時的時差來穩定產能，並且確保你會守住迭代的承諾。

關聯

產能 (p.225)

> **— NOTE** ————————————————————
>
> 請記得是由團隊自己決定承諾的內容和是否與團隊外部分享承諾。請參閱第 218 頁
> 「制訂與履行迭代的承諾」來獲得更多的細節。

這些數字只是用來說明。與其衡量你花費在問題上的時間，不如善用產能回饋循環（如第 227 頁「穩定產能」所述）。如果你的產能反彈幅度很大，請停止納入超過產能能夠負擔的故事。這會讓產能穩定維持在一個較低的數值來讓團隊擁有足夠的時差。另一方面，如果你提早完成所有的事情（包括清理所觸及的範圍），請在下次迭代時納入額外的小故事來減少時差。

如何使用時差

只要一切運用得當，產能回饋循環會自動給團隊所需的時差來完成每個迭代的故事。不過，你要如何使用這些時差呢？

一開始只把時差運用在團隊的瓶頸上。有某種類型的工作（通常是程式開發）會成為團隊的瓶頸。團隊的時差應該致力於緩解這個瓶頸。

達成這個目標的一種做法是保留最後一部分的迭代時間給時差，而且當故事全都提早完成的時候就早點回家。這種做法當然很浪費時間。另一種做法是當所有事情都完成時就拉出另一個故事來處理，但這又會讓你回到沒有時差，只是盡可能地多完成開發而已。

這些都不是好做法！最好的時差使用方式是**提升團隊的交付能力**。達到這個目標的正確做法取決於瓶頸。以下有三個不錯的選擇。不過，提升內部品質特別是近乎每個團隊都應該進行的事情。

> 最好的時差使用方式是
> 提升團隊交付能力。

提升內部品質

團隊的表現與程式碼品質、測試、自動化和基礎設施直接相關，而這些全都是軟體的**內部品質**。

即便是最好的團隊也會無意間累積內部品質問題。雖然你總是應該盡可能地維持軟體的無瑕，然而最好的產出最終也會和你的需求發生不協調的狀況。

如果團隊的瓶頸是程式開發，提升內部品質是提升產能的正確做法。在每一次的迭代裡，與其進行最小必要的努力來創造無瑕的程式碼，不如也看看既有的程式碼是否有機會變得更好。讓這樣

關聯
反思式設計 (p.460)

的行為成為工作中的一部分。如果你發現看到的變數或方法的名稱讓你摸不著頭緒，請修改它。如果你看到程式碼不再被使用了，請刪除它。

除了這些小改善之外，請查看是否有機會做出更大的更改。或許某個模組負擔太多不同的功能、某個測試會隨機失敗、或是某個建置步驟很慢。當這些問題影響著你們的工作時，請逐漸地改善它們。

不要批量地進行改善。請在整個迭代的每一天持續地創造改善：一個小時用來封裝某個結構、兩個小時用來修改部署腳本。每個改善都應該解決具體且相對較小的問題。有些時候，你只能夠修正某個大問題裡的

> 請在整個迭代的每一天
> 持續地創造改善。

一部分，這也沒有關係！只要能讓程式變得更好就可以。在下次處理系統的相同部份時，你會有另一個機會來改善它。

在開始改善之前，查看一下任務板並且考量一下迭代剩餘的時間。與過去的時間相比，是否有許多任務被完成？因為團隊超前進度，所以你可以放手去進行清理的任務。相反地，團隊似乎落

關聯
任務規劃 (p.211)

後了進度嗎？聳聳肩，然後轉而繼續專注於迭代的承諾。在下次的迭代，你會有另一個機會進行改善。透過你花費不同的時間來改善內部品質，你可以確保大多數的迭代完全地按計劃執行。

專注改善在你實際上正在處理的程式、測試、和其他系統。如果你按這樣的方式工作，你最常處理的事物會產生最多的變動。這是一個簡單的回饋循環，而它能神奇地引導清理的努力到它們能發揮最大效用之處。

開發人員的客戶技能

雖然敏捷團隊應該是完整且跨職能的團隊，但有許多組織吝於分配具有客戶技能的人員到團隊裡。如果你的團隊因缺乏關於客戶、使用者、和商業需求的知識而蒙受限制，請運用時差來學習

關聯
完整團隊 (p.76)

更多的知識。研究領域知識、參加產品經理的會議、採訪使用者、和與利害關係人討論。

與提升內部品質的做法相同，分散時間到整個迭代，並且使用團隊的進度來判斷你該花多少時間在這個主題上。

投入時間來進行探索與試驗

開發人員往往天生好奇且必須持續地提升技能。如果有時間讓他們滿足好奇心，他們通常會學到一些能夠增強他們在團隊中工作的東西。

專門用來探索與試驗的時間也稱為*研究時間*。當在迭代裡加入時差時，它是一種絕佳的方式來鼓勵學習的方式。不像其他的技巧，它是在迭代尾聲留下半天的時間。如果迭代的工作有些延遲，你可以吃掉研究時間來守住承諾。

如果你使用到研究時間來完成迭代工作，請以研究時間所安排的開始時間為基準，來根據目前完成的故事計算產能，而不是以迭代結束時的時間做為基準。透過這種方式，假使你真的使用了研究時間來處理迭代

> 研究時間能作為你的緩衝，但不應該成為你所倚賴的工具。

的工作，那麼產能會自動減少。因此你不會在下次迭代時也必須這樣做。研究時間能作為你的緩衝，但不應該成為你所倚賴的工具。

每個團隊成員運用研究時間，來根據自己選擇的主題進行自主探索。它可以是研究新科技、研究程式碼裡令人費解的部分、嘗試新的實務做法、探索新的產品點子、或任何感興趣的事情。它只有一個原則，那就是不要處理任何的故事或提交任何用於正式環境的程式碼。

> **── NOTE ──**
>
> 如果你擔憂人們會偷懶，可以隔天提供午餐，並且要求人們透過非正式的同儕討論來分享所學。無論如何，這都是一個互相交流點子的好方法。

我已經導入過研究時間到數個團隊，而且每次都能獲得回報。在某個組織導入研究時間兩週後，產品經理告訴我，研究時間已經成為團隊所花費的時間中最寶貴的部分，並且建議我們應該把時間加倍。

團隊成員們！為了讓研究時間展現效果，你必須專注且把它當作實際的工作。半天的時間稍縱即逝，而且很容易就會把研究時間想成用來進行所有被推遲會議的時間。請嚴格地避免任何干擾。忽略電子郵件、關閉文字訊息、在日曆上框出時間避免安排其他事情、並且限制網頁瀏覽只和實際研究內容有關。

當你第一次採用研究時間的時候，你可能無法決定要做哪些事情。想想最近有什麼事情讓你感到困惑。你想要知道更多關於 UI 框架或程式碼的細節嗎？有想要試試看組織還沒使用過的某種程式語言嗎？總是對即時網路感到興趣？

當你進行研究的時候，建立探索用的解決方案（小且獨立的程式）來展現你所學到的知識。如果使用正式環境的程式碼來進行試驗，請為它創建一次性的分支。不要嘗試創造任何能立即投入

> **關聯**
> 探究解決方案 (p.433)

使用的東西，因為它會減少用來追求核心概念的時間。只要能夠證明概念即可，然後就轉向下一個研究主題。

加班的用途

加班不是為了產能的回饋循環，不過它卻是時差的來源。請謹慎使用它。如果你想要自願性地多做些事情來完成某個故事或任務，這是沒有關係的。但是不要讓它成為習慣，而且任何一天都不要加班超過一小時。如果你想要隔天能高效工作，你會需要時

> **關聯**
> 充滿活力的工作
> (p.140)

間休息。留心你的體力，而且永遠不要以加班為藉口來降低團隊的標準。

問題

如果我們的承諾正面臨無法達到的風險，我們不該暫時停止結對程式設計、重構、測試驅動開發等做法嗎？守住承諾是最重要的事情，不是嗎？

根據經驗，這些實務做法應該能夠讓你變得更快，而不是拖慢你，但它們的確都有學習曲線。將它們擱置一旁的確能讓你儘早履行承諾。

不過，你仍不應把它們當作時差的來源。這些實務做法能維持團隊交付高品質程式碼的能力。如果你沒有使用它們，致使內部品質降低會立即拖慢你的速度。雖然你履行了這次的迭代承諾，但這麼做卻犧牲了下次迭代。

如果你沒有足夠的時差來履行承諾，不要因此降低團隊制定好的標準。相反地，你應該依照第 218 頁「制訂與履行迭代的承諾」所討論的內容來修改計畫。

> **關聯**
> ────────────
> 結對程式設計 (p.356)
> 群體程式設計 (p.366)

在研究時間，我們應該採用結對開發或群體開發嗎？

一般而言，採用群體開發是有點過了頭。如果你想要針對某個主題進行協作，結對開發的做法可能是不錯的，不過這也不是必要的方式。

時差與清理故事有怎樣的關聯？

清理故事是專為改善內部品質的特別故事（請參閱第 153 頁「清理（Clean up）故事」）。老實說，這類故事其實是種錯誤的做法。團隊應該使用時差來持續改善程式碼和其他系統。清理故事不應該是被需要的。

不過你有時候你接手的軟體可以透過額外的清理來獲得速度的提升。在這些情況下，駐點客戶或許會優先考慮清理故事，但這些故事永遠都不應該是必要的。它們始終是由駐點客戶所決定，因為這些客戶能夠在額外清理所帶來的好處和團隊進行的其他工作所帶來的好處之間進行權衡。這與使用時差來進行清理不同，因為那些清理工作是由開發人員所決定的。

先決條件

時差的風險在於它會讓人們認為改善內部品質和發展客戶技能這些活動並不重要。它們實際上是至關重要的，而且沒有進行這些活動的團隊會隨著時間而放慢速度。它們只是不像迭代承諾一樣有時間的急迫性。請確保你有足夠的時差來穩定地進行改善。如果你沒有足夠時間的話，請減少一些產能來擁有足夠的時差。

此外，永遠不要用「鬆散（Slack）」的方式來馬虎做事。如果你不能履行迭代承諾的同時，遵循你們所選擇的流程，請修改迭代計畫。

指標

當你的團隊把時差包含到迭代裡時：

- ☐ 團隊會持續履行迭代的承諾
- ☐ 團隊成員很少（如果有的話）加班。
- ☐ 團隊的內部品質穩定地提升，使得工作更加輕鬆且快速。

替代方案與試驗

表面上，時差貌似用來履行承諾，而這也是它重要的一部分。但真正的創新之處在於使用時差來修正導致一開始需要時差來處理的問題。它與產能一同構成一個微妙的小回饋循環，而這個循環能善用團隊的弱點，讓他們變得更加強大。

許多組織都相當地強調生產力，讓組織迫使團隊最大程度地提高每個迭代的產能。因為團隊硬逼著在每次迭代都增加產能，所以他們沒有導入時差。諷刺的是這樣反而使得它們無法提升實際的產能，而且使得它們更難以履行承諾…這又會回過頭來導致壓力的增加，更不用提會有很多令人不愉快的折騰了。

當你嘗試時差時，請牢記巧妙的小回饋循環。不要只是找尋方法增加時差，而是找尋方法善用時差來提升團隊的能力。

延伸閱讀

《*Slack: Getting Past Burnout, Busywork, and the Myth of Total Efficiency*》[DeMarco2002] 為在整個組織導入時差提供了一個令人信服的案例。

《*The Goal*》[Goldratt1992] 和《*Critical Chain*》[Goldratt1997] 是兩本商業小說。這兩本小說所提出的案例是以採用時差（或「緩衝」）而不是使用填充估算，來捍衛承諾與提升產出。

站立會議

我們協調彼此來完成工作。

我對於狀態會議特別感到厭惡。這種會議你懂的：一位經理唸出任務列表，然後依次詢問。雖然我的部分通常只佔五分鐘，但卻似乎會永遠持續下去。我在另一個 10 分鐘裡學到了新的事情，然而剩餘的 45 分鐘只是單純浪費時間。

組織總有好的理由召開狀態會議，因為人們需要知道現在發生什麼事了。不過敏捷團隊有更具效率的機制：富有資訊的工作空間和為了相互協調的每日站立會議。

關聯

富有資訊的工作空間
(p.253)

貨物崇拜

坐著進行站立會議

現在是 10:03。團隊又聚集到站立會議室附近，然後等著上個使用會議室的人離開。

Stevie 問到：「再跟我說一下為什麼我們需要這個會議室？」Vicente 是你們的 Scrum Master。他回應道：「所有其他的會議室都被訂走了。此外，我們需要投影機。看！他們站起來要離開了。」

五分鐘後，你們舒服地坐著，而 Vicente 把議題追蹤工具投影在牆上。他往後靠在他的椅子上，然後說著：「好了！讓我們開始站立會議吧！Justine 從你開始吧？」

Justine 查看一下她的手機，說道：「噢！是的…昨天我正處理 #1106 故事。今天我還會繼續處理它。目前沒遇到什麼困難。」

Vicente 回應道：「好！Adriana，你呢？」

「還在處理 #1109。沒什麼問題。」

Vicente 繼續問著會議室裡所有的人，並且當每個人以相同的方式發表時，在工具上進行更新。「好了，完成！謝謝大家的參與。記得更新你們各自的故事狀態，這樣我們才不需要在會議裡進行這些事。明天見！」

現在是 10:20。當你回到座位，你反思著這場站立會議。它至少很快，不過好…沒有用。除了 Vicente 在工具上更新大家的狀態以外，它感覺好浪費時間。到底是少了什麼？

如何召開站立會議

*每日站立會議*非常的簡單。在每天預定的時間，整個團隊召開一場 5-10 分鐘的簡潔會議。面對面的團隊聚在任務追蹤板附近。遠距團隊則進到視訊會議裡，並且登入虛擬任務板。即便是有人遲到，也要養成準時開始的習慣。

關聯
任務規劃 (p.211)

站立會議是一種*協調*會議而不是狀態會議。如果你想知道狀態，只要查看任務規劃板即可。不過，因為團隊共享主導權而且一起工作來完成故事（請參閱第 213 頁「共有主導權」），所以團隊成員需要一種方

> 站立會議是一種協調會議
> 而不是狀態會議。

法來協調工作。這正是站立會議的意義。對於團隊成員來說，它是一種進行同步的方式，使得成員們能彼此配合面對當天的臨時狀況。

— NOTE

站立會議會干擾團隊的工作。這是早晨站立會議特有的問題。因為團隊成員知道會議會打斷工作，所以他們有時候會只是浪費時間等著站立會議開始。你可以把站立會議移到晚點的時間，比如快要午餐前，來減少這種問題。

我看過最有效的站立會議方式是「順過任務」它有四個步驟：

1. 順過任務

站立會議從團隊成員逐一瀏覽任務板上的故事開始，而且是從快接近完成的故事開始。針對每個故事，正在處理它的人說明修改了什麼和還剩哪些事要完成，以及團隊需要知道的新資訊。

例如：（指著板子）*Bobbi* 說道：「Genna 和我完成了這個任務，而且 Na 和我完成了那個任務，因此這個故事已經準備好進行最後的審查。我告訴了 Rodney 這件事，而他說想要進行審查，不過他正有件急事要處理。他應該下午就會回辦公室。如果沒有意外的話，我們應該今天就能把這個故事標成綠的。」

雖然團隊成員應該在當天需要的時候，尋求幫助並舉行臨時的協作會議，但現在正是為較不緊急的協調進行討論的好時機。這裡有些例子：

- 尋求幫助的人：「我對我們的前端 CSS 測試感到困惑。站立會議後，誰能跟我介紹一下呢？」

- 有新資訊的人:「Lucila 和我昨天嘗試了新的 TaskManager 函式庫,而且它真的很好用。下次你們處理同步的時候,可以看試試看。」
- 需要協作會議的人:「我們有些新的故事需要估算大小,我們能夠在午餐後召開一個快的規劃遊戲嗎?」

在一開始的時候,當有人仍在適應站立會議時,團隊或許需要某個人來主持會議。最好能夠輪替主持的人,來讓團隊分享領導會議的機會。主持者要小心不要主導整個會議,因為這個角色只是來點出故事,並且促使大家發表意見。

2. 聚焦完成

在順過目前的任務後,花些時間聚焦在團隊為了完成工作所需的事情上,包括尚未被解決的阻礙物。使用迭代的團隊應該利用機會來檢視迭代承諾。例如:「因為我們還剩兩天,所以已經過了迭代的 60%。雖然看起來超過 60% 的任務已經完成,但只有一個故事被標示成完成。因此,我們今天應該專注於結束故事。」

3. 選擇任務

最後,每個人決定接下來要做什麼。這是一種交談的方式,而不是單方面的決定。「基於 Na 所說的完成故事,這個任務看起來似乎是列表裡最優先的任務。有人想要和我一起進行這個任務嗎?」(Na 與自願者拿走板上的卡片)「此外,今天下午我會與 Rodney 確認一下要審查的另一個故事。」

同樣地,如果有人選擇了一項你握有資訊的任務,請務必提及:「當你們開始執行該任務時,請和我或 Seymour 討論。我們對 fetch 封套(wrapper)進行了一些更改,而你們應該注意這些更改。」

4. 細節討論留在會議後

在每個人清楚了解團隊如何推動進度後,會議就可以結束了。會議應該只會花幾分鐘。如果任何人需要對某個主題進行更深度的討論,他們可以在站立會議過程中提出,然後所有感興趣的人可以在站立會議後進行討論,來「把討論帶離會議。」

老派站立會議

某些團隊的站立會議專注在人身上,而不是專注在故事上。每個人輪流簡述團隊應該知道的新資訊。這種會議通常以回答以下三個問題的形式進行:

1. 我昨天做了什麼？

2. 今天會做什麼？

3. 什麼阻礙了我？

這些會議往往會演變為狀態會議，而不是協調會議。這正是為什麼我喜歡順過任務的方式。這類會議也往往會越拖越久，或變成沒內容的點名會議。

追求簡短

站立會議的目的是以簡短的方式來協調整個團隊。它並不是要完整地盤點所有發生的事情。站立會議的主要優點是簡潔。這就是面對面團隊站著開會的理由：疲勞的雙腿提醒他們要保持會議簡短。

每個故事通常只需要幾句話，並且花個 30-60 秒應該就很多了。這裡還有些例子：

- 程式設計師：「針對這個故事，Dina 和我完成了這個任務（指向板子）我們測試時遇到了一些問題，所以我們重構了這個服務的抽象層。它應該也會讓那個任務（指）簡單些。讓我們其中一位知道你們是否想要我們和你們一起檢視這些修改。」

- 產品經理：「我剛從貿易展覽回來，而且我獲得一些關於我們 UI 和產品發展方向的好回饋。這代表可視計畫會發生一些更動。我今天就會進行這些變更，而且歡迎任何想要知道更多的人加入修改。」

- 領域專家：「Cynthia 昨天問我關於這個故事的財務規則。我和 Tatum 討論過此事，而且發現事情比我想像中得多。我增加了這個任務（指）來更新這些範例，而且我想要和一位程式設計師或測試人員一起處理這個任務，以便確保我們涵蓋了全部基本的範例。」

大多數的日子裡，站立會議應該只花大約 5 分鐘，或至多 10 分鐘。如果它一直花超過 10 分鐘，那應該是發生了某些錯誤。站立會議過長的一些常見原因包括了：

> 站立會議應該只花大約 5 分鐘，或至多 10 分鐘。

- 使用議題追蹤工具而不是卡片和白板，或對應的虛擬工具

- 在站立會議時更新任務板，而不是平常便按狀況更新

- 把所有討論都留到了站立會議，而不是平常有需要時就進行討論

- 在站立會議裡討論細節，而不是把細節討論帶到會議後

- 在會議室召開站立會議，而不是在團隊空間

- 等待大家到齊，而不是準時開始

如果都不是上述這些情況，請尋求指導者的幫助。

問題

團隊外部的人可以參加站立會議嗎？

當然可以。但請記住站立會議是屬於團隊的，而且是為了給團隊帶來好處才進行。如果外部的人損害了會議，或如果團隊成員由於他們在場而對發表想法感到不舒服，那麼他們應該停止參加會議。具有政治頭腦的團隊成員或許是傳遞這個訊息的最好選擇。你可以改用向利害關係人展示和路徑圖，來保持那些參與者了解情況。

關聯
_____
向利害關係人展示
(p.279)
路徑圖 (p.297)

在多團隊的環境裡，有時候對於緊密合作的團隊來說，互相讓團隊成員參加彼此的站立會議是有幫助的。在這種情況下，一同來決定如何讓人們以不會造成破壞的方式來參與會議，並且做出貢獻。

如果有人在站立會議時遲到了，怎麼辦？

在沒有他們的情況下開始會議。站立會議只有幾分鐘，所以你們可能在他們到之前就完成會議了。如果他們想知道情況，他們可以詢問他人來知道內容。準時開始有益於建立準時到達的文化。

如果我們使用群體程式設計，我們仍然需要每日站立會議嗎？

使用群體程式設計的團隊不斷地進行協調，所以技術上來說，他們不需要每日站立會議。不過，每天花一點時間檢視進度與思考下一步仍然是有用的。對於使用群體程式設計的團隊來說，站立會議可能會自然而然地發生。如果沒有的話，召開一個明確的站立會議會是有幫助的。

關聯
_____
群體程式設計 (p.366)

先決條件

不要讓每日站立會議扼殺了溝通。有些團隊成員發現自己在等待站立會議，而不是在需要時與某人進行討論。如果你發現這樣的情況，請暫時取消站立會議，這樣的做法或許能實質地改善溝通。

請注意掌控站立會議的領導者。正如評論家 Jonathan Clarke 所說的那樣，理想的引導者是「充滿魅力但缺乏耐性的同事，他會催促並且減少演講者。」團隊是同儕之間聚集而成，而站立會議也是如此。因此，沒人該佔據著主導權。

指標

當你能順利地進行站立會議：

- ☐ 團隊能協調彼此的工作，並且推動任務計畫朝完成的方向前進。
- ☐ 團隊會警覺到有故事或任務被卡住了，並且會為了解除阻塞而採取行動。
- ☐ 團隊成員能知道其他成員正在進行的工作，以及他們的工作如何影響自己。

替代方案與試驗

站立會議的基本概念是協調工作而非陳述狀態。剛接觸敏捷的團隊常常無法做到，因為對於他們來說，站立會議就像更短且更頻繁的狀態會議。不過，這就抓錯了重點。

請小心為站立會議增加進行的方式。人們經常實驗額外的形式（例如，樣版、或待回答的問題列表），然而這些做法往往降低了協作，而不是提升它。因此，取而代之的應該是去尋找方式，來改善團隊共有共治工作的能力

曾經共事過的某個團隊能夠非常有效地進行「順過任務」，使得團隊成員能一天召開多次極短的站立會議。他們沒有替站立會議安排特定的時間，而只是當任務完成時便聚在一起，並且在 30-60 秒內協調接下來的任務，然後把任務從板子上取走。

延伸閱讀

〈It's Not Just Standing Up: Patterns for Daily Standup Meetings〉[Yip2016] 是能為嘗試站立會議提供靈感的絕佳來源。

富有資訊的工作空間
(Informative Workspace)

受眾
完整團隊

我們持續關注我們的進展。

工作區是開發工作的駕駛艙。就像飛行員周圍有駕駛飛機所需的資訊一樣，使用富有資訊的工作空間為團隊成員提供駕馭工作所需的資訊。

資訊會透過富有資訊的工作空間廣播到團隊空間裡。面對面團隊的成員休息時，他們會四處走動，並且看著周圍的資訊。短暫的放空可能會產生「啊哈！」的發現時刻。

遠距團隊則較難得到「總是看得見」的效果，不過原則是相同的。為人們創造吸收資訊的機會，而不是讓他們只能透過有意地搜尋，才能獲得資訊。

富有資訊的工作空間也能讓人們走進團隊空間（如果是遠距團隊則是登入）時，便能察覺團隊的工作進展。它在不干擾團隊成員的情況下傳達狀態資訊，並且幫助提升利害關係人的信任。

細微信號

富有資訊的工作空間的要素是**資訊**。富有資訊的工作空間會不間斷地把資訊廣播給團隊。它不只採用如下節「大型可視化圖表」所述的形式，也採用細微信號的形式來讓團隊成員維持狀況感知（situational awareness）。

> 富有資訊的工作空間
> 會不間斷地把資訊廣播給團隊。

維持狀況感知的一種來源是看到有人正在進行的事情。在實體團隊空間裡，如果有人更動了可視計畫，他們大概是正在思考接下來的工作。如果有人站在任務板前，他們可能是願意對接下來要做什麼事情進行討論。如果任務板上有一半的卡片尚未被完成，這可能代表團隊的步調變得比預期地慢。

對於空間氛圍的感覺是另一種信號。一個健康的團隊充滿著活力，且所在環境的氛圍也充滿著的忙於活動的嗡嗡聲。人們彼此交談、一起工作、並且偶爾開著玩笑。工作既不匆忙或急迫，卻明顯地充滿著生產力。當某人或某個結對小組需要幫忙時，其他

> 關聯
> 充滿活力的工作
> (p.140)

團隊成員會注意到這個情況，並且提供協助，然後才返回自己的任務。當某人完成了任務，每個人都會為此刻感到興奮。

一個不健康的團隊則是安靜且繃緊神經。即便發生交談，團隊成員之間也不會談論太久。環境氛圍單調且黯淡。人們按表操課、打卡上班然後打卡下班、或者更糟的是觀察著誰敢第一個下班離開。

遠距團隊會喪失這些信號。相反地，請付出額外的心力來溝通狀態與情緒，並且圍繞著這些共享的資訊（如在群組聊天裡保留語氣和提供相互簽到的方式）來建立工作協議。

> 關聯
> 一致性 (p.132)

富有資訊的工作空間也提供人們溝通的方式。對於面對面團隊來說，這代表著牆上有著大量的白板和成堆的索引卡。白板上用於協作的設計草圖往往比一個半小時的簡報能更快且更有效地溝通想法，索引卡則非常適合用來回顧、規劃、和建立可視化。

對於遠距團隊來說，團隊的虛擬白板工具有相同的用途。一些團隊也會建立一個或兩個共享文件來作為團隊用來呈現有用資訊的「牆」。你還可以藉由讓虛擬任務規劃板永遠顯示在另一個螢幕或平板上來提升狀況感知，因此當人們做出變動時，你便能注意到。

大型可視化圖表

富有資訊的工作空間關鍵的一面是**大型可視化圖表**，或資訊輻射體。大型可視化圖表的目標是簡單而明確地顯示資訊，來把資訊投射到整個空間裡。遠距團隊可以使用單一的虛擬白板代表「空間」來獲得相同的效果。

任務規劃板（如圖 9-1）和可視化規劃板（如圖 8-4）是最普遍的大型可視化圖表的例子。儘管有許多團隊錯誤地將這種圖表板隱藏在議題追蹤工具內，不過你會在每個敏捷團隊裡看到不同樣貌的此類圖表板。

另一種有用的圖表是團隊日曆。這種日曆會顯示重要的日期、迭代，和團隊成員何時會不在辦公室（若適宜，則附上聯絡資訊）。對於面對面團隊來說，大型塑膠萬年曆是用來作為團隊日曆的好工具。

我也喜歡把團隊目的（願景、使命、和達成使命的條件）公佈在顯眼的位置。雖然數週後，它便會慢慢融入環境變成背景，不過在需要的時候便能指出它是件好事。

請避免直覺想把富有資訊的工作空間數位化的誘惑。你的團隊需要能在任何時刻有人想出好的點子時，就能夠改變流程。使用掛圖紙、膠帶、和馬克筆便能在兩到三分鐘內把想法轉換成牆上的圖表。在實體的

> 不要讓電子工具
> 限制你能做的事情。

團隊空間裡，沒有什麼方式比這種方式更靈活或方便了。使用電子工具則會花上更多的時間，而且還會受限於工具的能力。不要讓這些工具限制你能做的事情。

無庸置疑地，遠距團隊必須使用電子工具，不過他們也應該偏好選用能夠做出快速變動且更新容易的工具，而不是嘗試進行自動化。虛擬白板上的基本卡片、便利貼，和繪圖工具應該就足夠了。

改善圖表

有一種大型可視化圖表是用來衡量團隊想要進行改善的特定議題，而這些議題往往會在回顧時提出。不像永遠會在團隊空間裡的規劃板或團隊日曆，改善圖表只會存在數週。

> 關聯
> ───────
> 回顧 (p.316)

由團隊共同決定建立改善圖表，而且也是由整個團隊來負責維護這些圖表。當團隊同意建立圖表的同時，也同意了保持它在最新狀態。對於一些圖表而言，這意味著當每個人的狀態發生改變時，他們會花上數秒來對圖表板進行標記。有些圖表則是用來收集一天結束時的某些資訊。對於這類圖表來說，團隊需要共同選出一人來負責更新圖表。

改善圖表和團隊所遇到的問題同樣多變。所有這類圖表背後的原則都是相同的：它們會吸引我們天生的改善慾望。如果你展示了朝向共同目標的進度，人們通常會嘗試提升他們自己的狀態。

請考慮你正在面對的問題以及是否有任何圖表能夠提供協助。舉例來說，敏捷團隊已經成功地使用圖表來改善：

* 進行結對程式設計的時間，透過追蹤進行結對程式設計的時間比例與單獨工作的時間比例

* 結對組合的變化，透過追蹤每個迭代中所有可能的結對組合，在實際上進行結對開發的數量（請參閱圖 9-4a）

* 建置效率，透過追蹤每秒被執行的測試數量（請參閱圖 9-4b）

* 支援的回應能力，透過追蹤最舊支援請求的經過時間（一個初期圖表用來追蹤未完成請求的數量，且這些請求造成了必要請求被忽略）

* 不必要的干擾，透過追蹤每個迭代中花費在非故事相關工作的時數

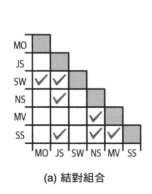

(a) 結對組合

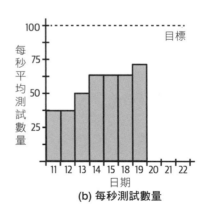

(b) 每秒測試數量

圖 9-4　改善圖表範例

請不要過度使用改善圖表。如果公佈了太多改善圖表，這些圖表會因此失去效力。我會試著一次只限制使用兩個或三個改善圖表，而任務板之類的永久圖表則不在此限。

這不是說你只能擁有些許的圖表來做為牆上的裝飾，你也可以放上團隊的紀念品、玩具、和正在進行的作品。要點是確保那些重要的圖表是明顯可見的就好。

玩弄

雖然太多的改善圖表會減低它們的影響力，但當團隊過度地對提升圖表上的數字感到興趣時，就會出現更大的問題。他們常常會開始**玩弄**這個過程。

當人們犧牲整體的進步來專注數字時，便會發生玩弄的狀況。我看過的常見例子是程式設計師過度專注提升測試的**數量**或程式碼的覆蓋率，而不是提升測試方法的品質。他們建立了許多瑣碎的測試，而這些測試可能沒有任何價值、或難以維護、或執行緩慢。工程師們有時甚至沒有意識到這些問題。

為了減緩問題，請謹慎地使用改善圖表。請和整個團隊一起討論新的圖表、清楚地表達預期的整體改善、每週檢視圖表是否仍然有效，並在一個月內將它移除。屆時，圖表要不是達成了它的目標，就是無法為改善帶來幫助。

最重要的是不要把這些工作空間的圖表用於績效評估，甚至不要在團隊外討論這些圖表。那些認為自己會因圖表上的表現而受到評斷的人會更容易產生玩弄數字的行為。請查看第 304 頁「管理」來知道該為此做些什麼。

> 不要把這些工作空間的
> 圖表用於績效評估。

問題

我們需要把狀態分享給不能或不會經常來團隊空間的人。我們該如何在不把圖表數位化的情況下做到這件事？

首先，最重要的是富有資訊的工作空間是為了團隊所建立的。因此，請透過向利害關係人展示和路徑圖來與團隊外的人分享狀態即可。

關聯
向利害關係人展示
(p.279)
路徑圖 (p.297)

我們的圖表總是缺乏更新。我該如何讓團隊保持這些圖表在最新狀態呢？

第一個該問的問題是「團隊真的認同這個圖表嗎？」富有資訊的工作空間是為了團隊的利益。因此，如果團隊無法持續更新某個圖表，那可能是他們認為這個圖表並不值得他們努力。團隊成員可能會消極地忽略該圖表來表達他們的反對，而不是告訴你不想要它。

以個人的經驗來說，可能是你過度地控制圖表。減少對圖表的干涉常常便足夠讓團隊恢復參與。儘管這樣的做法有時候代表需要接受不太完美的圖表和潦草的筆跡，不過它是值得的。

如果怎麼做都沒有效，請在回顧會議或站立會議時討論這個問題。讓團隊了解你的沮喪，並且要求他們的幫忙來解決這個問題。請做好心理準備放棄一些圖表，來因應團隊可能不想要它們。

先決條件

如果沒有團隊空間（不管是實體或虛擬），你會無法建立富有資訊的工作空間。當你有實體團隊空間，富有資訊的工作空間是相當容易建立的，因為只要放上想要的圖表即可。如果你有虛擬團隊空間，你會需要付出額外努力來讓資訊可視化和創造狀況感知。

關聯
團隊空間 (p.91)

指標

當團隊具備富有資訊的工作空間：

- ☐ 你可以獲得團隊正在面臨的所有重要問題的最新資訊。
- ☐ 你會明確地知道團隊完成目前計畫多少，以及還剩多少需要達成。
- ☐ 你會知道團隊是否進展順利或遭遇困難。
- ☐ 你會知道團隊解決問題的能力。

替代方案與試驗

如果你沒有團隊空間，但你的團隊有相鄰的小空間或辦公室，那麼你可以把資訊公佈在大廳或公共空間來獲得富有資訊的工作空間的一些好處。

以試驗而言，能做的方式是有限的。這個實務做法的關鍵在於駕駛艙的比喻：讓所有需要的資訊隨時保持可見，使得你能自動地注意到事情發生變化，和下意識地明白事情偏離了軌道。當你嘗試可視化和海報時，請謹記這個關鍵。你可以立即開始嘗試這個實務做法。

延伸閱讀

《*Agile Software Development*》[Cockburn2006] 在第 3 章「溝通、合作的團隊」有個有趣的討論。它把資訊描述為熱度，而分心描述為草稿。此書也是「資訊輻射體」比喻的出處。

客戶操作範例

我們正確地實作了棘手的細節。

有些軟體很簡單：只不過又是一個資料庫上的另一種 UI 而已。但常常最有價值的軟體是涉及專業知識的軟體。

這種專業知識或領域知識充滿了難以理解的細節，而且容易出錯。為了溝通細節，需要使用**客戶操作範例**：具體的範例來說明領域規則。客戶操作範例是使用通用語言來進行描述的，而這個方式可以用來統一程式設計師、領域專家、和程式碼所使用的語言。

你會需要擁有領域知識的人來建立客戶操作範例。理想上，他們是團隊的一員，但如果不是的話，你會需要找到這些專家來合作。

團隊或許包含了對領域一知半解的人。程式設計師、測試人員、和商業分析師常常就屬於這類型的人。即使他們或許能自行建立客戶操作範例，但和真正的專家審查這些範例是個好主意。因為可能會有些門外漢容易弄錯的棘手細節。

請按照描述、展示、和開發的流程來建立和使用客戶操作範例。

描述

在任務規劃期間，檢視故事並且決定是否有任何開發人員可能會產生誤解的細節。請新增任務來為那些細節建立操作範例。你不需要為每個故事都建立操作範例，只要對那些棘手的細節提供範例就好。此外，客戶操作範例的目的是為了**溝通**，而不是用來驗證軟體是否有效。

例如，你有一個故事「允許刪除發票」，那麼你不需要建立一個刪除發票的範例，因為開發人員已經了解刪除某些東西所代表的意思。然而，你或許需要一個範例來展示**什麼時候**可以刪除某張發票，尤其如果有複雜的規則來確保發票不會被不恰當地被刪除的情況下。

如果你不確定開發人員可能會誤解哪些內容，請詢問他們！不過至少在一開始就提供過多的範例是個錯誤的做法。當領域專家和開發人員初次坐下來建立範例時，雙方通常會對現有誤解的程度感到驚訝。

當處理操作範例時，請把團隊聚到白板或共享文件（如果是遠距團隊）附近。整個團隊都能參與討論，或最少包含一位領域專家和所有程式設計設計師與測試人員。他們全都需要能夠了解細節，使得他們能夠共享主導權（請參閱第 213 頁「共有主導權」）。

由領域專家透過摘要故事和相關的規則開始。請保持簡短：這只是一個概述。留待範例時再討論細節。例如，關於刪除發票的討論可能會像：

> **專家**：我們有個故事是提供支援刪除發票的功能。除了我們給你們的 UI 樣版外，我們認為再提供一些客戶操作範例會是個好主意。刪除發票並不像它表面上所代表的意義簡單，因為我們必須維護稽核軌跡。

> 關於這個議題有許多的規則。一般來說，在尚未寄送給客戶前刪除發票都是沒問題的，所以人們可以刪除錯誤的發票。不過，當發票已經寄給客戶時，就只有經理才能進行刪除。此外，我們還必須為稽核留下一份副本。

如果團隊才剛開始學習這個領域，或許會需要更詳細的交談。在這種情況下，請考慮建立一個通用語言。

關聯
───────────
通用語言 (p.371)

展示

當領域專家提供了概述，請忍住讓他們繼續說明規則的誘惑。相反地，透過詢問範例來讓規則具體化，並且直接了當地問：「你能為該規則提供一個範例嗎？」。這種做法能讓討論動起來。

> 透過詢問範例來讓規則具體化。

參與者也能提出範例來讓討論繼續往前，而不是讓領域專家來主導整個對話。有個小技巧是故意犯個錯誤，來讓領域專家糾正你的內容[7]。

表格常常是最自然提供範例的方式，不過你不必擔憂格式，直接地讓範例呈現在白板或共享文件上即可。接續前面的例子，對話可能如：

> **程式設計師**：所以如果發票尚未被寄出的話，客戶代表能刪除發票，而如果發票已經被寄出，他們就不能進行刪除（拿起一隻馬克筆，然後寫在白板上）。

使用者	寄出	可以刪除？
客戶代表	N	Y
客戶代表	Y	N

7　我從 Ward Cunningham 學到這個技巧。此做法的變體後來受到 Steven McGeady 的推廣為 Cunningham 定律「在網路上獲得答案的最好做法就是不要提出問題，而是發佈錯誤的答案。」

專家：是的，沒錯！

程式設計師（故意犯錯）：不過，客服人員可以刪除！

使用者	寄出	可以刪除？
客戶代表	N	Y
客戶代表	Y	N
客服	N	Y
客服	Y	Y

專家：不！客服不能進行刪除，只有經理可以。（程式設計師把馬克筆遞給專家。）

使用者	寄出	可以刪除？
客戶代表	N	Y
客戶代表	Y	N
客服	N	Y
客服	Y	N
經理	Y	Y，需留下稽核軌跡

測試人員：客服主任可以刪除嗎？管理員呢？

專家：客服主任不能和經理有同樣權限，但管理員可以擁有。不過，即便是管理員也必須留下稽核軌跡。

使用者	寄出	可以刪除？
客戶代表	N	Y
客戶代表	Y	N
客服	N	Y

使用者	寄出	可以刪除？
客服	Y	N
經理	Y	Y，需留下稽核軌跡
客服主任	Y	N
管理員	Y	Y，需留下稽核軌跡

專家：不過還有額外一個小麻煩需要注意，「寄出」實際上不是代表客戶會不會看到發票，而是指任何會導致客戶可能看到發票的東西。

「寄出」
透過電子郵件寄出
列印出來
匯出成 PDF
匯出 URL

測試人員：那麼也包括預覽嗎？

專家：之前沒人問過我這件事。嗯！不過這顯然是個問題，讓我稍後再回覆這個問題。

隨著程式設計師與測試人員發問來縮減理解上的落差，彼此之間的對話會直到所有細節都完整後才會結束。預期上，會有些問題是客戶之前從未思考過的。如果你們使用通用語言，請直接圈出模型上相關的部分，並且按需要直接進行修改。

當你們深入探究細節時，請務必建立具體的範例來繼續進行討論。人們很容易就會陷入概括式的討論，例如「在發票尚未寄出時，**任何人**都能刪除發票」，但建立具體的範例是更好的方式，例如「在發票尚未寄出時，**客戶代表**可以刪除發票」。這樣的討論方式能夠把彼此之間的思考落差凸顯出來。

你可能會發現所要討論的內容比意識到的範圍要來得多。建立具體範例的做法經常會發現客戶未曾思考過的情節，而測試人員尤其擅長找出這些落差。如果你們有許多要討論的細節，可以考慮把討論進行拆分，讓程式設計師可以先開始進行實作，而同時間客戶與測試人員可以繼續找出額外的範例。

開發

對話結束後，記錄討論的結果來做為未來的參考，而記錄的方式可以使用白板的照片或螢幕截圖往往就足夠了。

客戶操作範例往往是應用程式裡最重要邏輯的一部分，所以務必將所有內容文件化。我比較喜歡的做法是建立自動化的測試。不過，我並沒有盲目地照搬每個範例到對應的測試裡，我會把這些

關聯

測試驅動開發 (p.398)

範例當作靈感來進行更深思熟慮的測試，而不只是把它當成給工程師的文件。我會把範例副本列印出來，並且使用測試驅動來逐漸地構建測試和程式碼。當我寫出每個測試和對應的程式碼時，我會檢查測試所覆蓋的操作範例。

在有通用語言與領域模型的情況下，這種做法是最容易的。舉例來說，你的領域模型可能包含一個有 `canDelete()` 方法的發票類別。在這樣的情況下，可能會有的測試如「允許每個人都能刪除尚未寄出的發票」和「已經寄出的發票只允許經理可以刪除。。

當程式設計師編寫程式時，可能會因為嚴謹的程式設計要求而發現原先討論尚未探討的邊緣案例。把這些案例帶回白板討論，或者直接提出問題、取得答案、然後按照結論進行程式實作都是合宜的做法。不管是採用哪一種方法，請更新測試或其他相關文件。

問題

我應該在開始開發某個故事之前，建立範例嗎？

這不應該是必要的。建立範例通常是開發的第一件任務。如果你需要在規劃遊戲過程中，建立一些範例來評估故事的大小，這當然沒問題，只不過通常來說，你並不需要這麼做。請記住需求（包括客戶操作範例）應該是以增量的方式和軟體的其他部分同時進行開發。

關聯

規劃遊戲 (p.187)
增量式需求 (p.201)

先決條件

許多故事是相當易於理解的，所以它們並不需要客戶操作範例。如果不需要操作範例時，請不要嘗試強迫建立它們。

當你需要客戶操作範例時，你也會需要領域專家。如果團隊沒有領域專家，你會需要付出額外心力讓他們加入討論。

指標

當你的團隊妥善運用客戶操作範例時：

- ☐ 軟體幾乎沒有領域相關的邏輯臭蟲。
- ☐ 團隊以具體且明確的術語討論領域規則。
- ☐ 團隊常常發現並且查明領域規則中沒人考慮過的特殊情況。

替代方案和試驗

有些團隊喜歡使用自然語言測試自動化工具（例如 Cucumber）把客戶操作範例轉成自動測試案例，我曾經使用過其中一個工具（我曾積極地參與 Ward Cunningham 的 Fit 發展，而該工具是敏捷社群裡最早的自然語言測試自動化工具）。

不過，隨著時間我明白到操作範例的價值不在於自動化，而是在**透過白板進行討論的過程**裡。理論上來說，客戶會協助編寫 Fit 測試並使用 Fit 的執行結果來提升對團隊進度的安心程度。然而實際上，這樣的情況卻是鮮少發生，也沒有太多附加價值。一般的測試驅動開發是更容易實現自動化的方法，而且效果也很好。這樣的結論對於如 Cucumber 此類工具來說也是相同的。

Cucumber 源自 Daniel Terhorst-North 所建立的行為驅動開發（behavior-driven development, BDD）社群。該社群一直以來都堅定地支持客戶協作。雖然我認為 Cucumber 此類工具不是必須的，但 BDD 社群仍然是嘗試客戶操作範例時很好的創意來源。例如操作範例對照（*example mapping*）。它是一種透過使用索引卡來蒐集操作範例的方法 [Waynne2015]。

請放手去探索其他建立客戶操作範例的方式。有些人確實發現 Cucumber 此類工具有助於讓溝通更有結構性，而有些團隊已經使用它們來簡化稽核和其他第三方驗證。先嘗試幾次簡單且利於協作的白板討論方式，這樣你就有了一個可以做為比較的基礎。當你試驗其他方式時，請記得客戶操作範例是一種為了進行協作與獲得回饋的工具，而不是為了自動化或測試。請確保你的試驗強化了這個核心原則，而不是減損了它。

延伸閱讀

《*Specification by Example*》[Adzic2011] 第七章提供了一套絕佳的技巧來取得客戶操作範例，而且全書也相當值得一讀。

「完成且達標」（Done Done）

受眾

完整團隊

當我們準備好正式運行，我們就完成了。

貨物崇拜

某種完成

「嘿，Valentina！」Shirley 把頭探進 Valentina 的辦公室「你完成那個新功能了嗎？」。

Valentina 點點頭並且持續地打著字，說道：「等一下」。隨著一陣漸強的鍵盤聲後，以一個誇張的動作結束。她洋洋得意地轉過頭看著 Shirley，說出：「完成！它也只花了我半天的時間。」

Shirley 說：「太令人欽佩了！我們知道它至少需要一天或許是兩天，才能完成。我能現在瞧一瞧嗎？」

Valentina 說：「嗯，還不行耶！我還沒整合新的程式碼。」

Shirley 說：「沒關係。不過一旦你完成整合，我就可以看了，是吧？我很想要把它展示給我們的新客戶。客戶正是因為它才選擇我們的。我會把這個新的版本部署到他們的測試環境，以便他們可以操作它。」

Valentina 皺著眉：「嗯，我還不會把它展示給任何人看，而且我還沒測試過它。此外，因為我沒有更新部署腳本或遷移工具，所以你也沒法把它部署到任何地方。」

Shirley 抱怨：「我不懂。我以為你說你已經完成了！」

Valentina 堅持：「我是完成了！就在你走進來時，我完成程式碼的編寫。就在這兒，我可以讓你看看。」

Shirley 回應：「不！不，我不需要看程式碼。我需要把它展示給客戶。我需要它被完成。**真的被完成！**」

Valentina 說：「嗯，為什麼你不照這樣表達呢？功能是完成了，因為所有程式碼已經編寫完畢。它只是還沒完成且達標。請再給我幾天的時間。」

如果一旦你完成某個故事，你永遠都不用再回頭處裡它。這樣不是很好嗎？這就是「**完成且達標**」背後的概念。一個被完成的故事不會是一堆尚未整合與測試的程式碼。它應該處於隨時可被使用的狀況。當此次釋出版本所規劃的其他故事被完成，你可以直接發佈而不需要再進行任何額外的工作。

在第 160 頁「最小化在製品數量」有提到部分完成的故事會增加在製品數量，而且也會增加成本。你無法預估必須完成的工作量，而且也無法按下按鈕就進行發佈。這樣的狀況會導致不穩定的發佈計畫，而且也會使得你無法做出和達成承諾。

請確保你的故事是「完成且達標」，來避免這個問題。如果是使用迭代的方式來進行任務規劃，所有的故事都應該在每個迭代結束時被完成，而如果是使用持續流的方式，故事應該在你把它從

關聯

任務規劃 (p.211)

計畫板移除時被完成。儘管你沒有實際進行發佈，你都應該要要有技術能力來發佈每一個完成的故事。

一個故事要如何才是「完成且達標」？這個答案取決於你的組織。請定義你的團隊完成故事的標準。此外，我會把這些標準寫在任務規劃板上。以下是完成標準的範例：

- 完成測試（通過所有建立好的自動測試）
- 完整的程式碼（所有程式碼都已編寫完成）
- 妥善的設計（重構的程式碼能讓團隊滿意）
- 整合完畢（故事能從頭至尾正常地運行（通常是 UI 到資料庫），而且能適配於軟體的其他部分）
- 可建置（建置腳本能處理此次的變更）
- 可部署（部署腳本可以部署此次的變更）
- 可妥善遷移（如果需要，部署腳本可以更新資料庫結構並且遷移資料）
- 實地審查（客戶已確認更新的軟體符合他們的期望）
- 修復完成（所有已知的臭蟲均已修復，或者已經安排了處理它們的故事）
- 實地驗收（客戶同意故事已完成）

有些團隊會在列表加入「完成相關文件」，來代表故事有對應的文件、說明文字、和滿足其他文件化標準（請參閱第 204 頁「文件化」）。

有些團隊則包含了非功能性標準，例如預期的效能或擴展能力。這種方式會導致過早最佳化或難以完成故事，所以我比較喜歡為這類需求規劃各自的故事。一種妥協的做法是讓「完成且達標」檢查表也包括確認這類期望，但不必立即處理它們 [8]。比方說：「檢查回應時間。如果超過 500ms，請進行最佳化或建立效能故事。」

---

[8]　謝謝 Bill Wake 的建議。

隨著時間，你們會知道軟體所需的東西和改善開發的方式。例如，完成的定義一開始可能包含「手動完成測試」。當測試方法改善後，你可能會加入「建立並且通過自動測試」，並且最終移除「手動完成測試」。回顧是考慮改變定義的好機會。

關聯

回顧 (p.316)

如何達到「完成且達標」

只有每天都在工作各方面取得一些進步，而不是以階段性的方式工作或在迭代最後幾天才讓故事「完成且達標」，敏捷才能發揮最大的效益。這是更簡單的工作方式。一旦你能習慣這樣的做法，它就會降低迭代

每天都在工作各方面
取得一些進步。

結束時仍有未完成工作的風險。不過，它的確需要一些交付領域的實務做法才能做得更好。

程式設計師們！請使用測試驅動開發來把測試、實作、和設計結合起來。當你進行開發時，使用持續整合來整合團隊其他成員的實作。依每個任務的需要，逐漸地提升建置和部署的自動化。請適時地建立資料庫遷移任務，並且把它們當作每個故事的一部分進行處理。

關聯

測試驅動開發 (p.398)
持續整合 (p.388)
無摩擦 (p.378)

同樣重要的是請駐點客戶參與工作的進行。當你在處理 UI 任務的時候，即便 UI 還不能正常運行，還是要向駐點客戶展示你的進度。客戶常常在第一次看見 UI 時都會想進行調整，而這樣的情況可能會使得最後一刻突然出現大量的工作。

此外，當你完成任務並且把故事各部分的實作整合起來的時候，請運行程式碼來確保所有的實作能夠一起發揮作用。儘管完整性測試不應該取代自動化測試，但進行該測試來確保沒有任何意外的狀況是一種好的做法。

透過這個過程，你可能會發現疏失、錯誤、或臭蟲。當發現的時候，請立即修復它們，然後改善工作習慣來避免再次發生同樣的錯誤。

關聯

零臭蟲 (p.502)
事故分析 (p.515)

在某些情況下，你可能會發現一個臭蟲或其他出乎意料的事情，而導致大幅地增加了故事的大小。此時，你可以和駐點客戶一起來為這個額外的工作安排（一個）獨立的故事。如果這個錯誤是因為編寫的程式或設計所造成的，請立即安排它們到目前或下個迭代中，因為這類的錯誤往往會增加開發的成本，而且修復所需花費也會隨著時間變得更加昂貴。

不要因為沒有發生這些錯誤而感到自滿，這是因為這類額外的故事應該是不常發生的。如果它每個季度發生數次，那一定有什麼事出錯了。如果這些出乎意料的事情是因為沒注意到需求或誤解需求，請聚焦改善客戶的參與。如果是因為程式碼實作錯誤，請提升交付熟練度。如果這些做法都無法發揮效果，請尋求指導者的協助。

當你相信故事是「完成且達標」時，請展示給駐點客戶來進行最後的審查與驗收。因為只是在開發過程中與他們一起檢視進度，這應該只會花上幾分鐘的時間。

騰出時間

你的團隊應該每週會完成 4-10 個故事。讓這些故事「完成且達標」就像是一項不可能完成的龐大工作。如之前的內容所述，一部分的秘訣是以增量的方式來完成工作，而不是以分階段的方式。然而，真正的秘密就是建立小型的故事。

> 「完成且達標」的秘密就是建立小型的故事。

許多剛接觸敏捷的團隊所建立的故事都太大而難以「完成且達標」。雖然團隊完成了程式碼的編寫，但卻沒有足夠的時間來完成所有的事情。UI 有些誤差、測試不完整、而且疏忽導致了臭蟲。

請記住是你們主導著時程。有多少的故事要處理，以及這些故事有多大，都是由你們所決定的。如果故事太大，請把它們拆解得更小！第 149 頁「拆解與合併故事」為你提供了相關的做法。

建立大型的故事是很自然會犯的錯誤，但有些團隊會認為「嗯，我們的確完成了這個故事，只差這個小臭蟲而已」，而讓問題變得更加嚴重。他們會把這個故事視為完成而計算到產能裡，而這只會讓問題一直存在。

> 關聯
>
> 產能 (p.225)

沒有「完成且達標」的故事不該被計入產能。即使該故事只有一些小的 UI 臭蟲，或除了最後些許的自動化測試以外，所有事情都已經完成，這個故事在計算產能時被當作零。這種做法會降低你的產能，卻可以在下次迭代給你更多的時間來完成所有的事情。

你或許會發現這種做法會大幅地降低你的產能，而使得你每週只能完成 1-2 故事。不過，這只是代表故事過大而無法順利開展。請拆解你的故事，並且讓未來規劃的故事更小。

雖然採用持續流而不是迭代方法的團隊不會追蹤產能，但上述的概念也是適用的。每一週你都應該開始並且結束 4-10 個故事，並且每個故事都應該是「完成且達標」。如果有故事無法達成，請讓故事變得更小。

組織限制

你的團隊或許沒有能力自行發佈故事[9]。雖然如第四章所述，敏捷理想上是由跨職能團隊所組成，且團隊擁有所有的技能與授權來完成他們的工作，但這樣的理想不總是可行。

例如，法務部門可能需要在故事被發佈之前，對故事文字進行審查。維運部門可能不允許你們進行部署。你可能需要進行第三方的安全審查，或正在進行使用者驗收測試。

如第 218 頁「跨團隊依賴」所述，在開始處理一個故事之前，請試著盡可能多地解決依賴問題。例如，如果法務部門必須審核文字，請在開始處理需要該文字的故事之前，建立該文字並且取得他們的許可。

對於預先發佈的依賴問題，如安全審查或使用者驗收測試，你可以把遞交軟體進行驗證與發佈定義為「完成」，而不是把實際發佈定義為完成。你的完成定義只會包含能控制的部分。然而，請盡可能地把這些最後的步驟當作一張安全網。如果他們發現任何問題，請嚴肅地把這些問題當作正式運行時所發現的錯誤。

> 關聯
> ────────
> 零臭蟲 (p.502)
> 客戶操作範例 (p.259)
> 消除阻礙 (p.337)

請隨著時間努力減少第三方依賴的時間。例如，有些團隊使用自動化客戶操作範例來簡化第三方的驗證。尋求管理者的幫助來改變組織的需求，並且把所需的技能帶給你的團隊。

問題

如果迭代結束時，有故事未能「完成且達標」，該怎麼辦？

請重新處理該故事，或未剩下的工作建立新的故事。請參閱第 219 頁「未完成的故事」。

為什麼你所提供的列表裡，「完成測試」在「完整的程式碼」和「妥善的設計」之前？不是應該設計、然後編寫程式、最後才測試？

「完成且達標」列表並不是一張需要按順序進行的步驟或階段列表。它只是最後的檢查表，用來確保你不會忘記任何的事情。當你分階段增量且同時地進行開發，而不是一次做完全部的事情時，敏捷會產生最大的效益。本書第三部分會說明為什麼這種做法會有效。

為什麼你的列表中沒有手動測試？

手動測試會造成在開發結束時進入「測試與修復」的階段，而這種做法會導致難以可靠地完成工作。本書第三部分會說明如何使用增量式自動化測試來取代「測試與修復」階段。

9　謝謝 Bas Vodde、Thomas Owens、和 Ken Pugh 對於本節的貢獻。

請記住我所提供的列表只是一個例子。如果你的團隊使用手動測試、有額外的維運需求、或在故事完成前需要做任何的事情，請把這些事情納入列表裡。

先決條件

讓故事「完成且達標」需要一個完整團隊，該團隊至少包括客戶，而且可能還有包括測試人員、維運人員、技術文件撰寫人員等。這個團隊需要共享一個實體或虛擬的團隊空間。否則，團隊可能會因為太多的遞交延遲，而使得無法快速地完成故事。

你還可能需要測試驅動開發與演進式設計，以便在如此短的時間裡進行測試、程式編寫、和設計每個故事。

<table>
<tr><td colspan="2">關聯</td></tr>
<tr><td>完整團隊 (p.76)</td></tr>
<tr><td>團隊空間 (p.91)</td></tr>
<tr><td>測試驅動開發 (p.398)</td></tr>
<tr><td>增量式設計 (p.442)</td></tr>
</table>

指標

當你的故事是「完成且達標」：

- ☐ 你會避免意料外的批量工作。
- ☐ 採用迭代方式的團隊會在整個迭代中展現圓滿完成與精進工作的氛圍。
- ☐ 駐點客戶和測試人員有穩定的工作負擔。
- ☐ 客戶驗收只需要幾分鐘的時間。

替代方案與試驗

這個實務做法是敏捷規劃的基石。如果你不能在每個故事或迭代後「完成且達標」，那麼你的產能和預測都會是不可靠的。你會無法隨意地進行發佈。這會打亂你的發佈規劃，並且會讓你不能做出與履行承諾，進而損害利害關係人的信任。這可能會增加團隊的緊張情緒與壓力，傷害團隊士氣、並且對團隊充滿活力工作的產能帶來損害。

「完成且達標」的替代方案是在時程的後期充斥著彌補工作。你最後會需要承受不確定的工作量來修復臭蟲、完善 UI、遷移資料等。儘管許多團隊都是用這種方式來工作，不過它會損害你的信用與交付能力。我不推薦這種做法。

第 10 章

當責

如果敏捷團隊全權主導他們自己的工作與計畫，組織要如何知道他們正在做對的事？組織要如何知道團隊在現有的資源、資訊、和成員下，正盡其所能的工作？

組織或許有意願或甚至是渴望團隊使用敏捷方法，不過這並不是意味著團隊有自主權去做任何想做的事情。他們仍然要對組織負責。他們需要證明他們把組織的時間與金錢花在刀口上。

本章包含的實務做法是你需要承擔的責任：

- 第 272 頁「利害關係人的信任」讓你的團隊可以有效地與利害關係人合作。
- 第 279 頁「向利害關係人展示」提供針對團隊進度的回饋。
- 第 287 頁「預測」是用來預估軟體何時能發佈。
- 第 297 頁「路徑圖」是用來分享團隊的進度與計畫。
- 第 304 頁「管理」是用來幫助團隊更加卓越。

本章的啟發來源

在敏捷的文獻裡，當責大多被隱含地表達，而非明確地論述。在極限程式設計的時代，社群所討論的一個名詞「客戶權利法案（customer bill of rights）」正是當責早期的版本，它可以在第一本 XP 書籍的序文中找到。

對於客戶和管理者來說，XP 承諾他們會在每一週的程式實作裡獲得最大可能的價值。每隔幾週，他們就能看到關心的目標的具體進展。他們可以在開發途中改變專案的方向，而不會產生過高的成本。[Beck2000a]

— 《*Extreme Programming Explained*, 1st edition》

這是關於當責的一句強而有力的說明：「我們會給你們最大可能的價值」。但是 XP 沒有對如何證明當責討論太多。相反地，它假定團隊產出的軟體會為自己給出一切的證明。**向利害關係人展示就是當責的一種例子**，而這種做法是根據 Scrum 的「Sprint Review」。

不過管理者和組織想要的不只有團隊的軟體產出，而是也想要知道團隊是否效率地工作。這導致我需要明確地定義出做法，而這些做法往往是敏捷流程裡忽略不提之處。

本章的第一個實務做法是**利害關係人的信任**。它的概念真的是相當基礎，使得我無法說明具體技巧的出處。這些技巧都是我多年來聽到並實際應用後，發現最有效過的做法。我對於路徑圖的討論也是類似這種情況：我已經嘗試過許多想法，並且分享哪些是有效的。

預測是軟體早期便已經存在的想法，不過它通常被稱為「估算（estimating）」。我已經消化吸收了太多不同的想法，使得我很難記清這些來源，而且我最喜歡的來源實際上卻完全不是預測方法。它來自 Todd Little 的文章 [Little2006]。此篇文章把數百個預測和實際的發佈日期進行比較，並且得出了關於不確定性和可預測性的有力結論。Little 的文章深深地影響了我對於預測的思維，而且也是本書討論的基礎。

關於管理的討論內容是啟發自 Robert Austin 的著作《*Measuring and Managing Performance in Organizations*》[Austin1996]，以及與 Diana Larsen 共事多年所吸收到的想法。

利害關係人的信任

受眾
產品經理、完整團隊

我們有效地與利害關係人一起合作，
且不會感到恐懼。

我認識一位曾經在一家有兩個開發團隊的公司工作的人。一個開發團隊是敏捷的、履行承諾、而且可以定期交付產出。另一個隔壁的團隊則是苦苦掙扎：不僅落後於時程，而且還沒有任何可運行的軟體可以展示。然而，當公司縮小規模時，公司卻是資遣了敏捷團隊而不是另一個團隊。

為什麼呢？當管理者查看陷入掙扎的團隊時，他們看到貼滿正式圖表的牆壁和長時間工作的程式設計師。當查看敏捷團隊時，他們卻發現人們聊天著、歡笑著、而且五點就準時回家。此外，白板上卻只有粗略的草圖和圖表。

不管你喜歡或者不喜歡，你的團隊無法存在於一片空白的空間裡。一開始時，敏捷可能看起來很奇怪且不同。「他們真的在工作嗎？」外人會感到納悶。「吵雜而且令人困惑！我不想要用這種方式工作。如果這種做法成功了，他們也會強迫我這樣工作嗎？」

諷刺的是，敏捷越成功，這種擔憂就越多。Alistair Cockburn 稱他們為**組織抗體**（他將這個詞歸功於 Ron Holiday）。如果放著不管，組織抗體就會戰勝並且摧毀原本成功的敏捷團隊。

不管你是如何有效地交付軟體，如果沒有利害關係人和贊助者的善意，你就會陷入麻煩中。沒錯！交付軟體並且達成技術上的期待會有幫助，但團隊展現出的人際交往能力或許對於建立他人的信任來說同樣的重要。

> 不管你是如何有效地交付軟體，如果沒有利害關係人和贊助者的善意，你就會陷入麻煩中。

這是否聽起來不公平且不合邏輯呢？交付高品質軟體的能力無疑地才是真正重要的。

它既不公平也不合邏輯，但它還是人們思考的方式。如果你的利害關係人不相信你，他們就不會和你的團隊合作，進而損害你們交付有價值軟體的能力。此外，他們甚至還會採取對抗你的活動。

不要等待利害關係人去了解你們的工作可以幫助他們。請主動向他們展示。

展現些許的忙碌

多年前，我雇用了當地的一家小型搬家公司來把我的物品搬到另一間公寓。當搬家工人抵達時，眼前的**忙碌**感讓我印象深刻。他們以最快的速度往返於貨車和公寓之間搬運物品。這樣的情況是我難以意料的，因為我是按小時給付服務費用。如此快速的搬運對他們來說沒有半點好處。

這些搬家工人讓我留下了深刻的印象。我覺得他們致力於滿足我的需求，而且也為我節省荷包。如果我還住在這個城市且再次需要搬運的時候，我會立即雇用他們來幫忙。他們贏得了我的好感（與信任）。

以軟體團隊來說，**忙碌**代表著充滿活力與富有成效的工作。這意味著團隊付出了一天合理的工作獲得了一天合理的薪水。充滿活力的工作、富有資訊的工作空間、向利害關係人展示、和適當的路徑圖全都能夠協助傳達這種富有成效的感覺。不過也許最重要的是態度：在工作時間，把全神貫注的工作當作樂意為之的優先事項，而不是一種想要逃避的負擔。

關聯

充滿活力地工作
 (p.140)
富有資訊的工作空間
(p.253)
向利害關係人展示
(p.279)
路徑圖 (p.297)

展現些許的同理心

開發團隊常與關鍵商務利害關係人之間存在爭議。從開發人員的角度來看，對方常提出不公平的需求並且採用官僚的做法，尤其是強加最後期限與時程壓力。

因此，你或許會對知道那些利害關係人認為開發人員正是掌控全局且佔有優勢的人感到驚訝。利害關係人是處於恐懼的情境裡，尤其是那些並不銷售軟體的公司裡。花些時間想想它可能是怎樣的情境：

- 贊助者、產品經理、和關鍵利害關係人的職涯往往處於危險之中，而開發人員的職涯往往不是。

- 開發人員常常賺得比利害關係人多，而且明顯地沒有那些利害關係人需要投入的困難工作與繁瑣的規則。

- 開發人員常常比利害關係人晚到。雖然他們也比較晚離開，但利害關係人不會看到這件事。

- 對於外部的人來說，開發人員似乎常常不會投資於成功，反而對於其他事情更感興趣，比如學習新技術、準備跳槽、工作 / 生活平衡、和乒乓球桌與免費點心的公司福利。

- 經驗豐富的利害關係人長期以來認為開發人員未能在他們需要的時候交付需要的東西。

- 利害關係人已經習慣開發人員以傲慢自大到善意卻無用且喋喋不休的技術論述，來回答關於進度、估計與承諾的問題。

- 對於許多利害關係人來說，他們可以看到大型科技公司妥善地交付軟體，但他們的公司卻很少能夠如此，而且他們不了解其中緣故。

我並不是說開發人員不好，或這些觀點一定是真的。我只是要求你能夠思考成功與失敗對利害關係人來說是什麼意思，並且從外部的角度來思考團隊是否對利害關係人的成功展現應有的尊重。

你的團隊是否對利害關係人的成功展現應有的尊重？

兌現承諾

如果你的利害關係人曾與軟體團隊合作過，他們或許有著許多戰爭創傷，包括進度延誤、未修復的缺陷、和金錢浪費。然而同時他們自己或許又沒有軟體開發技能。這使得他們對倚賴你的產出、過往糟糕的結果、和無法判斷你的產出是否能夠表現得更好的狀況，而感到不舒服。

同時，你的團隊每個月需要花費數萬美元的薪水和支援。利害關係人如何知道你是否聰明地花錢？他們如何知道團隊是否有能力？

利害關係人可能不知道如何評估你的過程，但他們可以評估結果。兩種結果對他們來說尤為清楚：運行的軟體和兌現承諾。對於某些人來說，這就是當責的意思：說到做到。

此外，你的承諾讓利害關係人可以對他們的利害關係人做出承諾。如果你有可靠的紀錄，你就能減低他們的焦慮。另一方面，如果你不能履行承諾且無法預先警示他們，他們很容易就會假設你是故意不讓他們知道。

關聯

任務規劃 (p.211)
向利害關係人展示
(p.279)
預測 (p.287)

幸運的是敏捷團隊能夠做出可靠的承諾。你能夠以迭代的方式規劃任務來做出每週的承諾，並且可以在一週之後向利害關係人展示成果，來證明兌現承諾。你也能如第 289 頁「預先定義的發佈日期」所述使用發佈列車的方式來建立類似的發佈節奏並且掌控你的計畫，以便總是準確地按時發佈。

週復一週的交付所建立的信任是我從未見過且相當的強而有力的。你所要做的就是建立一個可以達成的計畫…然後一次又一次地達成它。

> 週復一週的交付所建立的信任
> 是我從未見過的。

管理問題

我有說「這就是你所要做的全部」嗎？我真是犯傻了，因為它沒有這麼簡單。

首先，你需要做好計畫和執行（請參閱第 8 章和第 9 章）。其次就像詩人所言「人和老鼠所制定的最好計畫也是會出錯 [1]。」

換句話說，有些發佈並沒有在最後一天順利地到達港口。當最好計畫沒有如預期進行時，你能做什麼呢？

1　著名的蘇格蘭詩人 Rober Burns 的「致老鼠」。這首詩的開頭是「小小的、圓滑光亮的、畏縮的、膽怯的野獸，為什麼你胸口充滿了驚恐！」讓我想起了當被要求整合有一年歷史的老舊功能分支時的感受。

實際上，這正是你大放異彩的時刻。當生活如計畫一般，任何人看起來都是一樣好。不過，當處理意料外的問題時，你真正的特色才會展現出來。

首先要做的事情是限制你遇到問題的機會。在發佈的初期先處理最難且最不確定的故事。你會更快地發現問題，並且有更多的時間來修復它。

當你遭遇問題，先讓整個團隊知道。請最遲在下一次站立會議時提出。這讓整個團隊有機會幫忙解決問題。

迭代也是一種很好的方式來發現有事情未按照計畫進行。請在每次站立會議時，確認進度。如果發現的障礙相對較小，你或許可以利用迭代裡的時差來處理它。否則，你會需要按照第 218 頁「制訂與履行迭代的承諾」所說的方式來修改計畫。

關聯

站立會議 (p.248)
任務規劃 (p.211)
時差 (p.242)

當你發現一個無法在迭代裡解決的問題時，請讓關鍵利害關係人知道這件事。即使他們不喜歡這個問題，他們也會欣賞你的專業精神。我通常等到向利害關係人演示後，才會說明我們自己解決的問題，但立刻讓他們注意到更大的問題。具有政治頭腦的團隊成員應該決定告知誰以及何時告知。

越早揭露問題，解決問題的時間就越多。這樣的做法也會減少恐慌：在早期，人們對最後期限的壓力較小，並且有更多的精神能量來解決問題。同樣地，你的利害關係人越早知道一個問題（相信我，他們終究會發現的），他們就有更多的時間來解決這個問題。讓利害關係人最生氣的不是有問題—而是被問題暗算。

> 讓利害關係人最生氣的
> 不是有問題 —— 而是被問題暗算。

當你提出問題請利害關係人注意時，也請提出緩解的方法。如果可以的話，能把問題解釋清楚是好的，而能解釋你打算如何處理問題則更好。進行這種討論可能需要很大的勇氣，但成功地解決問題可以為建立信任創造奇蹟。

不要因為還沒有解決方案就不提出問題。相反地，請解釋問題以及你正在為了提出緩解方法所做的事情，並且告訴他們預期什麼時候可以聽到更多資訊。

謹防想要透過加班或減少時差來彌補失去的時間。雖然這能解決一兩個星期的損失，但它不能解決系統性問題，如果持續使用這種做法，它會產生自己的問題。

尊重客戶的目標

敏捷團隊剛形成時，團隊成員通常需要一段時間才能認為自己是團隊內的一部分。一開始的時候，開發人員和客戶常把自己看成不同的群組。

關聯

團隊動態 (p.323)

新的駐點客戶往往特別緊張,而且覺得成為開發團隊的一部分很尷尬。他們寧可在他們普通的辦公室裡與普通的同事一起工作。不只如此,如果駐點客戶不開心,那些普通的同事(常常和團隊關鍵利害關係人有直接聯繫)會最先聽到。

當組成新的敏捷團隊時,請努力歡迎駐點客戶。一個特別有效的方法就是尊重客戶的目標。這甚至代表暫時克制那些對時程安排與投訴充滿蔑視與懷疑的工程師玩笑。

(當然,尊重是雙向的。客戶也應該克制他們抱怨時程和爭論估算的自然傾向。我會在這裡強調客戶的需求,原因是他們在利害關係人的觀點裡扮演相當重要的角色。)

對於開發人員來說,另一種認真看待客戶目標的方法是想出創意的替代方案來履行這些目標。如果客戶想要一些可能需要花費很長時間或涉及龐大技術風險的東西,建議使用替代方案來用更少的成本達成相同潛在的目標。同樣地,如果有一種更令人印象深刻的方式來實現客戶沒考慮到的目標,請將它提出來,尤其是在不太難的情況下。

隨著團隊進行這些對話,障礙將被打破且彼此的信任會得以發展。當利害關係人看到這樣的情形,他們對團隊的信任也會隨之進一步地發展。

你還可以和利害關係人直接建立信任。考慮一下:下次利害關係人在走廊攔住你,並向你提出請求時,如果你立即且欣悅地聆聽他們的請求,並在索引卡上寫下該請求的故事,然後帶著卡片和利害關係人一同到產品經理前,要求安排時程或進一步討論,那麼會發生什麼事情?

對你而言,這或許只是打擾十分鐘,但想像一下利害關係人的感受會是如何?你回應了他們的顧慮、幫助他們將顧慮表達出來,並且採取立即的步驟來把它放入計畫裡。對他們而言,這比寄一封信到請求追蹤系統的黑洞裡要更有價值。

讓利害關係人有好的表現

即使最接近你的利害關係人喜愛你,他們也需要說服他們的老闆也喜愛你。你的利害關係人需要什麼?思考他們的處境、他們是如何被評估的、以及你能做些什麼來支持他們。

一種可能的做法是建立一本「價值帳冊」,以便讓商務利害關係人可以分享給他們的老闆。這是一份經常更新的文件,上面記錄著你們為利害關係人帶來的價值。它有助於提醒利害關係人你們所做出的貢獻,而且協助他們向組織其他成員證明你們的成果。例如,版本 X 發佈後兩個月內處理了 20,000 個事件,且減少了 8% 的錯誤率。」

雖然這可能看起來像行銷活動(而的確也是如此),但它也是讓團隊專注於價值的一種有價值的方式。更新價值帳冊會讓團隊成員反思他們已經為利害關係人和客戶所做的事情。這有助於避免團隊成員認為自己是交付故事的工廠。

實話實說

在熱情地展示進度過程中，請小心不要越過界線。遊走邊緣的行為包括在展示給利害關係人時掩飾已知的瑕疵、搶著獲得未完全完成故事的功勞、和延展迭代的期限幾天來完成迭代計畫裡所有的事情。

像這種方式掩蓋事實會讓利害關係者留下一種印象，那就是你完成的事情要比實際你做的事情還多。他們會期望你盡快地完成剩下的故事，而是事實上你甚至還沒完成第一組的故事。你會積壓一堆看起來已經完成但事實上卻還沒完成的工作。在某些情況下，你會需要完成所有待辦工作，而由此產生的延遲會產生混亂、失望、甚至是憤怒。

即使是非常誠實的團隊可能也會遇到這種問題。為了看起來一切順利，團隊有時會納入比他們能實現的故事量還多的故事。雖然他們完成了工作，但他們卻走了捷徑，而且沒有進行完善的設計和重構。設計陷入麻煩、瑕疵蔓延、而且團隊會發現自己苦於改善內部品質時，速度突然慢了下來。

此外，不要屈服於想要把部分完成的工作計入產能的誘惑。如果故事沒有完全地完成，那麼它只能被算成零。不要採計部分的功勞！有一個古老的程式編寫笑話：前 90% 的工作需要 90% 的時間…而最後 10% 的工作需要 90% 的時間。在故事完成之前，不可能確定完成了多少的百分比。

問題

為什麼建立信任是我們的責任？利害關係人不應該盡自己的一份力量嗎？

你只能為自己負責。理想上，利害關係人也在努力地使這種關係發揮作用，但那並不受你們的控制。

我們做得好而不是看起來好，不是更加地重要嗎？

兩者都重要。做偉大的工作，並且確保大家知道。

你說開發人員應該開自己時程的玩笑。這不就和告訴開發人員閉上嘴且無論時程多麼的荒謬都要按時完成一樣嗎？

當然不是！團隊裡的每一個人都應該在發現問題時，發表意見並說出事實。不過，討論真正的問題與只是憤世嫉俗有明顯的不同。

請記住客戶的職涯常常面臨著危險。他們或許無法辨別真正的笑話和偽裝成笑話的抱怨之間的差異。一個不恰當的笑話就可以讓他們像面對真正問題一樣容易激增腎上腺素。

先決條件

雖然承諾是強而有力的工具，可以用來建立信任，但只在你能夠兌現他們的時候才有用。在團隊內私下證明有能力做出並且兌現承諾之前，不要向利害關係人做出承諾。請參閱第 218 頁「制訂與履行迭代的承諾」來得到更多細節。

指標

當你的團隊與組織和利害關係人建立信任時：

- ☐ 利害關係人相信團隊有能力達成他們的需求。
- ☐ 你承認錯誤、挑戰、和問題，而不是隱匿它們直到爆發。
- ☐ 參與其中的每個人都在尋求解決方案，而不是咎責。

替代方案和試驗

利害關係人的信任至關重要，所以沒有任何替代方案。

不過，有許多建立信任的方法。這是一個歷史悠久的話題，而敏捷帶來的唯一真正的新想法是以每週為基礎，採用迭代來做出與履行承諾。除此之外，你可以隨意地從許多與關係建立和信任有關的資源上獲取靈感。

延伸閱讀

《*Trust and Betrayal in the Workplace*》[Reina2015] 全面地探討了如何建立信任，以及當信任破裂時該如何因應。

《*The Power of a Positive No: How to Say No and Still Get to Yes*》[Ury2007] 描述了如何在保持重要關係的同時，說不。Diana Larsen 將這種能力描述成「在建立信任的情況下，這種能力或許比任何談判技巧都要來得更加重要。」

向利害關係人展示

受眾
產品經理、完整團隊

我們保持它是真的。

敏捷團隊打從開始的第一週起，便每週都能產生出可運行的軟體。這或許聽起來不可能，但卻是千真萬確的。它只是很難以做到而已，而學會如何順利地達到這個目標的關鍵是回饋。

向利害關係人展示是一種相當具有威力的方法，而且它能提供團隊需要的回饋。它就是聽到時給人的印象一樣：展示、向利害關係人、團隊最近完成的功能、同時也能讓利害關係人自行試用軟體。

回饋循環

向利害關係人展示以多種方式提供了回饋。首先，顯而易見地利害關係人會告訴你他們對軟體的想法。

關聯
增量式需求 (p.201)
實際客戶的參與 (p.196)

雖然這個回饋是有價值的，卻不是一場利害關係人展示能帶給你的最有價值的回饋。因為團隊的駐點客戶與利害關係人在整個開發過程一起合作，所以他們應該知道利害關係人想要與期望的事情。

所以利害關係人的評論所提供的真正回饋並不是回饋本身，而是回饋有多令人驚訝。如果你感到驚訝，你就知道你需要更加努力來了解你的利害關係人。

另一種回饋是參與者的反應。如果團隊成員對他們的工作感到驕傲，而且利害關係人看到成果也感到開心，這就是一個好的徵兆。如果團隊成員不感到自豪、或是筋疲力盡、或是利害關係人感到不開心，那就是有事情出錯了。

參加者是另一種形式的回饋。如果來了你認為不是利害關係人的參與者，請考慮和他們聯繫來知道更多的資訊，尤其當他們表現相當積極的時候。同樣地，如果你預期會非常感興趣成果的人沒有來參加，那麼了解原因是個好主意。

對於團隊來說，展示本身就是「見真章」的時刻。它會提供你回饋，告訴你團隊完成工作的能力。當你無法向利害關係人展示，你就更難自欺欺人地認為工作已經完成了。

最後，展示也為利害關係人提供了回饋。它向他們表明你的團隊是負責任的：你們正在聆聽他們的需求，並且穩定的推動進度。這是相當重要的，因為有助於利害關係人相信團隊把他們的最大利益放在心上。

關聯
利害關係人的信任 (p.272)

展示節奏

先從每週或每個迭代（如果你的迭代比一週還長的話）向利害關係人展示開始，而且總是在同一時間同一地點進行展示。這會幫助你建立節奏、讓人們可以更容易地參加，並在一開始就展現出強大的動力。

除非團隊的工作需要保持機密，否則請邀請公司裡所有感興趣的人來參與。整個團隊、關鍵利害關係人、和高階贊助者都應該盡可能地經常參與，並且適時地讓實際客戶參與。此外，也歡迎附近的團隊和對敏捷感到好奇的人參與。

關聯
實際客戶的參與
(p. 196)

如果你採用迭代方法，請在迭代結束後立即進行展示。我喜歡把展示安排為迭代結束隔天一早的第一件事情。這會讓你無法拖延工作到下個迭代，而幫助團隊保持紀律。

展示一般來說會進行 30 分鐘。時間可以更長，只不過最重要的利害關係人時間相當緊湊，所以最好安排較短的會議，以便他們能夠經常參加。請以他們感興趣的事情和出席狀況來指引你的決策。記住你永遠都可以在展示之後繼續跟進參與的人。

除了透過簡報進行展示外，提供方法讓利害關係人可以自行操作展示功能。這或許可以透過預備主機，或是如果使用功能旗標的話，則需要為利害關係人帳號設定特別權限。

關聯
功能旗標 (p. 482)

在你進行幾次展示並且對新工作的興奮感消退後，你可能會覺得每週展示對於一些關鍵利害關係人來說過於頻繁。你可以改成每兩週進行一次展示，或每個月進行一次，只不過不要再比這個間隔時間更長，因為產生好回饋的頻次會變得太少。不管你的展示頻次為何，請繼續在每週或每個迭代，分享展示的軟體。

如何召開一場利害關係人的展示會

團隊裡的每個人都能主持利害關係人的展示會。最好的人選是與利害關係人緊密合作的人，這個人通常是產品經理。他們能說著利害關係人的語言且最理解利害關係人的觀點。這些觀點還強調了利害關係人的需求是如何指引團隊的工作。

產品經理常常會要求開發人員來主持展示會。當產品經理不把自己當成團隊的一部分或不覺得自己足夠了解產出的軟體時，我最常看見這種要求。請把這個請求推回去。開發人員並不是為產品經理構建軟體，而是整個團隊（包括產品經理）為利害關係人構建軟體。產品經理是這項工作的代言人，所以他們應該主導展示會。透過故事完成時與他們一同進行回顧，來幫助產品經理更深入地參與其中並且覺得自在。

準備好展示的部分不應該超過 10 分鐘，而且你不需要說明每一個細節。當進行簡報時，允許提問與回饋，但要注意時間好讓自己能準時結束。如果由於太多回饋而需要更多的時間，這就代表你應該更頻繁地進行展示。另一方面，如果你無法吸引參與者的目光，或他們似乎不感興趣，請降低展示的頻次，這樣能讓你有更多的內容可以分享。

由於會議的時間很短，所以即便有一些參加者遲到了，準時開始才是好的做法。這會傳達你重視參與者時間的訊息。簡報者和展示的軟體都應該在會議之後停留或維持一段時間，以便進一步的討論與探索。

作為開始，請先簡短地提醒參與者團隊目前正在進行的有價值增量，以及它為什麼是目前最重要的增量。為沒有全心投入的人設置展示環境並且提供情境，然後為自上次展示以來團隊處理的故事，提供概述。

如果你對利害關係人所關注的計畫進行了任何的修改，請解釋緣由。不要粉飾或掩蓋問題。開誠布公會提高你的信用。透過既不簡化也不誇大問題的方式，展現團隊專業處理問題的能力。舉例來說：

> 冷靜地說明問題以及處理的方式。

> 展示者：在過去兩週，我們致力於改善航班預訂系統。它已經完成，因為我們能夠如往常一般發佈它，但我們一直在新增「令人感到愉悅的功能」，來讓我們的客戶能留下深刻印象且能輕鬆使用。

> 雖然我們完成了所有規劃的故事，但我們必須更改旅程計畫的視覺化方式，這部分稍後會向你們展示。結果我們發現這個變更太過昂貴，使得我們必須另覓解決方案，而這的確超過了所規劃的範圍，但結果卻讓我們感到欣悅。

在介紹完後，大致介紹一下團隊所處裡的故事。請不要按字朗讀每個故事，而是透過釋義來提供情境。把故事合併在一起講，或匆匆帶過利害關係人不感興趣的細節是沒有問題的。接著，在軟體上展示成果。可以匆匆帶過或以口述的方式來介紹沒有使用者介面的故事。

> 展示者：我們前兩個故事是在使用者登錄後，會自動填入使用者帳單資訊。首先，我會透過測試帳號登入⋯點擊「訂位」⋯，隨後你會發現這邊的帳單資訊已經被自動填好。

> 觀眾：如果使用者改變了帳單資訊，會怎麼樣呢？

> 展示者：那麼我們會詢問使用者是否想要把這些變更後的資訊存起來（展示操作）。

利害關係人常常會給予回饋。大多數的時候，這些回饋都會相當細微。如果方向發生了重大改變，請在下次開發過程中，思考如何更好地讓利害關係人參與進來，這樣你就不會再次面對這種錯愕。無論使用哪種方式，請記下建議並且承諾會繼續跟進。

> 觀眾：當儲存的帳單資訊過期，它會警示客戶嗎？

> 展示者：目前還不會，不過這是個好點子（做紀錄）。我會研究一下，然後回覆你。

如果你遇到故事沒有按照計畫發生效果，請直接了當地進行解釋，不要防備。簡單地解釋發生了什麼事就好。

> 展示者：我們下個故事是關於旅程計畫視覺化方式。如之前提到的，我們必須為此修改計畫。你們或許還記得原先計畫是透過 3D 動畫飛越來顯示航段。程式設計師有些效能上的顧慮，所以他們做了一些測試。結果證明渲染動畫會大幅提高我們的雲端成本。

> 觀眾：為什麼會如此昂貴？（展示者向程式設計師示意。）

> 程式設計師：有些行動裝置無法在瀏覽器裡渲染 3D 動畫，或無法流暢地顯示。因此，我們必須在雲端進行渲染。不過，雲端 GPU 的運算資源非常昂貴。我們可以建立雲端版本和客戶端版本，或可能暫存一些動畫，但我們需要仔細查看使用統計數據，才能說出這種做法會有多大的幫助。

> 展示者：這只是個錦上添花的功能，而且不值得為此增加雲端成本。另外，我們也不想花費額外的開發時間。因此，我們把它改回一般 2D 的地圖。我們的競爭對手都沒有航段地圖。我們並沒有足夠的時間來為地圖製作動畫，而且在看了成果（展示內容）後，我們認為這是一個漂亮且乾淨的畫面。因此，我們會繼續推動進度，而不是把時間耗在這裡。

當展示結束後，告知利害關係人如何自行操作執行軟體。如果展示需要的時間很長，這是一個很好的結束方式：讓觀眾知道如何自行操作，然後詢問是否有任何人願意針對更多的回饋和問題私下跟進。

做好準備

在開始展示之前，確保所有的故事是「完成且達標」，而且你有一個軟體版本包括它們。確保參與者有方法能自行嘗試展示功能。

> **關聯**
> ―――――
> 「完成且達標」（Done Done）(p.265)

你不需要為展示創建一個有炫目圖片的精美簡報，不過還是需要為此作好準備。你應該能夠在 5-10 分鐘內簡報展示內容，因此這代表你了解簡報內容，並且可以準確地表達。

為了準備，請回顧自上次展示以來完成的故事，並且把它們整理成為一個連貫的故事。決定哪些故事可以合併起來一起解釋。查看團隊的目的和視覺化計畫，以及確定每組故事如何與目前有價值增量、接下來的發佈、和團隊整體使命與願景聯繫在一起，並為你說的內容建立大綱。

關聯

目的 (p.116)
視覺化規劃 (p.173)

最後，進行幾次排練。你不需要講稿（因為即興演講聽起來更為自然），但你會想要**實際演練過**。瀏覽過所有你打算展示的東西，以便確保每樣事情都如你的預期，而且所有的樣本資料都存在。接著，練習你要說的話。進行幾次練習，直到你能保持冷靜與自信。

每個展示都會需要越來越少的準備與練習。最終它會變成你的習慣，而且只需要幾分鐘的時間便能準備好。

當事情出錯

事情有些時候就是不會順利。你沒有任何東西可以展示，或你有的只是讓人失望的內容。

在這種情況下會非常想要偽造展示內容。你或許想要展示一個背後沒有任何邏輯實作的 UI，或故意避免展示一個有嚴重瑕疵的動作。

雖然很難，但你需要對發生的事情實話實說。弄清楚軟體的限制與你打算如何處理它們。偽造進度會使得利害關係人相信你有著比實際還大的產能。他們會期望你持續加快速度，而且你會逐漸地跟不上速度。

> 弄清楚軟體的限制
> 與你打算如何處理它們。

相反地，以一個團隊的方式承擔責任，而不是咎責個人或其他群組，請試著不要展現防衛心態，並且讓利害關係人知道你們會如何避免同樣的事情再次發生。

以下有一個範例：

> 本週，我們恐怕沒有東西可以展示。我們原本規劃向你們展示即時航班追蹤，但我們低估了與後端航空公司系統界接的難度。我們原來預期資料會比實際資料來得乾淨，而且也沒意識到我們需要建置自己的測試環境。
>
> 我們很早就發現了這些問題，而且我們認為可以解決它們。我們的確解決了問題，但沒有及時地完成可以向你們展示的任何內容。我們應該圍繞著更小的功能重新規劃，使得我們仍然可以展示一些東西。現在我們知道且下次會更積極主動地重新規劃。

我們預期未來也會有類似與航空公司系統相關的問題。因此，我們不得不加入更多的故事來面對這些變化，而這樣的做法近乎用光了所有緩衝的時間。我們仍然維持原來正式運營的日期，不過如果我們之後再遇到任何其他重大的問題，我們就必須刪減功能。

我對這個壞消息感到很抱歉，而且很樂意回答你們的問題。我現在會先回答一些問題，在本週稍晚完成計畫修改時，我們會有更多資訊。

問題

如果利害關係人不停地打斷展示過程並且提出問題，我們該怎麼辦？

問題和打斷是好事，因為這代表利害關係人的參與和感興趣。

如果你遇到太多干擾與問題，使得你無法堅持 30 分鐘的限制，你或許需要更頻繁地舉辦展示會。否則，你可以要求他們在會議結束後再進一步提出問題，尤其是只有一個人特別投入的時候。規劃超過 30 分鐘的會議也是可以的，尤其是在頭一兩個月。

如果利害關係人不斷地挑剔我們的選擇，那要怎麼辦？

當你開始進行展示時，挑剔也是正常的情況，而且也是感興趣的象徵。不要為此太過憤怒。就像任何故事一樣，把想法寫到卡片上，並在會議後優先考慮它們。請抵抗想要在會議中提出解決方案、確定優先序、和開始設計解決方案的誘惑。這不僅延長了會議時間，也阻礙了遵循一般會議的實務做法。

如果在前一個或兩個月後，挑剔的情況持續發生，有可能是因為駐點客戶沒注意到某些事情。請進一步檢視抱怨，來查看是否有更深的問題。

利害關係人對看到的展示內容感到興奮，而且想要加入一系列的新功能。提出的想法都是好點子，但我們必須開始著手別的事情。我們該怎麼辦？

在展示期間，不要說出「不」，也不要說出「好」。只要感謝利害關係人的建議，並寫成故事即可。在展示結束之後，駐點客戶應該仔細查看建議，以及這些建議對於團隊目的所帶來的價值。如果它們無法排入團隊的時程裡，具備產品管理技能的團隊成員可以回頭和利害關係人進行溝通。

如果沒有人參加展示會或不參與討論，那要怎麼辦？

你可能過於頻繁進行展示，或會議時間過長。試著減少展示的頻次，並練習如何簡潔地進行報告。也有可能是你的軟體對他們並不重要。請詢問利害關係人你可做哪些事情來讓展示更加有用且重要。

如果有多個團隊在開發同一個軟體，要怎麼辦？

把各團隊的成果整合到一個展示會議裡或許是有意義的。在這種情況下，請挑出一個人來說明每個人的工作成果。這會需要跨團隊的協作，而這超出了本書討論的範圍，不過你應該把跨團隊協作包含到你的擴展方法當中。請參閱第六章以獲得更多想法。

如果把各團隊的成果整合到一個展示會議裡是沒有意義的，那麼你可以繼續個別地進行展示。有些組織喜歡把所有展示安排在一起成為一個大型的會議，但這種做法並不是好的擴展方式。相反地，請創建多個合併的展示（舉例來說，展示給面對客戶的團隊、展示給內部管理團隊、展示給支援開發的團隊等），並且個別安排時程，來供人們進行挑選並選擇要參加的展示會議。

先決條件

永遠都不要隱藏臭蟲或展示未完成的故事，來粉飾向利害關係人進行的展示。這樣只會讓你自己陷入困境。

如果你不得不粉飾展示會議來說明進度的話，這是團隊陷入麻煩的明顯徵兆。請慢下速度，並且弄清楚什麼事情出錯了。如果你不是使用迭代，請嘗試使用這種做法。如果你已經使用迭代，請

> 關聯
> _____
> 任務規劃 (p.211)

參閱第 218 頁「制定與履行迭代承諾」，並且尋求指導者的協助。或許問題只是同時做太多事情而已。

指標

當你的團隊順利地向利害關係人展示：

- ☐ 你與利害關係人建立了信任。
- ☐ 你了解利害關係人最熱衷的事情。
- ☐ 團隊對自己的交付能力充滿自信。
- ☐ 你坦率面對問題，而這讓你的團隊能夠避免問題失控。

替代方案和試驗

向利害關係人展示可以清楚地說明你的交付能力。你要不是完成了要展示的故事，要不就是沒有完成。你的利害關係人要不是滿意你們的成果，要不就是不滿意。我不知道有任何其他方法也能夠提供如此有價值的回饋。

此外，**回饋**就是向利害關係人展示裡重要的一部分。對於團隊交付能力的回饋、對於利害關係人滿意度的回饋、還有從觀察利害關係人的反應與聽到的問題和評論所獲得的回饋。

當你嘗試向利害關係人展示的時候，請將回饋謹記在心。展示不只是一種分享你正在做些什麼事情的方法，也是了解利害關係人的方式。有些團隊製作簡短的錄影來簡化展示。這種做法很聰明，而且也值得一試。不過，它無法帶給你足夠的回饋。請確保任何試驗的方法能夠提供方式，來確認團隊完成工作的能力，以及了解利害關係人。

有些團隊會反過來進行展示：他們會觀察利害關係人使用軟體，而不是向他們展示完成了什麼功能。它在面對面的環境中可以發揮最大的效用。當你有多個面對面的團隊時，它也同樣有效：你可以讓他們處在同一個大型空間裡，並且舉辦如「市集（bazaar）」或「商展」形式的展示會。利害關係人可以在會議裡自由地在團隊之間查看他們的成果 [2]。

預測

受眾
產品經理

我們可以預測發佈的時間。

「你什麼時候會完成？」是程式設計師害怕的問題。軟體開發有太多的細節，所以不可能知道確切還要做哪些事，更不用說要花多少時間了。然而，利害關係人的確需要知道工作需要花費多久的時間。它們需要規劃預算並與第三方協調。為了建立信任並且展現責任感，你需要能夠預測何時可以發佈。

做出這些預測通常稱為**估計**（estimating），但這個用詞並不妥當。估計只是進行預測的一種技術，甚至不是最重要的技術。正確預測的真正秘訣是了解不確定性與風險。這正是為什麼我改稱之為**預測**的原因。

不確定性與風險

乍看敏捷提供了預測的解決方案：如果你採用迭代的方式，請將你的故事加總（或它們的預估）除以產能，然後完成了！就是完成前剩餘的迭代次數。畢竟產能和時差讓你有能力持續制定與履行迭代承諾。這不就意味著你也可以做出可靠的發佈承諾嗎？

關聯
產能 (p.225)
時差 (p.242)

不幸的是並沒有！想像一下，你所在的團隊在發佈之前還剩下 30 個故事。你的團隊持續每週完成 6 個故事，所以需要五週的時間完成，是嗎？現在是 1 月 1 號，所以你告訴商

2　我是從 Bas Vodde 學到這個方法。「市集」的做法大致上是根據 [Schatz2004] 所討論的「科展」技巧。

務利害關係人你會在五週（2 月 15 日）後發佈。他們對新的版本充滿熱情，並且開始通知客戶。「預計 2 月 15 日，等著瞧接下來的新功能！」

過了一週，你如往常完成了六個故事。在過程中，你發現了一個臭蟲。雖然它沒什麼大不了的，但它需要在發佈前修好。你為下一個迭代新增了一個故事來修復它。在 1 月 8 號，你還剩下 25 個故事。你告訴利害關係人時程可能會稍晚於 2 月 5 日。他們敦促你加緊速度。他們會說「趕上截止日期，因為我們的客戶正期待著 2 月 5 日的發佈！」

到了 1 月 15 日，在向利害關係人展示的過程中，你的利害關係人了解其中一個功能需要更多稽核管制。你新增了 4 個故事來解決這個需求。算上你完成的 6 個故事，還剩下 23 故事。這意味著你不可能在 2 月 5 日完成。你提議刪減一項功能來守住交付日期，但利害關係人拒絕這個提議。他們說：「我們已經告訴客戶預期的功能，我們只能告訴他們要延遲一週。」

接下來一週，所有事情又順利的進展。你再次完成了 6 個故事，因此截至 1 月 22 日，還有 17 個故事。你有望在 2 月 12 日進行發佈。

接下來幾週，進展並不順利。你一直在等待另一個團隊提供一個特殊的 UI 元件。他們答應在一月初交付給你，但日期卻一直順延。現在你已經沒有其他故事可以處理了。你拉了一些「錦上添花」的故事來保持自己的忙碌。你如往常完成 6 個故事，但大多是新的故事。到了 1 月 29 日，你還剩下 15 個故事。

然後，處理 UI 的團隊又得再次重來：他們遭遇了預期外的技術問題。你一直指望的 UI 元件至少還要一個月才能完成。你修改計畫，並且新增故事來解決缺失的元件。2 月 5 日，儘管完成了 6 個故事，你仍然還剩 13 個故事要處理。你的利害關係人感到挫折，他們說：「我們會推延一週到 2 月 19 日再發佈，你只要完成最後一個故事就好。我們無法再拖延發佈日期！我們已經在 Twitter 上被生吞活剝了。」

接下來的兩週一點也不有趣。你一直持續探索新的故事來彌補缺損的 UI 元件。每個人都加班來試著守住發佈日期，且你減少了測試與時差，因為你假設額外的工時將會奏效，而納入更多需要完成的故事。

這並不會奏效。起初，一切似乎都相當順遂。到了 2 月 12 日，你完成了 9 個故事！不過接下來的一週，你發現其中有四個故事，由於錯誤與遺漏的假設而不得不重新進行設計。加上所有新的 UI 故事，要做的事情太多了。當 19 號到來時，你還剩下 4 個故事。

最後在接下來的一週，也就是 2 月 26 日，你進行了發佈。你每週從未完成低於 6 個故事。但不知何故，你卻花了八週的時間發佈原先計畫裡的 30 個故事。這類延遲就稱為*時程風險*。

預先定義的發佈日期

時程風險是無法預測的。如果你能預測它們，它們就不會是風險（它們會成為你計畫的一部分）。它們也是不可避免的，所以最好的預測方法是定義何時會發佈，而不是定義會發佈哪些東西。如此一來，當

> 最好的預測方法是定義何時會發佈，而不是定義會發佈什麼。

你遇到意外時，你就可以調整計畫。在這個例子中，如果利害關係人沒有告訴客戶確切的期望，團隊可能會削減功能且還是按時發佈。

告訴人們什麼時候可以發佈哪些功能也會降低你的敏捷性。敏捷力涉及尋找新資訊並據此改變計畫。如果確切地告訴人們正在做什麼，那麼你每次更改計劃時都必須更改預測。這樣的狀況充其量意味著之前預測的時間和精力都被浪費了。更常見的是人們會把你的預測當作承諾，並在你更改它們的時後，感到不安。

相反地，只預測發佈日期。請掌控你的計畫，讓你可以準備在該日期發佈最有價值增量。這樣一來無論完成了什麼，你都可以按時發佈。這個想法的一個常見變體就是發佈列車，而它是一系列預定義的發佈日期（請參閱第 161 頁的「即早發佈，經常發佈」）。

> **關聯**
> 調適性規劃 (p.156)

如何掌控你的計畫

在預先定義的發佈日期準備妥當的秘訣是盡可能把工作切成最小有價值增量。 專注於盡快達成可發佈的狀態。為此，請擱置所有並非絕對需要發佈的故事。

最低限度是你的第一個增量。一旦你確定了它，查看所擱置的故事，並且決定哪個故事能夠獨立完成，來作為額外的增量。其中一些增量可能小得像一個故事。這實際上是最理想的大小。在完美的世界裡，你想要每個故事都能獨立發佈，而不需要等待任何額外的故事。這樣的故事為你提供了最大的彈性和掌控計畫的能力。請參閱第 191 頁「保持選項的靈活」來獲得更詳細的資訊。

你的增量需要夠小，以便在發佈日之前至少可以輕易地完成一個增量。當你完成工作時，請注意還剩下多少時間，並且根據它來決定接下來要做的事情。如果有很多時間，你可以構建一個會把軟體帶往新方向的新的大增量。如果所剩時間不太多，那就專注在較小的增量，來讓產品變得更精美且讓人感到愉悅。

你或許能夠憑直覺判斷增量的大小。如果需要更嚴謹的方法，可以使用臨時日期與範圍預測（稍後會說明）來看看哪個增量比較適合，但不要分享這些預測。這會讓你的團隊可以靈活地在之後修改計畫。

可行性預測

有些時候你只是想要知道某個想法是否值得追求，而不想要花費時間和金錢來進行詳細的計畫。任何沒有詳細計畫的方法都只是憑著直覺的方法，但這沒有關係。經驗豐富的人可以憑直覺做出正確的決定。

要進行可行性預測，請召集團隊的贊助者、經驗豐富的產品或專案經理、和一個或兩個資深程式設計師，而這些人最好都是團隊中的人。請選擇公司裡有豐富經驗的人。

要求贊助者說明開發的目標、何時開始進行、誰會參與團隊、以及仍值得付出成本努力的最後發佈日期。接著，詢問產品經理和程式設計師是否認為可行。

要注意的是你並不是在問要花多久的時間才能完成，因為這是個難以回答的問題。目前你要的只是直覺上的反應。請用確實的期待來表達問題會讓直覺反應更加地可靠。

如果答案是完全「可行」，那麼投資一個或兩個月來進行開發就是有意義的，這樣可以讓你制定更實在的計畫和預測。如果專家有點下不了決心、或說「不可行」，那就代表有些風險。這種風險是否值得投資在更好的預測，則取決於贊助者。

日期與範圍預測

雖然最好是預測何時會發佈，而不是預測發佈的內容，但有時候兩者都需要進行預測。想要預測準確也需要考慮時程的風險。你當然會加上一些緩衝（稱為風險調節值）來面對發生的問題。公式如下 [3]：

剩餘週數 = 剩餘故事數量（或總估算值總和）÷ 每週產量 × 風險調節值

你還可以預測在預定發佈日期前有多少故事會被完成：

完成的故事數量（或估算值總和）= 剩餘週數 × 每週量 ÷ 風險調節值

以下是每個術語的定義：

- **剩餘週數**：目前到發佈日前還有多少時間。
- **故事數量（或估計值總和）**：發佈前需要被完成或會完成的「恰到好處」故事數量。如果你有進行估算，那麼這個數值代表故事估計值的加總。
- **每週產量**：如果採用迭代方法，此數值就等於上次迭代完成的故事數量（或估計值總和）除以每次迭代的週數。如果你使用持續流，那就是上週完成的故事數量（或

3　非常感謝 Todd Little 對於此技術的回饋。

估計值總和）。不要用多次迭代或多週的平均值。這部分的考量會由風險調節值來處理。

- 風險調節值：除非你的團隊已經同時熟練專注和交付，否則請參閱表格 10-1[4] 的「高風險團隊」欄位。根據對達成或超前預估日期的期待可能性，選擇對應列上的值。例如，採用「90%」所進行的預測代表十次裡有九次會達成或超前預估日期。

表格 10-1 風險調節經驗法則

可能性	低風險團隊	高風險團隊
10%（幾乎不可能）	1	1
50%（如投硬幣）	1.4	2
90%（非常可能）	1.8	4

規劃遊戲所定義大小「恰到好處」的故事對於日期與範圍預測有很大的影響。如果你沒有把所有故事拆解到這種大小程度的細節，你就無法預測發佈。你會需要先使用規劃遊戲來找出故事的大小。

關聯

規劃遊戲 (p.187)

同樣地，如果發佈包含了探究故事，你就需要先完成這類故事才能進行預測。這便是探究故事會在計畫中獨立出來的原因。有時儘早安排這些故事是具有價值的。如此一來，你才能解決風險並做出預測。

在每個迭代更新你的預測，或如果採用持續流，則每週更新一次。隨著發佈日期到來，預測會「逼近」實際的發佈日期。基於時間繪出預測的發佈日期會有助於觀察趨勢，尤其當你的產出不穩定的時候。

範例與範圍預測範例

讓我們回顧一下介紹範例。為了算出剩餘的週數，先從剩餘的故事和團隊產量開始著手。如範例所述，團隊有 30 個剩餘故事且每週完成 6 個故事。

接著決定風險調節值。我通常採用可能性 50% 到 90% 來給出預測範圍。如果是一個相對較窄的預測範圍，我有一半的機會超前預期範圍。如果我認為聽取預測的人無法接受範圍型式的預測時，我會直接基於可能性 90% 給出預測值。

---

4 這些風險數值是有根據的猜測。「高風險」是根據 [Little2006] 和之後與 Todd Little 的對話內容。「低風險」則是根據 DeMarco 和 Lister 的 RISKOLOGY 模擬器（第 4a 版，可以從 *https://systemsguild.eu/riskology* 取得）。我使用了預設值，並且關閉生產力變異數。因為產能會自動隨風險進行調整。

具體的風險調節取決於團隊是高風險或低風險，而風險程度則取決於團隊的熟練度。以這個例子來說，假設團隊熟練專注與交付兩個領域。因此，風險調節值在可能性為 50% 時為 1.4，而 90% 時為 1.8，並且可以得出以下預測：

- 可能性 50%：30 個故事 ÷ 每週 6 個故事 × 風險調節值 1.4 = 7.0 故事
- 可能性 90%：30 個故事 ÷ 每週 6 個故事 × 風險調節值 1.8 = 9.0 週

圖 10-1 圖示化了預測值。

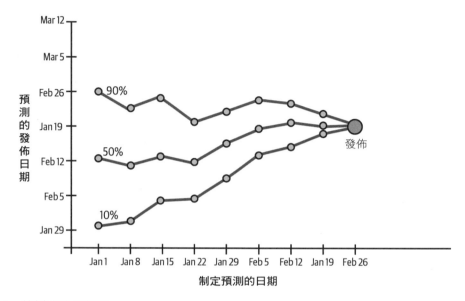

圖 10-1　範例的迭代預測

如果團隊在一月 1 日做出預測，團隊成員可以告訴利害關係人會在「二月 19 日到三月 5 日間」完成，並且每週都會如以下方式更新預測：

- *Jan 1*：剩下 30 個故事：二月 19 日到三月 5 日（7.0 到 9.0 週）。
- *Jan 8*：剩下 25 個故事，更新預測：二月 19 日到三月 5 日（5.8 到 7.5 週。我都會進行四捨五入）。
- *Jan 15*：剩下 23 個故事，更新預測：二月 26 日到三月 5 日（5.4 到 6.9 週）。
- *Jan 22*：剩下 17 個故事，更新預測：二月 19 日到三月 5 日（4.0 到 5.1 週）。
- *Jan 29*：剩下 15 個故事，更新預測：二月 26 日到三月 5 日（3.5 到 4.5 週）。
- *Feb 5*：剩下 13 個故事，更新預測：二月 26 日到三月 5 日（3.0 到 3.9 週）。
- *Feb 12*：剩下 9 故事，更新預測：三月 5 日（2.1 到 2.7 週）。

- *Feb 19*：剩下 4 個故事，更新預測：二月 26 日到三月 5 日（1.0 到 1.4 週）。
- **實際發佈**：二月 26 日。

雖然範例裡的團隊遭遇到許多問題，但風險調節值還是能讓產出準時發佈。

減少風險

高風險團隊無法做出有用的預測。總計三個月大小的故事，可能性 50% 到 90% 的預測會是 6 到 12 個月，而利害關係人很難接受如此多的不確定性。

減少風險最簡單的方法是讓增量變得更小。與其一次性發佈總計需要三個月的故事，還不如發佈總計需要兩週的故事。這會讓 50% 到 90% 的預測變為 4 到 8 週。預測結果變得讓人比較可以接受。

較困難但卻更有成效的方法是改善開發實務做法。你實際上不用讓專注與交付熟練度臻於完美，才能使用風險調節表裡「低風險」的欄位。你只需要能夠肯定地回答以下的問題：

- 你在最近四次迭代裡，每次都能有相同的產量嗎？（或如果使用持續流，過去四週的每一週你都完成相同數量的故事嗎？）
- 如果使用迭代方法，過去四次迭代的故事都是「完成且達標」嗎？
- 你在過去四次迭代（或週）裡，都沒有新增修復臭蟲的故事嗎？
- 在最近一次發佈裡，如果故事都已完成，你能夠立即發佈到正式環境，而不用進行額外的工作、等待 QA 或其他的延遲嗎？

你可以使用第 227 頁「穩定產能」所提的時差來解決前兩個問題，而後兩個問題則需要「交付」領域的實務做法，先從測試驅動開發和持續整合來開始解決問題。

關聯
時差 (p.242)
測試驅動開發 (p.398)
持續整合 (p.388)

客製風險調節值

表 10-1 的風險調節值只是有根據的猜測值。如果想要更加地準確（且可能較不悲觀），你可以建立屬於自己的風險調節表。不過它需要根據許多資料，而可能不值得進行客製。

你會需要歷史發佈估計，來建立自己的風險調節表。每週或每個迭代都建立一個發佈估計的基線（*baseline*）。發佈估計的基線為「剩餘週數 = 剩餘故事（或估計值加總）÷ 週產量。」

接著，當實際進行發佈時，回過頭來計算從每個發佈估計日期到實際發佈花費了多長時間（以週為單位）。如果你被迫提前發佈，或者有很多錯誤或修補，請使用**真正發佈的日期**（軟體實際完成的時間），這樣你的預測將代表你的團隊實際需要建立可運行版本的時間。

你應該最終會得出數個成對的數值：以週為單位的估計值和同樣以週為單位的實際需要的時間。把實際需要的時間除以估計值，每對數值就會得到一個實際／估計的比值。表 10-2 為一個範例。

表 10-2　發佈的歷史估計值

日期	基線預估	實際值	實際／估計
Jan 1	5.00 週	8 週	1.60
Jan 8	4.17 週	7 週	1.68
Jan 15	3.83 週	6 週	1.57
Jan 22	2.83 週	5 週	1.76
Jan 29	2.50 週	4 週	1.60
Feb 5	2.17 週	3 週	1.38
Feb 12	1.50 週	2 週	1.33
Feb 19	0.67 週	1 週	1.50

最後，把比值從最小到最大進行排序。新增一欄來表示每列的百分比。換言之，如果你有八列，第一列的百分比就是「1 ÷ 8 ＝ 12.5％。」這便是你的風險調節表。百分比是風險可能性，而實際值／估計值則是風險調節值。表 10-3 為範例的接續表格。

表 10-3　客製風險調節值的範例

可能性	風險調節值
12.5%	1.33
25.0%	1.38
37.5%	1.50
50.0%	1.57
62.5%	1.60
75.0%	1.60
87.5%	1.68
100.0%	1.76

有越多的發佈資料，風險調節值就更準確。為了得到最好的準確度，雖然每個團隊應該各自獨立追蹤發佈資料，但你可以先從把數個相似團隊的資料合併起來開始建立風險調節值。

問題

我們的產出能力變化很大，因此我們的預測一直上下跳動。我們能把產出能力進行平均，來讓預測更加穩定嗎？

最好的做法是使用產能和時差來讓產出能力變得穩定。如果無法這樣解決的話，你可以把最後三週（或迭代）進行平均，來讓預測變得穩定，或把預測值繪成圖且畫出趨勢線。

關聯

產能 (p.225)

時差 (p.242)

我們的預測顯示出我們發佈的太晚了。我們該怎麼辦？

你必須刪減範圍。請參閱第 301 頁「當路徑圖不夠好」來獲得更多詳細資訊。

你的經驗法則風險調節值太大了。我們可以使用較低的比率嗎？

當你的預測帶來壞消息時，你會很想操弄這些數字，直到數字能讓你開心些為止。作為一個有過這種經歷，也有試算表能證明這一點的人來說：這是浪費時間。因為它無法改變軟體實際發佈的時間。如果你有歷史資料，你可以製作一個客製的風險調節表，但如果你沒有，最好的選擇是直面不愉快的消息並刪減範圍。

先決條件

預定的發佈日期和可行性預測適用於所有的團隊。

要進行日期和範圍預測，你需要有個團隊，而該團隊正在開發被預測的實際軟體。你應該至少經歷四週的開發，並且只能使用在規劃遊戲中大小「恰到好處」的故事來預測增量。

關聯

規劃遊戲 (p.187)

更重要的是確認你確實需要預測。太多的公司出於習慣要求進行預測。預測需要額外非用於開發的時間。這是因為不僅做出預測本身需要時間，而且管理來自團隊成員和利害關係人對於預測的許多情緒反應也需要時間。此外，它還增加了調整計劃的阻力。

與團隊做的所有事情一樣，要清楚誰會因為日期和範圍預測而受益、為什麼受益以及益處有多少價值。接著，把價值與團隊可以花費時間去做其他事而產生的價值，進行比較。預定義發佈時間常常是更好的選擇。

指標

當你的團隊善於預測：

☐ 你能夠與需要較長前置時間的外部事件，如行銷活動，進行協調。

☐ 你能和商業利害關係人協調即將交付的日期。

☐　你了解團隊的成本何時會超過其價值。

☐　你有資料來應對不切實際的期望和截止日期。

替代方案和試驗

進行日期與範圍預測有許多方法。我所說的方法既準確又容易。然而,它對「恰到好處」故事的依賴,使得在開發前進行預測要耗費大量人力。另一個缺點是雖然經驗法則通常夠好,但如果要客製風險調節值,則需要大量歷史資料。

另一種替代方案是使用蒙地卡羅模擬來把小量的資料變多。 在 *https://www.focusedobjective.com/w/support* 上 Troy Magennis 的「產出能力預測器」試算表就是一個受歡迎的替代工具範例。

Magennis 的試算表和類似估算工具的缺點就是它需要你估算不確定性的來源,而不是使用歷史資料。例如,Magennis 的試算表要求使用者猜測故事剩餘數量的範圍,以及新增(或以該工具使用的術語成為「拆解」)故事的數量範圍。這些猜測值對預測會有重大的影響,然而它們卻只是猜測值。如果使用實際資料而不是猜測值來增加預測範圍,那麼試算表會更強大。

在你嘗試使用替代方法來進行日期和範圍預測之前,請記住,最好的預測方法是選擇一個預定的發佈日期並且掌控計畫,以便準時交付。

延伸閱讀

《*Software Estimation: Demystifying the Black Art*》[McConnell2006] 全面地介紹了日期與範圍預測的傳統方法。

〈Schedule Estimation and Uncertainty Surrounding the Cone of Uncertainty〉[Little2006] 使用實證資料對「不確定性錐」提出質疑,而不確定性錐就是一個 McConnell 書中關於傳統預測的中心思想(Little 提出的方法也是本書中日期和範圍預測方法的基礎)。《*The Leprechauns of Software Engineering: How Folklore Turns Into Fact and What to Do About It*》[Bossa-vit2013] 在第二章裡追溯了不確定性錐概念的來源,並且發現它並沒有實證基礎。

路徑圖

受眾
產品經理

我們的利害關係人知道我們預期要交付什麼。

歸根結底,當責代表為組織的投資提供良好的價值。在一個完美的世界裡,即便沒有密切的監督,商業利害關係人也會信任你的團隊。雖然這樣的情景是可以實現的,但通常需要先可靠地交付一年或兩年才能達成。

與此同時,你的組織還是會想要監督團隊的工作。向利害關係人展示會對此期待有所幫助,但管理者們通常想了解更多你正在做什麼以及你預期有哪些產出。你會透過路徑圖來分享這些資訊。

關聯
利害關係人的信任 (p.272)
向利害關係人展示 (p.279)

敏捷路徑圖不必看起來像傳統的軟體路徑圖。我相當廣泛地使用這個術語來含括團隊分享進度與計畫的各種方法。有些路徑圖很詳盡且契合重點,而可以用來與管理者分享。有些路徑圖則能華麗地展現大方向,而可以用來分享給客戶。

敏捷治理

你要提供的路徑圖類型取決於組織的治理方法。你的組織如何確保團隊有效地工作並朝著正確的方向前進?

典型的方法是**基於專案的治理方法**。它包括了制定計畫、估算成本、和估算價值。如果專案的總價值比總成本高得多,專案便會獲得資助。一旦獲得資金後,專案會被仔細地追蹤,來確保專案按計劃進行。

這是一種預測性治理方法,而不是敏捷方法。它假設計畫應事先被制定完成。變更會受到嚴格控制,且定義專案成功是達成計畫內容。管理層需要包含了詳細計畫、成本估算和完成進度的路徑圖。

敏捷方法是**基於產品的治理方法**。它包括了分配持續「照常」的預算,並且估算團隊隨著時間所產出的價值。如果持續產出的價值高出持續產生的成本夠多,產品便會獲得資助。一旦獲得資助後,產品價值和成本就會受到仔細地監控,來確保達成預期的投資報酬率,而且與實際交付的功能無關。當價值與估計值不同時,成本與計畫就會相應地進行調整。

這是一種可調適性的治理方法。它假設團隊會尋找資訊和新機會,然後改變計畫來善用得知的事情。成功是根據商業成果來定義的,例如投資報酬率。管理層需要包含了支出、收入等價值指標和商業模式的路徑圖。

> 敏捷方法是基於產品的治理方法。

儘管敏捷是可調適性，而不是倚賴預測性，但許多敏捷團隊都受制於基於專案的治理方式。因此，路徑圖需要考慮這個現實情況。我基於最大可調適性到最大可預測性，提供了四個選項。請選擇可以應付你目前情境的最小編號選項。在某些情況下，你會有多個路徑圖，例如，一個用於管理層監督之用，而另一個用於銷售和行銷之用。

你可以採用任何你喜歡的方式以及任何程度的細節來呈現團隊的路徑圖。對於內部路徑圖來說，一份精簡的簡報、一封電子郵件、或一頁 wiki 頁面都是常見的選擇，而對於外部共享的路徑圖來說，一份華麗且較不詳細的網頁或行銷影片也是常見的做法。

選項一：只提供事實

以字面傳統的意義來說，「只提供事實」的路徑圖並不是路徑圖。相反地，它只是描述了團隊迄今為止所做的事情而已，而沒有對未來的猜測。

從當責與承諾的角度而言，這是最安全的路徑圖類型，因為您只分享已經發生的事情。這也是最容易進行調整的，因為你不會對未來的計畫做出任何承諾。內容包括：

關聯

目的 (p.116)

- 團隊目的
- 已完成和下次發佈需要備妥的事項
- 如果採用預定發佈日期，則列出下次發佈日期（請參閱第 289 頁「預先定義的發佈日期」）

此外，對於管理層需要的路徑圖來說，熟練優化的團隊會於路徑圖中包含以下內容：

- 目前商業價值指標（收入、客戶滿意度等）
- 目前成本
- 商業模式

即使管理層需要更具有預測性的路徑圖，「只提供事實」的路徑圖也可以很好地用於銷售和行銷。因為不會有人知道計畫發生改變，所以「只提供事實」方法的優勢在於當計畫發生改變時，不會有人感到不安。結合發佈列車（請參閱第 161 頁「即早發佈，經常發佈」），這能夠讓你定期發佈人們現在可以擁有且令人興奮的新功能。

使用這種方法的一個著名例子是 Apple，它往往只在準備好銷售時才發佈新產品。這種做法在電玩也很常見，它會使用定期更新以及「最新消息」的行銷影片來重新激發興趣和參與度。

選項二：整體方向

利害關係人常常想要的不只是事實，也想要即將會發生什麼事情。「整體方向」路徑圖可以提供良好的平衡。因為推測的事情維持在最小程度，所以團隊還是能夠調整計畫，但利害關係人不會對未來完全一無所知。

路徑圖包含了「只提供現實」的所有內容外，還包括：

- 團隊目前正在開發的有價值增量，以及該增量為什麼為最優先目標的原因
- 接下來最有可能進行開發的有價值增量（或多個增量）

被呈現出來的增量並不會有發佈日期。熟練優化的團隊或許還能包含關於即將發佈的內容所帶來商業成果的假設。

選項三：日期和大致範圍

「日期和大致範圍」路徑圖加入預測的發佈日期到「整體方向」路徑圖裡。這個做法降低了敏捷性，並且增加了風險，因為人們往往會把這類路徑圖當作承諾，而無視你提出多少的但書。

關聯
預測 (p.287)

這給團隊留下了一個感到不安的權衡：要不使用保守的預測，例如成功機率為 90% 的預測，並提供悲觀的發佈日期，或是使用更樂觀的預測，例如成功機率為 50% 的預測，並冒著錯過日期的風險。此外，工作往往會增加到填滿所有可用的時間，所以更保守的預測可能會導致完成的工作變得更少。

但是，由於路徑圖沒有包括每個增量的詳細資訊，因此團隊仍然可以按照第 289 頁「預先定義的發佈日期」所述的內容來制定計劃。與其預測每個故事何時完成，不如對計畫中「必須有」的故事做出保守的預測，並把它視為預定發佈日期。這會為你提供一個可以達成的預測，而且這個預測不會離現在太遠。接著，如果最後有額外的時間（且如果預測真的很保守，你通常也會盡量保守），你可以利用這段時間來新增精美和其他「錦上添花」的故事。

熟練優化領域的團隊通常沒有使用這種路徑圖，因為所需的業務成本大於能獲得的好處。不過，當他們需要與第三方進行協調時，例如商展或其他行銷活動，它可能會很有用。

選項四：詳盡的計畫與預測

這個選項是最不敏捷的並且具有最大的風險。它是「日期和大致範圍」路徑圖再包括團隊計畫裡的每個故事。這個做法會導致團隊無法在沒有證明變更合理性的情況下掌控計畫，而使得做出更保守的預測。這意味著浪費時間的可能性更大，且改變的意願更低。

儘管這是最危險的路徑圖類型，但組織往往更喜歡它。即使它實際上是最不安全的方法，但卻讓人感覺起來更安全。不確定性會讓人感到不舒服，而這個路徑圖能讓他們討論著確定的內容。

不過，這種確定性是一種錯覺。軟體開發本質上是不確定的。人為的確定性只會讓適應不斷變化的環境變得更加地困難。

> 人為的確定性只會讓適應不斷變化的環境變得更加地困難。

有時你無論如何都必須提供這種路徑圖。它不只是需要你為「不可或缺」的故事做出預測，而是對所有的故事都要做出預測。因此和選項三相同，你需要在可靠卻可能造成浪費的保守預測和可能無法達成的更樂觀預測之間做出決定。

不熟練專注與交付兩個領域的團隊通常會面對很大的風險，這代表著適宜的保守預測會讓發佈日期變得很遠，而難以讓利害關係人接受。因此，即便日期很可能無法被達成，你還是通常必須使用不太保守的預測。解決此問題的一種做法就是只預測近期的發佈。第 258 頁的「降低風險」有更多詳細資訊。

熟練優化領域的團隊不使用這種類型的路徑圖。

企業追蹤工具

公司常常會要求他們的團隊使用所謂的敏捷生命週期管理工具或其他計畫工具，以便他們可以追蹤團隊的工作並自動產生報告。這是個錯誤的做法。它不僅傷害了團隊（團隊需要的是以自由的形式提供可視化的

> 使用規劃工具來追蹤團隊是一種錯誤的做法。

工具，而這種工具能輕鬆進行變更和迭代），也強化了一種明顯的非敏捷管理方法。

敏捷管理目標是建立團隊能自行做出有效決策的系統。管理者的工作是確保團隊獲得所需的資訊、情境和支持。「敏捷」規劃工具絕不會達到敏捷：它們是為了追蹤和控制團隊而構建的，而不是為了支持團隊。它們充其量只是一種昂貴的干擾。請不要使用它們，因為它們會傷害你的敏捷性。

關聯
管理 (p.304)
目的 (p.116)
向利害關係人展示 (p.279)

這並不意味著不對團隊進行指導。管理層仍然需要掌握主動權！不過除了有效的參與式團隊管理外，掌握主動權是指對每個團隊的目的進行迭代、在向利害關係人進行展示時提供監督和回饋、並且盡可能使用最具調適性的路徑圖。

如果你的團隊需要使用企業追蹤工具，請只輸入管理層所需的資訊。將本書中描述的其他規劃實務做法用於日常工作，在需要的時候，把資訊複製工具裡。如果你的路徑圖只包括有價值增量，而不是故事，這不會是太大的負擔。

如果你必須在路徑圖中包含故事（我不推薦），可以看看是否有一種輕量的方式來達到這個目的。或許你可以為可視計畫進行拍照，而不是把卡片轉變成其他的說明工具。也或許管理者應該更多地參與規劃會議，或者他們可能要求的是他們實際上並不需要的東西。

關聯
視覺化規劃 (p.173)

不過如果他們堅持看到所有的故事，你可以把故事轉換到企業追蹤工具裡。每週做一次或每天做一次（如果你別無選擇的話）。請記住使用簡短的句子說明每一個故事，而不是把它當作微型的需求文件。

如果管理者需要你透過工具維護更多細節或堅持追蹤個別任務，那可能是哪裡出了問題。管理層可能難以放手，或你的組織可能不適合敏捷。請尋求指導者的協助。

當路徑圖不夠好

最終會有人要求你為路徑圖給出預估的日期。接著告訴你，預測的時間太長了，你需要儘快交付。

只有一種可靠的方法可以更快地交付，那就是刪減範圍。你必須去除計畫裡的一些故事，而其他的解決方是都指是一廂情願的想法。

> 刪減範圍是唯一可靠的方法，可以讓你更快地交付。

你可以嘗試提高產能（請參閱第 236 頁「如何提升產能」）或進一步提高熟練度，但首先要刪減範圍，因為這些努力需要時間，且帶來的影響也難以預測。如果它們帶來了好的成果，你可以再恢復刪減掉的故事。

有時，不會被允許刪減範圍。在這種情況下，你必須做出艱難的選擇。現實情況是不會改變的，所以你困在政治性的選擇裡。你可以堅持自己的立場，拒絕改變預測，然後冒著被解雇的風險，抑或是你可以使用一個不太保守的預測，提供一個更好看的日期，並冒著發佈延遲的風險。

在做出該決定之前，請查看公司中的其他團隊。當他們錯過發佈日期時會發生什麼事？在許多公司中，發佈日期被當作壓迫的手段，換言之就是一種迫使人們更加努力工作的方式，但這通常不會帶來實際的結果。除此之外的其他公司則把發佈日期視為不容改變的承諾。

如果你陷入路徑圖不夠好的情況且無法刪減範圍，請尋求幫助。請了解組織政治的團隊成員幫忙、與值得信賴的管理者討論你的選擇，或尋求指導者的建議。

請記住，只要條件許可，最好的預測方法就是選擇一個預定的發佈日期並根據它來掌控計畫，以便準確地達成該日期。

截止日期

真實的故事：我曾經指導過最有挑戰性的團隊有著緊迫的截止日期（哪個不是呢？），該團隊的實際客戶是相當重要的客戶：一個佔組織大部分營收的大型機構。如果我們不能滿足該客戶，我們就有可能失去大量的重要業務。功能範圍與日期都是固定的。

在了解危機後，我把做出可靠的預測當作首要任務。六週後，我們不只實作了前六週的故事，還衡量了我們的產能、完整估計了剩餘的故事、並預測了何時能完成所有事情。

它顯示出我們會延遲，而且延遲得非常久。我們需要在 7 個月內交付，而預測卻指出需要 13 個月。

我把預測告知了協理，然而事情卻變得更糟。他禁止我們與客戶分享這個消息。相反地，他命令我們盡所能達成原來的截止日期。

我們知道無法達成截止日期，而且也不能增加人手。畢竟團隊已經滿編，且新程式設計師也需要時間了解我們的程式碼庫。此外，我們也不能刪減範圍，因為我們無法向客戶承認問題。

工作相當的緊迫，而且我們試圖達成目標。我們忽略了 Brook's Law（「為延遲的專案增加人手只會讓專案更加地延遲」[Brooks1995]，第 25 頁），聘僱了一群程式設計師，並盡量在不分散團隊高產出成員注意力的情況下，快速提升他們的能力。儘管我們盡了最大的努力，但我們還是遲了六個月（在原先預測日期的幾週內），並且交付了充滿缺陷的軟體。我們因此失去了客戶。

我不會再讓自己隱藏資訊。時程表是無法遮掩的，也不會有奇蹟般的轉機。真正的發佈日期終會到來。

相反地，我會竭盡全力地盡可能地呈現最準確的樣貌。如果必須在此版本中修復缺陷，我會在下一個故事之前安排修復。如果我們的產能低於我想要的，我仍然根據我們的實際產能進行預測。這就是現實，只有誠實面對現實，我才能有效地管理後果。

問題

我們應該多久更新一次路徑圖？

一旦有重要新資訊，就更新路徑圖，而向利害關係人進行展示的場合就是分享路徑圖變更的好地方。

關聯

向利害關係人展示
(p.279)

我們應該如何向利害關係人說明預測的可能性？

就我的經驗而言，很難讓利害關係人了解預測的可能性。我會提供預測的日期範圍，但不會著墨太多關於可能性的細節。

如果團隊沒有報告他們詳細的計畫，團隊的管理者要如何了解團隊正在做哪些事情？

團隊管理者能直接查看團隊的規劃板。請參閱第 304 頁「管理」，來了解管理團隊的更多資訊。

先決條件

雖然任何人都能建立路徑圖，但建立一張有效且輕量的路徑圖有賴於敏捷治理，以及願意讓團隊主導自己的工作，如第四章所討論的內容。

指標

當你熟練路徑圖：

- ☐ 管理者和利害關係人了解團隊目前處理的任務與選擇這些任務的理由。
- ☐ 團隊不會被阻止調整計畫。

替代方案和試驗

呈現路徑圖的方式有許多種，而具體的呈現方式我就不再詳細說明了。請自由地試驗。我看過最常見的方法是簡短的投影片，不過人們也會建立影片（尤其是為「只提供事實」的路徑圖），還有維護 wiki 網頁，以及寄送狀態更新的電子郵件。請與利害關係人討論哪種做法對他們是有效的。

當你進行試驗時，請尋找提升調適性並且減少預測的做法。隨著時間經過，利害關係人會對你的團隊產生信任，所以務必重新審視他們的期望。你或許會發現先前不可動搖的要求已不再重要。

延伸閱讀

Johanna Rothman 在《*Behind Closed Doors: Secrets of Great Management*》[Rothman2005]第 7 章，對於期望管理有相當精彩的討論。

管理

我們協助團隊更加地傑出。

向利害關係人展示與路徑圖能讓管理者看見團隊目前正在開發的目標，但是管理者需要更多資訊。他們需要知道團隊是否有效地工作以及如何幫助他們取得成功。

與本書中針對團隊成員的其他實務做法不同，這個實務做法是給管理者的。它主要適用於團隊層級的管理者，但中高層級的管理者也能採用這些想法。在團隊自主決定如何完成工作的環境中（請參閱第 88 頁「自組織的團隊」），管理者們該做些什麼，以及他們要如何幫助他們的團隊脫穎而出？

大多數組織使用衡量式管理：收集指標、要求報告和設計獎勵以激勵正確的行為。這是一種歷史悠久的管理方法，可以追溯到組裝線的發明。

> 衡量式管理是無效的。

這樣的做法就只有一個問題，那就是沒有用。

貨物崇拜

全力加速

工程副總經理拿著《Accelerate》[5] 這本書，然後說：「根據這本書，高效組織有自動化的測試。從現在開始，所有提交的程式碼都至少要達到 90% 的測試覆蓋度。這是強制性的需求。任何不同意的人歡迎去找其他的工作。」

在一陣靜默中，有人咳嗽。咳嗽持續相當的久，很難不讓人懷疑聽起來就像說著：「相關性不代表因果關係。」副總朝我這個方向瞪著。

「你有必要在我站在你旁邊時這樣做嗎？」你事後抱怨著「在這裡已經夠難升職了。」

她看起來一點也不愧疚地說著：「對不起」。「聽我說！我以前也經歷過。讓我告訴你接下來會發生什麼。首先，每個人都嚇壞了，因為他們的工作危在旦夕。其次，管理者會說我們的截止日期都沒有改變，因為他們的獎金仍然取決於是否達成發佈日期。第三，我們接到了一顆最爛的球。」她瞥了一眼誓言罐。她的貢獻已經資助了過去四個甜甜圈星期五中的三個。「嗯，世界最簡陋的測試套！大量緩慢且易於撰寫的測試，加上沒有作用的斷言。我們最後會把所有時間花在等待測試執行完畢，然後處理假的測試失敗。沒什麼比這更好了。」

5　《Accelerate》[Forsgren2018] 是一本相當好的書。此處只是強調我看到它如何被濫用，而非批評此書。

> 「這就是為什麼我痛恨所有胡説八道的敏捷」她繼續説著。「一大堆消磨時間的工作，而沒有實際的成果。為什麼我們就不能單純寫程式就好？」

X 理論與 Y 理論

在 1950 年代，Douglas McGregor 發現了兩種對立的管理風格：X 理論和 Y 理論。這兩種風格都是根據工作者動機作為基礎。

X 理論的管理者認為員工不喜歡工作且會試圖逃避工作。他們必須受到脅迫和控制。薪酬、福利和其他獎勵等外在激勵因素是迫使員工善盡工作義務的主要機制。在 X 理論管理下，外在動機方案（如使用衡量和獎勵等工具）的設計與實施是良好管理的核心。

Y 理論的管理者相信工作者喜歡工作且能夠自己找出方向。他們尋求承擔責任並享受解決問題的樂趣。內在激勵因素（如做好工作的滿足感、為團隊努力做出貢獻以及解決難題）是員工行為的主要驅動力。在 Y 理論管理下，提供情境和啟發（因此，工人可以在沒有密切監督的情況下工作）是良好管理的核心。

基於測量的管理是一種 X 理論方法。它透過外在激勵因素來刺激正確的行為。相比之下，敏捷是一種 Y 理論方法。敏捷團隊成員被期望具有解決問題和實現組織目標的內在動力。他們需要能夠自己決定要做什麼，誰來做，以及如何完成工作。

這些假設是敏捷的基礎。Y 理論管理是敏捷成功的必要條件，X 理論管理是行不通的。它對衡量和獎勵的依賴會扭曲行為並造成失能。我稍後會再進一步解釋。

> 敏捷需要 Y 理論管理方法。

敏捷管理的角色

一些管理者擔心在敏捷環境中會沒有他們的立足之處。絕對不是這樣的！經理的角色發生了變化，但並沒有消失。事實上，透過把細節委派給他們的團隊，管理者可以騰出時間專注於具有更大影響的活動。敏捷管理者是管理整個工作系統而不是個別的工作。他們為團隊的成功做好了準備。他們的工作是指引團隊所在的情境，來讓每個團隊在沒有明顯地受到管理情況下，做出正確的選擇。實務上，這代表就是團隊管理者[6]：

☐ 確保團隊裡有正確的人，使得團隊可以擁有或獲得所有工作需要的技能。這包括協調聘僱與晉升。

6　感謝 Diana Larsen 對這份清單的貢獻。

- ☐ 確保團隊擁有需要的教練。
- ☐ 調節人際衝突、協助團隊成員駕馭變革所帶來的混亂，並且幫助團隊團結一致。
- ☐ 協助個別團隊成員發展職涯。指導個人成為未來的領導者，並鼓勵團隊成員交叉訓練，使得團隊具有韌性來面對任何人的流動。
- ☐ 監控團隊邁向熟練的進度（請參閱 II、III、和 IV 部分介紹中的清單）以及協調團隊教練來獲得訓練和團隊達到熟練所需的其他資源。
- ☐ 取得工具、裝備、和其他讓團隊發揮生產力的資源。
- ☐ 確保團隊了解自己的工作如何融入組織的整體方向，並且確保團隊擁有章程（請參閱第 122 頁「規劃你的章程會議」）且會定期更新章程。
- ☐ 提供相關洞察，包括團隊履行章程的情況，以及利害關係人（尤其是管理層和商業利害關係人）如何看待團隊的努力。
- ☐ 保持團隊和利害關係人之間關係的意識，並且協助團隊了解這些關係什麼時候和為什麼一直不能發揮作用。
- ☐ 在組織的其他部門裡為團隊發聲，並且協調同儕的管理者為彼此團隊發聲。協助團隊駕馭組織官僚系統，並且移除成功的阻礙。
- ☐ 確保組織對於預算、治理、和彙報的期待被滿足。當對團隊有所幫助時，明智且審慎地推動放寬這些要求。

衡量失能

你不會在這份列表中看到的一樣東西，那就是指標。這是因為衡量式管理方式會扭曲行為並且造成失能。以下是一些例子：

> 衡量式管理會扭曲行為
> 並且造成失能。

故事與故事點數

團隊管理者想知道團隊是否有生產力，因此他們追蹤團隊每次迭代完成的故事數量。團隊為此減少了測試、重構和設計，這樣他們就可以完成更多的故事。結果是降低了內部質量、增加了缺陷，並且降低了生產力。（追蹤產能也會有相同的結果。請參閱第 237 頁「產能不代表生產力」來了解更多關於這個常見錯誤的資訊。）

程式碼測試覆蓋率

一位高階管理者要求所有新的程式碼都要進行測試。目標是程式碼測試覆蓋率達到 85%。他說「所有新的程式碼都需要測試」。

好的測試是小型、快速且有具體目標，而這會需要細心和思考。這位高接管理者的團隊反而會致力於以最快且最簡單的方式滿足該指標。他們編寫的測試覆蓋了很多程式碼，但這些測試又慢又脆弱、會隨機產生失敗，而且常常檢查不重要的東西。他們的程式碼品質持續地下降、生產力下降、而且維護成本上升。

程式碼行數

為了鼓勵生產力，一家公司以每天新增、修改或刪除的行數來獎勵人（每天的提交次數也是一個類似的指標）。團隊成員花更少的時間思考設計，而花更多的時間剪貼程式碼。他們的程式碼品質下降、維護成本增加、並且苦於已經修復完畢卻又反覆發生的缺陷上。

說到做到（Say/do）比率

雖然兌現承諾對於建立信任是重要的，但這卻不是好的指標。有家公司把兌現承諾當作一項重要的價值。他們說「當責在我們這裡是相當重要的！如果你說會在某天去做某件事情，你就必須去做，而且沒有任何藉口。」

他們的團隊對於給出承諾，變得非常保守。他們的工作擴大到填滿所有可用的時間，並且減少了產出。管理者開始退回過長的時程安排。這損害了士氣也造成了管理者與他們團隊之間的緊張。團隊匆忙地做事並且走捷徑，進而導致內部品質降低，並且產生更多的缺陷、更高的維護成本、和更低的客戶滿意度。

缺陷數量

減少團隊產生的缺陷數量或改變「缺陷」的定義，哪一個更加容易？追蹤缺陷數量的組織會浪費時間在爭吵哪些缺陷該被計入。當定義過嚴，團隊會花費時間修復不重要的缺陷。當定義過於鬆散，團隊會讓臭蟲溜到客戶端，進而傷害客戶滿意度。

為什麼衡量的失能是不可避免的

當人們相信他們的表現將根據衡量來判斷時，他們會改變自己的行為，以便在該衡量上獲得更好的分數。不過，人們的時間是有限的。想要致力於獲得更好的衡量，他們勢必得少做些其他的事情。他們不是為了取得更好的成果而工作，而是為了取得更好的成績而工作。

> 人們不是為了取得更好的成果而工作，而是為了取得更好的成績而工作。

每個人都知道指標會導致問題，但這只是因為管理者選用了錯誤的指標，不是嗎？精明的管理者就能透過仔細地平衡他們的指標來避免問題發生…對嗎？

很不幸的是，不行！Robert Austin 在他的開創性著作《*Measuring and Managing Performance in Organizations*》中解釋了原因：

> 這本書基本想傳達的訊息是**組織衡量是困難的**。組織環境中到處都是衡量系統的扭曲殘骸，而這些系統正是那些認為衡量很簡單的人所設計出來的。如果你發現自己正在思考「只要仔細選擇衡量方法，就可以很容易地建立成功的衡量計畫」，請當心！歷史表明並非如此。[Austin1996]（第 19 章）

如果你可以衡量軟體開發中重要的一切，情況就會有所不同。不過，你卻無法做到，因為有太多重要的事情（儘管它們可以透過某些方式來衡量）無法被**很好地**衡量。內在品質、維護成本、開發生產力、消費者滿意度、口耳相傳。Robert Austin 又說到：

> 作為一項極需思考且輪換性不強的專業活動，軟體開發似乎特別不適合衡量式管理…有證據表明，軟體開發受到衡量失能的折磨。（第 12 章）

人們（尤其是軟體開發領域的人）討厭這個訊息。我們沉迷於幻想完全理性且可衡量的世界，所以這當然只是選擇正確衡量方式的問題！

這是一個美麗的故事，但卻是一個陷阱，因為沒有辦法衡量軟體開發中所有重要的事情。結果是造成關於指標計畫的無休止循環：引發失能，產生新指標，引發新的失能。

> 沒有辦法衡量軟體開發中所有重要的事情。

> 即使發現失能並揭露了未能實現完整 [衡量]，[管理者] 仍可能拒絕接受無法實現完整 [衡量] 的結論。相反地，她可能會得出的結論是當嘗試重新設計前次工作時，她只是弄錯了。工作重新設計的嘗試可能會接踵而至，因為 [管理者] 會認真地嘗試把它做好…結果是軟體生產系統的設計者永遠在重新設計，更換舊的控制模式，並用新的但結構相似的方式來進行替代，然而卻可以預見這些嘗試的失敗。（第 14 章）

委任管理

即使可能可以設計出一個有效的衡量系統，但衡量還是沒有抓住重點。敏捷需要 Y 理論的管理方式，而不是 X 理論的管理方式，而 Y 理論的管理方法是基於**內在激勵因素**，而不是衡量和獎勵系統。

與其考慮衡量和獎勵，不如專注於激發團隊成員的內在動機。他們喜歡工作的哪些部分？是關於創造出「非常棒」的東西，而受客戶喜愛嗎？是關於推動技術往前邁出一步嗎？是身為一個團結且高生產力團隊的一份子嗎？還是只是迷失在高生產力的工作流程中？

> 你的團隊成員喜歡工作的哪個部分？

無論動機如何，通過展示他們的工作將如何滿足他們的需求來激勵你的團隊。為他們提供所需的資源和信息。退後一步，這樣他們就可以擁有所有權並表現出色。

讓衡量變得無關緊要

並不是說衡量和資料沒有用。他們肯定是有用的！只不過當人們認為衡量將用於評估他們的表現時，問題就出現了。不幸的是，人們（尤其是軟體開發人員）往往對這些事情持懷疑態度。重點不在於管理者說了些什麼，而在於人們想什麼而導致失能。

為避免失能，你必須讓使用方式在**結構上不可能**造成資料的濫用。

最簡單的方法是將資訊保密於團隊之內。團隊收集資料、分析資料、並且丟棄資料。只彙報結論與決定，而不是背後的資料。如果沒有其他人可以看到資料，就沒有失真的風險。

如果資料一定要公開，請彙總資料，以便讓它無法歸因於個人。與其用資料評價下屬，還不如用來評估**自己**。這樣的原則適用於組織裡的所有層級。團隊管理者只查看團隊的衡量資料，而非個人的衡量資料。董事看到的是部門的衡量資料，而不是團隊的衡量資料。依此類推。

去現場

如果管理者沒有得到下屬的資料，他們怎麼知道人們的表現呢？他們要到現場！

「去現場」這個詞源於精實製造，它的意思是「親自去現場看看[7]」。這個想法是管理者們藉由查看實際工作的狀況而不是查看數字，可以更加了解缺乏哪些東西。

管理者們，要了解你的團隊，請親自去現場看看。查看程式碼、查看 UI 模型、參加利害關係人的訪談、參加規劃會議。

> 要了解你的團隊，
> 請親自去現場看看。

接著，思考你的團隊如何改進。問問自己，「為什麼他們自己還沒有這樣做？」正面地假設團隊的意圖：在大多數情況下，這不是動機問題，而是關於能力和組織障礙的問題，或者這個想法已經被考慮過了（別忽視這個原因），但出於你不知道的充分理由，而被擱置了。《*Crucial Accountability*》[Patterson2013] 是一本很好的書，它討論了下一步該做什麼。

請小心別讓「去現場」成了微管理的藉口。它是為了提升對現況的了解，而不是讓你演練控制的方法。

7　Gemba 是日語單字。意思是「實際地點 [發生某事的地方]」，所以「去現場」的字面意思就是「去實際地點」。

詢問團隊

熟練敏捷的團隊相較於其他團隊有更多每日工作的細節資訊。管理者不是去詢問團隊的衡量資料，而是可以提出一個簡單的問題：「我能做些什麼讓團隊變得更有成效？」聆聽回應，然後採取行動。

定義目標與保護機制

雖然團隊主導著自己的工作，但工作目標卻是由管理層制定的。因此，提出要求和限制是沒有問題的。例如，某位協理需要知道他的團隊是否能有效地處理源源不絕的資料。他集合了團隊管理者、告訴他們需求、並且要求他們建立一個衡量方式，來讓團隊在不用害怕被評定的情況下，追蹤自己的狀況。協理不需要看到衡量資料，而需要知道的是團隊是否能夠維持高效。如果沒有，他們需要做些什麼。

範例：程式碼測試覆蓋率

組織常常會想要透過程式碼測試覆蓋率，來處理品質的問題。這往往導致失能的測試實務做法，就像前面篇幅所談到的內容。那麼，不會造成失能的方法是什麼樣子的呢？

首先，了解程式碼測試覆蓋率原本的目的。團隊實際上需要什麼？去現場：查看程式碼、聆聽利害關係人的說法、讀取客戶的回饋、並且與團隊成員討論和詢問他們的建議。如果他們不確定狀況，請徵求指導者的建議。以下是團隊可以採取的做法：

- 團隊的測試中是否存在具有風險的落差？在團隊內，進行程式碼測試覆蓋率的分析，然後報告落差而不是原始覆蓋率資料，並且騰出時間在他們最擅長的地方添加測試。

- 團隊需要改善撰寫測試的方法嗎？提供指導並且使用能強化紀律的做法，如結對或群體程式設計。

- 團隊是否有許多沒有測試的舊程式碼？請培養在開發任何程式碼時加入測試的習慣。團隊最常處理的 20% 程式碼將很快地會擁有對應的測試，至於其餘的 80% 可以稍後再處理。

上述任何一個做法都會比覆蓋率指標產生更大且更直接的影響。更好的是，因為決定是由團隊所推動的而不是強加在他們身上，他們會更有動力去貫徹執行。管理者的職責是確保彼此之間的對話、促使團隊成員離開他們的舒適圈、並提供團隊所需的資源。這種深思熟慮的委任方式可以用來代替任何指標。

當指標是必要的時候

很多時候，管理者的手都被緊緊地綁在龐大的組織系統上。讓我們回到 Robert Austin：

> 要了解的關鍵事實是，在一個階層森嚴的組織中，每個管理者 [也被衡量]…自己的績效主要取決於她的組織（也就是基於她的 [工作者]）在 [管理者] 所設立的衡量系統下進行的評比。因此，[管理者] 會對設置易於操弄的衡量系統感到興趣。[管理者] 和 [工作者] 會悄悄地勾結，互惠互利。（第 15 章）

如果你必須報告某事，請提供敘述和定性的資訊，而不是可能被濫用的定量衡量資料。講述團隊所做的事情和他們學到的東西。

這或許還不夠！你可能會需要報告具體的數字。如果可以的話，拒絕這個要求。不過很多時候，這是你無法控制的。

如果你可以控制所使用的衡量方式，請盡可能接近實際的產出，而其中一種可能逼近的產出是**價值傳遞速度**。

價值傳遞速度是生產力的衡量方法。它隨著時間衡量團隊的產出。為了計算出價值傳遞速度，請衡量團隊發佈每個有價值增量的兩個數字：影響（如營收）和前置時間。前置時間是指開始開發到發佈某個增量之間的週數（或天數），接著進行相除：影響 ÷ 時間＝價值傳遞速度。

在許多情況下，不容易衡量影響。在這種情況下，你可以改為**估**算每個增量的影響。這個衡量應該由團隊外部的贊助者或關鍵利害關係人來完成。請確保所有估算都是由同一個人或緊密的團隊完成的，以保持估算的一致性。

但請記住就像任何其他指標一樣，價值傳遞速度也會扭曲行為。無論你收集哪些指標，盡一切可能保護團隊免於失能。大多數指標會損害內部品質、維護成本、生產力、客戶滿意度和長期價值，因為這些指標很難衡量而且也很容易導致瞞騙。強調這些特性對你的團隊的重要性，並且（如果你能誠實地做到這一點）向他們保證不會在你的績效評估中使用這些指標。

問題

那要如何思考「如果你不能衡量它，你就不能管理它」呢？

「如果你不能衡量它，你就不能管理它」這句話常常歸因於 W. Edwards Deming 的想法。他是一位統計學家、工程師、和管理顧問，而他的努力影響了精實製造、精實軟體開發、和敏捷。

Deming 的影響力很大，所以它的名言無疑地為人所知。不過只有一個問題：他並沒有這樣說，他提的是相反的說法。

認為「如果無法衡量，就無法管理」是錯誤的，它是所費不貲的迷思 [8]。

先決條件

委任管理需要了解衡量失能的組織文化。儘管這樣的概念已有數十年的歷史（Deming 至少在 1982 年 [9] 就表達了取消衡量式管理的必要性），但至今仍未被廣泛理解和接受。

敏捷仍然可以在基於衡量的環境中發揮作用，但本書的目的不是要告訴你只是有效的做法，而是要告訴你最好的做法。如果你能使用委任管理，它會是最好的做法。

指標

當你熟練委任管理：

- ☐　團隊會感到他們為成功做好了準備。
- ☐　團隊在沒有管理層積極地參與下，主導自己的工作並做出好的決定。
- ☐　團隊成員有信心去做能夠帶來最好成果的事情，而不是取得最好分數的事情。
- ☐　團隊成員和管理者不會試圖推卸責任並互相指責。
- ☐　管理者有經驗且能細微地了解團隊正在做的事情與他們如何提供幫助。

替代方案和試驗

這個實務做法傳遞的訊息—衡量式管理導致失能。對於許多組織來說是一顆難以下嚥的藥丸。你可能會被那些承諾透過精心設計的平衡方案來解決衡量失能的替代方案所吸引。

在你這樣做之前，請記住敏捷是一種 Y 理論的開發方法。管理敏捷團隊的正確方法是透過**委任管理**，而不是衡量式管理。

如果你真的查看了替代指標的想法，請小心。衡量失能並不會立即顯現出來。它可能需要幾年的時間，才會變得明顯。因此，寫在紙上的想法聽起來很棒，甚至一開始也看起來有效。你之後才會發現指標腐壞之處，而即便如此，也很容易把問題歸咎於其他的事情。

8　The W. Edwards Demings Institute（*https://oreil.ly/FNeRb*）對這句名言進行了解釋，並且說清楚它的來龍去脈。

9　Deming 管理 14 點中的第 12 點：「a) 想要消除剝奪時薪人員無法展現工匠精神的障礙，監督者的責任必須從單純的數字轉變為對品質的要求。b) 想要消除在管理與工程方面剝奪人們展現工匠精神的障礙，這尤其意味著取消年度或績效評比和目標管理。」

換句話說，只要度量方式的嚴謹程度不如 [Austin1996] 所提出的方法（Austin 屢獲殊榮的經濟學博士學位論文），請對它保持質疑的態度。

所以說敏捷管理也有周到的好做法。當你尋找可以試驗的方法時，請尋找強調協作和委任的 Y 理論方法。延伸閱讀一節中的資源是很好的尋找起點。

延伸閱讀

《*Turn the Ship Around! A True Story of Turning Followers into Leaders*》[Marquet2013]是一本引人入勝的讀物，也是了解更多關於委任管理的絕佳方法。作者描述了他作為美國潛艇的艦長是如何和船員一同實踐委任管理。

《*Measuring and Managing Performance in Organizations*》[Austin1996] 啟發了此實務做法裡許多的內容。它呈現了一個嚴謹的經濟模型，同時保持了吸引力與平易近人。

《*Crucial Accountability: Tools for Resolving Violated Expectations, Broken Commitments, and Bad Behavior*》[Patterson2013] 對於需要介入協助員工的管理者而言，是一本很好的參考資源。

第 11 章

改善

團隊定期自省如何更有效率，並據之適當地調整與修正自己的行為。

— 敏捷軟體開發宣言

回饋和可調整是敏捷的核心，這也適用於團隊自身的敏捷方法。儘管你可能會從現成的敏捷方法開始著手，但每個團隊都應該客製自己的方法。

與敏捷中其他所有的做法一樣，客製的方式也是透過迭代、反思和回饋。強調有效的東西，並且改善那些沒有效的事情。以下的實務做法會幫忙你達到這個目標：

- 第 316 頁「回顧」幫助團隊持續地改善。
- 第 323 頁「團隊動態」改善團隊協作的能力。
- 第 337 頁「消除阻礙」聚焦團隊改善的工作在能夠發揮最大作用的地方。

本章的啟發來源

雖然回顧是目前一種常見的敏捷實務做法，但 XP 和 Scrum [1] 一開始的書籍並沒有包括它們（或說沒有任何明確的改善實務做法）。鑒於持續改善的概念被包含在敏捷宣言裡，所以持續改善明顯是早期敏捷實踐者所在意的概念，不過回顧一直到後來才成為一種正式的實務做法。就我所知，最早包含回顧的敏捷方法是 Joshua Kerievsky 在 2000 年代初期所提出的 Industrial XP。

---

1 具體來說，我指的是《*Extreme Programming Explained, 1st ed.*》[Beck2000a] 和《*Agile Software Development with Scrum*》[Schwaber2002]。

IXP 中的回顧是基於 Norm Kerth 的《*Project Retrospectives*》[Kerth2001]。後來，曾和 Norm Kerth 密切合作的 Diana Larsen 與 Esther Derby 一起出版了她極具影響力的著作《*Agile Retrospectives: Making Good Teams Great*》[Derby2006]。從那時起，回顧被納入 Scrum 並傳播到整個敏捷社群。

經過幾十年的試驗和經驗，我的回顧方法進行了多次的提煉。最初的持續改善的試驗是受到專案事後分析的啟發，這是一種早於敏捷的技術。後來，我採用了 [Kerth2001] 中的想法，然後在 IXP 團隊中與 Joshua Kerievsky 一起工作，後來又閱讀並融合了 [Derby2006] 書中的想法。最終結果與 Larsen 的回顧方法是一致的，但也有點不同。

說到 Diana Larsen，她不只是進行回顧的大師，還是組織和團隊動態方面的專家。我們很幸運讓她擔任本章的客座作者。她撰寫了團隊動態和消除阻礙。這兩種實務做法都是根據她在組織和團隊動態方面的豐富經驗，且兩方面的經驗都早於敏捷。

回顧

受眾
完整團隊

我們持續改善工作習慣。

關鍵概念

持續改善

每個敏捷團隊都是不同的。團隊成員不同、利害關係人不同、以及團隊需要做的事不同。這意味著每個團隊的流程也需要不同。

雖然透過現成的流程（如本書所提供的內容）來學習敏捷通常是最好的方式，但這只是個起點，而非終點。總有方法能讓團隊的流程變得更好，而且當你面對的狀況改變時 你的流程也需要配合改變。

敏捷團隊持續地找尋流程、工作習慣、關係、和環境的改善機會。所有能讓工作變得更好的想法都值得考慮。

組織能限制團隊的流程，但它們絕不應該期望每個團隊都有相同的流程。越多團隊能為他們特有的需求來客製流程，他們的工作就會越有成效。

你的團隊應該一直更新和改善開發流程。回顧就是進行改善的一種絕佳的做法。

回顧的類型

最常見的回顧是節律式回顧（*heartbeat retrospective*），它以規律地節奏進行（也是大家所熟知的迭代回顧）。對於使用迭代的團隊而言，回顧會在每次迭代結束時召開。對於使用持續流的團隊來說，則是在每一週或兩週的預定時間召開。

除了節律式回顧外，你也可以在重大里程碑，舉行更長時間且更密集的回顧。這些里程碑回顧能讓你有機會深入反思自己的經驗，並且濃縮重要的教訓來分享給組織裡的其他人。例如，本書稍後會討論的「事故分析」。

關聯

事故分析 (p.515)

其他類型的里程碑回顧超出了本書的範圍。這些回顧由中立的第三方舉行時最具有效果，所以請考慮聘請有經驗的回顧引導者。較大的組織可能本就有能夠擔當引導者的員工（先詢問人資部門），或者你也可以聘請外部的顧問。如果你想要自己進行回顧，[Derby2006] 和 [Kerth2001] 是很好的參考資源。

如何召開節律式回顧

整個團隊和與團隊密切合作的人員（例如產品經理）都應該一起參與每次回顧。其他人則不應參加，因為這能讓參與者更容易地自由表達想法。

團隊的每個人都能引導回顧。事實上，最好經常更換引導者，來讓回顧保持趣味感。可以先從有引導經驗的人開始。一旦回顧順利進行，就讓團隊的其他成員有機會來進行引導。

引導者不會以其他角色來參與回顧。他們的職責是保持回顧的正常進行，並確保聽到每個人的意見。如果團隊成員難以保持中立，團隊可以互換引導者。如此一來，每個團隊都會有一個中立的外部引導者。請確保每個引導者都同意對回顧期間發生的所有事情保密。

> 引導者不會以其他角色
> 來參與回顧。

我會把回顧的時間限制在 60 到 90 分鐘。前幾次的回顧可能需要花費完整的 90 分鐘。請給它額外的時間，但不要羞於禮貌地結束討論並進入下一步。整個團隊會隨著練習變得更加熟悉回顧，而下一次回顧只在一週或兩週後。

如 [Derby2006] 所述，回顧由五個部分組成： 搭建舞台、收集資料、產生洞察、決定做什麼、並結束回顧。在下述章節裡，我會說明一種簡單有效的方法。不要試著完全地按照時間，而是讓事件按照自然的節奏進行。

在你適應了這種方式之後，改變它。回顧是嘗試新想法的絕佳場所。請參閱第 332 頁的「替代方案與試驗」來獲得更多的建議。

在開始之前要注意一點：當把回顧用來互相攻擊時，它可能會造成破壞。如果你的團隊難以尊重彼此，請先專注在「安全感」與「團隊動態」兩個實務做法。

<table>
<tr><td>關聯</td></tr>
<tr><td>安全感 (p. 107)</td></tr>
<tr><td>團隊動態 (p. 323)</td></tr>
</table>

步驟一：最高指令（5 分鐘）

紐約市消防局局長 Frank Montagna 在他的文章〈The Effective Postfire Critique〉中寫道：

> 消防員和所有人一樣，都會犯錯誤。然而，當消防員在工作中犯錯時，可能會危及他們自己、同事和所服務的公眾的生命。儘管如此，消防員還是繼續犯錯，且有時也會重蹈覆轍。[Montagna1996]

即使生命危在旦夕，每個人都還是會犯錯。回顧是一個學習和改進的機會，且每個人都需要能夠安全地分享他們的經驗和意見。團隊不應該使用回顧來指責或攻擊個人。

> 不應該使用回顧
> 來指責或攻擊個人。

引導者的工作是遏止破壞性行為於萌芽狀態。為了協助提醒人們心理安全的必要性，我透過重複 Norm Kerth 的最高指令來開始每次的回顧：

> 不管我們發現了什麼，我們都必須理解並真誠地相信每個人都在考慮了當時已知的狀況、大家的技能和能力、可用的資源與身邊的情況後，才盡己所能地做出最好的成果。[Kerth2001]（第 1 章）

依次詢問每位與會者是否同意最高指令並等待口頭的「答應」。如果他們不同意，請詢問他們是否可以為這次會議擱置疑慮。如果他們仍然不同意，那就推遲回顧。在人們能夠滿足回顧所要求的開放和誠實說話之前，可能有需要被解決的人際問題。如果你不確定問題是什麼，請尋求指導者的幫助。

要求口頭同意會讓一些參與者感到尷尬，但它有一個重要的目的。首先，如果他們要大聲表達同意，那麼有人真的反對時，他們就更可能說出反對。其次，如果有人在回顧時發言過一次，他們就更可能再次發言。口頭同意能鼓勵參與。

步驟二：腦力激盪（20 分鐘）

如果每個人都同意最高指令，請在白板上寫出下述的類型：令人愉快的、令人沮喪的、令人費解的、保持、更多、更少。

要求團隊成員反思自上次回顧後遇到的事情，並且使用同時腦力激盪的方法（請參閱第95 頁「同時工作」），來寫下他們當時的反應（他們覺得愉快、沮喪、或疑惑的事情）和偏好（他們想要保持、多做、或少做的事情）。

如果大家不知道要怎樣開始，那就簡要回顧一下從上次回顧之後發生的事情（「喔！星期三早上，我們有任務規劃會議…」）。在提出每一點後，暫停一下讓人們能夠寫下想法。其他的人也可以提出他們想到的事情。

當想法慢慢地不再踴躍，檢查一下時間。如果你還有多餘的時間，就讓安靜的時間長些。常有人會說一些他們憋著的話，而這可能會開啟新一輪的想法。不過如果你的時間不多了，那就繼續下一步。

步驟三：靜默對照（15 分鐘）

接下來，使用靜默對照把卡片分類成群。完成後，使用點數投票選擇一個集群進行改進（第 95 頁「同時工作」解釋了靜默對照和點數投票）。如果沒有哪個群被選出，不要花太多時間選擇。拋硬幣或其他簡單的方法決定就好。

丟棄其他集群中的卡片。如果有人想拿一張卡片獨自解決，那很好，只不過沒有這個必要。請記住，你們會在一兩週內進行另一次的回顧。重要問題就會再次出現。

— NOTE

因為喜好的類別落選了，而感到沮喪嗎？等待幾個月。如果它是重要的，它最終會在選擇中勝出。

步驟四：產生洞察（10 到 30 分鐘）

該活動的第一部分目的在引發反應和直接的觀感。現在是分析的時候了。這個步驟可以透過輕鬆且自由的對話來完成。記下關鍵的想法，並詢問安靜的人的想法。一定要寫下參與者認為的關鍵想法，而不是強加你自己的解釋。

為了開始對話，請提出以「為什麼」為形式的問題。為什麼選擇的集群對改進來說最重要？為什麼現在的情況還不夠好？為什麼事情是這樣完成的？讓對話從這些問題開始，然後自然地進行。保持節奏輕鬆，專注於探索想法，而不是推動解決方案。

步驟五：回顧目標（10 到 20 分鐘）

現在是時候提出改善方案了。讓團隊思考為選出類別進行改善的想法。這可能包括你能想到的任何想法：執行某些行動、更改你的流程、改變行為或其他整個事情。不要試圖提出

完美或完整的解決方案，只要想出可能會讓事情變得更好的試驗。從同心圓與湯的角度思考會有所幫助：團隊能控制什麼以及他們能夠影響什麼（請參閱第 338 頁「同心圓與湯」）。

不要講太多細節。一個大方向就足夠了。例如，如果選出的類別是「結對程式設計」，那麼「更頻繁地切換結對的夥伴」、「乒乓結對開發」和「按時程切換結對開發」都是有用的想法。

這可以使用同時腦力激盪或自由對談來完成。不過，如果有人需要從談話中休息一下，請嘗試使用一種稱為「1-2-4-All」的技術。在這種技術中，人們從自己安靜地想出選項開始，然後在每張便利貼（或索引卡）寫上一個選項，接著縮小範圍到前 3 名選項。給 3 分鐘的時間來進行上述的活動。

接下來，以成對的形式進行分組，並且給他們 3 分鐘的時間，要求每一對成員要將他們的 6 個想法縮小至前 3 個想法。接著把兩對成員組成 4 人的小組，並且給他們 4 分鐘把想法限縮至 4 人小組中的前兩名選項。最後，讓每個小組與整個團隊分享他們的結果。

小組可能圍繞著一個好點子合併想法，但有些時候也可能有數個相互競爭的提案。如果發生這個情況，請再進行一次點數投票來選出一個提案。這個成果就是你的**回顧目標**：直到下次回顧前，整個團隊都會努力地實現這個改善目標。請限制在一個目標上，這樣團隊便能集中精力。

一旦你有了一個回顧目標，就請某人自願制定細節並堅持到底。推動或主導目標並不是那個人的工作（因為這是整個團隊的工作），但他們會在需要的時候幫助團隊成員記住目標。如果其他團隊成員想要提供幫助的話，他們也可以自願地提供幫助。

會議的最後以同意投票來作結（請參閱第 96 頁「尋求同意」）。當每個人都同意時，回顧會議就結束了。如果由於某種原因使得你們無法達成一致，請選擇另一個想法，或在下一次回顧會議再重新討論。

徹底執行

這一切都太容易了，所以千萬不能只是離開回顧會議，然後想著：「嗯！下週事情就完成了！」請確保你實際地徹底執行回顧目標。如果沒有任何改變，那就是回顧並沒有發揮效果。

> 如果沒有任何改變，
> 那就是回顧並沒有發揮效果。

為了幫助團隊徹底執行，請可視化回顧目標。如果你決定做某件事，請把這些任務加到計劃裡。如果你正在更改流程，請更新規

關聯
_____
富有資訊的工作空間
(p.253)
站立會議 (p.248)

畫板來可視化這個改變。如果你想讓人們改變他們的行為，請用一個大的可視圖表來追蹤它。如果你要修改工作協定，請更新你的工作協定海報。

每天檢查回顧目標。站立會議可以成為檢查和提醒團隊成員持續跟進的好地方。

問題

儘管我盡力做好引導者，但我們的回顧總是淪落成咎責與爭論。我能做些什麼？

目前暫時不要進行回顧，而是專注於團隊動態和建立心理安全。如果這不起作用，你可能需要外部的幫助。考慮聘請組織發展（OD）專家來提供幫助。人力資源部門可能有相應技能的員工。

> 關聯
> ───────────
> 團隊動態 (p.323)
> 安全感 (p.107)

我們提出了很好的回顧目標，但什麼也沒發生。我們做錯了什麼？

你的想法可能太大了。記住，你只有一週或兩週，而且你還有其他工作要做。試著制定規模較小的計畫（或許只需要幾個小時的時間），並每天跟進。

另一種可能性是你的日程安排沒有足夠的時差。當你的工作滿載，諸如改善工作習慣之類的非必要任務就會被取消（令人感到可悲且諷刺的是，改善你的工作習慣會給你更多的時間）。

> 關聯
> ───────────
> 時差 (p.242)

最後一種可能是團隊成員或許不覺得他們在回顧裡真的擁有發言權。請誠實地審視進行回顧的方式，你正牽著團隊的鼻子走而不是引導嗎？請考慮下一次回顧由其他人來引導。

有些人不會在回顧上發言。我如何鼓勵他們參與？

他們可能只是害羞。不是每個人都必須一直參與。請嘗試以破冰活動開始你的下一次回顧，並且看看是否有所助益。

另一方面，他們可能有想說的話，但對發言感到不安。在這種情況下，請專注發展團隊的心理安全。

某一組人（例如測試人員）在回顧中總是因為票少而無法讓提案勝選。我們如何也能滿足他們的需求？

隨著時間，每一個重大問題都會得到應有的關注。在決定某個特定群體被剝奪權利之前，先進行幾個月的回顧。我曾合作過的一個團隊有幾個測試人員，而他們覺得自己的優先事項被忽略了。一個月後，在團隊解決了另一個問題後，測試人員在意的事情被排在了每個人的首要事項裡。

如果即便時間過了許久，也未見狀況改善，你可以使用加權點數投票，來給予代表性不足的專業人士更多的選票。

我們的回顧總是花太長的時間，該如何讓速度快一些？

作為引導者，可以果斷地結束某些討論並繼續前往前。總有下一次，可以繼續討論。如果小組花很長時間在腦力激盪或靜默對照，你或許可以說「好吧，我們的時間不多了。花兩分鐘寫下你的最終想法（或做出最後的改變），接著我們會繼續往前。」

話雖如此，但我更想要讓回顧在一開始就順其自然地往前，即使這意味著回顧時間會變得很長。這種做法能讓人們習慣回顧的流程，而不必過分強調時間安排。

回顧並沒有取得太大的成就。我們可以少做嗎？

如果團隊已經熟練所選的熟練度領域且一切順利進行，那可能沒有太多需要改進的地方。在這種情況下，可以嘗試不那麼頻繁地進行回顧，不過你應該至少每月一次地繼續進行回顧。

但通常情況並非如此，很可能是回顧活動已經變得制式而沒有新鮮感了。試著改變一下！更換引導者，並且嘗試新的活動或焦點。

先決條件

回顧最危險之處就是它會成為激烈爭論的場所，而不是建設性解決問題的場所。請確保你創造了一個人們能夠分享真實觀點的環境。如果你的團隊成員傾向於抨擊、攻擊或責備他人，請不要進行回顧。

> **關聯**
> 安全感 (p.107)

指標

當團隊熟練回顧的進行：

- ☐ 開發與交付軟體的能力穩定地提升。
- ☐ 整個團隊變得更加緊密且更有向心力。
- ☐ 團隊中的每個專家都會尊重其他專家所面臨的問題。
- ☐ 團隊成員對成功與失敗保持著誠實與開放的態度。
- ☐ 團隊對改變感到自在。

替代方案與試驗

隨著時間的推移，每一種回顧形式都會變得制式且沒有新鮮感。改變它！本書所提供的形式只是一個簡單的起點，一旦你可以順利進行後，就可以試驗其他的想法。[Derby2006]

是一個很好的資源，它能讓你了解回顧是如何構建的，也有各種你可以嘗試的活動。當你學會了它的想法，請參閱 *https://www.tastycupcakes.org* 來獲得更多的資訊。

有些人發現一個小時太短了，使得無法進行令人滿意的回顧，他們更喜歡 90 分鐘，甚至兩個小時。請隨意嘗試更長和更短的長度。特別是有些需要更多時間的活動。當你進行試驗時，請進行一次簡短的「回顧活動的回顧」來評估哪些試驗的回顧方法應該保留或不應該保留。[Derby2006] 的第 8 章「Activities to Close the Retrospective」提供了一些想法。

除了嘗試新活動之外，你還可以嘗試完全不同的方式來處理改善。 Arlo Belshee 嘗試過一種連續的做法。人們在一週過程中會把觀察到的事情放到罐子裡，然後在週末時回顧它們。 Woody Zuill 提出了一種他稱之為「挖掘好的一面」的練習：在每天結束時，進行五分鐘的回顧來選出進展順利的事情，並且決定要如何做得更多。不過都先請熟悉一般的節律式回顧做法。如此一來，你才能分辨進行的試驗是否有帶來改善。

延伸閱讀

《*Project Retrospectives*》[Kerth2001] 是里程碑回顧的最佳參考資源。

《*Agile Retrospectives: Making Good Teams Great*》[Derby2006] 接續 Kerth 沒有觸及的部分，討論了各種進行敏捷回顧的技巧。

《*The Effective Postfire Critique*》[Montagna1996] 從一個吸引人的視角來談論生死攸關的職業如何處理回顧。

團隊動態

受眾
完整團隊

by Diana Larsen

我們逐漸地提高合作能力。團隊的協作能力是開發和交付軟體能力的基石。你需要協作技能、分享領導角色的能力，並且了解團隊如何隨著時間演進。這些技能共同決定了你的團隊動態。

團隊動態是決定團隊文化的無形暗流，是人們互動和合作的方式。健康的團隊動態會帶來成就感和幸福感的文化，不健康的團隊動態會導致失望和失能的文化。

團隊中的任何人都可以對這些動態發揮影響，請使用此實務做法裡的概念，來建議改善團隊合作能力的方法。

什麼造就了團隊

一個團隊不只是一群人。Jon Katzenbach 和 Douglas Smith 在其經典著作《*The Wisdom of Teams*》中，描述了把團隊與其他群體區分開來的六個特徵：

> [一個真正的團隊] 是具有互補技能的一小群人。他們致力於共同的目的、績效目標和方法，並且一同承擔責任。[Katzenback2015]（第 5 章〈emphasis mine〉）
> — 《*The Wisdom of Teams*》

Arlo Belshee 提出了另一個特點：共同的歷史。一群人透過花時間一起工作，來獲得他們作為一個團隊的感覺。

如果你遵循了本書中的做法，那麼你就具備了建立優秀團隊所需的所有先決條件。現在，你需要發展你的合作能力。

團隊發展

1965 年，Bruce W. Tuckman 創造了一個眾所周知的團體發展模式 [Tuckman1965]。他在書中描述了團體發展的四個（後來變成五個）階段：形成、風暴、規範、表現和解散。他的模型概述了隨時間變化的熟悉度和互動。

沒有模型是完美的，所以不要把 Tuckman 模型解釋為無法避免且純粹以線性方式的進展模式。團隊可以展現前四個階段中任何一個階段的行為。成員的變化（例如獲得獲失去有價值的隊友）可能會造成團隊滑入早期階段。當經歷環境的變化（例如從同地辦公轉變為遠距工作或反過來變化）時，團隊可能會從後期階段退回早期階段。然而，Tuckman 模型提供了有用的線索，讓你可以使用這些線索來察覺團隊成員之間的行為模式，並以此作為基礎來討論如何最好地支持彼此。

> 不要把 Tuckman 模型解釋為無法避免且純粹以線性方式的進展模式。

形成：班上的新孩童

團隊形成並開始一起工作。個別團隊成員發現一種就像成為班上新進孩童一樣的感覺：他們沒有努力與其他人合作，但卻想要感受到被團隊其他成員所包容（或更確切地說是不被排除在外）。團隊成員正忙於獲得他們需要的資訊，以便他們能在新的地盤上找到方向感與安全感。

你可能會看到以下的回應：

- 興奮、期待、和樂觀
- 以個人技能為榮
- 擔憂冒名頂替症候群（imposter syndrome）（害怕暴露出不足）
- 對團隊初期且暫時的依戀
- 對團隊預期的工作感到懷疑與焦慮

在形成過程中，團隊對任務目標的產出可能很少（如果有的化）。這是正常的。好消息是**提供支持便能讓大多數團隊相對較快地度過這個階段**。處於形成階段的團隊可能會受益於從資深團隊成員之前的團隊經驗、樂於團隊凝聚力活動的成員、或從團隊協作指導所獲得的智慧。

用領導力與明確的方向支持你的隊友（稍後將詳細介紹團隊領導角色）。首先要尋找讓團隊成員熟悉工作和彼此熟悉的方法。建立對團隊綜合優勢與個性的共同認識。目的、情境和一致性的章程制定是實現這個目標的絕佳方法。你可能會從其他練習得到了解彼此的機會，例如，第 113 頁「建立人際聯繫的練習」。

關聯

目的 (p. 116)
情境 (p.126)
一致性 (p.132)

除了章程制定，還要花時間討論和制定團隊的計畫。專注於「可行」，把事情做好會建立一種早期成功的感覺（第 221 頁「你的第一週」介紹了如何開始）。找尋和溝通團隊可用的資源，例如資訊、培訓和支持。

承認新奇、矛盾、困惑或煩惱的感覺，因為這些感受在這個階段是自然的。儘管章程會議應該有助於明確團隊責任，但還是要澄清有關工作期望、權力和責任邊界以及工作協定的其餘的所有問題。確保成員知道自己的團隊如何與其他負責同一產品的團隊配合。對於面對面的團隊，即使鄰近的團隊與自己的團隊沒有關聯，也要說明他們正在從事的事情。

在形成階段，團隊成員需要以下技能：

- ☐　一對一的溝通和回饋
- ☐　解決團體問題
- ☐　人際衝突管理

確保團隊根據需要對這些技能進行指導、諮商或培訓。

風暴：群體青春期

團隊開始從一群個體轉變為一個團隊。雖然團隊成員還無法很好地互相配合，但他們已經開始相互理解。

在風暴階段，團隊要處理令人不快的問題。這是一個動盪的時期，需要合作選擇方向並共同做出決定。這就是 Tuckman 等人稱此時期為「風暴」的理由。團隊成員已經感到一定程度的自在，而且這種自在已經足夠開始讓他們產生挑戰彼此的想法。他們非常了解彼此，所以知道分歧會出現在哪裡，而且也願意表達意見的分歧之處。這種動態會帶來創造性的緊張或破壞性的衝突，而這取決於處理它的方式。

預期會有以下行為：

- 不願意繼續完成任務，或對於如何完成任務有許多不同的意見。
- 對持續改善的方式抱謹慎態度。
- 對團隊與成功機會的態度呈現激烈的波動。
- 對缺乏進展或其他團隊成員感到沮喪。
- 即便對根本問題的看法達成一致，團隊成員仍持續發生爭論。
- 質疑選擇此種團隊結構的人的智慧。
- 對任命其他成員加入團隊的人的動機抱持懷疑（這些懷疑可能是具體的或普遍性的，且常常是根據過往的經歷而不是目前的情況）。

請留意破壞性行為來支持正處在風暴期的團隊，例如防禦心態、團隊成員之間的競爭、派系或選擇陣營、和嫉妒。這些行為預期會增加緊張感和壓力感。

當你看到這些行為時，請準備好透過說出所看到的行為模式，來介入解決。例如，「我注意到關於設計方法存在很多衝突，且大家開始形成各自的立場。有沒有辦法把它帶回到一個更加協同與融洽的討論方式呢？」保持透明度、坦率和回饋，並揭露典型的衝突問題。以創造性的問題解決方式（包含心理安全與健康的衝突之間的連結），來公開地討論衝突和壓力。請慶祝團隊所達成的小成就。

關聯

安全感 (p.107)

當你注意到團隊中出現了一系列攻擊行為時，通常是在團隊剛組建的幾週後，把團隊聚在一起討論信任問題：

1. 回想一下你在任何一種團隊裡的所有經歷。你什麼時候最信任你的隊友？告訴我們一個關於那個時候的小故事。建立信任的條件是什麼？

2. 請反思在你生命中受到信賴時的那段時間與情況。你在自己身上發現了什麼是你覺得重要的？你是如何與他人建立信任的？

3. 在你看來，哪些是創造和維持組織裡信任的核心因素？哪些是創造、培養、和維持團隊成員之間信任的核心因素？

4. 你會許哪三個願望來提升團隊內信任與健康的溝通？

這是一個艱難的階段，但會幫助團隊成員獲得智慧，為下一階段打下基礎。請關注團隊凝聚力是否持續地成長。隨著凝聚力的成長，確保每個成員繼續表達他們不同的意見，而不是為了虛假的和諧而讓他們停止表達。（請參閱第 112 頁「不要迴避衝突」。）

規範：我們是第一名的團隊

團隊成員作為一個有凝聚力的群體團結在一起。他們找到了舒適的工作節奏並享受他們的合作。他們認為自己是團隊的一部分。事實上，他們可能會發現彼此是如此的緊密，且非常喜歡一起工作，使得工作空間中出現了象徵歸屬感的事情。你可能會注意到匹配或非常相似的 T 恤、帶有團隊名稱的咖啡杯或有一致貼紙的筆電。遠距團隊可能有「戴帽子」或「夏威夷襯衫」日。

規範團隊已就結構和工作關係達成一致。在團隊合作的過程中，能補足團隊工作協定的非正式且隱含的行為規範正發展著。團隊之外的人可能會注意到，並評論團隊的「團隊精神」。有些人可能會嫉妒，尤其是當團隊成員開始炫耀他們的成功，或宣稱他們的團隊是「最好的」的時候。

他們的驕傲是有道理的。規範階段的團隊朝著他們的目標，取得重大而有規律的進展。團隊成員共同面對風險且共同工作。你會看到以下行為：

- 能夠建設性地表達批評
- 接受與欣賞團隊成員之間的差異
- 覺得可能一切順利而感到放心
- 更加的友善
- 分享更多個人的故事與信心。
- 敞開心胸討論團隊動態
- 想要回顧與更新工作協定，以及與其他團隊之間的界限問題。

你要如何鼓勵規範期的團隊？跳出團隊邊界，拓展團隊成員的焦點，促進與客戶和供應商的聯繫（實地考察！）如果團隊的工作與其他團隊的工作相關，請要求進行交叉團隊培訓。

建立團隊的凝聚力並開拓視野。尋找機會讓團隊成員分享經驗，例如一起做志願者或向組織的其他部門進行簡報。確保這些機會適合所有團隊成員，這樣你的善意就不會造成小團體內與外的問題。

規範期團隊需要的技能包括：

☐　回饋與聆聽

☐　團隊決策流程

☐　從組織觀點了解團隊工作。

如《*What Did You Say? The Art of Giving and Receiving Feedback*》[Seashore2013] 和《*Facilitators' Guide to Participatory Decision-Making*》[Kaner1998] 這類的書會幫助團隊學習前兩項技能，而讓整個團隊參與和組織領導者的討論會有助於第三項技能。

小心想要透過避免衝突來保持和諧的嘗試。由於不願再處於風暴期，團隊成員可能會表現出團體迷思：一種虛假的和諧形式。團隊成員甚至不願表達不同意，即不同意是正確的做法。因為他們想要透過這種方式

> 注意透過避免衝突來保持和諧的嘗試。

來避免不同意彼此的想法。《*Group-think: Psychological Studies of Policy Decisions and Fiascoes*》[Janis1982] 是探索此現象的經典著作。

當你發現團體迷思的症狀時，請討論團隊決策的方法。一個跡象是團隊成員為了維持和諧而不願發表批評性的言論，特別是由於發現得太晚而無法挽回時的事後諸葛。請徵求批評的意見，並確保團隊成員對不同意見感到安全。

> 關聯
>
> 安全感 (p.107)

避免團體迷思的一種方法是透過定義期望的結果來展開討論。讓努力朝著結果而不是遠離問題。請試驗以下團隊決策的基本規則：

- 同意每個團隊成員都可以扮演關鍵評估者。
- 提倡公開詢問而不是陳述立場
- 採用的決策流程應在作出決策前找出至少三個可行選項。
- 指派一位「唱反調的人」來找尋反例。
- 拆分團隊成為小群組進行獨立的討論。
- 安排「第二次機會」會議來審視決策。

表現：團隊綜效

團隊的重點已經轉移到完成工作上。績效和生產力是當務之急。團隊成員找到自己在組織使命中的角色。他們遵循已建立的熟悉程序來進行決策、解決問題、並維持協同工作的氛圍。現在，團隊持續地完成許多工作。

執行期的團隊會超越期待。他們表現出更大的自主權、取得更高的成就、並發展了做出快速且高品質決策的能力。團隊成員共同取得的成果比任何人預期個別成員成果的總和還要多。與早期階段相比，團隊成員繼續表現出對彼此的忠誠和承諾，同時對互動和任務展現出更少的情緒。

你會看到這些行為：

- 對個人和團隊流程的重要洞察。
- 不太需要引導式的指導。這些教練會花更多時間在更大的組織層面上，進行接洽和調解，而不是在內部團隊需求上。
- 合作是基於對團隊成員的優勢和限制的了解。
- 諸如「我期待與這個團隊一起工作」、「我等不及要來工作」、「這是我有史以來最好的工作」和「我們如何才能取得更大的成功」等談論。
- 對彼此抱持信心，而且相信每個團隊成員都會朝著完成團隊目的，而盡自己的一份心力。
- 預防或解決問題和破壞性的衝突。

在處於表現期的團隊工作過的人總是記得他們的經歷。他們有關於感到和隊友緊密相連的故事。如果團隊長時間處於表現期，團隊成員對團隊可能解散或重新安排，可能會感到非常情緒化。

儘管表現期團隊處於團隊發展的頂峰，但他們仍然需要學習與團隊外的人良好合作。他們也無法避免回到早期階段。團隊成員的變化會破壞他們的平衡，而重大的組織變化和對他們既定工作習慣的破壞也會產生相同的影響。此外，總是有進一步改善的機會。不斷學習、成長和進步。

解散：分開並繼續前進

團隊不可避免地會分開。可能是因為它達成最終目的，或團隊成員決定是時候繼續前進了。

高效且高生產力的團隊會接受這個階段，他們認同告別「儀式」的好處，因為它能慶祝團隊在一起的時間，並幫助團隊成員繼續他們的下一個挑戰。

溝通、協作、和互動

團隊成員的溝通、互動和協作創造了團隊凝聚力。這些交流會影響團隊是否有效工作的能力。

請參考我的團隊溝通模型，如圖 11-1 所示，它顯示了有效的團隊溝通需要開發一系列相互關聯和相互依賴的溝通技巧。

首先要先建立足夠的信任。每一項新技能都會將團隊向上拉，同時加強後續的支援技能。

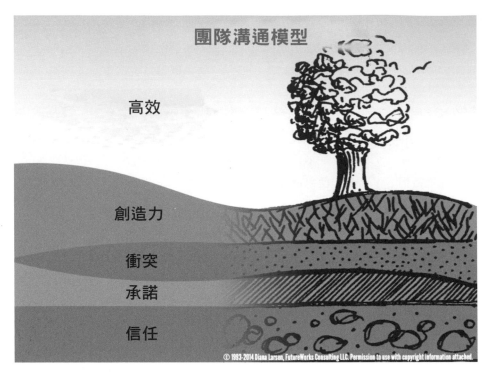

圖 11-1　Larsen 團隊溝通模型

從強大的信任基礎開始

當你組建團隊時，專注於幫助團隊成員找到彼此的信任。它不需要極強的信任，只要足夠認同一起工作並且致力於工作即可。一致性的章程制定與對心理安全的強調都能對此目標提供幫助。

> **關聯**
> 一致性 (p.132)
> 安全感 (p.107)

以三重承諾支持日益增長的信任

在信任的基礎上，團隊將開始探索團隊承諾的三個方面：

> **關聯**
> 目的 (p.116)

- 對團隊目的的承諾
- 對彼此幸福的承諾
- 對整個團隊幸福感的承諾

章程的目的和一致性會有助於建立承諾。隨著承諾的鞏固，信任將繼續增長。人們的心理安全感也會隨之增長。

一旦承諾和信任開始提升心理安全感，那就是檢查團隊權力動態的好時機。無論你的團隊多麼平等，權力動態總是存在的。他們是人類的一部分。如果不加以解決或揭露，權力動態就會變得具有破壞性。最好把它們公諸於眾，這樣團隊就可以嘗試將它們整平。

權力動態來自於個人對彼此影響力、促成事情的能力和優惠待遇的看法。透過討論團隊中存在的權力動態，以及它們如何影響協作來公開它們。請討論如何使用團隊共有且多樣化的力量來幫助整個團隊。

大小適合的衝突與回饋

團隊成員越認識到彼此的承諾，就越能調整處理衝突的方法。他們開始把衝突看作「我們對問題」，而不是「你對我」。專注於培養團隊成員給予和接納回饋的能力，如第 109 頁「學會如何給予和接納回饋」中所述。以下述的目標來處理回饋：

*   我們給予和得到的回饋是有建設性的且有益的。
*   我們的回饋是出於關懷和尊重。
*   回饋是我們工作中不可或缺的一部分。
*   沒有人對回饋感到驚訝。在給出回饋之前，我們會等待明確的同意。
*   我們提供回饋來鼓勵行為和阻止或改變行為。

一對一的回饋有助於處理小的人際衝突。未解決的與莫名其妙的怨恨有可能發展成強烈的不信任感。團隊成員為團隊內部回饋而發展的技能將會幫助他們面對與團隊外部力量發生的更大衝突。

激發創造力與創新

什麼是團隊創新，卻不會讓激發新可能性的想法發生衝突？在火花四濺的同時，保持健康的工作關係是一項團隊技能。它來自於參與衝突，並把衝突轉向預期成果的能力，而且激發了更大的創新和創造力。團隊解決問題的能力會因此而飆升。

透過提供學習上的挑戰和好玩的方法來培養團隊的創造力。請把這些方法融入團隊的日常工作中。如第 244 頁「投入時間來進行探索與試驗」中所述，運用時差來探索新技術。使用回顧來試

關聯

回顧 (p.316)

新想法。為異想天開又新鮮的無關緊要點子騰出機會。（在玩樂中互相學習！）

維持高效

當協作和溝通技巧與任務所需技能相結合時，高效就成了常態。因此，挑戰在於維持高效與避免自滿。作為一個團隊，繼續提高建立信任、致力於工作和彼此的承諾、提供回饋和激發創造力方面的技能，尋找機會建立韌性和更進一步的改善。

共享領導力

Mary Parker Follett 是一位管理專家、是組織理論和行為領域的先驅、並被稱為「現代管理之母」。在討論領導力的作用時，她寫道：

> 在我看來，雖然權力通常意味著控制權，即某個人或團體對其他人或團體的權力，但也有可能發展出共享權力的概念，意即一種聯合發展的權力、一種共同行動而不是一種強制性的權力……領導者和追隨者都在追隨無形的領導者—共同的目的。
> [Graham1995]（第 103、172 頁）

—Mary Parker Follett

好的敏捷團隊在所有團隊成員之間發展「共享權力」。他們共享領導權（請參閱第 88 頁「自組織的團隊」）。藉此，他們可以充分善用協作和整個團隊的技能。

關聯
——————
完整團隊 (p.76)

Mary Parker Follett 提出了「情勢法則」。她主張聽從最了解目前情勢的人的領導，而這正是敏捷團隊的運作方式。這意味著每個團隊成員都有可能擔任領導角色。每個人有時會領導團隊，有時則會聽從同儕的領導。

團隊成員可以扮演如表 11-1[2] 所摘要的多種領導角色。大家可以扮演多個角色（包括隨意切換角色），而且多個人也可以擔任同一個角色。重要的是覆蓋率，因為團隊需要成員來擔負表中所有種類的領導職責。

表 11-1　領導角色

	任務導向	協作導向
指揮	先驅者、教導者	善於社交者、影響者、追隨者
指導	評論者、協調者	提倡者、調解者
評定	批評者、把守者、反對者	審查者、監視者

- **先驅者（任務導向的指揮）**提出問題並尋求資料。他們會搜索接下來會發生什麼事、尋找新的方法、並且帶給團隊新的想法。
- **教導者（任務導向的指揮）**回答問題、提供資料，並且指導其他人任務相關的技能。他們把團隊與重要的資訊來源連接起來。

2　除了「善於外交者」外，Diana Larsen 和 Esther Derby 根據 [Benne1948] 發展出其餘的角色。

- 善於社交者（協作導向的指揮）把團隊與團隊外的人和群體連接起來、擔任聯絡窗口，並且在外部會議裡代表團隊。

- 影響者（協作導向的指揮）鼓勵團隊制定章程、啟動工作協定，與其他能建立團隊文化意識的活動。

- 追隨者（協作導向的指揮）提供支持和鼓勵。他們退後一步，來讓他人可以在他們的優勢或正在培養的優勢上發揮領導，並且服從團隊的工作協定。

- 評論者（任務導向的指導）解釋並分析資料。他們會根據情境來了解資訊。

- 協調者（任務導向的指導）合理地把工作所需匯聚在一起。他們連結和整合資料，並且讓團隊的活動與任務保持一致。

- 提倡者（協作導向的指導）注重團隊成員的公平參與，確保每個團隊成員都有機會能夠參與並且提供協助。他們鼓勵較寡言的團隊成員就影響團隊的問題發表自己的觀點。

- 調解者（協作導向的指導）為共同基礎而努力。他們在需要時尋求和諧、共識和妥協。他們可能會調解團隊成員難以自行解決的爭議。

- 批評者（任務導向的評定）評估與分析相關資料，以及尋找團隊方法的風險與弱點。

- 把守者（任務導向的評定）鼓勵工作紀律和維護工作協定，並且管理團隊邊界來防止干擾。

- 反對者（任務導向的評定）透過刻意地尋求替代觀點和反對習慣性思考，來保護團隊免於團體迷思。他們還會根據團隊的價值與原則來審查團隊的決定。

- 審查者（協作導向的評定）確保團隊達成驗收標準並且回應客戶的需求。

- 監視者（協作導向的評定）關注團隊如何一起工作（團隊成員是否順利地工作？），他們保護團隊的心理安全，並促進團隊成員之間健康的工作關係。

雖然把「追隨者」作為領導角色可能看起來很奇怪，但積極跟隨其他人的領導有助於團隊學習共享領導責任。對於被期待領導的人（例如資深團隊成員）而言，這是一個特別有力的角色。

> 對於期望領導的人而言，「追隨者」是一個特別有力的角色。

共享這些全部領導角色的團隊可以被稱為具領導性的團隊。為了發展一個具領導性的團隊，請一起討論這些領導的角色。當你注意到團隊參與度不平衡或過度依賴一個人做決定時，便是討論此議題的好時機。分享角色的列表，並且提出以下的問題：

- 每個團隊成員能自然地扮演多少領導角色？

- 是否有人擔任過多的領導職務？或扮演不想要的角色？

- 這些角色中有哪些需要多個人來同時扮演？（例如，反對者最好在幾個團隊成員之間輪換。）

- 我們的團隊缺少哪些角色？缺少某人來扮演這些角色有什麼影響？

- 我們如何填補缺失的角色？誰想要練習這方面的領導職責？

- 關於這些角色，我們還注意到什麼？

讓團隊成員聚焦在選擇如何透過擔任領導角色來確保有效協作。請保持開放態度來建立一個回應這類對話的新工作協定。

一些團隊成員可能是天生的反對者，但如果他們總是扮演那個角色，團隊的其他成員可能會落入對他們的評論不屑一顧的陷阱。「哦！別在意。李總是會看到事情最慘淡且最悲觀的一面！」因此，請務必確保團隊成員會輪流擔任反對者角色，來維持角色的效用。

惡意行為

任何產生不安全環境、弱化團隊動態或損害團隊實現其目標的能力的行為就是惡意行為。

如果團隊成員表現惡意行為，先記得回顧最高指令：「不管我們發現了什麼，我們都必須理解並真誠地相信每個人都在考慮了當時已知的狀況、大家的技能和能力、可用的資源與身邊的情況後，才盡己所能地產出最好的成果」[Kerth2001] (ch.1) 請假設這個人正在盡己所能地產出最好的成果。

首先尋找環境壓力。例如，團隊成員可能有新生兒，因此睡眠不足。抑或是，新的團隊成員可能獨自負責一個他們還不了解的重要子系統。團隊可以一起做出調整，幫助人們改善他們的行為。例如，同意讓有新生兒的父母晚點上班，或分擔重要子系統的責任。

下一步是給予當事人回饋。使用第 109 頁「學會如何給予和接納回饋」的說法，來告訴他們的行為所產生的影響並要求改變。很多時候，這樣就夠了。這是因為他們並不知道他們的行為是如何影響了團隊，而且他們可以做得更好。

團隊有時可能會給實際上沒有做任何錯事的同事，貼上惡意的標籤。這種情況很容易發生在經常擔任反對者角色的人身上。他們不同意團隊其他人的想法，或者他們察覺到由於其他人的過失所造成的風險或障礙而緊咬不放。請小心不要把反對者誤認為惡意的。團隊需要反對者來避免團隊迷思。不過，可能值得討論一下輪替角色。

> 請小心不要把反對者誤認為惡意的。

如果一個人真的表現出惡意行為，他們可能會忽略團隊的回饋，或者拒絕為團隊的心理安全需求進行調整。如果發生這種情況，他們將不再是團隊的好搭檔。這有時只是因為性格上的衝突，而他們會在另一個團隊中表現出色。

關聯

安全感 (p.107)

此時正是時候找到團隊的管理者或任何分配團隊成員的人，並向他們說明情況。優秀的管理者明白每個團隊成員的表現都有賴於其他團隊成員。一個好的領導者會介入幫助團隊。為了幫助團隊成員，成員需要告知管理者所需的資訊，以及團隊已經採取了哪些步驟來鼓勵行為改變。

一些管理者可能會拒絕把某個人從團隊中除名，尤其是當他們認為該團隊成員是「明星員工」時。他們可能反而會建議團隊應該適應這種行為。不幸的是，這往往會損害團隊的整體表現。令人感到諷刺的是這會讓「明星員工」看起來更像明星，因為他們會把周圍的人都擊垮。

在這種情況下，你只能自己決定成為團隊一員的好處是否值得你經歷這樣的惡意行為。如果不值得，那麼你最好的選擇是轉到另一個團隊或組織。

問題

一個團隊有一個領導者（「單一當責」的人）不是很重要嗎？要如何與多元領導團隊合作？

使用「單一當責」來簡化複雜問題的做法固然令人滿意，但對於必須負全責的人來說可不這麼想，這也與共有主導權的敏捷理念背道而馳（請參閱第 213 頁「共有主導權」）。責任是由整個團隊一同擔負的，成功和失敗是由多個參與者和因素之間的複雜相互作用所造成。因此，當事情出錯時，沒有人應該當替罪羊。每個團隊成員的貢獻都至關重要。

這不僅僅只是抽象的哲學。多元領導團隊能做得更好，並更快地發展成為高效團隊。共享領導力可以建立更強大的團隊。

如果我沒有幫助改善團隊動態的技能怎麼辦？

如果你對團隊合作技能感到不自在，那沒關係。你還是能幫得上忙。請注意那些扮演協作導向領導角色的人，並且確保你支持他們的努力。如果你的團隊沒有願意承擔這些角色的成員，請與管理者或贊助者討論提供一名教練或其他精通團隊動態的團隊成員（請參閱第 81 頁「教練技能」）。

先決條件

為了使這些想法成真，你的團隊和組織都需要參與。團隊成員需要擁有活力和動機，才能一起做好工作。如果人們只是對打卡和被告知該做什麼事感興趣，那就無法讓想法成真了。同樣地，你的組織需要投資於團隊合作。這包括創建一個完整的團隊、一個團隊空間和一種對敏捷友好的管理方法。

關聯

充滿活力地工作
(p.140)
完整團隊 (p.76)
團隊空間 (p.91)
管理 (p.304)

指標

當你的團隊擁有健康的團隊動態：

- ☐ 團隊成員喜歡來工作。
- ☐ 團隊成員表示他們可以倚賴隊友來履行承諾，或當他們無法完成時，可以和隊友溝通。
- ☐ 團隊成員相信團隊裡的每個人都致力於達成團隊目的。
- ☐ 團隊成員知道彼此的優勢，而且會支援彼此的不足之處。
- ☐ 團隊成員能好好地一起工作，並且慶祝進展和成功。

替代方案和試驗

本節的實務做法只涉及了團隊、團隊動態、衝突管理、領導力、和許多影響團隊效率主題的一小部分寶貴的知識。貫穿整個實務做法的參考資源和延伸閱讀有相當豐富的資訊。不過，這些資訊也不過只是是觸及了整個知識系統的表面。請教指導者他們最喜歡的資訊，並且持續學習與試驗。這是一個終生的旅程。

延伸閱讀

在 Keith Sawyer 的職涯裡，他一直在探索創造力、創新和即興行為，以及其與有效的協同合作之間的關係。在《*Group Genius: The Creative Power of Collaboration*》[Sawyer2017] 裡，他提供了相當具有洞見的軼事與想法。

Roger Nierenberg 的回憶錄和給領導者的心法指南《*Maestro: A Surprising Story about Leading by Listening*》[Nierenberg2009] 提供了一種「跳脫框架」的方式來思考領導力，並且有一個網站（*http://www.musicparadigm.com/videos/*）來展示他所使用的技巧。

《*The Wisdom of Teams: Creating the High-Performance Organization*》[Katzenback2015] 是一本關於高效團隊、團隊具備的特徵、以及成就他們的環境的經典基礎書籍。

《*Shared Leadership: Reframing the Hows and Whys of Leadership*》[Pearce2002] 匯集了關於共享權力團隊與組織的最好想法。雖然它的內容具有挑戰性，但它值得你探索來擴展你關於領導者角色與特徵的概念。

消除阻礙

受眾
完整團隊

by Diana Larsen

我們會修復拖慢我們的問題。

阻礙、窒礙、障礙、門檻、麻煩、威脅性風險（也稱為迫在眉睫的未來妨礙） 全都是可能影響團隊績效問題的詞語。它們可能是相當顯而易見的，例如「網路壞了」，也可能是相當隱晦的，例如「我們誤解了客戶的需求且必須重做。」或「我們被困住了！」

一些阻礙隱藏在顯而易見的地方，有些則是從複雜的情況中出現的，有些是更大問題的徵狀，有些沒有單一的根本原因，而是有許多原因，有些是不可阻擋的力量，比如惡劣的天氣，文化和傳統的包袱，而有些是最寶貴的阻礙，因為你能掌控它們，並且且輕易地解決它們。

不管阻礙是哪一種類型，阻礙妨害了團隊，而且甚至能讓一切進展都停止下來。消除阻礙能讓團隊恢復速度。

一些團隊成員希望擁有領導頭銜的人承擔消除阻礙的責任，但消除阻礙是團隊的責任。不要等待你的教練或管理者注意到團隊的阻礙，並解決它們。請自己來面對它們。

> 消除阻礙是團隊的責任。

同樣地，有些團隊會創建阻礙或風險板來追蹤造成進展不彰的所有事情，但我不是很推薦這種做法。相反地，一旦發現阻礙，就立即解決它們。在下一次站立會議、回顧會議或任務規劃會議中將它們提出來，並決定你們會如何克服每一個問題。

關聯
站立會議 (p.248)
回顧 (p.316)
任務規劃 (p.211)

發現阻礙

要消除阻礙，必須先發現它們。請提出以下問題：

- 「什麼事情拖慢我們？」
- 「我們還不具備哪些需要的東西？」
- 「我們能夠有更多的進展，如果…」

- 「是什麼阻止了我們或防止了我們…」
- 「是什麼讓缺陷一次又一次的出現？」
- 「我還不具備哪些需要的技能？」

如果團隊無法取得進展，但似乎沒有任何阻礙阻擋著你們，請使用 Willem Larsen 的 TRIPE：工具（Tool）、資源（Rrsource）、互動（Interaction）、流程（Process）和環境（Environment）。[Larsen2021] 把每個類別加到前面列表中的問題中：哪些<u>工具</u>會拖慢我們？哪些<u>資源</u>會拖慢我們？哪些<u>互動</u>會拖慢我們？等等。

同心圓與湯

該怎麼處理你的阻礙？請以「同心圓與湯」來思考。圍繞著團隊較小的圈是團隊可以控制的事情，而較大的圈則代表團隊能影響的事情。除此之外還有**湯**：團隊本質上無法改變的事實。湯既無法改變，也不能影響。你所能做的是改變團隊應對的方式。

下面的活動是來自 [Larsen2010]，請使用下述建議的做法來決定如何面對你的阻礙：

步驟一：使用同時腦力激盪（請參閱第 95 頁「同時工作」）來找出能改善團隊完成工作能力的執行項目，並且把每個項目分別寫到實體或虛擬的便利貼上。

步驟二：在白板上畫出三個同心圓，如圖 11-2 所示。在每個圓上保留空間給便利貼。

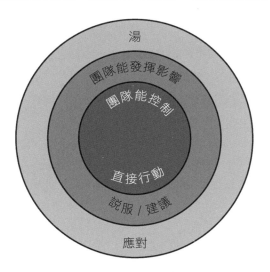

圖 11-2　同心圓與湯

步驟三：同時工作！把便利貼各自擺放到如下的類別上：

- 可掌控：團隊能自行執行的項目。
- 可影響：團隊能建議或說服其他團隊幫忙的項目。
- 湯：團隊無法控制，且近乎沒能力影響的項目。

步驟四：從其中一個圓上選出一個項目。先從最裡面的圓開始，並且為該項目建立任務。按需重複進行此步驟。

每次結束時都請詢問：「我們還能做什麼來防止這種情況再次妨礙我們？」

關聯
_____
任務規劃 (p.211)

掌控：採取直接行動

每日站會的時候，兩位成員報告了一個障礙：「我們需要幫助。這個故事的商業規則對我們來說沒有意義。」另外一個成員說「我們之前看過這個規則。」會後，幾位熟悉問題的人聚在一起來釐清誤解。他們還討論了未來避免類似誤解的方法。

在休息前的簡短回顧中，一個遠距群體程式設計的團隊討論了一種新的背景噪音。這讓人很難聽到對方的聲音。然後，一個團隊成員突然說道：「那是我的電風扇！我沒有意識到它對著我的麥克風。」團隊成員調整了電風扇，然後分散注意力的背景噪音便停止了。

當你的團隊掌控阻礙的解決方案時，請採取行動並修復它。

影響：說服或建議

在每週回顧會議上，該團隊把「不明確的商業規則」列為一個持續存在的阻礙。該團隊記錄過以前發生的類似問題的具體例子，而且認為「最好聯繫領域專家」是首選的解決方法。一位資深工程師自願把這些例子帶給團隊的關鍵利害關係人，以便他們能共同提出解決方案。

如果你的團隊無法掌控消除阻礙的方法，但你的利害關係人卻可以時，請要求他們幫忙你。

有效的影響行動取決於對利害關係人的了解。如果你把團隊情境編進了章程內，那麼你應該有一張情境圖表顯示著你的利害關係人群組（請參閱第 127 頁「團隊的限制和互動方式」）。請記得，

關聯
_____
情境 (p.126)

所謂的利害關係人指的是影響團隊或因團隊的工作受影響的每一個人。

請建立一個利害關係人承諾圖表，以便更好地理解如何影響你的利害關係人。如圖 11-3[3] 所示。

3　利害關係人承諾圖是調整 [Beckhard1992] 而來。

	阻止事情 發生	讓事情 自然發生	協助 事情發生	使事情 發生
Becky Mimms		X————————→O		
William Dacus		O	X	
Lizette Sherrod				OX

圖 11-3　利害關係人承諾圖表

圖表的每一行代表利益相關者對幫助團隊的承諾：

- 阻止事情發生。利害相關係人會試圖阻止你。
- 讓事情自然發生。利害關係人不會幫助你，但他們也不會妨礙你。
- 協助事情發生。如果你帶頭執行，利害關係人會提供幫助。
- 使事情發生。利害關係人會積極地推動事情的進展。

透過以下方法來使用圖表：

1. 關鍵利害關係人。在第一行裡列出關鍵利害關係人的姓名。如果利害關係人是一個群組，請使用團隊裡該群組聯繫人的姓名。

2. 需要的承諾。討論團隊需要每位利害關係人做出的承諾程度。請在相應的行上標記「O」（代表「目標」）。

3. 現狀。確定每位利害關係人對消除阻礙的承諾程度。這可能需要具有政治頭腦的團隊成員來進行確認。請在相應的行上標記「X」。

4. 確定需求。當 X（現狀）在 O（需要的承諾）的左側時，從左到右畫一個箭頭將它們連接起來。這指出團隊必須提高那位利害關係人的承諾程度。如果有許多承諾程度需要改變，請先考慮首先會與哪些利害關係人合作。

5. 規劃策略。以團隊的方式決定如何影響每位利害關係人，以便獲得需要的承諾程度。

當你有需要的承諾時，你可以請求「協助事情發生」和「使事情發生」的利害關係人來幫助你解決障礙。

湯：改變你的應對

在年度績效考核後，團隊失望地知道有些人的排名高於其他人，並獲得了更高的獎金。因為他們是一個高效的團隊，每個人都為團隊的成功做出了貢獻，所以團隊成員感到很沮

喪。讓情況變得更加公平的努力付諸流水了，因為分級制度是全公司的政策。最後團隊同意，明年誰得到最大的獎金百分比，誰就為整個團隊辦一個派對。這不是他們想要的解決方案，但它把潛在會讓團隊四分五裂的局勢變成了一個他們可以期待的事情。

湯是組織裡「事情的原貌」。它與組織文化、商業策略或商業環境相關聯。當阻礙的解決方案落在「湯」時，你只能改變應對方式。

在任何棘手的情況下，我們都有三種可能的反應：改變情況、改變他人或改變自己。湯不能換，而換掉別人也不實際，所就只剩下一個選擇了，那就是改變自己。請接受阻礙不會消失的事實，所以盡量讓面對阻礙變得更容易接受一些。

當面對「湯」的阻礙時，請找尋至少三種不同的方式來應對它。提出 5 個或 10 個不同的應對方式，並且鼓勵想出一些古怪或完全不可能的點子。這種做法或許可以幫助你找到應對的方式。接著，從中篩選出三個最可行的方式，並且選擇一個方式來嘗試。

問題

如果團隊成員說沒有任何阻礙，但我們卻沒有看到任何進展怎麼辦？

如果有人似乎被困住了，但卻不斷地說他們沒有遇到任何事情，請進一步確認一下情況。他們的個人生活可能發生了一些事情，導致他們在工作中分心，而他們可能感到相當脆弱與沒有安全感，而無法坦率地承認出來。他們也可能實際上真的被困住了，但過於執著於任務而無法尋求協助，想要自己解決問題。

<table>
<tr><td>關聯</td></tr>
<tr><td>安全感 (p.107)</td></tr>
<tr><td>結對程式設計 (p.356)</td></tr>
<tr><td>群體程式設計 (p.366)</td></tr>
</table>

約個時間與他們聊聊！請保持同情心，並詢問會讓你進一步確認情況的行為。這是唯一你能夠發現妨礙承認阻礙原因的方法。請幫助團隊成員注意報告與成果之間的脫節狀況、鼓勵他們分享問題、並且強調團隊共同主導工作。（請參閱第 213 頁「共有主導權」），以及尋求幫助或把任務交給其他人總是可以的。結對程式設計與群體程式設計可以協助避免這個問題。

如果我們的阻礙都是來自於其他人或團隊，那該怎麼辦？

把你的問題歸咎於「他們」是很誘人的，但指責會阻止你的團隊選出能夠掌控的行動。思考團隊的行為是如何造成這個問題的。有什麼方法可以讓你以不同的方式介入處理？請找出你能夠主導的部分。

安排與「他們」進行小組間的對話來探索阻礙（你可以請中立方進行調解）。請說明對團隊的影響，並且尋求雙方都滿意的解決方案。

先決條件

每個團隊都會遭遇阻礙，但並不是所有阻礙都能被消除。有些問題不管對你們產生多大的影響，但它卻超過團隊能處理的範圍。

記住要放大自己的視野。過於狹隘地專注團隊內的阻礙會讓解決方式造成新的問題或轉移到其他人身上。當處理阻礙時，請盡量保持系統性思維的觀點。

小心把阻礙當成進展緩慢的藉口，因為阻礙很容易被當成替罪羊。

指標

當你能熟練消除阻礙：

- ☐ 團隊會享受來自消除阻礙的挑戰。
- ☐ 團隊會在阻礙出現時，著手解決它們。
- ☐ 團隊花很少時間在消除阻礙。相反地，團隊會強化實務做法和有助於工作的環境因素。

替代方案和試驗

消除阻礙總是為了幫助團隊更快且更有成效。因此，請自由地進行試驗。

舉例來說，肯定式探詢可以轉變這個情勢。與其專注於團隊問題，不如尋找激發團隊活力的事情，並多做這些事情。找尋推動團隊進步的實務做法或事件。分析進展順利的地方，並探索團隊如何創造更多類似的優勢。專注於擴大團隊優勢常常有減少問題的附帶好處。

精實改善方法「Kata」是另一種專門處理長期阻礙的方法。Jesper Boeg 所著的《*Level Up Agile with Toyota Kata*》[Boeg2019] 是用此種方法改善軟體開發的指南。它特別適合解決開發高品質產品的阻礙。

延伸閱讀

《*The Little Book of Impediments*》[Perry2016] 是一個透過方便的電子書形式，提供如何找尋、追蹤、和消除阻礙的全面性檢查工具。

可靠的交付

又到了十月！在過去的一年中（見第二部分），你的團隊一直在努力提高交付熟練度，現在你們就像是一台運作良好的機器。你從未像現在這樣地享受工作：與專業軟體開發相關的小煩惱和摩擦（無法運行的建置版本、令人沮喪的除錯、痛苦的變更分析）都已經消失了。現在你可以開始一項任務並在幾個小時後就推到正式環境裡執行。

你唯一的遺憾是團隊沒有一開始就追求交付熟練度。回想起來，它本來會更快更容易，但大家卻想慢慢來。不管如何，現在你們知道它的重要了吧！

當你走進團隊空間時，你會看到 Valeri 和 Bo 在結對開發工作站一起工作。他們都喜歡早點來，以便避開交通的高峰時段。Valeri 看到你收拾背包，並引起你的注意。

她問道：「你今天早上可以一起結對開發嗎？」她從來都不是會閒聊的人。「Bo 和我一直在處理即時更新，而他說你可能對如何測試網路相關的程式碼有一些概念。」

你點頭。「Ducan 和我昨天研究了點東西，並且想出了一些實用的東西。你是想要結對開發，還是我們三個人組成微型的群體開發小隊？」

「你可以和 Valeri 結對開發」，Bo 邊說邊站起來伸了個懶腰。「我需要從網路相關的程式碼中休息一下。」他假裝顫抖了一下。「即使是 CSS 也比這更好。」Valeri 翻了個白眼，並且搖了搖頭。 她對你說：「我會讓你熟悉相關實作，不過我需要更多的咖啡。」

半小時後，你和 Valeri 在網路相關實作上取得了不錯的進展。工作站發出一系列穩定的輕柔鈴聲。每次保存更改時，監視腳本都會執行你的測試，然後在一秒鐘後發出提示音來提示測試是通過還是失敗。

你已經進入了穩定的節奏。目前，你正在開車，而 Valeri 正在導航。 她說道：「好的，現在讓我們確保它在沒有訊息時會引發錯誤。」接著，你加了一個測試。咚！測試失敗。你立即切換到正式程式碼，並且加上 if 語句，然後進行儲存。叮！測試通過。Valeri 說道「現在換訊息是毀損的狀況時。」你在測試裡加上一行。咚！再加上另一個 if 語句到正式程式碼裡。叮！「好吧！我有關於更多邊緣案例的一些說明，」Valeri 說道「但我認為我們需要先清理這些 if 語句。如果你抽取出一個 validateMessage() 方法，那應該會有所助益。」你點點頭，接著選了程式碼並且按下「提取方法」鍵。叮！沒問題。

這些聲音是幾個月前試驗的結果。儘管出現「帕夫洛夫的程式設計師」的笑話^{譯註}，但它們還是很受歡迎。你的團隊以如此小的步驟工作，使得在大多數情況下，程式碼能完全按照預期的方式執行。你的增量測試執行時間不到一秒鐘，因此聲音可以作為即時回饋。你只需要在出現問題時，查看測試運行工具。伴隨著確保處在正軌與控制之中的鈴聲，你只需要在其他的時間裡，來回地在測試、程式碼和重構之間切換即可。

又過了半小時，網路相關實作修改完成。當 Valeri 從整合分支中拉取最新程式碼並執行完整的測試套時，你伸展了身體一下。一分鐘後，測試通過了，接著她運行了部署腳本。「完成了！」她說著「是時候喝更多咖啡了。幫我留意一下部署，好嗎？」。

你坐在椅子上，看著部署腳本逐步執行。它執行在單獨的機器上測試著你的程式碼，然後把它合併到共用的整合分支上。團隊中的每個人每隔幾個小時就會把他們的程式碼與這個分支進行合併，可能是合併共用分支到自己的分支，或把自己的分支合併到共用分支上。合併分支使團隊保持同步，並確保在合併衝突成為問題之前儘早解決。接著，腳本透過金絲雀部署，把程式碼推到正式環境裡。幾分鐘後，部署得到確認。腳本會把程式碼儲存庫標記為成功。

你漫步到任務板，並且把網路任務標記為綠色。「一切都完成了，Bo ！」你叫著說道。「完成一些 CSS 任務了嗎？」

譯註　此處援引古典制約的實驗。俄國生理學家帕夫洛夫設計了實驗「在餵食狗之前，便搖動鈴鐺，再給予食物」來驗證雖然食物與鈴鐺兩者並無關聯，但透過這種方式卻會讓兩者產生制約反應的關係。此處的笑話類比了「叮！」「咚！」的聲音與隨後的開發行為就像帕夫洛夫的實驗。

歡迎來到交付領域

交付熟練領域適用於想要可靠地交付軟體的團隊。
團隊成員發展他們的技術技能，使軟體維護成本低，
易於改善和部署，並且幾乎沒有臭蟲。具體來說，熟
練交付的團隊[2]：

交付熟練領域適用於想要可
靠地交付軟體的團隊。

- ☐ 能按商務利害關係人的期望，以最小的風險和成本發佈團隊最新的產出。
- ☐ 儘早發現並修復正式運行生命週期中的產品缺陷，以免造成損害
- ☐ 能夠提供有用的預測
- ☐ 缺陷率低，因此團隊花費更少的時間來修復錯誤，而將更多的時間用於構建功能
- ☐ 建立具有良好內部品質的軟體，這使得變更成本更低、速度更快
- ☐ 擁有較高的工作滿意度和士氣，從而提高人才留存率和績效。

為了實現這些好處，團隊需要培養以下技能，而要進行以下技能需要第 4 章中描述的投
資。

團隊回應商業需求：

- ☐ 團隊的程式碼是成品水準（production-grade）的，而且至少每天都會把最新的產出
  部署到與正式環境相仿的環境中。
- ☐ 團隊的商務代表可以隨意發佈團隊的最新成果。
- ☐ 團隊根據請求提供有用的發佈預測給商務代表。
- ☐ 團隊和商務利害關係人協調以一種能讓軟體低廉且持續的方法進行維護。

團隊以一個團隊的形式有效地工作：

- 開發人員認為程式碼和類似的產出是屬於團隊，而不是屬於個人。此外，他們共同承
  擔修改與改善它的責任。
- 設計、開發、測試、部署、監控、維護等所需的所有日常技能，只要是與團隊的工作
  相關的部分，團隊都可以立即取用。

團隊追求技術卓越：

- ☐ 在進行變更時，團隊成員會讓軟體的內部品質比變更前變得更好一些。
- ☐ 團隊透過改善可能導致錯誤的底層系統來積極應對錯誤，從而降低未來錯誤的可能
  性。

2　這些列表來自 [Shore2018b]。

□ 部署和發佈是自動化的，而且手動操作不超過 10 分鐘。

□ 在部署之前不需要手動測試

□ 團隊成員意識到他們的技能如何影響實現團隊目標和提升內部品質的能力，並且積極尋求提升這些技能。

達到交付熟練度

本書此部分的實務做法將幫助你的團隊熟練交付領域的技能。在大多數情況下，它們都是以各階段同時進行作為核心概念。

大多數團隊，甚至敏捷團隊，都是採階段式的開發方法。團隊雖然採用迭代的方式，但每一個迭代裡卻是採用階段式的方法，包括需求分析、設計、開發、測式、和部署，如圖 III-1(a) 和 (b) 部分所示。即使是採用持續流的團隊也傾向透過使用可視化泳道追蹤一系列階段的進度來開發每一個故事。

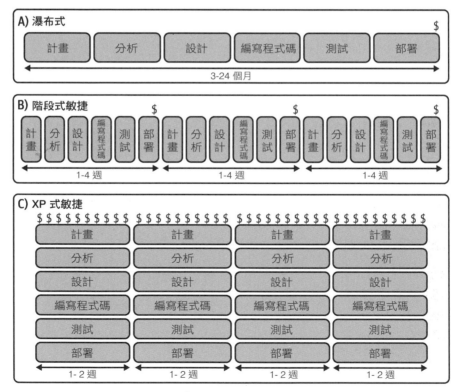

$ = 發佈能力

圖 III-1　軟體開發生命週期

只不過，敏捷本質是迭代與增量。每個故事只會花一天或兩天的時間。這樣的時間長度並不夠實現極嚴整的階段式管理。實務上，設計和測試往往遭到忽視。程式碼品質隨著時間變低、團隊難以了解如何安排必要的基礎設施和設計工作、而且沒有時間測試與修復錯誤。

為了避免這些問題，極限程式設計引入了讓軟體開發能夠真正地實現增量的概念。XP 並不是分階段來處理工作，而是以增量式且持續地處理開發工作的各面向。如圖 III-1 (c) 部分。

儘管創建於 1990 年代，XP 的測試、開發和設計實務做法仍然是最先進的。這些做法產生的程式碼是我所見過最高品質且最高效的程式碼。之後的 DevOps 運動擴展了這些做法，以便支持現代的雲部署。再加上增量式規劃和需求分析，這些技術使得團隊能夠有規律且可靠地交付高品質的軟體。

<table>
<tr><td>關聯</td></tr>
<tr><td>調適性規劃 (p.156)</td></tr>
<tr><td>增量式需求 (p.201)</td></tr>
</table>

第三部分的實務做法是根據 XP 而來。如果你能深思熟慮且嚴謹地使用它們，你就能實現交付熟練度。這些做法分成了五個章節。

- 第 12 章介紹了如何以一個團隊的方式來構建軟體。
- 第 13 章介紹了如何以增量的方式進行建置。
- 第 14 章介紹了如何以增量的方式進行開發。
- 第 15 章 介紹了如何可靠且隨需地發佈軟體。
- 第 16 章介紹如何創建能夠完成預期目標的軟體。

協同合作

除了任何敏捷團隊所期望的團隊合作（請參閱第 7 章）外，交付團隊還要有高水準的技術能力與協作能力。他們應該共同努力，來保持好的內部品質並交付最重要的商業優先事項。

這些實務做法將幫助你的團隊進行協作：

- 第 350 頁「共有程式碼主導權」鼓勵團隊成員改善彼此的程式碼。
- 第 356 頁「結對程式設計」相互交流想法並幫助團隊成員了解彼此的工作。
- 第 366 頁「群體程式設計」讓你的整個團隊一起工作。
- 第 371 頁「通用語言」幫助團隊成員相互理解。

本章的啟發來源

作為交付領域的代表性做法，本章中的大多數實務做法都可以追溯到 XP [1]。共有程式碼主導權和結對程式設計都直接來自 XP。

1　當然，XP 的靈感可以追溯到更久之前。一個特別值得注意的前身是 Ward Cunningham 的 EPISODES 模式語言 [*Cunningham1995*]。它提及了許多想法，包括結對程式設計，而這個做法後來被收入 XP。

群體程式設計是結對程式設計的一種變形。Woody Zuill 根據他在 Hunter Industries 的一個團隊中使用它的經驗,將其正式化為一種實務做法。 Woody 最初的實務做法名稱是「全團隊程式設計(Whole Team Programming)」,但他在類似的活動中使用了「群體程式設計」這個名稱(來自 [Hohman2002]),名稱也就固定在這個名詞上了。它也被稱為整體程式設計(*ensemble programming*)。

我第一次得知通用語言,是從 Joshua Kerievsky 那裡了解到的。他把這個做法包含在他的 Industrial XP 方法 [Kerievsky2005] 中。它取代了 XP 所提出的「隱喻(Metaphor)」,但這個做法並未在 XP 裡發揮效用,因而在第二版時被去除。不過,我相當肯定 Kerievsky 的靈感來自 Eric Evans 的優秀著作《*Domain-Driven Design: Tackling Complexity in the Heart of Software*》[Evans2003] Evans 的著作為此處討論內容的基礎。

共有程式碼主導權
(Collective Code Ownership)

受眾
開發人員

我們所有人為我們的程式碼負責。

就如第 213 頁「共有主導權」所言,敏捷團隊共同主導他們的任務。不過,這樣的概念要如何應用到程式碼上呢?

共有程式碼主導權意味著團隊共同分擔程式碼的責任。整個團隊擁有程式碼,而不是把某些模組、類別、或故事指派給某些特定的人身上。隨時改善團隊的程式碼既是權力也是責任。

事實上,提升程式碼品質就是共有程式碼主導權所隱藏的一個好處。共有主導權允許(更正確的說是「期望」)每個人解決他們發現的問題。如果遇到重複的實作、不清楚的命名、較差的自動化、或甚至是設計

> 無論發現哪裡的程式碼有問題,請修好它!

不佳的程式碼,那麼無論是誰編寫的都無所謂。這就是你的程式碼,請修好它!

讓共有主導權發揮效果

共有程式碼主導權需要圍繞著設計和規劃,進行謹慎的協調。如果你採用群體程式設計,那麼協調已經自動包含在裡面了。否則,你的任務規劃會議是著手討論的好時機。當你討論如何拆解

關聯
群體程式設計 (p.366)
任務規劃 (p.211)

任務時，談談你的設計。根據設計會如何變更來規劃任務：「為 UserReportController 加上端點」、「更新 ContactRecord」、「新增欄位到資料庫表格 GdprConsent」。

當你準備好執行新任務時，你可以從計畫板上選擇任何任務。在許多情況下，你只需要從列表拿走下一個任務即可，但你也可以略過幾個任務來挑選感興趣或特別適合的任務。

在一個理想的世界裡，你的團隊會搶著完成每個故事：每個人會為相同的故事選擇任務，並且在處理下一個故事之前，專注讓目前的故事「完成且達標」。這樣的做法會讓在製品數量降到最少（請參閱第 160 頁「最小化在製品數量」），並且儘早發現風險。

關聯
「完成且達標」（Done Done）(p.265)

在實際情況中，當目前的故事接近完成時，人們可以跳到下一個故事。請注意：當你還不熟悉共有主導權時，很容易不小心最後變成每個人實際上各自負責不同的故事，而不是真的一起合作完成。因此，不要因為不懂得如何與他人相互協調就跳到另一個故事。

不要因為不知道如何與他人相互協調就跳到另一個故事。

當你挑到和其他人或其他結對的小組緊密相關的任務時，請與他們進行迅速的討論。或許他們選到了前端的任務，而你們選到了對應的後端任務。花些時間讓 API 的定義達成一致。你們當中一位或兩位同時來實作沒有實際內容的模擬 API，然後其中一位可以負責把它加到前端裡。不管是誰後提交程式碼，他都有責任來仔細檢查實作是否能正常執行。

當你編寫程式碼時，你會想到影響到其他人工作的點子。結對開發可以幫助這些想法在團隊中傳播。你還可以使用每日站會來總結新點子。如果你不使用結對開發或群體開發的方式，你可能需要增加每日設計審查。

關聯
結對程式設計 (p.356)

有些想法應當立即討論。在實體團隊空間中，只需站起來說出想談論的內容。有興趣的人會來加入你的討論。在遠距團隊空間中，請在群體聊天室裡說出你的主題，並邀請其他人加入你的視訊會議。第 94 頁「加入和離開討論」有更多詳細的資訊。

無私的程式開發

共有程式碼主導權需要放開一點自我。與其為自己的程式碼感到自豪，不如為團隊的程式碼感到自豪。與其在有人修改你編寫的程式碼時抱怨，不如在你不處理那些程式碼時，享受它仍然獲得改善。與其推動個人的設計願景，不如和你的隊友討論設計的可能性，並就共同的解決方案達成一致。

共有主導權還需要團隊成員的共同承諾來編寫好的程式碼。當你看到問題時，就解決它。在編寫新程式碼時，不要假設其他人會修復你的錯誤。盡可能寫出最好的程式碼。

另一方面，共有主導權也意味著你不必完美無缺。如果你的程式碼能達到目的，但不確定要如何讓它變得更好，請不要猶豫先保持原樣。如果程式碼被需要了，稍後會有其他人來改善它。

相反地，當你在處理「別人的」程式碼時（但它不是別人的，它就是你的！），避免根據他們的程式碼就輕易地對他們做出個人評價。但是，請務必讓程式碼比你看到它的時候，變得更好一些。如果看到改進的機會，請不要害羞。你無需徵求許可。去做吧！

> 總是讓程式碼比你看到它的時候要更好一些。

沒有衝突的協同合作

一開始的時候，共有程式碼主導權有可能會造成衝突。所有關於同事工作風格的小煩惱都用明亮的紫色螢光筆畫上雙下劃線。這是一個好做法（真的！），因為它讓你有機會調整你的風格，但一開始可能會令人感到沮喪。

為了幫助流程更順利地進行，請在建立一致性的章程會議中決定重要的開發、設計和架構標準。當第一次採用共有程式碼主導權時，請嘗試一兩個星期的群體程式設計，這樣你們就可以一起商量做法上重要的差異。在你們的回顧中提出分歧的部分，並提出解決這些問題的計畫。請留心團隊動態。

關聯

一致性 (p.132)
群體程式設計 (p.366)
回顧 (p.316)
團隊動態 (p.323)

如果不使用群體程式設計，則需要一種方法來避免在日常工作惹惱他人。每日站立會議是一種很好的協調方式，只要它們保持簡短和聚焦。任務規劃板會幫助你保持狀況感知，尤其是當你坐的地方就可以看到它的情況下。

關聯

站立會議 (p.248)
任務規劃 (p.211)
結對程式設計 (p.356)
持續整合 (p.388)

結對程式設計會幫助你跟上每個人的變化。你的夥伴常會意識到你沒有意識到的變化，反之亦然。如果不是，結對程式設計讓尋求另一組結對成員的幫忙變得更為容易。結對的人可以在不影響進度的情況下進行短暫的打擾（一位繼續處理手邊的工作，而另一位可以處理打斷的事情）。

事實上，請鼓勵人們在遇到困難時尋求幫助。如果團隊中的其他人已經知道答案，那麼有人為此苦惱 30 分鐘是沒有意義的。

最後，持續整合會防止痛苦的合併衝突，並使每個人的程式碼保持同步。

處理不熟悉的程式碼

如果你正在處理的專案有知識孤島（只有一兩個人理解的一些程式碼），那麼共有程式碼主導權可能會看起來令人生畏。你要如何真正擁有那些你不理解的程式碼呢？

至少在一開始的時候，群體程式設計可能是你最好的選擇。它會幫助整個團隊快速地互相分享知識。如果你不喜歡這個做法，那麼採用結對程式設計也是可以。

要使用結對開發來擴展你的知識，請自願處理不了解的任務。請要求了解系統該部分的人與你結對，一起開發。結對開發時，請抵抗想要坐等觀看的行為。相反地，請負責操作鍵盤，並且要求他們指導你進行開發。善用操作鍵盤的優勢來控制步調：提出問題並且確保你了解被要求做哪些事。第 360 頁「透過結對來進行教授」有更多相關的資訊。

如果沒有人了解程式碼，請鍛煉您的推理能力。你不需要確切地知道每一行發生了什麼。在一個設計良好的系統中，您只需要知道每個套件、命名空間或資料夾負責什麼。然後你可以從它們的名字中推斷出高階類別的職責和方法行為。第 464 頁「對設計進行逆向工程」有更詳細的介紹。

編寫良好的測試還可以作為文件和安全網。瀏覽測試名稱以了解相應的成品程式碼（production code）負責什麼。如果你不確定某些東西是如何運作的，請直接更動它，來看看測試會顯示哪些訊息。當你的假設錯誤時，一個有效的測試套會告訴你。

關聯
測試驅動開發 (p.398)
重構 (p.421)

在你學習的過程中，重構程式碼能反應出改善後的理解程度。修復令人困惑的名稱和提取變數與函式可以梳理你的理解並幫助下一個人。Arlo Belshee 的「以流程方式命名」技術 [Belshee2019] 是一種用來統一命名的好做法。

如果你正在處理設計不佳且沒人了解也沒有任何測試的程式碼，那並不代表一切全完了。你可以使用**特徵測試**來安全地進行重構。請參閱第 419 頁「為既有程式碼增加測試」來了解更多資訊。

對程式設計師的好處

> 沒人了解它…無疑就是工作的保障！
>
> 　— 程式設計師的老笑話

共有主導權對**組織**來說很有意義。它透過讓更多人關注程式碼來降低風險、縮短週期時間並提高品質。但這對**程式設計師**有意義嗎？共有主導權不會掩沒了你的貢獻嗎？

老實說…它可能會掩沒你的貢獻。正如第 37 頁「改變有害的人力資源政策」中所討論的，敏捷要求你的組織表彰和重視團隊貢獻，而不是個人英雄行為。如果你的組織不是如此，那麼共有程式碼主導權可能就不適合你們。

即便你的組織重視團隊合作，但卻無法輕易地讓重要的程式碼脫離你的掌控，那麼就很難吸引想要透過相當聰明或優雅的解決方案獲得功勞的企圖心。

但這對你作為程式設計師有好處。為什麼？整個程式碼庫都是你的！你不只是能修改，還可以提供支持與進行改善。你可以擴展技術技能，而且可以透過與其他團隊成員合作學習新的設計和開發技術。在向他人介紹專業領域時，你也可以練習指導技能。

你也不必為編寫的每一段程式碼承擔維護負擔，因為整個團隊將會是你的靠山。隨著時間，他們會像你一樣了解你的程式碼，並且你將能夠去度假，而不會因為問題和緊急狀況而接到電話。

剛開始工作時會有點害怕，而且不知道你會處理系統的哪個部分，但這種做法也很自由。你不再會有讓你通宵工作或週末加班的長期子專案。你會獲得多樣性、挑戰和改變。請試試看，你會喜歡的。

問題

我們有一位非常優秀的前端開發人員 / 資料庫程式設計師 / 擴展性專家。為什麼不善用他們的技能呢？

敬請善用他們的能力！共有程式碼主導權意味著每個人都能為系統的每個部分做出貢獻，但你還是需要專家來帶路。

每個人要如何才能學習整個程式碼庫？

人們自然會被系統的一個部分或另一個部分所吸引。他們會成為特定領域的專家，且每個人都會對整個程式碼庫有一個大致的了解，但他們並不知道每一個細節。

一些實務做法能使這種方式發揮作用。精簡的設計以及這種設計對於程式碼清晰性的關注，使得了解不熟悉的程式碼變得更加簡單。測試則能用來當作安全網和文件。結對開發和群體開發能讓你和那些擁有你所不知道的詳細資訊的人一起工作。

關聯

精簡的設計 (p.452)
測試驅動開發 (p.398)
結對程式設計 (p.356)
群體程式設計 (p.366)

我們團隊中的不同程式設計師負責不同的產品。團隊是否應該共同擁有所有這些產品？

如果你把程式設計師合併到一個團隊中，那麼是的，整個團隊都應該對他們的所有程式碼負責。如果您有多個團隊，那麼他們可能會也可能不會跨團隊共享主導權，這取決於你如何進行擴展。詳見第 6 章。

先決條件

共有程式碼主導權面臨著社會性的困難。一些組織難以放棄個人獎勵和當責。一些程式設計師很難放棄個人榮譽，或者拒絕使用某些程式設計語言。由於這些原因，在嘗試之前，

與管理者和團隊成員討論共有程式碼主導權，是很重要的。在初步討論是否嘗試敏捷時，就應該包含這些顧慮，並且在一致性會議裡再次進行討論。

安全感至關重要。如果團隊成員在表達和接受批評時感到不安全，或者如果他們在提出想法或疑慮時害怕受到攻擊，他們就會無法共享程式碼的主導權。相反地，會出現一些小領地。「暫時不要更改這些程式碼。你應該先和 Antony 談談，確保他能接受。」

共有主導權也需要良好的溝通。無論是實體的還是虛擬的，你都需要一個團隊空間，來讓大家可以在其中順暢地交流。使用任務規劃和任務板來幫助人們了解工作內容，以及使用站立會議來協調工作。

關聯

一致性 (p.132)
安全感 (p.107)
團隊空間 (p.91)
任務規劃 (p.211)
站立會議 (p.248)
群體程式設計 (p.366)
結對程式設計 (p.356)
持續整合 (p.388)
精簡的設計 (p.452)
測試驅動開發 (p.398)

你需要一種方法來確保在整個團隊中傳播變更的相關知識。因為任何人都可以隨時做出任何變更，所以也很容易感到迷茫。群體程式設計和結對程式設計是最簡單的方法。如果這些做法都無法採用，那麼你會需要付出額外的努力來溝通變更。程式碼審查可能並不足夠。此外，大多數人本能地會透過文件來進行了解，但這樣做的成本卻很高，正如第 92 頁「面對面交談」所討論的內容一樣。先試試看較輕量的解決方式。一個方法是每天舉行 30 分鐘的「設計回顧」，來討論新想法和最近的變更。

因為共有程式碼主導權增加了大家接觸相同程式碼的機會，所以你需要把會造成痛苦的合併衝突機會降到最低。持續整合是最好的選擇。對於新的程式碼庫來說，合併衝突的可能性更大，因為程式碼太少了。即便群體程式設計並不是你會長期使用的方法，但它卻是一個好的方法來開展新的程式碼庫。

雖然精簡的設計和測試驅動開發不是絕對必要的，但它們對於採用共有程式碼主導權的團隊來說是一個好主意。它們會讓程式碼更易於理解和修改。

儘管有這麼多的先決條件，不過一旦必要條件到位，共有程式碼主導將會很容易被實踐。你所需要的只是一個共同的團隊協定，以便讓每個人都可以且應該在程式碼的任一地方來根據需要尋求並提供幫助。你不需要每個人都知道程式碼的每一部分，因為團隊成員只需要能夠在處理不熟悉的程式碼時尋求幫助，並慷慨地提供其他幫助來作為回報。

指標

當你的團隊能很好地實踐共有程式碼主導權時：

☐　團隊中的每個人都不斷地對程式碼的所有部分進行細微的改善。

☐　沒有人會抱怨團隊成員在未經許可的情況下修改程式碼。

☐ 當你回到原先編寫的程式碼時，會發現它在沒有你的參與情況下得到了改進。

☐ 當團隊成員離開或休假時，其他成員會不間斷地接手他們的工作。

替代方案和試驗

共有程式碼主導權的主要替代方案是弱程式碼主導權和強程式碼主導權。在**弱程式碼主導權**中，人們可以修改程式碼的任何部分，但由特定的開發人員來負責確保修改的品質，並且禮貌上要與他們協調修改。在**強程式碼主導權**中，所有的更改都必須透過所有者。

儘管弱程式碼主導權並不像強程式碼主導權那麼糟糕，但這兩種方法都削弱了敏捷對團隊合作的重視。對於不使用結對開發或群體開發的團隊，或者無法主動改善程式碼的團隊，這些替代方案可能是有用的。

不過如果可以，請嘗試使用共有程式碼主導權。共有程式碼主導權經常被忽視，但實際上卻是個必不可少的敏捷理念。這並不總是代表要採用共有程式碼主導權，但我認為這是類似做法的重要核心概念。雖然在沒有共有程式碼主導權情況下，團隊仍有可能熟練交付領域，但我還沒有看過這樣的情況。請堅持這個實務做法，直到你擁有作為熟練交付團隊的豐富經驗。

結對程式設計
(Pair Programming)

受眾
開發人員、完整團隊

我們彼此幫忙來獲得成功。

你想要整天有人守在你的旁邊嗎？你想要浪費半天的時間悶悶不樂地坐著看別人的程式碼嗎？

當然不想！幸運的是這些情境並不是結對程式設計的運作方式。

結對程式設計是由兩個人在同台電腦前且同時間處理同件事。這是最具爭議的一種敏捷概念。兩個人在同台電腦上做事？有點奇怪吧！不過，它也極為強大，而且一旦你習慣它，就會體驗到許多樂趣。我所知道嘗試過一個月的大多數程式設計師都會發現他們喜歡結對程式設計，而不是單獨編寫程式。

更重要的是，結對程式設計是一種實現共有程式碼主導權和讓整個團隊真正地協作程式的方法。

關聯
共有程式碼主導權 (p.350)

為什麼要結對？

結對不僅僅是分享知識，還能提高成果的品質。那是因為結對程式設計能使你的腦力加倍。

當你結對時，一個人是駕駛員，工作是編寫程式碼，而另一個人是導航員，工作是思考。作為導航員，有時你會思考駕駛員正在輸入的內容（不過，不要急於指出缺少的分號，因為這很煩人）。有時你會思考接下來會發生什麼。有時你會思考要如何讓目前開發的內容與整體設計搭配得最好。

這種安排會讓駕駛員可以全心地應對建立嚴格、語法正確的代碼的戰術挑戰，而不必擔心全局。此外，它讓導航員有時間考慮戰略問題而不會被編寫程式碼的細節分心。駕駛員和導航員共同完成的產出品質更高、速度更快，且比任何一方單獨完成的速度都快[2]。

結對還可以強化好的程式設計技能。交付實務做法需要極高的自律。結對時，你會有正向的同儕壓力去做需要做的事情，而且還能在整個團隊中散播程式碼開發的知識和技巧。

令人驚訝的是，你會花更多時間專注於開發（保持在高效狀態，並且完全專注於程式碼裡）。與你獨自工作時相比，這是一種不同的過程，不過它更能應對工作被打斷。首先，你會發現當你和某人一起工作時，辦公室的同事就不太可能打斷你。即便他們打斷你們的工作，一位結對的成員可以去處理打斷的事情，而另一位則能繼續工作。此外，你會發現背景噪音不會那麼容易分散你的注意力：與結對搭檔的對話會讓你保持專注。

如果這還不夠，結對真的很有趣。提升的腦力會幫助你更輕鬆地克服障礙。在大多數情況下，你會與聰明和志同道合的人合作。此外，如果你的手腕酸痛，你可以把鍵盤交給搭檔，並繼續保持工作效率。

結對工作站

無論團隊是面對面還是遠距，想要享受結對程式設計，有良好的工作空間是必不可少的。對於面對面的團隊，請確保有足夠的空間讓兩個人並排坐下。在一般隔間的角落放一台螢幕是行不通的，因為他們會感到不舒服，而且需要一個人坐在另一個人的身後，這對本是同儕協作的行為添加了心理和身體上的阻礙。

你不需要花俏的家具來打造一個好的結對工作站。一張簡單的桌子就可以了。它應該要有六英尺寬，所以兩個人都可以舒適地並排坐著。每張桌子都需要一個高性能的開發工作站，並且配置兩個鍵盤和滑鼠，以便讓每個人都可以擁有各自的一套操作工具。如果人們

2　一項研究發現，結對工作比一個人單獨工作多付出大約 15% 的努力，但產生結果的速度更快，並且缺陷減少了 15%。[*Cockburn2001*] 每個團隊都是不同的，所以對這些結果持保留態度。

有喜歡的滑鼠和鍵盤，他們可以隨身攜帶。在這種情況下，請確保 USB 接口能夠輕鬆存取。

請花大錢在大型顯示器上，以便讓兩個人都能清楚看到顯示內容。務必尊重人們在視覺能力上不同的需要，尤其是在字體大小與顏色方面。有些團隊配置了三個顯示器，而且外側的兩個顯示器會鏡射彼此的內容。因此，每個人都能在他們面前的顯示器上看到程式內容，同時使用中間顯示器來顯示額外的資訊。如果你也是如此配置，請試著安裝有用的工具來讓滑鼠能環繞桌面的邊緣。它會讓兩個程式設計師都能輕易地到達中間的螢幕。

如果是遠距團隊，你會需要程式碼協作編輯器和視訊會議。確保你有多個螢幕，以便你可以同時看到彼此和程式碼。

有多種 IDE 外掛和獨立工具可用於協作編輯，例如 CodeTogether、Tuple、Floobits 和 Visual Studio 的 Live Share。你還可以在視訊會議工具中共享你的螢幕，但程式碼協作編輯器可以讓你更輕鬆地切換駕駛員。但是，如果你必須使用螢幕共享，你可以透過把程式碼推送到暫時的工作分支來交出控制權。請編寫一個小腳本來自動化這個過程。

Jeff Langr 在 [Langr2020] 中詳細介紹了遠距程式碼協作的做法。

如何結對

我建議在所有程式碼上進行結對開發。經常結對但並非全面進行結對的團隊表示：「他們比在單獨開發的程式碼中發現了更多缺陷。」這與結對程式設計的研究吻合，例如 [Cockburn2001]，發現結對開發能產生更高品質的程式碼。一個好的經驗法則是為任何你需要維護的東西進行結對開發，包括測試和自動。

當你開始處理一項任務時，請讓另一個程式設計師和你一起工作。如果其他人尋求幫助，請騰出自己的時間。管理者永遠不應該指定合作夥伴：結對是變動且自然形成的，並在一天中不斷地發生變化。在一週的時間裡，與團隊的每個開發人員進行結對。這會讓團隊凝聚力提高，並在整個團隊中散播技能和知識。

當你需要全新的觀點時，請調換合作搭檔。當我感到沮喪或卡住時，我通常會調換搭檔。讓另一個人繼續完成任務，並且協助新搭檔跟上進度。通常，即使解釋問題給剛接觸問題的人也會幫助你解決問題。

> 調換搭檔來獲得全新的觀點。

即便你並不覺得卡住，每天調換幾次合作搭檔也是一個好主意。這會有助於讓每個人都了解情況並快速行動。每當我完成一項任務時，我就會切調換搭檔。如果我正在處理一項大任務，我會在四個小時內調換搭檔。

一些團隊以嚴格定義的時間間隔，來調換合作搭檔。[Belshee2005] 顯示了每 90 分鐘調換一次的有趣結果。雖然這可能是養成換對習慣的好方法，但請確保每個人都願意嘗試。

當你坐下來結對時，請確保你身體舒適。如果你們是同地辦公，請把你的椅子並排放置，留出彼此的個人空間，並確保顯示器清晰可見。當你在駕駛時，將鍵盤直接放在你面前。請留意這一點！出於某種原因，剛開始結對的人往往會曲著自己的身體來使用鍵盤和滑鼠，而不是讓它們靠自己更近。

花點時間與你的搭檔一起了解彼此的偏好。當你在駕駛時，你是否希望你的導航員給你時間自己思考問題？還是你寧願讓他們掌控一切，這樣你就不必停下來思考？導航時，你是否希望你的駕駛員說出他們的想法，以便讓你了解他要去哪裡？還是你希望能夠專注於接下來的事情？你想要嚴格分離駕駛員和導航員的角色嗎？還是以一種隨意且非正式的方法？

一開始輪到你駕駛時，你會感到笨拙和手忙腳亂。你可能會覺得導航員比你更快地看到想法和問題，而確實也是如此，因為導航員比駕駛者有更多的思考時間。因此，當你導航時，情況將會顛倒過來。結對開發會及時地讓事情變得自然。

結對開發透過對話來產生程式碼。工作時，大聲地思考。採取小的步驟（測試驅動開能發揮很好的效果），並且談論你的假設、短期目標、大方向和任何相關的歷史。如果你對某事感到困惑，請提出問題。討論會讓你和你的搭檔都同樣地獲得啟發。

> 關聯
> ─────────
> 測試驅動開發 (p.398)

當進行結對的時，經常地切換駕駛員和導航員的角色（至少每半小時一次，也可能是每幾分鐘一次）。如果你正在導航並發現自己告訴駕駛員要按哪些鍵，那就要求切換到駕駛員角色。如果你正在駕駛並且需要休息一下，請把鍵盤交給導航員，並且切換到導航員的角色。

在一天結束時，可以想見會感到疲倦。與單獨工作相比，結對通常會讓你覺得工作更賣力且完成得更多。落實充滿活力地工作，來保持你每天結對的能力。

> 關聯
> ─────────
> 充滿活力地工作
> (p.140)

有效的導航

導航時，你可能想介入並從搭檔的手中拿走鍵盤。保持耐心！你的駕駛員常常會用文字和程式碼來思考某個想法。他們會打出錯別字和犯小錯誤，請給他們時間糾正自己的錯誤。善用你的額外時間來思考更大的方向。你還需要編寫哪些其他的測試？這段程式碼如何適用於系統的其餘部分？是否有需要刪除的重複內容？程式碼可以更清楚嗎？整體設計能不能更好？有沒有應該消去的摩擦？

也要注意駕駛員的需求。不熟悉 IDE 或程式碼庫的人可能需要具體的指導，但要克制想要微管理的衝動。如果熟悉這些事物是他們喜歡的，請給他們空間讓他們自己解決問題。

作為導航員，你的職責是幫助駕駛員提高工作效率。想想接下來會發生什麼，並準備好提出建議。當我導航時，我喜歡在我面前放一張索引卡。當我想到某事時，我不會打斷駕駛員，而是把我的想法寫在索引卡上，然後等待休息時間再把它們提出來。在結對會議結束時，我會把卡片撕掉並扔掉。

同樣地，當出現問題時，請在駕駛員繼續工作的時候，花點時間查找答案。一些團隊為此保留了備用的筆記型電腦。如果你需要比幾分鐘更長的時間，請暫停編寫程式碼來一起研究解決方案。

關聯
探究解決方案 (p.433)

有時候找到答案的最好方法是分開、追尋不同方向的資訊，然後再聚在一起分享學到的東西。探究解決方案是一種特別有效的做法。

雖然導航員通常比駕駛員有更多的思考時間，但這並不意味著駕駛員是一個沒有頭腦的自動化機器。他們也會有設計理念。鼓勵你的駕駛員分享他們的想法，當他們以後有設計想法時，請提出並做筆記。此外，如果你遇到棘手的設計問題，可以停止編寫程式碼，拿起白板，並花一些時間一起研究想法。

透過結對來進行教授

儘管結對開發最能讓同儕協作發揮效用，但有時具有不同經驗水平的人會一起工作。在這種情況下，恢復彼此之間的平衡很重要。突出每個人帶來的技能。即使一個人需要教另一個人有關程式碼的知識，也應認為他只是缺少了易於改正的知識，而不是學習者缺乏能力或指導者太過優越。

如果你需要讓合作搭檔快速了解程式碼的某些部分，請記住要有耐心。教會搭檔程式碼的執行方式會拖慢你的速度，但目標不是最大化你個人的表現…而是

目標是最大化團隊的表現。

最大化團隊的表現。一個好的開發人員能工作得快且好，但最好的開發人員會幫助每個人達到這樣的狀態。

要使用結對開發來教某人關於程式碼的知識，請先讓他們駕駛，來讓他們控制節奏。當你引導他們時，不要告訴他們具體要做什麼。相反地，提供大方向上的指導（甚至可以從白板上的圖表開始），並給他們空間來弄清楚細節。

例如，在對服務進行更改時，不要說「我們需要更改 SuperMailClient、點擊 source…現在點擊 infrastructure…現在單擊 rest…」相反地，請提供情境和方向：「我們的任務是用 BetterMail 替換我們的事務性郵件供應商 SuperMail。它們都提供 REST API，

所以我們需要做的就是更改 SuperMail 包裹器來使用 BetterMail（在白板上畫出專案結構）。我們所有的 REST 客戶端都在 Infrastructure/rest 資料夾中，每個服務都有自己的包裹器。」然後讓你的搭檔瀏覽專案文件並找到要自己處理的文件。

一旦你教的人能找到出路，你就可以調換角色。讓他們導航並告訴你下一步需要做什麼。不過要小心：當你駕駛時，很容易衝到前頭去。只去做你知道需要做的事情。為了讓這過程作為一種教學技巧來發揮作用，你必須抑制這種慾望，讓搭檔來掌握節奏。

挑戰

結對開發一開始會讓人感到尷尬或不舒服。這些感覺是自然的且通常在一個月或兩個月就會消失。以下是一些常見的挑戰以及解決的方式：

舒適

值得再重複一遍：如果你覺得不舒適，那麼結對就沒有意思了。當您坐下來結對開發時，請調整你的位置和設備，以便你可以舒適地坐著。清除桌子上的雜物，確保腿、腳和膝蓋有空間。與你的搭檔確認字體大小和顯示器的位置。如果你要遠距結對，請在開始之前花點時間，確保所有工具都已設置好且沒有使用不順的地方。

有些人（比如我）需要很多個人空間，而其他人喜歡近距離與人接觸。當開始結對開發時，請討論你的個人空間需求，並詢問搭檔的需求。

同樣地，個人衛生毫無疑問是基本禮儀，請記住咖啡、大蒜、洋蔥和辛辣食物等濃烈的味道會導致口臭。

內向與社交焦慮

內向的人常常會擔心結對開發不適合他們，但身為一個內向的人，我從未在過程中發現不適合的地方。雖然結對開發可能很累，但它也非常注重想法和結果。不需要閒聊，而且你通常會和熟悉與尊重的人一起工作。這是一次非常富有成效與非常理性的合作，而且會很有趣。我遇到大多內向的人在嘗試過結對開發並且通過了最初的學習曲線之後，都會喜歡上它。

當然，大家並不完全都與預想的人格特質樣貌相匹配。對於社交焦慮的人來說，結對開發與敏捷通常是困難的。如果你認為對於你和團隊中的某個人來說，結對開發可能很困難。請討論讓結對

關聯

一致性 (p. 132)

開發變得更為舒適的方法，或者團隊是否有其他方法可以實現共有程式碼主導權。一致性會議是討論這個議題的好機會。

溝通風格

新的駕駛員有時很難讓他們的搭檔參與進來，因為他們接管了鍵盤並且把溝通管道關了起來。想要在結對開發時練習交流和切換角色，請考慮乒乓結對開發。在這個練習中，一個人編寫測試，而另一個人則讓它通過，並且再編寫一個新的測試給對方。

接著，第一個人讓測試通過，並透過編寫另一個測試來重複這個過程。另一種嘗試方法是強結對開發。在 Llewellyn Falco 發明的強結對開發中，所有想法都必須透過對方的手指。[Falco2014] 因此，如果你有一個想法，你必須把鍵盤傳給另一個人，並告訴他如何實現這個想法，然後當他們提出一個想法時，他會把鍵盤交還給你並告訴你該怎麼做。即使這不是你一直想做的事情，這也是練習與搭檔交流的好方法。

溝通太少的另一面是太多的溝通，或者更確切地說是太多直截了當的溝通。對程式碼和設計的坦率批評是有價值的，但一開始可能很難欣賞這些批評。不同的人有不同的門檻，所以要注意搭檔是如何接受你的評論的。試著把宣告式的表達方法（例如「這個方法太冗長了」）轉換為問題或建議（「我們可以讓這個方法更短嗎？」或「我們應該把這個區塊的程式碼提取成一個新方法嗎？」）。採取協同解決問題的態度。請參閱第 109 頁「學會如何給予和接納回饋」來獲得更多想法。

工具與快捷鍵

即使你沒有成為無休止的 vi 與 emacs 編輯器之戰的受害者，但你也可能會發現同事的工具偏好令人感到討厭。嘗試對特定的工具組合進行標準化。一些團隊甚至會建立一個標準映像檔並把它

關聯
一致性 (p.132)

簽入到版本控制裡。在一致性會議裡討論到工作協定時，也要討論這些問題。

鍵盤和滑鼠可能是另一個爭論的來源。如果真是如此，不需要標準化輸入裝置。對輸入裝置有強烈偏好的人可以在切換結對工作站時，隨身帶著他們的裝置。只需確保工作站有易於存取的 USB 接口就好。

問題

讓兩個人做一個人的工作不是很浪費嗎？

在結對程式設計中，兩個人並沒有真正完成一個人的工作。雖然一次只使用一個鍵盤，但程式設計不只是打字。一個人在編寫程式，而另一個人在未雨綢繆、預測問題和制定戰略。

如何說服我的團隊或組織嘗試結對程式設計？

請求允許把它當作試驗來進行嘗試。留出一個月的時間，讓每個人都透過結對開發處理過所有成品程式碼。請確保堅持一整個月，因為結對程式設計在最初的幾週內，可能會讓人感到不舒服。

不要只徵求管理層的許可，也要徵得團隊成員的同意。他們不必喜歡這個想法，但要確保他們不反對它。

我們真的必須總是使用結對程式設計嗎？有些程式碼並不需要它。

一些開發的任務重複性相當地高，所以他們並不需要一個結對的小組來提供額外的腦力進行處理。然而，在放棄結對之前，請思考為什麼你的設計會需要如此多的重複行為。這是設計有缺陷的常見指標。請讓導航員利用額外的時間思考如何改善設計，並且考慮與整個團隊來討論它。

> 如果在結對開發時感到煩悶，這正是設計有缺陷的指標。

我要如何集中注意力在跟我說話的人身上？

當你導航時，你應該不難保持領先駕駛員幾步。如果你確實遇到麻煩，請讓你的駕駛員在過程中大聲說出自己的想法（think out loud），好讓你了解他們的思考過程，或要求切換成駕駛的角色，以便你能夠掌控步伐。

作為駕駛員，你有時可能會發現自己無法解決問題。請讓你的導航員知道，因為他們或許能提出可以幫助你克服障礙的建議。在其他時候，你也可以讓搭檔知道你或許只需要片刻的沉默來思考問題。

如果你發現自己常常處於這種情況，那麼你或許是跨出的步伐太大了。請使用測試驅動開發，並且一次只處理非常小的部分。請倚靠你的導航員來追蹤你還需要做什麼（如果你有想法，請告訴他們，他們會把它寫下來），並且只專注讓下次測試通過的所需的幾行程式碼。

關聯
測試驅動開發 (p.398)
探究解決方案 (p.433)

如果你正在使用一種不完全理解的技術，請考慮花幾分鐘時間來實驗一個探究解決方案。你和搭檔可以一起實驗或分開進行。

關聯
群體程式設計 (p.366)
盲點探索 (p.510)
無摩擦 (p.378)

如果我們的程式設計師人數為奇數，怎麼辦？

如果團隊空間有一個群體開發的工作站，你可以組成三人一組的「小型群體」。否則，程式設計師有許多方法可以在不接觸正式的程式碼情況下，單獨地貢獻生產力。他們可以研究新技術或更加地了解團隊正在使用的技術。他們可以與客戶或測試人員結對，來審查最近的變更、完善應用程式或進行探索性測試。他們可以處理團隊的管理任務，例如回覆團隊的電子郵件。

或者，某個單獨的程式設計師可能希望提高團隊的產能。他們可以研究解決方案來處理團隊遇到的摩擦，例如建置速度緩慢、不穩定的測試，或不可靠的部署流水線。他們可以審查整體的設計（或許是提升自己的理解，也或許是提出改善問題領域的想法），如果一個大型的重構只完成一部份，團隊或許會希望授權一位盡責的程式設計師來完成那些重構任務。

先決條件

結對需要舒適的工作環境。大多數辦公室並不是如此配置的。在嘗試全面結對開發之前，請調整實體空間。如果是遠距團隊，請備妥工具。

在嘗試結對開發之前，請確保每個人都想參與。結對開發對於於程式設計師來說是一個很大的改變，而且你可能會遇到阻力。我通常會要求大家試用一兩個月，然後再決定。儘管我發現當整個團隊全面地進行結對時，效果最好，但如果試用的做法無效，可以嘗試部分時間進行結對，或只有感興趣的人才參與結對。

群體程式設計往往沒有結對那麼令人生畏。如果大家不想嘗試結對開發，看看他們是否想嘗試群體開發。

關聯
群體程式設計 (p.366)

指標

當你的團隊能順暢地結對開發：

- ☐ 你會一整天都保持專注並且參與其中。
- ☐ 你享受與團隊成員一同工作的情誼。
- ☐ 一天結束時，你會感到疲倦與滿足。
- ☐ 對於小型的打擾，一個人會去處理問題，而另一個人同時繼續工作。在問題處理完後，他們會很順利地立即返回到工作裡。
- ☐ 內部品質提升。
- ☐ 知識與編寫程式的技巧在團隊中快速的散播，進而提高了每個人的能力水平。
- ☐ 新的團隊成員可以快速且容易地融入團隊。

替代方案和試驗

結對開發是一個非常強大的工具。除了群體開發之外，我不知道有任何其他技術具有同樣效果。在嘗試替代方案之前，請真正地嘗試結對開發（或群體開發）。

當你查看替代方案時，不要誤以為結對只是一種花俏的程式碼審查。想要真正地取代結對開發，你需要取代這些所有的好處：

程式碼品質。因為結對開發為程式碼帶來相當多的視角，並觸發了關於程式碼的許多的對談，它減少了缺陷並提高了設計品質。頻繁地切換結對讓知識得以在團隊成員之間共享，而這增強了共有程式碼主導權。透過讓人們一起工作，它可以幫助人們集中注意力、支持自律、並減少分心。它在不犧牲生產力的情況下達成所有這些成果。

關聯
共有程式碼主導權
(p.350)

正式的程式碼審查也可以減少缺陷、提高品質並支持自律。從某種意義上說，結對開發只是持續程式碼審查。不過，程式碼審查不像結對開發那樣徹底地共享知識，所以如果你使用共有程式碼主導權，你或許需要透過額外的設計討論，來補足程式碼審查。

提升心流（flow）狀態。結對開發對開發專注度的好處則是更加微妙的。因為它讓兩個人集中在同一個問題上，所以結對開發有點像擁有備用大腦。如果一個人分心，另一個人可以「重新啟動」他們的注意力，讓他們迅速回到正軌。它也更容易協助我們忽略智能手機、電子郵件、即時訊息和其他吸引我們注意的需求所帶來的分心。在沒有結對開發的環境中，你需要另一種方法來幫助人們保持專注。

協同合作。結對開發對分心的恢復能力讓團隊內部的協作更加容易。理想情況下，當一個團隊成員卡在另一個團隊成員可以回答的問題時，你會希望他們尋求幫助，而不是靠他們自己解決。如果進行結對開發，那麼回答問題的成本非常低，因為你的搭檔一直在工作。這讓你在任何時候需要幫助時，尋求幫助是可行的。

如果沒有進行結對開發，打斷的代價要高得多。現在你必須決定透過提問所節省的時間是否值得打斷別人的工作狀態。實務上，沒有進行結對開發的團隊比較少會協同合作。

透過狀況感知來消除噪音。結對程式設計還有另一個不那麼明顯的好處。在實體團隊空間裡，結對開發會產生細微的談話聲。你可能認為這會分散注意力，但實際上它會隨著你的大腦專注於你和搭檔之間的互動而淡化於背景環境裡。不過，背景環境裡的對話聲仍會增強你的狀況感知。這就是雞尾酒會效應：當有人對你說重要的話時，你的潛意識會從背景中挑選出來並引起你有意識的注意。

對於沒有進行結對的團隊，閒聊會分散注意力，並且讓人難以集中注意力。在這種情況下，獨立的辦公室或隔間（或耳機）會更好，不過你現在卻失去了狀況感知。

換句話說，結對開發有很多不明顯的好處，而這些好處可以強化其他敏捷實務做法。雖然它真的很奇怪，而且可能有很多問題，不過卻值得努力嘗試一下。不要輕易放棄它。如果結對開發不適合，請嘗試群體開發。

延伸閱讀

Birgitta Böckeler 和 Nina Siessegger 的《*On Pair Programming*》[Bockeler2020] 是一篇不錯的線上文章。文章更深入地介紹了結對開發。

《*Promiscuous Pairing and Beginner's Mind: Embrace Inexperience*》[Belshee2005] 是一篇論文，文中對採用嚴格區間進行結對切換提供了有趣的觀察。

《*Adventures in Promiscuous Pairing: Seeking Beginner's Mind*》[Lacey2006] 探索了隨意結對開發的成本和挑戰。如果你打算嘗試 Belshee 的方法，這是必讀的論文。

群體程式設計

受眾
完整團隊

我們帶來了整個團隊的洞見。

在極限程式設計初期，結對程式設計剛開始流行時，人們經常嘲笑它「如果結對很好，那為什麼不是組三個人小組呢！」他們笑著說「或者乾脆把整個團隊聚在一台電腦前！」。

他們試圖扼殺 XP，但敏捷方法是試驗、學習和改善。與其假設某些事情不會奏效，不如嘗試一個試驗。一些試驗有效，而有些無效。不過無論哪種方式，我們都會分享學到的東西。

這就是群體程式設計所發生的事情。Woody Zuill 有一種用於程式編寫道場的小組教學技術。他在 Hunter Industries 的團隊陷入困境，因此他們決定在實際工作中嘗試 Woody 的團隊技術，並讓整個團隊聚在一台電腦前。

它奏效了，而且效果很好。Woody 和團隊分享了他們學到的東西。現在，世界各地都在使用群體程式設計。

> **NOTE**
>
> 在世界的某些地方，「mob programming」一詞有令人不快的含義，因此人們將其稱為整體程式設計。Woody Zuill 最初的命名是「全團隊程式設計」。不過，他說「我總是表達我不在乎它叫什麼。學習如何以一個團隊的方式好好地工作是值得的。我邀請人們隨心所欲地稱呼它[3]。」

如何進行群體程式設計

群體程式設計是結對程式設計的一種變形。就像結對開發一樣，它有一個負責編寫程式碼的駕駛員和一個提供方向的導航員，而與結對開發不同的是整個團隊都在場。當一個人在駕駛的時候，團隊的其他人在導航。

關聯
結對程式設計 (p.356)

3　引用自 Woody Zuill 在 Twitter（*https://oreil.ly/RERXS*）上的對話。

歡迎你嘗試任何喜歡的群體開發方法。正如 Woody Zuill 所說：「除了『讓我們弄清楚如何提高協作能力』的一般準則之外，沒有任何規則 [4]」。請嘗試並找到適合你的方法。

首先試試 Woody Zuill 的方法。它從整個團隊都在場，並準備好參與開始。有些人（例如駐點客戶）可能不會專門專注於程式開發，但他們可以回答問題，並且正在處理與程式設計師相同的故事

在此基礎之上，再加上 Llewellyn Falco 的強結對：所有想法都必須透過別人的手指頭。[Falco2014] 輪到你駕駛的時候，你的工作就是充當一個非常聰明的輸入設備。究竟有多聰明，取決於你對程式碼和編輯器的熟悉程度。在某些情況下，導航員可能會說「現在處理錯誤情況」，而駕駛員會在沒有進一步提示的情況下，開發出四個測試和對應的成品程式碼。在其他情況下，導航員可能會說，「現在提取方法」，駕駛員會需要詢問輸入的內容。請根據每位駕駛員對於程式碼和工具的經驗，客製化詳細的程度。

最後，加入一個計時器。7 分鐘是一個很好的開始。當計時器響起時，駕駛員停下來。另一個人接手，而工作就從前一個駕駛員停下來的地方繼續開始。輪替所有對程式設計感興趣的人。

為什麼群體開發會有效

群體程式設計之所以會有效，是因為它是協同合作的「簡單模式」。它包含著許多圍繞著溝通與協作的敏捷概念，這也正是它比其他方法讓敏捷變得更有效的秘訣。此外，群體開發讓許多敏捷協作的實務做法變得無關緊要。當你進行群體開發時，那些敏捷實務做法根本不需要。

> 群體程式設計是協同合作的「簡單模式」。

不再需要站立會議，因為大家同在一起。共有程式碼主導權很自然地就存在，也不用再操心團隊空間，因為大家就聚在一起。至於任務規劃或許還有些用處，但其實也不是如此的必要。

當我第一次聽說群體開發時就對它嗤之以鼻。我說：「我從擁有一個跨職能團隊、一個團隊空間、結對開發、頻繁的結對調換和良好的協作中獲得了同樣的好處」，而且我是對的，因為群體開發不會為你帶來任何一個好的團隊中還沒有得到的東西。不過它相當地容易。讓人們順利地結對和協作是很困難的，那群體開發呢？實際上，這些難處卻是很自然地就在群體開發裡獲得解決。

4　另一個節錄自 Woody Zuill 在 Twitter（*https://oreil.ly/UWIEK*）上的對話。

群體開發工作站

如果你有一個實體的團隊空間，很容易就可以配置一個聚集大家的地方。你需要一台投影機或大屏幕電視（或數台電視）、供人們坐的桌子和一個開發工作站。確保每個人都可以舒適地坐著，而且可以使用筆記型電腦和白板（用於查找資料和討論想法），並有足夠的空間來輕鬆地切換駕駛員。一些團隊提供一個群體開發工作站和結對開發工作站，因此人們可以根據需要來回切換。

如果是遠距團隊，請設定視訊會議並讓駕駛員共享他們的屏幕。當需要切換駕駛員時，前一個駕駛員會把程式碼推送到臨時分支，而下一個駕駛員會把它拉出來。在 *https://mob.sh* 中的腳本可以幫助完成此流程。你可能會發現你需要設置一個更長的計時器（可能是 10 分鐘，而不是 7 分鐘），來減少所需的切換量。

讓群體開發產生效果

群體開發既有趣又容易，但日復一日地與整個團隊一起工作仍然很累。這裡有一些要考慮的事情：

團隊動態

注意團隊成員之間的互動，並確保聽到每個人的意見。建立工作協定，讓人們可以安全地表達不同意見和疑慮，並注意團隊動態。如果有人傾向於主宰，提醒他們讓別人說話；如果有人難於發表意見，那麼就請徵求他們的意見。

關聯

一致性 (p.132)
安全感 (p.107)
團隊動態 (p.323)

第一次進行群體開發的時候，能在每天結束時進行一次非常簡短的回顧是很好的。請聚焦什麼事情做得好與如何做得更多。Woody Zuill 稱此為「挖掘好的一面」。

充滿活力地工作

群體開發不應該讓你筋疲力盡，但被整個團隊持續地圍繞著，可能會讓人不知所措。請好好照顧自己，你不需要時時刻刻都在「On」的狀態。

關聯

充滿活力地工作
(p.140)

群體開發的優點之一是它不依賴於任何一個人，人們可以根據需要加入或離去。如果你需要喝咖啡休息一下，或只是想清醒一下，就直接走開。同樣地，如果你需要查看電子郵件或撥打電話，也可以去處裡。即便沒有你，群體開發仍會持續下去。因此，你也不必調整工作時間。

研究

對成品程式碼的所有變更都透過駕駛員來進行，但你沒在駕駛的
時候，你仍可以使用自己的電腦。如果你需要查找某個 API，或
在白板上就設計概念進行個別的討論，或建立一個探究解決方
案，你都可以放手去做。

關聯
探究解決方案 (p.433)

清楚指明導航員

當你開始群體開發時，團隊可能有很多人在大喊大叫，以至於駕駛員很難理解該怎麼做。
在這種情況下，你可以指定一個人擔任導航員，而不是讓整個團隊都當導航員。這個角色
就像駕駛員角色一樣進行輪換（我喜歡讓駕駛員成為下一個導航員）。他們的工作是將整
體的想法濃縮為導航員的具體方向。駕駛員必須只聽從導航員的指示，而不是整個群體。

非程式設計師

群體中每個人都可以成為駕駛員，即使是不會程式設計的人也一樣。對於非程式設計師來
說，這可能是一個令人興奮的機會來學習新技能。他們可能不會成為專家，但他們會學到
足夠的知識來做出貢獻，而學習駕駛可以提高他們與程式設計師合作的能力。

請記住以駕駛員能夠遵循的水平引導他們。對於非程式設計師來說，這可能需要先對特定
鍵盤快捷鍵、選單項目和滑鼠點擊方式的這類事情上，提供指導。

不過，沒有人**必須**成為駕駛員。團隊中的一些人可能會發現他們的時間最好用在其他方
面，來幫助群體開發。測試人員和領域專家可能會在一旁討論和目前故事相關的客戶操作
範例，產品經理可能會走出去和重要的利害關係人進行訪談，互動設計師可能會處理使用
者人物誌。

與其他任何事情一樣，嘗試不同人員的參與程度，來找到最適合團隊的方法。不過，首先
要嘗試**更多**的參與，而不是更少。人們常常低估團隊合作的力量。關於客戶操作範例、利
害關係人訪談或使用者人物誌的交談可能就是大家從一起做的事情中所學到的東西。

微型群體和兼職群體（part-time mobs）

你不必在結對開發或群體開發之間做出選擇（儘管我確實建議你
該為所有需要維護的程式碼進行結對開發或群體開發）。你可以
兼職參加群體開發，並在其餘的時間進行結對開發，或者是你可
以讓三四個人組成一個「微型群體」，而團隊其他的人則進行結
對。

關聯
任務規劃 (p.211)
站立會議 (p.248)

如果你沒有全面進行群體開發，請務必保留其他團隊協調機制（例如任務板和站立會議），至少要開始使用這些協調機制。群體開發或許能讓團隊在沒有這些協調機制情況下仍保持同步，但在取消這些機制前，請先確保團隊的確同步了。

問題

群體開發真的比單獨工作或結對開發更有效嗎？

對於新團隊，答案幾乎可以肯定。團隊的有效性取決於他們對程式碼的了解程度，以及彼此之間的了解程度，而群體開發善於提供這樣的學習機會。這就是為什麼我建議團隊從群體開發開始著手（請參閱第 221 頁「你的第一週」）。

根據我的經驗，對於成熟的團隊來說，結對開發比單獨工作更有效。至於群體開發是否比結對開發更有效？對於擁有良好團隊空間和良好協作的團隊來說，也許不是，但對於其他團隊，它可能是。無疑地有太多變數需要考慮了，所以請試試看並且找出答案。

我們無法記得要切換駕駛員。我們該怎麼做？

如果大家忽視了計時器，請嘗試使用 Mobster 等工具（可在 *http://mobster.cc* 獲得）。當時間到了，它就會把螢幕變黑，所以駕駛員不得不停下來。

先決條件

群體開發需要團隊和管理層的許可。除此之外，唯一的要求是舒適的工作環境，和配置適當的群體開發工具。

指標

當你的團隊順利地進行群體開發：

- ☐ 整個團隊同時把全部精力集中在一個故事上，以最少的延遲和等待時間完成工作。
- ☐ 團隊合作良好，且喜歡一起工作。
- ☐ 內部品質提聲。
- ☐ 當出現困難的問題，駕駛員持續前進的同時，其他人會解決問題。
- ☐ 決策迅速且有效。

替代方案和試驗

「所有聰明的頭腦，在同一個地方，在同一時間，在同一件事上工作。」這就是群體程式設計的核心思想。除此之外，細節取決於你。從這裡所描述的基本結構開始，然後每天思考需要改善的地方。

如果群體開發並不適合，那麼最好的選擇是結對程式設計。結對開發不像群體開發有團隊合作協調的特質，因此你需要在共有主導權、任務規劃和站立會議上投入更多精力。

延伸閱讀

Woody Zuill 和 Kevin Meadows 所著的《*Mob Programming: A Whole Team Approach*》[Zuill2021] 是一本對群體開發的方式與原因進行深度研究的著作。

通用語言

受眾
程式設計師

整個團隊相互了解。

嘗試向領域專家描述當前系統中的商業邏輯。你能用他們理解的術語來解釋嗎？你能避免程式設計術語，例如設計模式、框架或程式風格等名稱嗎？你的領域專家是否能夠看出你的商業邏輯中的潛在問題？

如果沒有，你需要一種通用語言。這是一種方法用來統一團隊在對話和程式碼中所使用的術語，以便每個人都可以有效地協作。

領域知識的難題

專業軟體開發的挑戰之一是程式設計師通常不是軟體問題領域的專家。例如，我曾經幫忙編寫了控制工廠機器人的軟體、指導複雜金融交易的軟體、分析來自科學儀器資料的軟體、和進行精算的軟體。當我開始與這些團隊合作時，我對這些事情一無所知。

這是一個難題。了解問題領域的人（領域專家）很少會編寫軟體，而有能力編寫軟體的人（程式設計師）並不總是了解問題領域。

從根本上說，克服這個挑戰是一個溝通問題。領域專家把專業知識傳達給程式設計師，而程式設計師反過來把這些知識編寫成軟體。挑戰在於清晰準確地溝通這些資訊。

> 挑戰在於清晰準確的溝通。

說相同的語言

程式設計師應該說領域專家的語言，而不是顛倒過來。因此，當程式設計師使用錯誤或令人困惑的語言時，領域專家應該告訴程式設計師。

我所說的「語言」是指領域專家使用的術語和定義，而不是指母語。想像一下，你正在建立一個用於樂譜排版的軟體。你工作的出版社提供了音樂的 XML 描述，而你需要正確地把內容渲染出來。這是一項艱鉅的任務，充滿了看似微不足道的風格選擇，而這些選擇對你的客戶來說至關重要。

在這種情況下，你可以專注於 XML 元素、父元素、子元素和屬性。你可以談論裝置的情境、點陣圖和字形。如果你是使用這樣的方式處理，你的談話可能聽起來會是像這樣：

> 程式設計師：「我們想知道我們應該如何渲染這個譜號元素。例如，如果元素的第一個子元素是『G』，第二個子元素是『2』，但八度變化的元素是『-1』，我們應該使用哪個字形？是高音譜號嗎？」

> 領域專家（思考，「我不知道他們在說什麼。但如果我承認，他們會做出更令人困惑的回應。我最好假裝。」）「嗯…當然，G，那是高音。做得好。」

聚焦於領域術語而不是技術術語：

> 程式設計師：「我們想知道如何印出這個『G』譜號。它在五線譜的第二行，但低了一個八度。那是高音譜號嗎？」

> 領域專家（思考，「這個簡單。好！」）「這通常用於合唱音樂中的男高音部分。是的，它是一個高音譜號，但因為它低一個八度，所以我們使用兩個符號而不是一個。來這邊，我給你舉個例子。」

領域專家的答案在第二個範例中有所不同，因為他們理解問題。第一個範例中的對話會導致錯誤。

如何建立一個通用語言

通用語言不會自己跑出來。你必須主動去建立。當你和領域專家交談時，請注意他們使用的術語。詢問關於領域的問題，畫出對應你所聽到內容的圖表，並尋求回饋。當您遇到棘手的細節時，請詢問範例。

關聯
客戶操作範例 (p.259)

例如，假設你正在和領域專家就音樂排版軟體進行第一次對話：

> 程式設計師：我小時候上過鋼琴課，所以我知道閱讀音樂的基礎知識。不過，已經有一段時間了。你能從頭開始帶領我了解嗎？

> 領域專家：我們為樂團和管弦樂隊排版音樂，所以它與鋼琴樂譜並不完全相同，但你的背景知識會對此有所幫助。從基礎開始，每個樂譜都被劃分為五線譜，每個五線譜被劃分為小節，而音符則在小節裡。

程式設計師：知道了！所以我們排版的基本內容是樂譜（畫一個方框並標記為「樂譜」）。然後每個樂譜都有五線譜（增加一個標有「五線譜」的框，並畫一條線將其連接到「樂譜」）。每個譜表都有小節（添加另一個標有「小節」的框並將其連接到「五線譜」）。樂譜可以有多少個五線譜？

領域專家：看安排。弦樂四重奏有四個。一個管弦樂隊則可能有十幾個或更多。

程序員：但至少有一個？

領域專家：嗯，我想是的。沒有五線譜是沒有意義的。像鋼琴和風琴這種音域較廣的樂器，每種樂器都有一個或多個五線譜。

程式設計師：好吧，我開始有點困惑了。你有例子可以讓我看看嗎？

領域專家：當然（拿出範例[5]）在最上面，你可以看到合唱團。每個部分都有一個五線譜，你可以把它想像成一種樂器：女高音、中音、男高音和男低音，然後是豎琴的大五線譜，管風琴的大五線譜和普通五線譜…等等。

程式設計師：（在白板上修改草圖）所以我們從總譜開始，總譜有多個樂器，每個樂器都有一個或多個五線譜，五線譜可以是普通五線譜，也可以是大五線譜。看起來這些樂器也可以組合在一起。

領域專家：是的，我應該提到這一點。這些樂器可以分為多個部。你知道，弦樂部，號角部嗎？

程式設計師：（再次修改草圖）明白了！樂譜裡有部，部裡有樂器，然後是其餘部分。

領域專家：（看著圖表）這是一個開始，但仍有很多不足之處。我們需要譜號、調號和拍號…

這次對話的結果不僅僅是一張白板上的草圖。它還可以構成程式碼中的領域模型 [Fowler2002]（第 9 章）的基礎。不是每個程式都需要這種模型，但如果團隊的軟體涉及複雜的領域規則，領域模型是一種強而有力的開發方式。

當然，你不會真的用領域專家的語言來編寫程式。你還是會用程式語言。不過，你會建立模組、函式、類別和方法來模擬領域專家的思考方式。透過在程式碼中反映出使用者如何思考和談論他們的工作，你可以完善你的知識，找出會造成臭蟲的落差，並且建立一個可延展的系統來應對使用者需求的變化。

---

5 這是一個管弦樂譜的範例（*https://oreil.ly/HP5Zp*）。

繼續這個例子，可以圍繞著 XML 的概念來設計一個基於 XML 輸入進行樂譜排版的程式。然而，更好的做法是圍繞著領域概念來進行設計，如圖 12-1 所示。

程式碼不會留下會造成模糊的地方。這種對嚴格形式化的要求帶來了更多的對話，以及澄清了晦澀的細節。我常常看到程式設計師遇到棘手的設計問題，並且詢問領域專家一個問題，而卻又反過來導致領域專家質疑他們的一些假設。

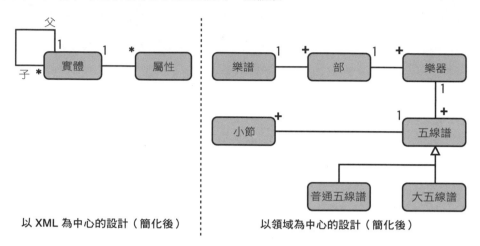

以 XML 為中心的設計（簡化後）　　　　以領域為中心的設計（簡化後）

圖 12-1　XML 和以領域為中心的設計

因此，通用語言是一種活的語言。它的好處與它反映現實的能力一致。當你與領域專家澄清觀點時，把你從領域模型中學到的內容編寫為程式碼。當領域模型顯露出模糊不清的地方時，請把它帶回給領域專家來進行澄清。

隨著過程進行，請確保你的設計以及你和領域專家共享的語言保持同步。當你對領域的理解發生變化時，請重構程式碼。如果你不這樣做，最後你會發現設計與現實之間出現不匹配，而這會導致醜陋的拼湊軟體與臭蟲。

關聯
重構 (p.421)

問題

我們應該完全避免使用技術術語嗎？我們的商業領域沒有提到任何關於 GUI 小工具或資料庫的內容。

在與領域無關的部分使用技術語言是可以的。例如，最好把資料庫連接稱之為「連接」，而把 UI 按鈕稱之為「按鈕」。

我們如何文件化我們的通用語言？

理想情況下，你會把通用語言反映到基於領域模型的軟體的實際設計上。如果這樣不妥當，你可以在白板（可能是虛擬白板）、共享文件，或 wiki 頁面上紀錄下模型。但請小心：這種文件化的方式需要耗費大量的心力才能保持在最新狀態。

把程式碼當作文件的優點是程式碼不僅反映了軟體的實際功能。你可以小心謹慎地設計程式碼，讓它本身就像份文件。

關聯
_____
精簡的設計 (p.452)

我們使用英語進行程式撰寫，但這並不是我們的第一語言，而且我們的領域專家也不使用英語。我們是否應該將他們的術語翻譯成英語，以便與我們的其餘程式碼保持一致？

由你決定。單詞並不總是能夠直接地翻譯出來，因此使用領域專家的字面語言可能會減少錯誤，尤其是如果領域專家能夠無意中聽到程式設計師的討論並且參與交談的時候。另一方面，一致性可能會讓其他人在未來更容易使用你的程式碼。

如果你決定將領域專家的術語翻譯成英語（或其他語言），請為你使用的單詞建立翻譯詞典，尤其是對於無法妥善詮釋的單詞。

先決條件

如果你的團隊中沒有任何領域專家，你可能難以深入理解該領域，來建立一種通用語言。不過，在這種情況下，嘗試建立通用語言更為重要。當你真的有機會與領域專家交談時，通用語言將幫助你更快地發現誤解。

關聯
_____
完整團隊 (p.76)

另一方面，有些問題相當地技術性，以至於它們根本不涉及非程式設計師領域的知識。編譯器和網站伺服器就是這類的範例。如果你正在構建此類軟體，那麼程式設計的語言就是領域的語言。

一些團隊並沒有建立領域模型和以領域為中心進行設計的經驗。如果你的團隊的確沒有經驗，請謹慎地進行。以領域為中心的設計需要轉變思維，這可能很困難。請參閱「延伸閱讀」一節來開始學習，並考慮聘請教練來幫助你學習。

指標

當你擁有一種有效的通用語言時：

☐　你減少了客戶和程式設計師之間的溝通不暢。

☐　你產生的程式碼更易於理解、討論和修改。

☐ 在共享的面對面團隊空間時，領域專家會無意中聽到領域和實作的討論。他們會加入解決問題並揭露隱藏的假設。

替代方案與試驗

使用領域專家的語言總是一個好主意，但以領域為中心的設計並不總是最佳選擇。有時，以技術為中心的設計更簡單且更容易。當領域規則不是很複雜時，通常會出現這種情況。不過要小心：領域規則通常比它們最初看起來要來得更複雜，而以技術為中心的設計往往存在缺陷和高昂的維護成本。有關這種權衡的進一步討論，請參閱 [Fowler2002]。

形成對領域的共同理解的另一種方法是通過 Alberto Brandolini 的事件風暴，它從發生在領域內的事件而不是領域模型的名詞和關係開始。在撰寫本文時，一本具有權威性的 Event Storming 書籍仍在編寫中，不過 *https://www.eventstorming.com* 提供了更多延伸參考資源。

延伸閱讀

《*Domain-Driven Design: Tackling Complexity in the Heart of Software*》[Evans2003] 是一本權威指南，可以協助你建立以領域為中心的設計。第 2 章「Communication and the Use of Language」便是此節實務做法的靈感來源。

《*Patterns of Enterprise Application Architecture*》[Fowler2002] 在第 2 章（「Organizing Domain Logic」）與第 9 章（「Domain Logic Patterns」）中，對領域模型和其他架構方法之間的權衡進行了很好的討論。

第 13 章

開發

令人吃驚的是，軟體開發過程實際上很少談論開發的具體細節。團隊進行開發的方式很重要，而這是你花費大部分時間的方式。

本章包括加快開發速度並使其更可靠的實踐：

- 第 378 頁「無摩擦」消除了拖慢開發的延遲。
- 第 388 頁「持續整合」讓最新的程式碼隨時可以發佈。
- 第 398 頁「測試驅動開發」確保你的軟體完全按照程式設計師的想法執行。
- 第 414 頁「快速且可靠的測試」防止測試成為瓶頸。
- 第 421 頁「重構」使程式設計師能夠改善現有程式碼。
- 第 433 頁「探究解決方案」協助程式設計師透過小型且獨立的試驗來進行學習。

本章的啟發來源

我第一次接觸到本章的實務做法是透過極限程式設計。其中一些做法並不在原始的 XP 書籍中。相反地，這些做法是來自 Ward Cunningham 在 c2.com 的原創 wiki 上，關於 XP 的一部分對話。

零摩擦是 XP「十分鐘構建（Ten-Minute Build）」的現代版本。

持續整合也來自 XP。因為它被廣泛誤解，所以人們為它想出了新的名稱，如受歡迎的「主幹開發」和「持續交付」，但在 XP 中定義的持續整合其實包含了這兩者。[Beck2004]（第 7 章）

測試驅動開發是 XP 最著名的一種實務做法。它最初被稱為「測試優先程式設計」。本章所提及的相關實務做法「快速且可靠的測試」是基於我在過去 20 年把 TDD 付諸實踐的經驗，以及從更廣泛的敏捷社群裡所吸收的大量靈感和想法。

重構早於 XP，但 XP 將其作為核心實務做法，而把它帶入了主流的核心做法裡。

探究解決方案來自 Ward Cunningham 的 EPISODES 模式語言。[Cunningham1995] 它們源自於他在 Tektronix 與 Kent Beck 的合作。Ward Cunningham 在 C2 wiki 上寫道：「我經常會問 Kent，『我們可以編寫出什麼最簡單的東西來讓我們相信我們走在正確的軌道上？』這種克服眼前困難的做法常常會讓我們找到更簡單且更具有說服力的解決方案。Kent 將它稱為探究[1]。」

無摩擦

受眾
程式設計師、維運人員

當我們準備好編寫程式時，
沒有任何事情會阻礙我們進行。

想像一下，你剛剛開始與一個新團隊合作。一位新隊友 Pedro 把你帶到開發工作站。

他坐在你的身旁，然後說道：「因為你是新人，我們先從部署一個小型變更開始。這台機器是全新的，所以我們必須從頭開始設置它。首先是複製儲存庫。」他告訴你命令：「現在，執行 build 腳本」。

執行的命令開始向上滾動螢幕的內容。Pedro 解釋說：「我們使用可重現建置的工具，而它檢測到你沒有安裝任何東西，所以它正在安裝本地開發和運行系統所需的 IDE、開發工具和映像」。

他繼續說道：「這需要花上一段時間！不過，在第一次運行之後，它便能瞬間完成。只有當我們改變組態設定時，它才會再次更新。走吧，我帶你參觀辦公室」。

當你回來時，建置完成了「好吧！讓我給你看看這個應用程式」。Pedro 說著：「鍵入 rundev 來啟動它」。資訊又再一次開始滾動「這一切都在本地運行！」Pedro 自豪地解釋

---

1 摘自《Spike Solution》的頁面（*https://oreil.ly/QUTY6*）。

道：「我們曾經有一個共享的測試環境，因而經常干擾到彼此。現在這一切都已成為過去。它甚至可以根據你更改的文件知道要重新啟動哪些服務」。

Pedro 引導你瀏覽整個應用程式「現在，讓我們做出變更。執行 watch quick，它會建置和測試我們變更的檔案」。

你按照他的指示，接著腳本開始執行，然後立即以綠色的字回報 BUILD OK。Pedro 解釋說：「自從我們上次執行建置以來，都沒有做任何的變更，所以腳本並沒有做任何事情。現在，讓我們做一個小變更。」他引導你到測試檔案，並讓你新增測試。保存更改後，watch 腳本會再次運行並報告測試失敗，而且沒有花到一秒鐘的時間。

「我們在建置和測試速度方面做了很多努力」。Pedro 對你說著（他顯然為此感到自豪）「這並不容易，但完全值得。我們會在一兩秒內收到關於大多數變更的回饋。它為我們的迭代和生產能力創造了奇蹟。我說真的！這是這是我經歷過的最好開發環境」。

「現在讓我們完成此變更並進行部署」。他向你展示了讓新測試通過，需要對正式環境所做的變更。當你再次進行儲存時，watch 腳本大約花了不到一秒鐘的時間執行測試。這一次，它回報成功。

他說道「好了！我們已經準備好進行部署了，現在就要部署到正式環境。但不要擔心，因為 deploy 腳本會執行完整的測試套件，我們還有一個金絲雀伺服器來檢查是否有任何問題。鍵入 deploy 來開始部署吧！」

你執行腳本並觀察它的執行的過程。幾分鐘後，它顯示 INTEGRATION OK，然後就開始部署程式碼。「就是這樣！」Pedro 笑著「一旦整合成功，你可以假設部署也會成功。如果出現問題，會有人通知我們。歡迎加入我們！」

不到一個小時，你已經部署到正式環境。這是**無摩擦開發**：當你準備好編寫程式時，沒有任何事會阻礙你。

一秒鐘回饋

開發速度是消除摩擦最重要的地方。當你進行變更時，你需要在五秒鐘內獲得有關該更改的回饋。最好少於一秒，且最多十秒。

> 當你進行變更時，你需要在五秒鐘內獲得有關該更改的回饋。

這種類型的快速回饋改變了遊戲規則。你可以如此輕鬆地進行實驗和迭代。無需進行大的變更，你可以用非常小的步伐進行工作。每次變更都可以是一兩行程式碼，而這意味著你始終知道錯誤在哪裡。除錯已成為過去。

如果回饋時間不到一秒鐘，它的反應是即時的。你會做出變更、查看回饋並繼續工作。如果需要 1 到 5 秒，感覺就不會是即時的，但仍然可以接受。如果需要 5 到 10 秒，便會感覺很慢。你就會開始想要進行批量的修改。如果超過 10 秒，你會無法以小步的方式前進，而這會減慢你的速度。

想要獲得一秒鐘回饋，請設置一個監視腳本，並且讓它在你進行變更時，自動檢查程式碼。在腳本內部，使用編譯器或語法檢測器（linter）來告訴你何時出現語法錯誤，並使用測試來告訴你何時出現語義錯誤。

關聯
測試驅動開發 (p.398)

或者，你可以設置 IDE 來檢查語法並運行測試，而不是編寫腳本。儘管你最終必須遷移到腳本，但這可能是一種簡單的入門方法。如果你就是從 IDE 開始入門，請確保它的組態檔也可以提交到儲存庫內，並且供團隊中的每個人使用。你需要能夠輕鬆共享這些改善。

當你儲存變更時，腳本（或 IDE）應立即為你提供明確的回饋。如果一切正常，它應該說 OK。如果出現任何故障，它應該顯示 **FAILED**，並提供資訊來協助解決錯誤。大多數人讓他們的工具顯示成功的綠色條和失敗的紅色條。此外，我還讓我的工具會可以播出聲音。一個用於編譯／語法檢查失敗，另一個用於測試失敗，而第三個用於成功。不過這只是我的做法。

隨著程式碼庫變得越來越大，一秒鐘回饋將變得越來越難以實現。第一個罪魁禍首通常是測試速度。因此，請專注於編寫快速且可靠的測試。

關聯
快速且可靠的測試
(p.414)

隨著系統不斷地增長，建置速度（編譯或檢查語法）將成為一個問題。解決方案將取決於使用的語言。在網路上搜尋「加速 < 語言 > 建置（speed up <language> build）」會幫助你開始著手處理這個問題。一般來說，它會與增量建置有關：暫存部分的建置，以便只要對更動的程式碼進行重新建置。你的系統越大，你就必須越有創意。

最終，你可能需要設置兩種建置方式：一個用於快速回饋，另一個用於正式環境的部署。儘管本地建置最好與正式環境建置相同，但快速回饋更為重要。整合腳本可以針對正式環境的建置，

關聯
持續整合 (p.388)

執行你的測試。只要你有一個好的測試套並實踐持續整合，你就能在兩個建置可能發生失控之前，知道它們之間的差異。

儘管好的測試能以每秒數百個測試或數千個測試的速度運行，但你最後還是會因為有太多的測試，而無法在一秒內完成測試。當這樣的情況發生時，你會需要修改腳本，以便只執行部分的測試。最簡單的方法是把測試分成不同群集，並根據變更的檔案，執行特定的測試群集。

最後，你可能想要進行更複雜的依賴關係分析，以便能根據變更準確地偵測出需要執行哪些測試。一些測試運行器能為你進行這類的操作，而且它也沒有你想像的那麼難以實現。訣竅是專注於團隊需要什麼，而不是制定一個通用的解決方案來處理所有可能的邊緣情況。

了解你的編輯器

不要讓程式碼編輯器妨礙你的思緒。這在結對開發或群體開發時尤為重要。當你在導航時，沒有什麼比看著駕駛員掙扎於編輯器中，更令人沮喪的了。

花點時間**真正地了解**你的編輯器。如果編輯器提供自動重構，請學習如何使用它們（如果沒有，請尋找更好的編輯器）。利用自動格式化，並將格式化組態檔提交到儲存庫，以便整個團隊能保持同步。了解如何使用程式碼補全、自動修復、函式和方法查找以及參考資訊的導航。請學習鍵盤快捷鍵。

有關編輯器熟練程度會產生多大影響的範例，請參閱 Emily Bache 在她的 Gilded Rose 影片中大師級的表演，尤其是第 2 部分。[Bache2018]

可重現的建置

當你從儲存庫中簽出一個任意的提交時會發生什麼？比方說，簽出一年前的提交（試試看吧！）。它還能執行嗎？測試仍然是通過的嗎？或者它是否需要一些已經被遺忘的工具和外部服務的罕見組合？

無論你使用哪種開發機器進行建置，也無論你要建置的程式碼有多舊，**可重現的建置**是一種持續發揮效用並通過測試的建置。你應該能夠檢查任何的提交，並期望它對每個開發人員來說，都以相同的方式運作。一般來說，這需要兩件事：

> 對於每個開發人員來說，每個提交都應該以相同的方式運作。

依賴管理

依賴指的是程式碼執行所需的函式庫與工具，而這包括編譯器或直譯器、執行環境、從語言的套件儲存庫所下載的套件、組織中其他團隊創建的程式碼等等。為了讓你的建置可重現，每個人都需要具有完全相同的依賴。

為你的建置編寫程式，來確保你擁有每個依賴的正確版本。它可以在安裝錯誤版本時退出並顯示錯誤，或者（最好）自動安裝正確的版本。需要這樣做的工具包括 Nix、Bazel 和 Docker。此外，還要檢查你的依賴管理工具的版本。

確保軟體具有正確依賴關係的一種簡單方法是將它們簽入到儲存庫中。這稱為*內置外部函式庫*（*vendoring*）。你可以混合使用這兩種方法：例如，擁有 Node.js 程式碼庫的團隊提供了其 node_modules 資料夾，但沒有提供 Node 的可執行檔案。取而代之地，如果運行錯誤的 Node 版本，他們會把建置結果設定為失敗。

本地端的建置

依賴管理確保你的程式碼在每台機器上都以相同的方式執行，但它並不能確保你的測試能夠如此。你的測試需要能在本地端完整的執行，而不需要透過網路進行通訊。否則，當兩個人同時執行測試時，你可能會得到不一致的結果，而且你也會無法測試舊版本。他們所依賴的服務和資料會發生變化，過去通過的測試將會失敗。

手動執行程式碼時也是如此。為了獲得一致的結果並能夠執行舊版本，程式碼所依賴的所有內容都需要能夠在本地端進行安裝。

可能會有一些依賴無法在本地端執行。如果是這樣的情況，你就需要把你的測試編寫成無需這些依賴便能執行，否則你將來會無法重現你的測試結果。第 416 頁「模擬非本地端的依賴」說明了如何進行的方式。

五分鐘整合

如果你採用持續整合，那麼你就會每天進行數次的整合，而且這個流程必須提供完整的保護與速度。這意味著你需要編寫腳本，而且腳本應該在五分鐘內回報成功或失敗（最多十分鐘）。

關聯
___
持續整合 (p.388)

五分鐘內產生結果非常重要。五分鐘就足以讓你舒展一下，喝杯新咖啡，並且同時密切關注結果。雖然十分鐘是可以忍受的，但會變得乏味。不僅如此，人們會在結果出來之前，開始處理其他任務。然後，在整合失敗時，程式碼便會被擱置，直到有人回來繼續處理。在實務中，這會導致系統整合和建置的問題。

腳本不需要在五分鐘內完成，儘管這是比較好的做法。相反地，它需要在執行更長時間的檢查之前，驗證程式碼並回報成功或失敗。第 394 頁「多階段整合的建置」解釋了它的工作原理。

對於大多數團隊來說，他們和五分鐘整合之間的障礙是測試套的執行速度。快速且可靠的測試就是解決方案。

關聯
___
快速且可靠的測試
(p.414)

為維護進行最佳化

程式碼只寫一次，但一遍又一遍地進行閱讀和修改。在專業的開發環境中，與編寫新程式碼相比，你更有可能查看和修改其他人編寫的程式碼（或你不久前編寫的程式碼）。即使你正在編寫新程式碼，也需要維護數年。因此，相較於讓程式碼編寫變得更輕鬆，降低維護成本更重要。

這個事實有個深遠影響的暗示。讓建立軟體「輕鬆」，但難以理解且不能與其他系統良好整合的框架是個糟糕的選擇。一個自動處理目前所有需求的建置工具，但如果沒有深入了解該工具內部結構就無法擴展的話，這也同樣是個糟糕的選擇。

為維護進行最佳化代表著選擇簡單的工具和函式庫，而這些工具和函式庫是易於理解、易於編寫，並且當不再滿足你的需求時，易於更換。

控制複雜度

對於開發團隊來說，一個經常被忽視的摩擦來源是開發環境的複雜性。為了快速完成工作，團隊引入了流行的工具、函式庫和框架來解決常見的開發問題。

關聯
精簡的設計 (p.452)

單獨地使用這些工具沒有任何問題。不過任何長期存在的軟體開發工作都會有專門的需求，而這就是快速簡便的方法開始失效的地方。所有這些工具、函式庫和框架都增加了巨大的認知負擔，尤其是當你必須深入了解它們的內部結構，來讓它們順利地協同工作時。這最終便會引致很多摩擦。

正如第 383 頁「為維護進行最佳化」所解釋的，最佳化維護成本比初始開發更重要。請仔細考慮使用的第三方依賴。選擇一個工具時，不要只考慮它要解決的問題，也請考慮依賴會增加的維護負擔，以及它將如何與你現有的系統搭配使用。腳本可以呼叫的簡單工具或函式庫是一個不錯的選擇，而一個想要擁有世界的複雜黑盒子可能就不是個好選擇。

在大多數情況下，最好把第三方工具或函式庫包裝在你所掌控的程式碼裡。程式碼的工作是隱藏底層的複雜性並提供一個根據需求所客製的簡單界面。第 455 頁「第三方元件」有進一步的解釋。

把一切自動化

自動化團隊會重複執行的每項活動。這不只會減少摩擦，還會減少錯誤。要開始自動化，代表有五個腳本需要實現：

- build：編譯和 / 或語法檢查，執行測試，並回報成功或失敗
- watch：當檔案改變時，自動執行建置
- integrate：在近似正式環境的環境裡，執行建置並整合程式碼
- deploy：執行整合，然後部署整合分支
- rundev：在本地端執行軟體來進行手動審查與測試

當然，你可以自由地使用喜歡的名稱。

用真的程式語言來編寫你的腳本。腳本可以呼叫工具，而且雖然其中一些工具可能有自己的專有的組態編寫語言，但請使用你可以掌握的實際程式碼來編排它們。隨著你的自動化變得更加複雜，你將體會到真正的程式語言所提供的強大功能。

就像對待實際成品程式碼一樣對待你的腳本。你不必為它們編寫測試（腳本可能很難測試），但請付出心思讓腳本是完善的、有結構的、並且易於理解。你之後會很慶幸這麼做。

你可能會想使用 IDE 而不是 watch 腳本。IDE 作為一開始的工具沒有問題，但你仍然需要為了 integrate 腳本，自動化你的建置。因此，最後可能會需要維護兩種不同的建置方式。此外，也要小心鎖定：IDE 終究將無法提供一秒鐘回饋。當發生這種情況時，不要在 IDE 上鑽牛角尖，而是切換到使用適當腳本的方法，因為它更靈活。

增量式地進行自動化

從第一個故事開始，不斷地、逐步地改善你的自動化。在全新的程式碼庫中，這意味著你的第一個開發任務是設置腳本。

保持簡潔的自動化！一開始，你不需要複雜的增量式建置或依賴圖分析。在編寫任何程式碼之前，先編寫一個簡單的 build 腳本，上面寫著 BUILD OK。沒有其他的！對於你的建置來說，這就像一個「hello world」。接著編寫一個 watch 腳本，而它只會在檔案被修改時執行建置。

當 build 和 watch 完成後，建立一個類似概要的 integrate 腳本。首先，它只需要在新環境中執行 build 並且整合程式碼。第 391 頁「持續整合之舞」說明了它的工作原理。

當 integrate 完成後，你就可以充實 build 了。為你的應用程式編寫一個沒有任何功能的入口點。或許它只是回應「Hello world」。讓 build 腳本進行編譯或語法檢查，然後為編譯器或語法檢查器加入依賴管理。它可以使用一個常數來開始檢查版本，或者可以安裝一個依賴管理工具，或者也可以把依賴的內容包到專案內。

接下來，新增一個單元測試工具和一個失敗的測試，且一定要為測試工具新增依賴管理。請讓建置腳本執行測試，發生預期的失敗，並且以錯誤代碼結束執行。接下來，確認 watch 和 integrate 腳本都能正確地處理失敗，然後再讓測試通過。

現在你可以新增 rundev 腳本。讓 rundev 腳本進行編譯（如果需要的話），並執行沒有實質功能的應用程式，接著讓它在專案檔案發生變動時自動重啟。請進行重構，讓 build、watch 和 rundev 腳本不會有重複的受監控檔案或重複的編譯程式碼。

最後，建立 deploy 腳本。讓它執行 integrate 腳本（不要忘記處理失敗的狀況），然後部署整合分支。先部署到預備伺服器。正確的做法取決於你的系統架構，但你只會有一個成品的檔案，所以你不需要做任何複雜的事情。只需把該檔案和它的執行環境部署到一台伺服器即可。它可以很簡單地使用如 scp 或 rsync 的工具就好。

任何更複雜的事情（例如，崩潰處理、監控、配置）都需要一個故事（例如，網站在崩潰後仍保持運行）。隨著系統的增長，自動化的機制也會隨之增長。

NOTE

如果你沒有部署到伺服器，而是散佈安裝套件，請讓 deploy 腳本建置一個簡單的散佈套件。從一個簡單的套件開始（例如一個 ZIP 檔案），而且只包含一個實際成品檔案和它的執行環境。可以透過使用者故事安排更精美且對使用者更友好的安裝方式。

從現在開始，運用每個故事來更新你的自動化。新增依賴時，不要手動安裝它們（除非你把它包到專案內）。請把它們加到依賴管理器的組態中，並讓它來安裝它們。這樣一來，你就能知道它也適用於其他人。當故事剛涉及到資料庫時，請更新 build、rundev、和 deploy 腳本來自動地安裝、設定組態和部署該資料庫。對於涉及其他服務與伺服器等類似資源的故事，也是同樣的處理方式。

以這種方式編寫腳本，自動化聽起來工作量很大。不過，當你使用增量方式來構建自動化時，你會從簡單的實作開始，然後再與其他的程式碼一起發展你的自動化。每個改善工作最多只會花費一天或兩天的時間，而且你的大部分時間都會專注在成品程式碼上。

為老舊程式碼進行自動化

你可能無法伴隨著程式碼的發展而增加自動化。經常會發生的情況反而是把自動化加到既有的程式碼庫裡。

首先建立空的 build、rundev、integrate 和 deploy 腳本。不要自動化任何東西。只需找到每個任務的對應文件，並用腳本把內容輸出到主控台即可。例如，deploy 腳本可能

會印出「1. 運行 `esoteric_command` 2. 載入 `https://obscure_web_page`」等。在每一步之後，等待鍵盤的按擊事件。

如此簡單的「自動化」應該不會花很長時間，因此你可以運用一部分的時差來建立每一個腳本。當你建立每個腳本時，腳本就會成為新的且受版本控制的資訊來源（source of truth）。刪除舊的文件或修改它來說明如何執行腳本。

關聯

時差 (p.242)

接下來，使用時差來逐漸自動化每個步驟。首先自動化最簡單的步驟，接著再專注於導致最大摩擦的步驟。有一段時間，腳本會混雜著自動化和逐步說明。請繼續開發，直到腳本完全自動化，然後再開始尋找進一步改善和簡化的機會。

當建置完全自動化時，你可能會發現它對於一秒鐘回饋（甚至十秒鐘回饋）來說太慢了。你最終會想要一種複雜的增量執行方式，但你可以從程式碼庫找出的一小塊程式碼開始。請提供建置的目標，來讓你可以單獨地建置和測試每個目標。你能把目標切得越小，就越容易低於 10 秒的閾值。

一旦常用的建置目標低於 10 秒，執行速度就夠快且可以再建立一個 watch 腳本。透過使用時差一次改善一點，持續進行最佳化直到所有的目標的執行時間都低於 5 秒。在某種情況時，請修改建置的方式，以便讓它能夠根據變更來自動地選定目標。

接下來，提高部署速度和可靠性。這可能需要改進測試，因此需要一段時間。和以前一樣，善用時差來逐次改善。當測試隨機發生失敗時，讓它具有確定性而不是隨機發生。當你被大範圍的測試拖慢速度時，用具體範圍的測試取代它。第 419 頁「為既有程式碼增加測試」說明了完成的方法。

關聯

快速且可靠的測試 (p.414)

程式碼永遠不會是完美的，不過你最常使用的部分最後會變得精緻且順暢。每當遇到摩擦時，請持續善用你的時差來進行改進。

問題

我們如何找到時間進行自動化？

和你花時間進行程式編寫與測試的方式相同：這只是要完成的一部分工作。在規劃遊戲期間，當你考慮每個故事的大小時，請一併考慮故事所需的自動化修改。

關聯

規劃遊戲 (p.187)
時差 (p.242)

同樣地，當你遇到摩擦時，請善用你的時差來進行改善。但請記住，時差是為了額外的改善。如果一個故事需要修改自動化，那麼構建自動化（並讓你接

觸到的腳本至少比你看到時更好一點）是開發故事的一部分，而不是時差的一部分。直到自動化也被完成了，這個故事才算完成。

誰負責編寫和維護腳本？

它們由整個團隊共同擁有。在實務中，具有程式開發與維運技能的團隊成員對腳本負責。

關聯

共有程式碼主導權
(p. 350)

有另一個團隊負責建置和部署自動化。我們應該做什麼？

像對待任何第三方依賴一樣對待他們的自動化。把他們的工具封裝在你控制的腳本裡面。這會讓你能夠根據需要進行客製。

資料庫遷移何時發生？

這是部署工作的一部分，但它可能會在部署完成後發生。請參閱第 490 頁「資料遷移」來獲得更多細節。

先決條件

每個團隊都可以致力於減少摩擦。某些語言讓快速回饋變得更加困難，但是你通常可以從目前正在處理的系統，獲得關於特定部分的有意義回饋。即使這代表著執行你的一小部分測試。快速回饋是相當寶貴的，所以值得花時間去弄清楚。

你在本地端執行軟體的能力可能取決於組織的優先序。在多團隊環境中，很容易無預期地建立一個無法在本地端運行的系統。如果是這種情況，你仍然可以編寫程式來讓測試可以在本地端執行，但是在本地端執行整個系統的方法可能超出你的控制範圍。

指標

當你的團隊擁有無摩擦的開發時：

- ☐ 你把時間花在開發上，而不是苦苦掙扎於工具、清單和依賴文件。
- ☐ 你能夠以非常小的步驟工作，而這讓你可以更早地發現錯誤並減少除錯時間。
- ☐ 設置新的開發工作站很簡單，只需複製儲存庫並執行腳本即可。
- ☐ 你可以每天進行多次的整合和部署。

替代方案和試驗

無摩擦開發是每個團隊都應該為之奮鬥的理想。最好的方法取決於你的情況，因此請自由地試驗。

一些團隊倚賴他們的 IDE 而不是腳本，來提供需要的自動化，而有些團隊則使用近乎一應俱全且有複雜組態語言的大型工具。我發現隨著團隊需求的增長，這些方法往往會失效。它們可能是一種方便的入門方式，但是當你大到不需要它們的時候，切換往往會很痛苦，並且難以逐步進行。在對承諾解決你所有自動化需求的複雜工具進行評估時，要抱持懷疑的態度。

持續整合

受眾
程式設計師、維運人員

我們隨時準備好發佈最新的程式碼。

大多數軟體開發在團隊表示「我們完成了」和它真正準備好發佈之間都有一個隱藏的延遲。這種延遲有時可能會長達數個月，而這些延遲都是因為一些小事：讓每個人的程式碼能一起運作、編寫部署腳本、預先填充資料庫等。

持續整合是一種更好的方法。使用持續整合的團隊可以讓每個人的程式碼一起運作，並準備好隨時可以發佈。持續整合的最終目標是讓發佈變成商業決策，而不是技術決策。當駐點客戶準備好發佈時，你便能按下按鈕發佈。不會緊張不安，也不會混亂。

> 當駐點客戶準備好發佈時，
> 你便能按下按鈕發佈。

持續整合對於共有程式碼主導權和重構來說也是必不可少的。如果每個人都在對相同的程式碼進行變更，他們需要一種方法來共享他們的成果。持續整合是最好的方法。

關聯
共有程式碼主導權 (p. 350)
重構 (p. 421)

持續整合是實務做法，而不是工具

持續整合的早期採用者之一是軟體開發外包公司 ThoughtWorks。他們構建了一個名為「CruiseControl」的工具來自動執行他們的持續整合腳本。他們將其稱為持續整合 (CI) 伺服器，也稱為 CI/CD 伺服器或建置伺服器。

從那時起，這些工具的流行度呈爆炸式的增長。它們非常受歡迎，這些工具已經取代了實際的實務做法。時至今日，有許多人認為「持續整合」就意味著使用 CI 伺服器。

這不是真的。CI 伺服器只處理持續整合的一小部分：它們根據信號來建置與合併程式碼，但持續整合不只是執行建置。從根本上來說，這是為了能夠隨意發佈團隊的最新成果。沒有任何工具可以為你做到這一點，因為它需要三樣東西：

> 持續整合不只是執行建置。

每天進行多次的整合

整合代表著把團隊編寫的所有程式碼合併在一起。一般來說,它涉及了把每個人的程式碼合併到來源程式碼儲存庫的公共分支中。該分支有多種名稱:常見的有「main」、「master」和「trunk」。我使用「整合(integration)」作為分支的名稱,因為我喜歡清晰的名稱,而這就是分支的用途。不過你可以使用任何你喜歡的名字。

實踐持續整合的團隊應該盡可能地頻繁進行整合。這是持續整合的「持續」部分。人們在每次完成任務時、每次重大重構前後以及即將切換到其他工作時,都會進行整合。根據整合的內容不同,耗費的時間可以從幾分鐘到幾小時不等。越頻繁越好。一些團隊甚至會在每次提交時,就進行整合。

如果你痛苦地經歷過多日的程式碼合併,那麼經常整合可能會看起來很愚蠢。為什麼要經歷那種痛苦?

持續整合的秘訣在於它實際上降低了錯誤合併的風險。整合的次數越多,痛苦就越少。更頻繁的整合意味著更小的合併,更小的合併意味著更少的合併衝突機會。使用持續整合的團隊仍然偶爾會出現合併衝突,但這種情況很少見且很容易解決。

永遠不要破壞整合建置

你上一次花費數小時追查程式碼中的錯誤,卻發現根本不是你的程式碼,而是過時的組態或其他人的程式碼,是什麼時候?反過來說,你上一次花費數小時將問題歸咎於你的組態或其他人的程式碼,卻發現都是

> 整合分支必須總是能夠
> 建置並且通過其測試。

你的程式碼所造成的,是什麼時候?為了防止這些問題,整合分支必須是處在*已知良好的狀態*(*known-good*),因此它必須總是能夠建置並且通過測試。

這實際上比你想像的要容易。你需要基於良好測試套的自動化建置,一旦擁有了它,確保整合分支是已知良好的方法,就是在合併程式碼放入整合分支之前對合併程式碼進行驗證。如此一來,如果建置失敗,整合分支仍會維持在先前的已知良好的狀態。

關聯
無摩擦 (p.378)
測試驅動開發 (p.398)
快速且可靠的測試 (p.414)

不過,建置必須**快速**(在不到 10 分鐘內完成)。如果不是,團隊成員之間共享程式碼就會變得相當困難。正如我在第 394 頁「多階段整合的建置」中所討論的那樣,你可以透過多階段整合來解決緩慢的建置問題。

保持整合分支隨時可以發佈

每個整合都應盡可能接近實際發佈的版本。目標是讓發佈準備變得像一般事務，使得你真正要進行發佈時，它就是件小事。我曾經合作過的某個團隊達到了每週可以發佈多次的狀態。團隊成員編寫了一個帶有紅色大按鈕的小型行動應用程式。當他們準備好發佈時，他們會去當地的酒吧，點一輪酒，然後按下按鈕。

這代表著每個故事都會按需要安排更新建置和部署腳本的任務。程式碼變更會伴隨測試變更，因此程式碼品質問題會得到解決。資料遷移是腳本化的。重要但不可見的故事（例如日誌記錄和審計）會與它們所相關功能一起被優先考慮。不完整的工作則會使用功能旗標或拱心石（keystone）遮蔽起來。

關聯

「完成且達標」（Done Done）(p. 265)

為維運構建軟體 (p. 472)

功能旗標 (p. 482)

「盡可能接近實際發佈」包括執行部署腳本，並查看它們實際的運行狀況。你不需要部署到正式環境（即持續部署，一種更進階的實務做法），但你應該部署到測試環境。此外，單機軟體也是如此。如果您正在構建嵌入式軟體，請安裝它來測試硬體或模擬器。如果你正在構建一個行動應用程式，請建立一個提交套件。如果你正在構建桌面應用程式，請構建安裝套件。

不要把繁重的工作留到最後（請參閱第 160 頁「最小化在製品數量」），在整個開發過程中持續關注這件事。從第一天開始，專注於創造一個可以發佈的「功能骨架」，然後隨著故事和任務穩步地增加，每次只在骨架加上一點肉。

部署與發佈

部署和發佈有什麼區別？部署代表讓團隊的軟體運行（通常是透過將其複製到正式伺服器），但不一定啟用新的功能和能力。發佈代表使新功能可供客戶使用。對於許多團隊來說，每次部署也是一個發佈，但也可以使用功能旗標等技術在不發佈的情況下進行部署。

持續整合的多種風味

持續整合有多流行，誤解就有多深。人們不斷地為基本概念的不同方面提出新的術語：

- *CI 伺服器*。自動執行建置腳本的工具。完全不代表持續整合。
- *主幹開發*。強調持續整合的「整合」部分 [Hammant2020]。
- *持續交付*。強調持續整合的「部署」部分 [Humble2010]。普遍被認為是「持續整合＋部署到測試環境。」

- **持續部署**。一個名副其實的新實務做法。每次的整合都會部署到正式環境。普遍被認為是「持續交付＋部署到正式環境。」

儘管持續交付通常被認為和持續整合是不同的實務做法，但 Kent Beck 在 2004 年將其描述為持續整合的一部分：

> 整合並構建完整的產品。如果目標是燒錄 CD，那就是燒錄 CD。如果目標是部署一個網站，那麼就部署一個網站，即便是部署到測試環境。持續整合應該足夠完整，使得系統的第一次部署並不是件大事。[Beck2004]（第 7 章）

持續整合之舞

當你使用持續整合，每天都會遵循一段精心編排的舞蹈：

1. 在開發工作站前坐下，並且將它回復到已知良好的狀態。

2. 進行工作。

3. 在每個好的時機，進行整合（且可能進行部署）

4. 當完成工作，清理環境。

這些步驟應該全都被自動化為無摩擦開發環境的一部分。

步驟一，我建立了一個腳本，叫作 reset_repo 或其他相似的名稱。透過 git，指令大致如下（在錯誤處理之前）：

關聯	
無摩擦 (p. 378)	

```
git clean -fdx                        # 清除所有本地端的變更
git fetch -p origin                   # 從儲存庫取得最新程式碼，並且刪除過期分支
git checkout integration              # 切換到整合分支
git reset --hard origin/integration   # 重置整合分支來與儲存庫狀態一致
git checkout -b $PRIVATE_BRANCH       # 為自己的任務創建私有分支
$BUILD_COMMAND_HERE                   # 檢驗自己的環境是否處在已知良好的狀態。
```

步驟二，如同往常地進行工作，包括提交和重置參考基準（rebase），總之是依照著團隊的偏好做法。

步驟三是整合。你可以在測試通過的任何時候進行整合。嘗試至少每隔幾個小時就整合一次。當你準備好整合時，你會把最新的整合分支的變更合併到你的程式碼中，請確保一切正常，然後告訴你的 CI 伺服器測試你的程式碼，並將其合併回整合分支。

您的整合腳本會為你自動執行這些步驟。透過 git，指令大致如下（在錯誤處理之前）：

```
git status --porcelain       # 檢查未提交的變更（如果有就會導致失敗）
git pull origin integration  # 合併整合分支上的變更到本地端的程式碼
$BUILD_COMMAND_HERE          # 建置、執行測試（來檢查合併錯誤）
```

```
$CI_COMMAND_HERE              # 通知 CI 伺服器來測試和合併程式碼
#下面的步驟會協助 git 解決合併衝突
$WAIT_COMMAND_HERE            # 等待 CI 伺服器結束工作
git checkout integration     # 簽出整合分支
git pull origin integration  # 基於儲存庫更新整合分支
git checkout $PRIVATE_BRANCH  # 簽出私有分支
git merge integration        # 合併儲存庫中整合分支上的變更
```

CI 指令會因你的 CI 伺服器而有所不同，但通常是用來把程式碼推送到儲存庫。確保在合併回整合分支之前（而不是之後），設定好 CI 伺服器來進行建置和測試。如此一來，你的整合分支就會都處在已知良好的狀態。如果你沒有可以執行此操作的 CI 伺服器，則可以改用下一節中的腳本。

重複步驟二和三，直到完成這一天的工作。在最後一次整合之後，進行清理：

```
git clean -fdx                       # 清除所有本地端的變更
git checkout integration             # 切換到整合分支
git branch -d $PRIVATE_BRANCH        # 刪除私有分支
git fetch -p origin                  # 從儲存庫取得最新的程式碼，並且刪除過期的分支
git reset --hard origin/integration  # 重置整合分支來與儲存庫狀態一致
```

這些腳本只是些建議，請自由地按照團隊的偏好客製它們。

沒有 CI 伺服器的持續整合

在沒有 CI 伺服器的情況下，執行持續整合是非常容易的。在某些環境中，因為基於雲的 CI 伺服器可能功能嚴重不足，這可能是你的最佳選擇。你只需要一台整合機器（備用開發工作站或虛擬機）和一個小腳本。

首先，修改你在開發工作站上運行的 integrate 腳本，來把變更推送到私有分支。git 命令是 git push origin HEAD:$PRIVATE_BRANCH。

推送程式碼後，手動登入整合機器並運行第二個整合腳本。它應該要簽出私有分支、仔細檢查自你推送變更後，沒有其他人進行整合、執行建置和測試、然後把變更合併回整合分支。

在獨立的整合機器上執行建置和測試，對於確保已知良好的整合分支至關重要。它可以防止「它在我的機器上沒事」的錯誤。透過 git，命令如下所示（在錯誤處理之前）：

```
# 取得私有分支
git clean -fdx                           # 清除所有本地端修改
git fetch origin                         # 從儲存庫取得最新程式碼
git checkout $PRIVATE_BRANCH             # 簽出所有分支
git reset --hard origin/$PRIVATE_BRANCH  # 重置整合分支來與儲存庫狀態一致
```

```
# 檢查私有分支
git merge integration --ff-only      # 確保整合分支已經被合併
$BUILD_COMMAND_HERE                   # 建置，執行測試

# 透過合併提交，來合併私有分支到整合分支上
git checkout integration             # 簽出整合分支
git merge $PRIVATE_BRANCH --no-ff --log=500 -m "INTEGRATE: $MESSAGE" # 合併
git push                             # 把變更推送到儲存庫

# 刪除私有分支
git branch -d $PRIVATE_BRANCH        # 刪除本地端的私有分支
git push origin :$PRIVATE_BRANCH     # 刪除儲存庫的私有分支
```

如果腳本執行失敗，請在開發機器上修復它，然後再次整合。使用此腳本，失敗的整合不會影響其他任何人。

請注意，一次只有一個人可以進行整合，因此你需要以某種方式來控制存取。如果你有一台實體整合機器，那麼坐在整合機器旁的人就是贏家！如果你的整合機器是遠距的，你可以把它設置為一次只允許一個人登入。

這個腳本是用於同步整合，也就是代表你必須等待整合完成才能進行其他工作（我稍後會解釋更多）。如果你需要異步整合，最好使用 CI 伺服器。多階段建置可以把此腳本用於同步部分來提高速度，然後再移交給 CI 伺服器進行後續的建置或部署。

同步整合與異步整合

當你會等待整合完成時，持續整合的效果最好。這稱為同步整合，它要求建置和測試需要有很快的速度（最好在不到 5 分鐘或最多 10 分鐘內完成。）實現這種速度通常需要建立快速且可靠的測試。

<table>
<tr><td>關聯</td></tr>
<tr><td>無摩擦 (p.378)
快速且可靠的測試
(p.414)</td></tr>
</table>

如果建置時間過長，你便會不得不使用異步整合。在需要 CI 伺服器的異步整合中，你啟動整合流程，然後在 CI 伺服器執行建置時，進行其他工作。建置完成後，CI 伺服器會通知你結果。

異步整合聽起來很高效，但在實務中卻會出現問題。你簽入程式碼並且開始處理其他事情，然後半小時（或更長時間）後，你會收到建置失敗的通知。現在你理論上無論如何都必須打斷目前的工作去解決問題，而被打斷的工作更多時候會被擱置到以後，導致最後會得到大量過期數小時甚至數天的產出，而且合併衝突的可能性更大。

此外，有一個由於 CI 服務器設置不當所造成的特殊問題，那就是雖然你的 CI 服務器應該只在建置成功後，才把程式碼合併到整合分支，所以整合分支是處於已知良好的，但一些

CI 伺服器會預設先合併程式碼，然後再執行建置。如果程式碼破壞了建置，那麼每個從整合分支中提取檔案的人都會被阻塞住。

這種錯誤的設置搭配異步整合會使得你最後會遇到這樣情況：人們無意中簽入了損壞的程式碼，而沒有修復它，因為他們認為是其他人破壞了構建置。隨著錯誤建立在錯誤之上，各種情況會混雜在一起。我見過一些團隊的建置連續幾天都處在毀損的狀態。

最好是先透過測試建置內容，來讓過程不可能對建置產生破壞。最好做法還是使用同步整合。整合時，等待整合成功。如果沒有，請立即解決問題。

多階段整合的建置

一些團隊進行了複雜的測試（如衡量性能、負載或穩定性等），這些測試根本無法在 10 分鐘內完成。對於這些團隊來說，多階段整合是一個好的想法。

多階段整合由兩個獨立的建置組成。一般建置或提交建置包含了所有可以證明軟體能正常運行的必要項目，如編譯、語法檢查、單元測試、狹義整合測試（narrow integration tests）和一些冒煙測試。像往常一樣，此建置是以同步的方式執行。

當提交建置成功時，則認為整合成功，將程式碼合併到整合分支。接著，異步地執行一個較慢的輔助建置。它包含在一般建置中不執行的附加測試：性能測試、負載測試、穩定性測試等等。它還可以包括將程式碼部署到預備或正式環境。

如果輔助建置失敗，團隊會收到通知，每個人都會停止他們正在做的事情來解決問題。這可確保團隊快速恢復到已知良好的建置狀態。但是輔助建置中的失敗應該很少見。如果經常發生，則應強化提交建置來檢測這些類型的問題，以便可以同步地修復它們。

> 如果輔助建置失敗，每個人都會停止他們正在做的事情來解決問題。

儘管多階段建置對於有複雜測試的成熟程式碼庫可能是一個好主意，但我遇到的大多數團隊都使用多階段整合來解決測試套執行緩慢的問題。不過，從長遠角度來看，最好改善測試套。

以短期來看，引入多階段整合可以幫助你從異步整合過渡到同步整合。把你的快速測試放在提交建置，而把慢速測試放在輔助建置。但不要止步於此。不斷改善你的測試，目標是消除輔助建置並同步執行你的整合。

拉取請求（Pull Requests）與程式碼審查

拉取請求不適合持續整合。他們太慢了。當整合之間的時間很短（少於幾個小時），持續整合能發揮最好

> 對於持續整合來說，拉取請求太慢了。

的效果，而拉取請求則往往需要一兩天才能獲得批准。這使得合併衝突更有可能發生，特別是對於使用演進式設計的團隊（我將在第 14 章討論）。

相反地，使用結對開發或群體開發來消除對程式碼審查的需要。或者，如果你想保留程式碼審查，你可以在整合後進行程式碼審查，而不是作為整合前的門檻。儘管拉取請求在使用持續整合的團隊中效果不佳，但它們仍然可以作為不共享主導權團隊之間的協調機制。

關聯

結對程式設計 (p.356)
群體程式設計 (p.366)

貨物崇拜

已經有工具了啊！

「持續整合？持續整合可能會有所幫助，你想表達什麼意思？我們已經有了 CI 工具了耶。」

「你的老闆正在與敏捷教練通電話。它應該是一個電話面試，但你不確定是誰在面試誰。」

「不，他們不會一起處理故事。我在這裡實行嚴格的紀律。我把故事指派給資源，而且每個故事都有一個功能分支。幾週後，資源們會提交了一個拉取請求，我會進行審查，並告訴他們做錯了什麼」。

你聽不到談話的另一端，但你老闆的臉逐漸變成了有趣的紅色。「聽著，我請你幫助我們編寫設計文檔，而不是胡說八道關於像共產主義一般的程式碼主導權和持續整合。我告訴過你，我們已經有了 CI 工具。我們有真正的問題要解決。合併有太多衝突，自從 Tiffani 辭職後，沒人知道如何接手她的工作。我需要我的資源投注在同一個方向，而設計文檔就是我認為的解決方法。現在，你可以停止浪費我的時間，然後來幫忙我處理文件了嗎？或者…在嗎？你還在嗎？」

你的老闆用力地把手機扔到桌子上，然後轉向你「我不敢相信！對方掛了我的電話。這些人怎麼了？」

問題

你說我們應該在一天結束時，清理開發環境，但如果我有未完成的工作，無法整合怎麼辦？

如果你正在使用功能旗標和練習測試驅動的開發，你可以在測試通過的任何時候，進行整合，所以應該是每隔幾分鐘便能夠進行整合。你永遠不應該處於無法整合的狀態。

關聯

功能旗標 (p.482)
測試驅動開發 (p.398)

如果你卡住了，刪除未完成的程式碼可能是個好主意。如果你經常整合，就不會有太多需要等待整合的內容。明天早上重新開始，你會做得更好。

同步整合不會浪費時間嗎？

不，如果你的構建速度達到應有的速度，那就不會。這反而是一個休息、清醒頭腦、並且思考設計、重構可能性或下一步的好機會。在實務中，異步整合帶來的問題需要更多的時間。

當我們整合時，我們似乎總是遇到合併衝突。我們做錯了什麼？

合併衝突的原因之一是不常整合。整合的頻率越低，你必須合併的更改就越多。嘗試更頻繁地整合。

另一種可能性是你的變更與其他團隊成員的工作重疊。試著多談論你正在從事的工作，並更緊密地與處理相關程式碼的人，進行協調。請參閱第 350 頁「讓共有主導權發揮效果」來了解更多細節。

CI 伺服器（或整合機器）不斷地建置失敗。我們能如何更可靠地進行整合？

首先，確保你有可靠的測試。間歇性測試失敗是我看過建置失敗的最常見原因。如果不是這個問題，你可能需要在整合之前，在本地端進行合併並測試你的程式碼。或者，如果你經常遇到不正確的依賴關係問題，你可能需要在更投入心力在可重現的建置上，如第 381 頁「可重現的建置」中所述。

關聯
快速且可靠的測試 (p.414)

先決條件

持續整合最適合同步整合，而這需要在不到 10 分鐘的時間內，便能完成的無摩擦建置。否則，你將不得不使用異步整合或多階段整合。

關聯
無摩擦 (p.378)
結對程式設計 (p.356)
群體程式設計 (p.366)
測試驅動開發 (p.398)
快速且可靠的測試 (p.414)

異步和多階段整合需要使用 CI 伺服器並且進行設定，以便讓它在變更合併到整合分支之前，對建置內容進行驗證。否則，你可能為最後會遇到複雜的建置錯誤。

拉取請求不適用於持續整合，因此需要另一種程式碼審查方法。結隊開發或群體開發是最好的方式。

持續整合有賴於建置，以及對程式碼進行徹底測試的測試套（最好是快速且可靠的測試），而最好的做法就是基於窄域且是與外部互動型測試的測試驅動開發。

指標

當你持續地進行整合：

- □ 部署與發佈是沒有痛苦的。
- □ 你的團隊很少遇到整合衝突或令人困惑的整合臭蟲。
- □ 團隊成員能夠很輕鬆地同步它們的產出。
- □ 只要駐點客戶準備就緒，你的團隊只需按下按鈕便能發佈。

替代方案和試驗

對於使用共有程式碼主導權和演進式設計的團隊來說，持續整合是必不可少的。沒有它，重大的重構就會變得難以成真，因為它會導致太多的合併衝突。這會阻止團隊不斷地改善設計，然而這卻是維持長期成功所必需的要素。

關聯

共有程式碼主導權
(p.350)
反思式設計 (p.460)
重構 (p.421)
功能旗標 (p.482)

持續整合最常見的替代方案是功能分支，它定期把整合分支的**內容合併進來**，但只有在每個功能完成後才整合到整合分支。儘管功能分支能讓你保持整合分支，隨時處於可發佈的狀態，但它們通常不適用於共有程式碼主導權和演進式設計。這是因為合併到整合分支的頻率太低了。功能旗標是保持整合分支隨時處於可發佈狀態的更好方法。

關聯

持續部署 (p.487)

我發現到關於持整合的試驗已經推向更遠的極端。一些團隊在每次提交都進行整合（每隔幾分鐘），或甚至是每次測試通過時，就進行整合。最受歡迎的試驗是持續部署，而且這種方法已經成為主流。本書稍後便會討論。

延伸閱讀

Martin Fowler 的文章〈Patterns for Managing Source Code Branches〉對於有興趣深入研究功能分支、持續整合和其他分支策略之間差異的人來說，這是一個極好的資源。

Jez Humble 和 David Farley 所著的《*Continuous Delivery*》是一本實至名歸的經典之作。它對持續整合所需的一切，提供全面的討論，並且特別著重在部署自動化。

測試驅動開發

我們以可驗證的小步伐產生高品質的程式碼。

有句玩笑話是「程式語言真正需要的是 DWIM 指令,也就是按照我的意思來實作,而不是按我說的內容來實作。」

程式設計是件艱巨的任務。它需要經年累月不斷地保持完美。最好情況下,錯誤會導致無法編譯,而最差的情況下,則是導致臭蟲潛伏其中,並且在能夠造成最大損害的時候,讓你措手不及。

如果有一種方法可以讓電腦按照你的意思去做,那不是很好嗎?如此強而有力的技術,它實際上消除了除錯的需要嗎?

這樣的技術就是測試驅動開發,而且它真的有效。

測試驅動開發(TDD)是測試、編寫程式和重構的快速循環。新增功能時,你會以微小的步伐反覆地進行實作與改進,直到沒有任何東西可以再被加入與刪除。如果能好好實踐這個做法,TDD 便能確保程式碼完全按照你的意思執行,而不只是按所說的內容執行。

如果使用得當,TDD 還可以幫助你改善設計、為未來的程式設計師提供程式碼的說明、得以重構、並防止將來會出現的錯誤。更好的是,它很有趣。你會一直保持在可控制的狀態,並且不斷地確保自己走在正確的軌道上。

當然,TDD 並不完美。TDD 幫助程式設計師編寫他們想要的程式碼,但它並不能阻止程式設計師誤解他們需要做什麼。它有助於改善文件、重構和設計,但前提是程式設計師必須為此付出心力。它也有一個學習曲線:它很難應用到舊的程式碼庫裡,而且需要為涉及外部世界的程式碼(例如使用者界面、網路和資料庫)付出額外的努力。

不管如何,還是試試看吧!雖然 TDD 得益於其他敏捷實務做法,但它並不需要這些實務做法。你幾乎可以把它運用到任何的程式碼裡。

為什麼 TDD 有用

在打孔卡時代,程式設計師費力地手工檢查他們的程式碼,來確保它能夠編譯。編譯錯誤可能導致批次處理的作業失敗,以及密集的除錯過程。

編譯程式碼已經不是什麼大問題了。大多數 IDE 會在你輸入時檢查語法,有些甚至會在你每次保存時,進行編譯。回饋循環如此之快,錯誤很容易被發現並修復。如果某些內容無法編譯,則無需檢查太多程式碼。

測試驅動開發把同樣的原則應用於程式設計師想要達成目的上。就如同現代環境提供關於程式碼語法的回饋一樣，TDD 會加速對程式碼語意的回饋。每隔幾分鐘（通常是每 20 到 30 秒），TDD 就會驗證程式碼是否按照你的想法執行。如果出現問題，只需檢查幾行程式碼。這讓錯誤變得明顯。

TDD 透過一系列經過驗證的假設來完成這個技巧。你以非常小的步伐來進行工作，並且在每一步中，你都會對接下來會發生什麼事情，做出心理預測。首先，你編寫一些測試程式碼並預測它會以特定方式失

> TDD 是一系列經過驗證的假設。

敗。然後編寫一些成品程式碼，並預期測試現在會通過測試。接著再進行一次小的重構，並預期測試將再次通過。如果預測有誤，你會停下來弄清楚，或者只是備份並重試。

在進行過程中，測試和成品程式碼會相互結合以檢查彼此的正確性，並且你的成功預測會確認你的工作目前是受控狀態，而結果會是程式碼完全按照你的想法執行。你仍然可以忘記一些事情，或者誤解需要做什麼。但是你可以確信程式碼會按照你想要的目的執行。

當你完成相關實作後，測試仍會存在。它們將會為其餘的程式碼繼續做出貢獻，而且可以拿來當作說明你想要程式碼如何運行的可執行文件。更重要的是，你的團隊在每次建置時，都會執行測試，而這會為重構提供安全性，並且確保程式碼會繼續如預期的發揮效用。如果有人不小心改變了程式碼的行為，例如，錯誤的重構則會導致測試失敗，並且送出錯誤的訊息。

關鍵概念

快速回饋

回饋和迭代是一個關鍵的敏捷概念，如**第 196 頁「回饋與迭代」**中所述。回饋循環的一個重要層面就是回饋的**速度**。你獲得回饋的速度越快，調整路線和糾正錯誤的速度就越快，並且你就越容易理解下次應該採取哪些不同的做法。

敏捷團隊試圖加快他們的回饋循環。回饋越快越好。這適用於每個層級，從發佈（我們關於價值的想法是否正確？）到每分鐘的程式編寫（「我剛剛編寫的程式碼是否符合我的想法？」）。測試驅動開發、無摩擦開發、持續部署和調適性規劃的「最小的有價值增量」都是加速回饋的例子。

如何使用 TDD

你需要一個程式設計師的測試框架來使用 TDD。儘管它們被用於各種測試，但由於歷史原因它們被稱為「單元測試框架」。每種流行語言都有一種，甚至多種 —— 只需在網路上搜尋「<程式語言> 單元測試框架」即可。受歡迎的例子包括用於 Java 的 JUnit、用於 .NET 的 xUnit.net、用於 JavaScript 的 Mocha 和用於 C\++ 的 CppUTest。

> TDD 不能避免錯誤，
> 不過它揭露了這些錯誤。

TDD 遵循圖 13-1 所示的「紅、綠、重構」循環。除了花時間思考之外，每個步驟都應該非常小，在一兩分鐘內為你提供回饋。與直覺相反的是，TDD 做得越好，就越有可能採取小步驟，而且推動進展的速度越快。這是因為 TDD 不能防止錯誤，不過它揭露了這些錯誤。小步伐意味著快速回饋，而快速回饋意味著錯誤更容易和更快地被修復

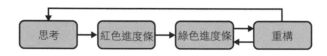

圖 13-1　TDD 循環

步驟 1：思考

TDD 是「測試驅動」，這是因為你是從測試開始著手，然後只編寫足以讓測試通過的程式碼。俗話說，「除非測試失敗，否則不要編寫任何成品程式碼。」

因此，你的第一步是進行一個相當奇怪的思考過程。想像一下你希望程式碼具有什麼行為，然後考慮要實現的第一部分。它應該非常非常的小，大概不超過五行程式碼。

接下來，考慮一個測試（也只是幾行程式碼），這個測試應在該預期的行為被完整實作之前，都會失敗。思考一下用來檢查程式碼行為的方式，而不是檢查程式碼實作的樣貌。只要接口不改變，你應該可以隨時改變實作方式，而不必改變測試。

這是 TDD 中最難的部分，因為它需要提前考慮兩個步驟：首先，你想做什麼；其次，需要實作哪個測試。結對開發和群體開發能為此帶來幫助。當駕駛員努力讓目前的測試通過時，導航員會提前思考，確定接下來應該處理哪個增量和測試。

關聯

結對程式設計 (p.356)
群體程式設計 (p.366)
探究解決方案 (p.433)

有時，提前思考太難了。發生這種情況時，請使用探究解決方案，來找出解決問題的方法，然後使用 TDD 重新構建它。

步驟 2：紅色進度條

當你知道下一步時，請編寫測試。為目前要新增的行為編寫剛好的測試程式碼（期望上少於五行程式碼）。如果需要更多行的程式，那也沒有關係。只要下次嘗試較小的增量就好。

根據程式碼的公開介面來編寫測試，而不是根據你要如何實作對應的內容。請尊重封裝！這意味著你的第一個測試會使用尚不存在的名稱，而這是故意的：它迫使你從該界面的使用者角度來設計你的界面，而不是以實作者的角度來進行設計。

編寫完測試後，請預測會得到結果。一般來說，測試應該會失敗，而使得大多數測試執行器會顯示紅色進度條。不過，不要只是預測它會失敗，而應該去預測它會*如何*失敗。請記住，TDD 是一系列經過驗證的假設，而這是你的第一個假設。

然後使用 watch 腳本或 IDE 運行測試。你應該會在幾秒鐘內得到回饋。把結果與你的預測進行比較。它們一樣嗎？

> **關聯**
>
> 無摩擦 (p.378)

如果測試沒有失敗，或者失敗的方式與預期不同，那麼代表你不再掌控著你的程式碼。或許你的測試是有問題的，或者是它沒有測試到你認為該測的事情。對問題進行故障排除。你應該總是能夠預測到結果。

處理意料外的測試**成功**與對處理意料外的測試**失敗**，兩者的重要性一樣重要。你的目標不只是讓測試通過，而是保持對程式碼的控制（永遠知道程式碼在做什麼以及背後的運作原理）。

> 你的目標是永遠知道程式碼在做什麼以及背後運行的原理。

步驟 3：綠色進度條

接下來，編寫剛好的成品程式碼來通過測試。同樣地，你通常應該只需要少於五行的程式碼。不要擔心設計是否純粹或設計概念是否優雅。你需要做的只是讓測試通過。你稍後還會再回頭來清理它們。

做出另一個預測並執行測試，而這是你的第二個假設。

測試應該通過，並且會出現一個綠色的進度條。如果測試失敗，請盡快回復成之前已知良好的程式碼。因為你只新增了幾行，所以錯誤常常會很明顯。

如果錯誤不明顯，請考慮放棄你的變更並且重試。有時最好是刪除或註釋掉新的測試，並以較小的增量重新開始。保持對程式碼的掌控才是關鍵。

總是會想要用頭腦來解決問題，而不是先備份然後再重試一次。我也會有同樣的傾向，但得之不易的經驗告訴我，用較小的增量再試一次幾乎總是更快且更容易。

雖然是如此，但這並不能阻止自己還是想要用頭腦解決問題（總會感覺解決方案就近在咫尺）。我最後學會了設定一個計時器，來控制深陷問題所造成的損害。如果你無法立即放棄目前的變更，請設定一個 5 或 10 分鐘的計時器，並確保自己在計時器響起時，會先備份然後以較小的增量重新開始。

步驟 4：重構

當你的測試再次通過時，你可以重構而不用擔心會破壞任何東西。查看目前擁有的程式碼，並尋找可能的改善機會。如果您正進行結對開發或群體開發，請詢問你的導航員是否有任何建議。

> 關聯
> 重構 (p.421)

以增量的方式進行重構來完成每一項改善。使用非常小的重構（每次不到一兩分鐘，而且不要超過五分鐘），並在每次重構之後執行測試。它們應該總是保持在通過的狀態。與之前一樣，如果測試沒有通過，而且錯誤不是很明顯，請放棄重構的內容，並恢復成已知良好的程式碼。

不用煩惱如何讓程式碼盡善盡美，只要盡可能地進行重構，來讓你所接觸到的程式碼盡可能地保持無暇即可。確保設計聚焦於軟體的目前需求，而不是未來可能發生的事情。

> 關聯
> 精簡的設計 (p.452)

重構時，不要新增任何功能！重構不應該改變行為，且新增的行為應該要導致測試失敗。

步驟 5：反覆進行

當你準備好新增行為時，請再一次開始這個循環。

在每個假設都與實際結果一致的條件下，如果一切都順利進展，那麼你就可以「往上提升一檔」並採取更大的步伐（但通常一次不超過五行程式碼）。如果遭遇到問題，請「降檔」並採取更小的步驟。

> TDD 的成功關鍵是
> 小的增量與快速的回饋。

TDD 的成功關鍵是小的增量與快速的回饋。每隔一兩分鐘，你就應該得到確認，來指明你走在正確的軌道上，而且你的更改符合預期。一般情況下，你會非常快速地進行幾個循環，然後花更多時間思考和重構幾個循環，接著再次加快速度。

貨物崇拜

測試驅動災難

「哦，是 TDD 啊！」Alisa 皺眉。「我試過一次。真是一場這悲劇。」

你問道：「發生了什麼事呢？」TDD 為你帶來很多好處，但有些事情很難弄清楚。或許你可以分享一些技巧。

「好啊！所以 TDD 就是用測試來編寫你的需求，對吧？」Alisa 解釋說著，並且帶著一絲傲慢。「你首先要弄清楚你想讓你的程式碼做什麼，然後非常具體地編寫所有的測試。接著，編寫程式碼直到測試通過。」

「但那太愚蠢了！」她咆哮道。「強制預先具體化需求會讓你在完全理解問題之前做出決定。你現在擁有了全部的測試，而且是難以變更的測試。因此，你被迫投入某個解決方案，而且不會再找尋更好的做法。即使你決定要變動，全部的測試也都綁定了目前的實作，因此如果不重做所有的工作，幾乎不可能進行變動。太荒謬了！」

你結結巴巴地說：「我……我不認為那是 TDD。聽起來真可怕。你應該拆解成小的步伐來進行工作，而不是預先編寫所有的測試。此外，你應該測試行為，而不是實作的內容。」

Alisa 堅定地說「不，你錯了！TDD 是測試優先的開發。編寫測試，然後編寫程式碼。這很糟糕。我知道，我試過了。」

從裡到外地享用洋蔥

TDD 最難的部分是弄清楚如何採取小步驟。幸運的是，編寫程式的問題就像吃人妖怪和洋蔥：它們都是有層次的。 TDD 的訣竅是從甜美多汁的核心開始，然後逐步往外處理目標。你可以使用任何你喜歡的策略，但這是我使用的方法：

1. **核心介面**。首先定義要呼叫的核心介面，然後編寫一個以最簡單的方式呼叫該介面的測試。以此為契機，了解介面在實際情況中的工作方式。使用方式讓人覺得方便嗎？是否有意義？要讓測試通過，你只需針對對答案寫死程式內容即可。

2. **運算與分支情節**。寫死的答案是不夠的。新程式碼的核心有哪些運算和邏輯？開始加入它們，一次一個分支情節和運算。專注於快樂路徑：當一切正常時，程式碼是如何運行的。

3. **迴圈和一般化**。程式碼通常會涉及迴圈或其他運行方式。實現核心邏輯後，逐個添加其他運行方式的實作。你會經常需要把已構建的邏輯重構成更通用的形式，來保持程式碼的整潔。

4. **特殊情況和錯誤處理**。在你處理了所有的快樂路徑案例之後，想想所有可能出錯的事情。你是否呼叫了任何可能引發異常的程式碼？你是否做出任何需要驗證的假設？為每一個假設編寫一個測試。

5. 執行時期的斷言。在開發時，你可能會發現某些情況是因為錯誤程式碼而導致的。例如，超出範圍的陣列索引、或永遠不應為空值的變數。為這些情況加入執行時期的斷言，以便它們快速失敗（請參閱第 456 頁「快速失敗」）。它們只是一個附加的安全網，因此不用測試它們。

James Grenning 的 ZOMBIES 用來幫助記憶的縮寫詞或許會有所幫助：從沒有（零，*Zero*）測試開始，然後寫出一個（*One*），接著是很多個（*Many*）。在測試時，請注意邊界（*Boundaries*）、介面（*Interfaces*）和異常（*Exceptions*），同時保持程式碼的簡潔（*Simple*）。[Grenning2016]

TDD 範例

透過觀察別人，來理解 TDD 是最好的方式。我有幾個系列的線上影片展示了實際的 TDD。在撰寫本文時，我最新且免費的系列是「TDD Lunch & Learn」。它有 21 集，涵蓋了從 TDD 基礎到網路和超時等棘手問題的所有內容。[Shore2020b]

這些範例裡的第一個範例是使用 TDD 創建 ROT-13 編碼函式（ROT-13 是一個簡單的凱撒密碼，比方說「abc」變為「nop」，反之亦然）。這是一個非常簡單的問題，但它是一個很好的例子，說明即使是小問題也可以分解成非常小的步驟。

在這個範例中，請注意我用在小增量工作上的技巧。增量甚至可能看起來小得可笑，但這讓錯誤更容易被發現且會有助於我進展得更快。正如我所說，你在 TDD 方面的經驗越多，能夠採取的步驟就越小，而且可以讓你進展得越快。

從核心介面開始

思考。首先，我需要決定如何開始。像往常一樣，核心界面是一個很好的起點。我希望它看起來像什麼？

這個例子是用 JavaScript 寫的（更確切地說是 Node.js），所以我可以選擇創建一個類別，或只是從一個模組中匯出一個函式。建立一個完整的類別看起來沒有多大的價值，所以我決定只開發一個匯出轉換函式的 rot13 模組。

紅色進度條。既然我知道自己想要做什麼，我就可以編寫一個以最簡單的方式執行該介面的測試：

```
it("runs tests", function() {          ❶
  assert.equal(rot13.transform(""), "");  ❷
});
```

第 1 行定義測試，第 2 行斷言實際轉換出來的值（rot13.transform("")）與預期值（""）一致。（一些斷言庫會把期望值放在參數的第一個位置，但此範例使用 Chai，而它把實際產出值放在第一個位置。）

在執行測試之前，我做了一個假設。具體來說，我預測測試會失敗，因為 rot13 不存在，而這就是會發生的事情。

綠色進度條。為了使測試通過，我創建了介面並把程式碼寫死來通過測試：

```
export function transform() {
  return "";
}
```

寫死回傳值是一種小把戲，而在第一步裡，我經常會傾向寫一些實際的程式碼。不過，在這個案例裡，沒有任何其他的事情需要程式碼來完成。

重構。透過每次重複的循環來檢查重構的機會。在這種情況下，我把最初設置的測試從「執行測試（run tests）」重命名為「當輸入為空值時，不執行任何操作（does nothing when input is empty）」。這顯然對

> 好的測試記錄了程式碼
> 預期的行為。

未來的讀者更有幫助。好的測試記錄了程式碼是如何執行的，而好的測試名稱可以讓讀者透過瀏覽名稱，便能獲得大致上的理解。請注意名稱描述了成品程式碼做了哪些事情，而不是測試案例處理了哪些事情：

```
it("does nothing when input is empty", function() {
  assert.equal(rot13.transform(""), "");
});
```

運算與分支情節

思考。現在我需要編寫 ROT-13 轉換的核心邏輯。我知道我最終得想要遍歷每個字元，而且一次轉換一個字元，但這一步太大了。我需要想出一些更小的東西。

一個較小的步驟是「轉換一個字元」，但即使這樣也太大了。請記住，步驟越小，進展得越快。我需要把它分解得更小。最終，我決定將一個小寫字母轉換為往前的第 13 個字元。大寫字母和在「z」之後的循環，則等一下再處理。

紅色進度條。在這麼小一步的情況下，測試就很容易寫了：

```
it("transforms lower-case letters", function() {
  assert.equals(rot13.transform("a"), "n");
});
```

我的假設是測試會失敗且預期得到「n」，卻得到「""」，而這就是會發生的事情。

綠色進度條。用最簡單的方式讓測試通過：

```
export function transform(input) {
  if (input === "") return "";

  const charCode = input.charCodeAt(0);
  charCode += 13;
  return String.fromCharCode(charCode);
}
```

儘管這是一小步，但它迫使我解決了把字母轉換為字元編碼並傳回的關鍵問題，這是我必須改善的問題。邁出一小步讓我能夠單獨且分別地解決這個問題，而且讓我更容易判斷我什麼時候做對了。

重構。我沒有看到任何重構的機會，所以是時候開始下一回合的循環。

重複步驟。我繼續以這種方式，一步一步地直到核心字母轉換演算法完成。

1. 小寫字母向前轉換：a → n（正如我剛剛演示的那樣）

2. 小寫字母向後轉換：n → a

3. a 之前的第一字母不用置換：` → `

4. z 之後的第一個字母不置換：{ → {

5. 大寫字母向前轉換：A → N

6. 大寫字母向後轉換：N → A

7. 更多的邊界案例：@ → @ 和 [→ [

在每一步之後，我都會考慮程式碼並在適當的時候進行重構。以下是對應產生的測試。編號對應於每個步驟。請注意某些步驟是如何產生新的測試，而其餘步驟只是加強化了現有的測試：

```
it("does nothing when input is empty", function() {
  assert.equal(rot13.transform(""), "");
});

it("transforms lower-case letters", function() {
  assert.equal(rot13.transform("a"), "n"); ❶
  assert.equal(rot13.transform("n"), "a"); ❷
});

it("transforms upper-case letters", function() {
  assert.equal(rot13.transform("A"), "N"); ❺
  assert.equal(rot13.transform("N"), "A"); ❻
});
```

```
  it("doesn't transform symbols", function() {
    assert.equal(rot13.transform("`"), "`"); ❸
    assert.equal(rot13.transform("{"), "{"); ❹
    assert.equal(rot13.transform("@"), "@"); ❼
    assert.equal(rot13.transform("["), "["); ❼
  });
```

這是成品程式碼。因為進行了太多的重構，很難把每個步驟對應到程式碼（詳情請參閱
[Shore2020b] 的第 1 集），但你可以看到 TDD 是如何逐漸增長程式碼的迭代過程：

```
export function transform() {
  if (input === "") return "";

  let charCode = input.charCodeAt(0);                                    ❶
  if (isBetween(charCode, "a", "m") || isBetween(charCode, "A", "M")) {  ❸❹❺
    charCode += 13;                                                      ❶
  }
  if (isBetween(charCode, "n", "z") || isBetween(charCode, "N", "Z")) {  ❷❹❻
    charCode -= 13;                                                      ❷
  }
  return String.fromCharCode(charCode);                                  ❶
}

function isBetween(charCode, firstLetter, lastLetter) {                  ❹
  return charCode >= codeFor(firstLetter) && charCode <= codeFor(lastLetter);  ❹
}                                                                        ❹

function codeFor(letter) {                                               ❸
  return letter.charCodeAt(0);                                          ❸
}                                                                        ❸
```

步驟 7（測試更多邊界案例）沒有產生新的成品程式碼，但我將它包括在內，只是為了確
保我沒有犯任何錯誤。

迴圈與一般化

思考。到目前為止，程式碼只處理帶有一個字母的字串。現在是該把它一般化來支持完整
的字串了。

重構。我發現如果我把核心邏輯分解出來，會更容易實現整個功能，所以我跳回到「重
構」步驟來進行分解：

```
export function transform(input) {
  if (input === "") return "";

  let charCode = input.charCodeAt(0);
    return transformLetter(charCode);
}
```

```
function transformLetter(charCode) {
  if (isBetween(charCode, "a", "m") || isBetween(charCode, "A", "M")) {
    charCode += 13;
  }
  if (isBetween(charCode, "n", "z") || isBetween(charCode, "N", "Z")) {
    charCode -= 13;
  }
  return String.fromCharCode(charCode);
}

function isBetween...
function codeFor...
```

進行重構來讓下一步變得更容易,是我一直使用的技巧。有時會在「紅色進度條」步驟中,發現應該先進行重構。發生這種情況時,我會暫時註釋掉測試,以便進行重構時,處在測試通過的狀態。這讓我可以更快且更輕鬆地檢測重構錯誤。

紅色進度條。現在我已經準備好進行程式碼一般化。我更新了一個測試來證明需要實作迴圈:

```
it("transforms lower-case letters", function() {
  assert.equal(rot13.transform("abc"), "nop");
  assert.equal(rot13.transform("n"), "a");
});
```

我預期它會失敗,因為預期會得到「nop」,卻只得到「n」。這是因為函式只查看了第一個字母,而這就是目前會發生的狀況。

綠色進度條。我修改了成品程式碼,來加入了迴圈:

```
export function transform(input) {
  let result = "";
  for (let i = 0; i < input.length; i++) {
    let charCode = input.charCodeAt(i);
    result += transformLetter(charCode);
  }
  return result;
}

function transformLetter...
function isBetween...
function codeFor...
```

重構。我決定充實這些測試,以便讓它們成為更好的文件,來提供給未來的程式碼讀者閱讀。這不是絕對必要的做法,但我認為

關聯
───────────
無摩擦 (p.378)

它會使 ROT-13 邏輯更加地明顯。當然，我還是一次更改一個斷言。回饋是如此快速和順暢，而且每次我保存時都會自動執行，所以沒有理由不這樣做。

在這種情況下，一切都按預期進行。不過如果出現失敗，一次更改一個斷言會使得除錯變得更容易一些。這些好處匯集起來後：

```javascript
it("does nothing when input is empty", function() {
  assert.equal(rot13.transform(""), "");
});

it("transforms lower-case letters", function() {
  assert.equal(
   rot13.transform("abcdefghijklmnopqrstuvwxyz"), "nopqrstuvwxyzabcdefghijklm"  ❶
  );
  assert.equal(rot13.transform("n"), "a");                                       ❷
});

it("transforms upper-case letters", function() {
  assert.equal(
    rot13.transform("ABCDEFGHIJKLMNOPQRSTUVWXYZ"), "NOPQRSTUVWXYZABCDEFGHIJKLM"  ❸
  );
  assert.equal(rot13.transform("N"), "A");                                       ❹
});

it("doesn't transform symbols", function() {
  assert.equal(rot13.transform("`{@["), "`{@[");                                 ❺
  assert.equal(rot13.transform("{"), "{");                                       ❻
  assert.equal(rot13.transform("@"), "@");                                       ❻
  assert.equal(rot13.transform("["), "[");                                       ❻
});
```

特殊案例、錯誤處理、和執行時期的斷言

最後，我想思考所有可能出錯的地方。我從執行時期的斷言開始著手。程式碼怎麼會被錯誤地使用？我通常不會測試執行時期的斷言，因為它們只是一個安全網，不過為了進行演示，我對斷言進行了測試：

```javascript
it("fails fast when no parameter provided", function() {        ❶
  assert.throws(                                                ❶
    () => rot13.transform(),                                    ❶
    "Expected string parameter"                                 ❶
  );                                                            ❶
});

it("fails fast when wrong parameter type provided", function() {  ❷
  assert.throws(                                                   ❷
```

```
      () => rot13.transform(123),          ❷
      "Expected string parameter"          ❷
    );                                     ❷
  });                                      ❷
```

我還是依照 TDD 的循環，並且一次加入一個測試。實現它們代表著加入一個用於保護的
程式語句，而我也逐步地實作了它：

```
export function transform(input) {
  if (input === undefined ❶ || typeof input !== "string" ❷) {
    throw new Error("Expected string parameter");          ❶
  }                                                         ❶
...
```

好的測試也可以作為文件，所以我的最後一步總是回顧測試的內容，並思考它們是否妥善
地傳達了足夠的訊息給未來的讀者。我通常會從一般的「快樂路徑」案例來開始思考，然
後考慮具體且特殊的案例。有些時候即便我不用再修改成品程式碼，我也會加入一些測試
來澄清行為。這段程式碼就是這種情況。這些便是我最後完成的測試：

```
it("does nothing when input is empty", ...);
it("transforms lower-case letters", ...);
it("transforms upper-case letters", ...);
it("doesn't transform symbols", ...);
it("doesn't transform numbers", ...);
it("doesn't transform non-English letters", ...);
it("doesn't break when given emojis", ...);
it("fails fast when no parameter provided", ...);
it("fails fast when wrong parameter type provided", ...);
```

以及最後的成品程式碼：

```
export function transform(input) {
  if (input === undefined || typeof input !== "string") {
    throw new Error("Expected string parameter");
  }

  let result = "";
  for (let i = 0; i < input.length; i++) {
    let charCode = input.charCodeAt(i);
    result += transformLetter(charCode);
  }
  return result;
}

function transformLetter(charCode) {
  if (isBetween(charCode, "a", "m") || isBetween(charCode, "A", "M")) {
    charCode += 13;
```

```
  } else if (isBetween(charCode, "n", "z") || isBetween(charCode, "N", "Z")) {
    charCode -= 13;
  }
  return String.fromCharCode(charCode);
}

function isBetween(charCode, firstLetter, lastLetter) {
  return charCode >= codeFor(firstLetter) && charCode <= codeFor(lastLetter);
}

function codeFor(letter) {
  return letter.charCodeAt(letter);
}
```

此時，程式碼完成了所有需要的實作。不過，熟悉 JavaScript 的讀者會注意到程式碼可以進一步重構和改善。我會在第 422 頁「重構實戰」中繼續這個範例。

問題

TDD 不是很浪費嗎？

我使用 TDD 比起不使用它，進展推動的更快。透過充足的練習，我想你也可以。

TDD 的速度更快，因為程式設計不只是在鍵盤上打字。它還包括了除錯、手動執行程式碼、檢查變更是否有效等等。 Michael「GeePaw」Hill 把這項活動稱為 GAK，意為「鍵盤奇客（geek at keyboard）」。使用 TDD，你花在 GAKking 上的時間要少得多，而把更多時間花在有趣的程式編寫工作上。你還可以減少學習程式碼的時間，因為測試可以充當文件，並在犯錯時通知你。儘管編寫測試需要時間，但最終結果是你會有更多的時間來進行開發，而不是更少。 GeePaw Hill 的影片「TDD & The Lump of Coding Fallacy」[Hill2018] 為這個現象提供了一個出色且有趣的解釋。

使用 TDD 的時候，我需要測試哪些東西？

俗話說「測試所有可能會壞掉的東西」。為了確定某些東西是否可能壞掉，我會思考「我是否對於把事情做對感到自信，而且將來沒有人會無意中破壞這些程式碼？」

我從痛苦的經歷中了解到，我幾乎可以破壞所有的東西，所以我幾乎測試了所有東西。唯一的例外是沒有任何邏輯的程式碼，例如簡單的 getter 和 setter，或者只呼叫另一個函式的函式。

你不需要測試第三方的程式碼，除非你有理由不信任它。但最好把第三方程式碼包在你所控制的程式碼裡，並測試包裹器是否按照你希望的方式運行。第 455 頁「第三方元件」有更多關於包裝第三方程式碼的內容。

我如何測試私有方法？

從測試公共方法開始。當你重構時，其中一些程式碼會移動到私有方法中，但它仍會被現有的測試覆蓋。

如果你的程式碼非常複雜以至於需要直接測試私有方法，那麼這很清楚地指出了你應該進行重構。你可以把私有函式移動到一個單獨的模組或方法物件裡，來讓方法被公開出來，並且可以直接測試。

開發 *UI* 時，如何使用 *TDD*？

對於使用者介面來說，運用 TDD 特別困難，這是因為大多數 UI 框架在設計時都沒有考慮可測試性。許多人透過編寫一個非常薄且未經測試的翻譯層來作為折衷的方案，而這個翻譯層只是轉發了 UI 呼叫到表示層（presentation layer）。他們把所有 UI 邏輯保留在表示層，並如往常一樣運用 TDD 來測試翻譯層。

有些工具能讓你透過 HTTP 呼叫（針對網路軟體）或透過按下按鈕與模擬視窗事件（針對客戶端軟體）來直接測試 UI，而這就是我比較喜歡使用的方式。儘管它們通常用於廣域測試，但我使用它們來編寫 UI 翻譯層的窄域整合測試（請參閱第 416 頁「使用窄域測試來測試程式與外部的互動」）。

我應該重構我的測試案例嗎？

這是當然的！測試也必須進行維護。我曾經看過由於脆弱的測試套而導致原本很好的程式碼庫發生異常。

也就是說測試是一種文件形式，而且通常應該像閱讀食譜那樣一步一步的看。迴圈和邏輯應該移到輔助函式（helper function）中，來讓測試內容的本意更容易地被理解。不過，如果可以在每個測試裡讓測試的意圖更加清晰，那麼測試內容則可以有一些重複。與成品程式碼不同，測試較常被閱讀，而不是被修改。

Arlo Belshee 使用縮寫「WET」（表示「編寫明確的測試（Write Explicit Tests）」）作為測試設計的指導原則。這與用於成品程式碼的 DRY（不要寫重複的程式碼（Don't Repeat Yourself））原則形成對比。他所撰寫的〈WET: When DRY Doesn't Apply〉是一篇關於測試設計的絕妙文章。[Belshee2016a2016a]

我們的程式碼測試覆蓋率應該要多少？

衡量程式碼測試覆蓋率通常是一個錯誤的做法。與其專注於程式碼測試覆蓋率，還不如專注於採取小步驟，並使用測試來驅動你的程式碼。如果採取這樣的做法，所有想要被測試到的東西都應該會被測試到。第 310 頁「範例：程式碼測試覆蓋率」進一步討論了這個主題。

先決條件

儘管 TDD 是一個非常有價值的工具，但它確實有兩個或三個月的學習曲線。它很容易應用於諸如 ROT-13 範例之類的玩具問題，但把這種經驗轉化到更大的系統則需要時間。陳舊的程式碼、適當的測試隔離和窄域整合測試尤其難以掌握。反過來說，你越早開始使用 TDD，你就會越早了解它，所以不要讓這些挑戰阻止你的嘗試。

因為 TDD 有一個學習曲線，所以要小心不要在未經許可的情況下使用它。你的組織可能會發現初期的交付能力下降，並且拒絕在沒有進行適當的考慮下使用 TDD。同樣地，要小心不要成為團隊裡唯一使用 TDD 的人。最好每個人都同意一起使用它，否則你很可能會最後會面臨其他團隊成員無意中破壞了你的測試，並創建了不利於測試的程式碼。

一旦你採用了 TDD，那就不要持續地要求編寫測試的許可。因為編寫測試只是正常開發工作的一部分而已。當估算故事的大小時，請同時考量編寫測試的時間。

快速回饋對於 TDD 的成功至關重要。至少對於目前正在進行的測試子集來說，確保你可以在 1-5 秒內獲得回饋。

> **關聯**
>
> 無摩擦 (p.378)
> 快速且可靠的測試 (p.414)

最後，不要讓你的測試成為一件拘束衣。如果你無法在不破壞大量測試的情況下重構你的代碼，那就是有問題的。這經常是過度使用測試替身的結果。同樣地，過度使用廣域測試可能會讓測試發生隨機的失敗。快速且可靠的測試才是明智且審慎的選擇。

指標

當你順利地使用 TDD：

- ☐ 你花費極少的時間在除錯上。
- ☐ 雖然你會不斷地犯程式設計的錯誤，但你能很快地找到且輕鬆地修復它們。
- ☐ 你完全相信整個程式碼庫都會按照程式設計師的想法運作。
- ☐ 你抓住每一個機會來積極地重構，並且相信測試會發現所有的錯誤。

替代方案和試驗

TDD 是交付領域實務做法的核心。沒有它，熟練交付領域將會是困難的，甚至是無法達成的。

如第 402 頁「測試驅動災難」所示，對 TDD 的一個常見誤解是先設計程式碼、編寫所有測試，然後編寫成品程式碼。這種方法令人沮喪且緩慢，而且讓你無法邊做邊學。

另一種方法是在編寫成品程式碼後編寫測試，但這很難把測試做好：程式碼的設計必須包括可測試性。除非你先寫測試，不然很難做出這樣的設計。此外，一直想要結束，然後往前進也是令人感到乏味。實務上，我還沒有看過事後編寫的測試，在細節與品質上，能接近透過 TDD 所創建的測試。

即使這些方法對你來說有用，但 TDD 也不只是測試。它實際上代表的是使用非常小且持續受到驗證的假設，來確保你走在正確的軌道上，並產生高品質的程式碼。除了 Kent Beck 的 TCR（我稍後會討論）之外，我不知道有任何替代 TDD 的方法可以讓你達成這樣的效果，而且還同時提供良好測試套的文件與安全性。

雖然你可以在 TDD 範疇裡進行非常多的試驗，但 TDD 只是一種「易學難精」的技能。找尋更多可以把 TDD 應用於更多技術上的方式，並且嘗試讓你的回饋循環變得更小。

Kent Beck 一直在嘗試一個他稱之為 TCR 的想法：`test && commit || revert`。[Beck2018] 這個想法是指透過使用小的腳本。在測試通過時自動地提交，而在測試失敗時，自動地還原。這讓你得到和 TDD 相同的效果，那就是一系列受到驗證的假設，而且可以說這個方法讓這些假設驗證變得更小且更頻繁。這是學習 TDD 時，最難且最重要的一件事情。在沒有其他替代方案下，TCR 值得當作練習來嘗試。

延伸閱讀

《*Test-Driven Development: By Example*》[Beck2002] 是發明 TDD 的 Kent Beck 所提供的精彩介紹。如果你喜歡 ROT-13 的範例，那麼你也會喜歡此書中的延伸範例。此書第三部分關於 TDD 模式更是值得一讀的內容。

快速且可靠的測試

受眾
程式設計師

我們的測試不會對我們造成阻礙。

擁抱測試驅動開發的團隊積累了數以千計的測試。進行的測試越多，速度和可靠性就越重要。使用 TDD，你會在每分鐘執行一到兩次測試。它們必須很快，而且每次都必須產生相同的答案。如

關聯
測試驅動開發 (p.398)

果不是這樣的話，你就無法在 1 到 5 秒內獲得回饋，而且這對於有效地進行 TDD 循環也至關重要。你會因此停止頻繁的測試，而這代表你不會很快地發現錯誤，且會拖慢你的速度。

你可以透過編寫 watch 腳本來讓它只執行一部分的測試來解決此問題，但最終緩慢的測試也會在整合期間，開始產生問題。你無法在五分鐘內得到回饋，而是需要幾十分鐘，甚至

幾個小時。雪上加霜的是測試通常會隨機失敗、迫使重新開始漫長的過程、增加摩擦、並導致人們忽略真正的失敗。

快速且可靠的測試改變了遊戲規則。雖然它們需要練習和良好的設計，不過一旦你知道了訣竅，它們就會比緩慢且不穩定的測試更容易且更快地編寫出來。本節將會告訴這些訣竅。

倚賴窄域單元測試

廣域測試（*broad tests*）是用來涵蓋軟體的大部分的內容：例如，它們可能會啟動 Web 瀏覽器、開啟一個 URL、單擊按鈕並輸入資料，然後檢查瀏覽器是否顯示預期的結果。它們有時被稱為「端到端的測試」。儘管從技術上來說，端到端測試只是一種廣域測試。

儘管廣域測試似乎是獲得測試覆蓋率的好方法，但它們是一種陷阱。廣域測試緩慢且不可靠。你需要讓建置每秒執行數百或數千個測試，並且執行過程是完全可靠的，而達到這個目標的方法就是窄域測試（narrow tests）。

窄域測試集中在少量的程式碼上。通常是特定類別或模組裡一個或多個的方法或函式。有時，窄域測試會集中在涉及多個模組的小型橫切行為上。

在敏捷社群裡，最佳的窄域測試稱為**單元測試**（儘管「單元測試」的確切定義存在一些分歧）。單元測試的重要之處在於快速且具有確定性。測試通常會完全地在記憶體裡執行。

你的絕大多數測試應該要是單元測試。單元測試程式碼的大小應該與成品程式碼的大小成正比。雖然兩者之間的比率有很多種，但通常接近 1:1。

建立單元測試需要良好的設計。如果你在編寫它們時遇到問題，可能代表你的設計存在問題。請尋找解耦程式碼的方法，以便可以獨立地測試每個類別或模組。

單元測試的其他定義

有人說單元測試不能運行受測類別或模組之外的程式碼，但我認為這是不必要的限制。窄域的單元測試應該只測試特定的類別或模組（或橫切行為），但受測程式碼可以呼叫其他成品程式碼。這是**孤立型**（*solitary*）單元測試和**與外部互動型**（*sociable*）單元測試之間的區別，我稍後會討論。

有人說單元測試只能有一個斷言。我也同樣認為這是不必要的限制。儘管大多數測試只有一個斷言，但有時你需要多個斷言來表達測試背後的想法（你可以在**第 405 頁**「**運算與分支情節**」看到這一點）。

> 品質保證和測試社群也有自己的「單元測試」定義。不過，這些通常指的是一種完全
> 不同的測試方法。

使用窄域測試來測試程式與外部的互動

雖然單元測試通常會測試記憶體中的程式碼，但你的軟體並沒有完整地在記憶體裡運行。
此外，受測的程式碼還必須與外界溝通。想要測試這類程式碼，請使用窄域整合測試
（*narrow integration tests*），也稱為聚焦整合測試（*focused integration tests*）。

以概念上來說，窄域整合測試就像單元測試。在實務做法裡，因為它們涉及外部世界，窄
域整合測試往往會涉及大量複雜的設定和拆卸。它們比單元測試慢得多：單元測試能夠以
每秒數百或數千個測試的速度執行，但窄域整合測試通常以每秒幾十個測試的速度執行。

以最大限度地減少需要窄域整合測試的數量來設計你的程式碼。例如，如果程式碼依賴於
第三方服務，請不要直接從需要它的程式碼中呼叫該服務。相反地，建立一個基礎設施包
裹器，也稱為閘道：封裝服務及其網路呼叫的類別或模組。使用狹域整合測試來測試基礎
設施包裹器，但使用單元測試來測試使用它的程式碼。[Shore2020b] 的「應用程式基礎設
施」提供了一個範例。你最後應該得到相對較少數量的窄域整合測試，而且與程式碼互動
的外部系統數量成正比。

模擬非本地端的依賴

某些依賴太難建置或太昂貴而使得你無法在開發機器上進行本地端的執行。不過為了可重
複性和速度，你仍然需要能夠在本地端執行測試。為了解決這個問題，首先像往常一樣為
依賴建立一個基礎設施包裹器。接著編寫窄域整合測試來模擬依賴關係，而不是讓基礎設
施包裹器真正呼叫它。例如，如果你的程式碼使用計費服務的 REST API，你會編寫一個
小型 HTTP 服務器來代替測試中的計費服務。有關詳細信息，請參閱 [Shore2018b]〈Spy
Server〉模式來知道更多內容，和參閱 [Shore2020b]〈Microservice Clients Without
Mocks〉章節來做為範例。

這產生了一個問題：如果你不根據它的真正依賴測試你的軟體，你怎麼知道它是正確的？
因為外部系統隨時可能會發生變化或失敗，所以真正的答案是「監控」（請參閱第 475 頁
「偏執的遙測」）。不過，有些團隊也會使用契約測試（contract tests）[Fowler2011] 來檢
測廠商服務的變化。當提供者承諾自己會執行測試時，這種做法能得到最好的效果。

控制全域狀態

任何處理全域狀態的測試都需要仔細考慮。這包括全域變數，例如靜態變數和單例（singletons）、外部資料儲存和系統，例如文件系統、資料庫和服務、以及機器專屬的狀態與功能，例如系統時鐘、區域設置、時區和亂數產生器。

編寫測試常常假設全域狀態會以某種方式被設定。大多數的時候是如此，不過偶爾則不是。這經常是因為競爭情況（race condition），而且會導致測試無緣無故地失敗。再次運行時，測試又會通過。結果是一個**不穩定的測試**（*flaky tests*）：大多數時間都有效，但偶爾會隨機失敗的測試。

不穩定的測試會暗中導致危害。因為重新運行測試「修復」了問題，所以人們學到透過再次執行來處理不穩定的測試。一旦積累了數百個不穩定的測試，測試套需要多次執行才能成功。屆時，需要付出大量的努力才能解決問題。

當你遇到不穩定的測試時，請在當天修復它。不穩定的測試是糟糕設計的結果。你越早解決它們，你未來遇到的問題就越少。

> 當你遇到不穩定的測試時，
> 請在當天修復它。

不穩定的測試來自於設計缺陷，這樣的缺陷會讓全域狀態污染你的程式碼。有些全域狀態（例如靜態變數和單例）可以透過謹慎的設計來移除。然而，其他種類的全域狀態，例如系統時鐘和外部資料，則是無法避免的，但可以小心地控制它們。使用基礎設施包裹器把它們從程式庫的其他部分中抽象出來，並透過窄域整合測試來進行測試。

例如，如果程式碼需要和系統時鐘互動（也許是為了讓請求超時，或者獲取當前日期），請為系統時鐘建立一個包裹器，並在其餘的程式碼中使用它。[Shore2020b] 的〈No More Flaky Clock Tests〉提供了範例[2]。

編寫與外部互動型測試

測試可以是**孤立型**也可以是**與外部互動型**。孤立型測試會編寫稱為「測試替身（test double）」（也稱之為「模擬物件（mock）」。技術上來說，「模擬物件」只是一種測試替身，但兩個術語通常可以互換使用）的特別程式碼來取代受測程式碼的所有依賴。

孤立型測試能讓你測試受測程式碼是否呼叫它的依賴，但它們不是讓你測試預期的依賴功能是否正常。測試並沒有實際執行這些依賴，而是改執行這些測試替身。因此，如果你更動了依賴，而破壞了所有依賴它的程式碼所預期的行為時，測試還是會通過，而且你會不小心地引入一個臭蟲。

2　「與外部互動型」與「孤立型」這兩個術語來自於 Jay Fields。[*Fields2015*]

為了防止這個問題，編寫孤立型測試的人也會編寫廣域測試，來確保一切運行都是正常的。這是重複的工作，而那些廣域測試常常是緩慢且不穩定的。

在我看來，一個更好的方法（儘管社群在這一點上存在分歧）是使用與外部互動型測試，而不是孤立型測試。與外部互動型測試在不替換依賴的情況下執行受測程式碼。程式碼會在執行時，使用它的實際依賴，而這代表著如果依賴不按照受測程式碼所期望的方式工作的話，測試就會失敗。圖 13-2 說明了差異。

最好的單元測試（同樣地是以我的觀點）是窄域的與外部互動型測試。它們的狹窄之處在於只測試受測類別或模組。它們是可以與外部互動的，所以受測程式碼仍然呼叫它的真正依賴。運用這類測試的結果是帶來快速的測試，並且可以完全相信程式碼的預期行為，而無需額外廣域測試的開銷和浪費。

這的確又產生了一個問題：如何防止與外部互動型測試與外界互動？答案的很大一部分是設計程式碼來分離基礎設施與邏輯，這部分我稍後會進行解釋。另一部分則是編寫基礎設施包裹器，來讓它能夠把自己與外界隔離。我的〈Testing Without Mocks〉一文 [Shore2018a] 中列出了達成這個目的的設計模式，而 [Shore2020b] 裡有大量的範例。

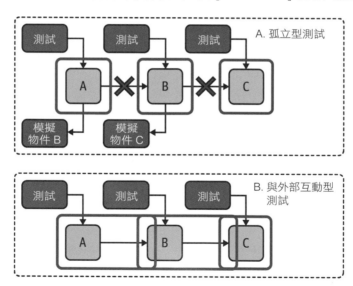

圖 13-2　孤立型和與外部互動型測試

分離基礎設施與邏輯

純邏輯（不依賴任何關於外部世界的東西）是最容易測試的程式碼。因此，為了讓你的測試更快且更可靠，請把邏輯與基礎設施分開。事實證明，這也是保持設計整潔的好方法。

有多種方法可以把基礎設施和邏輯分開。Alistair Cockburn 的〈Hexagonal Architecture〉[Cockburn2008]、Gary Bernhard 的〈Functional Core〉、《Imperative Shell》[Bernhardt2012] 和我的《A-Frame Architecture》[Shore2018b] 都是用來解決這個問題的類似方法。一般來說，它們會需要你修改程式碼，以便邏輯的部分是「純粹的」，並且不依賴於基礎設施的程式碼。

以 A-Frame 架構為例，它會有一個頂層的「應用程式」層，它會協調彼此不互通的「邏輯」和「基礎設施」層。以下是一個你可能會在應用程式層中發現的簡化後程式碼範例：

```
let input = infrastructure.readData();  // infrastructure
let output = logic.processInput(input); // logic
infrastructure.writeData(output);       // infrastructure
```

[Shore2018b] 有更進一步的細節。至於完整的範例，請參閱 [Shore2020b]。它從第 2 集開始使用 A-Frame 架構。

只使用廣域測試來當作安全網

如果你正確使用 TDD、單元測試、窄域整合測試和與外部互動型測試，你的程式碼應該會被徹底的覆蓋，因此應該不需要廣域測試。

> 如果你正確使用 TDD，
> 廣域測試應該不需要。

不過為了安全起見，可以透過額外的廣域測試來擴充你的測試套。我通常會編寫少量的冒煙測試（*smoke tests*）。冒煙測試是廣域測試，它可確認你的軟體在執行時不會起火。它們並不全面，而只是測試最常見的場景。請使用窄域測試來進行全面的測試。

廣域測試往往非常緩慢，每次測試通常需要幾秒鐘，並且很難做到可靠。因此，你應該只需要一些這類的測試就好。

如果你從一開始就沒有使用 TDD 來構建軟體，或者你對正確使用 TDD 的能力沒有信心，那麼可以為了安全起見，進行較多的廣域測試。不過，請務必只把它們視為安全網。如果廣域測試捕

關聯
―――――――
事故分析 (p.515)

捉到了窄域測試沒有發現的錯誤，則代表你的測試策略存在問題。請找出問題所在，修復缺失的測試，並更改測試方法，來防止出現進一步的落差。你最終會對測試套充滿信心，並且可以減少廣域測試的數量。

為既有程式碼增加測試

有時你必須為既有程式碼增加測試。這些程式碼要不是沒有任何測試，就是有許多廣域且不穩定的測試需要替換。

為程式碼增加測試是先有雞還是先有蛋的問題。窄域測試需要干涉你的程式碼，來設定依賴關係並驗證狀態。除非你的程式碼在編寫時，有考慮到可測試性（不是透過 TDD 開發出來的程式碼幾乎不具有這個特性），否則你將無法編寫出好的測試。

所以你需要重構。問題是在複雜的程式碼庫中，重構是危險的。每個功能背後都潛藏著副作用。邏輯的曲折等著讓你絆倒。簡而言之，如果你重構，你可能會在不知不覺中破壞某些東西。

所以你需要測試。但是要進行測試，你需要重構。但是要重構，你需要測試。等等，等等，啊！

要打破先有雞還是先有蛋的困境，你需要確信重構是安全的。換言之，重構不會改變程式碼的行為。幸運的是現代 IDE 具有自動重構功能且能夠根據你的語言和 IDE，所以它們可以保證是安全的。根據 Arlo Belshee 的說法，六種安全的主要重構方式分別是重命名、內嵌（inline）、提取方法 / 函式、引入區域變數、引入參數和引入欄位（field）。他的文章〈The Core 6 Refactorings〉[Belshee2016b] 非常值得一讀。

如果你沒有保證安全的重構方式，則可以改用*特徵測試*。它們也稱為*釘定測試*（*pinning tests*）或*認可測試*（*approval tests*）。特徵測試是臨時的廣域測試，用意在於徹底測試正在更改的程式碼的每一個行為。Llewellyn Falco「Approvals」測試框架（可以從 https://github.com/approvals 取得）是建立這些測試的強大工具。Emily Bache 的〈Gilded Rose〉套路展示影片 [Bache2018] 是針對如何使用認可測試來重構不熟悉程式碼的絕佳範例。

當你有能力安全地重構時，您可以更改程式碼來讓它更加無暇。以非常小的步驟進行、專注於 Arlo Belshee 的六個核心重構方式，並且在每一步之後執行你的測試。簡化和精煉程式碼，直到其中一部分可測試，然後在該部分加入窄域測試。你或許需要編寫孤立型測試而不是與外部互動型測試。

繼續精煉、改善和測試，直到你正在處理的所有程式碼都被高品質的窄域測試所覆蓋。一旦達成，你就可以刪除該程式碼的特徵測試和任何其他廣域測試。

先決條件

如果你要編寫測試，你可以編寫快速且可靠的測試。不過，為既有程式碼增加測試則需要一些時間。使用時差會有所幫助。

關聯

時差 (p.242)

指標

當你會編寫快速且可靠的測試：

- [ ] 你不會透過再次執型測試套，來「修復」不穩定的測試。
- [ ] 你的窄域整合測試與程式碼使用的外部服務和元件的數量成正比。
- [ ] 你只會有少量的廣域測試。
- [ ] 你的測試套至少平均每秒可以執行 100 個測試。

替代方案與試驗

在敏捷社群裡，關於如何建立好的測試有兩個思想流派：「經典（classicist）」方法和「模擬（mockist）」方法。我在本書中強調了經典方法，但由 Steve Freeman 和 Nat Pryce 領導的模擬方法也值得研究。他們所撰寫的卓越著作《Growing Object-Oriented Software, Guided by Tests》為該方法提供了最佳的介紹。[Freeman2010]

另一種思想流派完全放棄了窄域測試，而只使用了廣域測試。起初它既快速又簡單，但隨著軟體的增長，便會崩潰。你最後花在測試上的時間，會比它們節省的時間還要多。

延伸閱讀

我的文章〈Testing Without Mocks: A Pattern Language〉[Shore2018b] 對如何建立快速且可靠的測試，提供了更多的細節。隨附的影片系列 [Shore2020b] 則演示了如何把這些想法付諸實踐。

雖然相較於我，Jay Fields 的《*Working Effectively with Unit Tests*》[Fields2015] 更強調孤立型測試，不過它有許多關於建立可維護測試的有用建議。

《*Working Effectively with Legacy Code*》[Feathers2004] 是所有使用陳舊程式碼的人必讀的一本書。

重構

受眾
程式設計師

我們改善既有程式碼的設計。

程式碼會腐敗。這就是每個人所說的：熵是不可避免的，而混亂最終會把你設想精美、設計良好的程式碼變成一團攪和在一起的義大利麵條。

在我學會重構之前，我也曾經這麼認為。現在我有一個 10 年前的成品程式碼庫，而它比我第一次建立它時要來得好。我一點也不想變回原樣：每年，它都比前一年要好得多。

重構使這樣的情況成為可能。這是在不改變其行為的情況下，更改程式碼設計的過程。雖然軟體的行

> 重構並不是重寫。

為保持不變，但運作的方式卻發生了變化。儘管該術語被普遍誤用，但重構並不是重寫，也不是任意改變。重構是一種謹慎且漸次的方法，用來逐漸改善程式碼設計。

重構也是可逆的：因為沒有一個正確的答案，所以有時你會在一個方向裡進行重構，有時你會在另一個方向裡進行重構。就像你可以把算式「x2–1」改成「(x+1)(x–1)」，也可以顛倒改回一樣，你也可以改變程式碼的設計，而當你可以進行這樣的改變時，你便能阻止熵的增加。

如何重構

你可以隨時進行重構，但是當有一套好的測試時，進行它才是最安全的。你通常會在測試驅動開發循環的「重構」步驟中進行重構。你也會為了讓更改變得更容易或清理程式碼，來進行重構。

關聯

測試驅動開發 (p.398)
反思式設計 (p.460)
時差 (p.242)

重構時，你會進行一系列非常小的轉換（令人困惑的是，每次轉換也稱為**重構**）。每次重構就像轉動魔術方塊一樣。要實現任何重要的事情，你必須把幾個個別的重構串在一起，就像你必須將幾個轉動串在一起來解答魔術方塊一樣。

重構是一系列小的轉換，然而這個事實有時會被剛接觸重構的人所忽略。你更改的不只是程式碼的設計：想要妥善地進行重構，你需要採取一系列受控的步驟。每個步驟應該只需要幾分鐘，而且在每個步驟之後，測試應該都是保持通過的。

有各式各樣的不同重構方式。Martin Fowler 的《*Refactoring: Improving the Design of Existing Code*》一書是這方面的權威指南。[Fowler2018] 包含了一系列深入的重構方式，而且非常值得研究。我

> 想要妥善地進行重構，
> 你需要採取一系列受控的步驟。

透過閱讀此書所學會的良好程式碼編寫與設計的知識，要比任何從其他來源中所學會的知識更多。

具體地說，你不需要記住所有不同的重構方式。相反地，試著學習他們背後的思維。 IDE 中的自動重構能幫助你入門，但有更多方法可以供你選用。訣竅是把你的設計變更拆解為小的步驟。

重構實戰

為了說明這一點，我將繼續第 404 頁「TDD 範例」中開始的範例。由於篇幅原因，這是一個小的範例，但它仍然說明了如何把更大的變更拆解為各種重構，而且每種重構只需幾秒鐘。

── NOTE ─────────────────────────────────────

從 *https://github.com/jamesshore/livestream* 複製 git 儲存庫，以便跟著範例做做看。
請查看 **2020-05-05-end** 標籤，並修改 *src/rot-13.js* 文件。有關如何執行建置的說
明，請參閱 *README.md*。

在「TDD 範例」裡，我最後有了一個可以執行 ROT-13 編碼的 JavaScript 模組：

```javascript
export function transform(input) {
  if (input === undefined || typeof input !== "string") {
    throw new Error("Expected string parameter");
  }

  let result = "";
  for (let i = 0; i < input.length; i++) {
    let charCode = input.charCodeAt(i);
    result += transformLetter(charCode);
  }
  return result;
}

function transformLetter(charCode) {
  if (isBetween(charCode, "a", "m") || isBetween(charCode, "A", "M")) {
    charCode += 13;
  } else if (isBetween(charCode, "n", "z") || isBetween(charCode, "N", "Z")) {
    charCode -= 13;
  }
  return String.fromCharCode(charCode);
}

function isBetween(charCode, firstLetter, lastLetter) {
  return charCode >= codeFor(firstLetter) && charCode <= codeFor(lastLetter);
}

function codeFor(letter) {
  return letter.charCodeAt(0);
}
```

程式碼能有效地執行，並且有著不錯的品質，但是過於冗長。雖然它使用字元編碼來確定
範圍，但 JavaScript 能讓你直接比較字母。因此，**isBetween()** 可以直接比較字母，而不
需使用 **codeFor()**，如下所示：

```javascript
function isBetween(letter, firstLetter, lastLetter) {
  return letter >= firstLetter && letter <= lastLetter;
}
```

可以一次做出所有需要的變更，但對實際運行的應用程式做出一次性的大變動會造成臭蟲，並可能讓你身陷其中而無法逃離。（身為過來人，而且是在重構的公開演示過程。多麼痛的經驗啊！）與 TDD 一樣，你越了解重構的方式，你就越能夠採取更小的步驟，並且進展得更快。因此，我會逐步地展示如何安全地進行重構。

首先，`isBetween()` 處理的是 `charCode`，而不是字母，所以我需要修改呼叫它的 `transformLetter()`，以便改成傳遞字母。不過，`transformLetter()` 處理的也不是字母，甚至 `transform()` 也不是。所以首先要做的改變是：

```
export function transform(input) {
  if (input === undefined || typeof input !== "string") {
    throw new Error("Expected string parameter");
  }

  let result = "";
  for (let i = 0; i < input.length; i++) {
    let letter = input[i];
    let charCode = input.charCodeAt(i);
    result += transformLetter(charCode);
  }
  return result;
}

function transformLetter(charCode)...
```

這是一行沒有用的程式語句：我加了一個變數，但沒有任何人使用它，所以我預期測試會通過。我執行了測試，而結果的確也是通過。

雖然字母變數沒有被使用，但加入它能讓我傳遞字母給 `transformLetter`，而這就是我的下一步。

請注意這些步驟有多麼的小。就過往的經驗，我知道手動重構函式的特徵常常會導致錯誤，所以我想要慢慢地進行改變，而要進行如此小的步驟就需要有一個無摩擦的建置方式。

<table>
<tr><td>關聯</td></tr>
<tr><td>無摩擦 (p.378)</td></tr>
</table>

```
exports.transform = function(input) {
  if (input === undefined || typeof input !== "string") {
    throw new Error("Expected string parameter");
  }

  let result = "";
  for (let i = 0; i < input.length; i++) {
    let letter = input[i];
    let charCode = input.charCodeAt(i);
    result += transformLetter(letter, charCode);
```

```
        }
        return result;
    };

    function transformLetter(letter, charCode) {
        if (isBetween(charCode, "a", "m") || isBetween(charCode, "A", "M")) {
            charCode += 13;
        } else if (isBetween(charCode, "n", "z") || isBetween(charCode, "N", "Z")) {
            charCode -= 13;
        }
        return String.fromCharCode(charCode);
    }
```

測試再一次地通過。現在 `transformLetter()` 已經能收到字母,所以我能夠把這個字母傳給 `isBetween()`:

```
    function transformLetter(letter, charCode) {
        if (isBetween(letter, charCode, "a", "m") ||
                isBetween(letter, charCode, "A", "M")) {
            charCode += 13;
        } else if (isBetween(letter, charCode, "n", "z") ||
                   isBetween(letter, charCode, "N", "Z")) {
            charCode -= 13;
        }
        return String.fromCharCode(charCode);
    }

    function isBetween(letter, charCode, firstLetter, lastLetter) {
        return charCode >= codeFor(firstLetter) && charCode <= codeFor(lastLetter);
    }
```

(測試通過。)目前 `isBetween` 能夠收到字母了,所以最終我能夠修改它來使用字母。

```
    function isBetween(letter, charCode, firstLetter, lastLetter) {
        return letter >= firstLetter && letter <= lastLetter;
    }
```

(測試通過。)`codeFor()` 已經不需要了,所以我將它刪除。

(測試通過。)我已經完成我原先開始要做的事情,但看著目前的程式碼,我發現了更多簡化的機會。這是進行重構時常見的情況:清理程式碼會讓更多可以清理的地方顯現出來。決定是否進行這些額外的清理需要進行判斷,也取決於你有多少的時差可以進行處理。

> **關聯**
> ───────
> 時差 (p.242)

這是程式碼目前的樣貌:

```
    exports.transform = function(input) {
        if (input === undefined || typeof input !== "string") {
```

```
      throw new Error("Expected string parameter");
    }

    let result = "";
    for (let i = 0; i < input.length; i++) {
      let letter = input[i];
      let charCode = input.charCodeAt(i);
      result += transformLetter(letter, charCode);
    }
    return result;
  };

  function transformLetter(letter, charCode) {
    if (isBetween(letter, charCode, "a", "m") ||
        isBetween(letter, charCode, "A", "M")) {
      charCode += 13;
    } else if (isBetween(letter, charCode, "n", "z") ||
               isBetween(letter, charCode, "N", "Z")) {
      charCode -= 13;
    }
    return String.fromCharCode(charCode);
  }

  function isBetween(letter, charCode, firstLetter, lastLetter) {
    return letter >= firstLetter && letter <= lastLetter;
  }
```

我有許多能夠運用的時差，因此我決定繼續進行重構。isBetween() 似乎沒有帶來任何價值，所以我要把它內嵌到 transformLetter() 裡。我使用編輯器的自動重構功能「內嵌函式」，所以我能夠以較大的步驟來進行更改：

```
  function transformLetter(letter, charCode) {
    if (letter >= "a" && letter <= "m" || letter >= "A" && letter <= "M") {
      charCode += 13;
    } else if (letter >= "n" && letter <= "z" || letter >= "N" && letter <= "Z") {
      charCode -= 13;
    }
    return String.fromCharCode(charCode);
  }
```

（測試通過。）傳遞 charCode 似乎有點多餘，所以我把處理 charCode 的邏輯從 transform 複製到 transformLetter()：

```
  function transformLetter(letter, charCode) {
    charCode = letter.charCodeAt(0);
    if (letter >= "a" && letter <= "m" || letter >= "A" && letter <= "M") {
      charCode += 13;
```

```
  } else if (letter >= "n" && letter <= "z" || letter >= "N" && letter <= "Z") {
    charCode -= 13;
  }
  return String.fromCharCode(charCode);
}
```

（測試通過。）接下來，移除不需要的參數 charCode：

```
export function transform(input) {
  if (input === undefined || typeof input !== "string") {
    throw new Error("Expected string parameter");
  }

  let result = "";
  for (let i = 0; i < input.length; i++) {
    let letter = input[i];
    let charCode = input.charCodeAt(i);
    result += transformLetter(letter, charCode);
  }
  return result;
};

function transformLetter(letter, charCode) {
  let charCode = letter.charCodeAt(0);
  if (letter >= "a" && letter <= "m" || letter >= "A" && letter <= "M") {
    charCode += 13;
  } else if (letter >= "n" && letter <= "z" || letter >= "N" && letter <= "Z") {
    charCode -= 13;
  }
  return String.fromCharCode(charCode);
}
```

（測試通過。）雖然這個簡化的方式不錯，但我發現可以做得更好。我察覺到能夠使用正規表達式來呼叫 transformLetter()，而不是手動地透過迴圈來遍歷整個字串。

```
export function transform(input) {
  if (input === undefined || typeof input !== "string") {
    throw new Error("Expected string parameter");
  }

  return input.replace(/[A-Za-z]/g, transformLetter);
};

function transformLetter(letter) {
  let charCode = letter.charCodeAt(0);
  if (letter >= "a" && letter <= "m" || letter >= "A" && letter <= "M") {
    charCode += 13;
  } else if (letter >= "n" && letter <= "z" || letter >= "N" && letter <= "Z") {
```

```
    charCode -= 13;
  }
  return String.fromCharCode(charCode);
}
```

（測試通過。）最初我認為這是最好的做法，但是正規表達式中的 /[A-Za-z]/ 困擾著我。我已經使用了它來讓程式碼更具可讀性，但是把每個字元與 /./ 進行匹配也能達成同樣效過。正規表達式並沒有發揮實際的作用。

這觸發了我：透過使用正規表達式，來確保只有字母傳遞給 transformLettet()，我就能簡化 if 語句。我並沒有百分百的把握，所以慢慢地開始：

```
function transformLetter(letter) {
  let charCode = letter.charCodeAt(0);
  if (letter >= "a" && letter <= "m" || letter >= "A" && letter <= "M") {
    charCode += 13;
  } else if (letter >= "n" && letter <= "z" || letter >= "N" && letter <= "Z") {
    charCode -= 13;
  }
  return String.fromCharCode(charCode);
}
```

測試失敗了！忘了在 ASCII 裡，大寫「Z」就位在「a」之前。我需要先標準化字母：

```
function transformLetter(letter) {
  let charCode = letter.charCodeAt(0);
  if (letter <= "m" || letter >= "A" && letter.toUpperCase() <= "M") {
    charCode += 13;
  } else if (letter >= "n" && letter <= "z" || letter >= "N" && letter <= "Z") {
    charCode -= 13;
  }
  return String.fromCharCode(charCode);
}
```

修復完畢。現在我覺得刪除 if 語句的後半部分是安全的：

```
function transformLetter(letter) {
  let charCode = letter.charCodeAt(0);
  if (letter.toUpperCase() <= "M") {
    charCode += 13;
  } else if (letter >= "n" && letter <= "z" || letter >= "N" && letter <= "Z") {
    charCode -= 13;
  }
  return String.fromCharCode(charCode);
}
```

（測試通過。）程式碼一切正常，不過可變的 charCode 變數困擾著我。我比較喜歡更以函式設計的風格來實作的方式。我決定嘗試把迴轉量存下來，而不是直接修改 charCode 變數。

首先，我先加入新的變數：

```
function transformLetter(letter) {
  let charCode = letter.charCodeAt(0);
  let rotation;
  if (letter.toUpperCase() <= "M") {
    charCode += 13;
    rotation = 13;
  } else {
    charCode -= 13;
    rotation = -13;
  }
  return String.fromCharCode(charCode);
}
```

（測試通過。）接著我使用它來取代修改 charCode：

```
function transformLetter(letter) {
  let charCode = letter.charCodeAt(0);
  let rotation;
  if (letter.toUpperCase() <= "M") {
    charCode += 13;
    rotation = 13;
  } else {
    charCode -= 13;
    rotation = -13;
  }
  return String.fromCharCode(charCode + rotation);
}
```

（測試通過。）透過編輯器的自動重構功能內嵌 charCode：

```
function transformLetter(letter) {
  let charCode = letter.charCodeAt(0);
  let rotation;
  if (letter.toUpperCase() <= "M") {
    rotation = 13;
  } else {
    rotation = -13;
  }
  return String.fromCharCode(letter.charCodeAt(0) + rotation);
}
```

（測試通過。）最後，我把 **if** 語句轉換為常數表式。在我的編輯器裡，這是兩個自動重構功能：一個是自動把 **if** 轉換為 **? :**，而另一個是自動結合宣告與指派。然後，我手動地把 let 改成 const。每個步驟後的測試都是通過的，而且完整的程式碼如下：

```
export function transform(input) {
  if (input === undefined || typeof input !== "string") {
    throw new Error("Expected string parameter");
  }

  return input.replace(/[A-Za-z]/g, transformLetter);
};

function transformLetter(letter) {
  const rotation = letter.toUpperCase() <= "M" ? 13 : -13;
  return String.fromCharCode(letter.charCodeAt(0) + rotation);
}
```

這已經比原始的程式碼好了。我是可以讓它更加精簡，但這會犧牲可讀性，所以我對目前的實作方式很滿意。不過，有些人可能會認為使用三元表達式已經改得夠多了。

這就是重構的做法，步步為營。雖然這是一個小範例，但它準確地反映了實際的重構過程。在更大的程式碼庫中，這類漸進式的改變就是大改進的基礎。

小的步驟也很重要。這個例子很簡單，所以你可以在一兩個大的步驟裡，完成所有的改變，但如果你學會了如何在這樣的小問題上採取小的步驟，那麼你也就能用同樣方式處理大問題，而這就是成功重構大型程式碼庫的方式。

— NOTE ————————————————————————————

請觀賞 Emily Bache「Gilded Rose kata」的精彩演練，來查看把增量式重構應用到更大問題的範例。

把大的設計更改拆解為一系列小的重構，能讓你在沒有風險的情況下進行重大的設計更改。你甚至可以逐步地進行重大更改，一天修復一部分設計，而另一天修復另一部分。這對於運用時差做出改善是必要的方式，也是敏捷設計的成功關鍵。

關聯
反思式設計 (p.460)

問題

我們應該多久重構一次？

持續地進行！在使用 TDD 時，進行少量的重構並使用時差來處理更大的重構。你每一週的設計都應該比前一週好。

關聯
———
測試驅動開發 (p.398)
時差 (p.242)

重構不就是重做嗎？不是應該一開始就正確地設計我們的程式碼嗎？

如果可以從一開始就完美地設計你的程式碼，那麼重構的確是重做。不過，所有處理過大型系統的人都知道，錯誤總是會逐漸顯現出來。即使沒有，你的軟體也會隨著時間的推移而變化，而你的設計也必須更新才能跟上。重構可以讓你不斷地改善。

我們的資料庫呢？這才是真正需要改善的地方。

你也可以重構資料庫。就像一般的重構一樣，訣竅是以小且維持原來行為的步驟進行改變。《*Refactoring Databases: Evolutionary Database Design*》[Ambler2006] 提供了做法。不過，資料遷移可能需要很長的時間，而且需要特殊的部署考量，如第 490 頁「資料遷移」所述。

我們如何在不與其他團隊成員發生衝突的情況下進行大型設計變更？

定期溝通並且使用持續整合。在處理會影響大量程式碼的重構前，請先整合既有程式碼，並且讓大家知道你要做什麼，接著馬上再次整合。他們可以在你整合後，立即拉取變更來減少衝突。

關聯
———
持續整合 (p.388)

我無法在不破壞許多測試的情況下進行重構！我哪裡做錯了？

你的測試應該檢查程式碼表現的行為，而不是它實作的方式。此外，重構應該改變的是實作的方式，而不是表現的行為。因此，如果你做的一切都是正確的話，那麼測試不應該在重構時壞掉。

一些重構方式會改變函式或方法的特徵，但這只會改變介面，而不是潛在的行為。重構介面會需要改變所有呼叫端，而且也包含了你的測試，但你的測試不應該需要進行任何特殊的改變。

如果在重構時常常會弄壞測試，或者如果測試導致介面難以做出變更，那可能是由於不恰當地使用了測試替身（例如模擬物件）。請尋找改善測試設計的方法。

關聯
———
快速且可靠的測試
(p.414)

先決條件

重構需要良好的測試和無摩擦建置。如果沒有測試，重構是有風險的，因為你無法輕鬆地判斷變更是否意外地破壞了某些東西（有些 IDE 提供了一些保證安全的重構方式，但其他的重構方式仍然需要測試）。如果沒有無摩擦建置，回饋會太慢而讓小步伐難以進行。從技術上來說，重構仍然是可能的，但卻是緩慢而痛苦的。

關聯

測試驅動開發 (p.398)
無摩擦 (p.378)

重構還需要共有程式碼主導權。任何重大的設計變更都需要碰觸程式碼的許多部分。共有程式碼主導權能讓你達到這個目的。重構也需要持續整合。沒有它，合併會成為變更衝突的噩夢。

關聯

共有程式碼主導權
(p.350)
持續整合 (p.388)

重構已發佈的介面（非團隊掌控的程式碼所使用的介面）需要更謹慎的管理。你需要與所有使用該介面的人進行協調。基於這個原因，常見的最好的做法是避免重構已發佈的介面。

一些程式開發環境（尤其是「低程式碼」或「無程式碼」環境）會讓重構變得困難。高度動態程式設計的風格（dynamic programming style）也有同樣的狀況，例如猴子補丁（monkey-patching，重新定義既有介面的程式碼）或基於字串的映射（string-based reflection）。在這些情境下，付出的成本可能不值得進行重構，但請務必斟酌變更造成的成本增加，與不變更所造成的壽命縮短。

雖然不常見，但可能會花費太多時間進行重構。你不需要重構與你目前工作無關的程式碼。同樣地，平衡完成故事的需求與擁有良好程式碼的需求。你只要讓程式碼比你開始修改它時，變得更好就夠了。特別是你認為程式碼可以變得更好，但不確定要如何改善它的時候，就可以把它留給稍後的其他人來改善。這就是共有主導權的一大優點：以後有人會改善它。

指標

當你重構成為日常工作的一部分：

☐　程式碼不斷地獲得改善。

☐　你會安全地且有自信地進行重大的設計變更。

☐　程式碼每一週都比前一週好一點。

替代方案和試驗

重構沒有真正的替代方案。無論你多麼仔細地設計程式碼，它最終都會跟不上應用程式的需求。如果不進行重構，那麼這種脫節將會擊垮你。讓你在以巨大的代價和風險下，做出重寫軟體或完全捨棄軟體的選擇。

然而，總是有機會能夠學習如何更好地進行重構。這通常意味著要弄清楚如何採取更小、更安全、且更可靠的步驟。我已經做了 20 年了，而且還在學習新的技巧。

延伸閱讀

《*Refactoring: Improving the Design of Existing Code*》[Fowler2018] 是重構的最佳參考書，而且也是一本很棒的讀物。擁有一本吧！

《*Refactoring to Patterns*》[Kerievsky2004] 基於 Fowler 的著作又往前邁進了一步。它展示了重構如何串接在一起，來達成重大的設計變更。這是學會更多關於如何使用不同的重構方式，來取得重大成果的好方法。

《*Refactoring Databases: Evolutionary Database Design*》[Ambler2006] 展示了如何應用重構到資料庫綱要。

探究解決方案

受眾
程式設計師

進行小且獨立的試驗，提供進行決策的資訊。

你可能已經注意到敏捷團隊重視具體的資料高於推測。當你面對一個問題時，不要猜測答案。做個試驗吧！弄清楚如何使用實際的資料來取得進展。

這也是探究解決方案的用途。**探究解決方案**或**探究方案**（*spike*）是一種技術調查。這是一個透過程式碼研究問題解答的小試驗。它通常花不到一天的時間。當你找到解答時，探究方案就會被丟棄。

--- NOTE ---

大家常常把探究解決方案與軟體骨架混淆：能夠展示一個端到端想法的陽春型程式碼（bare-bone code）是成品程式碼的起點。相比之下，探究方案只是狹隘地聚焦於具體的技術問題，然後找到答案後就會被扔掉了。

探究解決方案用的是程式碼，因為沒有什麼比它更加具體。你可以閱讀許多的書、教程、或線上的答案，但要真正理解一個解決方案，請編寫能執行的程式碼。從實務的角度出發很重要，而不只是靠理論。要達成這個目標的最好方式取決於你想要學會什麼。

簡單的問題

針對關於你的程式語言、函式庫、或工具的問題，請寫一兩行程式碼。如果使用的程式語言提供 REPL（可互動的程式語言提示字元），那常是最快得到答案的方法。例如，如果你想要知道 Javascript 是否可以在字串上使用比較運算子，你可以打開網頁瀏覽的控制台：

```
> "a" < "b"
true
> "a" > "b"
false
> "a" === "a"
True
```

或者您可以編寫一個簡短的測試。你可以把它寫在實際測試的旁邊，然後再把它刪除。例如，如果你想知道 Java 是否在算術溢位（arithmetic overflow）時會造成異常，一次性的測試就可以知道問題的答案：

```
@Test
public void deleteMe() {
  int a = Integer.MAX_VALUE + 1; // 如果拋出異常，測試就會失敗
  System.out.println("No exception: a = " + a);
}

// 測試執行結果："No exception: a = -2147483648"
```

第三方依賴

要了解如何使用第三方依賴，例如函式庫、框架或服務，請建立一個小型的獨立程式來探索依賴的工作原理。不要費心編寫成品水準的程式碼，只需要專注於展示核心概念就好。使用命令列、寫死程式碼、並且忽略使用者輸入，來執行程式碼。請提供足夠的設計和抽象度，來防止自己迷失於其中。

對於複雜的依賴工具，比如框架，我通常會從他們的教程開始。但是，這些教程往往強調快速啟動和運行，而不是幫助你理解框架。他們通常有很多神奇的工具，使得框架更難理解，而不是更容易。因此，把他們的範例變成自己的範例。移除神奇的實作、手動地呼叫 API、並簡化不必要的複雜性。請思考你的使用案例，並且展示它們運作的方式。

完成後，你可以把探究方案簽入程式碼儲存庫中，來當作構建實際成品時的參考（我會放在 `/spikes` 資料夾）。一旦構建完實際成品後，你可以刪除探究方案，或留著它來當作未來的參考。這具體取決於它的有用程度。

設計試驗

如果你有改善設計的想法，但不確定要如何實現它，你可以探究設計的方式。當我不確定設計概念是否能如我想像般運作時，我就會使用這種方法。

關聯
反思式設計 (p.460)

想要探究一種設計方案，請在你的儲存庫中建立一個暫時的一次性分支。在那個暫時分支裡，你可以進行試驗，而不必擔心安全重構或通過測試。你甚至不需要程式碼可以正常的執行。探究方案的目的只是試驗你的設計概念，看看它在實務中是如何運行的而已。

如果你的設計概念沒有用，請刪除該分支。如果它**的確**是有用的，你可以暫時保留它供作參考，但不要把它合併到實際的程式碼裡。從頭開始重做整個變更，不過這次要注意重構，並根據需要更新測試。完成後，請刪除分支。

請避免過度探究設計方案。雖然鼓勵你在有助於了解設計選項的情況下，建立一個探究設計的方案，但並非每個故事都需要它們。你也應該能夠從精簡且明顯的方法，開始建立新的設計，然後逐漸地變得更加複雜，並且你應該要能夠使用反思式設計來修改既有的設計。

關聯
增量式設計 (p.442)
精簡的設計 (p.452)
反思式設計 (p.460)

為探究方案騰出時間

小型「簡單問題」的探究方案通常是臨時起意的。你發現需要澄清一個小的技術問題，所以實作了一個快捷的探究方案，並在澄清後刪掉它，繼續往前。

探究依賴與設計可能有多種發生的時機。我們有時候會因為需要規劃一個探究故事或一個任務，而有時候會沒有意識到故事需要探究方案，而在途中發現需要加入探究的任務。你可以在規劃板上，新增一個任務或者就在目前任務中直接進行探究。無論哪一種做法，時差都會吸收它所帶來的成本。

關聯
故事 (p.146)
任務規劃 (p.211)
時差 (p.242)

問題

原型（prototype）與探究解決方案的不同之處是什麼？

「原型」並沒有嚴格的定義，但它通常是指為模擬最終產品而製作的不完整或無法運行的軟體。它們通常用於展示 UI 或透過構建一次性的應用程式，來進行學習。

探究解決方案則更聚焦。它們是用來回答一個侷限的技術問題，而不是模擬最終的產品。

探究解決方案也應該進行結對開發或群體開發嗎？

這取決於你。因為探究解決方案並不需要維護。即使嚴格採用結對程式設計規則的團隊也不用結對地實作探究方案。

在探究方案上使用結對開發或群體開發的一個非常有效的方法是一個人研究這個技術，而另一個人編寫程式碼。另一種方式是每個人都獨立地採用不同方式進行各自的研究和程式編寫，接著再聚在一起回顧進展，並且分享想法。

我們應該真的丟棄探究解決方案嗎？

除非你認為它之後可以留作其他人的參考，否則就丟掉它。請記住，探究解決方案的目的是提供你解決問題所需的資訊與經驗，而不是產生解決問題的程式碼。實際的成品程式碼通常最後會成為更好的參考實作。

何時該建立探究解決方案？

任何能提供幫助的時候。當編寫成品水準的程式碼成為找出解答的阻礙時，請建立探究方案。

如果進行探究後，發現問題比想像中困難怎麼辦？

這是件好事！現在你有了需要知道的資訊。或許你的駐點客戶會重新考慮目前正在處理的故事的價值，或者你可能需要考慮使用另一種方法來實現你的目標。

先決條件

請避免想要使用探究方案來建立有用或通用的程式。把重點放在找出特定技術問題的解答上，並在找出解答後，就馬上停止處理探究方案。此外，當已經很了解一項技術時，也沒有必要再建立一個探究方案。

不要拿探究方案作為規避有紀律地進行測試驅動開發和重構的藉口，也絕不要複製探究解決方案的程式碼到成品程式碼裡。即使探究方案完全符合你的需要，請使用測試驅動開發，來重新編寫內容，以便符合成品程式碼的標準。

> **關聯**
>
> 測試驅動開發 (p.398)
> 重構 (p.421)

指標

當你能使用有具體方向且獨立的試驗，來澄清技術問題：

□　你會進行試驗來了解程式要如何才能運作，而不是透過推測。

□　成品程式碼的複雜性不會干擾你的試驗。

替代方案和試驗

探究解決方案是一種基於進行小型具體試驗的學習技巧。有些人在他們的成品程式碼中進行這些試驗，而這增加了可能發生錯誤的範圍。如果某些事情沒有按預期的方式運作，是因為你對技術的理解有誤嗎？還是由於和成品程式碼之間看不見的互動行為造成的？獨立的探究方案消除了這種不確定性。

探究解決方案的替代方案是透過網路搜尋、閱讀理論、和找尋網路上的程式碼片段來研究問題。這對於小問題來說已經足夠了，但對於更大的問題，真正理解這項技術的最好方法就是親自動手。如果需要，請從網路上找到的程式碼出發，然後簡化和調整範例。為什麼它有效？更改預設參數時會發生什麼？使用探究方案，來澄清你的理解。

另一種選擇（尤其是學習如何使用第三方依賴時）是從編寫測試程式碼來測試依賴著手。當了解依賴是如何運作時，把你的試驗重構為「測試」和「實作」兩個部分，然後把實作移動到成品程式碼裡。這種方法一開始就像一個探究方案，但會變成高品質且經過測試的成品程式碼。[Shore2020b] 的第 5 集演示了該技術（請從 13:50 開始），而第 17 集有一個更大的範例。

第 14 章

設計

隨著時間的推移，軟體通常會變得更加昂貴。

我不知道這方面有哪些好的研究成果[1]，但我認為這是每個程式設計師都經歷過的事情。當開始一個新的程式碼庫時，我們的工作效率非常高，但隨著時間的推移，改動變得越來越困難。

這對敏捷來說是個問題。如果隨著時間的推移，改動變得更加昂貴，那麼敏捷模式就沒有任何意義了。相反地，聰明的做法是在最不昂貴的時候，預先做出盡可能多的決定。事實上，這正是敏捷方法之前試圖做的事情。

要讓敏捷發揮作用，變更成本必須相對固定，甚至要隨著時間而降低。 Kent Beck 在第一本 XP 書中討論了這一點：

> [扁平的變更成本曲線] 是 XP 的前提。這是 XP 的技術前提…如果扁平的變更成本曲線讓 XP 變得可行，那麼陡峭的變更成本曲線則會讓 XP 不可行。如果變更的代價很高，你就會在沒有深思熟慮的情況下瘋狂地超前部署，但是如果變更保持低廉，早期具體回饋的額外價值與降低的風險將超過早期變更的成本。 [Beck2000a]（第 5 章）
>
> — 《*Extreme Programming Explained, 1st edition*》

---

1 最常引用的來源是 Barry Boehm。他有一張圖表顯示成本以指數的方式增長，但該圖表是按階段修復缺陷的成本，而不是隨時間變化的成本。此外，最後發現該圖表，並不能準確地反映潛在的資料。Laurent Bossavit 很好地追蹤並找出了 [*Bossavit2013*] 的資料（第 10 章和附錄 B）。

但從我們的經驗可以知道，變更的成本並不扁平，而且它確實會隨著時間的推移而增加。這是否意味著敏捷團隊注定會被無法維護的程式碼壓垮？

XP 的出色之處在於它包括了主動降低變更成本的實務做法。這些實務做法統稱為「演進式設計」。XP 仍然是唯一納入它們的主流敏捷方法。這真是太可惜了，因為如果沒有演進式設計，敏捷團隊的確會被無法維護的程式碼壓垮。

> 沒有演進式設計，敏捷團隊的確會被無法維護的程式碼壓垮。

「我第一次聽說演進式設計是在 2000 年。它聽起來很荒謬，但我尊重推薦它的人，所以我試了一個實驗。我的團隊正要開始一個新專案。我們一開始使用了傳統的預先設計，然後從那個時候開始應用演進式設計。

它是有效的，而且是**不可置信**的有效。演進式設計帶來了穩定的改善，讓我們的設計比一開始的預先設計變得更乾淨、更清晰、且更容易進行變更。從那以後，我就一直在把演進式設計推到更廣的範圍上。

我的經驗是演進式設計確實會隨著時間而降低變更成本，而且我一遍又一遍地見證了這樣的結果。與傳統設計一樣，我不知道這方面有哪些好的研究成果，但我確實有一些經驗資料可以分享。

從 2012 年到 2018 年，我製作了一個關於演進式設計和其他 XP 實務做法的即時程式撰寫影片。我製作了 600 多集，共計 150 小時的內容，精心記錄了演進式設計。我所說的現象（不斷地降低變更成本）在影片中多次的發生[2]。

其中一個在即時網路實作的影片裡的例子，如圖 14-1 所示。我把網路功能拆解成五個故事：第一個是把使用者滑鼠指標連上網，這需要 12 個小時。接下來是畫線的 6.5 小時、清除畫面的 2.75 小時、以及兩個棘手的改進故事，分別是 0.75 小時和 0.5 小時。雖然最後兩個改進故事比最初的網路功能故事複雜得多，但它們的完成速度卻快得多，而這正是因為有乾淨的底層設計。

這和我的實際經驗相同。在實際情況裡，每一個新的設計挑戰都會通過如圖所示的曲線，而使得變更成本產生鋸齒狀的曲線。不過，整個趨勢會是往下的。使用演進式設計，你的設計會隨著時間不斷地改進，而使得你的軟體更加地易於修改。這些改進也會交織在一起：例如，最後網路功能的修改也會受益於我之前對前端事件處理程式碼所做的設計改善。

2　可以在 *https://www.letscodejavascript.com* 找到螢幕錄影的影片。網絡功能的範例則可以在即時頻道的第 370-498 集中找到。

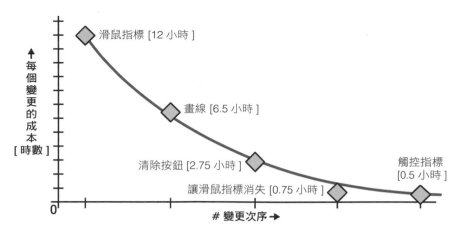

圖 14-1 　實際的演進式設計

當一切重新開始的時候，傳統設計的起步很快。演進式設計則剛好相反：一開始的時候，你仍在摸索，並且隨著團隊的新想法不斷地在進化設計。不過，接下來傳統設計會慢下來，而演進式設計則會加速。根據我的經驗，在 4 到 6 週後，曲線會交叉：使用演進式設計構建的程式碼會比同時間採用傳統設計開發的程式碼，進展得更快且更容易使用。此外，它還會繼續變得更好。

演進式設計對於運用敏捷獲得長期成功極為重要。這是一種革命性的方法，而且幾乎沒有人知道它。

> 演進式設計對於運用敏捷
> 獲得長期成功極為重要。

本章介紹了三個演進式設計的實務做法：

- 第 442 頁「增量式設計」能讓團隊成員在交付的同時，也能進行設計。
- 第 452 頁「精簡的設計」創建易於修改與維護的設計。
- 第 460 頁「反思式設計」持續改善既有設計。

本章的啟發來源

本章的實務做法是基於極限程式設計的設計方法。在有關 XP 的討論裡，它被稱為「演進式設計」，而這就是我在本章裡使用的概括性名稱。

Kent Beck 在 XP [Beck2000a] 的第一版裡把它稱為精簡的設計，在第二版 [Beck2004] 裡把它稱為增量式設計。

我在本章的實務做法裡使用了 Beck 的兩個術語，且每個術語都側重於演進式設計的不同面向。此外，增加了反思式設計，而這個概念在 XP 早期被稱為「冷酷的重構（merciless refactoring）」。

我在每個實務做法裡所討論到的細節參考了各種的來源，以及我在演進式設計的相關經驗。 Martin Fowler 和 XP 的「三位老朋友」（Kent Beck、Ron Jeffries 和 Ward Cunningham）都是主要的影響者。

增量式設計

受眾
程式設計師

我們交付的同時進行設計。

敏捷團隊為程式設計師帶來了具有挑戰性的要求：團隊每一週或兩週就預期要完成 4 到 10 個以客戶為中心的故事。客戶每一週或兩週就可能會修改目前計畫，並加入全新的故事，而且不需要提前通知。此外，這樣的要求從第一週便開始了。

對於程式設計師來說，這代表著必須能夠在一週內從無到有實作故事。因為計畫幾乎隨時都可能發生變化，所以你不能留出幾週時間來建立設計的基礎框架。此外，這些設計都可能隨著計畫改變而變成浪費，所以你應該專注於交付客戶重視的故事。

這聽起來就像是造成災難的條件。幸運的是增量式設計能讓你在交付故事時，以小步伐的方式，一部分一部分地逐步構建你的設計。

絕不停止設計

電腦並不在意程式碼的內容。如果程式碼進行了編譯並且執行，電腦就感到開心了。設計是為了人才進行的：特別是為了能讓程式設計師輕鬆地了解並且修改程式碼。有良好設計的程式碼能讓變更成本變得低廉。

> 良好設計的程式碼能讓
> 變更成本變得低廉。

因此，團隊在交付領域獲得成功的秘訣在於他們從不停止設計。正如 Ron Jeffries 曾經談到極限程式設計時，說道：「設計是如此重要，所以我們持續地進行設計。」團隊中至少有一半的程式設計師致力於思考設計，而測試驅動開發則鼓勵你盡可能在每一步都改善你的設計。

關聯
結對程式設計 (p.356)
群體程式設計 (p.366)
測試驅動開發 (p.398)

交付團隊不斷地談論設計，尤其是在結對開發和群體開發的時候。有些對話是非常詳細且吹毛求疵的，例如，「我們該給這個方法取什麼名字？」。有些對話則抽象程度高出許多，例如，「這兩個模組重複了一些功能。我們應該把它們拆開來，並且做成第三個模組。」他們不斷地在細節和大方向之間來回的切換。

關於設計的討論不需要只限於目前和你一起合作的人。以你認為頻繁的方式來進行更大規模的小組討論是有必要的，並且運用任何你認為有幫助的塑模工具來進行。（請參閱第 83 頁「加入和離開討論」）。盡量保持以非正式與協作的方式進行討論。簡單的白板草圖就是很好的討論工具。

增量式設計的方式

增量式設計與精簡的設計和反思式設計相結合來發揮作用：

關聯

精簡的設計 (p.452)
反思式設計 (p.460)

1. 精簡的設計：從可能有用的最精簡設計開始。

2. 增量式設計：當設計不能滿足所有需求時，逐步地加入新設計。

3. 反思設計：每次做出改變時，都要透過反思優點和缺點來改善設計。

換句話說，當你第一次建立設計元素時，無論是新的方法、新的類別，甚至是新的架構都要非常地特定且具體。建立一個精簡的設計能恰好解決目前面臨的問題，而且即便這個設計或許能夠解決更為普遍的問題，也不要多做任何的改變。

例如，當我實現圖 14-1 中所示的網路滑鼠指標時，我建立了一個網路類別。類別包含一個把指標位置發送到伺服器的方法，而它只是呼叫了我的網路函式庫：

```
sendPointerLocation(x, y) {
  this._socket.emit("mouse", { x, y });
}
```

要做到如此具體是很難的！有經驗的程式設計師是以抽象的方式進行思考。事實上，抽象思考的能力通常是優秀程式設計師所擁有的特徵。避免對一種特定場景進行抽象和編寫程式碼似乎是很奇怪的事情，甚至不專業。

不過，無論如何都要這麼做。等待進行抽象的機會來臨可以讓你建立更精簡且更強大的設計，而且你也不會等待太久。

第二次擴充設計元素時，修改設計讓它變得更加通用，但通用的程度只需滿足解決需要的兩個問題即可。接下來，回顧設計並進行改善。簡化並且讓程式碼清晰明確。

為了繼續進行這個範例，在**發送**指標事件之後，我必須從伺服器端**接收**它們。這讓我建立了 ClientPointerEvent 和 ServerPointerEvent 兩個新類別，而不是把事件物件寫死。程式碼變成了：

```
sendPointerLocation(x, y) {
  this._socket.emit(
    ClientPointerEvent.EVENT_NAME,
```

```
        new ClientPointerEvent(x, y).toSerializableObject()
    );
  }
```

變得有些複雜，但也變得稍具彈性。

第三次擴充設計元素時，進一步地進行一般化，但同樣地只要能解決手邊的三個問題就好。對設計稍加調整通常就能達到目標。對於現在來說，它相當的通用。再一次地回顧設計、簡化並且讓程式碼清晰明確。

範例的下一步是網路繪製事件。我首先建立了一個 sendDrawEvent(event) 方法。這是一個把建立事件的責任轉移到應用端程式碼的試驗。它發揮了很好的作用，所以我把 sendPointerLoction(x, y) 和 sendDrawEvent(event) 一般化為 sendEvent(event)：

```
sendEvent(event) {
  this._socket.emit(event.name(), event.toSerializableObject());
}
```

繼續這個模式。到了**第四次**或**第五次**處理設計元素時（無論是方法、模組還是更大的東西），你通常會發現它的抽象程度已經非常滿足你的需要。最重要的是因為設計是結合實際需求和持續改善的結果，所以設計將會是優雅且強大。

設計的層級

增量式設計可以應用到設計的所有層級，從類別或模組到跨類別和模組，甚至是應用程式架構的層級。

在每個層級運用增量式設計，品質往往會突然地提高。你通常會在幾個週期內逐步地擴展設計，並在過程中進行微小的修改。接著，一些東西會觸發你想出一個新的設計方法，而這會需要一系列更實質性的重構方式來完成它。Eric Evans 稱此為**突破** [Evans2003]（第 8 章）。

類別與模組內

如果你實踐過測試驅動開發，那麼你就實踐過增量式設計，至少是在單個模組或類別的層級上。你從零開始構建一個完整的解決方案，一層一層地隨著開發進行改善。如第 404 頁「TDD 範例」所示，程式碼一開始是完全特定於某個目標，而且通常處於寫死答案的程度，但隨著加入額外的測試，它逐漸變得更加地通用。

關聯

測試驅動開發 (p.398)
重構 (p.421)

在一個類別或模組中，每隔幾分鐘就會在 TDD 週期的「重構」步驟中進行一次重構。每個小時能發生幾次的突破，而且經常花費幾分鐘來完成。例如，在第 422 頁「重構實戰」

的最後有一個突破，就是當我意識到正規表達式能讓我簡化 transformLetter() 函式。請注意重構到目前為止是如何產生小且穩定的改善。不過在突破之後，transformLetter() 明顯地變得更簡潔。

跨類別與模組

使用 TDD 時，很容易建立出設計精美的模組和類別。但這還不夠！你還需要注意模組和類別之間的互動。如果你沒有注意的話，整體設計將會是混亂且令人困惑的。

在開發時考慮更廣泛的範圍。詢問自己這些問題：這段程式碼和系統的其他部分是否有相似之處？職責是否明確界定，概念是否明確表達？你目前正在處理的模組或類別與其他模組和類別的互動有多順暢？

當你發現問題時，請把它加到筆記裡。在 TDD 的某個重構步驟裡，（通常是你完成一個段落的時候）仔細查看解決方案，然後進行重構。如果你認為設計變更會明顯地影響到團隊其他成員，請稍微停下重構到在白板上進行討論。

> **— NOTE**
>
> 不要讓設計討論變成曠日持久的分歧。請遵循 10 分鐘規則：如果你們在 10 分鐘內，不能同意某個設計方向，請先試試看並且看看它實際的運作方式。如果分歧非常大，請各自使用探究解決方案來試試兩種方式。沒有什麼比運行的程式碼更能明確設計的決策了。

跨模組和跨類別的重構每天都會發生幾次。取決你的設計，突破可能每週會發生幾次，並且可能需要幾個小時才能完成（儘管如此，請記住以小步伐進行）。利用你的時差，來完成突破性的重

關聯
時差 (p.242)

構。在一些情況下，會沒有時間完成你發現的所有重構。沒有關係！只要在週末時的設計比這週開始時更好就足夠了。

例如，在開發小型內容管理引擎時，我先實作了一個處理靜態檔案的 Server 類別。當我加入支援，把 Jade 樣板轉換為 HTML 時，我先把相關實作放在 Server 裡，因為這是最簡單的方法。在加入對動態端點的支援後，程式碼變得很醜，所以我把樣板功能分解到了 JadeProcessor 模組裡。

此舉帶來了突破，這個突破讓靜態檔案和動態端點可以用類似的方式分解為 StaticProcessor 和 JavaScriptProcessor 模組，而且它們都能夠依賴於相同的底層類別（SiteFile）。這清楚地分離了網路功能、產生 HTML、和處理檔案的程式碼。

應用程式架構

「架構」是一個多載的名詞。在這裡我指的是團隊程式碼裡重複的模式（pattern）。不是《*Design Patterns*》[Gamma1995] 中所指的模式，而是整個程式碼庫裡重複的習慣做法。例如，網路應用程式通常是這樣實作的，因此每個端點都有一個路由定義和控制器類別，而且每個控制器常常都是由一個 Transaction Script 來實作的[3]。

這些重複出現的模式體現了應用程式的架構。雖然它們讓程式碼保持一致，但它們也是一種重複的形式，而這種形式會讓架構的修改更加困難。例如，把網路應用程式從使用 Transaction Script 方法改為使用領域模式的方法，就會需要更新每個端點的控制器。

— **NOTE**

此處，我只聚焦於應用程式的架構，尤其是關於團隊所控制的程式碼。除此之外，還有系統架構。它涉及了被部署軟體的所有元件，例如第三方服務、網路閘道器、路由器等。要把演進式設計應用到系統架構，請參閱第 492 頁「演進式系統架構」。

請保守地導入新的架構模式。只導入到你當下擁有的程式碼範圍與支援的功能所需的內容裡。在導入新的慣例之前，問問自己是否真的需要這種重複的模式。也許有一種方法可以把重複模式隔離到一個檔案裡，或者是讓系統的不同部分使用不同的方法。

例如，在我之前描述的內容管理引擎中，我可以從支持不同樣板和標記語言的主要策略開始。畢竟，這是它的顯著功能。但相反地，我從實作單個 Server 類別開始，並讓程式碼隨著時間發展出它的架構。

即使在我為每種類型的標記語言建立類別之後，我也沒有試著讓它們遵循一致的模式。相反地，我讓它們各自採用獨特的方法，因為這是讓每種情況以最簡單方式實作的方法。隨著時間經過，一些方法會比其他方法效果更好，而我會逐漸地標準化使用的方法。最終，標準會相當穩定，使得我把它轉換為插件的架構。現在我可以透過把檔案放到目錄中，來支援新的標記語言或樣版。

架構決策很難改變，所以延遲做出這些承諾相當地重要（請參閱第 165 頁「最後負責時刻（The Last Responsible Moment）」）。我所提到的插件架構是在內容管理引擎建立後多年，才決定出來的。如果必要的話，我會早點支援插件，但我不需要，所以慢慢地再做決定即可。這讓我能夠標準化一種需要大量經驗與智慧的方法，也因此它不需要再進行額外的更改。

3　想要了解 Transaction Script 和領域模式架構，請參閱 [*Fowler2002*]（第 9 章）。

雖然我想這會因團隊而異，但根據我的經驗，架構方面的突破每隔幾個月就會發生一次。由於這個變更會與重複模式的規模有關，因此重構的工作可能要花費數週或更長的時間，才能完成這個突破。不過和所有的突破一樣，只有當改善的重要性足以讓我們為此付出成本的時候，它才值得去進行。

雖然更改架構可能相當乏味，但當確定了新的架構模式，這些變更通常不難。首先在一部分的程式碼裡嘗試新的模式。接著，讓它運行一週到兩週來看看這些變更是否在實際情況下發揮作用。當你確信它的效果時，再讓系統的其他部分也符合新的方法。對日常工作中接觸到的每個類別或模組進行重構，並且使用部分的時差來更新其他的類別與模組。

在重構時，請繼續交付故事。雖然你可以先暫停新的開發來立即進行所有的重構，但這會剝奪駐點客戶的權利。請平衡技術卓越與交付價值。兩者都同樣地重要。這或許會讓程式碼在轉換期間發生不一致的狀況，但幸運的是，那大多是美感的問題（比真正的問題更煩人）。

> 擴展架構比簡化
> 過於宏偉的架構更容易。

僅在需要時，逐步導入架構模式會有助於減少對架構重構的需求。擴展架構比簡化過於宏偉的架構更容易。

架構決策記錄

一些團隊會使用架構決策記錄（*ADR*）[Nygard2011] 來記錄架構決策，以及正在進行的架構重構。這些文件相當輕量，不會超過一頁或兩頁，而且會一同存放在程式碼儲存庫裡。

例如，Node.js 程式碼庫對於導入 async 關鍵字有以下的 ADR。值得注意的是 ADR 是隨意且簡短的，因為這只是用來提醒團隊已經一起做出的決定：

一月 30，2018：async/await

現在已經支持 ES6 了，所以我們正在把回呼的做法改成使用 async/await。當你編輯一個接受回呼的函式時，請重構它來回傳一個 Promise 物件，並以 Async() 作結尾來重新命名函式。

通常最好的做法是新增一個與舊 myFunction() 共存的 myFunctionAsync() 函式，來逐步地進行重構。一次更改一個呼叫的函式，完成後再刪掉舊的函式（避免半途而廢，這樣才不會有兩個處理同樣事情的不同函式）。

因為讓呼叫的函式使用 await 來強迫呼叫的函式是 async 會帶來破壞性的連鎖效應，所以對於呼叫的函式來說或許最簡單的方式是把 myFunction(callback) 改成 myFunction Async().then(...).catch(...)。不過，改用 await myFunctionAsync 是長期的目標。如果方便的話，這應該是首選的方式。

當已經不再使用回呼的時候，請刪除這份說明。

風險驅動架構

架構或許可能太重要了，所以一定要預先進行設計。我會反駁：它就是如此地重要，所以應該盡可能遲一些再設計，以便讓你有最多的資訊可以做出最好的決定。

> 架構太重要，
> 因此無法預先進行設計。

雖然有些問題看起來確實太昂貴而無法逐步地更改（例如程式語言的選擇），但我發現如果你消除了重複的實作且追求精簡，許多「架構」決策實際上很容易更改。通常會認為分散式處理、持久化、國際化、安全性和事務處理結構非常複雜，所以**必須從一開始就設計**它們。我並不同意這一點，因為我都曾經以增量的方式處理過它們。[Shore2004a]

當你看到一個棘手的問題出現時，你會怎麼做？例如，如果利害關係人堅持你不要花任何時間在國際化上，但你知道它終會被需要，而且到時提供支援的成本只會變得更高，該怎麼辦？

新增架構的困難度取決於設計的品質。舉例來說，當用於格式化匯率的程式碼重複出現在應用程式四處，想要把格式化匯率的程式碼進行國際化就會很困難。但如果把格式化的程式碼聚集在一處的話，進行國際化就會輕鬆許多，或者至少比從一開始就加上國際化同樣簡單。

這就是風險驅動架構的用武之地。在每一週裡，你都會有足夠的時間進行一定量的重構。當你決定時差的運用方式時，請優先考慮架構風險。例如，如果你的程式碼在格式化貨幣的方式上有許多地方用同樣方式進行處理，那麼國際化就會面臨風險。請優先考慮消除重複的重構，如圖 14-2 所示。

關聯
反思式設計 (p.460)
時差 (p.242)

限制設計改善的範圍，不要加入新功能。例如，雖然可以重構 Currency 類別，以便未來能更容易進行國際化，但在處理國際化故事之前，不要**真的**進行國際化。一旦重構完成後，稍後再做國際化會和現在進行國際化一樣地容易。

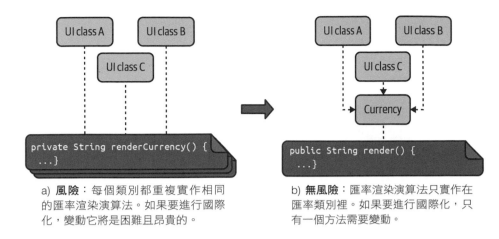

a) **風險**：每個類別都重複實作相同的匯率渲染演算法。如果要進行國際化，變動它將是困難且昂貴的。

b) **無風險**：匯率渲染演算法只實作在匯率類別裡。如果要進行國際化，只有一個方法需要變動。

圖 14-2　利用風險驅動重構

問題

增量式的設計不會比預先設計更加昂貴嗎？

以我的經驗來說，恰恰相反。這有兩個原因。首先，因為增量式設計只實作剛好的程式碼來滿足目前的故事，所以你得以開始運用增量式設計來更快地進行交付。其次，當故事未來發生改變時，你並沒有為它編寫任何的程式碼，所以也就沒有浪費任何努力。

即使需求從未改變，增量式設計仍然是更有效的做法，因為它會定期地帶來設計突破。每一次突破都會讓你看到新的可能性，最終又引發了另一個突破。這一系列不斷的突破會極大地改善你的設計。

突破不會導致像走回頭路一樣的精力浪費嗎？

你並不是真的走了回頭路了。突破有時會讓設計變得極為精簡，而這會讓人感覺像是走了回頭路，但事實並不是如此。如果你能夠更快地想到更精簡的做法，那麼你會想得到的。不過，追求精簡是困難的！你必須迭代你的設計才能到達這樣的狀態。突破的本質（尤其是類別和架構層級）通常是在使用目前的設計一段時間後，才能發現它們。

我們的組織（或客戶）需要設計文件。我們要如何才能滿足這個需求？

如果你可以說服組織等待你完成的話，那你就可以提供「完工」文件（請參閱第 205 頁「完工文件（As-built documentation）」）。它和預先完備的文件相比，製作成本更低且更準確。此外，因為它是在你發佈之後才製作的，所以你可以更快地進行發佈。這樣的做法是不是更低廉、更好、且更快？它可能是更誘人的選擇。

如果不行，提供預先完備文檔的唯一方法是進行預先設計，也可能是預先需求分析。然而，你可能不需要設計所有內容。你的利害關係人可能只需要你承諾設計的特定部分，以便跟另一群人進行協調，或出於治理目的。與他們一起確定需要預先設計的最小子集，至於其他部分則全部使用增量式設計。

先決條件

增量式設計需要自律、對持續每日改善的承諾、和對高品質程式的渴望。當然還有在正確的時間應用它的技能。這些特徵並不是每個人都擁有的。

關聯

結對程式設計 (p.356)
群體程式設計 (p.366)
共有程式碼主導權
(p.350)
充滿活力地工作
(p.140)
時差 (p.242)

幸運的是你不需要每個人都有這些特質。就我的經驗來說，即使有一個人指導團隊其他成員使用增量式設計，團隊也會表現得很好。然而，你確實需要結對開發或群體開發、共有程式碼主導權、充滿活力地工作和時差來提供支持。這些實務做法有助於自律，並且使得對程式碼品質充滿熱情的人能夠影響程式碼的每一個部分。

增量式設計依賴於精簡的設計和反思式設計。測試驅動開發也很重要。每隔幾分鐘重複一次明確的重構步驟，讓人們不斷地有機會能停下來改善設計。結對開發和群體開發也有助於這種設計方法。它能確保至少團隊內有一半的程式設計師（作為導航員）總有機會來思考改善設計。

關聯

精簡的設計 (p.452)
反思式設計 (p.460)
測試驅動開發 (p.398)
團隊空間 (p.91)
一致性 (p.132)

如果你使用增量式設計，請確保你的團隊無論是在實體空間或虛擬空間裡，都能在共享空間裡順暢地溝通。如果沒有針對跨模組、跨類別、和架構重構持續地進行交流，設計就會變得破碎且分歧。請在一致性會議裡就程式碼編寫標準達成一致，以便每個人都可以遵循相同的模式。

只要會讓持續改善變得困難的事情，也會造成增量式設計發生困難。已發佈的介面就是一個例子。因為團隊在發佈後就難以進行改變，所以增量式設計通常不適用於讓第三方使用的介面，除非你有能力改變第三方的程式碼。（不過，你仍可以使用增量式設計來實作這些介面）同樣地，任何導致重構變得困難的程式語言或平台也會限制增量式設計的使用。

最後，一些組織限制了團隊使用增量設計的能力，例如需要預先設計文件或嚴格控制資料庫綱要的組織。在這些情況下，增量式設計可能並不合適。

指標

當你熟練增量式設計：

☐ 每週軟體的能力和設計都會獲得同樣程度地提升。

☐ 你不需要為了專注重構或設計，而要暫停開發故事一週或者更長時間。

☐ 每週軟體的品質都要比前一週好。

☐ 軟體隨著時間變得更容易維護與擴充。

替代方案和試驗

如果你對於增量式設計的概念感到不安，你可以藉由結合預先設計的做法來分散風險。從預先設計的階段開始，接下來便完全採用增量式設計。雖然這會拖慢展開第一個故事的時間，而且可能需要進行一些預先需求分析的工作，但這種方法的優點是能夠在不產生太多風險下，提供一張安全網的保護。

這並不是說增量式設計沒有效。它肯定是有效的。不過，如果你對它感到不安，你可以藉由先從預先設計開始，來分散你的風險，而這也是我剛開始學習相信增量式設計的方法。

增量式設計的其他替代方案都不太有用。一種常見的方法是把敏捷視為一系列小型的瀑布方法，在每次迭代開始時進行一些預先設計。不幸的是這些設計會議太短且考量的範圍太小，而無法產生有凝聚力的設計。程式碼品質會持續下降，所以最好採用增量式設計。

另一種選擇是採用預先設計而不使用增量式設計。只有當你的計畫不會發生改變時，這種做法才會有效，然而這和敏捷團隊的做事方法背道而馳。

等到你能夠安心地使用增量式設計時再進行試驗。當你想要試驗時，請盡可能地堅持下去。不要只是縮減預先設計，也要減少在腦海裡對設計進行推敲的程度。你能擺脫預先設計思考的最低程度為何？請找出增量式設計進行的限制。

延伸閱讀

《*Is Design Dead?*》[Fowler2004] 從稍微懷疑的態度討論增量式設計。

《*Continuous Design*》[Shore2004a] 討論了我在增量式設計中遇到的困難與挑戰，例如國際化和安全。

《*Evolutionary Design Animated*》[Shore2020a] 透過可視化在小型正式系統中的變更，來討論我在增量式設計方面的實際經驗。

精簡的設計

我們的程式碼易於修改與維護。

> 達到完美，不是因為再也沒有東西可以加了，而是再也沒有任何東西可以拿掉了。
>
> ——《*The Little Prince*》的作者 Antoine de Saint-Exupéry

在編寫程式碼時，敏捷程式設計師常常會停下來問自己：「最簡單能夠發揮效用的東西是什麼？」他們似乎著迷於精簡。他們不會預測改變並提供可擴展的掛鉤和插件點，而是建立一個盡可能少預測且盡可能乾淨的**精簡設計**。與直覺相反地，這樣的做法會

關聯

反思式設計 (p.460)
增量式設計 (p.442)

讓設計為任何預期或未預期的變化做好準備。它和反思式設計和增量式設計相結合，來讓你的設計可以往任何的方向發展。

精簡並不意味著簡單。不要以減少程式碼行數的名義做出愚蠢的設計決策。一個精簡的設計是乾淨和優雅的，而不是想都不想地把東西兜湊在一起。每當我做出設計的決策時，我總是會詢問自己：「什麼時候（而不是如果）我會需要改變這個決定，而這個改變會有多難？」

> 什麼時候（而不是如果）我會需要改變這個決定，而這個改變會有多難？

以下的技巧會幫助你保持程式碼的精簡並且降低變更的成本。

關鍵概念

精簡

> 精簡——或最大化未完成工作量之技藝——是不可或缺的。
>
> — 敏捷軟體開發宣言

敏捷是擁抱精簡的結果。這不僅適用於軟體設計，也適用於工作的各個方面。如何簡化大型且重量級的流程？我們可以消除人們認為理所當然的東西？讓夠聰明的人來回答這些問題，而最終你會得到的答案就是敏捷：最簡單的流程可能有用。

請警戒著簡化工作的機會。官僚的工單流程可以被面對面的交流所取代嗎？請取代它！你是否因為過時的治理要求，而必須做大量工作？請消除它！一個花俏的工具會比白板上的卡片帶來更多的摩擦嗎？丟棄它吧！你要做的越少，你就能做的越多。

YAGNI：你不需要它（You Aren't Gonna Need It）

這個簡潔有力的 XP 諺語總結了精簡的設計的一個重要概念：避免基於臆測實作程式。每當你想在設計裡加入一些東西時，問問自己想加入的實作對於目前軟體的功能是否必要。如果沒有，那麼⋯你就不需要它。你的設計可能會改變，而客戶的想法也可能會改變。

當你多做了臆測上的實作，那麼計畫改變時，過期的設計假設便會纏住程式碼，而你最後得需要扯下這些糾纏不清的程式碼來替換掉這些臆測的程式碼。最好不要一開始就基於臆測來開發程式，在乾淨的狀態下加入程式碼會比替換錯誤程式碼要來得輕鬆。

同樣地，刪除不再使用的程式碼。你會讓設計變得更小、更精簡、且更容易理解。如果你未來需要這些程式碼，你可以隨時從版本控制中找到它們。目前來說，這只是一個維護上的負擔而已。

一次且只有一次

一次且只有一次是一個超有效的設計指南。正如 Martin Fowler 所說：

> 我一直在嘗試做的一件事是尋找更精簡的 [規則] 來為好的或壞的設計定調。我認為最有價值的一個規則就是避免重複。「一次且只有一次」是極限程式設計的箴言。《*The Pragmatic Programmer*》[Hunt2019] 的作者則用「Don't repeat yourself」或 DRY 原則來描述它。
>
> ⋯一次又一次地，我發現只要簡單地消除重複，就能出乎意料地發現一個非常漂亮的優雅模式。這種情況出現的頻率高到很難不讓人注意到。此外，我也常常發覺到對於捨棄重複程式碼的堅持就是發現一個好的設計的方法。[Venners2002]

不過，「一次且只有一次」不只是代表著刪除重複的程式碼。它代表著讓每一個程式碼裡重要的概念都能找到一個歸屬。請用這樣的方式來思考：

陳述每個概念一次，而且只有一次 [4]。

或者如 Andy Hunt 和 Dave Thomas 所說的 DRY 原則：「每個知識都必須在系統中具有單一、明確、且可靠的呈現方式」[Hunt2019]（第 2 章）。

> 每個知識都必須在系統中具有單一、明確，且可靠的呈現方式。

讓程式碼定義自己一次（而且只有一次）的有效方法就是讓核心概念變得具體明確。與其用基本資料型別（一種稱為「基本型別偏執（Primitive Obsession）」的方法）來定義這些概念，不如建立一個新型別。

4　謝謝 Andrew Black 提供這個洞見。

例如，線上店面使用浮點數來表示匯率。相反地，他們可以建立一個 Currency 類別。以 JavaScript 來說，這個類別大致如下：

```
class Currency {
  constructor(amount)
    this._amount = amount;
  }

  toNumber() {
    return this._amount;
  }

  equals(currency) {
    return this._amount === currency._amount;
  }
}
```

一開始時，這樣的做法似乎很浪費。因為它除了現在額外的附加實作外，它只是包裹了底層的資料型別。不只如此，它似乎還由於增加了另一個類別，而增加了複雜性。

但結果證明，這種代表簡單值的型別能非常有效地促使實現「一次且只有一次」原則。目前所有和貨幣相關的程式碼都有一個清楚的歸屬，也就是 Currency 類別。如果有人需要實作一些新程式碼，他們會先查看它是否已經被實作出來了。當概念需要改變時（比如，外幣匯率轉換），也會很清楚要到什麼地方進行改變。

對於線上店面來說，使用新類別來表示的替代方案不夠好？事實證明基於浮點數運算並不是好的選擇。他們陷入一種狀況。那就是當發生訂單退款和匯率轉換時，他們無法產生和原始發票相符的退款（哎呀）。他們不得不花數個月的時間來找到所有和 Currency 有關的內容，並把它們改成定點數運算。這是一個真實發生的故事。

打賭他們會希望只定義 Currency 一次（而且只有一次）。他們原本可以修改 Currency 類別的實作就好，而且是在一天之內。

什麼時候（而不是如果）你會需要改變設計決定，而這個改變會有多難？

耦合性與內聚力

耦合性和內聚力是古老的軟體設計概念，它可以追溯到《*Structured Design: Fundamentals of a Discipline of Computer Program and Systems Design*》[Yourdon1975]（第 6 到第 7 章）。它們的重要性並沒有因時間而有所減少，而且這兩個術語都在描述程式碼中概念之間的關係[5]。

5　我稍微地更新了定義。原先的定義是在討論「模組」，而非「概念」。

當對某個程式碼的更改需要對另一個程式碼進行更改時，就代表部分的程式碼發生耦合。繼續以 Currency 當作範例，把匯率轉換為字串的函式會和用於匯率的資料型別耦合。

具有內聚力的程式碼意味著相關的實作內容在原始碼檔案裡實際上比鄰。舉例來說，如果把匯率轉換為字串的函式與底層的資料型別都位在 Currency 類別中，則它們就具有高內聚力。如果該函式位在一個工具模組裡，而該模組又在完全不同的目錄裡時，它們之間的內聚力就很低。

最好的程式碼是低耦合的！換句話說，更改某個概念的程式碼不需要更改任何其他概念的程式碼：更改匯率的資料型別不需要更改身份驗證程式碼或退款邏輯。同時，當程式碼的兩個部分耦合在一起時，它們最好具有高度內聚力：如果要更改 Currency 資料型別，則需要更改的所有其他內容都在同一個文件中，或者至少在同一個目錄裡 .

當你做出設計決策時，請暫時從設計模式、架構原則和程式語言範式中往後退一步。問自己一個問題：當（而不是如果）有人要更改此處的程式碼時，他們需要更改的其他內容是否顯而易見？答案會取決於耦合性和內聚力。

第三方元件

第三方元件（函式庫、框架和服務）是設計問題的常見原因。它們很容易和你的程式碼糾纏在一起。當（而不是如果）你需要更換或升級元件時，變更可能會很困難，而且所造成的影響會相當的廣泛。

為避免這樣的問題，請把第三方的元件隔離於你所能控制的介面之後。你的程式碼會去使用介面，而不是直接使用元件。這個介面稱為閘道（*gateway*），但我會使用更通用的術語包裹器（*wraper*）來稱呼它。

包裹器除了讓你的程式碼具有面對來自第三方變更的韌性之外，它還可以按照你的需求來客製介面，而不只是仿照第三方的介面，並且你可以根據自己的需要來擴展介面的其他功能。

例如，當我為 Recurly 計費服務編寫包裹器時，我並沒有為 Recurly 的 subscriptions 接口提供公開方法。相反地，我寫的是 isSubscribed()。它會呼叫接口、解析回傳的 XML、遍歷訂閱，並把許多可能的訂閱狀態旗標轉換為簡單的布林結果。

請逐步地建立包裹器。與其支援被包裹元件的所有功能，還不如只支援目前的需求，並且專注於提供和於程式碼需要的介面。這會讓保裹器的建立成本更低，並且讓你更容易在未來需要更換底層元件時（而不是如果）進行更改。

一些元件（尤其是框架）會想要「擁有全世界」所需要的功能，而難以藏在包裹器之後。出於這個原因，我更喜歡使用簡單的函式庫來構建我的程式碼。這些函式庫提供較聚焦的介面，而不是一個無所不能的框架。不過，在某些情況下，框架是最好的選擇。

包裹一個框架是可能做得到的，但它所帶來的麻煩可能高過它的價值。你最後通常不得不包裹一堆不同的類別。在某些情況下，你會必須包裹框架的基礎類別。你可能會擴充框架的基礎類別來編寫出自己的基礎類別。

你或許也可以選擇不要包裹第三方的元件。當元件普遍且穩定的時候（例如核心語言框架），這是最有意義的選擇。你可以根據具體情況來做出這種決策。例如，我會直接使用 .NET 的 `string` 類別而不會透過包裹器，但我會使用包裹器來隔離 .NET 的加密函式庫（不是因為我認為它們會發生變更，而是因為它們很複雜，並且我可以用包裹器來隱藏和集中這種複雜性）。

快速失敗

精簡的設計有一個缺點，那就是程式碼會產生落差。如果你遵照 YAGNI 原則，那麼你的程式碼會無法處裡某些場景。例如，因為你的程式碼目前會以美元來呈現所有的內容，所以你可以編寫一個不處理非美元匯率的匯率呈現方法。但後來，當你加入更多匯率時，這種落差就可能導致臭蟲。

你可能會想要透過處理想到的每一個案例來防止這些錯誤。這種做法很慢而且也很容易出錯。相反地，請**快速地產生失敗**。快速失敗能讓你編寫更精簡的程式碼。你不需要處理所有可能的情況，而是編寫程式碼來處理需要處理的情況即可。對於其他所有情況，你都會快速地產生失敗。例如，當被要求呈現非美元匯率時，呈現匯率的方法就會快速地產生失敗。

想要快速地失敗，請編寫執行時期的斷言。這一行程式碼會檢查條件，並且在不滿足條件時，拋出異常（這通常取決於程式語言）。雖然它有點像測試時的斷言，但它卻是成品程式碼的一部分。例如，Javascript 版本的呈現匯率方法可能會在方法開頭有這樣的斷言：

```javascript
if (currency !== Currency.USD) {
  throw new Error("Currency rendering not yet implemented for " + currency);
}
```

大多數的語言都內建了某種執行時期的斷言，但它們往往缺乏表達力。我喜歡編寫自己的斷言模組，其中包括了能夠產生良好錯誤訊息的函式。例如 `ensure.notNull()`、`ensure.unreachable()`、`ensure.impossibleException()` …等。

有些人會擔心快速地產生失敗會讓他們的程式碼更加地脆弱，但事實卻恰好相反。透過快速失敗，你可以讓錯誤更加明顯。這代表著你可以在它們被正式使用之前發現它們。你也

可以加入一個頂層的例外處理器，來記錄錯誤的訊息並且進行恢復，以便來當作避免軟體徹底地崩潰的安全網。

用來快速失敗的程式碼結合與外部互動型測試能夠發揮最好的效果（請參閱第 417 頁「編寫與外部互動型測試」）。因為與外部互動型測試會觸發快速失敗的檢查，而讓你能夠更加輕易地找到落差。隔離的測試會需要假設測試一些關於依賴的行為，當這個行為能夠快速地產生失敗時，便能輕易地假設依賴是否發揮作用。

程式碼即文件（Self-Documenting Code）

精簡是由旁觀者所認定的。你認為設計是否精簡並不是太重要。如果團隊的其他成員（或軟體未來的維護者）覺得它是複雜的，那它便是複雜的。為了避免這樣的問題，請使用團隊你的語言和團隊常用的慣用語和模式。

引入新想法是可以的，但首先要讓其他團隊成員了解它們才行。

想要達成程式即文件，名稱是一種最強而有力的工具。請務必使用清楚反映變數、函式等其他程式元素目的的名稱。當一個函式有許多變動的部分時，請使用抽取函式的重構方式 [Fowler2018] 來命名每一個部分。當某個條件難以理解時，請使用函式或中間變數來命名每個條件。

請注意，我沒有提到註解。確切地來說，雖然註解是不錯的方法，但他們就像是一支枴杖。試著想辦法讓你的程式碼相當的精簡且充滿表達力，而不需要使用註解。

好的名字與精簡的程式碼很難。有三件事能讓它們變得更容易：其一，結對開發或群體開發會給你更多的觀點和想法。如果你苦於想出一個好的名字，或者你認為駕駛者編寫的程式碼不清楚，請與團隊成員討論這個情境，並且找出一個好的方式來表達這些實作。

> **關聯**
>
> 結對程式設計 (p.356)
> 群體程式設計 (p.366)
> 重構 (p.421)
> 共有程式碼主導權 (p.350)

其二，你總是能進行重構。編寫出當下最好的實作方式，而當稍後返回時，把它重構得更好。

其三，善用共有程式碼主導權。當你發現程式碼不清楚時，弄清楚編寫它的人想表達些什麼，然後進行重構來讓意圖更加顯而易見。

公開的介面

公開的介面會降低進行變更的能力。一旦介面公開給團隊外部的人員時，更改介面通常會需要更多的花費與努力。因為你必須小心不要破壞他們所依賴的任何東西。

一些團隊把設計中的公有方法也視作公開的介面。這種方式會假設一旦定義好後，公有的方法應該永遠不會再做修改。坦率地說，這是一個壞的概念。它會阻礙你隨著時間來改善設計。更好的做法是按照需要來更改未公開的介面，並且相應地更新呼叫者。

如果你的程式碼會給外部團隊使用，你的確會需要公開介面。每一個公開的介面都是對設計決策的承諾，然而你會希望未來還能更改這些決策。因此，請最盡量減少公開的介面。針對每一個公開的介面，考量是否效益高過它的成本。有時候的確會高過成本，但這是一個需要謹慎做出的決定。請盡可能地推遲決定，來讓你的設計得以獲得改善並且穩定下來。

在某些情況下，就像建立函式庫給第三方使用的團隊，產品目的就是為了提供公開的介面。在這種情況下，請預先仔細地設計界面，而不是使用演進式設計。介面越小越好，因為擴增介面會比刪除錯誤要來得容易。

正如 Erich Gamma 在 [Venners2005] 中所說「當提到公開更多 Eclipse [開源的 Java IDE] 的 API 時，我們會按需來進行，並逐漸公開 API…當我們發現需求時，我們會說，好吧！我們會投資公開這個 API，並且做出承諾。因此，我真的會以更小的步驟來思考它。我不會想要在需要之前承諾一個 API。」

效能最佳化

現代電腦很複雜。即使是從硬碟讀取當行的文件也必須協調 CPU、多層的 CPU 快取、操作系統內核、虛擬檔案系統、系統匯流排、硬碟控制器、硬碟快取、作業系統緩衝區，系統緩衝區和排程管道。每個元件都是為了解決某個問題而存在，而且每個元件都有某種技巧可以擠出效能。資料是否在快取裡？哪個快取？記憶體是如何對齊的？是異步取讀還是採用阻塞的方法？

換句話說，你對效能的直覺幾乎總是錯誤的。基於 20 行效能測試的最佳化技巧並不能解決問題。最佳化現代系統的唯一方法是採取整體方法。你必須衡量程式碼的**實際**效能，找到問題點並從那裡開始優化。不要猜測，不要進行假設，只需分析程式碼。

> 你對效能的直覺幾乎總是錯誤的。

字串連接、函式呼叫和封箱 / 拆箱的處理（**感覺**很昂貴的東西）通常不是問題。大多數的時候，效能是由網路、資料庫或檔案系統所掌控。如果不是，那它很可能是因為平方時間演算法（quadratic algorithm）。在緊密的迴圈裡很少會出現執行緒競爭或非循序的記憶體存取。但唯一可以確定是否如此的方式就是對實際的效能進行衡量。不要猜測。分析衡量就對了！

與此同時，請忽略你所聽過的最佳化技巧。當（不是如果）你需要更改程式碼（不管是什麼理由），簡單且直接的程式更容易達成你的目的。

問題

如果我們知道將會需要某個故事，那該怎麼辦？難道我們不應該為它留下設計上的伏筆嗎？

你的計畫可能會在任何時間發生改變。除非該故事是當週的工作，否則不要為它留下任何的伏筆。那個故事可能會從計畫中消失，而讓你陷入不必要的複雜度裡。

更重要的是演進式設計會隨著時間實際地減少變更的成本，所以能越晚做出變更，成本就越低廉。

如果忽略某個故事會使得未來實作它的時候，變得更加困難，那該怎麼辦？

如果忽略潛在的故事可能會讓它變得更加困難，請在不直接使用程式提供支援的情況下，尋找消除風險的方法。第 397 頁「風險驅動架構」提供了更多詳細的資訊。

先決條件

精簡的設計需要透過重構、反思式設計和增量式設計來不斷地進行改善。沒有它們，你的設計將無法根據需求來演進

不要拿精簡的設計來當作差勁設計的藉口。精簡需要仔細的思考。不要假裝「精簡」就是代表最快或最容易實作的程式碼。

共有程式碼主導權和結對開發或群體開發雖然不是精簡的設計所必需的實務做法，但它們會幫助團隊進行必要的思考，來建立真正精簡的設計。

> **關聯**
>
> 重構 (p.421)
> 反思式設計 (p.460)
> 增量式設計 (p.442)

> **關聯**
>
> 共有程式碼主導權 (p.350)
> 結對程式設計 (p.356)
> 群體程式設計 (p.366)

指標

當你建立了精簡的設計：

- ☐ 團隊不會為未來的故事編寫程式碼。
- ☐ 由於團隊不會構建目前不需要的任何東西，所以團隊會更快地完成工作。
- ☐ 你的設計能輕鬆地進行任意的更改。
- ☐ 雖然新功能可能需要許多新的程式碼，但對於既有程式碼的變更會是局部且直接的。

替代方案與試驗

典型的設計方法是預測未來的變化並構建一個預先支援它們的設計。我稱它為「預測性設計」，而這和我接下來討論的反思式設計形成對比。

關聯
反思式設計 (p.460)

儘管有許多團隊使用預測性設計取得了成功，但它依賴於正確地預測新的需求和故事。如果你預料的範圍太遠，你可能不得不重寫大量基於錯誤假設的程式碼。這些更改可能造成太過廣泛的影響，而難以節約地完成這些更改。進一步導致程式碼庫存在長期的缺陷。

一般來說，我發現此實務做法所提關於精簡的設計的技巧要比預測性設計更有效，但你可以把兩者結合起來。如果你確實使用了預測性設計方法，最好聘請對你所在的產業有豐富經驗的程式設計師。他們更有可能正確地預測改變。

延伸閱讀

Martin Fowler 在線上收集了他在 IEEE 設計專欄的絕妙文章（*https://oreil.ly/hVVqU*）。其中有許多專欄討論了有助於建立精簡的設計的核心概念。

《*The Pragmatic Programmer: Your Journey to Mastery*》[Hunt2019] 包含了豐富的設計資訊，能幫助你建立精簡且靈活的設計。

《*Implementation Patterns*》[Beck2007] 深入細節，且有專門章節討論狀態、行為和方法等主題。如果你可以回顧一下它略微過時且以 Java 為中心的範例，你將會發現大量發人深省的主題。

反思式設計（Reflective Design）

受眾
程式設計師

我們的程式碼每一天都變得比前一天好。

傳統的設計方法假設程式碼不應該改變。相反地，透過加入新程式碼來支援新功能和能力。傳統的設計透過預測可能需要什麼，並且以繼承、依賴注入等形式構建可擴展的「掛鉤」，來支援傳統設計方法。因此，未來可以新增這些功能的程式碼。開放封閉原則（一個經典的設計準則）說明了這種思維：「軟體實體（類別、模組 、和函式等）應該對擴展保持開放，但對修改保持封閉。」

不過，敏捷團隊的精簡設計不會包含對未來的預測。他們的設計沒有可擴充的掛鉤。相反地，敏捷團隊有能力重構他們的程式碼並改變設計。這為一種完全不同的設計方法創造了機會：實體（entities）並不是為了擴展而設計的，而是為了修改而設計的。

關聯
精簡的設計 (p.452)
重構 (p.421)

我稱這種方法為反思式設計。

如何進行反思式設計

反思式設計是與傳統設計（我稱之為預測性設計）形成對比。在預測性設計裡，你根據目前的需求和對這些需求可能會發生什麼變化，來預測軟體會需要做哪些事情，然後你會建立一個清晰地預測所有這些需求的設計。

相比之下，反思式設計不會對未來進行推測。它只在意你目前正要進行的變更。當使用反思式設計，你會在目前軟體既有的功能條件下，分析既有的程式碼，接著弄清楚你能如何改善程式碼來更好的支援你目前正要處裡的目標。

> 反思式設計只在意
> 你目前正要進行的變更。

1. 查看你將要處理的程式碼。如果你不熟悉它的話，請使用逆向工程，了解它的設計。對於複雜的程式碼來說，畫圖（例如，類別圖或序列圖）會有所幫助。

2. 找出設計裡的缺陷哪些東西難以理解？哪些東西並沒有妥善運作？如果你最近才處理過這些程式碼，什麼事情導致了問題？哪些東西阻礙你完成目前的任務？

3. 先挑選一件事進行改善。思考一種既能清理程式碼，又能讓你目前的任務變得更簡單或更好的設計變更。如果這樣的設計變更是大的，請和你的團隊同伴討論它們。

4. 漸次地重構程式碼來達到期望的設計。請注意設計的變更實際上的效果如何。如果它們的效果不如預期，請改變方向。

5. 重複，直到任務完成，並且程式碼如你所想的整潔。最少它要比你開始處理的時候，要變得更好一些。

反思式設計實務

我曾經不得不為我的一個網站更換登入的基礎設施。我原先使用的身份驗證提供商 Persona 已經停止服務，所以我需要切換到新的身份驗證提供商 Auth0。這是一個很大的變化，需要一個新的註冊流程。

我沒有提前規畫整個變更，而是使用反思式設計來一步一步地進行。我專注於第一個故事，也就是加入一個使用 Auth0 的登入流程。在 Auth0 更改完成之前，會使用功能旗標將它隱藏起來。

> 關聯
> 功能旗標 (p.482)

我的第一步是對程式碼的設計進行逆向工程。自從我使用這段程式碼以來已經有好幾年了，所以對我來說，就好像從未看過這些程式碼一樣。幸運的是，雖然程式碼還稱不上完

美，但我相當專注於精簡的設計，所以相當易於理解。沒有任何一個方法長度超過 20 行程式碼，而且大多數是沒有超過 10 行。最大的檔案是 167 行。

我從現有的登入接口開始著手。我並沒有深入研究，而只是查看了每個檔案匯入的內容並追蹤了依賴關係。login 接口依賴於 PersonaClient 和 SubscriberAccount。PersonaClient 依賴於 HttpsRestClient，而它是第三方程式碼的包裹器。SubscriberAccount 依賴於 RecurlyClient，而後者又依賴於 HttpsRestClient。

這些關係如圖 14-3 所示。當時我實際上並沒有繪製類別圖。我只是在編輯器裡開啟這些文件。因為這些關係相當的簡單，所以我可以把這一切都記在腦海裡。

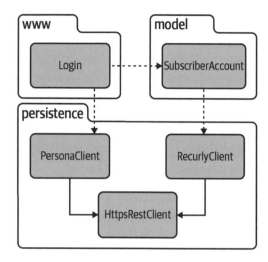

圖 14-3　驗證功能的設計分析

接下來，我需要找出設計裡的缺陷。由於這些程式碼是將近四年前，最早為網站所開發的內容，而且我也從中學習了許多事情，所以它有**許多**的缺陷。

- 我沒有把邏輯和基礎設施分開來。相反地，SubscriberAccount（邏輯）直接依賴於 RecurlyClient（基礎設施）。

- SubscriberAccount 沒有處理任何實質性的事情。相反地，另一個單獨的 User 類別負責了和使用者相關的邏輯，而 SubscriberAccount 的用途則不清楚。

- 基礎設施類別（PersonaClient、RecurlyClient 和 HttpsRestClient）都沒有測試。當我第一次編寫它們時，我並不知道如何為它們編寫測試，所以只是手動測試它們。

- 登入接口沒有測試，這是因為基礎設施類不是可測試的。因為登入還驗證了訂閱狀態，所以登入的複雜性很高。缺乏測試是一種風險。

我能夠改的東西很多，但反思式設計會需要你把精力集中在最重要的事情上。雖然不完整的 `SubscriberAccount` 類別和它對 `RecurlyClient` 的依賴是一個問題，但修復它並不會讓編寫新的登入接口變得更加容易。

> 把精力集中在最重要的事情上。

讓登入端點依賴於 `PersonaClient` 的核心結構也很有意義。我決定為 Auth0 登錄端點實現一個類似的 `Auth0Client` 類。

缺乏可測試性顯然是最大的問題。我希望新的登入接口能夠進行與外部互動型測試。為達到這個目標，`Auth0Client` 需要可以為空（Nullable）[Shore2018b]，而 `HttpsRestClient` 也會由於同樣原因而需要可以為空。在變更的過程中，我想要為 `HttpsRestClient` 加入窄域整合測試。

> 關聯
> ───────
> 快速且可靠的測試
> (p. 414)

全部需要變更的事情不只有這些變更，但它們顯然是第一步。我現在準備逐步地修改程式碼，來得到我想要的結果：

1. 我為 `HttpsRestClient` 新增窄域整合測試，並且清理了邊緣案例（花了 3 個小時）。

2. 讓 `HttpsRestClient` 可以為空（花了 1 小時）。

3. 讓 `RecurlyClient` 可以為空（花了 1.25 小時）。

4. 讓 `PersonaClient` 可以為空（花了 0.75 小時）。

5. 修改 `HttpsRestClient` 以便更能滿足 `Auth0Client` 的需求（花了 0.75 小時）。

6. 實作 `Auth0Client`（花了 2 小時）。

反思式設計並不是總要進行很大的變更。當實作完 `Auth0Client` 後，我的下一個任務是實作一個功能旗標，以便我可以在正式環境裡手動地測試 Auth0 的登入接口，但對一般使用者隱藏該接口。

實現功能旗標是一項小得多的任務，不過它會遵循相同的反思式方法。首先，我回顧了包含功能旗標的 `SiteContext` 類別，以及它所依賴的 `AuthCookie` 類別。其次，我發現了缺陷：設計做得很好，但測試並沒有達到我目前的標準。第三，我決定了改善的方式：修復測試。第四，進行增量式的重構：我對 `SiteContext` 測試重新排序，以便讓這些測試能夠更清楚表達它的目的，並且把 `AuthCookie` 的測試從舊的測試框架遷移到我目前的測試框架。

這些所有的任務只是大約半小時的工作，所以步驟並不是真的如此明顯。主要是在「查看程式碼、發現一些明顯的問題、修復問題」。反思式設計不一定是一系列清晰的步驟。重要的是當你工作時，你會不斷地反思自己的程式碼，並且進行改善。

對設計進行逆向工程

反思式設計的第一步是分析既有的程式碼。此外，如果你還不了解程式碼的話，就對它的設計進行逆向工程。

最好的方法是請團隊中的某個人為你解釋設計。無論是採用面對面的還是遠距的方式，使用白板繪製草圖，來進行討論是一種快速有效的學習方式，而且通常會轉變成一起合作，來進行可能改善。

在某些情況下，團隊中沒有人了解設計，或者你可能希望自己深入研究程式碼。發生這種情況時，首先要考慮原始碼檔案所對應的功能。選擇功能和你目前任務最可能有關的檔案。如果沒有其他值得考慮的事情，你通常可以從 UI 開始著手，接著從此處開始追蹤依賴關係。舉例來說，當我分析身份驗證程式碼時，我是從和登入按鈕相關的接口開始分析。

一旦有了起點，請打開檔案並瀏覽方法和函式名稱。使用它們來確認或修改你對原碼檔案功能的猜測。如果你需要更多線索，請瀏覽該原碼檔案相關測試的測試名稱。接下來查看該原碼檔案的依賴項目（通常是在匯入的地方）。也請分析這些檔案，然後重複上述的步驟，直到依賴項目不再與你要進行的更改有關為止。

現在你已經對所有相關的檔案和它們對應的功能有了一個很好的了解，請回過頭來看看它們是如何相互關聯的。複雜的話，就畫張圖。你可以使用正式的塑模技術，例如 UML，但隨意的草圖也一樣好。我通常會先為每個模組或類別繪製方框，並用帶有標籤的線來顯示它們之間的關係。當程式碼特別複雜時，我會繪製一張序列圖，其中每個模組或類別實例都會對應一行，行之間則使用箭頭顯示函式的呼叫。

> ── **NOTE** ──────────────────────────
>
> 一些工具會自動基於原碼產生 UML 圖。不過，我更喜歡透過自己研究程式碼來手動地繪製圖表。手動地繪製會需要我更深入地研究程式碼。雖這比較耗時，但我最後對於程式碼的工作原理會有了更好的理解。

這不應該花很長的時間。因此，請記住理解設計的最佳方式是請團隊中的某個人向你說明設計。除非你的團隊使用了大量並非自己構建的程式碼，否則你應該不太會難以找到了解既有程式碼設計的人。畢竟程式碼是你的團隊所編寫的。快速地回顧來更新你的理解就足夠了。

找出改善機會

尋找設計的改善機會時，要記住最重要的事情是所有程式碼都有潛在的優點。查看既有的程式碼很容易就會認為「這真的太糟了！」。它或許實際上是糟糕的，但你應該要小心不要只是因為你沒有馬上了解程式碼，就認為設計很糟糕。無論程式碼設計得多麼好，它都需要時間來理解。

不過，即使程式碼是糟糕的，它也很可能是在考慮一些底層設計的情況下所建立的。隨著時間的經過，這種設計可能會變得很粗糙，但在它之下的某處可能藏著一個好的想法。

你的工作是發現並欣賞這種潛在的優點。如果它不再合適，你不必保留原始的設計。不過，你確實需要了解它。很多時候，原始設計仍然有意義。它只是需要調整，而不是全面的修改。

> 你的工作是發現並欣賞
> 程式碼潛在的優點。

回到身份驗證範例，登入接口依賴於 `PersonaClient`，而後者又依賴於 `HttpsRestClient`。所有的程式碼都是不可測試的。這造成了一些醜陋且未測試的登入程式碼，但是建立基礎設施包裹器的核心概念是合理的。我並沒有捨棄這個核心概念，而是增強這個概念的實作。我透過讓基礎設施包裹器可以為空，以便稍後可以讓我使用測試驅動開發來構建一個新的、更乾淨的 Auth0 登入接口。

這並不是說既有的設計會是完美的。總會有一些需要改善的地方。但是當你考慮改善時，不要想方設法放棄一切並重新開始。相反地，找尋那些會損害原先設計優點的問題。恢復並且改善設計，而不是重新發明它。

程式碼異味

程式碼異味是關於設計問題的智慧結晶。它們是發現程式碼改善機會的好方法。

注意到程式碼異味並不一定意味著設計存在問題。就像廚房裡有一股怪味：它可能表明是時候倒垃圾了，也可能只是意味著有人在用一種特別刺鼻的奶酪做飯。無論哪種方式，當你聞到一些有趣的東西時，請仔細查看。

在 Martin Fowler 與 Kent Beck 合著的《*Refactoring*》第 3 章中對程式碼異味進行了精彩的討論。[Fowler2018] 內容非常值得一讀。以下小節總結了一些我認為最重要的異味，包括 Fowler 和 Beck 沒有提到的一些異味[6]。

6　程式碼類別（Code Class）、擠壓掉的錯誤（Squashed Errors）、嬌慣的空值（Coddled Nulls）、時間依賴（Time Dependency）、和半生不熟的物件（Half-Baked Objects）是我的發明。

霰彈式修改與發散式修改

這兩種異味可幫助你找出程式碼中內聚力的問題。霰彈式修改代表當你必須修改多個模組或類別時，才能完成單個變更。這種情況表示你正在進行變更的概念需要集中化。請給這個變更屬於自己的名稱與模組。

發散式修改正好相反。它代表不相關的變更都會影響同一個模組或類別。這代表該模組要處理的職責太多。請將這些職責拆分為多個模組。

基本型別偏執和資料泥團

基本型別偏執是指重要的設計概念是由一般型別來表示。例如，當匯率用小數表示，或者訂閱續訂日期用 Date 表示。這會造成涉及這些概念的程式碼在程式碼庫中擴散開來，進而增加了重複性並降低了內聚力。

資料泥團也是相似的異味。它指出幾個代表某種概念的變數總是一起出現，但這些變數卻沒有代表它們的類別或型別。例如，程式碼可能一直傳遞 street1、street2、state、country、和 postalCode 字串給不同的函式或方法。這些變數就是代表地址的資料泥團。

這兩種情況有相同的解決方案：用專屬的型別或類別來封裝概念。

資料類別和程式碼類別

我看過物件導向設計最常見的一種錯誤是資料與程式碼分屬於不同的類別內。這通常會導致重複的資料處理程式碼。當一個類別只有實例變數與對應的 getter 和 setter 時，這種類別就是資料類別。相同地，如果一個類別只是用來作為函式的容器且沒有每個實例的狀態時，這種類別就是程式碼類別。

程式碼類別本身不一定是問題，但它們通常和資料類別、基本型別偏執或資料泥塊一起出現。重新結合這些程式碼和它們的資料：透過把方法與它們所處理的資料放在同一個類別中來提高內聚力。

擠壓掉的錯誤（Squashed Errors）與嬌慣的空值（Coddled Nulls）

強健的錯誤處理是一種可以用來區分傑出的程式設計師和一般優秀的程式設計師的要點。很多時候，本來寫得很好的程式碼會在遇到錯誤時徹底失效。一個常見錯誤處理的組合是捕捉異常、記錄錯誤、然後回傳 null 或其他沒有意義的值。這種做法在 Java 尤其普遍，因為編譯器會要求異常處理。

這些擠壓掉的錯誤會導致未來發生問題。這是因為 null 最終會在程式碼的其他地方被當作實際值。相反地，只有當你能夠提供有意義的替代方案時，才處理錯誤，例如重試或提供有用的預設值。否則，請把錯誤傳給你的呼叫者。

嬌慣的空值也是類似的問題。這類的問題發生在函式從參數或從呼叫的函式回傳值中，收到意料外的 null。明知 null 會導致錯誤，卻不知道要如何處理它。此時程式設計師會檢查 null，然後就把它回傳出去。null 會一路傳遞並且深入到應用程式裡，進而在之後軟體運行時，導致不可預測的故障。有時 null 會傳進資料庫裡，導致程式反覆地發生故障。

相反地，採取快速失敗的策略（請參閱第 456 頁「快速失敗」）。不要讓 null 可以作為參數，除非它具有明確定義的語義。不要回傳 null 來表示錯誤，而是拋出異常。當你在不期望的地方收到 null 時，拋出異常。

時間依賴（Time Dependencies）與半生不熟的物件（Half-Baked Objects）

時間依賴代表必須以特定的順序來呼叫類別的方法。半生不熟的物件是時間依賴的一種特例：它們必須先被建造出來，然後呼叫方法來初始化，接著才被使用。

時間依賴與半生不熟的物件通常意味著封裝上的問題。類別期望呼叫者管理它的部分狀態，而不是類別自己來管理狀態。這會造成呼叫者產生錯誤或重複編寫相同的程式碼。請尋找更有效的方法來封裝類別的狀態。在某些情況下，你可能會發現類別包含了太多的職責，而你能夠透過拆分成多個類別來解決這樣的問題。

增量式重構

在你決定要更改什麼之後，使用一系列小的重構來進行變更。循序漸進地進行、一次一小步、確保每一步都通過測試。如果不計算思考的時間，每次重構最多應該只會花費一兩分鐘（常常是更短的時間）。你有時可能會需要加上缺少的函式或方法，請使用測試驅動開發來構建這些函式或方法。

<table>
<tr><td>關聯</td></tr>
<tr><td>重構 (p.421)</td></tr>
<tr><td>測試驅動開發 (p.398)</td></tr>
</table>

在工作過程中，你會發現一些改善的想法實際上並不是好的主意。請保持計畫的靈活。在進行每次更改時，也要使用反思式設計來評估結果。頻繁地提交你的程式碼，這樣你就能回復那些行不通的想法。

但是不要擔心程式碼的完美程度。只要你能讓它比你發現它時變得更好，它現在就足夠好了。

反思式設計的練習曲

你聽過音樂家演奏音階嗎？那是一首練習曲（或許是首很無聊的曲子）。練習曲透過精確和仔細的重複過程來傳授精通的方法。練習曲最後被拋棄，但技能仍會存在。

以下的練習曲會幫助你的團隊發展反思式設計的兩項基本技能：分析既有程式碼的設計和找出改善機會。每天進行半小時並且持續數週。預期一開始會因為時間限制而感到匆忙。如果練習曲變得陳舊，請討論如何改變它，來讓它再次變得有趣。

步驟一。配對。每次演奏練習曲時，請和不同的人配對。如果人數為奇數，那麼額外的人可以單獨地演奏或組成三人的小組。

步驟二（將此步驟的時間盒設為 15 分鐘）。查看程式碼，並選擇一個獨立的單元來進行分析。選擇你的小組以前沒有討論過的東西。你可以選擇一個函式或方法、一個模組或類別，或者整個子系統。不要花太長時間挑選東西；如果你無法決定，請隨機選擇。

透過閱讀程式碼來對設計進行逆向工程。使用序列圖、類別圖、CRC 卡或任何你偏好的技巧來對設計進行塑模。 隨意的模型也很好。找出程式碼或設計中任何的缺陷，並討論如何修復它們。建立一個新的模型，來顯示修改後的樣子。

步驟三（將此步驟的時間盒設為 15 分鐘）。選出三對，並且由每一對來帶領討論關於他們的發現。

重複練習曲直到所有參與者都能夠在 30 分鐘內，產生高品質的結果而不會感到匆忙。

問題

反思式設計與重構有何不同？

反思式設計是決定要駕駛車輛往何處前進。重構則是採下油門並且操控方向盤。

我們如何騰出時間來進行反思式設計？

這是工作中標準且不能退讓的一部分。你應該讓程式碼至少比你發現它時變得更好，所以當你開始一項任務的時候，從反思式設計出發，看看你要改善什麼。這些改善有時甚至會花掉任務所需的總時間，但即使它不能讓你更快地完成任務，它也會讓你在未來能更快地完成任務。以最終結果來看，保持設計的無瑕只賺不賠。

另一方面，你只需要讓程式碼比你發現它的時候更好一點即可。不要解決所有的問題。相反地，請使用時差，來決定何時該為額外的機會騰出時間，如第 243 頁「提升內部品質」中所述。

先決條件

任何人都可以使用反思式設計來找出改善機會。它是工具袋裡的另一個工具，而且把它與預測性或隨意的設計方法一起使用也不會有任何的問題。

想要實際地完成改善會需要重構，而且通常會仰賴一套好的測試。

關聯
―――――――
重構 (p.421)
測試驅動開發 (p.398)

指標

當你熟練反思式設計：

- ☐ 你的團隊會不斷地改善既有程式碼的設計。
- ☐ 當進行一項任務時，程式設計師經常會進行重構，來讓任務變得更為簡單。
- ☐ 重構會聚焦在能夠發揮最大作用的地方。
- ☐ 程式碼會不斷地變得更容易且更方便處理。

替代方案和試驗

不了解如何使用反思式設計的團隊常常會主張改寫程式碼，或花費大量時間進行重構。雖然這種做法也有效，但相比之下顯得很笨拙。此外，它無法以增量的方式完成，進而造成程式設計師與利害關係人之間針對如何分配團隊時間而發生衝突。

反思式設計實際上與增量式設計改善有關。它和增量式工作有相同的概念，而這個概念也貫穿了整個交付領域的實務做法。你不需要按步就班的使用此處所介紹的方法，所以請隨意地進行試驗。當你隨意地進行試驗時，請專注讓你發現改善機會，並且逐漸做出變更的技巧，而不是「停下整個世界」來進行變更。

延伸閱讀

[Shore2020b] 的第九集《*How to Add a Feature (Cleanly)*》展示了基於小型程式碼庫的反思式設計。

Martin Fowler 的《*Refactoring*》[Fowler2018] 在每個重構的方法都搭配了對於重構的為何有用和何時有用的深度討論。它們是設計洞見的寶貴來源。請仔細地研究它們，來磨練你找出設計改善機會的能力。

第 15 章

DevOps

我剛開始從事程式開發時，我的工作很明確：構建軟體並且移交發佈。交接後，一個神秘的流程會把軟體交到客戶手中。首先，它需要運送光碟。後來則會和一個叫作「維運」的遙遠部門有關。它們似乎很著迷於鳥叫（*awk! grep! petl!*）。但不管如何，這都和我無關。

即使在我開始實踐敏捷之後，這種情況仍繼續著。儘管敏捷團隊是跨職能的，但維運是由其他人處理的，而且我也從未見過他們，甚至很少知道他們的名字。我知道這不符合敏捷精神，但在我服務的公司裡，開發和維運之間隔著一面堅固的壁壘。我為此暗地裡感到高興。

幸運的是，敏捷社群裡的其他人並沒有那麼自滿。他們努力打破開發和維運之間的壁壘，且後來也打破了將安全隔離開來的壁壘。該運動後來被稱為 *DevOps*，也稱為 *DevSecOps*。

> **— NOTE**
>
> 與敏捷生態系統中的許多事情一樣，「DevOps」一詞已被善意的人做出不正確的假設…以及不太有善意且試圖快速賺錢的公司所扭曲。本書裡我使用它的原始含義：開發、維運和安全之間的緊密協作。
>
> 有些人把 DevOps 擴展到更多領域，使用 DevSecBizOps、DevSecBizDataOps 甚至 Dev<Everything>Ops 等術語。當然這讓跨職能且自主的團隊更加地完整。他們擁有成功所需的所有技能。或者，你知道的…敏捷。

透過打破開發、維運和安全之間的壁壘，DevOps 讓你的團隊建立更安全、更可靠且更易於在正式環境中管理的軟體。本章有四種做法可以幫助你達到這個目標：

- 第 472 頁「為維運構建軟體」建立安全且易於在正式環境中管理的軟體。
- 第 482 頁「功能旗標」讓團隊能夠部署未完的軟體。
- 第 487 頁「持續部署」減少正式環境部署的風險與成本。
- 第 492 頁「演進式系統架構」保持系統精簡、可維護、與靈活。

本章的啟發來源

「DevOps」一詞是由 Patrick Dubois 所推廣。他在 2009 年舉辦了第一屆 DevOpsDays 大會。打破開發人員和維運人員之間障礙的想法雖然早於該術語，但沒有任何明確的來源。不過，較早的一個例子是 Benjamin Treynor Sloss 在 2003 年於 Google 所建立的系統可靠性工程。在 [Beyer2016] 裡，他寫道：「人們可以把 DevOps 當作概括了數個 SRE 的核心原則…[或] 把 SRE 當作 DevOps 的一種具體實現方式，再加上一些獨特的延伸概念。」這種以合作為核心理念則體現在**為維運構建軟體**上。

功能旗標也稱為功能開關。就像 DevOps 一樣，它們是一種敏捷概念的自然擴展（以這個例子來說，是持續整合的擴展）。這個概念並沒有明確的來源。

持續部署也是持續整合的自然擴展。Kent Beck 在 XP 的第二版中包含了類似的做法「每日部署（Daily Deployment）」。[Beck2004] 就我所知，第一次使用這個術語是在 Paul Duvall 所著的《*Continuous Integration*》裡。[Duvall2006]

演進式系統架構是把 XP 的演進式設計思想應用於系統架構上。

為維運構建軟體

受眾
程式設計師、維運人員

我們的軟體是安全的，
而且易於在正式環境中進行管理。

DevOps 背後的基本概念很簡單，那就是透過把具有維運和安全技能的人員納入團隊裡，我們就可以為軟體構建可維運性和安全性，而不是事後才加進去。這就是**為維運構建軟體**。

這就是它的全部！在你的團隊中包括具有維運和安全技能的人員，或者至少讓他們參與團隊的決策。讓他們參與規劃會議。建立故事來讓軟體更易於監控、管理和安全。討論為什麼這些故事很重要，並根據重要性來確認優先順序。

不要在開發結束時，省掉維運和安全故事。最好讓你的軟體隨時可以發佈（請參閱第 160 頁「最小化在製品數量」）。當你為軟體新增更多功能時，請相應地擴展你的可維運性。例如，當加入需要新資料庫的功能時，還要新增用於配置、安全、監控、備份和回復資料庫的故事。

> 不要在開發結束時省掉
> 維運和安全故事。

你應該考慮哪些種類的維運和安全需求？你的隊友應該可以告訴你。以下小節會幫助你入門。

威脅塑模

為維運構建軟體會需要*左移*：從開發之初考慮安全和維運需求，而不是在最後。了解這些需求的一種方法是威脅建模。這是一種安全技術，但它的分析也有助於維運。

威脅塑模是了解你的軟體系統以及它如何受到威脅的流程。在 Adam Shostack 的《*Threat Modeling: Designing for Security*》[Shostack2014] 一書中，他把這個威脅塑模描述為一個回答四個問題的流程。這是一個很好的團隊活動：

> 關聯
> 視覺化規劃 (p.173)
> 盲點探索 (p.510)

1. **你在構建什麼？** 繪製系統架構圖，包括已部署軟體的元件、元件之間的資料流和它們之間的信任或授權邊界。

2. **會出什麼問題？** 使用同時腦力激盪（請參閱第 95 頁「同時工作」）來思考每個元件和資料流受到攻擊的可能方式，然後進行點數投票來縮小團隊的主要威脅。

3. **對於那些可能出錯的事情，你應該怎麼辦？** 腦力激盪出檢查或解決主要威脅的方法、點數投票、並為此建立故事卡。請把它們加到可視計畫裡。

4. **你的分析工作有做好嗎？** 不需要急於回答這個問題，再思考一下！再回顧一下目前的產出來看看是否遺漏了什麼。定期地重複練習，來吸收新的資訊和見解。使用盲點探索來發現思考上的落差。

有關更多詳細資訊，請參閱 [Shostack2014]。它是為沒有安全相關經驗的人編寫的，第 1 章提供了入門所需的一切，包括用於腦力激盪的紙牌遊戲（紙牌遊戲也可從線上免費取得（*https://oreil.ly/CgeKn*））。想要獲得較簡短的介紹，並且包含精心設計的團隊活動的說明，請參閱 Jim Gumbley 的《*A Guide to Threat Modelling for Developers*》[Gumbley2020]。

組態

根據《*The Twelve-Factor App*》[Wiggins2017]，已部署的軟體是由程式碼和組態結合而成。在這種情況下，組態代表軟體在每個環境裡都不同的部分，例如，資料庫連結字串、第三方服務的 URL 和機密（secrets）等。

部署時，無論是在本地機器、測試環境還是正式環境裡，你都會在每個環境中部署相同的程式碼。不過，你的組態會發生變化：例如，你的測試環境將會設定成使用測試資料庫，而正式環境則會設定成使用正式資料庫。

這個「組態」的定義只包括在不同環境所改變的東西。團隊經常會使其他東西變得可以設定。例如網站頁腳的版權日期，但這些類型的組態應該明確地和環境組態有所分別。他們構成軟體行為的一部分，而且應該像程式碼一樣地對待，包括和程式碼一起進行版本控制。為了這個目的，我經常會使用實際的程式碼，例如 `Configuration` 模組裡的常數或 getter。（我通常也會開發模組來抽象化環境組態。）

另一方面，環境組態應該和程式碼隔離開來，且通常存放在單獨的儲存庫裡。如果你把它包含在程式碼儲存庫裡（這種做法對於團隊負責部署時是有意義的），請把它明確地獨立出來：例如，原始碼放在原始碼目錄裡，而環境組態則放在環境目錄裡。接著在部署期間，透過設定環境變數、複製檔案等方式，把組態注入部署環境。具體情況會取決於你的部署機制。

避免讓你的軟體可以無止盡地進行組態設定。複雜的組態最後會變成某種形式的程式碼。這種程式碼是以一種特別粗製濫造的程式語言編寫而成，而且沒有抽象化或測試。相反地，如果你需要

<table>
<tr><td>關聯</td></tr>
<tr><td>功能旗標 (p.482)</td></tr>
</table>

複雜的組態設定能力，請使用功能旗標來選擇性地開啟或關閉行為。如果你需要由客戶所控制的複雜行為，那麼請考慮插件架構。兩種方法都能讓你透過真正的程式語言，來編寫出滿足這些複雜細節的程式碼。

機密（Secrets）

機密（密碼、API 密鑰等）是一種特殊類型的組態。更重要的是它們不是程式碼的一部分。事實上，大多數團隊成員根本就不該接觸到機密。相反地，請定義

> 團隊成員不應該接觸到機密。

一個安全的程序來產生、儲存、輪換、和稽核機密。對於複雜的系統而言，這經常會與機密管理服務或工具有關。

如果你把環境組態存放在獨立的儲存庫裡，那麼你可以嚴格地限制對儲存庫的存取，來控制機密的存取。如果你會在程式碼儲存庫裡保存環境組態，則需要「靜態」加密你的機

密。這意味著對任何包含機密的檔案進行加密，並且編寫部署腳本，來對之前注入部署環境的機密進行解密。

說到部署，請特別注意建置和部署自動化如何管理機密。在部署腳本或 CI 伺服器的組態裡寫死機密是很方便的做法，但這種方便並不值得冒險。你的自動化需要和其他程式碼相同的安全處理程序。

永遠不要把機密寫入日誌。因為很容易不小心這樣做，所以考慮編寫日誌包裹器來尋找類似機密的資料（例如，命名為「密碼」或「機密」的欄位）並且刪減它們。當包裹器找到一個類似機密的資料時，讓它觸發告警，以便團隊修復錯誤。

偏執的遙測

無論你多麼仔細地編寫程式碼，它仍然會在正式環境裡故障。即使是完美的程式碼也倚賴於一個不完美的世界。外部服務回傳預期外的資料，或者更糟糕的是回應速度非常地慢。檔案系統用光空間，故障移轉…失敗。

每次程式碼和外部世界互動時，都要假設會出錯來編寫程式碼。檢查每個錯誤碼，驗證每個回應的內容，暫停沒有回應的系統，以及使用指數輪詢來編寫重試邏輯。

當你可以安全地解決損壞的系統時，就請這樣做。當你做不到時，請以可控且安全的方式失敗。無論哪種方式，請產生問題的日誌，以便監控系統可以發送告警。

日誌記錄

沒有人願意在半夜被正式環境的問題吵醒。不過不管如何，它都會發生。當它發生時，待命人員需要費心最少的方法來診斷和解決問題。

為了讓這件事更容易，請採用系統性且深思熟慮的方法來記錄日誌。不要只是在程式碼裡隨處發送垃圾日誌訊息。相反地，想想那些會出錯的事情，以及人們需要知道哪些事情。建立使用者故事來解決這些問題。例如，如果你發現安全漏洞，你要如何確定哪些使用者和資料受到影響？如果效能惡化，你要如何確定需要解決的問題？期望分析（請參閱第 180 頁「期望分析」）和你的威脅模型可以幫助你找出這些故事，並確定優先序。

使用結構化的日誌，並且路由到集中式的資料儲存體，以便你的日誌更易於搜索和過濾。結構化日誌以機器可讀的格式輸出資料（例如，JSON）。編寫你的日誌記錄包裹器，來支援記錄任意的物件。這會讓你可以輕鬆地包含提供重要情境的變數。

例如，我處理過一個依賴於某個服務的系統，該服務棄用了帶有特殊回應標頭的 API。我們為軟體編寫了程式碼來檢查這些標頭的存在，並執行以下的 Node.js 程式碼：

```
  log.action({
    code: "L16",
    message: "ExampleService API has been deprecated.",
    endpoint,
    headers: response.headers,
  });
```

輸出內容如下：

```
  {
    "timestamp": 16206894860033,
    "date": "Mon May 10 2021 23:31:26 GMT",
    "alert": "action",
    "component": "ExampleApp",
    "node": "web.2",
    "correlationId": "b7398565-3b2b-4d80-b8e3-4f41fdb21a98",
    "code": "L16",
    "message": "ExampleService API has been deprecated.",
    "endpoint": "/v2/accounts/:account_id",
    "headers": {

      "x-api-version": "2.22",
      "x-deprecated": true,
      "x-sunset-date": "Wed November 10 2021 00:00:00 GMT"
    }
  }
```

日誌訊息提供的額外情境讓問題易於診斷。endpoint 字串清楚地表明了哪些 API 已被棄用，而且 headers 物件讓程式設計師了解細節並消除誤報的可能性。

在拋出異常時也要提供情境。比方說，如果有一個 switch 語句，而它擁有一個永遠不會被執行的預設條件時，你可能會判定這部分的程式碼是不會被執行到的，但不要只是拋出「不該被執行的程式碼被執行了」的異常。請拋出一個有詳細資訊的異常，來讓團隊能夠解決問題。例如：

「嘗試發送入職電子郵件時，遇到未知使用者訂閱類型『legacy-036』。」在日誌記錄範例中，你會看到幾個標準的欄位。其中大部分的欄位是由日誌的基礎設施所新增的。請考慮把它們加到你的日誌裡：

- 時間戳記（*Timestamp*）：日誌發生時間的機器可讀版本。

- 日期（*Date*）：timestamp 的易於閱讀版本。

- 告警（*Alert*）：告警發送的種類。經常以「級別（level）」來表示。我稍後會進一步解釋。

- 元件（*Component*）：產生錯誤的程式碼庫。

- 節點（*Node*）：產生錯誤的具體機器。

- 關聯 *ID*（*Correlation ID*）：把相關日誌聚集在一起的唯一 ID，這類日誌通常會跨多個服務。例如，與某個 HTTP 請求相關的所有日誌可能有相同的關聯 ID。此 ID 也稱為「請求 ID（request ID）」。

- 代碼（*Code*）：日誌訊息的任意且唯一的代碼。它永遠不會改變，所以可以用來搜尋日誌和查找文件。

- 訊息（*message*）：用來表示代碼意義的人類可讀內容。不像代碼，它的內容是可以改變的。

為你的日誌附上文件，以便對每個告警提供簡要的說明，而更重要的是要如何處理它。這份文件常常是運行手冊（*runbook*）的一部分。它會為軟體的特定部分提供一組程序與流程。例如：

L16：ExampleService API 已經被棄用。

說明：ExampleService（我們的計費提供者）已經計畫移除我們使用的 API。

告警：行動。當它們移除 API 時，我們的應用程式將停止運作，所以解決這個問題是很重要的。不過，它們提供了寬限期，所以我們不用立即解決它。

行動：

- 程式碼可能需要升級到新的 API。如果是這樣，含有 ExampleService 回傳標頭的標頭物件應該會包含 x-deprecated 標頭和 x-sunset-date 標頭。

- 接口欄位會顯示導致告警的特定 API，但我們使用的其他接口也可能受到影響。

- 升級的急迫性取決於 API 何時停用，日期會在 x-sunset-date 標頭上顯示。你可以透過在 example.com 上查看 ExampleService 的文件來驗證它。

- 在升級 API 之前，你可能會想要禁用此告警。請注意不要意外地同時禁用到其他 API 的告警，並且考慮讓告警自動重新啟用，以免忘記升級。

請注意「行動」部分裡隨意且不確定的語氣，而這是故意的。詳細的程序可能會導致「責任與授權的雙重約束」。在這種情況下，人們害怕改變程序，即使它不適合他們的情況。[Woods2010]（第 8 章）透過描

> 描述閱讀者需要知道什麼，
> 而不是他們需要做什麼。

述閱讀者需要知道什麼，而不是他們需要做什麼，把決策權重新交還給閱讀者，進而讓他們根據當下情況，調整建議。

指標與可觀察性

除了日誌記錄之外，你的程式碼還應該測量感興趣的項目，稱為指標。大多數指標都是技術指標，例如應用程序收到的請求數量、響應請求所需的時間、記憶體使用情況等。不過，有些是以商業為導向的指標，例如客戶購買的數量和價值。

指標通常會累積一段時間，然後進行報告。這可以在應用程式內部完成，並透過日誌訊息傳遞報告，也可以透過把事件發送到指標彙總工具來完成。

你的日誌和指標一起創造了可觀察性：從技術角度和商業角度來了解系統行為的能力。就像日誌一樣，請用深思熟慮的方法來獲得可觀察性，並且和你的利害關係人討論。從維運的角度來看，你需要什麼樣的

> 請用深思熟慮的方法來
> 獲得可觀察性。

可觀察性？從安全角度？從商業角度？從支援的角度？建立使用者故事來滿足這些需求。

監控與告警

監控會偵測日誌和指標何時需要注意。當他們需要注意的時候，監控工具會發送告警（一封電子郵件、聊天通知，甚至是短訊或電話），以便有人可以處理它。在某些情況下，告警會由單獨的服務完成。

關於什麼該告警和什麼不該告警的決定可能會變得複雜，所以你的監控工具或許可以透過適當的程式語言進行設定。如果是這樣的設定方式，請務必以對待程式的態度來對待組態設定。如果可以，請使用版本控制來存放它、注意設計並且編寫測試。

你的監控工具發送的告警類型取決於你的組織，但它們通常分為四類：

- 緊急（*Emergency*）：事情陷入危急狀態，或即將陷入危急狀態。人們需要回過神來並且立即修復。
- 行動（*Action*）：一些重要的事情需要注意，但還不足以喚醒任何人
- 密切注意（*Monitor*）：有些事情不尋常，人們應該再注意一下（請謹慎地使用這個類別）。
- 資訊（*Info*）：不需要任何人的注意，但對於可觀察性很有用。

你要設定監控工具來根據你的日誌進行告警。儘管最簡潔的方式是使用前面提及的術語，來編寫日誌相關的程式，但大多數的日誌函式庫會使用 FATAL、ERROR、WARN、INFO、和 DEBUG。雖然以技術的角度來看，它們有不同的含義，但你可以把它們直接對照到前面的級別：使用 FATAL 表示緊急，使用 ERROR 表示行動，使用 WARN 表示密切注意，使用 INFO 表示…資訊。不要使用 DEBUG，因為它只會增加噪音。

其餘的告警會根據指標來觸發。這些告警通常是由監控工具所產生的，而不是由應用程式
的程式碼產生的。請務必在運行手冊裡，為每一個告警提供查找代碼、一段易於閱讀的訊
息、和文件，就像你的日誌訊息一樣。

如果做得到的話，我更喜歡把告警決策編寫到應用程式的程式碼
裡。透過日誌觸發告警，而不是我的監控設定。這可以讓團隊成
員使用熟悉的程式碼來把「智能」編寫到告警裡。這種做法的缺

關聯
持續部署 (p.487)

點是改變告警會需要重新部署軟體，所以當團隊採用持續部署時，這種做法最有效。

謹防**告警疲勞**。請記住：「緊急」告警會喚醒某人。誤報幾次之後，人們就會停止注意告
警，尤其是「密切注意」的告警。每個告警都需要採取對應的行動：解決告警或者防止再
次發生誤報。如果某個告警始終和它的級別無法匹配，例如實際上可以明天處理的「緊急
情況」，或者從未指出真正問題的「密切注意」告警，請考慮降低它的級別，或尋找讓它
更聰明的方法。

同樣地，始終需要死記硬背而不需要思考的告警是自
動化的好選擇。把死記硬背的回應轉換為程式碼。這
種做法尤其適用於「密切注意」的告警。這類告警可
能會變成收納吵雜瑣事的垃圾場。

━━━━━━━━━━━━━━━━━━━━━━━

解決告警或者防止再次發生誤報。

━━━━━━━━━━━━━━━━━━━━━━━

建立「密切注意」的告警來幫助你了解系統的行為是沒有問題的，但當你了解後，就可以
藉由讓告警變得更具選擇性來把它升級為「行動」或「緊急」。

為了協助掌控告警，請確保程式設計師也會待命輪值。這會幫助他們了解哪些告警是重
要，而哪些是不重要的。此外，這會讓程式碼能夠做出更好的告警決策。

為你的日誌和告警編寫測試。對於軟體的成功與否，它們和面向使用者的功能有同樣的重
要性。由於這些測試通常和全域狀態有關，所以測試可能很難編寫，但是這是可以解決的

設計問題，正如第 417 頁「控制全域狀態」所討論的內容一樣。[Shore2020b] 的第 11 集到第 15 集展示了如何解決這個問題的方法。

貨物崇拜

DevOps 團隊

 當你把頭伸進老闆的辦公室時，這是你工作的第一週。「嘿，Waldo！你有時間嗎？我有一個簡單的問題。」他和藹地點點頭，示意你坐下。

你讓自己顯得不要太拘謹。「我們團隊中有哪些 DevOps 人員？我有一個問題需要和某人討論，但我搞不清楚我們進行 DevOps 的方式。」

「在團隊裡？」Waldo 揚起眉毛。「不，當然！我們有一個單獨的 DevOps 團隊。ProdOps 和 DataOps 也是如此。DevOps 負責測試環境和 CI 工具，ProdOps 負責正式環境，而 DataOps 負責資料庫和綱要。你不是應該知道嗎？你的前公司一定很小，所以所有人都混在一起了。」

「不，我們…」你搖搖頭。「說來話長。這是一種不同的 DevOps。無論如何，我可以和 ProdOps 的人談談嗎？我使用的 API 可能會引發『硬碟已滿』的異常，我想與他們協調，來為這個異常做出適當的反應。」

Waldo 咬著牙倒吸了一口氣。「哦！我不會那樣做的。他們有點棘手，而且超級忙。一切都必須通過他們的工單系統，而且他們會厭惡我們浪費他們的時間。無論如何，『磁盤已滿』什麼時候會發生？只需用日誌記錄異常並且回傳 null。這就是這裡做事的方式。我們需要守住最後的期限。」

你喘口氣要爭辯，但 Waldo 舉起了手。「聽著，我知道這和你過去的習慣不同，但我們是一家大公司。你不能只是用瑣碎的事情就打斷別人。事情必須妥善地處理。」

問題

我們要如何為這一切騰出時間？

正如評論家 Sarah Horan Van Treese 所說，你沒有時間不去做。「根據我的經驗，沒有『為維運構建軟體』的開發團隊通常會浪費大量時間，在本來可以完全避免的事情上，或至少在有好的觀察性下幾分鐘內便能診斷並解決的事情上。」現在就處理它，或者以後浪費更多時間滅火。

維運和安全需求可以透過故事來安排，就像其他的需求一樣。為了確保這些故事被優先考慮，請確保具有維運和安全技能的人員參與你的規劃討論。

關聯
視覺化規劃 (p.173)
零臭蟲 (p.502)
時差 (p.242)

將告警視為臭蟲：它們應該是出乎意料的，並在發生時認真對待。應立即處理每個告警。這也適用於誤報：當你收到不屬於問題的告警時，請改善告警，盡量降低狼來了的機率。

可以透過團隊的時差來解決生活品質的改善，例如調整告警的靈敏度或改善日誌訊息。

如果我們的團隊中沒有具有維運或安全技能的人怎麼辦？

花時間在開發早期與你的維運部門聯繫。讓他們知道你想要他們對維運的需求和告警提出意見，並詢問你要如何安排定期確認，來得到他們的回饋。我發現當開發團隊要求維運團隊在事情陷入緊急之前參與時，維運人員會感到驚喜，而且通常很樂意提供幫助。

我與安全人員互動的經驗比較少，部分原因是他們不像維運人員那樣常見，但普遍的方法是相同的：在開發早期取得聯繫並討論如何構建安全性，而不是事後才補加。

先決條件

為維運構建軟體是任何團隊都可以做到的。為了獲得最佳結果，你會需要一個團隊，其中包括具有維運和安全技能的人，或和具有這些技能的人員保持良好關係的人，以及重視長期思考的管理文化。

關聯
完整團隊 (p.76)

指標

當我們為維運構建軟體時：

- ☐ 團隊已經考慮並且解決了潛在的安全威脅。
- ☐ 告警具有針對性且是正確的。
- ☐ 正式環境發生問題時，組織已做好應對準備。
- ☐ 軟體是具有韌性且穩定的。

替代方案與試驗

這個實務做法就是代表認同「可用的軟體」是指運行於正式環境的軟體，而不只是編寫好程式碼的軟體，以及謹慎地構建軟體來滿足正式環境的需求。我所知道達成這個目標的最好方法是讓具有維運和安全專業知識的人員成為團隊的一份子。

歡迎嘗試其他方法。公司常常只有少量的維運和安全人員，所以很難讓具有這些技能的人員加入每個團隊裡。檢查清單和自動施行檢查的工具是常見的替代做法。根據我的經驗，它們只不過是一種拙劣的仿製品。更好的方法是提供培訓來發展團隊成員的技能。

在進行試驗之前，請嘗試和至少一個採用真正 DevOps 方法的團隊合作，並在團隊中加入具有技術的人員。如此一來，你就會知道試驗要如何進行比較。

延伸閱讀

《*The Twelve-Factor App*》[Wiggins2017] 是對維運需求提供了簡明扼要的好介紹，也提供了關於如何解決這些需求的可靠指引。

《*The DevOps Handbook*》[Kim2016] 是 DevOps 的深入指南，其第四部分〈The Technical Practices of Feedback〉討論了和本節實務做法類似的內容。

《*The Phoenix Project*》[Kim2013] 是一本關於陷入困境的 IT 高階管理人員學習如何把 DevOps 引入組織的小說。雖然嚴格上說來，它和為維運構建軟體無關，但它是一本有趣的書，也是了解更多關於 DevOps 思維的好方法。

功能旗標（Feature Flags）

受眾
程式設計師

我們可以讓部署與發佈分別進行。

對於許多團隊來說，**發佈**他們的軟體和**部署**他們的軟體是一樣的。他們把程式碼儲存庫的一個分支部署到正式環境中，並且該分支中的所有內容都會跟著發佈。如果他們有不想發佈的內容，他們就會把它存在不同的分支裡。

這不適用於使用持續整合和部署的團隊。除了短週期的開發分支外，它們只有一個分支：整合分支。他們沒有地方可以隱藏未完成的工作。

關聯
持續整合 (p.388)
持續部署 (p.487)

功能旗標（也稱為**功能開關**）解決了這個問題。它讓團隊得以在不發佈的條件下，部署未完成的程式碼。

功能旗標有多種編寫方式。有些可以在執行時進行控制，以便人們可以在不重新部署軟體的情況下，發佈新功能和能力。這種做法把發佈的任務交給商業利害關係人，而不是程式設計師。它們甚至可以設定為分批地發佈軟體，或只發佈給某些類型的使用者。

拱心石（Keystones）

嚴格來說，最簡單的功能旗標類型根本不是一個用來控制功能的旗標。Kent Beck 稱這種類型為「拱心石」[Beck2004]（第 9 章）。概念很簡單，那就是在處理新功能時，最後會連到 UI。這個連接起來的動作就是拱心石。直到拱心石到位（直到 UI 被連接起來），沒有人會知道新程式碼的存在，因為他們沒有任何方法可以存取它。

例如，當我把網站遷移到不同的身份驗證服務時，我首先為新服務實現了基礎設施包裹器。我能完成大部分工作而不需要把它連接到登入按鈕。在我連接之前，使用者並不會意識到這個改變，因為登入按鈕仍然使用舊的身份驗證基礎設施。

這確實產生了一個問題：如果你看不到所做的變更，你要如何測試它們？答案是測試驅動開發和窄域測試。測試驅動開發可以讓你檢查你的實作，而不需要執行它。窄域測試可以測試特定功能，而不需要把它們連接到應用程式的其他部分。

<table>
<tr><td>關聯</td></tr>
<tr><td>測試驅動開發 (p.398)
快速且可靠的測試
(p.414)</td></tr>
</table>

當然，你最後還是會想要執行程式碼，來微調 UI（這可能很難進行測試驅動）、供客戶審查、或者只是為了仔細檢查成果。TDD 畢竟並不完美。

把新的程式碼設計成可以用一行程式碼「連接」起來。當想看到它執行時，加上該行。如果需要在準備好發佈之前進行整合，請註釋掉該行。當要發佈時，編寫適當的測試，並最後一次取消註釋該行。

拱心石不一定要是使用者介面。任何可以把你的產出隱藏起來，別讓客戶看見的東西都可以當作拱心石。例如，一個團隊使用持續部署來重寫網站。團隊把新站點部署到實際的正式伺服器上，但伺服器沒有收到任何正式的流量。在團隊把正式流量從舊伺服器切換到新伺服器之前，公司以外的任何人都無法看到新的站點。

拱心石是我隱藏未完成工作的首選方法。它們簡單、直接，且不需要任何特殊的維護或設計工作。

> 拱心石是我隱藏未完成工作的首選方法。

功能旗標

功能旗標除了是使用程式碼來控制可見性而不是註釋以外，它就像拱心石一樣。它通常是一個簡單的 `if` 語句。

我們來繼續討論身分驗證的範例。請記住，我編寫了新的驗證基礎設施，但沒有把它連接到登入按鈕上。在我連接它之前，我需要在正式環境中測試它，因為第三方服務和我的系統之間存在複雜的互動。不過，我不希望使用者在測試之前，使用新的登入方式。

我用功能旗標解決了這個難題。我的使用者看到了舊的登入方式，而我看到了新的。程式碼如下述的方式運行（Node.js）：

```
if (siteContext.useAuth0ForAuthentication()) {
  // new Auth0 HTML
}
else {
  // old Persona HTML
}
```

整個變更還需要實作一個新的電子郵件驗證頁面。它不會露出給既有的使用者，但人們還是可以透過手動的輸入 URL 找到它。因此，我還使用了功能旗標來把它們進行轉址：

```
httpGet(siteContext) {
  if (!siteContext.useAuth0ForAuthentication()) return redirectToAccountPage();

}
```

功能旗標是實際的程式碼。它們需要像其他程式碼一樣注重品質。例如，電子郵件驗證頁面有以下的測試：

```
it("redirects to account page if Auth0 feature flag is off", function() {
const siteContext = createContext({ auth0: false });
const response = httpGet(siteContext);
assertRedirects(response, "/v3/account"));
});
```

請確保不再需要功能旗標時，刪除它們。這很容易忘記，而這就是我更喜歡拱心石而不是功能旗標的原因之一。為了幫助你記住，你可以在團隊日曆中添加提醒或在團隊計畫裡加入「移除旗標」的故事。一些團隊會把功能旗標的程式碼編寫成在過期日期之後，便吐出告警日誌，或讓測試失敗。

程式碼要如何知道旗標何時啟用？換句話說，你在哪裡實作類似於 **useAuth0ForAuthentication()** 的機制？你有幾個選擇。

應用程式組態

應用程式組態是控制功能旗標的最直接方式。組態程式碼可以從常數、環境變數、資料庫或任何你喜歡的東西中提取旗標的狀態。常數是最簡單的，所以它是我的首選，但是環境變數或資料庫能讓你以逐台機器的方式，來啟用或禁用該旗標，進而獲得增量發佈的能力。

使用者組態

如果你想根據誰登錄來啟用旗標的話，請把它設計為權限，並附加到使用者或帳號的摘要資訊上，例如 `user.privileges.logsInWithAuth0()`。你可以使用它來基於部分使用者進行增量發佈，以及為了測試想法，來有選擇性地發佈功能。

不要混淆功能旗標和使用者存取控制。儘管功能旗標可以用來向使用者隱藏功能，但它們只是一種方式，用來暫時隱藏使用者原本可以存取的新功能。相比之下，使用者存取控制是為了隱藏使用者不應該存取的功能。它們可能都是用使用者權限來實作，但應該分別管理。

例如，如果你為企業客戶建立新的 white-labeling 功能，你可以使用功能旗標逐步地把它推廣給這些客戶。不過，你還是會實作使用者權限來限定只有企業客戶才能存取此功能。如此一來，在移除功能旗標

> 功能旗標是一種暫時隱藏
> 新功能的方式。

的程式碼後，企業客戶還會是唯一可以存取該功能的人，而不會有意外為錯誤使用者啟用功能旗標的風險。

機密

在某些情況下，你可能想要根據具體情況啟用旗標，但你無法把該權限附加給使用者。例如，在我的身份驗證轉換期間，我需要在實際登入之前，啟用新的登入按鈕。

對於這些情況，你可以使用機密來啟用該旗標。對於運行於客戶端的應用程式，可以用檔案系統裡的特殊檔案形式來存放機密。對於運行於伺服器的應用程式，可以用 cookie 或其他請求標頭來實作，而這就是我用來實作身份驗證旗標的方式。我編寫程式碼來查找機密 cookie，而這個 cookie 只有以管理員身份登入時才會被設置。

採用機密來實作旗標的方式比使用組態的方式，風險要來得大。如果機密洩漏了，任何人就都可以啟用該功能。它們也更難設置和控制。我只會把它當作最後的手段。

先決條件

任何人都可以使用拱心石。功能旗標是冒著失控的風險，所以團隊需要注意它們的設計和移除，尤其是當它們成倍增加的時候。共有程式碼主導權和反思式設計會協助你善用旗標。

關聯

共有程式碼主導權
(p.350)
反思式設計 (p.460)

儘管它們表面上與使用者功能存取控制的權限相似，但功能旗標是暫時的。不要使用功能旗標來代替實作適當的使用者存取控制。

指標

當你能善用拱心石和功能旗標的時候：

- ☐ 團隊能夠部署含有未完成程式碼的軟體。
- ☐ 發佈成為商業上的決策，而不是技術上的決策。
- ☐ 旗標相關的程式碼不僅簡潔，且有完善的設計和測試。
- ☐ 在功能發佈後，對應的旗標和相關的程式碼會被移除。

替代方案和試驗

功能分支是拱心石和功能旗標的常見替代方案。當有人開始開發新功能時，他們會建立一個分支，並且在該功能完成之前，他們不會把該分支合併回其餘的程式碼裡。這對於不讓客戶用到未完成的變更來說，是有效的做法，但重大的重構往往會導致合併衝

關聯

重構 (p.421)
反思式設計 (p.460)

突。這使得這種做法成為交付團隊的糟糕選擇，因為他們依靠著重構和反思式設計，來保持開發的低成本。

拱心石的做法非常簡單，所以它們沒有太多的試驗空間。另一方面來說，功能旗標則隨時可以進行探索。尋找方法來保持功能旗標井井有條且設計整潔。請考慮旗標要如何提供新的商業能力。例如，功能旗標經常用於 A/B 測試。這種測試會對不同使用者顯示不同版本的軟體，然後根據使用結果來做出決策。

在進行試驗時，請記住越簡單越好。雖然拱心石看起來像是一種低級的技巧，但它們非常有效，而且可以保持程式碼的整潔。功能旗標則很容易失控。請盡可能堅持使用簡單的解決方案。

延伸閱讀

Martin Fowler 在 [Fowler2020a] 中詳細介紹了拱心石。

Pete Hodgson 在 [Hodgson2017] 中對功能旗標進行了非常徹底的討論。

持續部署

受眾

程式設計師、維運人員

正式環境裡，運行著我們最新的程式碼。

如果你使用持續整合，你的團隊已經消除了大部分發佈的風險。如果方法做得正確，持續整合代表著團隊隨時準備好進行發佈。你已經測試了程式碼，並且演練過部署的腳本。

仍然存在一種風險！如果你不把軟體部署到真正的正式伺服器上，那麼軟體還是有可能無法在正式環境中實際地執行。環境、流量和使用方式的差異都可能導致執行失敗，即使是經過最仔細測試的軟體也是如此。

關聯

持續整合 (p.388)

持續部署解決了這個風險。它遵循和持續整合相同的原則：通過頻繁部署小的產出，可以降低大變更導致問題的風險，而且可以在問題發生時，輕易地發現和解決。

儘管持續部署對於熟練交付的團隊來說是一種有價值的實務做法，但它並不是必要的做法。如果你的團隊仍在發展他們的熟練程度，請先專注其他的實務做法。全面地採用持續整合，包括自動部署到測試環境（有些人稱之為「持續交付」），這將會為你帶來差不多的好處。

如何使用持續佈署

持續部署並不困難，但它有許多前置條件：

關聯

無摩擦 (p.378)
持續整合 (p.388)
零臭蟲 (p.502)
功能旗標 (p.482)
為維運構建軟體
(p.472)

- ☐ 建立一個無摩擦且零停機的佈署腳本，來自動地部署程式碼。
- ☐ 使用持續整合來保持程式碼隨時都能發佈。
- ☐ 提高品質，來讓軟體無需手動測試便能部署。
- ☐ 使用功能旗標或拱心石來解耦部署與發佈。
- ☐ 建置監控來為團隊部署發生失敗時，發出告警。

一旦滿足這些前置條件，啟用持續部署只需執行持續整合的腳本裡的 deploy 即可。

關聯

完整團隊 (p.76)

部署腳本的細節會取決於你的組織。你的團隊應包括具有維運技能且了解所需內容的人員，如果沒有，請向你的維運部門尋求幫助。如果你只能靠自己，那麼《*Continuous Delivery*》[Humble2010] 和《*The DevOps Handbook*》[Kim2016] 都是有用的資源。

部署腳本必須百分百的自動化。你會在每次整合時進行部署，這會是每天多次，甚至可能是每小時多次。手動步驟會造成延遲和錯誤。

偵測部署失敗

如果部署失敗，監控系統應該要發送告警來通知你。此外，監控系統至少還需要監控錯誤率上升或性能下降。不過，你也可以觀察用戶註冊率等商業指標。請確保部署腳本也會偵測錯誤，例如部署期間的網路故障。部署完成後，讓 `deploy` 腳本對已執行部署的提交標記「成功」或「失敗」。

為了減少失敗的影響，你可以部署到一部分伺服器（稱為金絲雀伺服器）上，並自動比較舊部署與新部署的指標。如果它們有很大不同，請發出告警並停止部署。對於具有大量正式伺服器的系統，你還可以有多種比例的金絲雀伺服器。例如，你可以先部署到 10% 的伺服器，然後部署到 50%，最後部署到所有伺服器。

解決部署失敗

持續部署的一個優點是它降低了部署的風險。因為每次部署只包含了幾個小時的成果，所以它們往往影響較小。如果真的出現問題，可以在不影響系統其他部分的情況下將變更還原。

當部署真的發生錯誤時，請立即「停線」，並把整個團隊的注意力聚焦在解決問題上。一般來說，會進行部署的回滾。

停線

當部署失敗時，停線：每個人都停止正在進行的工作，並專注解決正式環境上的問題。這可以避免錯誤的混合。

以下是修復失敗部署的相關步驟摘要：

1. 停線。
2. 正式環境進行回滾。
3. 還原程式碼儲存庫裡部署失敗的變更。整合並且部署。
4. 作為一個團隊，建立修復失敗程式碼的任務。
5. 復線。
6. 部署修復的程式碼後，安排事故分析會議。

回滾部署

首先把系統恢復到之前的工作狀態。這通常會採用**回滾**的方式。它會恢復之前部署的程式碼和組態。為了進行回滾，你可以把每次部署的內容保存在版本控制系統裡，或者你可以只保留最近部署的副本。

啟用回滾的一種最簡單的方法是使用**藍 / 綠部署**。想要進行藍 / 綠部署，請建立正式環境的兩個副本，把它們分別標記為「藍色」與「綠色」，並設定系統把流量路由到其中一個環境上。每次部署都會在兩個環境之間來回切換，以便讓你可以透過把流量路由到前一個環境來進行回滾。

例如，如果「藍色」處於活動狀態，則部署到「綠色」。部署完成後，停止把流量路由到「藍色」，並改路由到「綠色」。如果部署失敗，回滾只是簡單地把流量路由回「藍色」。

有時，回滾會失敗。這可能代表資料損壞問題或組態問題。無論是哪一種，在問題解決之前，團隊所有成員都要參與解決。《*Site Reliability Engineering*》[Beyer2016] 在第 12 章到第 14 章裡提供了有關如何應對此類事件的實用指南。

修復部署

回滾壞掉的部署通常會立即解決正式環境的問題，但團隊的任務還沒有完成。你需要解決根本的問題。第一步是讓整合分支恢復到已知良好的狀態。你不是在嘗試解決問題，而是在嘗試讓程式碼和正式環境重新同步。

首先還原程式碼儲存庫裡的變更，來讓整合分支與正式環境裡的實際執行的內容相匹配。如果你在 git 裡使用合併提交，那麼你可以對整合提交執行 `git revert`。接下來，使用正常的持續整合流程，來整合和部署還原的程式碼。

因為你正在部署已經執行過的相同程式碼，所以部署還原的程式碼應該能順利地進行。無論如何，這個步驟很重要。因為它可以確保你的下一次部署是從已知良好的狀態開始。此外，如果第二次部署也有問題，它會把問題限縮在部署問題，而不是程式碼裡的問題。

一旦回到已知良好的狀態，你就可以修復潛在的錯誤。針對問題建立除錯的任務（通常是部署它的人會修復它），然後每個人都可以返回一般的工作。解決後，安排一次事故分析會議，來了解如何防止未來再發生此類的部署失敗。

> 關聯
> ————
> 事故分析 (p.515)

替代方案：向前修復

一些團隊不會進行回滾，而是**向前修復**。他們做一個簡單的修復（可能通過執行 *git revert*），然後再次部署。這種方法的優點是你可以使用正常的部署腳本來解決問題。回滾腳本可能會過時，而使得它們在你最需要它們時候，發生失敗。

另一方面，即使你可以選擇關閉測試（這不一定是一個好主意），部署腳本往往很慢。一個執行良好的回滾腳本可以在幾秒鐘內完成，然而向前修復可能需要幾分鐘。在中斷期間，這些秒數很重要。出於這個原因，儘管回滾有缺點，但我傾向使用它。

增量式發佈

對於大型或有風險的變更，請在展示變更給使用者之前，先在正式環境裡執行所有的程式碼。這個做法類似於功能旗標，但不同之處在於你會實際地執行新的程式碼（功能旗標通常會避免隱藏

關聯
────────────
功能旗標 (p.482)

的程式碼被執行）。為了提高安全性，《*The DevOps Handbook*》[Kim2016] 稱此為暗發佈（*dark launch*）。第 12 章有一個 Facebook 使用這種方法發布 Facebook Chat 的範例。聊天程式碼被加載到客戶端，且編寫的程式碼會向後端服務發送不可見的測試訊息，從而讓 Facebook 在把程式碼推出給客戶之前，對其進行負載測試。

資料遷移

資料庫變更無法回滾（資料至少會有丟失的風險），因此資料遷移需要特別小心。這會類似增量式發布：先部署，然後遷移。有三個步驟：

1. 部署同時能夠處理新舊綱要的程式碼。同時部署資料遷移的程式碼。

2. 部署成功後，執行資料遷移的程式碼。它可以手動啟動，也可以作為部署腳本的一部分自動啟動。

3. 遷移完成後，手動刪除處理舊綱要的程式碼，然後再次部署。

把資料遷移與部署分開可以讓部署失敗時，能夠進行回滾，而不會丟失任何的資料。只有當新的程式碼在正式環境裡被證明是穩定之後，才會進行遷移。它會比在部署時遷移資料稍微複雜一些，但它更安全，並且讓你能夠在零停機的情況下進行部署。

遷移大量資料時，需要特別小心。因為正式系統需要在資料遷移時保持可用。對於這類型的遷移，請編寫遷移的程式碼，來逐步地進行遷移（出於效能原因，最好加上遷移速率的限制），並讓它可以同時處理兩種綱要。例如，如果你把資料從一個資料表移動到另一個資料表時，你的程式碼可能會在讀取和更新資料時，同時查看這兩張表，但只會把資料插入到新表裡。

遷移完成後，請務必刪除過時的程式碼來保持程式碼的整潔。如果遷移需要的時間超過數分鐘，請在團隊的任務計畫裡加上提醒。對於超長時間的遷移，你可以在團隊日曆裡加上提醒，或把「完成資料遷移」的故事安排到團隊的可視計畫裡。

關聯
────────────
任務規劃 (p.211)
視覺化規劃 (p.173)

三步遷移的流程適用於對外部狀態的任何變更。除了資料庫，它還包括組態設定、基礎設施變更和第三方服務變更。當涉及到外部狀態時要非常小心，因為錯誤很難撤消。較小且較頻繁的變更通常比較大且不頻繁的變更更好。

先決條件

要採用持續部署，團隊需要一套嚴謹的持續整合方法。你需要每天進行多次整合，並且每次都要建立一個已知良好且可部署的建置。在這種情況下，「可部署」代表要對用戶隱藏未完成的功能，而且不需要手動進行測試。最後，你的部署流程需要完全自動化，並且需要一種自動檢測部署失敗的方法。

只有當使用者無法察覺部署時，持續部署才有意義。實務上來說，這一般意味著持續部署適用於後端系統和基於 Web 的前端程式。桌面和行動裝置的前端程式、嵌入式系統等通常不適合持續部署。

關聯
持續整合 (p.388)
功能旗標 (p.482)
零臭蟲 (p.502)
無摩擦 (p.378)
為維運構建軟體 (p.472)

指標

當你的團隊持續地進行部署：

- ☐ 部署到正式環境變成一件沒有壓力的小事。
- ☐ 出現部署問題時，很容易解決。
- ☐ 部署不太會造成正式環境的問題，而且即便發生了，問題通常能快速地解決。

替代方案和試驗

持續部署的典型替代方案是*發佈導向的部署*：只有當你準備好發佈某些內容時，才進行部署。當滿足前置條件，雖然持續部署一開始聽起來很可怕，但實際上更安全且更可靠。

你不必直接從發佈導向的部署切換到持續部署。你可以慢慢地進行。從編寫全自動部署腳本出發，然後作為持續整合的一部分，自動部署到預備環境，最後才切換為持續部署。

在試驗方面，持續部署的核心思想是最小化正在進行的工作並加快回饋循環（請參閱第 160 頁「最小化在製品數量」和第 399 頁的「快速回饋」）。你可以採取任何方法來加快回饋循環，並減少部署所需的時間。這都是朝著正確的方向發展。額外的重點是為發佈的構想，尋找方法來加快回饋循環。

延伸閱讀

《*The DevOps Handbook*》全面地審視了 DevOps 的各個方面（包括了持續部署），並且提供了大量的案例研究與實際的範例。

〈Migrating bajillions of database records at Stripe〉[Heaton2015] 是增量資料遷移的一個有趣又好玩的範例。

演進式系統架構

我們在不犧牲明天的情況下，
為我們今天所需的東西構建基礎設施。

受眾
程式設計師、維運人員

精簡是敏捷的核心，正如第 452 頁「精簡」所討論的內容。從熟練交付的團隊實踐演進式設計的方法裡，尤為明顯：他們從最簡單的設計開始，使用增量式設計層層堆疊出更多的功能，而且透過反思式設計，不斷地完善並改善他們的程式碼。

關聯
精簡的設計 (p.452)
增量式設計 (p.442)
反思式設計 (p.460)

你的系統架構呢？我所說的**系統架構**是指構成部署的系統的元件，包括團隊構建的應用程式與服務以及它們之間的互動方式、網路閘道器和負載平衡器、甚至是第三方的服務。它們有可以改善的地方嗎？你可以從簡單的方式開始並從那裡演進嗎？

這就是**演進式系統架構**，我已經看過它在小型系統上發揮效用。不過，系統架構演進緩慢，所以演進式系統架構背後的產業實例並不如演進式設計背後的產業實例。請使用你自己的判斷來決定使用它的方式以及時機。

> **NOTE**
>
> 我區分了系統架構和應用程式架構。應用程式架構是程式碼的設計，包括關於如何呼叫系統中其他元件的決策。第 446 頁「應用程式架構」討論了它。本節的實務做法則討論了系統架構：關於建立和使用哪些元件的決策，以及它們之間的高階關係。

你真的需要它嗎？

軟體產業充斥著大公司解決大問題的故事。Google 有一個複製到世界各地的資料庫！Netflix 關閉了自己的資料中心，並把一切都轉移到了雲端！ Amazon 要求每個團隊發佈自己的服務，並藉此創造了價值數十億美元的 Amazon Web Service 業務！

模仿這些成功案例很誘人，但這些公司正在解決的問題可能不是你需要解決的問題。直到你達到 Google、Netflix 或 Amazon 的規模……YAGNI。你不需要它。

想一下受歡迎的程式設計問答網站 Stack Overflow。它們每月服務 13 億網頁的請求，且每頁渲染的時間不到 19 毫秒。他們是怎麼做到的呢[1]？

- 2 台 HAProxy 負載平衡器。一台正常運作，而另一台用作故障轉移。峰值為每秒 4,500 次請求，且 CPU 使用率為 18%
- 9 台 IIS 網站伺服器。峰值為每秒 450 次請求，且 CPU 利用率為 12%。
- 2 台 Redis 當作快取。一台為主，而另一台為副本。CPU 利用率為 2%。
- 2 台 SQL 伺服器為 Stack Overflow 的資料庫伺服器。一台正常運作，而另一台當作預備主機。峰值為每秒 11,000 次查詢，且 CPU 峰值為 15%。
- 2 台額外的 SQL 伺服器用在其他的 Stack Exchange 站台。一台正常運作，而另一台為預備主機。峰值為每秒 12,800，且 CPU 利用率為 14%。
- 3 台標籤引擎與 ElasticSearch 伺服器。客製的標籤引擎平均每分鐘 3,644 次請求，且 CPU 利用率為 3%。ElasticSearch 每天有 3 千 4 百萬次搜尋請求，以及 7% 的 CPU 利用率。
- 1 台 SQL 伺服器用來做 HTTP 請求日誌的資料庫。
- 6 台 LogStash 處理其他的日誌。
- 冗餘資料中心有近似的相同配置（用來進行災難復原）。

截至 2016 年，他們每天部署 Stack Overflow 站點 5-10 次。完整部署大約需要八分鐘。除了本地化和資料庫遷移之外，部署就是依序處理主機的事情。從 HAProxy 輪流處理請求的隊列裡，取出一台主機並且複製檔案，然後再把它放回輪流隊列裡。他們的主要應用程式是一個多租戶的單體式應用程式，用來服務所有的問答網站。

這是一種明顯過時的系統架構方式。沒有容器，沒有微服務，沒有自動縮放，甚至沒有任何雲端服務。只是一些強大的機架式伺服器、少量的應用程式和採用文件複製的部署。它是簡單、健壯且有效的。

人們考慮複雜架構的常見原因是「可擴展性」。但 Stack Overflow 是世界上最高訪問量網站排名前 50 的網站[2]。你的架構是否比他們的架構更複雜？如果是這樣…有必要嗎？

---

1 Stack Overflow 發佈了他們的系統架構和效能統計資料（*https://stackexchange.com/performance*），Nick Craver 在 [*Craver2016*] 上有一個深入的系列討論他們的架構。引用的資料取得於 2021 年 5 月 4 日。

2 Stack Overflow 流量排名是在 2021 年 5 月 6 日取自 alexa.com。

追求精簡

我並不是說你應該盲目地複製 Stack Overflow 的架構。不要盲目抄襲任何人！相反地，想想你需要解決的問題（「更令人印象深刻的履歷」不在考量內）。解決這些問題的最簡單架構是什麼？

解決這個問題的一種方法是從理想化的世界觀開始。你可以把這個臆想實驗用於現有架構以及新架構上。

1. 從理想的世界開始

想像一下，你已經神奇且完美地完成每個元件的程式碼，但不是立即地去編寫程式碼。網路完全地可靠，但仍然有延遲。每個節點都有無限的資源，你會把元件的邊界放在哪呢？

出於安全、監管和延遲的原因，你可能需要把元件隔離到單獨的伺服器或地理區域。你可能會區分客戶端處理和伺服器端處理。透過使用第三方元件，你仍然可以節省時間和精力。

2. 引入不完美的元件和網路

現在去掉完美元件和網路的假設。元件會失敗，而且網路會出現故障。你現在需要冗餘的配置，來處理複製和故障轉移的元件。滿足這些需求的最簡單方法是什麼？你能否透過使用第三方工具或服務來降低複雜性？例如，Stack Overflow 不得不擔心冗餘電源和發電機。如果你使用雲端供應商，那這會是他們的問題，而不是你的問題。

3. 限制資源

接下來，去掉無限資源的假設。你可能需要多個節點來處理負載，以及用於負載平衡的元件。你可能需要把高耗 CPU 資源的操作拆成個別的元件，並使用隊列來處理它。你可能會需要一個共享快取和一種把資料填入快取的方法。

但請注意：你是在*推測*未來的負載，還是根據實際使用情況和趨勢解決實際問題？你能否透過使用功能更強大的硬體或等待機制來解決未來的負載，以便簡化你的架構？

> 你是在推測未來的負載，
> 還是解決實際問題？

4. 考慮人和團隊

最後，拿掉理想化的程式碼編寫。每個元件由誰來開發？他們會如何互相協調？你是否需要拆分元件來讓跨團隊溝通更容易，或者限制任何一個元件的複雜性？也請考慮一下如何簡化這些限制。

控制複雜性

有些架構複雜性是必要的。雖然如果你不用擔心負載平衡或元件故障，你的系統可能會更簡單，但你的確需要擔心這些事情。正如 Fred Brooks 在他的著名文章〈No Silver Bullet: Essence and Accident in Software Engineering〉[Brooks1995] 中所說，有些複雜性是必不可少的。它不能被消除。

但有些複雜性則是**意外**出現的。你有時候會把一個大元件拆成多個小元件，只是為了讓人們輕鬆一些，而不是因為你要解決的問題需要它們。意外的複雜性可以被消除，或者至少可以減少。

演進式設計

我看到拆分元件的最常見的一個原因是防止「大泥球」。小元件簡單易維護。

> 小元件往往會增加整體的複雜性。

不幸的是這並沒有**降低**複雜性。它只是把複雜性從應用程式架構**轉移**到系統架構上。事實上，把一個大元件拆分成多個小元件往往會增加整體的複雜性。它讓單個元件更容易理解，但跨元件的互動則變得更糟，更難追蹤錯誤、且更難重構。此外，分散式事務處理…嗯，最好完全避免使用它們。

你可以透過使用演進式設計來降低對拆解元件的需要。它讓你能夠建立大型的元件，且不會變成大泥球。

關聯
精簡的設計 (p.452)
增量式設計 (p.442)
反思式設計 (p.460)

自律

團隊拆分元件的另一個原因是提供隔離。當一個元件負責多種類型的資料時，很容易把資料交纏在一起，使得以後難以重構。

當然，沒有非要把資料交纏在一起的理由。這只是一個設計決策，如果你能設計獨立的元件，那麼你也可以在單個元件裡，設計出獨立的模組。你甚至可以讓每個模組使用單獨的資料庫，只不過不會像網路呼叫一樣輕鬆地就創造出好的設計！

不過，網路呼叫的確能夠強制隔離。如果你不使用網路來強制隔離，那麼相反地，你就需要一個自律的團隊。共有程式碼主導權、結對開發或群體開發，以及充滿活力地工作都會對建立自律的團隊有所幫助，而反思式設計則能讓你修復任何漏掉的錯誤。

關聯
共有程式碼主導權 (p.350)
結對程式設計 (p.356)
群體程式設計 (p.366)
充滿活力地工作 (p.140)
反思式設計 (p.460)

快速部署

大型元件通常難以部署。根據我的經驗，困難的不是部署本身，而是在部署元件之前必須執行的**建置**和**測試**。如果必須手動測試元件的話，那更是如此。

透過建立無摩擦的建置、引入測試驅動開發和持續整合，並且建立快速且可靠的測試，來解決這個問題。如果你的建置和測試速度很快，你不必為了簡化部署而拆解元件。

> **關聯**
>
> 無摩擦 (p.378)
> 測試驅動開發 (p.398)
> 持續整合 (p.388)
> 快速且可靠的測試 (p.414)

垂直擴展

套用 Conway's Law，組織往往依組織圖的樣貌發佈相同結構的產品。許多組織習於用水平的方式擴展（參見第 6 章），進而導致了許多小型且獨立的團隊。他們會需要相應的小元件。

垂直擴展能讓你的團隊在同一個元件上一起工作。它能夠讓你設計出的架構匹配正在解決的問題，而不是設計架構來匹配你的團隊。

重構系統架構

我有一個朋友在一家知名的大公司工作。由於自上而下的架構要求，他的三人程式設計師團隊需要維護 21 個獨立的服務（他們控制的每個實體都有 1 個服務）。二十一個！我們花了一些時間來思考如何簡化團隊的程式碼。

- 最初，他的團隊需要把每個服務保存在單獨的 git 儲存庫中。該團隊獲得了把這些服務組合成一個單一儲存庫的許可。這讓團隊能夠消除重複的序列化和反序列化的程式碼，並且顯著地簡化重構。之前，一個變更可能會導致跨 16 個儲存庫的 16 次單獨提交。現在，只需要一次。

- 除了少數例外，團隊所負責的服務對 CPU 的要求是最低的。多虧了組織層級的服務定位器，服務可以組合成一個元件，而無需更改它們的接口。這讓他們能夠部署到更少的虛擬機器，進而降低了他們的雲端成本。用函式呼叫取代網路呼叫，加快了響應時間。簡化他們的端到端測試，使得部署更容易且更快。

- 他的團隊大約有一半的服務只在他的團隊內部使用。每個服務都有一定數量的重複之處和開銷。如果把內部服務轉變為函式庫，則可以消除這種開銷。它還能消除一堆緩慢的端到端測試。

總而言之，如果團隊成員獲得許可，他的團隊就可以透過簡化系統架構來消除大量成本和開發摩擦。

我可以想像得到幾種這類型的系統級重構。不幸的是這些類型的重構都沒有本書介紹的其他想法，有這麼多的豐富歷史。「細石器（microlith）」重構尤其未經證實。所以我只提供了簡短的概述，而沒有太多的細節。把他們當作要考慮的一組想法，而不是要遵循的食譜。

多儲存庫元件 → 單儲存庫元件

如果團隊的元件存放在多個儲存庫裡，你可以把它們組合到一個儲存庫裡，並為常見型別和工具程式提取出共用的程式碼。

元件 → 細石器

如果團隊擁有多個元件，你可以把它們組合成一個元件，同時保持相同的基本架構。把它們隔離在分別的目錄樹中，並使用頂層介面檔案而不是透過伺服器在序列化酬載和元件的資料結構之間進行轉換。使用函式呼叫取代元件之間的網路呼叫，並且保持架構在其他方向上都是相同的，包含使用基本資料型別，而不是物件或自定義的型別。

我把這些同進程的元件稱為細石器[3]。你可以在 [Shore2020b] 的第 21 集中看到這種重構的範例。它們提供了元件的隔離而沒有維運上的複雜性。

> **── NOTE ──**
>
> 細石器重構是我透過臆測得出的做法。我只在簡單的問題上嘗試過它們。我會在這邊提及它們是因為它們提供了元件和模組之間的中間步驟。

細石器 → 模組

細石器有很強的隔離性。它們實際上是在單個進程中運行的元件，而這造成了一些複雜性和開銷。

如果不需要這麼強的隔離，可以去掉頂層的介面檔案以及序列化與反序列化。只需正常呼叫細石器的程式碼即可。這使得細石器變成了模組（不要和原始碼檔案混淆，原始碼檔案也可以稱為模組）。

由模組構成的元件通常稱為模組化單體（*modular monolith*），但模組不只用於單體。不論元件的大小，你可以在任何元件裡使用它們。

---

3 我稱它們為細石器，這是因為我最初是把它們想成單體和微服務各自最好優點的組合。「細石器」也是一個真實的詞，指的是從一塊大石頭上削下來的小石器，而幾乎可以拿來作為比喻。

模組 → 新模組

如果你的模組存在很多跨模組的依賴，你可以透過重構它們的職責來簡化它們。這實際上是應用程式架構的問題，而不是系統架構的問題（有關演進應用程式架構的更多資訊，請參閱第 395 頁「應用程式架構」）。我把它包含在這裡，這是因為它可能是更大系統重構的中間步驟。

大泥球 → 模組

如果你有一個大型的元件變成了一團糟，你可以使用演進式設計把它逐漸轉換為模組，並且在轉換過程中理順並分離資料。Praful Todkar 在 [Todkar2018] 中有一個很好的範例。這也是應用程式架構的問題，而不是系統架構的問題。

關聯

增量式設計 (p.442)
反思式設計 (p.460)

模組 → 細石器

如果你想要強隔離，或者認為你可能想要把一個大元件拆分成多個小組元件，你可以把一個模組轉換為一個細石器。為了達成這個目標，請引入頂層介面檔案並序列化複雜的函式參數。

把細石器看作一個單獨的元件。呼叫者應該只透過頂層介面檔案呼叫它，並且應該把這些呼叫抽象到基礎設施包裹器裡，如第 455 頁「第三方元件」中所述。細石器的程式碼應該被隔離出來。除了元件可能使用的常見型別和工具程式之外，它應該只會用到其他元件和細石器，並且只能透過它們的頂層介面。你可能會需要先重構你的模組，來讓它更像元件。

網路呼叫比函式和方法呼叫慢得多且不可靠。把模組轉換為細石器並不能保證細石器可以變成網路元並且正常運作。從理論上來說，你可以透過在頂層 API 中加上 1 到 2 毫秒的延遲，甚至是隨機故障，來確認細石器是否能以網路元件正常的運作。在實務上來說，這聽起來很荒謬，而且我還沒有嘗試過。

細石器 → 元件

如果細石器適合以網路元件的方式來使用，那麼把它轉換為元件是相當簡單的。做法就是把頂層 API 檔案換成伺服器，並把呼叫者轉成使用網路呼叫。如果你記得用基礎設施包裹器隔離它們的呼叫，那麼這個轉換過程就會非常簡單。

把細石器轉換為元件可能會需要呼叫者處理錯誤、超時、重試、指數輪詢、和回壓（backpressure）。此外，新的元件也會需要維運與基礎設施上的變更。這會涉及了很多的工作，不過這就是網路帶來的成本。

模組 → 元件

你可以直接從模組跳到元件，而不經過細石器的階段。雖然這可以透過提取程式碼來完成，但我常看到人們會改寫模組。這是重構大泥球時的常用的策略，因為模組的程式碼通常不值得保留。[Todkar2018] 展示了這種方法。

單儲存庫元件 → 多儲存庫元件

如果你在同一個儲存庫裡有多個元件，你可以把它們提取到個別的儲存庫裡。這樣做的一個原因是你可能要把元件的主導權轉移到另一個團隊。此外，你或許需要複製常用型別和工具程式。

複合重構

你通常會把這些系統層級的重構串接在一起。舉例來說，我見過最常見的方式是透過「大泥球 → 模組」和「模組 → 元件」來清理舊程式碼。或者更緊湊的表示方式：「大泥球 → 模組 → 元件」。

合併元件是顛倒相似的操作：「多儲存庫元件 → 單儲存庫元件 → 細石器 → 模組」。

如果你有一堆職責不清的元件，你或許能夠重構這些職責而不是重新編寫：「元件 → 細石器 → 模組 → 新模組 → 細石器 → 元件」。

先決條件

你可能只會把這些概念應用到你的團隊所主導的元件上。其他團隊所主導的架構標準和元件可能超出了你可以直接掌控的範圍，但你或許可以影響大家來做出你需要的改變。

關聯
_____

消除阻礙 (p.337)

系統架構的變更取決於開發人員和維運人員之間的緊密關係。你們需要合作找出一個符合目前系統需求的精簡架構，包括峰值負載和預計的增長，並且隨著需求的改變，你們會需要持續地進行協調。

指標

當你善於演進你的系統架構：

- ☐ 小型系統對應小的架構，而大的系統則對應可管理的架構。
- ☐ 系統架構易於說明和了解。
- ☐ 保持最低意外的複雜性。

替代方案與試驗

許多人們認為是「演進式系統架構」實際上只是一般的演進式設計。例如，把一個元件從使用一個資料庫遷移到另一個是一個演進式設計的問題，因為它主要是關於單個元件的設計。把元件從使用一個第三方服務遷移到另一個服務也是如此。演進式設計的實務做法涵蓋了這些改變：精簡的設計、增量式設計和反思式設計。

關聯

精簡的設計 (p.452)
增量式設計 (p.442)
反思式設計 (p.460)

演進系統架構代表著有意識地從最簡單的系統開始，並隨著需求的變化而增長。這是一個尚未被完全探索的概念。從這個實務做法裡挑選適用於你的情況的做法，然後看看你能做到怎樣的程度。基礎目標是減少開發人員和維運人員的摩擦，讓故障排除更容易，同時不犧牲可靠性和可維護性。

延伸閱讀

《*Building Evolutionary Architectures*》[Ford2017] 更詳細地介紹了架構上的選項。它是基於架構師層級的觀點，而不是此處我所提供的團隊層級的觀點。

《*Building Microservices*》[Newman2021] 以清晰與優秀的內容討論了關於微服務架構中涉及的設計問題和權衡，其中有許多問題通常適用於系統架構。

第 16 章

品質

對於許多人來說,「品質」代表「測試」。不過,敏捷團隊以不同的方式看待品質。品質不是你測試的東西,而是你構建的東西。不只在程式碼裡,也在整個開發系統裡:團隊處理工作的方式、人們思考錯誤的方式、甚至是組織和團隊互動的方式。

本章有三個實務做法來幫助團隊致力於品質:

- 第 502 頁「零臭蟲」從開始就考量並落實品質。
- 第 510 頁「盲點探索」幫助團隊成員了解他們所不知道的事情
- 第 515 頁「事故分析」讓團隊專注於系統性改善

本章的啟發來源

零臭蟲的概念來自於極限程式設計。

盲點探索是數種技術的集合:驗證式學習(Validated Learning)來自 Eric Ries《Lean Startup》;探索性測試(Exploratory Testing)是由 Cem Kaner 所引領的方法。不過,我的說明是基於 Elisabeth Hendrickson 的著作 [Hendrickson2013];混沌工程(Chaos Engineering)起源於 Greg Orzell 和他在 Netflix 的同事[1];以及滲透測試(Penetration Testing)和弱點評估(Vulnerability Assessment),這些都是成熟的安全技術。

---

[1] 我一直無法找到混沌工程起源的確切來源。它於 2015 年由 Casey Rosenthal 在 Netflix 的「混沌團隊」正式定形,但它的基本構想比該團隊早了幾年。最初的工具是 Chaos Monkey,[Dumiak2021] 是來自於「Orzell 和他的 Netflix 同事」。2010 年申請的美國專利 US20120072571A1 把 Greg Orzell 和 Yury Izrailevsky 列為發明人。

我的事故分析方法結合了來自人為因素和系統安全研究兩方面的資料（特別是《Behind Human Error》[Woods2010] 和《The Field Guide to Understanding 'Human Error'》[Dekker2014]），以及我對有效回顧和引導的理解，而這些理解則歸功於我和 Diana Larsen 一起工作中所學到的東西。我從 Ward Cunningham 那裡了解到與事故分析相關的人為因素，但我相信它源於混沌工程社群，尤其是 Nora Jones。

零臭蟲

受眾
完整團隊

我們有自信地進行發佈。

如果你所在的團隊有數百或數千個臭蟲，那麼「零臭蟲」的想法可能聽起來很荒謬。我承認：零臭蟲是一個理想的目標，而不是你的團隊可以完全實現的目標。總會有一些臭蟲。（或缺陷；我會交替使用「臭蟲」和「缺陷」。）

不過，你可以比你認為的更接近「零臭蟲」的理想。想一下 Nancy van Schooenderwoert 在極限程式設計方面的經驗。她帶領一個新手團隊為農場收割機開發一個實時嵌入式系統：一個用 C 與些許組合語言開發的並行系統（concurrent system）。如果這不是孕育臭蟲的秘訣，我不知道什麼才是。根據 Capers Jones 對資料的分析，開發該軟體的團隊平均會產生 1,035 個缺陷，並交付給客戶 207 個缺陷。

以下是實際發生的事情：

> GMS 團隊經過 3 年的開發交付了這個產品，在此期間總共遇到了 51 個缺陷。尚未解決的臭蟲列表從來沒有同時超過兩個臭蟲。生產力幾乎是同類嵌入式軟體團隊的三倍。在開發大約六個月後交付了用於第一次現場測試的產出。在那之後，軟體團隊支援其他工程領域，並同時繼續強化軟體。[VanSchooenderwoert2006]
>
> ─〈Embedded Agile Project by the Numbers with Newbies〉

三年多來，該團隊產生了 51 個缺陷，並交付給客戶 21 個缺陷。這意味著產生的缺陷減少了 95%，交付的缺陷減少了 90%。

我們不用只靠著團隊自己提出的報告來進行佐證。QSM Associates 是一家享有盛譽的公司，它們對軟體開發團隊進行獨立審計。在對一家實踐 XP 變形做法的公司所進行的早期分析中，它們的報告稱，缺陷平均從 2,270 個減少到 381 個，減少了 83%。此外，XP 團隊減少了 39% 的成員數量，但交付速度提高了 24%。[Mah2006]

最近的案例研究證實了這些發現。 QSM 發現 Scrum 團隊減少了 11% 的缺陷和 58% 的所需的時間；XP 團隊減少了 75% 的缺陷和 53% 的所需的時間；在對數千名開發人員的多團隊分析中，缺陷減少了 75%，所需的時間減少了 30%。[Mah2018]

你是如何達到這些成果的？這是一個建立品質的問題，而不是測出缺陷。從源頭上消除錯誤，而不是在事後發現才修復它們。

> 從源頭上消除錯誤，
> 而不是在事後發現才修復它們。

關鍵概念

建立品質

俗話說：「低廉、快速、或良好。選兩個。」

幾十年來，人們一直認為品質是需要額外成本的東西。你花費的時間和金錢越多，你可以獲得的品質就越高。此外，在某種程度上，這是真的。如果你對品質的思考方式是在工作完成後進行測試，那麼你花在測試和修復上的時間越多，消除的錯誤就越多。

但這並不是通往品質的唯一途徑。透過從一開始就建立品質，你可以用更少的成本和時間，獲得更高品質的結果。當然，建立品質需要時間，但它也消除了事後測試和修復所需的時間。事實證明這是一個淨收益。

「低廉、快速、或良好」你可以三個都要。

不要玩臭蟲咎責遊戲

是臭蟲還是功能？

我已經看到公司在這個問題上浪費了大量的時間。為了「正確地」分攤罪責，他們對臭蟲、缺陷、錯誤、問題、異常，當然還有⋯意外的功能進行了詳細的區分。

這些都不重要。真正重要的是你是否採取行動。如果你的團隊需要採取行動（不管是什麼原因）這就是你計畫裡的一個故事。

> 真正重要的是你是否採取行動。

出於本章的目的，我把錯誤定義如下：

> 錯誤是你的團隊認為「已完成」，但之後需要修正的任何事情。

不過，就你的目的來說，即便是這種區別也不重要。如果有某件事需要處理，那就要一張故事卡，僅此而已。

如何建立品質

在我說明如何建立品質之前，我需要澄清我所說的
「品質」是什麼意思。粗略地說，品質可以分為「內
部品質」和「外部品質」。**內部品質**是構建軟體的方
式。比如好名字、清晰的軟體設計和精簡的架構。內
部品質控制軟體擴展、維護和修改的難易程度。內部品質越好，你開發的速度就越快。

> 內部品質越好，
> 你開發的速度就越快。

外部品質是軟體是從**使用者看得見**的角度來說。這是軟體的使用者體驗、功能和可靠
性。你可以在這些事情上花費無限的時間。合適的時間取決於你的軟體、市場和價值。找
出平衡是產品管理的問題。

「建立品質」意味著要盡可能保持**內部品質**，同時把**外部品質**保持在滿足利害關係人所
需的水準。這包括保持設計整潔，交付計畫裡的故事，並在外部品質達不到要求時修改計
畫。

現在，讓我們談談如何做到這一點。為了提高質量並實現零臭蟲，你需要防止四種類型的
錯誤。

避免程式設計師的差錯

程式設計師的差錯就是他們知道要開發的內容，但卻犯了錯誤。這可能是在把想法轉換
為程式碼時出現的錯誤演算法、拼寫錯誤、或犯了其他錯誤。

測試驅動開發是你消除缺陷的可靠武器。它不只可以確保你按照
你的意圖開發程式，它還為你提供了一個詳盡的回歸測試套，而
你可以使用它來檢測未來的錯誤。

為了提高測試驅動開發的好處，合理的工作時間並使用結對程式
設計或群體程式設計，來為每一行程式碼帶來多種視角。這會提
高你的腦力，進而幫助你減少錯誤，並讓你更快地發現錯誤。

用良好的標準（這是一致性討論的部分內容）和「完成且達標」
清單來補足上述的實務做法。這些作為將會幫助你記住並避免常
見的錯誤。

關聯
測試驅動開發 (p.398)
充滿活力地工作 (p.140)
結對程式設計 (p.356)
群體程式設計 (p.366)
一致性 (p.132)
「完成且達標」（Done Done）(p.265)

避免設計差錯

設計差錯為臭蟲創造了溫床。根據 Barry Boehm 的說法，程序中 20% 的模組通常會造成
80% 的缺陷。[Boehm1987] 是一個古老的統計資料，但它也符合我對現代軟體的經驗。

即使是測試驅動開發，設計差錯也會隨著時間而累積。有時，第一次建立時，看起來不錯的設計會隨著時間的流逝而失效。有時，一個似乎能妥協的捷徑會反過來咬你。有時，需求會發生變化使得設計不再適合。

無論是什麼原因，設計差錯會以複雜且令人困惑的程式碼展現出來，而且這些程式碼很難改正。儘管你可能需要一兩個星期的時間來解決這些問題，但最好的做法是不斷提升你的內部品質。

使用共有程式碼主導權來賦予程式設計師在任何地方解決問題的權力和責任。使用演進式設計來不斷地改善設計。透過計劃裡包含的時差來為改善騰出時間。

關聯
共有程式碼主導權 (p.350)
精簡的設計 (p.452)
增量式設計 (p.442)
反思式設計 (p.460)
時差 (p.242)

避免需求差錯

*需求差錯*是指雖然程式設計師建立的程式碼完全符合他們的目的，但他們的目的是錯誤的。他們或許是誤解了他們應該做什麼，也或許是可能沒有人真正理解需要做什麼。不過無論哪種情況，程式碼都有用，只是它沒有做正確的事情而已。

跨職能的完整團隊對於防止需求錯誤至關重要。團隊需要包括具有*理解*、*決定*和*解釋*軟體要求的技能的駐點客戶。澄清團隊的目的和情境對於這個過程非常重要。

共享的團隊空間也很重要。當程式設計師有關於需求的問題時，他們需要能夠轉過頭去問。使用一種通用語言來幫助程式設計師和駐點客戶相互理解，並用客戶操作範例來補足你們的討論。

基於頻繁的客戶審查和向利害關係人展示，來確認軟體完成了它需要做的事情。一旦程式設計師有東西要展示，就可以逐步執行這些審查，以便及早發現誤解和改善，並及時改正。讓使用者故事聚焦在客戶的觀點。最後，在駐點客戶同意完成之前，不要認為故事「完成且達標」。

關聯
完整團隊 (p.76)
目的 (p.116)
情境 (p.126)
團隊空間 (p.91)
通用語言 (p.371)
客戶操作範例 (p.259)
增量式需求 (p.201)
向利害關係人展示 (p.279)
故事 (p.146)
「完成且達標」（Done Done）(p.265)

避免系統錯誤

如果每個人都能完美地進行他們的工作，那麼這些做法會產生沒有缺陷的軟體。不幸的是，完美是不可能的。你的團隊肯定會有盲點：讓團隊成員不知道自己犯了錯誤的不易察覺之處。這些盲點會導致重複的系統性錯誤。它們是「系統性的」，因為它們是整個開發系統的結果：你的團隊、團隊的流程、使用的工具、工作的環境等等。

逃脫的缺陷是個明確的信號。它指出了看似一切正常的做法裡藏著問題。儘管錯誤是不可避免的，但大多數都會很快地被發現。終端使用者所發現的缺陷都是已經「逃脫」的缺陷，而每個逃脫的缺陷都表明了你需要改善開發系統。

當然，你不希望終端使用者成為你的 Beta 版本測試人員，而這就是盲點探索發揮作用之處。它是用來發現理解落差的各種技巧，例如混沌工程和探索性測試。我會在下一個實務做法裡討論它們。

關聯

盲點探索 (p.510)

有些團隊使用這些技巧來檢查**軟體系統**的品質：他們會編寫一個故事的程式，搜索錯誤，修復它們，然後重複。然而要建立品質，請把你的盲點視為如何改善**開發系統**的線索，而不只是用於軟體系統。逃脫的缺陷也是如此。它們都是指出改善目標的線索。

事故分析可幫助你破解這些線索。無論影響如何，如果你的團隊認為某事已經完成，而且它稍後卻需要修復，那麼它便能從事故分析中受益。這也適用於善意的錯誤：如果每個人都認為某個特

關聯

事故分析 (p.515)

定的新功能是個好主意，而結果卻激怒了客戶，那麼它也應該進行與正式環境中斷同樣的分析。

當你發現一個錯誤時，編寫一個測試並修復錯誤，然後修復底層系統。即使這與你的難言之處有關，也請考慮如何改善你的設計和流程，來防止此類錯誤再次發生。

立即修復臭蟲

就像偉大的尤達大師絕不會說的：「做，或不做，但不會有等下再做（//TODO）」

做，或不做，
但不會有等下再做（//TODO）

每個缺陷都是可能滋生更多錯誤的瑕疵所造成的結果。立即修復它們來提高品質和生產力。

快速地修復臭蟲需要整個團隊的參與。程式設計師們透過共有程式碼主導權，來讓每個人都可以修復每個臭蟲。客戶和測試人員親自告知程式設計師新臭蟲，並且幫助他們重現錯誤。當團隊共享一個團隊空間時，是最容易進行這件事的做法。

關聯

共有程式碼主導權
(p.350)
團隊空間 (p.91)

實務上，不可能立即修復所有錯誤。當你知道一個臭蟲時，某件事可能你才正處理一半而已。當這種情況發生在我身上時，我會要求我的導航員留下記錄。在 10 到 20 分鐘後處理一個段落，便會回過頭來處理它。

有些臭蟲會太大而無法快速修復。對於這些臭蟲，我會召集團隊快速地聚在一起討論。我們共同決定我們是否有足夠的時間來修復臭蟲，並仍舊履行我們的其他承諾。如果我們決定處理它，我們會為臭蟲建立任務，把它們放到我們的計畫裡，然後大家會像往常一樣自動自發地來處理它們（如果你有使用估算，這些任務不會被估算或計入你的產能）。

關聯

時差 (p.242)
任務規劃 (p.211)
視覺化規劃 (p.173)

如果沒有足夠的時間來修復臭蟲，請作為一個團隊決定是不是夠重要，而非得在下次發佈之前修復它。如果是，請為它建立一個故事，並立即在你的下次迭代或故事槽（slot）來安排它。如果不是，請把它安排在可視計畫上某個適當的發佈裡。

請丟掉重要性不足而無需修復的臭蟲。如果你不能丟掉，那就需要修復該臭蟲。不過「修復」的做法可以是記錄解決方法，或者記錄你決定不修復臭蟲。問題追蹤器或許是進行此種方案的正確方式。

測試人員的角色

因為熟練交付的團隊會建立品質，而不是檢驗缺陷，所以具有測試技能的人會*左移*。他們沒有把技能投入完成的產品上，而是專注於幫助團隊從一開始就構建優質的產品。

根據我的經驗，有些測試人員是商業導向的：他們對正確處理商業需求非常感興趣。他們與駐點客戶合作，來發現客戶可能會錯過的所有挑剔的細節。他們常常會提示人們在需求討論期間考慮邊緣案例。

其他測試人員則更注重技術。他們對測試自動化和非功能性需求感興趣。這些測試人員會作為團隊的技術調查員。他們建立測試平台來查看如擴展性、可靠性和效能等問題。他們查看日誌來了解軟體系統在正式環境裡的運作方式。透過這些努力，他們幫助團隊了解軟體的行為，並決定何時把更多的精力投入到維運、安全和非功能性故事上。

測試人員還會幫助團隊找出盲點。儘管團隊中的任何人都可以使用盲點探索技術，但具有測試技能的人往往特別擅長這些技術。

關聯

盲點探索 (p.510)

態度

我會鼓勵我的團隊抱持一種態度 —— 有點精英，甚至是講究。它是像這樣的：「別人才會有臭蟲」。

> 別人才會有臭蟲。

如果你按照我所說的一切進行來進行，那麼臭蟲應該很少見。你的下一步就是這樣的態度來對待它們。不要在出現錯誤時聳聳肩 ——「哦，對啊！另一個錯誤，這就是軟體會發生的事情」—— 應該感到震驚和沮喪。臭蟲是不能容忍的。它們是需要解決潛在問題的訊號。

說到底,「零臭蟲」是關於建立一種卓越的文化。當你得知一個臭蟲時,立即修復它,然後找出如何防止該類型的臭蟲再次發生。

你無法在一夜之間到達這樣的狀態。我所說的所有實務做法都需要紀律和嚴謹。它們不一定很難,但如果人們馬虎或不在意他們的工作,這些做法就會崩潰。「零臭蟲」的文化有助於團隊保持所需的紀律,結對程式設計或群體程式設計、團隊空間和共有主導權也是如此。

你最終會實現「零臭蟲」。敏捷團隊做得到且的確實現了近乎零臭蟲的狀態。你也可以!

> **關聯**
> 結對程式設計 (p.356)
> 群體程式設計 (p.366)
> 團隊空間 (p.91)
> 共有程式碼主導權 (p.350)

問題

我們如何避免安全缺陷和其他具有挑戰性的臭蟲?

威脅塑模(請參閱第 473 頁「威脅塑模」)可以幫助你提前考慮安全漏洞。你的「完成且達標」清單和程式碼編寫標準可以提醒你要解決的問題。也就是說,只能避免你認為要避免的臭蟲。安全性、併行性和其他問題領域可能會造成你從未考慮過的缺陷。這就是為什麼盲點探索也很重要。

> **關聯**
> 「完成且達標」(Done Done)(p.265)
> 一致性 (p.132)
> 盲點探索 (p.510)

我們要如何追蹤臭蟲?

假設你的團隊沒有產生很多臭蟲,那麼你不用為了新臭蟲,需要臭蟲資料庫或問題追蹤工具(如果真是如此,請先專注於解決該問題)。如果錯誤太大而無法立即修復,請把它變成故事,並用和處理其他需求細節的方式,來追蹤臭蟲的細節。

我們應該先處理臭蟲多久之後,才把它轉成故事?

這取決於你有多少時差。在一個迭代的早期還有很多時差的時候,我可能會在一個缺陷花上半天時間,然後再把它變成一個故事。之後在時差較少時,我可能只會花 10 分鐘。

> **關聯**
> 時差 (p.242)

我們有很多舊程式碼。我們如何在不抓狂的情況下採用「零臭蟲」的政策?

它需要花時間。首先瀏覽過臭蟲資料庫,並找出這次發佈裡要修復的臭蟲。安排每週至少修復一個,並傾向要盡快地修復它們。

每一兩週就隨機選擇一個最近的臭蟲來進行事故分析,或者至少是一個非正式的分析活動。這會讓你能夠逐步地改善開發系統,並防止未來出現臭蟲。

> **關聯**
> 事故分析 (p.515)

先決條件

「零臭蟲」是關於卓越的文化。它只能來自團隊內部。管理者們，不要要求團隊報告缺陷數量，也不要根據他們的缺陷數量獎勵或懲罰他們。你只會把臭蟲帶到更深處，而這會使讓品質**更差**，而不是更好。我會在第 525 頁「事故責任」中進一步討論這個問題。

實現「零臭蟲」的理想取決於大量的敏捷實務做法，至少是本書中**專注**和**交付**的每個實務做法。在你的團隊熟練掌握這些實務做法之前，不要期望缺陷會顯著減少。

相反地，如果你使用「專注」和「交付」的實務做法，每月卻還會出現多個新臭蟲，那可能表示你的方法存在問題。當然，你需要時間來學習實務做法並改進你的流程，但你應該會在幾個月內看到臭蟲率有所改善。如果沒有，請查看第 39 頁「問題排除指南」。

指標

當你的團隊建立了「零臭蟲」的文化：

☐　團隊對自己的軟體有自信。
☐　你不需要手動測試的階段，便能輕鬆地發佈到正式環境。
☐　利害關係人、客戶、和使用者幾乎不會遇到不愉快的意外。
☐　你的團隊把時間花在製作出色的軟體上，而不是去救火。

替代方案和試驗

敏捷所包含的革命性理念之一是低缺陷軟體的製造成本比高缺陷軟體的成本低。這可以透過建立品質來實現。為了進一步試驗，看看你的流程裡最後檢查品質的部分，並想辦法從一開始就建立這種品質。

你還可以透過使用更多且更嚴謹的品質測試，來找出並修復更多的臭蟲來減少臭蟲。然而，它的效果都不會比一開始就建立品質有效。它還會拖慢你的速度，並使得發佈變得更加困難。

有些公司會特別建立 QA 團隊來提升品質。雖然偶爾的獨立測試對於發現盲點很有用，但專門的 QA 團隊並不是一個好主意。矛盾的是它往往會降低品質，因為開發團隊會在品質上花費**更少**的精力。Elisabeth Hendrickson 在她的絕佳的文章〈Better Testing, Worse Quality?〉裡探討了這個現象 [Hendrickson2000]。

盲點探索

我們發現了思考與實際狀況的落差。

熟練交付的團隊就像前節實務做法的說明，非常擅長把品質帶入他的程式碼裡。不過，沒有人是完美的。團隊也會有盲點。盲點探索是尋找這些落差的一種方式。

要找到盲點，請查看團隊所做的假設，並考慮團隊成員面臨的壓力和限制。想像一下團隊可能面臨的風險，以及團隊成員可能誤以為真的事情。對可能出現的盲點做出假設，並調查猜測是否正確。測試人員往往特別擅長處理這類的事情。

當你發現一個盲點時，不要只解決你發現的問題。請修復落差。想一想開發的方法是如何讓臭蟲發生的，然後改變你的方法，來防止同類的臭蟲再次發生，就像第 505 頁「避免系統錯誤」的說明。

驗證式學習

當人們想到臭蟲時，他們常常會想到邏輯錯誤、UI 錯誤或服務中斷。但我最常看到的盲點卻是更基本且更不明顯。

最重要的是，團隊構建了錯誤的東西。用精實創業的術語來說，他們缺乏產品與市場的契合度。我認為這是因為很多團隊認為他們的工作是構建他們被告知要構建的產品。他們把自己當作順從的訂單接受者：一個軟體工廠！任務是一方面消化故事，而另一方面趕緊把將軟體推出去。

不要只是假設團隊應該依要求來構建軟體。相反地，假設相反的情況：**沒有人真的知道應該構建什麼**，甚至是要求它的人也不知道。團隊的工作是接受這些想法，測試它們，並了解真正應該構建的內容。套用《*The Lean Startup*》[Ries2011] 的話說，敏捷團隊的基本活動是把想法轉化為產品、觀察客戶和使用者的反應、然後決定是轉向還是堅持。這稱為驗證式學習。

> 沒有人真的知道你應該構建什麼，甚至是要求它的人也不知道。

對於許多團隊來說，他們第一次檢驗自己的想法是在發佈軟體的時候，而這是相當冒險的做法。相反地，應該使用 Ries 的構建－衡量－學習（*Build-Measure-Learn*）循環：

關聯

目的 (p.116)
視覺化規劃 (p.173)
實際客戶的參與 (p.196)

1. **構建。**查看團隊的目的和計畫。你對產品、客戶和使用者有哪些核心假設？選擇一個假設來測試並且思考「我們可以展示給實際客戶和使用者的最小成果是什麼？」它不一定是真正的產品。在某些情況

下，模型或紙質原型也可以。你不必讓每個使用者都參加，但你務必讓那些實際會購買或使用產品的人參與進來。

2. **衡量**。在展示成果給大家之前，請先決定要觀察哪些資料，以便來證明假設的對與否。資料可以是基於主觀的，但衡量應該要客觀。舉例來說，「70% 的客戶表示喜歡我們」就是對主觀資料的客觀衡量。

3. **學習**。衡量的結果會驗證假設是否正確。如果假設正確，請繼續下一個假設。如果不正確，請相應地改變你的計畫。

例如，一個團隊的目的是改善外科脊柱護理的成果。該團隊計劃透過構建一個工具來提供手術資料的各種觀點給門診負責人。該團隊的一個核心假設是門診負責人會相信該工具提供的基礎資料。不過，資料可能粗劣，而且負責人往往持懷疑的態度。

為了測試這個假設，團隊決定：（**構建**）使用來自七個門診的實際資料來建立該工具的模型；（**衡量**）向七位門診負責人展示；（**學習**）如果至少有五個人表示資料品質可接受，則該假設將得到驗證。如果沒有，團隊將提出一個新計畫。

驗證式學習是優化團隊的標誌之一。取決於組織結構，你可能會無法完整地使用這個做法。儘管如此，基本思想仍然適用。不要只是假設交付故事會讓人感到愉悅。請做出能夠檢驗你的假設並且獲得回饋的任何事情。

> 驗證式學習是
> 優化團隊的標誌之一。

請參閱 [Ries2011] 和 [Blank2020b] 來了解更多關於驗證式學習和客戶探索的相關概念。

探索測試

測試驅動開發確保程式設計師的程式碼會按照他們的想法去運作，但是如果程式設計師的想法是錯的，那怎麼辦？例如，程式設計師可能認為在 JavaScript 裡，確定字串長度的正確方法是使用 `string.length`，但這可能會導致把單詞「naïve」算成六個字母[2]。

<table>
<tr><td>關聯</td></tr>
<tr><td>測試驅動開發 (p.398)</td></tr>
</table>

探索性測試是一種發現這些盲點的技術，而且是一種嚴格的測試方法。它會「利用上個試驗的結果來進行快速且一連串的設計和微小的試驗，來為下個試驗提供需要的資訊。」[Hendrickson2013] (ch. 1) 它會有以下步驟：

2　計數可能會是錯的。這是因為 `string.length` 傳回的是類似碼點（codepoint）的數量，而不是字母的數量。人們通常會想成字元。此外，Unicode 可能把字母「ï」以兩個碼點的方式儲存起來：一般的「i」加上「組合分音符號」（變音符號）。字串處理也有類似的問題。反轉含有西班牙國旗表情圖案的字串會把西班牙國旗 🇪🇸 變成瑞典的國旗 🇸🇪，而這肯定會讓海灘遊客感到驚訝。

1. 章程。首先決定你要探索的目標與理由。團隊最近採用的一項新技術？最近發佈的使用者介面？安全基礎設施的關鍵部分？章程的範圍應該要夠廣，以便讓你可以花費一兩個小時來處理，而且夠具體，以便協助你聚焦。

2. 觀察。使用軟體。雖然你常會使用 UI 來操作，不過你也可以使用工具來探索 API 和網路流量，還可以觀察系統隱藏的部分，例如日誌和資料庫。尋找兩種東西：任何不尋常的東西，和任何你可以修改的東西，例如 URL、表單欄位或文件上傳，這可能會導致意外的行為。邊找邊做筆記，以便在必要時追溯找尋的過程。

3. 變化。不要只是正常使用軟體；突破它的邊界。把表情符號放在文字欄位裡、輸入零或負數的大小值、上傳零位元的檔案、損壞的檔案或變大到 TB 級別的「爆炸」性 ZIP 檔案、編輯 URLs、修改網路流量、人為地減低網路速度、或寫入沒有可用空間的檔案系統。

在進行的過程中，利用你的觀察和對系統的理解來決定接下來要探索什麼。歡迎透過查看程式碼和正式環境的日誌來補充這些洞察。如果你正在探索安全能力，你可以使用團隊的威脅模型來作為靈感的來源，或建立自己的模型（請參閱第 473 頁「威脅塑模」）。

探索性測試比我在本書中能介紹的範圍要大得多。有關更多詳細資訊和啟發式的變化方法，請參閱 [Hendrickson2013]。

混沌工程

在大型網路系統中，故障是每天都會發生的事情。開發的程式碼必須具有韌性來處理這些故障，而這需要仔細地注意錯誤處理和韌性。不幸的是，對於經驗不足的程式設計師和團隊來說，錯誤處理是一個常見的盲點，即使是經驗豐富的團隊也無法預測複雜系統的每種故障模式。

混沌工程可以想成一種特殊形式的探索性測試且聚焦於系統架構[3]。它會故意把故障注入正在運行的系統（通常是運作中的正式系統）裡，來了解它們如何應對故障。儘管這看起來有風險，但可以通過可控的方式進行。它會讓你找出只在複雜互動的情境下才會出現的問題。

因為混沌工程會尋找改變正常行為的機會，所以它類似於探索性測試。不過，你考慮的是意外的系統行為，而不是意外的使用者輸入和 API 呼叫：節點崩潰、高延遲網路連接、異

---

3 混沌工程社群的一些人反對在混沌工程中使用「測試」這個詞。他們更喜歡「試驗」這個詞。我認為這種反對誤解了測試的本質。正如 Elisabeth Hendrickson 在 Explore It! 中所寫：「這就是測試的本質：設計一個試驗來收集經驗證據，以便回答關於風險的問題。」[Hendrickson2013]（第 1 章）這也正是混沌工程。

常響應等。從根本上說，它的目標是進行試驗來確定軟體系統是否像你認為的那樣具有韌性。

1. 從對於系統「穩定狀態」的理解開始。系統在正常運行時是什麼樣子的？團隊或組織對系統的韌性做了哪些假設？哪些是最值得先進行檢查的？當你進行試驗時，你怎麼知道它是成功還是失敗？

2. 準備以某種方式改變系統：移除一個節點、引入延遲、改變網路流量、人為地增加請求等（如果這是你的第一次測試，請從小處著手。這樣一來，失敗的影響會是有限的）。形成一個會發生哪些事情的假設。為可能出現的嚴重錯誤，制定中止試驗的計畫。

3. 做出變動並且觀察會發生哪些事。你的假設正確嗎？系統仍可以正常運作嗎？如果沒有，你已經找出了一個盲點。無論哪種方式，與團隊討論結果並改善對系統的共有心智模型。根據得知的事實，來決定你接下來應該進行哪個試驗。

許多關於混沌工程的故事都涉及自動化工具，例如 Netflix 的 Chaos Monkey。不過，想要在團隊中使用混沌工程，不要專注在構建工具。進行廣泛的試驗比自動重複單個試驗更有價值。你會需要一些基本的工具來支持你的測試任務。隨著時間，這些工具會變得越來越複雜，但請嘗試為最小的測試任務進行你能做到的最廣泛試驗。

可以從 *https://principlesofchaos.org* 查到混沌工程的原理。如果想透過專門書籍來了解原理，可以參考 [Rosenthal2020]。

滲透測試和弱點評估

雖然探索性測試可以發現一些安全相關的盲點，但對於安全敏感的軟體來說，則需要讓專家來進行測試。

滲透測試（也稱 *pentesting*），是指使用實際攻擊者所採用的方式來破壞系統的安全性。它不只會探測團隊開發的軟體，還會更全面地考慮安全性。根據你所建立的介入規則，它可能會探測正式環境的基礎設施、部署流水線、人為判斷，甚至是實體的安全設施，如鎖和門。

滲透測試需要專業知識，而且通常會需要聘請外部公司。它相當昂貴，而且結果很大程度上取決於測試人員的技能。因此，在雇用滲透測試公司時要格外小心，並且記住執行測試的人員至少和你選擇的測試公司一樣重要。

弱點評估是較低成本的滲透測試替代方案。雖然滲透測試在技術上來說是一種弱點評估，但大多數宣傳「弱點評估」的公司都會採用自動掃描。

有些弱點評估會對程式碼和它的依賴項目進行靜態分析。如果它們執行得夠快，可以把它們包含在持續整合的建置裡（如果沒有，你可以使用如第 394 頁「多階段整合的建置」所述的多階段整合）。隨著時間，評估的廠商會為工具加入額外的掃描，而這會提醒團隊注意新的潛在弱點。

其他評估會探測運行中的系統。例如，廠商可能會探測伺服器來找出暴露的管理界面、預設密碼和易受攻擊的 URL。你通常會收到一份說明評估發現的定期報告（例如每月一次）。

弱點評估可能會很雜亂，所以你通常會需要具有安全技能的人來瀏覽評估的內容，並且對評估的發現進行分類。此外，你可能需要某種方法來安全地忽略不重要的發現。例如，一項評估掃描了易受攻擊的 URL，但它可能不夠聰明而無法追蹤 HTTP 的重導向行為。它每個月都會回報每個掃描到的 URL 是弱點，即便伺服器全面地進行了重導向。

一般來說，從使用威脅塑模（參見第 473 頁「威脅塑模」）和安全檢查表，例如 OWASP Top 10（*https://www.owasp.org*）出發，來為程式碼開發和探索性測試提供有用的資訊。接著使用自動弱點評估，來解決其他威脅並找到盲點，然後再使用滲透測試，來了解還忽略了哪些事情。

問題

這些技術應該單獨執行還是以結對開發或群體開發的方式進行？

這取決於你的團隊。單獨執行這些技術是沒有問題的。不過另一方面，以結對開發和群體開發的方式執行則有利於提出想法和傳播洞察，而且它們可以幫忙打破測試人員和其他團隊成員之間容易形成的障礙。試看看哪種方法最適合你的團隊。此外，它可能因技術而異。

> **關聯**
> 結對程式設計 (p.356)
> 群體程式設計 (p.366)

隨著軟體變得越來越大，盲點探索的負擔不會越來越大嗎？

不應該是如此。盲點探索不像傳統的測試。傳統的測試往往會隨著程式碼庫的增長而增長。盲點測試是用於檢查假設，而不是驗證不斷增加的程式碼庫。隨著團隊解決盲點，並且從交付高品質成果的能力裡獲得自信，對於盲點探索的需求應該下降，而不是上升。

先決條件

任何團隊都可以使用這些技術。但請記住它們是用來發現**盲點**，而不是用來檢查軟體是否有效。不要讓它們成為瓶頸。你不需要在發佈前進行檢查，而且也不需要全部檢查。你應該持續找尋**開發系統**的缺點，而不是**軟體系統**的缺點。

另一方面，在沒有額外檢查的情況下進行發佈需要團隊能夠開發出幾乎沒有臭蟲的程式碼。如果你無法做到，或者如果你還沒有準備好放手，那麼直到檢查完盲點之前，延遲發佈是沒問題的。

關聯
零臭蟲 (p.502)

請確保不要把盲點探索當作拐杖。修復開發系統，讓你能夠在不需要手動測試的情況下，進行發佈。

指標

當你善用盲點探索時：

- ☐ 團隊相信軟體的品質。
- ☐ 團隊不會使用盲點探索來作為預發佈的測試。
- ☐ 在正式環境裡和透過盲點技術發現的缺陷數量會隨著時間而下降。
- ☐ 盲點探索需要花費的時間會隨著時間而減少。

替代方案與試驗

這個實務做法是根據一種假設，也就是開發人員可以構建幾乎沒有臭蟲的系統。被發現的臭蟲是由於可修復的盲點，而不是因為缺乏手動測試。因此，這些技術目的在於找尋意外與檢驗假設。

關聯
零臭蟲 (p.502)
測試驅動開發 (p.398)

最常見的替代方法是傳統測試：構建可重複的測試計劃來全面驗證系統。儘管這看起來更可靠，但這些測試計畫本身就有盲點。大多數的測試最後都會與程式設計師透過測試驅動開發的測試重複。最好的情況下，它們會找到與探索性測試相同種類的問題，但往往需要更高的成本。此外，它們也很難找出其他技術能發現的問題。

以試驗的方面來看，我所說的技術都只是個開始。基本想法是驗證隱藏的假設。你能找出並且檢驗那些假設的任何方式都是好的方式。你可以探索的另一種技術是模糊測試。它會產生大量的輸入值，並監控意外的處理結果。

事故分析

受眾
完整團隊

我們從故障中學習。

儘管你盡了最大的努力，軟體有時仍會無法正常運作。有些故障是輕微的，例如網頁上的拼寫錯誤。其他則是非常嚴重的，例如破壞客戶資料的程式碼，或讓客戶無法存取的中斷。

有些故障會被稱為臭蟲或缺陷，而其他則稱為事故。區別它們並不是特別重要的事情。因為不管是哪一種，一旦塵埃落定並且再次順利運作時，你需要弄清楚到底發生什麼事情，以及你能如何改善。這就是事故分析。

— NOTE —

在事故期間要如何應變的細節超出了本書的範圍。關於事故應變的絕佳實用指南，請參閱《*Site Reliability Engineering: How Google Runs Production Systems*》[Beyer2016]，尤其是第 12 章到第 14 章。

關鍵概念

擁抱故障

敏捷團隊明白故障是不可避免的。人會犯錯、溝通會出錯、想法行不通。

敏捷團隊不會不切實際地追求避免故障，而是去接受它。如果故障是不可避免的，那麼重要的是盡快發現故障。當還有時間來恢復時，儘早地故障。控制故障，所以產生的後果就會很小。從失敗中吸取教訓，而不是指責。

持續部署就是這種理念的一個很好的例子。使用持續部署的團隊透過監控來偵測故障。他們每隔一兩個小時部署一次，這樣可以及早發現故障，同時減少它的影響。他們使用金絲雀伺服器來最大程度地減少故障的後果，並透過每個故障來了解限制和改善的方式。與直覺相反地，擁抱故障會帶來更少的風險和更好的結果。

失敗可能是不可避免的，但這並不妨礙成功。

故障的本質

人們很容易把故障想成一個簡單的因果關係（A 做了這件事，所以導致了 B，接著導致了 C），但事實並非如此[4]。實際上，故障是工作賴以執行的**開發系統**所導致的結果（開發系統是關於你構建軟體從工具到

> 故障是整個開發系統所造成的結果。

組織結構的各個方面。它與你正在構建的軟體系統形成對比）。無論故障有多麼輕微，每次都和開發系統的本質與弱點相關。

---

[4]　我對於故障本質的討論是根據 [Woods2010] 和 [Dekker2014]。

故障是許多交互事件的結果。小問題不斷地發生，但系統常態地把它們限制在安全邊界內。程式設計師犯了一個離一誤差（off-by-one）的錯誤，但他們的結對開發夥伴建議用一個檢查，來把錯誤捕捉起來。一位駐點客戶無法好好地解釋故事，但在客戶審查的時候注意到了誤解。團隊成員不小心刪除了檔案，但持續整合拒絕了提交。

當故障發生時，不會因為單個原因所造成，而是由多個事情同時出錯所造成。一位程式設計師犯了離一誤差的錯誤，且結對開發的夥伴由於新生兒遲到且沒有注意到該錯誤，且團隊正在試驗降低交換結對夥伴的頻率，且金絲雀伺服器的告警被意外地關閉了。故障的發生，不是因為問題，而是因為開發系統（人員、流程、和商業環境）讓這些錯誤結合在一起。

此外，系統會展現出傾向故障的趨勢。諷刺的是對於有故障記錄的團隊來說，威脅並不是一種錯誤，而是成功。隨著時間，由於沒有故障發生，團隊的規範發生了變化。例如，他們或許會讓結對開發變成不是必要的做法，而使得大家在工作型態上有更多的選擇。他們的安全邊界因此縮小了。最後，故障條件（它們一直都在）會以正確的方式組合起來，並且越過這些比較小的邊界，然後引發故障。

很難察覺傾向故障的趨勢。每一個改變都是很小的且是用來改善某些其他方面，例如速度、成本、便利性或客戶滿意度。為了避免這樣的趨勢，你必須保持警惕。過去的成功並不能保證未來的成功。

你可能認為大故障是大錯誤的結果，但這不是故障發生的方法。沒有單一的原因，也不會按照比例原則。大故障和小故障都是由相同的系統性問題所造成的。

> 小故障就是大故障的「彩排」。

這是個好消息，因為這代表著小故障就是大故障的「彩排」。你可以從這些小故障裡學到很多東西，就像你從大故障中學到的一樣。

因此，把每一次的故障都視為學習和改善的機會。拼寫錯誤仍然是一個故障。在發佈之前檢測到的問題仍然是個故障。不管是大是小，如果你的團隊認為某件事已經「完成」了，而之後卻還需要修正，那麼它就值得分析。

不過，分析可以更加深入。正如我所說，失敗是開發系統的結果，但**成功也是如此**。因此，你也可以分析這些成功。

拼寫錯誤？真的嗎？

分析小故障（即使是微不足道的故障）能讓你了解與造成大故障相同的系統性問題。例如，假設團隊被要求更正隱私政策中的錯字。深藏於第 13 段的「the」被拼成了「teh」。這是一個微不足道的問題，沒有造成任何傷害，而且很容易解決。

事故分析指出團隊裡沒有人認為檢查隱私政策是他們的責任。該文件來自法務單位，而程式設計師把內容複製進去，然後駐點客戶驗證它的存在。完成！甚至沒有人讀過它。團隊討論並決定對軟體裡的所有內容負責，而無論它來自何處。

六個月後，你的團隊正在為一個大的發佈新增行銷的副本。由於新政策，團隊會需要時間來審查它。這也是一件好事：結果發現新的發佈是「輕而易舉」。哎呀！不用擔心。你再次和行銷單位進行核對。幾天後，內容上線了，它仍是「輕而易舉」的。

進行分析

事故分析是一種回顧。這是為了學習和改善，來共同回顧你的開發系統。從典型做法的角度，嚴格來說，有效的分析會包含回顧的五個階段：[Derby2006]

關聯

回顧 (p.316)

1. 設置情境

2. 蒐集資料

3. 產生洞見

4. 決定採取的行動

5. 結束回顧

讓整個團隊以及參與事故應變的所有其他的人都參與分析。請避免讓管理者和其他觀察者參加。你會想要參與者能夠坦率地發表想法，並公開承認錯誤，而這需要限制只有需要的人才能參與。如果很多人對分析的內容感到興趣，你可以製作一份事故報告。我稍後會進行說明。

分析會議所需的時間取決於導致事故的事件數量。一次複雜的中斷可能與數十個事件有關，而需要花上幾個小時。但一個簡單的缺陷可能只與少數幾個事件有關，而可能需要 30 到 60 分鐘。當有了經驗後，你們的討論會變得更快。

在一開始進行事故分析和針對敏感的事故時候，應由中立的引導者來主持會議。事故越敏感，引導者就需要越有經驗。

> —— NOTE ——
>
> 與本書中的所有實務做法一樣，這個實務做法側重於團隊層面，也就是主要可以由團隊自行分析的事故。你也可以使用它來分析較大的事故裡關於團隊的部分。

1. 設置情境

因為事故分析會涉及對成功和失敗的批判性審視,所以讓每個參與者可以安心地貢獻想法是極為重要的事情,包括就他們所做的選擇進行坦誠的討論。出於這個原因,在會議開始時提醒每個

關聯
────────
安全感 (p.107)

人,目的是透過事故來更了解構建軟體的方式—人、流程、期望、環境和工具的開發系統。你並不是來這裡聚焦故障本身或追咎責任,而是學會如何讓開發系統更有韌性。

要求每個人確認他們可以接受這個目標,並且假設與事故有關的每個人都是善意的。Norm Kerth 的最高指令是一個不錯的選擇:

> 不管我們發現了什麼,我們都必須理解並真誠地相信每個人都在考慮了當時已知的狀況、大家的技能和能力、可用的資源與身邊的情況後,才盡己所能地做出最好的成果。[Kerth2001](第 1 章)

此外,考慮建立維加斯法則:分析會議中所說的內容,會留在分析會議裡。不要錄製會議,並要求參與者同意不要複製會議裡共享的任何個人詳細資訊。

如果會議包括團隊之外的人員,或者如果團隊還不熟悉一起合作,你或許也可以為會議建立工作協定。(請參閱第 133 頁「建立工作協定」。)

2. 蒐集資料

設置好情境後,下一步就是了解發生了什麼。你可以為事件建立附帶註釋的可視時間軸,來進行了解。

在這個階段,人們會很想解讀資料,但重要的是讓每個人都專注在「事實」上。隨著階段的進展,他們或許會需要多次的提醒。在後見之明能帶來的好

聚焦在事實,而非解讀。

處下,分析很容易就會落到批評人們行為的陷阱,但這些討論都是無濟於事的。成功的分析聚焦在了解人們實際做了什麼,以及開發系統要如何為這些事情做出改善,而不是他們本可以做些什麼不同的事情。

要建立時間軸,首先要在虛擬白板上建立一個長的水平空間。如果是面對面的會議,請在大面牆壁上使用藍色膠帶。把時間軸劃分為代表不同時間段的行。不需要統一行所代表的時間長度。時間軸早期的部分最適合以週或者是月作為單位,而事故發生的時刻則更適合以小時或天為單位。

讓參與者使用同時腦力激盪來思考與事故相關的事件(請參閱第 95 頁「同時工作」)。事件是和所發生事情相關的事實性且非判斷性的陳述。例如「部署腳本會停止所有 ServiceGamma 的實例」、「ServiceBeta 回傳響應代碼 418」、「ServiceAlpha 無法辨別響

應代碼 418，並且崩潰」、「待命工程師因為系統下線而被呼叫」、和「待命工程師手動重啟 ServiceGamma 實例」。（你可以使用人名，但前提是他們在場且同意這麼做）一定也要記錄進展順利的事件，而不只是那些進展不順利的事件。

軟體日誌、事故應變記錄和版本控制歷程都可能是有用的靈感來源。把每個事件寫在單獨且相同顏色的便利貼上，並加到板上。

完成後，請大家退後一步，看看整個時間軸。缺少了哪些事件？大家同時地查看每個事件並且思考：「在此之前發生了什麼？後來怎麼了？」把每個附加事件用另一個便利貼加上去。你或許會需要使用箭頭來顯示前後關係。

一定要包括關於人的事件，而不只是軟體。人的決策是開發系統中的一個重要因素。尋找每個關於團隊所控制或使用自動化的事件，然後加入為了觸發該事件，大家所引起的前置事件。自動化是如何使用的？

> 自動化是如何使用的？
> 透過組態還是程式？

透過組態還是程式？一定要保持這些事件的基調中立且無可指責。不要事後猜測人們應該做什麼，只寫出他們實際做了什麼。

例如，「部署腳本停止了所有 ServiceGamma 實例」事件之前，可能會出現「操作指令的 --target 命令列參數被錯誤拼寫成 --tagret」和「工程師無意中更改部署腳本，以便在沒找到 --target 參數時，停止所有實例」，而這個事件的前個事件是「團隊決定清理部署腳本裡的命令列處理」。

單個事件可以有多個前置事件，而每個前置事件可以發生在時間軸上的不同時間點上。舉例來說，事件「ServiceAlpha 無法辨別響應代碼 418，並且崩潰」可能有三個前置事件：「ServiceBeta 回傳響應代碼 418」（緊接在前）；「工程師無意中停用了 ServiceAlpha 的頂層異常處理器程序」（幾個月前）；和「工程師實作了 ServiceAlpha 的異常處理，以便在收到意外響應代碼時拋出異常」（一年前）。

隨著事件的增加，鼓勵參與者分享他們當時的觀點和情緒的回憶。不要要求人們為自己的行為開脫。你們並不是來這裡追咎責任。要求他們說明在事件發生的那個當下，他們在現場感受到或經歷到了哪些事。這會幫助團隊了解開發系統關於社會與組織方面的樣貌－不只是做出了什麼選擇，還有選擇背後的原因。

要求參與者為這些想法添加其他顏色的便利貼。例如，如果 Jarrett 說：「我擔心程式碼品質，但我覺得我必須趕上最後期限」，那麼他可以寫兩個便利貼：「Jarrett 擔心程式碼品質」和「Jarrett 覺到他必須趕上最後期限。」不要去猜測不在場的人的想法，但你可以記錄他們當時所說的話，例如「Layla 說她記不起部署腳本的選項。」

讓這些記錄聚焦在人們當時的感受和想法。你的目標是了解系統真實的情況，而不是猜測人們。

最後，要求參與者把時間軸上的重要事件標示出來（那些似乎與事件最相關的事件）。仔細檢查大家是否都記錄下他們對這些事件的所有回憶。

3. 產生洞見

現在是時候把事實轉化為洞見了。在這個階段，你會從你的時間軸中挖掘關於開發系統的線索。在你開始之前，給大家一些時間來研究整個內容。這可能趁機休息一下的時機會。

先從提醒與會者故障的本質出發。問題總是在發生，但它們通常不會以導致故障的方式結合起來。時間軸上的事件不是故障的*原因*，而是開發系統如何運作的*徵狀*。這正是你想要分析的更深層系統。

> 事件不是故障的*原因*，
> 而是開發系統的*徵狀*。

查看你在「蒐集資料」活動中確定為重要的事件。其中哪些與人有關？繼續剛剛的範例，你選擇了「操作指令的 --target 命令列參數被錯誤拼寫成 --tagret」和「工程師無意中更改部署腳本，以便在沒找到 --target 參數時，停止所有實例」兩個事件，而不是「部署腳本停止所有 ServiceGamma 實例」，這是因為該事件是自動發生的。

同時處理這些事件。把每個與人有關的事件歸類成以下一個或多個類別[5]。在第三種顏色的便利貼上寫上每一種類別，並且貼到時間軸。

- **知識和心智模型**：在事件有關的團隊裡的資訊與決策。例如，認為團隊維護的服務永遠不會回傳響應代碼 418。
- **溝通和回饋**：來自與事件相關的團隊外的資訊與決策。例如，認為第三方服務絕不會回傳響應代碼 418。
- **注意力**：專注重要資訊的能力。例如，因為同時發生了數個其他的警報，而忽略了某個警報，或由於疲勞而誤解了警報的重要性。
- **固著與堅持計畫**：面對新資訊時，仍堅持某種評估的情況。例如，在服務中斷期間，日誌顯示流量成功地轉移到備用路由器後，仍繼續修復故障的路由器。此外，也包括繼續執行既定計畫。例如，儘管進行 Beta 測試的人員表示軟體尚未就緒，但仍按計畫發佈。
- **目標衝突**：在多個目標之間進行選擇，且其中一些目標可能沒有說明。例如，決定優先滿足最後期限，而不是提高程式碼品質。

5　事件類別的靈感來自於 [Woods2010] 和 [Dekker2014]。

- **程序調整**：既定程序不適合當下狀況的情形。例如，在某個步驟之遇到錯誤後，便放棄了檢查清單上的事項。一個特殊的情況是責任與授權的雙重約束。它會要求人們在違反程序而受到懲罰或遵循不適宜的程序之間做出選擇。
- **使用者體驗**：與電腦介面的互動。例如，傳錯誤的命令列參數給程式。
- **寫上需要的類別**：如果事件不匹配我所提供的類別，你可以建立自己的類別。

這些類別也適用於好的事件。例如，「工程師為 ServiceOmega 超時的情況，替後端開發安全的預設處理方式」是「知識和心智模型」事件。

對事件進行分類後，花點時間再次考慮整體情況，然後分成小組討論每個事件。每個人對開發系統有什麼看法？請關注系統，而不是人。

例如，「工程師無意中更改部署腳本以在沒找到 --target 參數時，停止所有實例」事件聽起來像是工程師的錯誤。但時間軸顯示有問題的工程師 Jarrett 覺得他必須趕上最後期限，即便這會降低程式碼品質。這代表著這是一個「目標衝突」的事件，它實際上是關於決定和溝通優先序的方式。當團隊成員討論該事件時，他們會察覺到他們都感受到來自銷售與行銷的壓力，而使得他們優先考慮最後期限而不是程式碼品質。

另一方面，假設時間軸分析顯示 Jarrett 也誤解了團隊的命令列處理函式庫的行為。這種情況讓事件成為一種「知識和心智模型」事件，但你仍然不會把責任歸咎於 Jarrett。事故分析總是著眼於系統，而不是個

> 事故分析總是著眼於系統，
> 而不是個人。

人。人會犯錯是可以想見的。在這種情況下，仔細觀察事件會發現，儘管團隊使用測試驅動開發和結對開發來編寫程式碼，但它並沒有把這些做法也應用到腳本開發上。團隊沒有任何辦法來防止腳本中的錯誤，所以出現錯誤只是時間的問題。

在分組討論事件之後（為了速度，你或許會想要分配事件給各組進行討論，而不是讓每個組討論每個事件），聚在一起討論你們從系統上得知的事情，並且把每個結論寫在第四種顏色的便利貼上，然後放在對應事件旁邊的時間軸上。還不要提出建議，只要專注於了解到的事情就好。例如，「沒有系統的方法來避免開發腳本時的錯誤」、「工程師感到有犧牲程式碼品質的壓力」和「部署腳本需要長且容易出錯的命令列」。

4. 決定採取的行動

你已經準備好決定如何改善你的開發系統了。你會透過腦力激盪產生出來的點子來達到這個目的，然後挑選一些最好的做法。

首先再次回顧整個時間軸。你要如何改變系統，來讓它更有韌性？考慮所有的可能性，而不要去擔心可行性。同時在一張桌子或虛擬白板的新區域上進行腦力激盪。你不需要把想法限制在特定的事件或問題上。

有些人會同時解決多個問題。需要考慮的問題包括[6]：

- 你要如何避免這種類別的故障？
- 我們要如何更早的偵測到這種故障？
- 我要如何儘早讓故障發生？
- 我們要如何減少影響？
- 我們要如何更快地反應？
- 我們的安全網在哪裡失效了？
- 我們應該調查哪些相關的缺陷？

讓我們繼續以這個例子作範例。你的團隊可能會腦力激盪出想法，例如「停止對最後期限作出承諾」、「每週更新預測並刪除無法在最後期限完成的故事」、「把成品程式碼的編寫標準應用到腳本」、「對現有腳本進行審查來找出其他程式錯誤」、「簡化部署腳本的命令列」和「對團隊所有腳本的命令列選項進行 UX 審查」。雖然其中一些想法優於其他想法，但目前這個階段，你正在產生想法，而不是篩選它們。

一旦有了一組的選項，請根據團隊實現它們的能力，把它們各自分配到如第 338 頁「同心圓與湯」描述的「控制」、「影響」和「湯」的圓圈裡。簡要討論一下選項的利弊。然後使用點數投票，接著進行同意投票（請參閱第 95 頁「同時工作」和第 96 頁「尋求同意」）來決定團隊將採用哪些選項。你可以選擇多個選項。

當你考慮選擇什麼時，請記住你不應該解決所有問題。有時候，引入變更會比它解決的問題增加更多的風險或成本。此外，雖然每個事件都是關於開發系統行為的線索，但並非每個事件都是壞事。例如，其中一個範例事件是「工程師實作了 ServiceAlpha 的異常處理，以便在收到意外響應代碼時拋出異常」。儘管該事件直接導致了服務中斷，但它使得故障能夠被更快且更容易地診斷出來。沒有它，問題依然會出現，而且需要更長的時間才能解決。

避免故障

當你為了團隊能採取什麼行動在思考方法時，請試著考慮修改程式碼或設計，來讓錯誤變得不可能發生的方法。例如，假設你發現文字欄位會丟失資料。人們可以輸入 500 個字元，但只有 250 個字元能夠被存到資料庫裡。部分原因是前端無意中設置了錯誤的可輸入長度。你可以透過自動從後端取得欄位長度來讓這樣的錯誤不會發生。

6　感謝 Sarah Horan Van Treese 建議了大多數需要考慮的問題。

當你無法讓錯誤不會發生時，請嘗試自動捕捉它們，通常的做法是透過改善建置或測試套。例如，可以編寫一個測試來查看所有前端的樣板，並根據資料庫來檢查欄位長度。

不要阻斷立即的錯誤。思考一下它所代表的開發系統問題。例如，資料丟失的另一個原因是後端沒有驗證欄位長度。這是否代表驗證資料是普遍的問題？你的部分可能選項可以包括進一步調查，例如使用探索性測試來檢查資料驗證。

5. 結束回顧

事故分析可能是很尖銳的。透過讓人們有機會喘口氣，並平靜地回到他們的日常工作來結束回顧。喘口氣可以是一種隱喻，也或者你可以按字面上意思建議大家站起來深呼吸。

從決定要留下哪些東西出發。帶註釋的時間軸和其他產出的螢幕截圖或照片或許可以作為未來的參考。首先，邀請參與者基於不想在會議之外分享的所有內容，來審查時間軸。在拍照之前，移除那些便利貼。

接下來，決定誰會執行你們的決定以及如何執行。如果團隊會編寫報告，請決定誰將參與編寫報告。

最後，為大家努力的付出，互相表達感謝來作為結束 [7]。說明表達感謝的方式並且舉例：「（姓名），我感謝你（原因）」坐下來並等待，因為其他人也會發表它們的感謝。不用要求每個人表達感謝，但要留下足夠的時間（一分鐘左右的靜默）。因為大家或許需要一些時間才能發表自己的感謝。

有些人會對「感謝」活動感到不舒服。另一種活動是讓每個參與者在分析結束後，輪流說出自己的感受。若不想說也是沒問題的。

隨後，感謝大家的參與。提醒他們維加斯法則（未經許可不得分享個人詳細資訊），然後結束。

組織的學習

組織經常需要一份關於事故分析結論的報告。它通常被稱為**事後剖析**，儘管我更喜歡更中性的**事故報告**。

---

7 「感謝」活動是根據 [*Derby2006*]（第 8 章）。

理論上，事故報告的部分目的是讓其他團隊運用你學到的東西來改善他們自己的開發系統。不幸的是，人們往往會忽略其他團隊的經驗教訓。這就是所謂的**用差異保持疏遠**。[Woods2010]（第 14 章）「這些想法不適用於我們，因為我們是一個面對內部的團隊，而不是面對外部的團體。」或者「我們有微服務，而不是單體。」或者「我們遠距工作，而不是面對面在一起工作。」很容易就會把表面上的差異當作避免改變的理由。

防止這種疏遠的現象是組織文化的問題，這超出了本書的範圍。不過，簡而言之，人們在經歷重大失敗後最渴望學習和改變。除此之外，我獲得最好成效的方式是獨自找出教訓，然後展示教訓如何影響聽眾關心的事情。

透過對話比使用書面文件更容易達到效果。在實務上（但不確定！），最有效的方法是講述一個引人入勝但簡潔的故事，來讓人們閱讀和應用事故報告裡的教訓。從一開始就明確利害關係。描述發生了什麼，然後揭開謎團。描述你對系統的了解並解釋它如何影響其他團隊。描述其他團隊的潛在風險，並總結他們可以做些什麼來保護自己。

事故責任

組織需要事故報告的另一個原因是「讓人們承擔責任」。這往往頂多是種錯誤的想法。這並不是說團隊不應該對他們的工作負責。他們應當負責！他們正透過進行事故分析並努力改善他們的開發系統，包括與更廣泛的組織合作來做出改變，來表現出當責的態度。

用 Scrum 的錯誤說法找個「單一且可擰的脖子」，只會讓焦點轉移和指責。它可能會降低回報的事故數量，但這只是因為人們隱藏了問題。結果是大的事故會變得更糟。

> 找人來咎責會讓大事故變得更糟。

「隨著事故率降低，死亡率上升」是《*The Field Guide to Understanding 'Human Error'*》在談到建築和航空時的記述內容。「[這個結論]支持了…從跡近錯誤（near misses）中學習的重要性。在任何層面，以任何方式抑制這種學習機會，不只是一個壞主意，而且有危險。」[Dekker2014]（第 7 章）

如果你的組織了解這種動態，並且真的希望團隊展現它的當責態度，那麼你可以分享事故分析中對於你的開發系統所揭露的內容（換言之，「產生洞見」活動裡產出的最後便利貼內容）。你還可以分享你決定採取哪些行動，來提高開發系統的韌性。

通常，組織會有一個你必須遵守的既有報告模板。請盡量避免以簡單的因果關係來說明情況，並謹慎地展示系統（而不是個人）如何導致問題變成故障的。

問題

如果我們沒有時間對每個臭蟲和事故進行完整分析怎麼辦？

事故分析不一定是正式的回顧。你可以使用簡單的方式來非正式地探索可能性，比方說，在幾分鐘內與幾個人一起非正式地探索可能性，甚至是私下自己思考。要記住的核心重點是事件是潛藏在開發系統裡的徵狀。它們是教會你了解系統是如何運作的線索。從事實出發，討論它們如何改變你對開發系統的理解，然後才思考要改變什麼。

先決條件

成功的事故分析取決於安全感。除非參與者能夠感到安心地分享關於所發生的事情的看法，否則你會很難深入了解你的開發系統。

<table>
<tr><td>關聯</td></tr>
<tr><td>安全感 (p.107)</td></tr>
</table>

更廣泛的組織處理事故的方法對參與者的安全感有很大的影響。即使是口頭上支持「無咎責的事後剖析」的公司也很難從簡單的因果世界觀轉變為系統觀。他們傾向於認為「無咎責」是「不說誰應該受到指責」，但要真正要做到無咎責，他們需要明白沒有人應該受到指責。失敗和成功是複雜系統的結果，而不是特定個人的行為。

你可以在不了解這一點的組織中進行成功的事故分析，但你需要格外謹慎地建立有關心理安全感的基本規則，並確保抱持責備導向世界觀的人不會參與討論。不過還需要小心確保事故報告（如果有的話）是以系統觀點而非因果觀點來編寫。

指標

當你順利地進行事故分析：

- ☐ 事件得到確認，甚至是沒有明顯影響的事件也受到分析。
- ☐ 團隊成員把分析視為學習和改善的機會，甚至期待它。
- ☐ 系統的韌性會隨著時間而提高，從而減少逃逸的缺陷和正式服務的中斷。
- ☐ 沒有人會因事件受到指責、評判或懲罰。

替代方案和試驗

許多組織使用標準報告模板的視角來進行事故分析。這往往會產出表面上的「簡單解決方法」，而不是系統性的觀點，因為人們專注於想要報告的內容，而不是研究整個事件。我所描述的方法會幫助人們在得出結論之前擴展他們的視野。把分析當作回顧來進行，也會確保每個人的聲音都被聽到，而且整個團隊都能接受結論。

這個實務做法裡的許多想法都受到人為因素和系統安全領域書籍的啟發。這些書是關於在航空等領域裡生死攸關的決策，而這些決策通常是在巨大的時間壓力下做出的。軟體開發有不同的限制，所以其中一些移植過來的想法可能並不完美。

我所提供的事件類型尤其可能還有改善的空間。我猜想「知識和心智模型」或許還可以分成幾個類別。不過，請不要隨意地添加類別。查看一下延伸閱讀的內容，並先用裡面所包含的理論來構築你的想法。

我提供的回顧形式有最多可以試驗之處。在事故分析過程中，很容易聚焦到解決方案或簡單的因果思維，而我提出的方式是為了避免這種錯誤。不過，這只是回顧。它是可以改變。在你使用我提供的方式進行了幾次分析之後，看看你可以透過試驗新的活動來改進哪些事情。例如，「蒐集資料」階段的部分活動，你是否能夠以非同步的方式進行？在「產生洞見」階段，是否有更好的方法來分析時間軸？你能為「決定採取的行動」提供更詳盡的結構嗎？

最後，事故分析不僅限於分析事故。你也可以分析成功。只要你了解你的開發系統，就能獲得同樣的好處。試著當團隊在壓力下取得成功時，進行分析。了解成功是受到哪種系統韌性的影響，並思考如何在未來加強這種韌性。

延伸閱讀

《*The Field Guide to Understanding 'Human Error'*》[Dekker2014] 是一本非常容易閱讀的書，而且很好地介紹了這個實務做法的大部分理論。

《*Behind Human Error*》[Woods2010] 讀起來較吃力，但它比《*The Field Guide*》涵蓋的範圍更廣。如果你正想了解更多細節，這會是你的下一本書。

前兩本書是基於人為因素和系統安全的研究。*learningfromincidents.io* 網站致力於把這些想法帶到軟體開發裡。在撰寫本文時，它內容還相當少，但它的用意是好的。我把它包括在內是希望當你閱讀到這裡時，它會有更多的內容。

第四部分

優化成果

十月又再次到來。去年，你的團隊達到了交付熟練度（參見第三部分）。當時，一些團隊成員也想推動優化熟練度，但管理層對此表示懷疑。因此，你無法獲得所需的支持。

但自從你達到交付熟練度後，你的團隊就一直卯足全力地工作。生產力大大地提高，且缺陷減少。產品經理 Hanna 無法包辦所有的事情，所以她把越來越多的責任委派給團隊，以便迎接挑戰。

這樣的成果被注意到了。Hanna 向行銷總監誇讚你，而你的老闆在向工程總監討論你。再次推動優化熟練度的時機已經成熟。這一次，它奏效了。Hanna 被指派全職加入你的團隊。不僅如此，她還獲准嘗試「敏捷試驗」。「敏捷試驗」就是他們稱呼 Hanna 與你的團隊合作的方式。她不必像其他行銷部門每年進行一次規劃活動，而是獲得了主導團隊財務支出的許可。她定期和老闆會面來分享收入和客戶保留率等統計資料，並且不斷嘗試新的想法和試驗（她的同事們很嫉妒，因為他們每年仍要經歷六週的預算和目標設定地獄）。

不只是 Hanna。整個團隊都在採取行動。儘管 Hanna 在產品行銷專業知識方面是同行中的佼佼者，但團隊的其他成員已經發展了自己的專業領域。Shayna 尤其喜歡訪問客戶網站，來了解人們的操作行為。

Shayna 剛要求了團隊的注意，並且說道：「我剛剛結束了和 Magda 的遠距會議。你們都記得 Magda，對吧？」四周點點頭。Magda 是新客戶公司裡的開發人員。她的公司比你們的一般客戶來得大，所以他們的要求很高。

Shayna 繼續說道：「Magda 的公司一直在處理日益複雜的稅務問題。他們在世界各地越來越多的國家僱有遠距的員工，而處理各種稅收和就業法令人不堪重負。Magda 正領導一個團隊來自動化其中的一些工作，她想知道如何與我們的 API 進行整合。」

「但這讓我開始思考」Shayna 興奮地提高了聲音。「這和我們已經完成的成果相差不遠。如果我們出售用於國際就業的附加模組，那會如何呢？雖然這會有很多事情要處理，但我們可以一次處理一個國家。此外，Bo，你在這方面有一些經驗，對吧？」Bo 若有所思地點點頭。

Hanna 抿了抿嘴唇，說道：「這是一個很大的賭注，但它可能會帶來巨大的報酬。這可能會打開更多像 Magda 公司的市場，且肯定會拓寬我們的護城河。我們的直接競爭對手都沒有這樣的東西，而且大玩家收取兩隻手臂、一條腿和一半軀幹的專業服務費。此外，我們的產品會更加易於使用。」她咧嘴一笑，露出很多牙齒。「我們只需要收取一隻手臂和一條腿。你們其他人有什麼想法？」

團隊對這個想法進行了快速的討論。當你們達成了值得追求的共識時，Hanna 猛點著頭。「我喜歡它。我們需要驗證市場，並弄清楚如何把它拆解成更小的賭注。我會在下週的計畫裡放上想出「構建 – 衡量 – 學習」試驗的故事。我們可以在發佈目前的增量之後，再開始處理它們。同時，我會做一些研究，並取得老闆的同意。如果試驗成功，我們會需要她批准更多的資金和同意修改我們的使命。

她最後說道：「謝謝，Shayna。這就是為什麼我喜歡成為這個團隊的一員。」

歡迎來到優化領域

優化領域適用於想要創造更多價值的團隊。他們主導自己的產品計畫和預算，以便進行試驗、迭代和學習。這讓他們能夠開發出引領市場的軟體。具體來說，熟練優化的團隊[1]：

> 優化領域適用於
> 想要創造更多價值的團隊。

- ☐ 交付滿足商業目標和市場需求的產品。(不一定要和被要求交付的成果相同)
- ☐ 包含了促進最佳化成本 / 價值決策的廣泛專業知識。

1　列表源於 [Shore2018b]。

- □ 了解他們的產品在市場上的位置以及他們要如何提高自己的地位。
- □ 與領導層協調，儘早取消或改變低價值產品。
- □ 從市場回饋中學習，來預測客戶需求並創造新的商機。
- □ 快速有效地做出商業決策。

為了實現這些好處，團隊需要培養以下技能。要擁有以下技能則需要第 4 章中描述的投資。

團隊回應商業需求：

- □ 團隊會根據與管理層共同確定的商業指標成果，來說明計畫和進展。
- □ 團隊與內部和外部利害相關人合作，確定路徑圖何時以及如何提供最佳投資報酬率。

團隊會以值得信賴與自主的方式工作：

- □ 團隊與管理層協調，來了解和完善團隊在實現組織整體商業策略中的角色。
- □ 團隊成員為了他們發現的商業成果，共同承擔並負起責任。
- □ 管理層為團隊提供自主實現商業成果所需的資源和權限。
- □ 管理層確保團隊擁有專職的團隊成員，且他們具備團隊了解市場和實現商業成果所需的所有日常技能。

團隊追求產品的卓越：

- □ 團隊與客戶和市場接觸，來了解產品需求和機會。
- □ 團隊建立關於商業機會的假設，並進行試驗來驗證它們。
- □ 團隊規劃和開發產品的方式能讓他們面對時間不到一個月的通知時，完全改變計畫且不會造成浪費。

達到優化熟練度

優化熟練度所需的投資挑戰了大多數公司的先入之見和既定的秩序。這需要放棄很多控制權，並對團隊充滿信任。雖然有監督機制，但仍然可能令人恐懼。

因此，你通常需要花幾年的時間，來展示在專注和交付熟練度上的成功，然後公司才會給你優化熟練度所需的授權和自主權。雖然創業公司的早期通常是個例外，但其他所有公司都會需要建立一些信任。

當你準備好進行優化時，團隊很可能已經掌握了本書中的其他實務做法。你將不再需要操作指南，而且已經掌握這門藝術。

所以這部分的章節簡短而溫馨。他們會幫助你入門，並提供有關下一步嘗試的線索。把你學到有關敏捷開發的知識與這些想法結合起來，並創造出屬於你自己的偉大事物，而且這完全取決於你。

這些章節將幫助你入門：

- 第 17 章討論自主團隊的本質。
- 第 18 章 討論了團隊能學習的方法。
- 第 19 章 以展望未來為本書作結。

自主性

優化熟練度相當罕見，但這並不是因為優化領域代表了敏捷實務做法的巨大變化。與之相反：優化主要是應用本書其他部分的實務做法。優化熟練度罕見並不是因為它很難，而是因為它需要一定程度的團隊自主性，然而大多數組織都還沒準備好提供支持。

每個人都知道敏捷團隊應該是自主的團隊，而擁有優化團隊的組織確實是如此。對他們來說，自主不只是讓團隊能夠獨立地工作。他們也讓團隊對自己的財務和產品計畫負全部的責任。

> 優化需要一定程度的
> 團隊自主性，然而大多數組織
> 還沒有準備好提供支持。

商業的專業知識

當然，為了讓你的團隊主導自己的財務和產品決策，團隊需要有能力做出好的決策。雖然一個由商業和開發專業知識組成的完整團隊一直是目標，但許多組織縮減了團隊在商業方面的能力。他

> 關聯
> 完整團隊 (p. 76)

們指派了一個每週只能參與幾個小時的產品經理，或者指派沒有真正決策權的產品「負責人」。有些團隊則兩全其壞：產品負責人參與的時間太少，且沒有決策權。

優化團隊擁有真正的商業權力和專業知識。團隊裡也並非只有某人孤零零地專注於商業。團隊裡的每個人都對創造價值感到興趣。當然，雖然有些人比另外一些人更感興趣，但不會因為忌妒而把持著職責不放。當整個團隊把工作當作學習如何更好地服務客戶、使用者、和利害關係人時，你們就能得到最好的成果。

商業決策

優化團隊最引人注目的一件事是他們缺乏對使用者故事的重視。當然，他們會使用故事來作為規劃機制，但這些故事並不是他們用來和利害關係人對話的主題。相反地，團隊成員們全心全意地專注於商業成果與價值。他們不會試圖傳遞一組故事，因為這只是細節。他們正在努力為組織帶來有意義的改變。

他們與管理層的關係尤其如此。**優化團隊得到他們組織的信任。**高階管理者和管理者知道他們可以給團隊資金與使命，然後往後退一步。該團隊會找出自行完成任務的方式，並且讓高階管理者了解資金的使用方式、取得的成果、和需要哪些支持才能取得更大的成功。

關聯
利害關係人的信任
(p.272)

這種方法會使得優化團隊很少遵循預定的計畫。整體來說，他們的有價值增量很小、計畫的調適性很強、而且規劃週期很短。他們不會制定一個大型且不會改變的計畫，而是不斷地測試想法，並取得漸進的進步。（至少從內部利害關係人的角度來看。他們仍然可以選擇省下時間，來進行大型引人注目的發佈。）

關聯
調適性規劃 (p.156)

因此，優化團隊往往沒有傳統的截止日期或路徑圖。當他們確實設定了最後期限時，這是他們為自己做出的選擇。他們這樣做是因為有一個令人信服的商業原因，例如為了和行銷工作進行協調，而不是因為它要滿足了官僚主義的需求。如果他們意識到他們無法在最後期限前完成，他們會自行決定要如何以及何時改變他們的計畫。

關聯
預測 (p.287)

當責與監督

優化團隊並非沒有監督。他們或許可以控制自己的預算和計畫，但這並不意味著他們可以為所欲為。他們仍然必須展示他們的成果並證明他們的大方向決定是正確的。他們的決定不需要事先獲得批准，只要它們與團隊的目的相關，並且不需要組織提供額外的資源。

該組織基於團隊的目的圍繞著團隊的工作，設置護欄。團隊的目的設定了團隊的大方向（願景）、他們目前的近期目標（使命）以及朝向成功的路標（指標）。管理層提供大方向，然後團隊與管理者和其他利害關係人一起合作制定細節。當團隊看到有機會改變目標，來讓它變得更有價值時，團隊成員便會與管理層討論。

關聯
目的 (p.116)

團隊透過專注於商業結果（包括迄今為止取得的成就以及未來希望取得的成就），而不是展示所交付的故事，來展現當責的態度。這些結果可能很簡單，例如收入數字，也可能是更細微，例如員工滿意度分數。無論是哪種方式，重點是**成果**，而不是可交付的成果和日期。

然而，優化團隊不只是試圖實現短期成果。他們還不斷學習如何更好地服務他們的使用者和市場。所以他們也會談論他們學到了什麼，接下來想學什麼，以及他們打算如何進行。所有這些資訊都透過團隊的內部展示、內部路徑圖以及與管理層的私人對話來共享。

關聯

向利害關係人展示
(p. 279)
路徑圖 (p. 297)

資助

團隊的資金是組織的另一個監督機制。優化團隊通常會持續地獲得「照常」的資金（參見第 297 頁「敏捷治理」）。組織根據對團隊期望的成果分配這些資金。團隊還可以透過向管理層提出正當理由來獲得一次性資金和資源。

如果團隊成員認為他們無法利用他們擁有的資金和其他資源來實現目標，他們可以向贊助者要求更多的資源。如果贊助者不同意，團隊和他們的贊助者會合作尋找一個可以實現的平衡點，或者團隊會轉向一個新的且更有價值的目標。這種討論通常會發生在制定章程的過程。

關聯

情境 (p.126)

隨著團隊工作的進展，組織對價值的預測將成真⋯或不成真。這是調整團隊目標的機會。如果團隊創造的價值超過預期，則可以增加資金，團隊可以因此加倍成功。如果產出不如預期，則可以減少資金，或者團隊可以轉向更有價值的目標。

試驗與延伸閱讀

正如我所提到的，自主性和主導權對於組織和管理者來說可能是一個艱難的轉變。《*The Agile Culture: Leading through Trust and Ownership*》[Pixton2014] 可以幫助管理者學習如何轉變。《*Turn the Ship Around! A True Story of Turning Followers Into Leaders*》[Marquet2013] 也是另一本絕佳的讀物。

在試驗方面，最有趣的一種做法是「超越預算」。它強調把決策制定交給以客戶為中心的團隊，類似於我在此處所描述的內容，但它在管理方面更有深入的討論。要了解更多資訊，請參閱 Jeremy Hope 和 Robin Fraser 的著作《*Beyond Budgeting*》[Hope2003]。

敏捷社群充滿了其他有趣的想法和提高自主性的試驗。有許多試驗都屬於**強化**領域。我會在第 19 章裡談到了它們。

第 18 章

探索

優化團隊做出自己的產品決策。他們怎麼知道要構建什麼產品？

部分原因是由於團隊裡有具備產品專業知識的人，所以知道要構建哪種產品。這些團隊成員有背景知識並且受過訓練，所以能夠決定要做的產品。

> 關聯
> _____
> 完整團隊 (p.76)

但事實是至少在新產品開始時，沒有人 100% 確定該做哪種產品。有些人會假裝知道，但優化團隊不會假裝自己知道。他們的點子充其量是與獲得成功要素相關的絕佳臆測。

所以優化團隊的工作不是知道要構建哪種產品，而是發現要構建哪種產品。Steve Blank（他的著作是精實創業運動的基礎）是這樣說的：

> 優化團隊的工作
> 不是知道要構建哪種產品，
> 而是發現要構建哪種產品。

> [這個] 任務是明確的—了解和發現客戶有哪些問題，以及你的產品概念是否解決了這個問題；了解誰會購買它；並利用這些知識來構建銷售路徑圖，以便銷售團隊可以把它賣給客戶。此外，[你] 必須具有根據客戶的意見進行突然和快速轉變的敏捷力，以及因應客戶回饋所需，重新配置 [你的團隊] 的影響力。[Blank2020a]（app. A）
>
> —Steve Blank《*The Four Steps to the Epiphany*》

Steve Blank 談論的是新創公司，但這句話同樣適用於優化團隊，即便你不銷售你的軟體！無論你的客戶和使用者是誰（即使他們是坐在旁邊隔間的 Keven 和 Kyla），你的工作就是弄清楚如何為他們帶來價值。此外，同樣重要的是如何以他們實際購買或使用的方式，來把價值帶給他們。

驗證式學習（Validated Learning）

我數不清有多少次想到一個好主意，然後把它擺到真正的客戶或使用者面前，卻發現這個主意根本沒用。當我告訴他們這個想法時，他們總是會告訴我他們喜歡這個想法。有時，甚至是在他們嘗試了原型之後！只有當我要求人們真正地花費時間、金錢或政治資本時，我才知道我的「好主意」還不夠好。

產品創意就像一台永動機：如果你足夠堅定地相信，並且有足夠的慣性，那麼它們看起來就像是會永遠地持續下去。不過，只要給他們施加真正的負擔，他們就會停下來。

驗證式學習是一種測試想法的最好工具。我在第 510 頁「驗證式學習」中討論過它，但回顧一下，驗證式學習會對你的市場做出假設，構建你可以擺到他們面前的東西，並衡量發生了什麼事。用你學到的東西來調整你的計劃，然後重複。這通常被稱為**構建 - 衡量 - 學習循環**。

關聯

盲點探索 (p.510)
實際客戶的參與 (p.196)

想要真正地驗證你的學習，你需要實際的**客戶**（或使用者）和實際的成本。如果你向不是目標市場的人展示你所構建的東西，你會得到回饋，但它可能和你的實際情況無關。如果你不要求他們做出一些實質的交換，那麼你只會學到更多人們想要避免傷害你的感受的渴求，而不是想法的實際價值。每個人都會稱讚你對豪華假期的想法…直到你向他們要求支付訂金[1]。

調適性

每次你透過構建 - 衡量 - 學習循環，你都會學到一些新東西。為了利用你所學到的東西，你必須改變你的計畫。因此，**優化團隊**往往會保持短的規劃週期，並且讓計畫具有調適性。他們把有價值的增量保持在很小的規模，這樣他們就可以改變方向而不會浪費。

關聯

調適性規劃 (p.156)

有價值的增量（參見第 156 頁「有價值增量（Valuable Increments）」）不只是與功能和能力有關。請記住，有三種常見的價值類別：

* **直接價值**。你構建的東西提供了第 19 頁「組織重視什麼？」所描述的一種價值類型。
* **學習價值**。你已經構建了一些東西，而它們能幫助你更好地了解市場和未來的前景。
* **選項價值**。你已經建立了一些東西，而它們能讓你以更低的成本改變方向。

---

1 接著就是，「哦，我沒有時間」，「我不能讓我的吉娃娃小毛球獨自待在家」，「我討厭熱帶沙灘。它讓人感到不舒服與惱火，而且它會弄得到處都是。」

對於優化團隊來說，學習價值與選項價值和直接價值同樣重要。一開始，它們甚至比直接價值更重要，因為它們可以讓團隊避免浪費時間構建錯誤的東西。每個構建 - 衡量 - 學習循環都是「學習價值」增量的一個範例。

有選擇的思維在優化團隊中也很常見。未來是不確定的，而且沒有一成不變的計畫，所以優化團隊會確保他們有能力調整。他們透過考慮未來的可能性和建立「選項價值」增量來達到這一點。第 180 頁「期望分析」中描述的分析方式是開始識別這些選項的一種方法。

選擇也是管理風險的一項重要技術。如果你的期望分析顯示存在重大風險（例如，競爭對手提供了一種利潤較低但更具吸引力的定價模型），你可以構建一個選項，讓你只需輕輕一按即可改變定價模型。

另一種選擇是關於最後期限。儘管優化團隊不會隨意地更動最後期限，但有時價值取決於在某個日期之前發佈。例如，電子遊戲需要在聖誕節假期及時地交付，稅務軟體需要每年更新，以及新法規可能有嚴格的最後期限與嚴厲的合規處罰。

為了滿足這些最後期限，「優化」團隊經常會在開始一個更雄心勃勃的想法之前建立一個「安全」增量。「安全」增量會以最低限度的方式滿足最後期限的要求，讓團隊可以無憂無慮，且自由地處理更雄心勃勃的想法。如果這些想法都沒有成功，或者不能及時完成，團隊就會發佈「安全」增量。

例如，評論員 Bill Wake 分享了一家印表機公司的（可能是杜撰的）故事。該公司需要為新的照片印表機提供消除紅眼的功能。硬體有一個精確的發佈日期，所以軟體團隊從一個基本的紅眼演算法開始，然後研究一種更複雜的方法。

試驗和延伸閱讀

決定產品方向的方法與知識遠超過本書所涵蓋的範圍。有許多可以進一步閱讀的機會。請查找產品管理類別的書籍。推薦三本書來作為起點，分別是 Marty Cagan 的《*Three places to start are Marty Cagan's Inspired: How to Create Tech Products Customers Love*》[Cagan2017]、Luke Hohmann 的《*Innovation Games: Creating Breakthrough Products through Collaborative Play*》[Hohmann2006]、和 David Bland 與 Alexander Osterwalder 的《*Testing Business Ideas*》[Bland2019]。

要記住的一點是，除了正常的產品管理之外，優化團隊會與客戶互動來了解他們的市場，並驗證他們的想法。對他們來說，學習與構建同樣重要，而他們計畫的靈活性便反映了這個重點。精實創業運動稱此為**客戶探索**與**客戶驗證**。

有關這些想法的更多詳細資訊，請參閱《*The Startup Owner's Manual*》[Blank2020b]。這本書一樣是 Steven Blank 所著《*The Four Steps to the Epiphany*》[Blank2020a] 的更新版本。Blank 的想法與極限程式設計形成了 Eric Ries 的精實創業運動的基礎。[Ries2011]

如你所想的，《*The Startup Owner's Manual*》專注於創業公司，因此它的建議需要根據你的情況來進行客製。不過，優化團隊與創業公司有很多相似之處。一個成功的優化團隊不只是維持現狀。如果是這樣，專注和交付熟練度就足夠了。相反地，它正在尋找引領市場和開發新市場的方法。精實創業理念（包括客戶探索與客戶驗證的基本理念）是你如何達成這個目標的關鍵部分。

第 19 章

展望未來

敏捷團隊永遠不會停止學習、試驗和改善。本書中的實務做法只是起點。一旦你了解一種做法，就讓它成為你的！試驗替代方案並尋找新的想法。當你變得更熟練時，故意打破規則，看看會發生什麼事情。你會了解規則存在的原因⋯以及它們的限制是什麼。

在此之後，會發生什麼事情？那是由你來決定的。敏捷總是根據團隊的需求進行客製。在敏捷熟練度模型中，我和 Diana Larsen 確定了可能的第四個領域：強化。如果你仔細觀察，每個領域都代表了團隊控制圈的不同擴展：專注賦予團隊對其任務的主導權；交付賦予其發佈的主導權；優化賦予其產品的主導權。

透過擴大團隊對組織策略的主導權來強化這個趨勢。人們不僅會做出專注於團隊的決策。他們也會聚在一起做出影響許多團隊的決策。一個例子是開始變得流行的方法－團隊自選（team self-selection）。在團隊自選裡，團隊成員自己決定他們會加入哪個團隊，而不是由管理層分配。

聽起來很瘋狂？才不會。這個做法是精心設計過的，而不是自由放任（詳情請參閱 [Mamoli2015]）。我自己使用過團隊自選，效果驚人。結果比我從傳統的管理者驅動的選擇中看到的還要好。它會使得團隊在一開始就具有高生產力。

強化領域是關於這種自下而上的決策方式。全員參與制（Sociocracy）（*https://www.sociocracy.info*）和合弄制（Holacracy）（*https://www.holacracy.org*）等治理方法正在這個領域裡受到試驗，例如 Valve Software、Semco 和 W. L. Gore & Associates 等公司也在進行試驗。Jutta Eckstein 和 John Buck 的書《*Companywide Agility with Beyond*

Budgeting, Open Space & Sociocracy》[Eckstein2020] 提供了更詳細的介紹。有關基本原理的輕量級介紹,請參閱 Ricardo Semler 的《*Maverick*》[Semler1995]。它是作者讓公司管理方法煥然一新的精彩記述。

也就是說,敏捷熟練度模型從來都不是成熟度模型。你不需要按順序通過領域,也不需要熟練每個領域。雖然個別的實務做法(如團隊自選)有發展的空間,但我懷疑完整的**強化**熟練度對大多數公司來說並不合適。不過,如果你想活在最前沿,並加入那些引領敏捷成為當下主流的創新者行列,那麼**強化**領域就是一個起點。除此之外…誰知道呢?還有其他領域等待被發現。

但敏捷最終並不重要。真的!對於團隊成員、組織和利害關係人來說,重要的是成功,無論他們以何種方式定義成功。敏捷實務做法、原則和概念只是沿途的指南。從嚴格遵循實務做法開始。學習如何應用這些原則和關鍵概念。打破規則,進行試驗,看看什麼是有效的,然後從中學習更多經驗。分享你的洞見與熱情,並因此學習多更多的想法。

隨著時間,有了紀律和經驗,實務做法和原則將變得不那麼重要。當做正確的事成為本能和直覺並通過經驗的磨練,那就是時候把規則和原則拋在腦後了。你怎麼稱呼它並不重要。當你的直覺造就了可以服務有價值目的的偉大軟體服務,並且你的智慧激勵著下一代團隊時,你將會精通敏捷開發的藝術。

參考資料

[Adzic2011] Adzic, Gojko. 2011. Specification by Example. New York: Manning Publications. https://learning.oreilly.com/library/view/specification-by-example/9781617290084.

[Adzic2012] Adzic, Gojko. 2012. Impact Mapping. Victoria, BC: Leanpub.

[Ambler2006] Ambler, Scott, and Pramodkumar Sadalage. 2006. Refactoring Databases: Evolutionary Database Design. Boston: Addison-Wesley Professional.

[Anderson2010] Anderson, David. 2013. Kanban. Blue Hole Press Inc.

[Austin1996] Austin, Robert D. 1996. Measuring and Managing Performance in Organizations. New York: Dorset House Publishing Co.

[Bache2018] Bache, Emily. 2018. "Introducing the Gilded Rose kata and writing test cases using Approval Tests." YouTube. Video series. Eficode Praqma.https://www.youtube.com/watch?v=zyM2Ep28ED8;https://www.youtube.com/watch?v=OJmg9aMxPDI; https://www.youtube.com/watch?v=NADVhSjeyJA.

[Beck2000a] Beck, Kent. 2000. Extreme Programming Explained: Embrace Change, 1st ed. Boston: Addison-Wesley.

[Beck2000b] Beck, Kent, and Martin Fowler. 2000. Planning Extreme Programming. Boston: Addison-Wesley Professional.

[Beck2001] Beck, Kent et al. 2001. "Manifesto for Agile Software Development." http://agilemanifesto.org.

[Beck2002] Beck, Kent. 2002. Test-Driven Development: By Example. Boston: Addison-Wesley Professional.

[Beck2004] Beck, Kent. 2004. Extreme Programming Explained, 2nd ed. Boston: Addison-Wesley Professional.

[Beck2007] Beck, Kent. 2007. Implementation Patterns. Boston: Addison-Wesley Professional. https://learning.oreilly.com/library/view/implementation-patterns/9780321413093.

[Beck2018] Beck, Kent. 2018. "test && commit || revert." Medium. September 28, 2013. https://medium.com/@kentbeck_7670/test-commit-revert-870bbd756864.

[Beckhard1992] Beckhard, Richard, and Wendy Pritchard. 1992. Changing the Essence: The Art of Creating and Leading Fundamental Change in Organizations. San Francisco: Jossey-Bass.

[Belshee2005] Belshee, Arlo. 2005. "Promiscuous Pairing and Beginner's Mind: Embrace Inexperience." Proceedings of the Agile Development Conference, July 24–29, 2005, 125–131. Washington, DC: IEEE Computer Society. http://dx.doi.org/10.1109/ADC.2005.37.

[Belshee2016a] Belshee, Arlo. 2016a. "WET: When DRY Doesn't Apply." Arlo Being Bloody Stupid (blog). April 7, 2016. https://arlobelshee.com/wet-when-dry-doesnt-apply.

[Belshee2016b] Belshee, Arlo. 2016b. "The Core 6 Refactorings." Arlo Being Bloody Stupid (blog). May 2, 2016. https://arlobelshee.com/the-core-6-refactorings.

[Belshee2019] Belshee, Arlo. 2019. "Naming as a Process" (article series). Deep Roots (blog). October 10–17, 2019. https://www.digdeeproots.com/articles/on/naming-process.

[Benne1948] Benne, K. D., and Paul Sheats. 1948. "Functional roles of group members." Journal of Social Issues: 4(2), 41–49. https://doi.org/10.1111/j.1540-4560.1948.tb01783.x.

[Bernhardt2012] Bernhardt, Gary. 2012. "Functional Core, Imperative Shell." Destroy All Software (blog). July 12, 2012. https://www.destroyallsoftware.com/screencasts/catalog/functional-core-imperative-shell.

[Beyer2016] Beyer, Betsy, Chris Jones, Jennifer Petoff, and Niall Richard Murphy. 2016. Site Reliabililty Engineering: How Google Runs Production Systems, 1st ed. Sebastopol, CA: O'Reilly.

[Bland2019] Bland, David J., Alexander Osterwalder. 2019. Testing Business Ideas. Hoboken, NJ: Wiley. https://learning.oreilly.com/library/view/testing-business-ideas/9781119551447.

[Blank2020a] Blank, Steve. 2013. The Four Steps to the Epiphany, 3rd. ed. Palo Alto, CA: K&S Ranch.

[Blank2020b] Blank, Steve, and Bob Dorf. 2020. The Startup Owner's Manual: The Step-By-Step Guide for Building a Great Company. Hoboken, NJ: Wiley.

[Bockeler2020] Böckeler, Birgitta, Siessegger, Nina. 2020. "On Pair Programming." martinFowler.com (website). January 15, 2020. https://martinfowler.com/articles/on-pair-programming.html.

[Boeg2019] Boeg, Jesper. 2019. Level Up Agile with Toyota Kata: Beyond Method Wars, Establishing Core Lean/Agile Capabilities Through Systematic Improvement. (self-pub.)

[Boehm1987] Boehm, Barry. 1987. "Industrial Software Metrics Top 10 List." IEEE Software 4(9): 84—85.

[Bossavit2013] Bossavit, Laurent. 2013. The Leprechuans of Software Engineering: How Folklore Turns Into Fact and What To Do About It. Victoria, BC: Leanpub.

[Brooks1995] Brooks, Frederick P. 1995. The Mythical Man-Month: Essays on Software Engineering, 20th Anniversary Edition. Boston: Addison-Wesley Professional.

[Cagan2017] Cagan, Marty. 2017. Inspired: How to Create Tech Products Customers Love. Hoboken, NJ: Wiley. https://learning.oreilly.com/library/view/inspired-2nd-edition/9781119387503.

[Clacey2020] Clacey, Kristen, Jay-Allen Morris. 2020. The Remote Facilitator's Pocket Guide. San Francisco: Berrett-Koehler Publishers. https://learning.oreilly.com/library/view/the-remote-facilitators/9781523089123.

[Cockburn2001] Cockburn, Alistair, and Laurie Williams. 2001. "The Costs and Benefits of Pair Programming." Extreme Programming Examined, edited by G. Succi and M. Marchesi, 223—247. Boston: Addison-Wesley. https://collaboration.csc.ncsu.edu/laurie/Papers/XPSardinia.PDF.

[Cockburn2006] Cockburn, Alistair. 2006. Agile Software Development: The Cooperative Game. Boston: Addison-Wesley Professional.

[Cockburn2008] Cockburn, Alistair. 2008. "Hexagonal Architecture." https://alistair.cockburn.us/hexagonal-architecture.

[Cohn2005] Cohn, Mike. 2005. Agile Estimating and Planning. Upper Saddle River, NJ: Prentice Hall.

[Craver2016] Craver, Nick. 2016. "Stack Overflow: A Technical Deconstruction." Nick Craver (blog). February 3, 2016. https://nickcraver.com/blog/2016/02/03/stack-overflow-a-technical-deconstruction.

[Cunningham1995] Cunningham, Ward. 1995. "EPISODES: A Pattern Language of Competitive Development, Part I." Paper submitted to the Second International Conference on Pattern Languages of Programs.Monticello, Illinois, September 6–8, 1995. http://c2.com/ppr/episodes.html.

[Dekker2014] Dekker, Sidney. 2014. The Field Guide to Understanding 'Human Error,' 3rd ed. Boca Raton, FL: CRC Press.

[DeMarco2002] DeMarco, Tom. 2002. Slack: Getting Past Burnout, Busywork, and the Myth of Total Efficiency. New York: Broadway Books.

[DeMarco2003] DeMarco, Tom, and Timothy Lister. 2003. Waltzing With Bears: Managing Risk on Software Projects. New York: Dorset House Publishing Co.

[DeMarco2013] DeMarco and Lister. 2013. Peopleware: Productive Projects and Teams. 3rd ed. Boston: Addison-Wesley Professional.

[Denne2004] Denne, Mark, and Jane Cleland-Huang. 2004. Software by Numbers: Low-Risk, High-Return Development. Upper Saddle River, NJ: Prentice Hall.

[Derby2006] Derby, Esther, and Diana Larsen. 2006. Agile Retrospectives: Making Good Teams Great. Raleigh,NC and Dallas, TX: Pragmatic Bookshelf.

[Derby2019] Derby, Esther. 2019. 7 Rules for Positive, Productive Change. San Francisco: Berrett-Koehler Publishers. https://learning.oreilly.com/library/view/7-rules-for/9781523085811.

[Dumiak2021] Dumiak, Michael. 2021. "Chaos Engineering Saved Your Netflix." IEEE Spectrum. March 3, 2021. https://spectrum.ieee.org/telecom/internet/chaos-engineering-saved-your-netflix.

[Duvall2006] Duvall, Paul M. 2006. Continuous Integration: Improving Software Quality and Reducing Risk. Boston: Addison-Wesley Professional.

[Eckstein2020] Eckstein, Jutta, and John Buck. 2020. Company-wide Agility with Beyond Budgeting, Open Space & Sociocracy: Survive & Thrive on Disruption. (self-pub.)

[Edmonson2014] Edmonson, Amy. 2014. "Building a psychologically safe workplace." YouTube. Video, 11:26. TEDxTalks. https://www.youtube.com/watch?v=LhoLuui9gX8.

[Edmonson2018] Edmonson, Amy. 2018. The Fearless Organization: Creating Psychological Safety in the Workplace for Learning, Innovation, and Growth. Hoboken, NJ: Wiley.

[Evans2003] Evans, Eric. 2003. Domain-Driven Design: Tackling Complexity in the Heart of Software. Boston:Addison-Wesley Professional.

[Falco2014] Falco, Llewellyn. 2014. "Llewellyn's Strong-Style Pairing." The Way Things Work in Llewellyn's World (blog). June 30, 2014. https://llewellynfalco.blogspot.com/2014/06/llewellyns-strong-style-pairing.html.

[Feathers2004] Feathers, Michael. 2004. Working Effectively with Legacy Code. Upper Saddle River, NJ: Prentice Hall.

[Feynman1974] Feynman, Richard. 1974. "Cargo Cult Science." https://calteches.library.caltech.edu/3043/1/CargoCult.pdf.

[Fields2015] Fields, Jay. 2015. Working Effectively with Unit Tests. Victoria, BC: Leanpub. https://leanpub.com/wewut.

[Ford2017] Ford, Neal, Rebecca Parsons, and Patrick Kua. 2017. Evolutionary Architectures. Sebastapol, CA: O'Reilly Media.

[Forsgren2018] Forsgren, Nicole, Jez Kimble, and Gene Kim. 2018. Accelerate: Building and Scaling High Performance Technology Organizations. Portland, OR: IT Revolution Press.

[Fowler1997] Fowler, Martin. 1997. "The Almighty Thud." Distributed Computing 11(1). https://www.martinfowler.com/distributedComputing/thud.html.

[Fowler2000a] Fowler, Martin. 2000. "The New Methodology (Original)." Martin Fowler.com. July 21, 2000. https://www.martinfowler.com/articles/newMethodologyOriginal.html.

[Fowler2004] Fowler, Martin. 2004. "Is Design Dead?" Martin Fowler.com. May 2004. http://www.martinfowler.com/articles/designDead.html.

[Fowler2002] Fowler, Martin. 2002. Patterns of Enterprise Application Architecture. Boston: Addison-Wesley Professional.

[Fowler2003] Fowler, Martin. 2003. "Cannot Measure Productivity." Martin Fowler.com. August 29, 2003. https://www.martinfowler.com/bliki/CannotMeasureProductivity.html.

[Fowler2011] Fowler, Martin. 2011. "Contract Test." Martin Fowler.com. January 12, 2011. https://martinfowler.com/bliki/ContractTest.html.

[Fowler2018] Fowler, Martin. 2018. Refactoring: Improving the Design of Existing Code. 2nd ed. Boston: Addison-Wesley Professional.

[Fowler2020a] Fowler, Martin. 2020a. "Keystone Interface." Martin Fowler.com, April 29, 2020. https://martinfowler.com/bliki/KeystoneInterface.html.

[Fowler2020b] Fowler, Martin. 2020b. "Patterns for Managing Source Code Branches." Martin Fowler.com. May 28, 2020. https://martinfowler.com/articles/branching-patterns.html.

[Freeman2010] Freeman, Steve, and Nat Pryce. 2010. Growing Object-Oriented Software, Guided by Tests. Boston: Pearson Education.

[Gamma1995] Gamma, Erich, Richard Helm, Ralph Johnson, and John Vlissides ["Gang of Four"]. 1995.Design Patterns: Elements of Reusable Object-Oriented Software. Boston: Addison-Wesley.

[Goldratt1992] Goldratt, Eliyahu M. 1992. The Goal: A Process of Ongoing Improvement. Great Barrington, MA: North River Press.

[Goldratt1997] Goldratt, Eliyahu M. 1997. Critical Chain: A Business Novel. Great Barrington, MA: North River Press.

[Google2021] Google. "Guide: Understand Team Effectiveness." Accessed May 11, 2021. https://rework.withgoogle.com/print/guides/5721312655835136.

[Graham1995] Graham, Pauline. 1995. Mary Parker Follett: Prophet of Management: A Celebration of Writings from the 1920's. Fairless Hills, PA: Beard Books.

[Grenning2002] Grenning, James. 2002. "Planning Poker or How to Avoid Analysis Paralysis While Release Planning." https://wingman-sw.com/papers/PlanningPoker-v1.1.pdf.

[Grenning2016] Grenning, James. 2016. "TDD Guided by ZOMBIES." James Grenning's Blog, October 31, 2016. https://blog.wingman-sw.com/tdd-guided-by-zombies.

[Gumbley2020] Gumbley, Jim. 2020. "A Guide to Threat Modelling for Developers." Martin Fowler.com. May 28, 2020. https://martinfowler.com/articles/agile-threat-modelling.html.

[Hammant2020] Hammant, Paul. 2020. Trunk-Based Development and Branch By Abstraction. Victoria, BC: Leanpub. https://leanpub.com/trunk-based-development.

[Heaton2015] Heaton, Robert. 2015. "Migrating bajillions of database records at Stripe." Robert Heaton.com. August 31, 2015.https://robertheaton.com/2015/08/31/migrating-bajillions-of-database-records-at-stripe.

[Hendrickson2000] Hendrickson, Elisabeth. 2000. "Better Testing, Worse Quality?" Quality Tree, December 2000. https://www.stickyminds.com/sites/default/files/article/file/2012/XDD2479filelistfilename1_0.pdf.

[Hendrickson2013] Hendrickson, Elisabeth. 2013. Explore It! Reduce Risk and Increase Confidence with Exploratory Testing. Raleigh, NC: Pragmatic Bookshelf.

[Highsmith2001] Highsmith, Jim. 2001. "History: The Agile Manifesto." https://agilemanifesto.org/history.html.

[Highsmith2002] Highsmith, Jim. 2002. Agile Software Development Ecosystems. Boston: Addison-Wesley Professional.

[Hill2018] Hill, Michael "GeePaw." 2018. "TDD & The Lump of Coding Fallacy." Video, 9:04. GeePawHill.org. April 14, 2018.https://www.geepawhill.org/2018/04/14/tdd-the-lump-of-coding-fallacy.

[Hodgson2017] Hodgson, Pete. 2017. "Feature Flags." Martin Fowler.com. October 9, 2017. https://martinfowler.com/articles/feature-toggles.html#ImplementationTechniques.

[Hohman2002] Hohman, Moses, and Andrew C. Slocum. 2002. "Mob Programming and the Transition to XP." ResearchGate. https://www.researchgate.net/publication/2522276_Mob_ Programming_and_the_Transition_to_XP/link/55de4a1b08ae7983897d11ad/download.

[Hohmann2006] Hohmann, Luke. 2006. Innovation Games: Creating Breakthrough Products Through Collaborative Play. Boston: Addison-Wesley Professional. https://learning.oreilly. com/library/view/innovation-gamescreating/0321437292.

[Hope2003] Hope, Jeremy, and Robin Fraser. 2003. Beyond Budgeting. Cambridge, MA: Harvard Business School Publishing.

[Humble2010] Humble, Jez, and David Farley. 2010. Continuous Delivery: Reliable Software Releases through Build, Test, and Deployment Automation. Boston: Addison-Wesley Professional.

[Hunt2019] Hunt, Andrew, and David Thomas. 2019. The Pragmatic Programmer: Your Journey to Mastery, 20th Anniversary Edition. 2nd edition. Boston: Addison-Wesley Professional.

[Janis1982] Janis, Irving L. 1982. Groupthink: Psychological Studies of Policy Decisions and Fiascoes. Boston: Houghton Mifflin.

[Kahn1990] Kahn, William A. 1990. "Psychological Conditions of Personal Engagement and Disengagement at Work." Academy of Management Journal. 33 (4): 692–724.https://doi. org/10.5465/256287. ISSN0001-4273.

[Kaner1998] Kaner, Sam. 1998. Facilitator's Guide to Participatory Decision-Making. San Francisco: JosseyBass.

[Katzenback2015] Katzenbach, Jon R., and Douglas K. Smith. 2015. The Wisdom of Teams: Creating the High-Performance Organization. Boston: Harvard Business Review Press.

[Kerievsky2004] Kerievsky, Joshua. 2004. Refactoring to Patterns. Boston: Addison-Wesley Professional.

[Kerievsky2005] Kerievsky, Joshua. 2005. "Industrial XP: Making XP Work in Large Organizations." Agile Project Management Advisory Service Executive Report 6, no 2. https://citeseerx.ist.psu.edu/viewdoc/download?doi=10.1.1.694.2506&rep=rep1&type=pdf.

[Kerth2001] Kerth, Norman. 2001. Project Retrospectives: A Handbook for Team Reviews. New York: Dorset House Publishing Co.

[Kim2013] Kim, Gene, Kevin Behr, and George Spafford. 2013. The Phoenix Project. Portland, OR: IT Revolution Press.

[Kim2016] Kim, Gene, Jez Humble, Patrick Debois, and John Willis. 2016. The DevOps Handbook: How to Create World-Class Agility, Reliability, and Security in Technology Organizations. Portland, OR: IT Revolution Press.

[Kline2015] Kline, Nancy. 2015. Time to Think: Listening to Ignite the Human Mind. London: Cassell.

[Kohn1999] Kohn, Alfie. 1999. Punished By Rewards: The Trouble with Gold Stars, Incentive Plans, A's, Praise, and Other Bribes. Boston: Mariner Books.

[Lacey2006] Lacey, Mitch. 2006. "Adventures in Promiscuous Pairing: Seeking Beginner's Mind." Proceedings of the Conference on AGILE 2006, July 23–28, 263–269. Washington, DC: IEEE Computer Society. http://dx.doi.org/10.1109/AGILE.2006.7.

[Langr2020] Langr, Jeff. 2020. "Remote Collaborative Coding: 6 Ways to Go." Langr Software Solutions. June 2, 2020. https://langrsoft.com/2020/06/02/git-handover.

[Larman2015] Larman, Craig and Bas Vodde. 2015. Large-Scale Scrum: More with LeSS. Boston: AddisonWesley Professional.

[Larsen2010] Larsen, Diana. 2010. "Circles and Soup." Partnerships and Possibilities (blog), July 26, 2010. https://www.futureworksconsulting.com/blog/2010/07/26/circles-and-soup.

[Larsen2016] Larsen, Diana and Ainsley Nies. 2016. Liftoff: Start and Sustain Successful Agile Teams. Raleigh, NC and Dallas, TX: Pragmatic Bookshelf.https://pragprog.com/titles/liftoff/liftoff-second-edition.

[Larsen2021] Larsen, Willem. 2021. "Supercharge Your Retrospectives with TRIPE." Industrial Logic, January, 31, 2021.https://www.industriallogic.com/blog/supercharge-your-retrospectives-with-tripe.

[Little2006] Little, Todd. 2006. "Schedule Estimation and Uncertainty Surrounding the Cone of Uncertainty," IEEE Software 23, no. 3: 48-54. https://doi.org/10.1109/MS.2006.82.

[Mah2006] Mah, Michael. 2006. "Agile Productivity Metrics." Keynote Address, Better Software Conference & EXPO, Las Vegas, June 2006.https://www.stickyminds.com/sites/default/files/presentation/file/2013/06BSOFR_WK2.pdf.

[Mah2018] Mah, Michael. 2018. "Taking the SAFe 4.0 Road to Hyper Speed and Quality." Keynote Address, Pacific Northwest Software Quality Conference, Portland, October 2018. https://www.youtube.com/watch?v=OldRc6lp3CU.

[Mamoli2015] Mamoli, Sandy, and David Mole. 2015. Creating Great Teams: How Self-Selection Lets People Lead. Raleigh, NC and Dallas, TX: Pragmatic Bookshelf.

[Manns2015] Manns, Mary Lynn, and Linda Rising. 2015. More Fearless Change: Strategies for Making Your Ideas Happen. Boston: Addison-Wesley Professional.https://learning.oreilly.com/library/view/more-fearless-change/9780133966534.

[Marick2007a] Marick, Brian. 2007a. "Six years later: What the Agile Manifesto left out." Exploration Through Example (blog). May 16, 2007. http://www.exampler.com/blog/2007/05/16/six-years-later-what-the-agile-manifesto-left-out.

[Marick2007b] Marick, Brian. 2007b. "Latour 3: Anthrax and standups." Exploration Through Example (blog). November 6, 2007. http://exampler.com/blog/2007/11/06/latour-3-anthrax-and-standups/trackback/index.html.

[Marquet2013] Marquet, L. David. 2013. Turn the Ship Around! A True Story of Turning Followers into Leaders. New York: Penguin Group.

[McConnell2006] McConnell, Steve. 2006. Software Estimation: Demystifying the Black Art. Redmond, WA: Microsoft Press.

[Montagna1996] Montagna, Frank C. 1996. "The Effective Postfire Critique." Fire Engineering Magazine, July 1, 1996.https://www.fireengineering.com/firefighting/the-effective-postfire-critque/#gref.

[Nelson2006] Nelson, R. Ryan. 2006. "Applied Insight - Tracks in the Snow." CIO Magazine, Sep 1, 2006. https://www.cio.com/article/2444800/applied-insight---tracks-in-the-snow.html.

[Newman2021] Newman, Sam. 2021. Building Microservices, 2nd Edition. Sebastopol, CA: O'Reilly. https://learning.oreilly.com/library/view/building-microservices-2nd/9781492034018.

[Nierenberg2009] Nierenberg, Roger. 2009. Maestro: A Surprising Story About Leading by Listening. New York:Portfolio.

[Nygard2011] Nygard, Michael. 2011. "Documenting Architecture Decisions." Cognitect (blog). November 15, 2011. https://cognitect.com/blog/2011/11/15/documenting-architecture-decisions.

[Patterson2013] Patterson, Kerry. 2013. Crucial Accountability: Tools for Resolving Violated Expectations, Broken Commitments, and Bad Behavior. New York: McGraw-Hill Education.

[Patton2014] Patton, Jeff. 2014. User Story Mapping. Sebastopol, CA: O'Reilly.

[Pearce2002] Pearce, Craig L., and Jay A. Conger. Shared Leadership: Reframing the Hows and Whys of Leadership. Thousand Oaks, CA: Sage Publications.

[Perry2016] Perry. Thomas L. 2016. The Little Book of Impediments. Victoria, BC: Leanpub. https://leanpub.com/ImpedimentsBook.

[Pixton2014] Pixton, Pollyanna, and Paul Gibson, Niel Nickolaisen. 2014. The Agile Culture: Leading through Trust and Ownership. Boston: Addison-Wesley Professional. https://learning.oreilly.com/library/view/the-agile-culture/9780133463187.

[Poppendieck2003] Poppendieck, Mary, and Tom Poppendieck. 2003. Lean Software Development: An Agile Toolkit for Software Development Managers. Boston: Addison-Wesley Professional.

[Pugh2005] Pugh, Ken. 2005. Prefactoring. Sebastopol, CA: O'Reilly.

[Reina2015] Reina, Dennis. 2015. Trust and Betrayal in the Workplace: Building Effective Relationships in Your Organization. 3rd edition. San Francisco: Berrett-Koehler Publishers.

[Reinertson2009] Reinertson, Donald G. 2009. The Principles of Product Development FLow: Second Generation Lean Product Development. 1st edition. Redondo Beach, CA: Celeritas Publishing.

[Ries2011] Ries, Eric. 2011. The Lean Startup. New York: Crown Business.

[Rosenthal2020] Rosenthal, Casey, and Nora Jones. 2020. Chaos Engineering: System Resiliency in Practice. Sebastopol, CA: O'Reilly.

[Rooney2006] Rooney, Dave. 2006. "The Disengaged Customer." The Agile Artisan blog, January 20, 2006. http://agileartisan.blogspot.com/2006/01/disengaged-customer-introduction.html.

[Rothman1998] Rothman, Johanna. 1998. "A Problem-Based Approach to Software Process Improvement: A Case Study." In Proceedings of the 16th Annual Pacific Northwest Software Quality Conference Joint with ASQ Software Division's 8th International Conference on Software Quality, October 13–14, 1998, 310-316. http://uploads.pnsqc.org/proceedings/pnsqc1998.pdf.

[Rothman2005] Rothman, Johanna. 2005. Behind Closed Doors: Secrets of Great Management. Raleigh, NC: Pragmatic Bookshelf. https://learning.oreilly.com/library/view/behind-closed-doors/9781680500332.

[Sawyer2017] Sawyer, Keith. 2017. Group Genius: The Creative Power of Collaboration. New York: Basic Books.

[Schwaber2002] Schwaber, Ken and Mike Beedle. 2002. Agile Software Development with Scrum. Boston: Pearson Education.

[Schatz2004] Schatz, Bob, Ken Schwaber, and Robert Martin. 2004. "Primavera Success Story." Best Practices in Scrum Project Management and XP Agile Software Development White Paper. Object Mentor, Inc., and Advanced Development Methods.https://www.academia.edu/25855389/Primavera_Success_Story.

[Schein1965] Schein, Edgar, and Warren Bennis. 1965. Personal and Organizational Change Through Group Methods: The Laboratory Approach. New York: John Wiley & Sons, 1965.

[Seashore2013] Seashore, Charles N., Edith W. Seashore, and Gerald M. Weinberg. 2013. What Did You Say? The Art of Giving and Receiving Feedback. Columbia, MD: Bingham House Books.

[Semler1995] Semler, Ricardo. 1995. Maverick: The Success Story Behind the World's Most Unusual Workplace. New York: Warner Books.

[Sheridan2013] Sheridan, Richard. 2013. Joy, Inc.: How We Built a Workplace People Love. New York: Portfolio.

[Shore2004a] Shore, James. 2004. "Continuous Design." IEEE Software 21(1):20-22. http://www.martinfowler.com/ieeeSoftware/continuousDesign.pdf.

[Shore2004b] Shore, James. 2004. "Fail Fast." IEEE Software 21(5):21-25. http://www.martinfowler.com/ieeeSoftware/failFast.pdf.

[Shore2006] Shore, James. 2006. "Change Your Organization: A Diary." The Art of Agile (blog). http://www.jamesshore.com/v2/projects/change-diary.

[Shore2018a] Shore, James. 2018. "Testing Without Mocks: A Pattern Language." The Art of Agile (blog). April 27, 2018. https://www.jamesshore.com/v2/blog/2018/testing-without-mocks.

[Shore2018b] Shore, James and Diana Larsen. 2018. "The Agile Fluency Model: A Brief Guide to Success with Agile." Martin Fowler.com. March 6, 2018.https://martinfowler.com/articles/agileFluency.html.

[Shore2019] Shore, James. 2019. "Bjorn Freeman-Benson: Three Challenges of Distributed Teams." The Art of Agile (blog). February 19, 2019. https://www.jamesshore.com/v2/blog/2019/three-challenges-of-distributed-Teams.

[Shore2020a] Shore, James. 2020a. "Evolutionary Design Animated." The Art of Agile (blog). February 20, 2020. https://www.jamesshore.com/v2/presentations/2020/evolutionary-design-animated.

[Shore2020b] Shore, James. 2020b. "TDD Lunch & Learn." The Art of Agile (blog). May–September 2020. https://www.jamesshore.com/v2/projects/lunch-and-learn.

[Shore2021] Shore, James. 2021. "Fireside Chat with Ron Quartel on FAST." The Art of Agile (blog). April 15, 2021. https://www.jamesshore.com/v2/presentations/2021/fireside-chat-with-ron-quartel-on-fast.

[Shostack2014] Shostack, Adam. 2014. Threat Modeling: Designing for Security. Indianapolis: John Wiley & Sons.

[Sierra2015] Sierra, Kathy. 2015. Badass: Making Users Awesome. Sebastopol, CA: O'Reilly. https://learning.oreilly.com/library/view/badass-making-users/9781491919057.

[Skelton2019] Skelton, Matthew and Manuel Pais. 2019. Team Topologies. Portland, OR: IT Revolution Press.

[Smith2012] Smith, Matt. 2012. "The Failure Bow." YouTube. Video, 12:12. TEDxTalks. https://www.youtube.com/watch?v=cXuD2zHVeB0.

[Squirrel2020] Squirrel, Douglas, and Jeffrey Fredrick. 2020. Agile Conversations: Transform Your Conversations, Transform Your Culture. Portland, OR: IT Revolution Press.

[Standish1994] Standish Group. 1994. "The CHAOS Report." The Standish Group International, Inc.https://www.standishgroup.com/sample_research_files/chaos_report_1994.pdf.

[Teasley2002] Teasley, Stephanie, Lisa Covi, M. S. Krishnan, and Judith Olson. 2002. "Rapid Software Development Through Team Collocation." IEEE Trans. Softw. Eng 28(7):671–83. http://dx.doi.org/10.1109/TSE.2002.1019481.

[Todkar2018] Todkar, Praful. 2018. "How To Extract Data-Rich Service from a Monolith." Martin Fowler.com. August 30, 2018. https://martinfowler.com/articles/extract-data-rich-service.html#Respectx201catomicStepOfArchitectureEvolutionx201dPrinciple.

[Tuckman1965] Tuckman, B. W. 1965. "Developmental sequences in small groups." Psychological Bulletin 63:384–99. http://dennislearningcenter.osu.edu/references/GROUP%20DEV%20ARTICLE.doc.

[Ury2007] Ury, William. 2007. The Power of a Positive No: How to Say No and Still Get to Yes. New York: Bantam Books.

[VanSchooenderwoert2006] Van Schooenderwoert, Nancy. 2006. "Embedded Agile Project by the Numbers with Newbies." The Conference on AGILE 2006 (July 23-28) Washington, DC: IEEE Computer Society, 351-366. http://dx.doi.org/10.1109/AGILE.2006.24.

[Venners2002] Venners, Bill. 2002. "Design Principles and Code Ownership: A Conversation with Martin Fowler, Part II." Artima. November 11, 2002. https://www.artima.com/articles/design-principles-and-code-ownership.

[Venners2005] Venners, Bill. 2005. "Erich Gamma on Flexibility and Reuse: A Conversation with Erich Gamma, Part II." Artima. May 30, 2005. https://www.artima.com/articles/erich-gamma-on-flexibility-and-reuse.

[Wiegers1999] Wiegers, Karl E. 1999. Software Requirements. Redmond, WA: Microsoft Press.

[Wiggins2017] Wiggins, Adam. 2017. "The Twelve-Factor App." https://12factor.net.

[Williams2002] Williams, Laurie. 2002. Pair Programming Illuminated. Boston: Addison-Wesley Professional.

[Woods2010] Woods, David, Sidney Decker, Richard Cook, Leila Johannesen, and Nadine Sarter. 2010. Behind Human Error. Boca Raton, FL: CRC Press.

[Wynne2015] Wynne, Matt. 2015. "Introducing Example Mapping." Cucumber. December 8, 2015. https://cucumber.io/blog/bdd/example-mapping-introduction.

[Yip2016] Yip, Jason. 2016. "It's Not Just Standing Up: Patterns of Daily Stand-up Meetings." Martin Fowler.com. February 21, 2016. http://www.martinfowler.com/articles/itsNotJustStandingUp.html.

[Yourdon1975] Yourdon, Edward, and Larry L. Constantine. 1975. Structured Design: Fundamentals of a Discipline of Computer Program and Systems Design. Upper Saddle River, NJ: Prentice Hall.

[Zuill2021] Zuill, Woody, Kevin Meadows. 2021. Mob Programming: A Whole Team Approach. Victoria, BC: Leanpub.

索引

關於作者

自 1999 年以來，**James Shore** 一直領導團隊實踐敏捷開發。他把敏捷理念的深刻理解與數十年的實際開發經驗相結合。他利用這個經驗幫助人們了解如何把敏捷的各個方面結合在一起，以變創造出卓越的成果。James 是敏捷聯盟的 Gordon Pask 敏捷實務做法貢獻獎的得主、許多軟體開發直播節目的主持人、和敏捷熟練度模型的共同創造者。你可以在 *jamesshore.com* 網站上找到他。

關於譯者

於大型企業擔任主管帶領數位轉型多年。目前持續深耕變革管理、DevOps、資訊安全與隱私保護等領域，是一名創業者、審查員和教育者。期許自己能夠協助更多追求成長的人與組織，獲得成功。

譯文疑問或相關領域的討論，請聯繫出版社或 *iamaugustin@gmail.com*。

出版紀事

本書的封面圖片是由 Randy Comer 所合成的圖片。

敏捷開發的藝術 第二版

作　　者：James Shore, Shane Warden
譯　　者：盧建成
企劃編輯：蔡彤孟
文字編輯：王雅雯
設計裝幀：陶相騰
發 行 人：廖文良

發 行 所：碁峰資訊股份有限公司
地　　址：台北市南港區三重路 66 號 7 樓之 6
電　　話：(02)2788-2408
傳　　真：(02)8192-4433
網　　站：www.gotop.com.tw
書　　號：A694
版　　次：2022 年 12 月初版
建議售價：NT$780

國家圖書館出版品預行編目資料

敏捷開發的藝術 / James Shore, Shane Warden 原著；盧建成
　　譯. -- 初版. -- 臺北市：碁峰資訊, 2022.12
　　　面；　公分
　　譯自：The Art of Agile Development, 2nd Edition
　　ISBN 978-626-324-377-4(平裝)

　　1.CST：軟體研發　　2.CST：電腦程式設計

312.2　　　　　　　　　　　　　　　　　111019317

讀者服務

● 感謝您購買碁峰圖書，如果您對
本書的內容或表達上有不清楚
的地方或其他建議，請至碁峰網
站：「聯絡我們」\「圖書問題」留
下您所購買之書籍及問題。(請
註明購買書籍之書號及書名，以
及問題頁數，以便能儘快為您處
理)

http://www.gotop.com.tw

● 售後服務僅限書籍本身內容，若
是軟、硬體問題，請您直接與軟
體廠商聯絡。

● 若於購買書籍後發現有破損、缺
頁、裝訂錯誤之問題，請直接將
書寄回更換，並註明您的姓名、
連絡電話及地址，將有專人與您
連絡補寄商品。